普通高等教育“十四五”规划教材工程管理系列

工程项目经济与管理：
能源工程视角

Project Cost and Management: Energy Engineering Perspective

主　编　王　兵　杜　雯　张洪伟
副主编　黎耀华　常海滨

中国商业出版社

图书在版编目(CIP)数据

工程项目经济与管理：能源工程视角 / 王兵，杜雯，张洪伟主编. ——北京：中国商业出版社，2023.7

ISBN 978－7－5208－2417－0

Ⅰ.①工… Ⅱ.①王… ②杜…③张… Ⅲ. ①能源—工程项目管理—高等学校—教材 Ⅳ. ①TK01

中国版本图书馆 CIP 数据核字(2022)第 244452 号

责任编辑:李 飞

(策划编辑:蔡 凯)

中国商业出版社出版发行

(www.zgsycb.com 100053 北京广安门内报国寺 1 号)

总编室:010－63180647 编辑室:010－83114579

发行部:010－83120835/8286

新华书店经销

北京九州迅驰传媒文化有限公司印刷

*

880 毫米×1230 毫米 16 开 30.75 印张 980 千字

2023 年 7 月第 1 版 2023 年 7 月第 1 次印刷

定价:78.00 **元**

* * * *

(如有印装质量问题可更换)

作者简介

王兵：中国矿业大学（北京）能源与矿业学院副教授、能源科学与工程系支部书记，本科毕业于山东大学，博士毕业于北京理工大学。长期从事能源系统工程、低碳减排技术评价等方面的教学与科研工作，讲授《经济学基础》《工程项目管理与评价》《工程概算与管理》《工程项目管理与实务》等本科生和硕士研究生课程，独立出版专著《可再生能源系统风险管理：方法与实证》《共享出行可持续发展战略研究》。入选北京市优秀人才培养资助计划人选（2017），北京市“双百行动计划”青年教师人选（2018），阿里活水计划学者（2019）等。担任中国“双法”研究会能源经济与管理研究分会理事，Energy Engineering 期刊编委，《煤炭经济研究》青年委员。主持国家自然科学基金、国家统计局全国统计科学项目等省部级以上科研项目 5 项。在能源经济与工程管理领域发表 SCI/SSCI/EI 论文 30 余篇（第一作者或通讯作者 20 余篇）。

杜雯：机械工业环保产业发展中心高级经济师，硕士毕业于北京理工大学，长期从事工业节能与绿色发展项目评估、双碳经济研究工作。先后在《财经界》等国家级期刊上独立发表 7 篇论文；参著《智慧工厂：中国制造业探索实践》；参与了《工业和信息化部关于加快推进环保装备制造业发展的指导意见》《国家鼓励发展的重大环保装备技术目录》等 10 余项国家、行业及地市课题研究。

张洪伟：中国矿业大学（北京）能源与矿业学院能源科学与工程系副主任。本硕博毕业于中国矿业大学，美国宾夕法尼亚州立大学国家公派联合培养博士。从事矿业工程、高温岩体力学与地热开发等方面的教学与科研工作，主讲《地热资源勘查》《地热开发利用》等本科专业核心课程。主持国家自然科学基金、北京市自然科学基金项目等省部级以上项目 6 项。第一作者或通讯作者发表 SCI/EI 检索论文 20 余篇，授权发明专利 10 余件；获江苏省科技奖等省部级以上奖励 5 项。

黎耀华：现任太原艺星科技有限公司董事长，高级工程师，长期从事综合能源工程项目管理工作，曾担任北京中科信电子装备有限公司综合能源事业部部长（2013—2021）；中国电子科技集团公司第二研究所新能源应用事业部部长（2021—2022）。具有丰富的能源领域工程项目开发建设与管理经验，参与了河北省张家口市怀来县煤改电项目、北京大兴临空经济开发区综合能源项目、国家电网西藏牧区微电网等能源工程项目开发与建设。

常海滨：中国矿业大学（北京）能源与矿业学院副研究员。本科毕业于吉林大学，博士毕业于北京大学，美国南加州大学国家公派联合培养博士。长期从事新能源开发数值模拟与优化方面的教学与科研工作，主讲《新能源开发与环境》《Python语言与应用》等本科核心课程。主持国家自然科学基金、国家科技重大专项等省部级以上项目3项。第一作者或通讯作者发表SCI论文20余篇，授权发明专利1项。

内容简介

本书依据高等院校工业工程与管理类、建筑工程类、矿业工程类、新能源与科学工程类专业“工程概算与管理”、“工程项目管理与评价”和“工程项目管理与实务”等课程的教学要求，结合工程项目管理和工程造价领域最新颁发的法规与政策以及工程硕士类专业教育最新要求编写。全书分为工程项目管理篇、工程项目经济篇和工程项目案例篇，包括工程项目管理基础、工程项目管理知识体系、建设工程定额、工程计量、工程项目管理中的投资估算、设计概算、施工图预算、竣工决算、工程项目招投标及合同管理等工程项目管理与造价全过程的内容及编制方法，重点从矿业工程、工业工程、新能源科学与工程的视角阐述了工程项目管理、工程造价、工程定额、工程量清单项目等适用于具有能源特色的工程项目经济与管理的专业知识。能源工程案例来自矿业工程、工业工程、新能源科学与工程领域长期的科学研究和项目管理实践。

本书适用性强，可作为高等院校能源工程类、工业工程与管理、新能源科学与工程等相关专业项目管理与经济课程教学的教材，也可作为建设工程、工程造价类专业学习和从事矿业工程概预算的工作人员学习的参考书。

内容简介

前　言

“工程项目经济与管理”是工程管理相关专业的一门主要的专业经济管理类课程，作为能源科技类高校高级应用型人才管理能力培养的主要教材，本书从矿业工程、工业工程、新能源科学与工程等高级专业应用型人才未来发展需要出发，同时为了适应PM-BOK第七版（英文版）、《建设工程工程量清单计价规范》（GB 50500—2013）、《房屋建筑与装饰工程工程量计算规范》（GB 50854—2013）、《矿山工程工程量计算规范》（GB 50859—2013）、《煤矿矿井建筑结构设计规范》（GB 50592—2010）和《中华人民共和国招投标法》的推广和建设部《建筑工程施工发包与承包计价管理办法》（2013年12月11日）的有关规定，本书介绍了项目管理基础、项目构思与启动、项目论证与评估、项目计划与规划、项目实施与控制、项目结束与后评价、建设工程定额、工程管理基础、能源与矿业工程基础、工程计量、工程建设中投资估算、设计概算、施工图预算、竣工决算及合同价款等工程造价文件的内容及编制方法，重点阐述了工程造价的构成、工程计量和工程招投标与合同价款的确定、工程项目施工承发包价格的动态管理等知识。本书具有以下几个特色：**第一，鲜明的能源特色**，通过能源工程项目实例，由浅入深地讲述了能源工程，特别是矿业工程建设各个阶段工程造价的控制，能源特色较为鲜明；**第二，双语教材特色**，由于工程项目经济与管理的国际化和标准化，其具有双语教学的需求，因此本书从主要知识点入手提供双语素材，以便于双语教学；**第三，课程思政特色**，我国现代工程项目经济与管理成就是十分显著的，这决定了本门课程可以很好地与思政要素相结合，挖掘课程思政要素，并以课程思政栏目的形式展现，有利于工程项目经济与管理课程思政项目建设。

本书可作为高等院校有关专业学生的教材，也可以作为从事工程项目经济与管理的从业人员和备考建造师（矿业工程）的自学参考书。本书在编写过程中，充分地考虑了能源类工程管理发展的新方向，对当前能源工程管理新视角和新思路进行了介绍。本书最大的特点是实用性强，注重学生实际应用能力的培养，所选案例工程皆具代表性，书中附有案例工程的详细计算过程，步骤翔实、内容全面、通俗易懂，适合在教学过程中边讲边练、对照检查计算的准确性，尤其适合自学。

全书由王兵担任第一主编，负责整本书的设计、修改和统稿工作，杜雯、张洪伟分别担任第二、第三主编，黎耀华担任第一副主编，常海滨担任第二副主编，负责分章节内容的编写和修改。在书稿的编撰过程中，李志平、姜鑫茹、李雪、刘小琳、姚瑶、刘朋帅、冯豪豪、陆峰、丛宇、吴英东、陈思卿、李忠勋、张露、史瑞等研究生参与了资料整理，李璐、邓凯磊、李沚昊、葛皓天等也参与了部分工作。本书是作者所在团队教学与科研相结合的总结，有些案例和内容参考借鉴了其他研究学者的有关内容，同时参考了大量的相关资料与文献以及公开发表的教材、著作和学术期刊等，在此，谨向他们表示衷心的感谢，如有引用不当，恳请批评指正！同时，感谢中国矿业大学（北京）学校领导、能源与矿业学院领导、能源科学与工程系各位老师对身为青年教师的我给予的支持与鼓励。本书的出版得到了国家自然科学基金（71704178）、中央高校基本科研业务费项目（2022SKNY01、2022YJSNY04）、中国矿业大学（北京）课程思政建设项目等的资助，在此一并表示感谢。

当前，工程项目经济与管理仍是一门实践中不断发展的学科，能源类工程所采取的新技术、新材料、新机械等日新月异，可供参考的资料并不丰富，由于时间和编者水平有限，虽经反复推敲核证，书中难免存在不妥和疏忽之处，恳请广大读者批评指正，以便使本书内容进一步完善为具有能源科技特色的建设工程经济与管理课程教材。

编　者

2022年11月

目 录

一、工程项目管理篇

二、工程项目经济篇

三、工程项目案例篇

全书框架思维导图

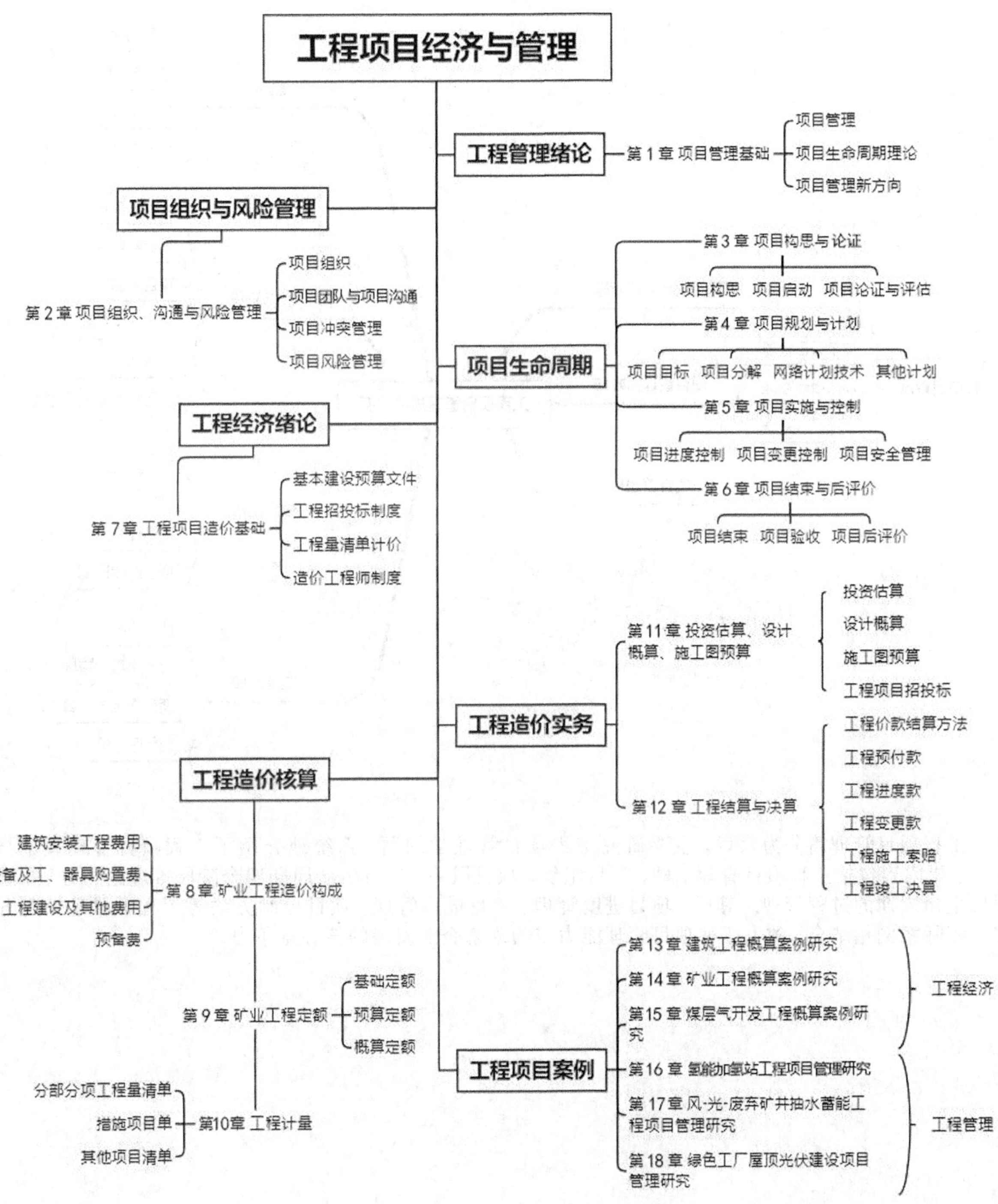
工程项目经济与管理
工程管理绪论
第 1 章 项目管理基础
项目管理
项目生命周期理论
项目管理新方向
项目组织与风险管理
第 2 章 项目组织、沟通与风险管理
项目组织
项目团队与项目沟通
项目冲突管理
项目风险管理
项目生命周期
第 3 章 项目构思与论证
项目构思
项目启动
项目论证与评估
第 4 章 项目规划与计划
项目目标
项目分解
网络计划技术
其他计划
第 5 章 项目实施与控制
项目进度控制
项目变更控制
项目安全管理
第 6 章 项目结束与后评价
项目结束
项目验收
项目后评价
工程经济绪论
第 7 章 工程项目造价基础
基本建设预算文件
工程招投标制度
工程量清单计价
造价工程师制度
工程造价实务
第 11 章 投资估算、设计概算、施工图预算
投资估算
设计概算
施工图预算
工程项目招投标
第 12 章 工程结算与决算
工程价款结算方法
工程预付款
工程进度款
工程变更款
工程施工索赔
工程竣工决算
工程造价核算
第 8 章 矿业工程造价构成
建筑安装工程费用
设备及工、器具购置费
工程建设及其他费用
预备费
第 9 章 矿业工程定额
基础定额
预算定额
概算定额
第10章 工程计量
分部分项工程量清单
措施项目单
其他项目清单
工程项目案例
第 13 章 建筑工程概算案例研究
第 14 章 矿业工程概算案例研究
第 15 章 煤层气开发工程概算案例研究
工程经济
第 16 章 氢能加氢站工程项目管理研究
第 17 章 风·光·废弃矿井抽水蓄能工程项目管理研究
第 18 章 绿色工厂屋顶光伏建设项目管理研究
工程管理

一、工程项目管理篇

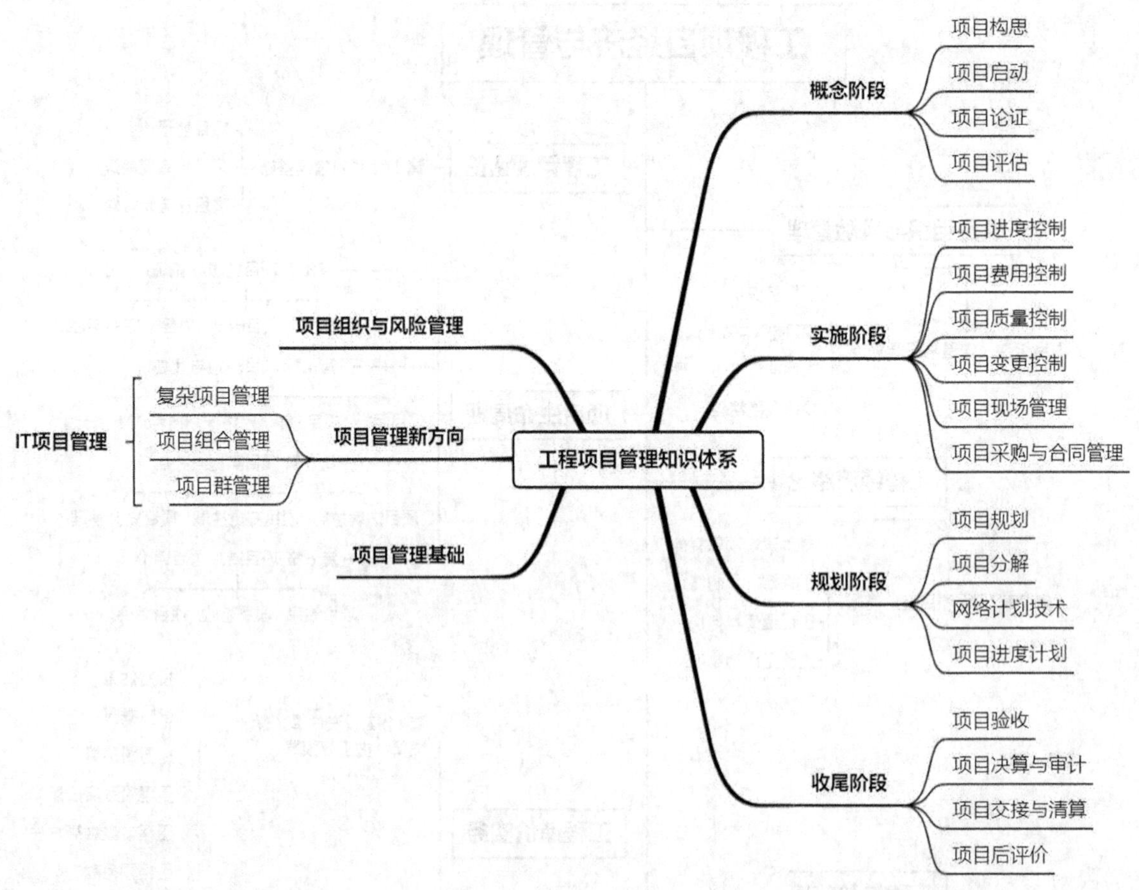

工程项目管理篇分为六章，主要研究工程项目管理学问题，系统地介绍了工程项目管理理论与实务，主要内容包括工程项目管理基础、项目组织、项目风险、项目生命周期四个阶段等理论与方法，强调项目生命周期的过程管理。其中，项目进度管理、项目成本管理、项目控制方法等工程项目理论与方法需与实际案例相结合，致力于使项目管理能力成为未来企业发展的核心竞争力。

第1章 项目管理基础

案例引入　　**我国世界性大桥与项目管理水平的飞跃**

舟山跨海大桥

2009年12月25日，耗时10年的舟山跨海大桥全线贯通，从此一路高速公路跨过大海，从舟山到杭州，随时随地都可以出发，时间缩短成3～4h。

该项目起自舟山六横岛西南侧，连接六横、佛渡和梅山3座独立海岛、穿越4个围垦区、跨越2个海峡，线路全长18.78km，按照双向四车道高速公路标准建设，设计速度100km/h。项目的建设规模大，结构类型多，科技含量高。全线海域桥梁长度约9km，海上作业工程量大，项目施工区域内气象、水文、地质条件复杂，同时还将面临航运繁忙，海上施工组织难度大等挑战。

作为大型跨海连岛工程，该项目由多座桥梁及连接线构成。其中，双屿门特大桥是世界跨度最大的单跨吊钢箱梁悬索桥，将中国跨海桥梁最大跨度刷新至1768m。青龙门特大桥则是世界跨度最大的三塔钢箱梁斜拉桥，双主跨756m跨越青龙门航道。

嘉绍大桥

嘉绍大桥于2008年12月14日动工兴建，耗时不到5年，于2013年2月3日全桥合龙贯通，2013年7月19日零时通车运营。项目南起沽渚枢纽，跨越杭州湾，北至南湖枢纽，全长10.137km，桥面双向八车道高速公路，设计速度为100km/h，投资额62.8亿元。

为防止主航道摆动对通航影响，嘉绍大桥创造性地设置5个主通航孔，以适应河床的频繁摆动；水中区引桥首次大规模采用3.8m大直径单桩独柱结构的桥墩设计，总数150根，大桥阻水率降到5%以下，从而保证了不影响钱塘江大潮；此外，大桥创造性地采用了刚性铰装置，这种装置为世界首创，解决了类似超长连续桥梁主梁的伸缩问题。嘉绍大桥在中国国内首创索塔“X”形托架，该托架作为主塔“宝剑”的重要组成部分，其构造复杂，国内外无先例可循。

北盘江大桥

项目特点。北盘江第一桥于2013年动工建设，耗时3年，于2016年9月10日完成合龙，于2016年12月29日竣工运营。项目北起都格镇，上跨尼珠河大峡谷，南至腊龙村，全长1341.4m，桥面至江面距离565.4m，采用双向四车道高速公路标准，设计速度80km/h，总投资10.28亿元。

先进技术的采用和创新。北盘江第一桥因其相对高度超过四渡河特大桥，刷新世界第一高桥纪录而闻名中外。其地处高原边界深山地区，跨越河谷深切600m的北盘江“U”形大峡谷，地势险峻，地质条件非常复杂。北盘江第一桥的设计师利用云技术，研发建立一个集“建设、管理、养护”于一体的桥梁管养综合信息化台，可以将数据发送到管理者的手机和平板电脑上。

项目的重要意义。大桥的建成结束了宣威与水城不通高速的历史，两地行车时间从大于4h缩短至1h之内，有效改善云、贵、川、渝等地与外界的交通状况，促进地方社会经济发展。

2018年，北盘江第一桥获第35届国际桥梁大会“诺贝尔奖”——古斯塔夫斯金奖。

桥梁工程项目建设经验。虽然大桥建成的难度越来越大，但三座大桥建设时间是越来越短的。由此可以看出，随着社会经济发展和管理要求的提高、市场竞争的加剧以及与国际惯例的逐步接轨，我国各部门、行业对项目管理越来越重视，项目管理能力不断攀升，水平不断提高。

人类活动可以分为两类：一类是连续不断、周而复始的活动，称为“运作”（Operations）；另一类是临时性的、一次性的活动，称为“项目”。从生产的角度来看，项目是单件生产活动。当项目生产完成之后，一部分项目可转化为生产运作，批量逐步提高；另外一些项目将移交相关利益相关者使用。随着经济的不断发展和人们需求多样化程度的不断提高，项目对各类经济活动和人们日常生活产生了越来越重要的影响。项目管理作为一种现代化管理方式，已经成为组织管理的重要组成部分，并影响到组织的整体发展。本章主要讲解了项目以及项目管理的基本概念、特征、分类等，涉及从项目管理的潜意识阶段经历传统到现代的发展沿革、项目管理知识体系和项目生命周期，介绍了包括项目组合管理、项目群管理以及战略项目管理在内的最新发展动态。

1.1 项目

1.1.1 项目概念

1.项目定义

项目是在既定资源、技术经济要求和时间的约束下，为实现一系列特定目标的多项相关工作的总称。

课程思政　　项目文字属性与项目内涵

中华文字博大精深，图 1-1 展示了项目两个字的历史演变。“项”字的演变逐步趋向于其名词属性，表述为“事物的种类或条目”“进项”之意，而“目”字的名词属性表示“大项之中再分的小项”“评价”，从文字溯源来分析项目本身具有将一项复杂事物逐一分解成若干细小分项之意和成本，体现了项目具有工作分解和项目评价的特点。除了项目文字内涵之外，体现我国农耕文明的灌溉工程遗产（都江堰、紫鹊界秦人梯田、郑国渠等）等古代大型项目是我国农业文明时代项目工程实践，已入选世界灌溉工程遗产目录。

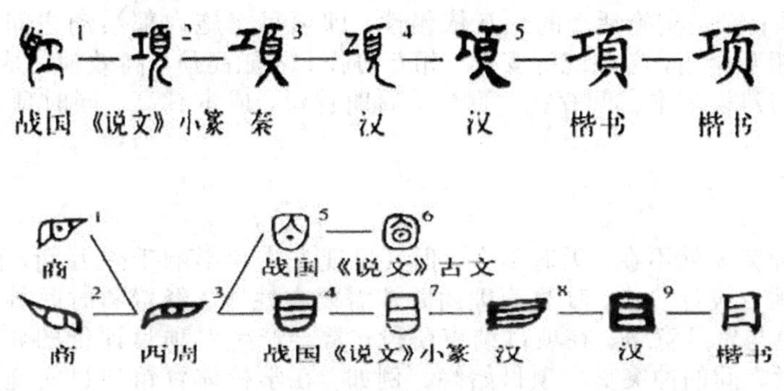

图 1-1　项目的说文解字与内涵

在美国项目管理协会（PMI）所发布的项目管理知识体系（PMBOK）中，项目是“为创造一种独特产品或服务而进行的暂时性努力”。而国际标准 ISO 10006 将项目定义为“独特的过程，有开始时间和结束时间，由一系列相互协调、受控的活动所组成，其实施是为了达到规定的目的，包括满足时间、费用和资源等约束”。

因此，项目是一个有待完成的任务，有特定的环境和目标；在一定的组织、有限的资源和规定的时间内完成；满足一定的性能、质量、数量、技术经济指标等要求。项目的基本特征包括：①有特定的目标；②有时间、财务、人力和其他限制；③有专门的组织。满足以上基本特征的一次性、有组织和有计划的活动就是项目。

2. 项目构成要素

一般而言，项目由五个要素构成。

(1) 项目范围。即项目要完成的临时性任务，包括项目标的物范围和项目过程范围等。它形成项目的边界。

(2) 项目组织结构。即项目的组织形式，包括组织机构设置、职责权限、管理机制和相互关系等。

(3) 项目质量。即项目任务完成所需要达到的“一组固有特性满足要求的程度”。

(4) 项目费用。包括项目投资、运行费用等在内的项目生命周期内的所有现金流出。

(5) 项目时间进度。即项目的时间安排，包括开始时间和结束时间等。

在上述五个要素中，项目范围和项目组织结构是基本要素，而质量、费用、时间是项目的约束性要素，它们依附于基本要素而存在，可以在一定范围内变动。五个基本要素相互关联，互为制约，共同成就项目的顺利开展。

1.1.2 项目的特征

项目特征之间具有一定的内在联系。本章以学校体育馆建设项目为例，论述项目的基本特征。

1. 目的性

任何项目都具有特定的目的性，并通过明确的项目目标表现出来。项目目标一般由成果性目标和约束性目标组成。成果性目标是指项目的最终目标，在项目实施中需要将其转换成为功能性要求或过程要求，是项目全过程的主导目标。约束性目标又称限制条件，是指限制项目实施的客观条件和人为约束，因而是项目实施过程管理的主要目标。学校体育馆项目的目的是给师生提供体育锻炼的服务，为成果性目标，其面临来自时间、成本和质量等多方面的约束性目标。

2. 独特性

项目是一次性的任务，这意味着每一个项目都具有特殊性，主要表现在目标、环境、条件、组织、过程等诸多方面。学校体育馆项目是独一无二的，因为其面临的各项因素都与同类型项目不一样，例如采取的技术工艺是气膜体育馆的建设思路。

3. 关联性

项目的关联性主要表现在两个方面：一是目标的关联性，即项目的主要目标如功效、费用和时间之间，存在着紧密的联系；二是实施活动的相互依赖性，即项目实施内部活动之间，以及项目活动和组织其他活动之间存在着相互作用，必须统筹安排、相互协作，才能高质、高效地完成项目任务。例如，学校体育馆项目建设周期与建设成本之间存在关联性，周期越短，成本越高，同时项目的各个子任务之间存在逻辑关系。

4. 冲突性

项目生命周期中冲突无处不在、无时不在，但其显现方式和影响千差万别，而且项目冲突性与关联性呈现共生关系。在项目设计阶段，项目管理团队常需要在性能、经费和时间等方面权衡；在项目实施阶段，常面临各种变更与资源竞争；在项目结束阶段，常会产生对项目评价的异议。此外，项目组成员之间、项目利益相关者之间的冲突贯穿项目始终。例如，在学校体育馆项目实施过程中，正因为项目各个子任务之间存在逻辑关系，所以各个子任务之间必因为某些因素导致冲突。

5. 生命周期性

任何项目都会有开始时间和结束时间，一般要经历启动、规划、实施和结束四个阶段，这一过程为项目的“生命周期”。项目生命周期的不同阶段表现出明显的规律性，如项目在启动阶段发展比较缓慢，资源投入较少；在规划、实施阶段进展较快，资源投入较多；在结束阶段又趋于缓慢等。学校体育馆项目必然在经过前期招投标之后，依次经历启动、规划、实施和结束等阶段，最终结果是项目成功或失败。

1.1.3 项目的分类

按不同的标准，项目可分为多种不同的类型。

(1) 按时间划分，可分为长期项目、中期项目与短期项目。长期项目可以跨越数年甚至数十年，例如三峡工程是一个长期项目；中期项目时间相对于长期项目而言周期较短，一般二到五年的项目可称为中期项目，例如房屋建设项目可属于中期项目；短期项目可以持续数月甚至数小时，例如一次校内体育比赛是一个短期项目。

(2) 按项目的工作量大小，可分为大型项目和小型项目。大型项目涉及的人、部门和活动比较多，时间也比较长；小型项目一般是部门性的，涉及的人与组织比较少、时间短。在工业企业中，大型项目活动有新产品开发项目、技术改造项目、产品促销与广告项目，而组织工人劳动竞赛是一个小型项目。一般而言，项目大小与项目投资额高度相关。

（3）按参与人员数量，可分为集体项目和个人项目。集体项目是多人参加的活动，管理过程需要协调不同的组织与人，管理复杂度高。个人项目是一个人完成的活动，如一个人承担的地铁乘客行为调研活动是一个个人项目。大型集体项目也可以分为多个小的个人项目。

（4）按项目影响范围的大小，项目划分为宏观项目、中观项目、微观项目。宏观项目管理是指在国家和全社会层面上对项目群的管理，其主要目标是协调项目与社会及环境的关系，确保国家或社会的可持续发展。宏观项目管理涉及各类项目的投资战略、投资政策和投资计划的制订，各类项目的协调与规划、安排、审批等。中观项目管理指部门性或行业性机构对同类项目的管理，如建筑业、化工业、冶金业、航空工业、交通运输业等。中观项目管理涉及制定部门或行业的投资战略、投资政策和投资规划，项目布局和优先顺序，项目的规划、安排、审批和验收等。微观项目管理指具体的组织（如企业）对其项目的管理活动，包括对其实施的所有项目的管理，即项目群的管理，着重项目之间的协调、优先顺序、资源分配和管理政策等以及对具体项目的管理两个方面。

1.1.4 项目利益相关者

项目利益相关者是指项目的参与各方及受影响的个人或组织。项目利益相关者的数量与项目大小和复杂程度有关。简单小型的项目利益相关者较少，而大型复杂的项目利益相关者众多。一个大型投资工程项目可能包含客户、投资方、贷款方、设计方、承建方、分包方、项目组、供应商、咨询顾问方等利益相关者，也包括受到项目间接影响的项目用户、政府部门、社会公众、新闻媒体、竞争对手、合作伙伴等。

不同利益相关者的需求和期望各不相同，他们之间的项目关系如图 1-2 所示。例如，业主可能十分关心进度，承包商往往关心成本，设计师更加注重技术先进性，政府可能关心税收和安全，银行比较关注贷款的投资回报，社区居民则希望尽量减小项目对环境的不利影响。因此，准确识别利益相关者，了解他们的需求和期望，对于项目成功来说是十分重要的。

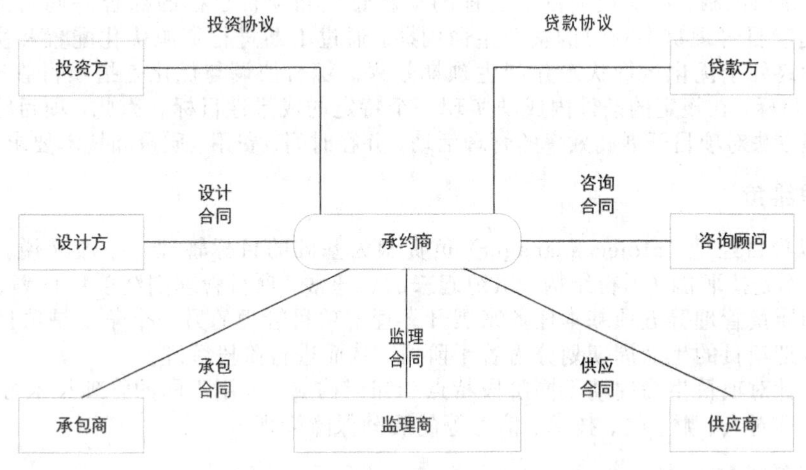

图 1-2　项目利益相关方之间的项目关系

1.2 项目管理

项目管理是伴随着人类生产活动的复杂化和社会的不断进步而逐渐形成的管理学的重要分支。20世纪70年代以来，项目管理理论为大型复杂项目的实施提供了有力的支持，改善了对包括人力在内的各种资源利用的计划、组织、领导和控制的方法，并对项目管理实践意义重大。

21世纪以来，市场需求多元化日趋明显，科学技术发展日新月异，国际化竞争愈演愈烈，产品生命周期越来越短，都要求企业不断开发新产品，在进行企业项目管理活动过程中具有满足快速变化的需求、应对激烈的市场竞争和不断创新产品的能力，项目管理的理念和方法显得更为重要。

1.2.1 项目管理

1. 项目管理定义

项目管理直观意义是“对项目进行的管理”，既包括管理的范畴，也包括项目属于管理对象的含义。随着项目及其管理实践的发展，项目管理已发展成为一种新的管理方式，形成了一门新的管理学科。

项目管理是以项目为对象的系统管理方法，通过一个临时性的专门的柔性组织，对项目进行高效率的计划、组织、指导和控制，以实现项目全过程的动态管理和项目目标的综合协调与优化。其中，全过程的动态管理是指项目管理贯穿项目的整个生命周期，通过不断进行资源优化配置和协调，形成科学决策，使项目过程始终处于优化运行状态并产生预期效果。综合协调与优化是指项目管理应聚焦时间、费用、质量等约束性目标，在规定的条件内成功实现一个特定的成果性目标。因此，项目管理本质是一种运用科学的项目管理方法对项目开展高效率的管理活动，并在时间、费用、质量和技术要求下达到预定目标。

2. 项目管理维度

项目管理是以项目经理（project manager）负责制为基础的目标管理。一般来说，项目管理是按任务（垂直结构）而不是按职能（平行结构）组织起来的。通常，项目管理围绕项目计划、项目组织、进度控制、费用控制和质量管理等五项基本任务来展开。理解项目管理的另一个角度是项目的三维管理：

(1) 时间维。把项目的生命周期划分为若干阶段，从而进行阶段管理。

(2) 知识维。针对项目生命周期不同阶段特点和知识构成，采用不同的管理技术方法。

(3) 保障维。即对人、财、物、技术、信息等的后勤保障管理。

1.2.2 项目管理特点

与传统的职能部门管理比较，作为全方位管理类型的项目管理最大特点是注重各要素的综合管理，并且有严格的时间期限。因此，项目管理的特点主要表现为以下几个方面。

1. 对象的特殊性

项目管理是针对项目的特点而形成的一种管理方法。因此项目管理对象——项目，尤其是大型的、复杂的项目，本身具有其特殊性，所以项目管理的对象呈现其特殊性。

2. 内容的创新性

每一个项目的实现过程都是一个新的任务，需要使用新的技术、新的人员和新的方法。项目管理就是在继承前人经验、知识和成果的基础上，综合多学科成果，将多种技术结合起来，以实现项目目标。这与日常的生产运作不一样，项目管理具有变革性的创新意义。

课程思政　　　　我国大飞机 C919 项目与国家自主创新

C919 研制阶段是典型的工程项目管理，C919 研制是在有限时间内完成的独一无二的具有自主知识产权的、对于我国民用航空飞机建设具有革命性改变的，且面临巨大风险和不确定性的大型项目。当 C919 完成了大部分认证工作，进入量产阶段，意味着 C919 商业服务和生产运营正式开始，这种重复建造且相对属于无限时间内的日常运营，将以渐进性的改变促进 C919 生产效率的进一步提升，但是其面临的生产条件是相对稳定的，资源需求相对固定，有一个稳定的工作组织架构来完成 C919 的生产工作。中国东方航空与中国商用飞机有限责任公司正式签署 C919 大型客机购机合同，这是 C919 在全球的首个正式购机合同，力争年内交付首架。我国商用飞机从研制到量产，打造了世界航空史上的奇迹。

与波音空客同系列飞机对比，C919 具有全方位的创新性。

首先，C919 安全性更高。相比于空客、波音的主流机型，国产飞机 C919 应用了更多的新型材料以及先进技术。在很大一部分的性能指标上，C919 可以说是赶超空客与波音的机型。并且在气动性能上，C919 也是优于欧美机型，传统的气动力设计上，通常采用的是空中试验、计算等方式。而 C919 飞机在研制过程中，设计了 2000 多个机翼、2 万多个翼型，在最后选出了 7 个两轮机翼进行风洞实验，也就是说 C919 的安全性更有保障。

其次，C919 技术更先进。国产大飞机 C919 属于后起之秀，在 C919 的研制过程中，C919 的科研人员攻克了上百项的关键技术，对比波音、空客的技术，C919 的集成度更高。

对比空客、波音的竞争机型，C919 在材料的选择上相当先进，从而减少了 5%的空气阻力。C919 机身的 15%采用了树脂级碳纤维材料，这是民用大型客机首次大面积使用这种材料，而这种材料在传统大型客机的使用率只有 1%左右。并且，C919 客机目前是国内第一款采用了 T800 级碳纤维材料的民用客机，相比于之前民航客机所采用的 T300 来说，T800 的强度以及韧性自然是优于 T300 的，而且其抗冲击性也更出色。

最后，C919 舒适性更强。这一点我们就可以从设计数据上更为直观地看出来：C919 客机总长为 38.9m，高度为 11.95m；空客 A320 总机长为 37.57m，高度为 11.76m；波音 737 客机总长为 33.40m，高度为 11.13m。综合来看，C919 客机的尺寸更大一点，且机舱的宽度也是更为宽松，那乘客的乘坐体验也就更舒适。

资料来源：张晓鸣和李静《大飞机研制究竟有多复杂》、国资报告杂志《C919 创新启示录》。

3. 管理的系统性

项目管理系统性体现在两个方面。首先，项目管理的系统性源于项目的系统性，即项目是一项系统性工作，可按照系统论“整体—分解—综合”的原理进行项目工作分解。其次，项目管理过程具有系统性，强调对项目生命周期的全过程管理，注重局部与整体、阶段与全过程的协调，防止影响项目成功的风险因素的发生。

4. 组织的临时性和高度柔性

项目组织具有临时性和高度柔性的特点。项目的一次性决定了项目组织的临时性。当项目终结，项目组织的使命也将结束。项目的高度不确定性和冲突性需要项目组织具有高度的柔性，以适应内外环境的不断变化，促进内外部协调与控制，以确保项目总体目标的实现。例如，项目结束阶段对于项目结算的会计人员的需求较高，项目组织需要根据这一情况及时调整人员组成。

5. 方法的开放性

项目管理采用先进的管理理论和方法。例如，采用网络图编制进度计划；采用目标管理、全面质量管理、价值工程、技术经济分析等理论和方法控制项目总目标；采用先进高效的计算机信息管理系统进行项目信息管理等。项目管理方法随着科学技术和管理理论的不断发展而不断丰富，例如进度计划编制从甘特图逐步转向基于计算机的网络计划技术。

6. 环境的重要性

任何系统的生存都依赖其所在的环境。从内部环境看，项目管理需要营造一个有利于项目团队共同合作的环境。从外部环境看，项目实现与客户、供应商、竞争者、社区乃至国家宏观环境息息相关。项目管理的要点就是创造和保持一种使项目顺利进行的内外部环境。

1.2.3 项目管理系统

项目管理系统包含技术、组织和环境等三个子系统，它们共同作用，形成了项目管理的特定系统（图 1-3），得到项目启动者的项目输入，在项目生命周期内有效运行并产生符合要求的项目输出。

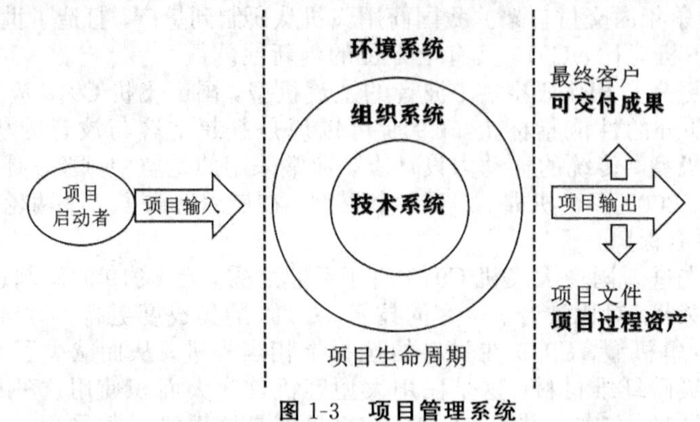

图 1-3　项目管理系统

1. 技术系统

技术系统包含实施项目的基本技术，如网络计划技术、施工技术、控制技术、试验技术等，是项目实施的基础。通常，技术系统的管理工作趋向于标准化和常规化，管理者通常实施程式化决策，并以任务为导向实施管理，其核心是控制技术不确定性。

2. 组织系统

组织系统是对技术系统的整合方式，如职能式组织结构、矩阵式组织结构、项目式组织结构等，是项目管理的核心。组织系统的管理工作主要是协调项目各职能的相互关系，确保各项技术活动输入，并对其输出进行有效的控制，具有很强的指导性和控制性，其决策活动部分是程式化的，但大部分是非程式化的。

3. 环境系统

项目管理是一个开放的系统，处于一定的内外部环境中，并受到环境的影响。通常，项目管理所面临的环境包括：政治环境、经济环境、社会环境、法律环境、自然环境、技术环境、项目基础设施、交通运输和通信、项目利益相关者等方面。

（1）政治环境

政治环境包括：政治局面的稳定性；政府对项目提供的服务，办事效率，政府官员的廉洁程度；与项目有关的政策，特别是对项目有制约的政策，或向项目倾斜的政策等。一个国家政治稳定程度对项目的各个方面都会造成影响，直接关系到工程的成败。

（2）经济环境

经济环境包括：国民经济发展状况；国家的财政状况；国民经济结构与布局等；国家金融融资能力和条件；项目的市场需求；项目所需的原材料和设备供需情况；劳动力市场情况；能源、交通、通信、生活设施情况；城市建设水平；物价水平；当地建筑市场等。

（3）社会环境

社会环境包括：项目所在地的人口数量与增长率、文化素质；当地风俗和禁忌；居民消费习惯、购买力、商业习惯；社会价值取向与道德体系；移民和迁徙状况等。通常，社会环境会对项目的运行起到十分重要的作用。例如，进度计划要考虑当地社会节假日安排；项目沟通需要适应当地语言和交流方式等。

（4）法律环境

项目的法律环境包括：项目所在国（地）法律的完备性，执法的严肃性，以及是否能对投资者实施有效保护等；与项目有关的各项法律，如土地法、合同法、劳工法、税法、环保法、外汇管制法等；与项目有关的税收、土地政策、货币兑换政策等。在国际工程项目中，了解工程所在国（地）法律的特点、总体精神对于项目的正常开展十分重要。

（5）自然环境

项目自然环境包括：可以供项目使用的各种自然资源的蕴藏情况；自然地理状况；气候、天象、天文等。

（6）技术环境

项目技术环境包括：项目相关领域的技术发展水平、技术能力，解决项目运行和建造问题技术上的可能性；同一类项目的资料，如相似工程的工期、成本、效率、存在的问题、经验和教训等。

（7）项目基础设施、交通运输和通信

项目基础设施、交通运输和通信包括：场地周围的生活与配套设施，以及周围可供使用的临时设施；现场周围公用事业状况，如水、电的供应能力，给水条件及排水条件；现场以及通往现场的运输情况，如公路、铁路、水路、航空条件、承运能力、费用；各种通信条件、能力及价格等。

（8）项目利益相关者

项目利益相关者包括：项目所属企业的基本状况、能力、战略、对项目的要求、基本方针和政策；合资者的能力、基本状况、战略、对项目的要求、政策；承包商、供应商的基本情况；项目的主要竞争对手的基本情况；项目成果使用者、社区的需求和期望等。

任何项目管理体系必须建立在对项目环境的了解之上。这就要求项目必须大量占有资料，以作为决策、计划的依据。对环境调查的基本要求是：内容应全面、系统；客观、实事求是；用数据说话，定性和定量相结合；不仅针对现状，而且要了解过去，更重要的是预测未来；满足项目管理所要求的详细程度。

可见，项目管理系统是由技术系统、组织系统和环境系统有机结合、相互作用而构成的。只有形成一个高效、互动的整体，才能确保项目目标的有效实现。

1.3 项目管理的历史沿革

项目管理的发展经历了漫长的历程。潜意识的项目管理自远古时代就开始产生，后经过大量的项目实践逐渐形成了现代项目管理的科学体系。项目管理的发展大致经历了潜意识的项目管理、传统项目管理和现代项目管理三个阶段。

1.3.1 潜意识的项目实践阶段

这一阶段从远古开始一直到20世纪30年代。人们在生产和生活实践中无意识地运用项目的模式，创造了人类文明的许多奇迹。例如，人类早期的项目可以追溯到数千年以前，如埃及金字塔，古罗马尼姆水道，中国万里长城、都江堰等，都是先人项目实践的典范，代表了人类智慧的结晶。这一阶段项目管理思想是非系统性的，没有形成清晰的理论、技术和方法，主要依靠个人的天赋和才能，例如都江堰水利灌溉工程是由战国时期秦国蜀郡太守李冰率众修建的，此时的项目管理是凭经验，而非科学。

1.3.2 传统项目管理阶段

20世纪初，随着科学技术的发展和生产活动规模的不断扩大，人们开始探索项目管理的科学方法。1900年前后，亨利·L.甘特（Henry L. Gantt）发明了甘特图（又名横道图，bar chart）。甘特图简单直观，被广泛应用于项目进度计划与控制中，目前仍是管理项目的常用手段。但是甘特图在展示大型复杂项目各项工作和环节之间的逻辑关系方面具有很大的局限性。随后，大型工程项目和军事项目中广泛采用了里程碑技术。里程碑技术的应用虽没有从根本上解决复杂项目计划和控制问题，但却为网络计划技术的产生充当了重要媒介。

20世纪50年代，美国军事领域开始为日益繁杂、规模不断扩大的军工项目寻求更加有效的计划和控制技术，网络计划技术脱颖而出。网络计划技术克服了甘特图的种种缺陷，能够反映项目进展中各项工作间的逻辑关系，清晰描述各工作阶段和工作单位之间的逻辑顺序，并可以实时优化，从而提高了项目管理的效率和科学性。网络计划技术的开端是关键路线法（Critical Path Method，CPM）和计划评审技术（Program Evaluation and Review Technique，PERT）的产生和推广应用。例如，1958年美国海军开展北极星号潜艇导弹FBM研制项目，用计划评审技术顺利解决了涉及48个州200多个主要承包商和11000多家企业的组织协调问题，节约投资并缩短工期约两年的时间。20世纪60年代，耗资400亿美元、涉及2万多家企业的阿波罗登月计划，也运用PERT进行项目计划和管理。

课程思政　　　　中华民族悠久的项目管理历史经验与历史自信

古往今来的中外项目管理实践对比（图1-4）显示出我国悠久的项目管理经验和新时代项目建设成就。1920年之前的潜意识的项目管理阶段，都江堰灌溉工程和万里长城两个中国古代的项目展示了中国古代在大型项目建设方面服务农业文明取得的巨大成就。1920—1980年的传统项目管理阶段，国防工程和工民建筑是这个阶段项目管理最主要的两个应用领域，人民大会堂的建设项目和宇宙飞船登上月球来显示这一阶段的中外项目管理实践之间的区别和差距，可以发现中华人民共和国成立之初百废待兴，房屋建筑工程是我国这个时段项目管理的应用领域，而国外在科技创新上的快速发展推动了国外航天工程项目发展。在1980年之后的现代项目管理阶段，现代项目管理理论正式引入中国，项目管理研究迎难而上，我国项目建设和管理实践能力不断增强，且我国科技创新能力不断提高，以中国空间站建设为例，例证了我国现代项目管理在航天领域的推广和应用，也显示了我国航天工程项目已经跻身世界顶尖行列。

图 1-4　中外项目管理实践对比

1.3.3 现代项目管理阶段

项目管理由最初的航空、航天、国防、化工、建筑等部门，广泛普及到了国民经济和企业活动的方方面面。目前，项目管理已经成为企业的基本管理活动之一。项目管理已经成为一门科学、一个职业、一种思想。①一门科学，项目管理在理论和方法上正逐步把系统理论、组织理论、经济学、管理学、行为科学、心理学、计算机科学、信息科学等学科的理论与方法同项目管理实践结合起来，发展成为一门较为完整的独立的学科体系。②一个职业，随着项目及项目管理的广泛应用，项目管理专业人员队伍不断扩大。随着项目管理专业资质认证制度的出现，项目管理职业经理人队伍也在不断壮大。权威机构对未来职业发展的评判中指出，“项目管理将成为 21 世纪最具前景的黄金职业”。③一种思想，项目管理发展的特点是面向多变市场、迎接国际竞争。项目管理除了计划和协调外，对采购、合同、进度、费用、质量、风险等给予了更多的重视，并形成了现代项目管理的框架。

随着经济全球化步伐的加快和市场竞争的日益加剧，企业管理面临从批量生产向大规模定制转变的变革。项目管理更加注重人的因素、注重顾客需求、注重市场响应、注重组织柔性和适应性的特征显示了强大的优越性，项目管理正在成为企业应对日益变化的环境的一种组织方式、管理方式和思想方法。项目管理正在成为企业成功的重要驱动力。项目管理科学的发展历程如图 1-5 所示。

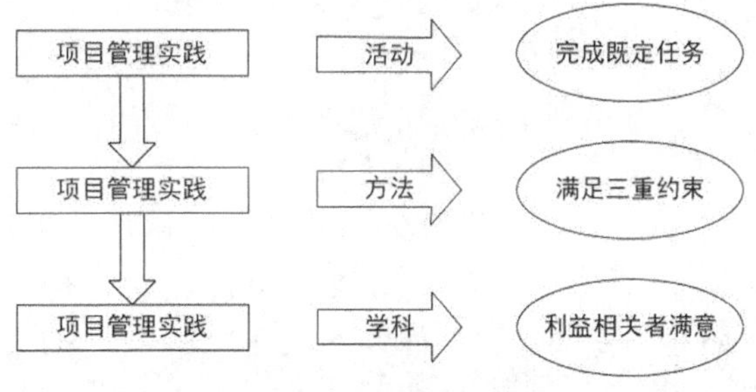

图 1-5　项目管理的发展

1.3.4 项目管理在中国的发展历程

理论引入阶段：项目管理作为现代管理科学的一个重要分支学科，是在 20 世纪 60 年代，被数学家华罗庚教授引入中国的。1960 年，在华罗庚的倡导下，中国引进了项目管理技术中的网络计划技术，将其命名为“运筹法”，在国民经济的各个部门试点应用。1980 年，中国科学院管理科学与科技政策研究所牵头成立了“中国统筹法、优选法与经济数学研究会”。

理论实践阶段：1982 年，我国利用世界银行贷款建设的鲁布革水电站，是第一个运用现代项目管理方法进行管理的大型项目。1987 年，当时的国家计委、建设部等有关部门联合发出通知在一批试点企业和建设单位采用项目管理施工法，并开始建立中国的项目经理认证制度。1991 年，建设部提出把项目管理试点工作转变为全行业推进的综合改革，开始全面推广项目管理和项目经理负责制。

认证管理阶段：20 世纪 90 年代，在西北工业大学等单位的倡导下成立了我国第一个跨学科的项目管理专业学术组织——中国优选法、统筹法与经济数学研究会项目管理研究委员会（PMRC），PMRC 的成立是中国项目管理学科体系开始走向成熟的标志。1999 年，国家外国专家局引进 PMP 认证，成为 PMI 在我国唯一一家负责 PMP 资格认证考试的组织机构和教育培训机构。2000 年，中国项目管理研究委员会 PMRC 将国际项目经理认证（IPMP）四级认证考核体系引入中国。2002 年，中国劳动保障部正式推出了“中国项目管理师（CPMP）”资格认证，标志着我国政府对项目管理重要性的认同。

1.4 项目管理知识体系

1.4.1 项目管理知识体系

项目管理知识体系的概念首先由美国项目管理学会（Project Management Institute，PMI）提出，PMI 于 1987 年公布了第一个项目管理知识体系（Project Management Body Of Knowledge，PMBOK），并于 1996 年和 2000 年分别对其进行了修订。该体系把项目管理知识划分为九个领域，包括范围管理、进度管理、成本管理、质量管理、资源管理、沟通与利益相关方管理、风险管理、采购管理和集成管理，如图 1-6 所示。

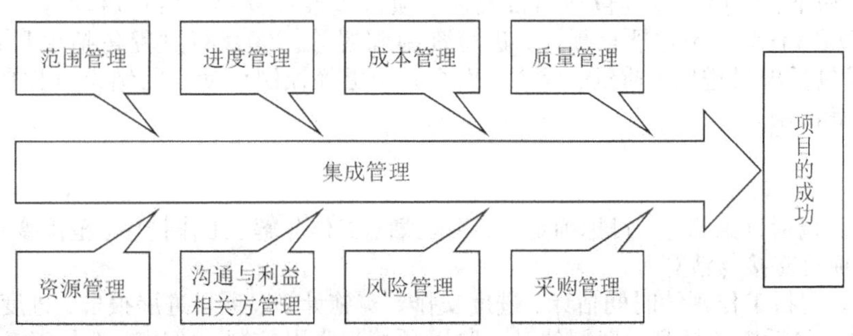

图 1-6 项目管理知识体系示意图

国际项目管理协会（International Project Management Association，IPMA）从 1987 年开始进行“项目管理人员能力基准”的研究，并于 1999 年正式推出了国际项目管理能力基准（IPMA Competence Baseline，ICB）。该基准把个人能力划分为 42 个要素，其中包括 28 个核心要素、14 个附加要素，还包括个人要素的 8 大特征和总体印象的 10 个方面。

基于以上两个方面的要求，为建立适合我国国情的“项目管理知识体系”，形成我国项目管理学科和专业的基础，我国于 1993 年开始研究中国项目管理知识体系，并于 2001 年 7 月正式推出中国项目管理知识体系文件——《中国项目管理知识体系》(C-PMBOK）。

中国项目管理知识体系主要以项目生命周期为基本线索进行展开，从项目及项目管理的概念入手，按照项目开发及其相应的知识内容，同时考虑到项目管理过程中所需要的共性知识及方法工具，共分为 88 个知识模块。

1.4.2 项目管理知识体系的主要内容

项目管理的主要内容可以概括为多个主体、2 个层次、4 个阶段、5 个过程、9 个领域、42 个要素。

1. 多个主体

相关主体包括但不限于：①业主，即客户或项目委托人，它可能是一个自然人、一个组织、一个团体，或者是这几种形式的组合。客户是项目交付成果的需求者和最终使用者，因而也是项目的管理者。②承约商，即承接项目满足客户需求的项目承建方，又称被委托人。在项目启动到结束的整个项目管理过程中，承约商始终承担主导作用。对于大型项目，承约商可以将其中的一些子项目转包给不同的分包商。③监理人员。即由业主委托的负责监督和管理项目实施的机构，对项目实施的质量和进度负有管理责任。④项目管理团队。即直接负责项目运行的群体，是对项目规划、计划、组织、实施及结果负有最重要和最直接责任的一群人，其负责人是项目经理。

2. 2 个层次

第一，组织层次，即企业层次需要组织对其所实施的所有项目的管理，企业层面的项目管理关心的是企业所有项目目标的实现。面对企业层次的多个项目需要完成，如何经济、高效地管理好众多项目是企业层面项目管理的核心问题。第二，项目层次，即实施对具体项目的管理，属于单一项目管理的范畴，其重点是单个项目的工作流程和单个项目的成功，强调如何通过计划、实施与控制等管理活动实现项目目标，使项目利益相关者满意。

3. 4 个阶段

四个阶段是指项目生命周期的四个阶段。其中，概念阶段包括机会研究、方案策划、可行性研究、项目评估、项目申请书编写等。规划阶段包括目标确定、范围规划、工作分解、进度安排、资源规划、费用预算、质量规划等。实施阶段包括采购规划及实施，合同管理，实施计划，进度、费用、质量、安全、变更控制，生产要素管理，现场管理与环境保护等。收尾阶段包括范围确认，质量验收，费用决算与审计，资料验收、项目交接与清算、项目审计，项目后评价等。项目生命周期四个阶段是本书关注的焦点。

4. 5 个过程

五个过程具体如下：①启动过程包括项目发起、项目核准和立项、项目启动等。②计划过程包括确立项目目标、制订项目计划、确定项目预算、进行资源配置等。③执行过程包括项目各项任务的具体执行等。④控制过程包括项目进度、质量、成本、安全、变更等控制活动。⑤结束过程包括验收、交接、审计、清算、后评价等活动。

5. 9 个领域

(1) 范围管理。包括背景描述、目标确定、范围规划、工作分解、工作排序、范围变更控制 、范围确认、项目资料与验收、项目交接与清算等。

(2) 进度管理。包括工作延续时间估计、进度安排、实施计划、项目进展报告、进度控制等。

(3) 成本管理。包括资源计划、费用估计、费用预算、费用控制、费用决算与审计、项目审计等。

(4) 质量管理。包括质量计划、质量保证、质量控制、质量验收等。

(5) 资源管理。包括组织规划、团队建设等。

(6) 风险管理。包括风险管理规划、风险识别、风险评估、风险量化、风险应对计划、风险监控等。

(7) 沟通与利益相关方管理。包括冲突管理、沟通规划、信息分发、信息管理、与利益相关者沟通等。

(8) 采购管理。包括采购规划、招标采购的实施、合同管理基础、合同履行和收尾等。

(9) 集成管理。包括安全计划、安全控制、生产要素管理、现场管理与环境保护、项目经理、项目监理、行政监督、新经济项目管理、法律法规等。

6. 42 个要素

42 个要素见表 1-1。

表 1-1 项目管理要素

序号	知识要素	序号	知识要素	序号	知识要素
1	项目与项目管理	7	资源	13	项目信息学
2	项目管理的运行	8	项目费用和财务	14	标准与规则
3	通过项目进行管理	9	状态与变化	15	问题解决
4	系统方法与综合	10	项目风险	16	会谈与磋商
5	项目背景	11	效果衡量	17	固定的组织
6	项目阶段与生命周期	12	项目控制	18	业务过程

续表

序号	知识要素	序号	知识要素	序号	知识要素
19	项目开发与评估	27	信息、文档与报告	35	人力开发
20	项目目标与策略	28	项目组织	36	组织学习
21	项目成功与失败的标准	29	协作（团队工作）	37	变化管理
22	项目启动	30	领导	38	行销、产品管理
23	项目收尾	31	沟通	39	系统管理
24	项目的结构	32	冲突与危机	40	安全、健康与环境
25	内容、范围	33	采购、合同	41	法律方面
26	时间进度	34	项目质量	42	财务会计

1.4.3 项目管理专业资质认证

1. 项目管理证书体系的发展

项目管理证书体系的发展是伴随着项目管理科学体系的发展和应用的需要而产生的。人类通过对项目管理理论与应用知识的研究，逐渐建立了项目管理学科体系，即项目管理知识体系。同时，基于项目管理知识体系的教育也得到发展。

为了证明项目管理从业人员的能力及资质，项目管理专业证书应运而生。1984 年，美国项目管理学会首先提出项目管理专业人员 PMP 认证。随后英国、法国、德国等国也纷纷推出了相应的证书体系。国际项目管理协会于 1996 年在各国家证书发展的基础上提出了国际项目管理专业资质能力基准。目前全世界已经有 30 多个国家开展了 IPMP 的认证与推广工作。

一般认为，PMI 的项目管理知识体系指南（PMBOK guide）是针对项目而言的，它强调实施项目管理所必须掌握的知识领域，是人们开展项目管理的方法基础；国际项目管理能力基准（ICB）则是针对人建立的，它强调从事项目管理的人员所应具备的能力要素，是一个对项目管理从业人员的能力进行综合考核的评判体系。

2. PMI 和 PMP 认证

（1）美国项目管理学会

English corner：What is PMP Certification?

As the world's leading authority on project management, PMI is an organization with almost 700,000 Global Members and over 300 Local Chapters Internationally. PMI created PMP Certification (began in 1984) to recognize project managers who have proven they have the skills to successfully manage projects. Project Management Professional (PMP) certification represents an elite group of project managers. The base of PMP Certification is PMBOK, a guide of PMI's flagship publication and a fundamental resource for effective project management in any industry. Besides PMP Certification, PMI also provides Certified Associate in Project Management (CAPM), PMI Professional in Business Analysis (PMI-PBA), etc.

PMP certification validates that the applicant is highly skilled in three aspects: (1) the first aspect is People, which will recognize the applicant has the skills to effectively lead and motivate a project team throughout a project; the second aspect is Process, which is to use predictive, agile and hybrid approaches to determine which way of working is best for each project; the third aspect is Business Environment, which highlights the success of a project and its impact on overall strategic organizational goals.

To obtain PMP certification, a project manager must meet certain requirements and then pass a 180-question exam. The PMP exam was created by project leaders, so each test question can be related to real-life project management experiences. Up to November 18th 2022, there are more than 1,200,000 PMP certification holders worldwide. According to Earning Power: Project Management Salary Survey-Twelfth Edition, the median salary for PMP holders globally is 16% higher (and 32% higher in the USA) than those without certification.

Sources from PMI website: https://www.pmi.org/

美国项目管理学会（PMI）创建于1969年，是项目管理专业领域中由研究人员、学者、顾问和经理组成的全球性的专业组织机构。PMI在推进项目管理知识体系的建立和推广方面扮演了重要角色。1976年PMI大会提出项目管理实践的经验总结，并形成"标准"的重要性。1981年，PMI组成了一个10人小组进行"标准"的开发，并于1987年提交了题为《项目管理知识体系》的研究报告。该体系经多次修订，成为项目管理知识体系（PMBOK）第七版。PMBOK已成为被世界项目管理界公认的全球性标准，国际标准化组织以该知识体系为框架，制定了ISO 10006标准《质量管理：项目管理质量指南》，突出了10类项目管理过程。

3. IPMA和IPMP认证

（1）国际项目管理协会（IPMA）

IPMA创建于1965年，是世界上成立最早的项目管理专业组织，其目的是促进国际间项目管理的交流，为国际项目领域的研究人员和项目经理提供一个学习、交流的平台。

IPMA的成员主要是各个国家的项目管理协会，目前，已有包括中国、英国、法国、德国、澳大利亚等国在内的30多个成员组织。这些国家项目管理的会员自动成为IPMA的会员。而那些没有项目管理组织，或者本国项目管理组织未加入IPMA的国家的个人或团体，可以作为国际成员直接加入IPMA。

IPMA的主要产品和服务包括研究与发展、教育与培训、标准化和证书制度、《国际项目管理杂志》、国际会议、讲习班和研讨会等。

（2）IPMP认证

IPMP是IPMA在全球推广的四级证书体系的总称，该体系是IPMA于1996年开始提出的一套综合性资质认证体系，并于1999年正式推出其认证标准ICB，目前已经有30多个国家开展了IPMP认证与推广工作。

English corner: What is IPMA 4-L-C System?

As a global certification, the IPMA certification is recognized worldwide. Over the last 10 years IPMA has certified more than 300 000 project managers in over 70 countries across the globe. Global corporations benefit from IPMA's international presence and recognition. There are four levels in the IPMA 4-L-C System, which is shown as Levels A, B, C and D.

There are three domains in the IPMA 4-L-C System-project, programme and portfolio. In the three domains, projects have four levels (A, B, C and D); programme and portfolio each have two levels (A and B). Level D (Certified Project Management Associate) is the basic level and Level A (Certified Project Director) is constructed in terms of the leadership of others in very complex projects (programmes or portfolios) throughout the life cycle (where applicable) at a strategic level.

The examination process has no language barriers. Candidates always have the choice of doing the certification in their own language or in English. No matter where you live or what language you speak, you are always welcome to certify your competence with IPMA.

Sources from PMI website: https://www.ipmp.net.cn/en/main/

IPMP认证与推广的前提条件。建立本国的PMBOK，即要求IPMP的成员必须建立适应本国背景的项目管理知识体系；将 ICB 转化成 NCB，即各国应按 ICB 的转换规则建立本国的国际项目管理专业资质认证国家标准 NCB。各国建立的 PMBOK 和 NCB 均需要通过 IPMA 的认可。

IPMP 认证内容。IPMP 是一种能力考核，包括知识、经验和个人素质等方面。考核的依据是 ICB（或 NCB），它包含项目管理中知识和经验的 42 个要素（28 个核心要素和 14 个附加要素）、个人素质的 8 个方面和总体印象的 10 个方面。

IPMP 四级证书体系。IPMP 根据项目管理人员专业水平的不同将项目管理专业人员资质认证划分为四个等级，即 A 级、B 级、C 级、D 级，分别授予不同级别的证书。各级证书的能力要求和认证程序不尽相同。IPMP 的能力考核因素。IPMP 的能力考核主要从以下六个方面进行。基本能力：管理，项目和项目管理，项目背景和利益相关者，系统方法和项目管理，项目管理实施，项目目标，项目成功与失败准则，项目阶段，项目生命周期，标准与指南。社会能力：洞察力，激励，社会化结构，小组和团队，学习型组织，自我管理，领导艺术，冲突管理，特殊交流状况等。方法能力：项目结构，过程和时间管理，资源管理，成本管理，财务管理，实施测量和项目进展，项目控制，多项目管理，创新管理，解决问题等。此外，还包括组织能力、个人素质、总体印象等三个方面。

4. PMRC 和中国的项目管理专业资质认证

中国项目管理研究委员会（PMRC）成立于 1991 年 6 月，挂靠在西北工业大学，是我国唯一的跨行业、全国性的、非营利的项目管理专业组织。1996 年，PMRC 代表中国加入 IPMA，并与 IPMA 签订了全面合作协议，开始研究在中国推进国际项目管理专业资质认证工作。1999 年与 IPMA 签订了 IPMP 证书推广协议，正式启动我国的“国际项目管理专业资质认证制度”。2000 年 7 月推出中国项目管理知识体系。2001 年 7 月正式在全国推广国际项目管理专业资质认证。目前，中国的国际项目管理专业资质认证已经得到 30 多个国家项目管理专业组织的认可。

全国高等院校项目管理大赛是数学家华罗庚创立的中国优选法、统筹法与经济数学研究会主办的面向全国高等院校在校学生的项目管理学科创新性竞赛，是目前国内最具影响力并以国际项目管理能力认证标准为导向的项目管理竞赛，同时也是国际项目管理协会主办的“国际项目管理锦标赛（Project Management Championship）”中国区选拔赛，旨在通过项目管理理论知识与软件模拟竞赛活动，激发青年大学生探究项目管理理论、关注项目管理实践的热情，以国际项目管理职业资质标准为导向、注重个人综合素质的提升和能力培养，搭建起青年大学生项目管理专业交流的平台和建立友谊的桥梁，为成就未来项目管理精英发挥积极作用。自 2016 年开始到 2022 年，大赛已经连续举办七届，大赛理论知识竞赛环节涉及的项目管理知识范围以国际项目管理协会（IPMA）发布的国际项目管理专业资质（IPMP）认证标准（ICB 4.0）为基础，重点考察选手项目管理理论知识的掌握情况。

1.5 项目生命周期理论

现代项目管理理论认为任何项目都是由两个过程构成的，其一是项目的实现过程，其二是项目的管理过程。因此，现代项目管理要求在项目实施中分阶段、按过程做好项目管理，保障项目产出物（成果）的生成和项目目标的实现。

1.5.1 项目生命周期

项目是一个动态的系统，它随时间而变化。像所有生命有机体都会经历出生、成长、成熟、衰老和死亡这种明显的生命周期一样，项目也具有一定的生命周期性。

项目的生命周期性主要体现每个项目都要经历从开始到结束的时间过程，在这一过程中，都要经历概念、规划、实施和结束四个阶段。项目生命周期各阶段的关系如图 1-7 所示，项目生命周期各阶段管理的主要内容见表 1-2。

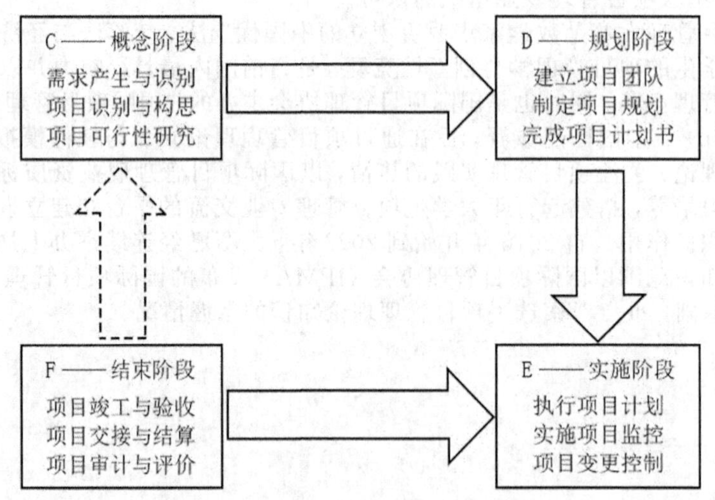

图 1-7 项目生命周期的四个阶段

表 1-2 项目生命周期 CDEF 四阶段及其核心工作

C——概念阶段	D——规划阶段	E——实施阶段	F——结束阶段
明确需求	确定项目团队成员	建立项目组织	完成最终产品
调查研究、资料收集	明确项目范围	建立项目沟通机制	项目评估与验收
项目识别	确定项目质量标准	实施项目激励机制	项目结算/清算
项目构思	研究项目实施方案	建立项目工作包	项目审计
明确项目目标	项目工作分解结构	细化各项技术要求	项目文档总结与移交
项目可行性研究	制订项目主计划	建立项目信息系统	资源清理

续表

C——概念阶段	D——规划阶段	E——实施阶段	F——结束阶段
提出项目申请书	制订项目经费计划	执行 WBS 各项工作	项目后评价
明确合作关系	制订项目资源计划	获得订购物品和服务	转换产品责任者
提出项目团队组建方案	制定项目实施政策与程序	指导/监控/预测：范围	解散项目组
项目风险研究	项目风险评估	质量、进度、成本	
获准进入下一阶段	提出项目概要报告，获准进入下一阶段	解决实施中实际问题	

应该注意的是，由于项目对象不同，其阶段的划分和定义也会有所区别。例如，产品的生命周期可以划分为研究与开发、引入市场、成长、成熟、衰退等阶段；大型系统项目的生命周期分为概念定义与可行性研究、设计、生产试制、定型与投入运行、处置（报废或作为他用）等阶段；世界银行贷款项目的生命周期则分为项目选定、项目准备、项目评估、项目谈判、项目实施、项目后评价等阶段。不论怎样划分项目的阶段，都要对项目完成和限制的条件进行明确的规定，以便对项目的完成情况进行审查。

1.5.2 项目管理过程

过程是指产生某种结果的行动序列。项目管理的过程性主要体现在以下三个方面。

1.项目管理的过程

项目管理是一个一次性的、渐进的、动态的、系统的过程，由贯穿于项目的每个阶段、按一定顺序发生、工作强度有所变化并互有重叠的活动构成（图 1-8）。根据项目管理知识体系，每个项目都有五个基本的管理过程：启动、计划、执行、控制和结束。项目结束过程就意味着本项目的终结和下一项目的开始。

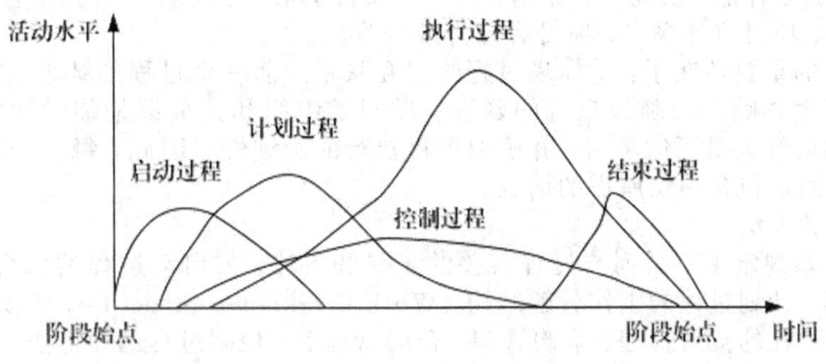

图 1-8　项目管理过程

（1）启动过程

根据前一个项目“结束过程”得到的经验教训输出的文件和信息，以及在新项目启动过程中收集的信息，基于外部环境与内部条件的分析和预测，采用确定性或风险性决策等项目管理分析、管理预测和管理决策工具与方法，做出项目阶段是否开始实施的决策，并生成相应的文件与信息作为这一过程的输出。

（2）计划过程

“计划过程”所需要的输入信息包括“启动过程”输出的文件或信息，有关项目的目标、要求、技术规范、实施条件和环境、项目成本、费用、资源等方面的信息；“计划过程”的活动就是编制计划作为项目实施的依据。“计划过程”输出的是计划工作所生成的计划文件及其支持细节信息。“计划过程”的活动主要分两类，一类是核心性计划工作（集成计划），另一类是辅助性计划工作（专项计划）。项目或项目阶段的核心性计划工作包括的活动主要有项目或项目阶段的范围界定、工作定义和工作顺序安排、工作待续时间的估算与计划排定、资源的安排与成本估算、预算和计划的确定等。

（3）执行过程

这一过程的主要输入有两个，一个是“计划过程”给出的各种计划和相关细节信息与文件，另一个是项目的各种技术文件。而这一过程的输出是项目或项目阶段的产出物。“执行过程”的主体活动是项目生成物的生产工作和相应的管理活动，其中最为主要的工作内容是任务范围的进一步确认、计划任务的实施、项目质量的保证、项目团队的建设、项目相关信息的传递与沟通、采购工作的开展、供应来源的选择、合同管理等。

(4) 控制过程

“控制过程”的活动可以分为三大类：一是对于可能发生的问题所采取的预防性的控制活动（事前控制）；二是在“执行过程”中所开展的控制活动（事中控制）；三是在实施工作完成以后所开展的控制活动（事后控制）。“控制过程”主要工作包括过程控制、范围控制、进度控制、成本控制（cost control）、质量控制、实际绩效报告、风险控制等。“控制过程”的输入是启动过程和计划过程的输出，而这一过程的输出是项目实施结果的业绩报告和纠偏措施带来的结果。

(5) 结束过程

“结束过程”的主要工作包括：管理结束，即收集、生成并分发一个项目阶段或整个项目实施工作完成与结束的各种文件和信息的项目管理工作；合同终结，即终结一个项目或项目阶段各种合同的工作，包括各种商品采购和劳务承包合同。通常是“管理结束”工作先行开始，而“合同终结”工作先行结束，最终“结束过程”完成。

2. 项目管理过程的特点

(1) 明确的任务内容

启动阶段接受上一个阶段交付的成果，经研究确认后，提出对下一个阶段的明确要求和任务，制订计划文件，下一个阶段才能够开始，并且每一个阶段的执行过程都要记录下来，以便与计划相比较，识别其中的偏差，为项目的控制和重新规划提供依据。由此，计划、执行、控制这三个过程常常要周而复始地循环，直到该阶段结束，其结果提交下一阶段。整个生命周期的每一个阶段就是这样环环相扣，构成了整体化的项目过程。

(2) 清晰的可交付成果

两个过程的交接应该具有明显的交接物，使得下一个过程明确看到上一个过程的成果。可交付成果可以是书面文件、图片、样品、实物等，如创意报告、项目申请书、可行性研究报告、项目批准书、网络计划图、项目产出物、项目审计报告、项目后评价报告等。

项目可交付成果的重要性在于：①体现过程的相互联系。前一个过程的结果，对下一个过程以至整个项目的结果都会产生影响。②确保执行的延续。项目的组织和人员都是临时性的，人员常常是流动的。可交付成果帮助后续人员了解项目，并确保项目执行的延续性。因此，每一个过程的可交付成果都应该尽可能详细、全面地包含一切所需的信息。

(3) 有效的工具和方法

项目管理知识体系规定了一系列与过程有关的工具和方法，如启动过程的机会研究、可行性研究、不确定性分析方法等；计划过程的工作分解结构（Work Breakdown Structure，WBS）、里程碑计划、网络计划技术等；执行过程的范围管理、采购管理、合同管理等；控制过程的挣值法、质量控制、风险控制技术等；结束过程的质量验收、费用决算、审计、项目后评价技术等。这些工具和方法同项目过程一起形成了项目管理的完整体系。

项目管理过程不同阶段的工作特点见表 1-3。

表 1-3 项目管理不同阶段的工作特征

特征＼阶段	启动	计划	实施	控制	结束
资源投入	低	较低	高	较低	低
经历时间	短	较短	长	长	较短
工作量	小	较小	大	较小	小
工作特性	以智力劳动为主	以智力劳动为主	体力与智力劳动并存	以智力劳动为主	以智力劳动为主
风险大小	大	较大	较大	较小	小

栏目　　项目管理成熟度模型

项目管理成熟度是一个组织（通常是一个企业）具有的按照预定目标和条件成功地、可靠地实施项目的能力。严格地讲，项目管理成熟度指项目管理过程的成熟度。项目管理成熟度模型作为一种全新的理念，为组织项目管理水平的提高提供了一个评估与改进的框架。项目管理成熟度模型是在项目管理过程的基础上，把组织的项目管理水平从混乱到规范再到优化的提升用阶梯式的进化过程描述出来，利于组织识别改进机会，发现提高项目管理水平的途径和方法，使其项目管理能力持续提高。

项目管理成熟度模型有三个基本组成部分：①项目管理能力评估方法；②项目管理能力评估结果；③项目管理能力提升顺序。目前成熟度模型总数超过了30种，其中，以美国卡内基梅隆大学软件研究院（SEI）提出的CMM模型、美国项目管理学会（PMI）从组织级项目管理层面提出的组织项目管理成熟度模型（organizational project management maturity model，OPM3）、项目管理专家Harold Kerzner博士提出的项目管理成熟度模型K-PMMM等最为有名。

（1）OPM3模型

1998年，PMI开始启动OPM3计划，由John Schlichter担任OPM3计划主管，于2003年12月推出了组织项目管理成熟度模型——OPM3。与CMM模型不同，OPM3模型是一个三维的模型，第一维是成熟度的四个梯级，第二维是项目管理的九个领域和五个基本过程，第三维是组织项目管理的三个版图层次。成熟度的四个梯级分别是标准化级（standardizing）、可测量级（measuring）、可控制级（controlling）、持续改进级（continuously improving）。项目管理的九个领域指项目综合管理（project integration management）、范围管理、时间管理、费用管理、质量管理、人力资源管理、沟通管理、风险管理和采购管理。项目管理的五个基本过程是指启动过程（initiating processes）、计划过程（planning processes）、执行过程（executing processes）、控制过程（controlling processes）和结束过程（closing processes）。组织项目管理的三个版图层次是单个项目管理（project management）、项目群管理（program management）和项目组合管理（project portfolio management）。

（2）K-PMMM模型

K-PMMM模型由美国著名项目管理专家Harold Kerzner博士于2001年提出，包括以下五个层级：①通用术语（common language）。在组织的各层次、各部门使用共同的项目管理术语。②通用过程（common processes）。在一个项目上成功应用的管理过程，可重复用于其他项目。③单一方法（singular methodology）。组织认识到了把其所有方法结合成一个单一方法所产生的协同效应，其核心就是项目管理，并用项目管理来综合全面质量管理（TQM）、风险管理、变革管理、协调设计等各种管理方法。④基准比较（benchmarking）。组织认识到，为了保持竞争优势，过程改进是必要的，将自己与其他企业及其管理因素进行比较，提取比较信息，并用项目办公室来支持这些工作。⑤持续改进（continuous improvement）。从基准比较中获得的信息建立经验学习文档，组织经验交流，在项目办公室的指导下改进项目管理战略规划。以上每个层级都有评估方法和评估题，通过综合评估可以得到组织项目管理成熟度的层级，分析不足和制定改进措施，确定是否进入下一梯级。

1.6 项目管理理论新进展

在当前的经济环境中，组织实施的项目越来越多，这些项目的实施结果也越来越大地影响到组织的竞争优势，成为其战略实施的重要工具。与之相适应，以范围、时间、成本和质量为核心的传统项目管理也正在逐步向组织战略领域扩展。这一扩展主要包含两个领域：项目组合管理和项目群管理。

1.6.1 项目组合管理

随着组织内部项目的不断增多，对于高层管理者来说，如何管理好多个项目，确保这些项目符合组织战略的要求，成为项目管理领域新的研究课题。由此，项目组合管理（project portfolio management）应运而生。

美国项目管理协会（PMI）对项目组合的定义是：一系列项目或项目群同其他工作集合在一起，通过有效管理以满足组织战略目标。项目组合管理是指在可利用的资源和组织战略规划的指导下，进行多个项目或项目群投资的选择和支持活动。它通过项目评价选择、多项目组合优化等工作，确保项目符合组织的战略目标，从而实现组织收益最大化。项目组合管理不是简单地对多个项目进行管理，而是超越了传统项目管理的边界，它作为组织项目和战略之间的"桥梁"，将项目实施和组织战略结合起来。

项目组合管理是为了实现战略目标而对一个或多个项目组合进行的集中管理，其关注的焦点在于通过审查项目和项目集来确定项目资源分配的优先顺序，并确保对项目组合管理与组织战略协调一致。

1.项目组合管理特点

与传统项目管理相比，项目组合管理具有如下特点。

(1) 选择性。强调"做什么项目"，即通过帮助组织识别产生最大价值的项目，并通过一定的规则(ground rules)将这些项目进行有机组合，使其与组织目标结合在一起，获得项目之间、项目与资源之间的恰当平衡，以实现项目组合价值的最大化。

(2) 战略性。它是组织战略层面的管理活动，是进行组织决策的过程，是面向多个项目的管理，与实现组织战略目标和全局利益密切相关。

(3) 自上而下式的管理。它是在组织战略目标指导之下所实施的项目管理，通过优先选择符合组织战略目标的项目，有效组合资源能力实现项目目标，进而实现组织的战略目标。

项目组合管理与传统项目管理特点差异性体现在管理目标、管理范围、管理方式、管理周期、决策层次、主要干系人和管理内容等方面。项目组织通过进行项目组合管理，能够合理运用组织的各种资源，快速适应市场环境的变化，提高组织项目（包括信息化项目）实施的成功率，从而提升组织的竞争优势。

2. 项目组合管理的阶段与内容

项目组合管理可分为项目战略定位、分析选择、组合优化、组合决策、实施跟踪等阶段。各阶段的主要工作内容前后贯通，有机衔接。因此，项目组合管理过程是一个动态的持续执行、循环反复的过程。通过实施上述过程，组织能够建立所有项目的全景图，动态地跟踪项目的执行情况，进行项目和资源优化组合，最终实现其战略目标。

1.6.2 项目群管理

项目群（program）的概念比较广泛，它含有大项目的含义，是指一组相互关联且被协调管理的项目、子项目集和项目集活动，以获得分别管理所无法获得的利益。项目群通常与组织战略密切相关。它既是战略实施的具体工具，又是为了实现战略性利益而有目的地协调起来的项目集合，其目标是共享组织资源，获取单个项目管理无法取得的效益和控制能力。

1. 项目群的特征

(1) 多个项目。项目群由若干个同时发生或部分搭接的项目构成。这些项目相互之间，要么具有一定逻辑关系，要么虽没有逻辑关系，但具有类似的特征。因此，项目群中一个项目的推迟可能影响到另一个项目，如著名的阿波罗计划中的项目；但也可能不会影响到另一个项目，如南水北调工程的东、中、西线工程项目。

(2) 统一的战略目标。项目群拥有一个明确的战略目标。组成项目群的多个项目虽各自拥有具体的目标，但总体上都是为项目群统一的战略目标服务的，例如，南水北调工程的东、中、西线工程项目都是为了解决中国北方水资源短缺这个总目标的。不具有统一战略目标的多个项目只能算作项目组合，而不能称为项目群。

(3) 统一的配置资源。是指项目群范围内系统化地合理安排资源。由于目标的统一性，多个项目可能同时使用同一资源，或同一资源供若干个不同项目调用。这就需要在满足单个项目资源需求的基础上，从项目群系统角度出发，在不同项目之间合理调配资源。

项目群管理（program management）是指为了实现组织的战略目标和利益，而对一组项目（项目群）进行的统一协调管理。通常，项目群管理不直接参与对每个项目的日常管理，其所做的工作侧重于对多个项目在整体上进行规划、控制和协调，以及指导各个项目的具体管理工作。项目群管理以一般项目管理理论为核心和基础，突出在战略目标指导之下多项目之间的集成管理、协同管理等。而由于项目群中的多重性、高度复杂性和不确定性，风险管理在项目群管理中占据相当重要的地位。

2. 项目群管理的重点

项目群管理的重点是实现项目群内各项目之间在组织、管理要素和全生命周期的集成化管理。

(1) 全生命周期集成

全生命周期集成即项目生命周期各阶段的集成，是指将项目群中各项目的实施从决策、设计、施工、运营到后评价，各阶段各环节之间通过充分的交流、协同集成为一个整体。

(2) 管理要素集成

项目同时具有范围、工期、费用、质量、人力资源、采购、风险、沟通等多个相互影响和制约的管理目标。项目群集成化管理在项目实施过程中对这些目标和要素进行通盘的规划和考虑，以达到对整个项目群全局优化的目的。

(3) 组织集成

通常，项目管理各参与方包括业主、监理咨询、设计师、承包商、分包商、供应商等，他们之间由相互独立的合同构成交易关系。不同项目的各个参与方之间缺乏相互交流和了解，影响了项目之间的合作，容易造成各方追求局部优化的现象。

组织集成要解决原有的单个项目自成体系、独立运作、难以协同的难题，通过组织体系的集成，创造协同机会，统一协调需求和资源，充分挖掘提高整体效益的潜力，提高项目管理水平。实践中，建立统一的项目（群）管理办公室是常用的组织集成方法。

3. 项目群管理实施的难点

在建立有效的项目群管理系统的过程中，关注项目群管理面临的不确定性因素至关重要。第一，技术团体保守容易引发项目群技术管理不当。当高层管理者出于战略原因要对现有的项目群进行调整时，工程师和研究人员往往会很不情愿接受他们的理由，因而项目群技术管理出现问题。第二，不同步的项目和项目群引发战略混乱。项目群管理必须要精确反映相同的战略观点，如果战略和项目群不相符，就容易引发战略混乱。第三，项目群中不必要的项目引发项目失败传导效应。最坏的情况是发现企业正在实施低效或不必要的项目。当项目群管理遇到这一最坏情况时，管理者通常要重新权衡该项目群，以保证有足够多的不同类型的项目能够弥补那些有可能失败的项目可能带来的损失。

4. 资源的缺乏对项目群管理至关重要

对所有项目来说，人力资源是一个关键性的资源。事实上，人力成本是项目费用的最大来源之一。其他资源包括有原材料、财务资源以及其他对于成功完成项目的关键供给。项目群管理的核心是在需要的时候能够得到所需的资源。

项目群管理是将企业的项目管理实践同整个企业的战略保持一致的过程，通过在项目群中各项目的互补，就能保证企业的项目管理团队齐心协力，而不会产生分歧。项目群管理需要聚焦战略方向和商业目标，确定项目群中各个项目优先级、资源分配以及未来方向的信息。最后，项目群管理需要在众多不同类型的项目中、在风险和回报间以及在有效运作和无效运作的项目间寻求持续的平衡。工程项目群管理需要在项目实施过程中对这些目标和要素进行通盘的规划和考虑，以达到对项目的全局优化。

1.6.3 战略项目管理

战略项目管理是项目管理的新概念，它是服务于组织战略的项目管理方法，并要求组织从高层到基层每位员工的参与，在全方位的项目管理信息系统（Project management information system）支持下，利用系统思维方法去解决组织范围内的项目管理问题，使组织战略与项目管理的理念、方法等融入其文化之中。

战略项目管理是基于组织战略视角，以系统的观点，构建组织范围内的项目管理体系，即从组织整体战略出发分析、识别、评价其所有项目并实施相应的管理策略。

1. 战略项目管理特点

(1) 系统性。不是从个体、局部研究项目管理问题，而是基于战略视角来研究组织内项目管理活动的系统集成，提出战略性项目管理概念，并对其内容和特点进行研究。

(2) 战略性。将战略管理思想与方法应用于项目管理，利用系统及系统工程方法进行组织范围内所有项目管理活动的集成，建立以战略目标为导向的，包括项目管理目标、管理组织、系统方法、信息系统及组织文化的管理体系。

(3) 集成性。将集成创新的思想引入项目管理体系，在管理重点上注重整体、集成、协同和风险，并对组织项目进行结构化分析与管理。

2. 战略项目管理体系

战略项目管理体系包括六个要素，即战略目标、组织体系、系统方法、信息系统、组织文化、组织生态。

(1) 战略目标。战略性项目管理的目的是把组织所有项目管理活动与组织战略目标及战略管理活动联系起来，从而使项目成为组织战略的组成部分和重要支撑。因此，要在组织战略指引下制定项目管理目标。项目管理者的着眼点应以组织战略目标为指导，而非项目交付。

(2) 组织体系。战略性项目管理要求建立全员参与的组织体系。因此，组织应建立相应的战略性项目管理机构，并以此为基础构建项目管理网络，这是战略性项目管理得以成功实施的必要条件。

(3) 系统方法，即运用系统方法去解决组织项目管理问题，将组织视为一个系统，而将各项目视为其子系统，研究其构成要素、相互联系、相互作用等，从而为系统优化。

(4) 信息系统。战略性项目管理是一个复杂的系统，为实现整体优化必须建立有效的信息系统，并在合适的时间把合适的信息传送到需要此信息的人员那里。可见，从信息视角看，战略性项目管理体系是一种全方位立体性的信息网络。

(5) 组织文化，即组织应使其文化与战略性项目管理相协调，形成统一标准化的语言，以使项目管理的思想方法融入组织战略、管理决策及各项活动之中，成为员工自觉的行为。

(6) 组织生态。传统的项目管理是基于实现项目需求而提出的一种科学管理方法，追求在给定的费用、规定的时间内完成给定的项目目标。它更多地关注项目内部，注重全过程管理，但对组织生态，包括内外部环境，关注较少。战略性项目管理的研究视角则拓宽到多企业、产业和宏观环境中，探讨项目之间、项目和所处环境之间的相互作用关系。例如，绿色项目管理主要关注项目实施过程对项目相关利益者及环境的影响。顺应了政策层面对构建和谐社会和可持续发展的需求，是未来值得关注的重要方向。

案例分析　　　北京大兴国际机场项目建设进度快、质量优、技术先进

2019年9月25日习近平总书记宣布："北京市大兴国际机场正式投运！"举世瞩目的北京大兴国际机场项目完工，仅用5年时间，中国人建成了这项超级世纪工程。北京大兴国际机场是世界上最大的机场、被国际誉为"世界新七大奇迹"之一。大兴国际机场是按照2025年旅客吞吐量7200万人次、货邮吞吐量200万吨、飞机起降量62万架次的目标设计，主要建设了"三纵一横"4条跑道、70万平方米航站楼。

1.项目起源与目标

北京大兴国际机场建设项目以"树立服务国家战略新标杆、打造展示国家形象新国门"为战略导向，以"精品工程、样板工程、平安工程、廉洁工程"为建设目标，以"理念创新、科技创新、管理创新"为指导思想，成就了卓越的超大规模机场建设业主项目管理新标杆。

2.项目管理经验

大兴国际机场在打造精品工程方面，完工项目一次验收合格率均达100%；在打造样板工程方面，每个项目、每项工程都实行最严格的施工管理，确保高标准、高质量：在打造平安工程方面，建设了"安全主题公园"，要求所有参建人员必须接受9大类、50项体验式培训，取得"新机场安全培训护照"后方能上岗，保持了"施工安全零事故"的成绩，在打造廉洁工程方面，机场建设指挥部也构建了严密的廉洁风险防控体系。

3.项目管理的难点

大兴机场建设有两大项目管理难点。

(1) 工期紧张、工程难度大。大兴国际机场是世界上最大的空港，航站楼钢网架结构形成了一个不规则的自由曲面空间，总投影面积达31.3万平方米，大约相当于44个标准足球场。在主航站楼里，与城际铁路、地铁等相连通的交通枢纽的规模相当于北京站，旅客值机中心区域形成的无柱空间可以完整容纳"水立方"，航站楼楼顶的屋面网架用钢量接近"鸟巢"。整个机场用不到5年时间完成，工程建设难度巨大。

(2) 质量标准严、协同成本高。在项目建设高峰时期，上千家施工单位7万人同时作业，仅主航站楼一天就有8000多名工人同时施工，全过程保持"安全生产零事故"。在如此高难度、高压力的状态下，项目组万众一心、高度协同，通过夜以继日的努力向中国、向世界交出了满意的答卷。

4.项目进度里程碑

大兴机场的项目进度创造了"中国速度"，仅仅5年时间就完成了项目建设，速度之快令世界惊叹。

2014年12月15日，总投资近800亿元的北京新机场工程项目获得中国国家发展和改革委员会批复同意建设，12月26日北京新机场正式开工建设。

2015年9月至2016年9月，地下结构工程"跃"出地面。

2017年6月30日，完成航站楼钢结构封顶。

2018年12月，全面完成外立面装修工程，完成机场跑道全部摊铺。

2019年2月，完成飞行校验。

2019年6月30日，主体工程全部竣工。

2019年10月16日，作为北京地区第二个航空口岸，顺利通过国家验收，标志着中国首都新国门即将向世界开启。

5.项目的重要意义

北京大兴国际机场创造了40余项国际、国内第一，技术专利103项，新工法65项，国产化率达98%以上。上千家施工单位，全过程保持了"安全生产零事故"，全面实现廉洁工程目标。北京大兴国际机场和北京首都国际机场两场之间，遵循“并驾齐驱、独立运营、适度竞争、优势互补”的方针，在同一目标下实现差异发展，打造双轮驱动标杆。

（1）以上项目案例中包括了哪些项目的特点？

（2）以案例资料为基础，分析项目生产与运作管理之间的区别？

▷English Corner for Chapter 1

(1) Projects and their characteristics. A project is the general term for a unique, complex and inter-related effort to achieve a set of specific objectives within the constraints of established resources, technical and economic requirements and time-dependent by an orderly organization. The main characteristics of a project are purpose, uniqueness, relevance, conflict, temporary, life cycle, and irreversibility.

(2) Project management. Project management is a systematic management method with the project as the object, through a temporary and flexible organization, which is used to plan, organize, lead and control the project efficiently, in order to achieve the dynamic management of the whole project process and the comprehensive coordination and optimization of the project's objectives.

(3) Project management system contains three subsystems of technical, organizational, and environmental branches while the technical system is the core part, the organizational system is the foundation, and the environmental system is the condition. The environment faced by project management includes political, economic, social, legal, natural, technical, infrastructure, transportation and communication, stakeholders, etc. In terms of process, project management includes five major phases: project initiation, project planning, project execution, project control and project closure.

(4) Project management maturity model. Project management maturity model is based on the project management process, which describes the organization's project management level from chaos to standardization, and further to optimization in a stepwise evolutionary process, so as to facilitate the organization to identify improvement opportunities, discover efficient means to improve project management level, and continuously improve project management capability. Generally, project management maturity model has three basic components, which are named as project management capability assessment method, project management capability assessment results, and project management capability enhancement sequence. The well-known project management maturity models include CMM, OPM3 and K-PMMM.

(5) The development of project management theory has roughly gone through three stages: subconscious management, traditional management and modern management. The subconscious management stage is mainly based on experience. Traditional project management relies on a scientific and systematic approach, which mainly emphasizes the role of project execution. Modern project management theory has developed into a new branch and a new ideology of management science.

(6) Project management body of knowledge was suggested by PMI, which is based on the project life cycle, mainly including multiple subjects (stakeholders), two levels (project level, organizational level), four stages (concept, planning, implementation, closing), five processes (initiation, planning, implementation, control, closing), ten areas (integrated management, scope management, time management, cost management, quality management, human resources management, communication management, risk management, procurement management, stakeholder management), and forty-seven elements.

(7) Project life-cycle theory. The life cycle of a project is mainly reflected in the time process that each project goes through from the beginning to the end. This process includes the CDEF four phases: Concept, Design, Execution, and Finish.

(8) Recent Advances in Project Management Theory and Practice. The latest advances in project management theory and practice are mainly reflected in the expansion of the project scope and the development of project management methods. The scope of project management has expanded from single project management to project group management and project portfolio management, and has become an important part of the organization's strategic management. The development of project management methods is mainly reflected in the change of project management techniques and organizational methods.

章节习题

一、选择题

1.下列哪项不是项目干系人？（　）

A.一个不希望项目完成的人　　B.将使用项目产品的装配线上的工人

C.工程设计部门的职能经理　　D.一个可能因为项目而失去在公司中职位的人

2.以下不属于项目特点的有（　）。

A.一次性　　B.冲突性　　C.多目标性　　D.稳定的组织

3.随着项目生命期的进展，资源的投入一般呈现（　）趋势。

A.逐渐变大　　B.逐渐变小　　C.先变大再变小　　D.先变小再变大

4.不属于项目的活动是（　）。

A.一种新型罐头产品的开发　　B.罐头产品的试制

C.罐头产品的生产　　D.罐头产品的营销策划

5.下列哪项不属于项目的特征？（　）

A.目的性　　B.冲突性　　C.周期性　　D.重复性

6.项目管理系统的核心是指（　）。

A.技术系统　　B.组织系统　　C.环境系统　　D.信息系统

7.项目的“一次性”含义是指（　）。

A.项目持续的时间很短　　B.项目有确定的开始和结束时间

C.项目将在未来一个不确定的时间结束　　D.项目可以在任何时间取消

二、填空题

1.现代项目管理理论认为任何项目都是由两个过程组成，分别是项目的实现过程和（　　　　）。

2.每个项目都有五个基本的管理过程，分别是启动、计划、执行、（　　　　）和结束。

3.项目的三维管理包含（　　　　）、知识维和保障维。

4.在项目的五个构成要素中，项目的约束要素指的是（　　　　）、费用和时间。

5.项目管理系统由（　　　　）、（　　　　）、（　　　　）三个子系统组成。

6.项目管理的技术子系统的核心是（　　　　）。

7.项目管理三个子系统中，（　　　　）子系统是项目管理的核心。

8.项目管理成熟度模型由（　　　　）、（　　　　）、（　　　　）三个基本组成部分构成。

9.战略性项目管理体系的核心是（　　　　）。

10.战略性项目管理体系包括（　　　　）、（　　　　）、项目管理系统、项目管理组织结构、项目支持系统等五个要素。

三、简答题

1.项目的生命周期包括哪几个主要阶段？项目管理的标准化过程包括哪些内容？

2.项目的特点和项目管理的特点分别是什么？有什么联系？

3.项目的主要特征？项目管理知识体系的内容包括哪些？

4.项目管理的两个层次是指什么？如何理解项目管理的两个层次？

5.什么是项目管理成熟度？项目管理成熟度模型包含哪些基本组成部分？试举例说明常见的项目管理成熟度模型。

6.项目主要的利益相关者有哪些？他们分别是如何管理项目的？

第2章 项目组织、沟通与风险管理

案例引入　　北溪项目组织与风险管理

“北溪二号”（Nord Stream 2），是与“北溪一号”大致平行的一条输气管道，作为世界最长的海底管道，设计年输气能力达550亿立方米，将可满足欧洲约10%的天然气需求。俄罗斯天然气公司是“北溪二号”线股份公司的独家持股者，负责实施这一耗资95亿欧元的项目，并承担一半的费用，参与建设“北溪二号”的瑞士合作公司成立于2015年，项目建设组织由俄罗斯天然气巨头俄罗斯天然气工业股份公司和五家欧洲公司（荷兰的壳牌、奥地利的石油天然气集团、法国的ENGIE集团以及德国的Uniper公司、Wintershall公司）合作，项目原计划于2019年年底建成。然而，建设过程十分缓慢且曲折。

过程曲折，制裁不断。虽然“北溪二号”的项目建设早就提上了日程，过程中却遭遇了很多曲折，原因就在于美国对该项目的制裁，其认为该项目将促使欧洲向俄罗斯靠近，不符合美国遏制俄罗斯的战略意图。2019年年底，美国总统特朗普签署了2020年度《国防授权法》，允许特朗普在60天内，对参与北溪天然气管道二线和土耳其溪天然气管道项目铺设工作的企业及个人实施制裁。参与该项目的120多家欧洲公司都会因此受到影响。制裁相关的承建商瑞士的Allseas公司，在美国正式签署制裁令之前就已宣布停工避险。从全球来看，有能力完成此项目的可替代企业不超过五家。中国制造在关键时候雪中送炭，上海振华重工的“命运女神”号铺管船将会担任制裁后的项目施工主力，为项目最终完成打下了坚实的基础。

历经波折，圆满建成。2021年9月10日，“北溪”天然气管道全段铺设完成。10月4日，俄罗斯向德国输送天然气管道项目“北溪二号”运营商北溪－2 AG公司发布声明称，已开始为“北溪二号”天然气管线注入天然气，接受注气的只有“北溪－2”管线中的一条支线管道。12月20日，尽管“北溪二号”天然气管道项目尚未获得运营许可，但该项目运营公司已经开始为第二条管道填充天然气。

俄乌冲突爆发，“北溪二号”管道项目面临巨大挑战，项目运营组织陷入停滞。2022年3月2日，由于外界对俄实施的制裁，“北溪二号”运营商出现大规模的支付困难，已经解雇所有106名员工，并结束其业务，同时表示，该公司还没有申请破产。俄乌冲突下，“北溪二号”天然气管道在政治层面上，已陷入休克状态。2022年11月17日，瑞典确认“北溪－2”天然气管道遭到破坏，在损坏的管道上发现爆炸物残骸。瑞典检察官办公室宣布，导致“北溪－1”和“北溪－2”天然气管道损坏的爆炸属于严重破坏行为。

“北溪二号”在德国政府批准开工之后，于2018年5月正式开始建设，2021年9月建设完毕，耗时3年多，“北溪一号”包括1号线和2号线，1号线于2010年4月开工，2011年11月投入运行；2号线于2011年5月开工，2012年10月投入运行。相比于“北溪一号”，“北溪二号”耗时长，波折多，地缘政治风险大。可见，项目组织、项目沟通和项目风险管理（project risk management）对于项目管理的成功至关重要。

项目确立之后，首先考虑两个问题：项目的组织结构、项目组织内部的管理问题，尤其是项目经理的挑选、项目团队的组建、项目内部的沟通和冲突的处理问题。项目组织作为一种新型的组织形式，其组织结构和传统的组织结构有相同之处，因而其管理同企业管理也有一些共同点。但项目本身的特性，决定了项目实施过程中其组织与管理又有特殊之处。项目实施过程中也会存在项目内部或外部某些关系难以协调而导致的矛盾激化和行为对抗，因此项目冲突管理也是必要的。项目进行过程中风险需要被识别、预测并进行量化，从而找到合适的方法应对，化解风险。本章将介绍：项目组织、项目组织设计和项目规划等基本内容；项目组织的四种类型及各自适用范围和优缺点；项目经理的责任和权力以及如何有效领导项目团队；项目沟通概述及项目经理的主要沟通工作；项目冲突的来源与管理；项目风险的基本概念；项目风险识别的依据；项目风险识别过程；项目风险估计；项目风险评价；项目风险应对措施；项目风险监控方法；项目风险监控技术。

2.1 项目组织

2.1.1 项目组织的概念

1.组织

组织的动词含义表示有目的、有系统地集合起来，如组织会议中的组织体现了管理的一种职能；其名词含义是指按照一定的宗旨和目标建立的集合体，如工厂、机关、学校、医院、各级政府部门、各个层次的经济实体等，它们都是具有特定目的、肩负一定任务的组织。

本章所讲组织是名词性质的含义。从广义上说，组织是指由诸多要素按照一定方式相互联系的系统。从这个角度来看，组织和系统是相似的概念，包含生物组织或生物学系统等。从狭义上说，组织是指为实现一定目标，互相协作结合而成的集体或团体，这是本章所要研究的项目组织的具体含义。

可见，组织是特定的群体，为了共同的目标，按照特定原则，通过组织设计使相关资源有机组合，并以特定结构运行的结合体。而目标的一致性、原则的统一性、资源的有机结合性、活动的协作性、结构的系统性等是组织的典型特点。

2.项目组织

项目组织（project organization）是指为了完成某个特定的项目任务而由不同部门、不同专业的人员所组成的一个特别的临时性组织，通过计划、组织、领导（leading）、控制等活动，对项目的各种资源进行合理配置，以保证项目目标的成功实现。从这个含义上来看，项目组织具有目的性和临时性的特点。

项目组织构建的复杂度根据项目特征要素而定。一些规模较小、任务单一的项目，其技术工作和管理职能均由项目组织成员承担，如软件开发项目等。此时，由于管理工作量不大，没有必要单独设立履行管理职责的班子。此时项目组织负责人除了管理工作之外，也要承担具体的技术工作，称项目组织为项目班子。而一些规模较大、任务复杂的项目，由于管理工作量很大，往往需要成立专门的管理机构来履行管理功能，而技术工作则由他人或其他组织承担，称其为项目管理班子，以突出其管理职能。通常，项目班子、项目管理班子统称项目团队，或者项目组。

2.1.2 项目组织规划

项目组织规划（project organization planning）是确定项目管理需要的角色，各角色应负的责任以及诸角色之间的从属关系的管理活动。组织规划工作应当包括下列主要内容：责任图表（responsibility chart），说明角色和责任的分派结果；人员配备计划，说明何时和如何增加及减少项目团队人数；组织结构图以及文字说明等。

1. 项目组织规划原则

目的性原则。项目组织成员配备、组织结构选择的根本目的，是产生组织功能实现项目目标。项目组织规划要从这一根本目的出发，因目标设事，因事设岗，因职责定权力。

精干高效原则。大多数项目组织是一个临时性组织，项目结束后就要解散，因此，项目组织应精干高效，力求一专多能、一人多职，应着眼于使用和学习锻炼相结合，以提高人员素质。

一体化原则。项目组织往往是企业组织的有机组成部分，企业是它的母体，项目组织是由企业组建的，项目管理人员来自企业，项目组织解体后，其人员仍回企业，所以项目的组织形式与企业的组织形式密切相关。

管理幅度原则。管理幅度也称管理跨度，指一个主管人员直接管理的下属人数。管理幅度大小决定了管理人员需要协调的人与人之间关系的多少。另外，管理幅度的大小决定了管理层次的多少。在组织规模一定的情况下，管理层次与管理幅度成反比。因此，应根据项目负责人和班子成员的能力和项目的大小进行权衡。

系统化原则。在项目实现的过程中，不同专业、工作之间存在着大量的结合部分，要求项目组织要形成一个有机整体，防止职能分工、权限划分和信息沟通上相互矛盾或重叠，在设计组织结构时要使组织结构成为严密的有机系统。

及时更新原则。项目的单件性、阶段性和一次性必然带来任务量的变化，带来资源配置种类和数量变化。这就要求组织结构随之调整，及时更新，以适应项目活动内容的变化。

2. 项目组织规划依据

项目组织规划依据包括项目内在联系、人员配备要求、组织面临的制约和限制，具体内容如下。

(1) 项目内在联系

项目内在联系（project interfaces）指项目各组成要素之间的相互依赖关系及由此引起的项目组织和人员之间的依赖关系（dependency），反映了项目的内容和特点，并由此决定和影响着项目组织设计和项目沟通渠道。从项目管理的角度，项目内在联系可分为三大类：技术联系、组织联系和个体联系。

1）技术联系（technical interfaces）是项目内在联系中最基本的一种，指项目各要素之间客观存在的相互依赖关系。例如，在矿业工程项目中，立井开拓和巷道支护工程、工作面工程与运输工程的关系等。由于技术联系是客观的、不以人的意志为转移的，因而其他项目联系在一定程度上都要受它的制约。技术联系是项目工作分解和网络计划的基础。

2）组织联系（organizational interfaces）指与项目技术联系有关的项目组织内外各部门之间的关系，亦称为报告关系（reporting relationship）。例如，由于土建工程与安装的联系，必然产生土建部门与安装部门的联系。

3）个体联系（interpersonal interfaces）指项目组织内部个人与个人之间由于完成任务而形成的相互关系，这一关系强调了项目成员沟通的重要性。

(2) 人员配备要求

人员配备要求（staffing requirements）是根据项目各部门的任务提出的，对完成任务的人员的专业技能、合作精神等综合素质及需要的时间安排等方面的要求，包括性别、年龄、品德、性格、经验、学历、专业技术水平、工作能力、责任心、何时需要、需用多长时间等。

(3) 组织面临的制约和限制

制约和限制（constraints and limitations）是项目组织内外存在的、影响项目组织采用某些结构模式及获得某些需要资源（如人员）的因素，常见的制约有组织结构形式、项目管理班子的偏好、期望的工作分工等。

2.1.3 项目组织类型

组织在实际工作中存在多种项目组织形式，项目组织的形式对项目的成败有很大的影响，但并没有证据证明有一个最佳的组织形式，每一种组织形式有各自的优点和缺点，有其合适的适用场合，因此在设计项目组织形式时要具体分析、具体设计。

一般来说，典型的项目组织结构形式有四种：职能式、项目式、矩阵式和组合式。

1. 职能式组织形式

职能式组织形式指企业按职能以及其相似性来划分部门，如一般要生产市场需要的产品涉及计划、采购、生产、营销、财务、人事等职能，那么企业在设置组织部门时，按照职能的相似性将所有计划工作以及相应人员归为计划部门、从事营销的人员划归营销部门等，企业便有了计划、采购、生产、营销、财务、人事等部门。

采用职能式组织形式的企业在进行项目工作时，各职能部门根据项目的需要承担本职能范围内的工作，即根据项目任务需要从各职能部门抽调人员及其他资源组成项目组织，如图 2-1 所示。例如，开发新产品项目就可以从营销、设计及生产部门各抽调一定数量的人员形成开发小组。

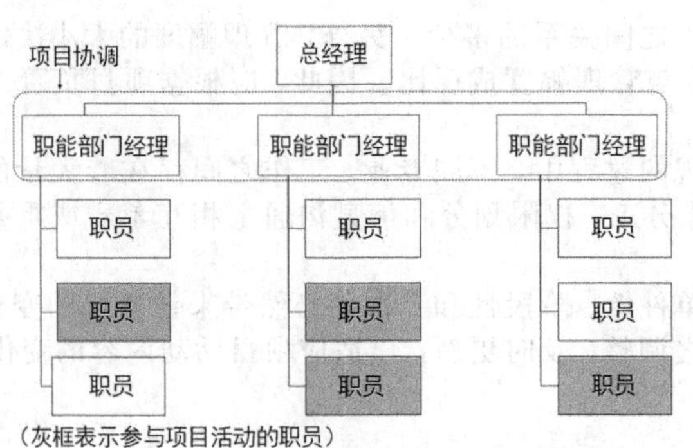

图 2-1　职能式组织形式

职能式组织的界限并不十分明确，小组成员没有脱离原来的职能部门，而其在项目中的工作多属于兼职性质。其特点是没有明确的项目主管或项目经理，项目中各种职能的协调只能由处于职能部门顶层的部门主管或经理来协调。因而，这种组织形式多适用于小型的项目。

(1) 职能式组织形式的优点体现在五个方面：第一，这一形式有利于部门专业化管理，可使项目获得部门内所有的知识和技术支持，对项目技术创新较为有利；第二，技术专家可同时参加不同的项目，提高资源利用效率；第三，当项目组人员变动时，职能部门可为项目技术持续性提供支撑；第四，这一组织形式有利于在过程、管理和政策等方面保持连续性；第五，有利于专业人员正常的晋升途径，使得项目成员不必担心项目临时性对其的影响。

(2) 职能式组织形式缺点：项目利益和职能部门利益的冲突；项目人员容易把项目工作看成额外负担，从而影响其工作的积极性；由于部门目标不同，跨部门之间的交流沟通比较困难；强调内部协调往往会使得客户利益得不到优先考虑；由于没有固定的项目班子，没有人能专心对项目的整体负责。

2.项目式组织形式

项目式组织形式是按项目来配置所有资源，即每个项目拥有完成项目任务所必需的所有资源，有明确的项目经理，对上直接接受企业主管或大项目经理领导，对下负责本项目资源的运用以完成项目任务。每个项目组之间具有相对独立性，如图 2-2 所示。

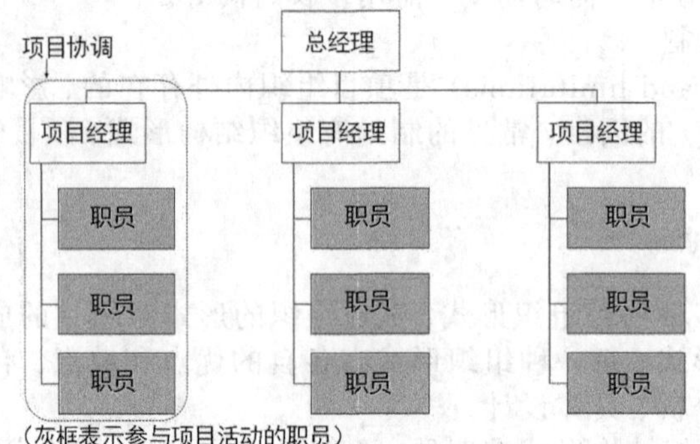

图 2-2　项目式组织形式

(1) 项目式组织形式优点：第一，项目经理有充分的权力调动项目内外部的资源，并对项目全权负责；第二，项目经理可以直接与公司的高层管理者进行沟通，使项目内决策与沟通效率更高；第三，项目目标单一、明确，项目成员能够集中精力，团队精神易得到充分发挥；第四，组织结构简单，排除了多重领导的可能，促进命令协调度和控制效率的提高；第五，有利于项目专业化，保留技术领域的专家作为固定的成员。

(2) 项目式组织形式缺点：第一，多项目运行时人员、设施和设备的重复配置时有发生，从而可能增加成本，降低资源利用效率；第二，不利于专业化和规模经济的实现；第三，组织环境相对封闭，组织管理相对松散；第四，项目组成员有很强的依赖关系，而与公司其他部门的沟通常常发生困难；第五，项目成员缺乏归属感，难以形成长期的职业生涯规划。

3. 矩阵式组织形式

在矩阵式组织中，项目经理在项目活动的内容和时间方面对职能部门行使权力，而各职能部门负责人决定对项目进行支持。每个项目经理要直接向最高管理层负责，并由最高管理层授权。职能部门则通过对其所掌握的资源进行合理分配和有效控制来管理项目。职能部门负责人既要对他们的直线上司负责，也要对项目经理负责。

矩阵式组织形式特点是将按照职能划分的纵向部门与按照项目划分的横向部门结合起来，以构成类似矩阵的管理系统，如图 2-3 所示。从理论上讲，当多个项目对有限的同类职能资源有共同要求时，矩阵管理就是一个有效的组织形式。此时，传统职能组织无力对包含大量职能之间相互影响的不同项目任务提供集中、持续和综合的关注与协调。因为在职能组织结构的设计是依据职能专业化分工，因而难以让职能部门把项目作为一个整体，对职能之间的项目各方面也加以全力的关注。因此，根据职能部门经理和项目经理的权限大小，可将矩阵式组织形式分为强矩阵式（strong matrix）、平衡矩阵式（balanced matrix）和弱矩阵式（weak matrix）三个类别。

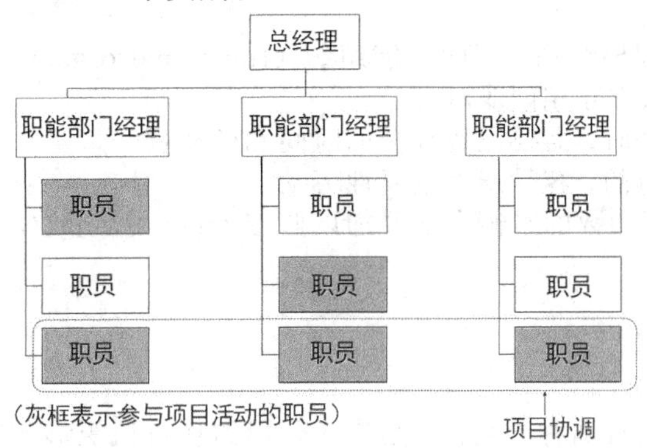

(a) 弱矩阵式项目组织结构

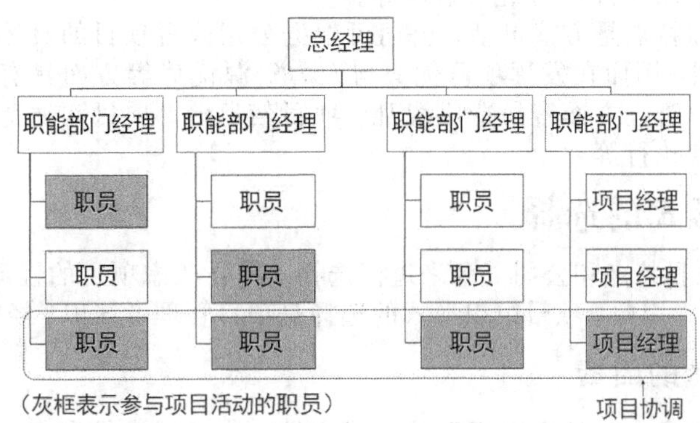

(b) 强矩阵式项目组织结构

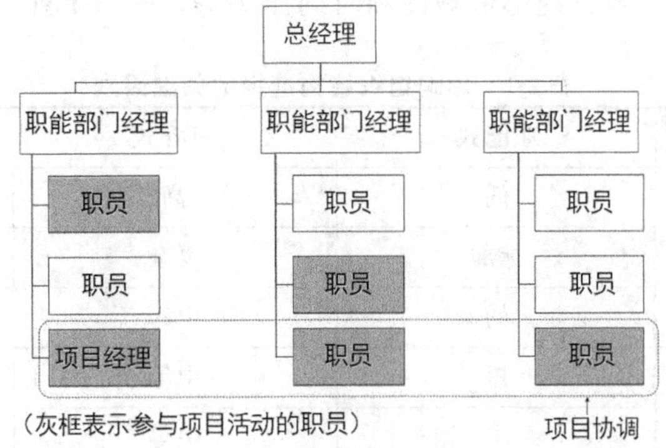

(c) 平衡矩阵式项目组织结构

图 2-3　矩阵式组织形式

(1) 矩阵式组织形式优点

①项目是工作的焦点，有专人即项目经理负责管理整个项目，负责在规定的时间、经费范围内完成项目的要求。

②项目中会有来自职能部门的人员，他们在工作过程中保持与公司政策的一致性，从而增加公司对项目的控制力。

③当有多个项目同时进行时，可以借助职能部门平衡资源以保证各个项目都能完成其各自的进度、费用及质量要求。

④在保留项目式组织长处的同时，减少人员冗余。由于项目组织是覆盖在职能部门上的，它可以临时从职能部门抽调所需的人才，所以可以共享各个部门的技术人才资源。

⑤减小项目组织临时性的影响，使项目组成人员既与项目具有很强的联系，又对职能部门有“家”的感觉。

⑥对客户要求的响应与项目式组织一样快捷灵活，而且对公司组织内部的要求也能做出较快的响应。

(2) 矩阵式组织形式缺点

①包含纵向和横向双重领导结构，因此职能组织（functional organization）和项目组织间的平衡需要持续地进行监督，以防止双方互相削弱对方。

②在开始制定政策和方法时，需要花费较多的时间和劳动量。

③每个项目都是独立进行的，容易产生重复性劳动。

④对时间、费用以及运行参数的平衡有必要加以监控（monitoring），以保证不因时间和费用而忽视技术运行。

⑤对员工素质要求高。

4. 组合式组织形式

组合式项目组织结构形式有两种含义：一是指在公司的项目组织形式中存在职能式、项目式或矩阵式两种以上的组织混合形式；二是指在一个项目的组织形式中包含两种结构以上的模式，例如，在职能式项目组织结构的子项目采取项目式的组织结构等。

组合式项目组织最大的特点是方式灵活，公司可根据公司或者项目的具体情况确定项目管理组织形式，而不受现有模式的限制，因而在发挥项目优势与人力资源优势等方面具有方便灵活的特点。其可能产生的主要问题在于在项目管理方面容易造成混乱，项目信息流、项目沟通等容易产生障碍，公司的项目管理制度不易较好地贯彻执行等。

2.1.4 项目组织形式的选择

项目组织结构要依据项目特点和公司资源来进行选择，需要考虑项目的性质和影响、各种组织形式的优缺点，最后需经综合权衡。因此，项目组织形式的选择是项目管理者知识、经验及直觉等的综合结果。

1.影响项目组织选择的因素

组织形式选择的影响因素有项目影响因素的不确定性、技术的难易和复杂程度、项目规模和建设周期、客户及其他项目外部条件、项目内部依赖性和时间压力等。表 2-1 列出了这些因素对项目组织结构选择的影响。

表 2-1 影响组织结构选择的关键因素

影响因素	职能式	矩阵式	项目式
不确定性	低	高	高
所用技术	标准	复杂	新
复杂程度	低	中等	高
持续时间	短	中等	长
规模	小	中等	大
重要性	低	中等	高

续表

影响因素	职能式	矩阵式	项目式
客户类型	各种各样	中等	单一
对内部依赖性	弱	中等	强
对外部条件	强	中等	强
时间限制性	弱	中等	强

一般来说，职能式组织结构比较适用于规模较小、偏重于技术的项目，而不适用于环境变化较大的项目。因为，环境的变化需要各职能部门间的紧密合作，职能部门本身的存在及权责的界定成为部门间密切配合难以逾越的障碍。

当一个公司中包括许多项目或项目的规模较大、技术复杂时，则应选择项目式的组织结构，同职能式组织相比，在应对不稳定的环境时，项目式组织显示出了自己潜在的长处，这来自项目团队的整体性和各类人才的紧密合作。

与前两种组织结构相比，矩阵式组织形式无疑在充分利用企业资源上显示巨大的优越性，由于其融合了两种结构的优点，这种组织形式在进行技术复杂、规模巨大的项目管理时呈现出了明显的优势。

2.选择项目组织形式的程序

(1) 定义项目。描述项目目标，即所要求的主要输出。

(2) 确定实现目标的关键任务，并确定上级组织中负责这些任务的职能部门。

(3) 安排关键任务的先后顺序，并将其分解为工作集合。

(4) 确定完成工作集合的项目子系统及子系统的联系。

(5) 列出项目的特点或假定，例如，要求的技术水平、项目规模和工期的长短，项目人员可能出现的问题，不同职能部门之间协调可能出现的政策问题和其他有关事项，包括上级部门组织项目的经验。

(6) 根据以上考虑，并结合对各种组织形式特点的认识，选择出一种组织形式。

3.项目组织结构的调整与优化

为保证项目的顺利进行，对项目的组织结构一般不要轻易进行调整，但由于项目内外环境的变化有必要对项目组织结构进行适当调整时，除要遵循一般的组织设计原则外，还要把握以下几点。

(1) 尽可能保持项目工作的连续性。防止因项目组织调整而对项目进展产生不利的影响。

(2) 维护客户利益。当组织调整出现矛盾时，以客户利益为标准，不能因组织的调整影响了项目合同的正常完成。

(3) 把握调整的时机问题。注意研究与把握调整的最佳时机，并利用调整前的时间做好各项准备工作，防止各种意外情况的出现。

(4) 新组织一定要能解决原组织的主要问题。解决原组织中存在的主要问题是项目组织结构调整的动因。因此，在构造新组织时一定要认真分析研究，新组织能否达到这一目标。

2.2 项目团队与项目沟通

项目团队是项目管理的基本单位，具有两个鲜明特点：①团队成员（team members）有共同的工作目标；②团队成员需要协同工作，某个成员工作需要依赖于另一成员的结果。值得注意的是，这种协同工作所产生的整体效力是无法通过个体的简单叠加来形成的。项目沟通有利于为项目团队内外部协作提供润滑剂，有效衔接项目进展，促进项目成功。

2.2.1 项目团队

1.有效的项目团队的特征

项目团队指由项目所集合起来的、齐心协力工作、相互帮助支持，以实现项目目标的群体。有效的项目团队应具备下列特征。

(1) 明确清晰的目标。团队成员清楚地了解所要达到的目标，以及目标所包含的意义。

(2) 职责和角色期望明确。项目成员参与计划制订，明确自身责任，以及与其他成员的相互关系，共同完成其在项目中的任务。

(3) 对共同目标的承诺。所有团队成员都认同团队目标，以及个人目标与团队目标的关系，并承诺为达到目标而努力工作。

(4) 良好的沟通和高度合作互助。成员之间开放、坦诚、互相尊重、相互帮助、及时沟通，并愿意接受建议性的批评。

(5) 高度的相互信任。项目成员之间相互信任，相信团队中其他成员的品行和能力，承认团队中每个成员都是项目成功的重要因素。

(6) 相关的技能。团队成员具备实现项目目标所需要的基本技能。

(7) 优秀的团队领导。高效团队的领导往往起到教练或后盾的作用，他们对团队提供指导和支持，而不是试图去控制下属。

(8) 内外部的支持。既包括内部合理的基础结构，也包括外部给予必要的资源条件。高效的团队鼓励其成员与其他组织部门进行充分交流，以使其他部门员工了解本团队，并对团队提出改进意见。

2. 项目团队的发展阶段

项目团队的发展一般经历四个阶段：形成、震荡、规范、执行，当完成以上四个阶段时，项目团队就能形成项目管理能力从而成为项目管理系统的组织核心。

(1) 形成阶段

在这一阶段，项目组成员刚开始一起工作，总体上有积极工作的愿望，但对自身职责及其他成员的角色都不是很了解，他们会有很多的疑问，并不断摸索以确定何种行为能够被接受。在这一阶段，项目经理需要进行团队的指导和构建工作。

①宣传项目目标，描绘项目前景及项目成功所能带来的效益，公布项目工作范围、质量、预算、进度计划的标准和限制，使每个成员对项目有全面深入的了解，建立起共同愿景。

②明确每个项目团队成员的角色、主要任务和要求，并帮助他们尽快理解所承担的任务。

③与项目团队成员共同讨论决定项目团队组成、工作方式、管理方式、方针政策，以保证今后工作的顺利开展。

(2) 震荡阶段

随着工作的开展，各方面问题会逐渐暴露。例如，现实与理想往往不一致；任务繁重而且困难重重；工作中可能产生不愉快经历等，这些都会导致冲突产生、士气低落。在这一阶段，项目经理需要利用这一时机，创造一个理解和支持的环境。

①允许成员表达不满或其所关注的问题，接受并容忍成员的不满。

②做好导向工作，努力解决问题、矛盾。

③依靠团队成员共同决策，共同解决问题。

(3) 规范阶段

团队成员经过一段时间的适应开始表现出相互理解、关心和友爱，亲密的团队关系开始形成，团队开始表现出凝聚力。另外，团队成员通过一段时间的工作，开始熟悉工作程序和标准操作方法，对新制度，也开始逐步熟悉和适应，新的行为规范得到确立并为团队成员所遵守。在这一阶段，项目经理应顺势而为，确立规范，培育和谐的团队文化。

①尽量减少指导性工作，给予团队成员更多的支持和帮助。

②在确立团队规范的同时，要鼓励成员的个性发挥。

③培育团队文化，注重培养成员对团队的认同感、归属感，努力营造出相互协作、互相帮助、互相关爱、努力奉献的精神氛围。

(4) 执行阶段

在这一阶段，团队的结构完全功能化并得到认可，内部致力于从相互了解和理解到共同完成当前工作上。团队成员一方面积极工作，为实现项目目标而努力；另一方面成员之间能够开放、坦诚及时地进行沟通，互相帮助，共同解决工作中遇到的困难和问题，创造出很高的工作效率和满意度。这一阶段项目经理工作重点：

①授予团队成员更大的权力，尽量发挥成员的潜力。

②帮助团队执行项目计划，集中精力了解项目完成情况，以保证项目目标得以实现。

③做好对团队成员的培训工作，帮助他们获得职业上的成长和发展。

④客观评价团队成员的工作绩效，采取适当的方式给予激励。

3. 如何有效领导项目团队

有效领导项目团队需要两种互相关联的风格：一方面，项目经理必须管理好个性化团队成员；另一方面，还必须把团队控制成为一个统一的整体。因此，项目经理还必须找到某种方式来协调这两个方面。

(1) 选择合适的项目成员

一个高效的团队不仅需要一个优秀的项目经理，项目成员也很重要。项目经理在组建项目之后的第一个重要任务就是挑选项目组成员。虽然技术是选择项目组成员的重要因素，但不是唯一的因素，还需要考虑团队成员教育背景、工作经历，成员的性格特点、成员之间的互补性等因素。

(2) 选择合适的激励手段

通常，对项目组成员的激励手段除了经济手段之外，表扬、休假、培训、富有挑战性的工作任务及允许个体参与决策都是积极的激励手段。项目经理应有节制地使用消极激励，因为积极激励比消极激励更趋向产生持续的影响。

(3) 建立有效的沟通机制

要建立一个高效的项目团队，内部的沟通机制是非常重要的。如果产生矛盾或是冲突，首先要识别沟通问题的来源。其次要找相关人员沟通并且使用有效倾听的技巧。最后要用团队文化的压力来避免和减少负面冲突。

(4) 着力提升团队的凝聚力

一个好的项目团队应该是一个具有较高凝聚力的团队，要让团队成员感觉到团队的凝聚力，首要在组建团队的时候要强调每一个人的参与是团队不可分割的一部分，另外要统一团队目标并强调集体奖励和培养团队成员的集体荣誉感。

(5) 有效利用授权

授权首先要确认适合授权的工作范围；其次要明确授权的对象，只有了解团队成员才能正确授权；再次要向授权对象说明授权的原因以及任务完成后的验收标准；最后要适当地加以控制并进行有效的评估。

2.2.2 项目经理

项目经理负责制是多数项目管理的组织特征。项目经理是项目实施的最高领导者、组织者、责任者，在项目管理中起到决定性的作用。因此，明确项目经理职责，科学选拔项目经理是确保项目成功的关键。

1.项目经理与部门经理的比较

由于项目通常都是在一个比项目本身更高一级的组织背景下产生的，人们习惯于将项目经理定位为中层管理。然而，项目经理所行使的“中层管理”与职能主管所行使的“中层管理”在管理职能上有较大的不同。实际上，由于项目管理的特殊性，对项目经理的素质和技能要求同企业中的总经理有很大的相似性。但由于职位临时性的特点，项目经理在项目中的角色又好像一个球队的教练、一个交响乐团的指挥。具体地讲，项目经理应确保项目全部工作在预算范围内按时优质地完成，并使所有的项目利益相关者满意。因此，项目经理需要对项目的上级组织负责、对项目本身以及对项目团队成员负责。

项目经理与职能部门经理的角色对比见表 2-2。

表 2-2　项目经理与职能经理角色的比较

人员类型	项目经理	职能部门经理
角色需求	“帅”，为工作找到适当的人去完成	“将”，直接指导他人完成工作
知识结构	通才，具有丰富经验和广博知识	专才，是某一技术专业领域的专家
管理方式	目标管理	过程管理
工作方法	系统综合集成的方法	系统分析方法
工作手段	个人实力，责大权小	职位实力，权责对等
主要任务	规定项目任务，何时开始、何时达到最终目标	规定谁负责任务，技术工作如何完成

2.项目经理的责权和能力要求

(1) 项目经理的职责

①在技术、费用和时间给定的情况下，利用组织现有资源生产出最终产品（final product）并实现项目的目标。

②以项目章程（project charter）为基础，精心计划，合理分工，保证项目进度及各项目标的完成。

③控制和指导项目日常工作，管理项目变更。

④对项目的进展和绩效实施有效的管理，并向上层主管及时汇报项目进展。

⑤对项目可能发生的风险实施有效的管理和控制，保证项目顺利实施。

⑥获取外部资源，进行外部沟通和工作协调。

⑦负责项目团队建设（develop project team），激发成员士气，培养成员能力，考核成员业绩。

(2) 项目经理的权力

①生产指挥权。按项目承包合同的规定，根据项目随时出现的人、财、物等资源变化情况进行指挥调度，对于项目组织和计划，也有权在保证总目标不变的前提下进行优化和调整，以保证项目经理能对项目实施中临时出现的各种变化应付自如。

②人事权。在有关政策和规定的范围内，对项目组成员的选择、聘任、调配、考核、奖惩和解聘等。

③财权。在财务制度允许的范围内，项目经理有权安排承包费用的开支，在工资基金范围内决定项目组织内部的计酬方式、分配原则、分配方案；对风险应变费用、赶工措施费用等都有使用支配权。

④技术决策权。审查和批准重大技术措施和技术方案，以防止决策失误造成重大损失；必要时召集技术方案论证会或外请咨询专家，以防止决策失误。

⑤设备、物资、材料的采购与控制权。在公司有关规定的范围内，决定相关设备的型号、数量和进场时间；对材料、工具、大中型机具的进场有权按质量标准检验后决定是否适用于本项目；自行采购零星物资。通常，主要材料采购权不宜授予项目经理，而由材料部门统一采购，但供应的材料必须按时、按质、按量保证供应，否则项目经理有权拒收或采取其他措施。

(3) 项目经理的能力要求

项目经理的能力要求既包括“软”的方面——个性因素，也包括“硬”的方面——管理技能和技术技能。

①个性因素。这体现在与组织中其他人的交往中的理解力和行为方式上。优秀的项目经理应能够有

效理解他人的需求和动机，并以合适的方式与之沟通。具体内容包括：号召力，调动下属工作积极性的能力；交流能力，有效倾听、劝告和理解他人行为的能力；应变能力，灵活、耐心和耐力；对政策高度敏感；自尊；热情等。

②管理技能。这是指项目经理应把项目作为整体看待，认识到项目各部分之间的相互联系和制约，以及单个项目与母体组织之间的关系。具体包括计划、组织、目标定位、对项目的整体意识、处理项目与外界之间关系的能力、以问题为导向的意识、授权能力等。

③技术技能。技术技能主要指理解并能熟练从事某项具体活动，特别是包含了方法、过程、程序或技术的活动。优秀的项目经理应具有该项目所要求的相关技术经验或知识。具体包括：使用项目管理工具和技巧的特殊知识；项目知识；理解项目的方法、过程和程序；相关的专业技术；计算机应用能力等。

(4) 项目经理的选任方式

一般企业选任项目经理的方式有以下三种：

①由企业高层领导委派。由企业高层领导提出人选或由企业职能部门推荐人选，经企业人事部门听取各方面的意见，进行资质考察，若合格则经由总经理委派。本方式优点是能坚持一定的客观标准和组织程序，听取各方面的评价，有利于选出合格的人选。企业内部项目一般采取这种方式。

②由企业和客户协商选择。分别由企业内部及客户提出项目经理的人选，然后双方在协商的基础上加以确定。这种方式的优点是能集中各方面的意见，形成一定的约束机制。由于客户参与协商，一般对项目经理人选的资质要求较高。企业外部项目，如为客户安装调试设备、为客户咨询等，一般采取这种方式。

③竞争上岗。首先由上级部门（有可能是一个项目管理委员会）提出项目的要求，提出竞争上岗需要规范的程序和客观的考核标准，然后广泛征集项目经理人选，候选人需提交项目的有关目标文件，由项目管理委员会进行考核与选拔，最终确定人选。这种方式的优点是可以充分挖掘各方面的潜力，有利于选拔人才和发现人才，也有利于促进项目经理的责任心和进取心。竞争上岗方式多适用于企业内部项目。

课程思政　　项目管理文化与社会主义核心价值观

项目管理文化主要是指项目团队文化，涉及组织的各个层次，渗透于项目的各项工作中。一般来说，团队的文化主要包括团队精神、团队价值观、团队目标等方面。只有发挥项目团队精神的目标导向功能、凝聚功能、激励功能、控制功能，才能使团队成员齐心协力，拧成一股绳，朝着统一的项目目标努力。

项目团队文化是项目管理的生命源泉，成为项目内部凝聚力的一种强大驱动因素。新时代，企业发展离不开企业文化助力，对于项目团队而言，项目团队文化能够促进团队朝着项目目标的方向前进。社会主义核心价值观作为对国家、社会、公民等方面建设目标的高度概括，体现在我国文化建设的全过程和各个方面。项目团队要构建有生命力、有灵魂的文化理念体系，就要把践行社会主义核心价值观和企业文化建设紧密联系起来，发挥社会主义核心价值观的统领作用。例如，团队精神是团队文化的表现形式。它是支撑项目团队生存和发展的支柱。在社会主义核心价值观中，自由、平等、公正、法治是社会层面的价值取向，与项目团队文化密切相关；爱国、敬业、诚信、友善是公民个人层面的价值准则，为每个项目团队成员提供了个人基本道德规范。

2.2.3 项目沟通

1. 沟通的定义和过程

沟通是人们分享信息、思想和情感的过程。沟通一般包括四个要素：发送者、接收者、信息、反馈。沟通过程包括四种活动：发送者的编码、接收者的译码、信息过滤、双方的反馈。

项目沟通是项目信息和意图在发送者和接收者之间的传递的过程，能够促进项目的顺利实施。其中，意图的传递是沟通的中心目标，也是进行沟通的目的。因而判断沟通效果也应以意图是否正确传递与理解为基准。只有接收者在正确理解了发送者的意图时，才可以认为这一沟通是成功的。沟通双方不仅要在传递的信息上取得一致，而且在该信息的内涵上亦要取得相同的理解。例如，项目采购部门只有通过项目沟通且理解了项目施工部门的采购需求意图之后，才能有效进行项目采购。

2. 项目沟通形式

项目团队的沟通应以工作任务为导向，其他类型的沟通如人际关系方面的沟通应服务于团队业绩，而且团队应注重非正式沟通的独特优势。在项目管理中，正式沟通分为上行沟通、下行沟通与平行沟通三种基本形式。三个形式的具体内容如下：

(1) 上行沟通。指信息依照系统内上下隶属关系，由低层成员向高层成员传递信息的沟通形式，通常是指下级对上级的反馈和对下层问题的反映。上行沟通主要包括正式报告、汇报会、建议箱、申诉、信访制度等。上行沟通常表现为两种形式：①逐层传递，即依据最初制定的团队活动原则逐级向上反映；②越级传递，指的是减少中间层次，让项目负责人与一般团队成员直接沟通。通过上行沟通，团队成员的报告、请求、意见、建议等能够向项目负责人反映，项目负责人能够真正掌握全面情况，将各个部门的项目团队成员统一起来，做出正确的决策和控制。有效的上行沟通要求项目团队建立良好的团队文化，形成民主氛围。

(2) 下行沟通。指信息依照系统内上下隶属关系，由高层人员向低层人员传递信息的形式，通常包括命令、政策、计划、规定等形式的信息。下行沟通形式往往带有命令性和权威性，通过下行沟通，项目负责人可以将项目目标、计划方案等信息传达给团队成员，对团队面临的一些具体问题提出处理方案等，以便对团队成员进行指导，提供必要的资料、反馈团队的工作绩效和激励团队成员。

(3) 平行沟通。指项目团队中同级部门之间的信息交流，即同级成员之间的直接联系。平行沟通的思想最早来源于法国管理学家法约尔提出的“跳板原理”（也称“法约尔桥”），其目的是谋求团队成员之间的理解和工作中的配合，因此通常带有协商性。事实上，在项目运行过程中，项目各部门之间因信息沟通渠道不畅经常会产生矛盾和冲突，而平行沟通为减少部门之间的矛盾和冲突提供了一条有效的途径。

项目沟通方式分正式沟通和非正式沟通两种。通常而言，项目沟通形式的选择不外乎口头沟通和书面沟通。但从信息技术和现代通信的发展来看，电子媒介提供了一种介于口头和书面之间的沟通形式，例如项目 OA 办公系统的建设将为项目沟通提供新渠道。在项目团队沟通的过程中，团队成员应根据不同的目的，选择合适的沟通形式，从而达到相应的良好的沟通效果。

3. 项目沟通管理

在项目中，沟通是项目经理最重要的工作之一，通常需要项目经理花费在项目沟通时间占全部工作时间的 75%～90%。良好的沟通交流才能获取足够的信息、发现潜在的问题、控制好项目的各个方面。

(1) 项目沟通管理的定义

项目沟通管理（project communication management）包括确保及时、正确地产生、收集、发布、存储和最终处理项目信息所需的过程。参与项目的每一个人都必须使用项目“语言”传达和接收信息，理解他们以个人身份涉及的信息将如何影响整个项目。

(2) 项目沟通管理的特征

复杂性。每一个项目都涉及客户、承约商、供应商、居民、政府机构等多个方面。另外，大部分项目都是由特意为其建立的项目团队来实施的，具有临时性。因此，项目沟通管理必须协调项目内部各部门以及项目与外部环境之间的关系，以确保项目顺利实施。

系统性。项目是开放的复杂系统。项目的确立将或全部或局部地涉及社会政治、经济、文化等诸多方面，对生态环境、能源将产生或大或小的影响，这就决定了项目沟通管理应从整体利益出发，运用系统的思想和分析方法，全过程、全方位地进行有效的管理。

4. 项目沟通管理的重要性

对于项目来说，要科学地组织、指挥、协调和控制项目的实施过程，就必须进行信息沟通。没有良好的信息沟通，对项目的发展和人际关系的改善，都会产生制约作用。具体来说，项目沟通管理主要作用有以下几方面。

(1) 决策和计划的基础。项目团队如需完成正确的决策，必须以准确、完整、及时的信息作为基础。

(2) 组织和控制管理过程的依据和手段。只有通过信息沟通，掌握项目团队内的各方面情况，才能为科学管理提供依据，才能有效地提高项目团队的组织效能。

(3) 建立和改善人际关系必不可少的条件。信息沟通，意见交流，将许多独立的个人、团体和组织贯通起来，成为一个整体。畅通的信息沟通，可以减少人与人的冲突，改善人与人、人与团队之间的关系。

(4) 项目经理成功领导的重要手段。项目经理是通过各种途径将意图传递给下级人员并使下级人员理解和执行。如果沟通不畅，下级人员就不能正确理解和执行领导意图，项目就不能按经理的意图进行，最终导致项目混乱甚至失败。

在项目环境下，项目经理很可能花费 90%在职时间或更多的个人时间来沟通，典型沟通管理职能包括提供项目指导、决策、分配任务、指导行动、报告、参加会议、综合项目管理、市场与营销、公共关系、备忘录/信件、记录管理、合同文件管理等。项目经理的沟通能力和技巧对项目的成败有很大的影响。

2.3 项目冲突管理

2.3.1 项目冲突的来源

根据组织行为学中对冲突的定义，结合项目管理环境，把项目冲突定义为：两个或两个以上的项目利益相关人，因其所追求的目标相互矛盾，以及另一方对自己实现目标的障碍而导致的争斗。

项目冲突来源主要包括：

(1) 人力资源使用冲突。项目团队成员一般来自不同的职能部门，当人员支配权属于部门经理时，双方就会在如何使用这些人员的问题上发生冲突。

(2) 成本费用冲突。项目的进程会由于某项工作需要多少成本而产生冲突。这种冲突可以发生在客户和项目团队之间，也可以发生在管理决策层和项目执行层之间。

(3) 技术冲突。当项目采用新技术或需要技术创新时，冲突便会随着技术的不确定性相伴而来。职能经理（functional manager）和项目经理之间、项目团队成员之间、项目经理与项目发起人之间都有可能在技术问题上产生冲突。

(4) 管理程序冲突。许多冲突来源于项目如何管理，也就是项目经理的报告关系、责任定义、界面关系、项目工作范围、运行要求、实施的计划、与其他组织协商的工作关系等。

(5) 优先权冲突。这是由于参与项目的各个方面对实现项目目标而应执行的工作活动和工作任务的优先次序有不同的看法而产生的冲突。这种冲突可以发生在项目团队内部，也可以发生在项目团队和其他组织之间。

(6) 项目进度冲突。围绕项目工作任务的时间确定、次序安排和进度计划而产生的冲突。这种冲突可以发生在项目团队内部，也可以发生在项目团队和其他组织之间。

(7) 团队成员的个性冲突。项目组成员在思维方式、对待问题的态度方面的不同也会导致冲突。例如，在一个软件功能涉及多个成员、实现方法多种多样时，就会因为成员自身的习惯等不同产生冲突。

2.3.2 项目冲突管理

在项目生命周期的不同阶段，各种冲突发生的频率和强度不一样。项目经理只有从项目的整个生命周期出发来考察冲突，分辨各个阶段可能发生的主要冲突，才能抓住主要矛盾，有效地管理及解决冲突。

1.项目启动阶段

(1) 冲突来源

在这个阶段，项目组织还没有真正形成。项目经理与职能经理经常在项目活动的优先权上发生冲突。另外在项目管理程序上也会涉及如下冲突：如何设计项目组织？项目经理的权力是什么？项目经理向谁汇报？由谁来建立项目的进度、成本和质量计划？人力资源使用冲突在项目的启动阶段也是很常见的。项目团队的成员来自不同的职能部门，项目经理需求和职能部门的人力资源安排可能不同，冲突由此产生。

(2) 冲突管理

①与参与项目的各职能部门共同协商、联合决策，制定明确的项目计划书，将项目列入公司的目标，在公司总体目标的框架内明确本项目的地位。

②尽早明确并建立项目组织，建立详细的管理程序，形成明确的项目任务责任矩阵（responsibility matrix）。

③尽早预测项目对人力资源的需求，并与职能部门经理协调项目人员供给，争取他们对项目提供所需的人力资源做出承诺。

2.项目规划阶段

(1) 冲突来源

在项目的优先权、项目的进度安排和管理程序上的冲突是本阶段的重要冲突，其中一些是上一阶段的延伸。项目进度安排上的冲突开始显现，这是由于在前一阶段参与项目的各方对进度的设想不具体，而且在项目启动阶段的进度安排一般是粗略的而非强制性的，项目规划阶段的进度安排是具有强制性的，此时会因为这一强制性而发生冲突。本阶段管理程序的冲突开始降低，这是因为随着项目的进展，正式的项目组织已经建立，各种规章制度也随之确立，导致出现的管理程序问题比前一阶段减少。

(2) 冲突管理

①定期召开与相关部门的协助会议，及时提供信息反馈，使他们及时了解既定的项目计划的执行情况和出现的问题，当需要对项目的优先权调整时，容易取得他们的谅解。

②与职能部门或其他有关部门协调合作，一起完成项目工作分解，制订切合实际的进度计划，可取得各参与部门对其所制订的进度计划的承诺。

③制订处理突发问题的应急计划及相应的汇报批准程序，明确项目经理的权限。

3.项目实施阶段

(1) 冲突来源

在项目的执行阶段，主要冲突源与前两个阶段相比有了很大的变化。在项目的执行过程中，项目进度安排是最主要的冲突。因为项目的执行往往需要很多参与方的协调配合才能按计划进行，而各方由于各自利益目标的不一致，导致这种协调配合难以顺利进行，进度的冲突频频发生。由于项目各个子任务的内在逻辑关系，某一方的工作延期就可能会引起整个项目的延期。项目经理为了防止整个项目的延期就会对某些任务的进度进行调整，使得冲突更加激烈。

技术问题的冲突在这一阶段居于重要位置。这是因为：其一，项目是由各个子系统集合而成，在各个子系统的技术界面上会由于匹配问题产生冲突；其二，各种设计中的技术问题都在实施时体现出来并引起冲突；其三，在质量控制和检测人员经常与实施人员发生冲突。

人力资源分配的冲突在这一阶段也开始激烈。因为这一阶段对人力资源的需求达到了最高水平。项目经理在人力资源的问题上与职能部门或其他协作部门经常引发冲突。

(2) 冲突管理

①紧密地与项目各个参与部门和支持部门进行沟通，及时、准确地了解各项任务的实际进展情况，以便预见可能出现的会影响进度的异常情况，并且做好应对计划。

②在各项任务进入执行之前，项目团队会同各参与部门和支持部门一起回顾项目目标所涉及的所有技术质量标准，尽可能明确所有的技术细节，尤其是各个子任务相连界面的技术匹配细节要明确；就进度和预算问题及时与技术人员沟通，使其了解技术变更对进度和预算可能产生的影响。

③及时与各职能部门或协助部门沟通对人员的需求预测，如果需要增加人员，要提前通知相关部门，避免突然抽调人员对部门工作造成的冲击。

4.项目结束阶段

(1) 冲突来源

在这个阶段，项目的进度安排仍为最主要冲突，原因在于实施阶段积累的进度错位传递到了项目的结束阶段。

项目成员的个性冲突也会频繁发生。其主要原因：①临近项目结束，项目组成员对未来的去向问题产生担忧；②项目组成员在这一阶段为满足项目的进度、预算和质量目标的要求而承受着很大的压力。两个因素综合作用导致该阶段人际关系的紧张。

人力资源分配冲突在这个阶段也比较突出。临近项目结束，各个职能部门或协助组织会要求一些项目组的成员回到原来的组织或部门。此外，抽调人员去新的项目组也会加剧人力资源冲突的产生。

(2) 冲突管理

①密切监督项目各个子任务的进度，对出现进度落后的关键子任务给予人力或物力的支援；预测并及时解决可能影响进度的技术问题。

②尽可能组织安排一些娱乐活动，舒缓紧张的工作压力；注意项目成员情绪变化并及时疏导，并与各方保持良好的工作关系。

③在项目临时结束时，提前考虑人员的重新安排计划，让项目组成员能够安心工作直至项目完全结束。

2.3.3 项目冲突的解决

尽管项目经理可以采取以上措施来减少冲突的发生，但在项目整个生命周期内冲突是不可避免的。项目经理必须采取恰当的方式来解决冲突，否则就会影响到项目的顺利进行。

1.解决冲突的总体思路

(1) 共同合作。冲突的解决最需要的是所有成员的共同合作。冲突有时也能带来好处，使问题及早暴露、及早得到重视；迫使相关成员尽快商讨，寻找问题的解决办法。同时，成员在讨论过程中，更好的解决思路、更好的方法都会随之出现。相反，如果冲突处理不当，就会对项目产生非常不利的影响。因此，应正视冲突，而非回避、妥协，通过坦诚、合作的方式解决问题。

(2) 勤于沟通。任何冲突解决方案都必须在沟通中产生。不愿意沟通、交流、出现问题不愿意讨论、不愿意倾听别人的意见、自以为是、不尊重别人的观点等，都会导致问题无法解决，项目无法按正常质量完成。

(3) 鼓励参与。让项目成员参与到计划制订中，是减少和解决冲突的重要思路。项目经理明确每个成员的角色和职责、明确工作规范；成员发现问题及时沟通和上报项目经理，项目经理发现问题及时通知相应的成员，双方共同配合，才能找到解决冲突的有效途径。

2.解决冲突的基本步骤

(1) 明确问题具体内容、分歧所在、严重程度、涉及面的广度等。问题描述要具体，而非一两句话概述。

(2) 找出产生冲突的真正原因，确定可能的解决方案。有些冲突可能是沟通不够造成的，如甲在某个接口或数据结构上进行了修改，而与此相关的乙却并不知道，当两部分合并时，问题就出来了；有些冲突是由于需求或设计描述不明确，易产生歧义，导致成员对同一问题理解不同，最后的实现也就出现了差错。对于不同的原因，可能有不同的解决方案。

(3) 提出解决问题的可行方案。对每一个可能的解决方案，应进行仔细而全面的讨论，分析各种方案的优劣，通过综合权衡，决定最优的方案。当冲突各方确实无法达成一致意见时，由项目经理最后决定采用哪种方案。

(4) 根据新的方案制订具体的实现计划。新的方案确定后，应制订实现该方案的具体计划。计划实施之后，还要进行仔细的测试和分析，判断是否与最初的预测结果相符。同时，要将新方案涉及的内容更新到相应的文档中。

2.4 项目风险管理

项目风险管理是指识别、分析和采取措施应对项目风险的一系列过程，它包括将积极因素所产生的影响最大化和使消极因素产生的影响最小化两方面内容。早期的项目管理决策对风险考虑很少，现代项目管理引入了风险管理技术。项目风险管理通过识别和评估风险，建立、选择、管理和解决风险的可选方案，从而将项目风险的负面影响减少到最小。项目风险管理的目的就是运用一系列工具辅助项目管理者管理与项目有关的风险、理解项目出现偏差的危险信号，尽可能地采取正确的行动。

2.4.1 项目风险管理概述

风险一词包含了两方面的含义：一是风险意味着损失或未实现预期目标；二是指这种损失出现与否具有不确定性，可用概率分布来表示，但不能对出现与否做确定性判断。以第二种含义的不确定性为例，风险可分为以下三类：①收益风险。指只会产生收益而不会导致损失的可能性，只是具体的收益规模无法确定，如接受教育都能带来收益，但收益大小因人而异。②纯粹风险。指只会产生损失而不会导致收益的可能性，如地震、洪水、火灾等风险一般都是损失，损失大小不一。③投机风险。指既可能产生收益，也可能造成损失的可能性。例如，火箭发射项目可能随发射失败而亏损，也有可能随着发射成功而获益。

风险的构成要素有风险因素、风险事故、风险损失和风险载体。风险因素指引起或促使风险事故发生损失增加或扩大的原因和条件。风险事故又称为风险事件，指引起损失或损失增加的直接的或外在的事件。风险损失指偶然发生的、非预期的和非计划性的经济价值的减少。风险载体是风险的直接承受体。

1. 项目风险管理概念

项目风险指在项目决策和项目实施过程中，造成项目实际结果达不到预期目标的不确定性。项目风险的不确定性包含损失的不确定性和收益的不确定性。这里所指项目风险是损失的不确定性。工程项目的风险可以按发生的概率、后果的严重程度、结果属性（项目目标）、项目阶段、风险因素（引发原因）、关联程度、作用对象、项目系统等多种方法进行分类。典型的就是按照项目系统、风险因素（引发原因）、结果属性（项目目标）和项目阶段四种方法进行分类。

（1）按项目系统分类：环境系统风险、技术系统风险、行为主体系统风险、目标系统风险、管理过程风险等。

（2）按风险因素分类：自然风险、政治风险、经济风险、社会风险、技术风险、管理风险、组织风险等。

（3）按结果属性分类：质量风险、工期风险、成本风险、安全风险、生态风险等。

（4）按项目阶段分类：决策风险、投标风险、设计风险、采购风险、施工风险、试车风险等。

项目风险管理是项目管理者通过风险识别、风险评价去认识项目的风险，并以此为基础，合理地使用风险回避、风险控制、风险分散、风险转移等管理方法、技术和手段对项目的风险进行有效的控制，妥善处理风险事件造成的不利后果，以合理的成本保证项目总体目标实现的管理工作。其作用体现在以下四个方面。

（1）促进项目实施决策的科学化、合理化，降低决策的风险水平。项目风险管理利用科学的、系统的方法，管理和处置各种项目风险，有利于该项目的项目组织减少或消除各种经济风险、技术风险、决策失误风险等，这对项目科学决策、正常经营具有重大意义。

（2）为项目组织提供安全的实施环境。项目风险管理为处置项目风险提供了各种措施，从而消除了项目组织的后顾之忧，使其全身心地投入到各种项目活动中去，保证了项目进展。

（3）保障项目目标的顺利实现。项目风险管理的实施可以使项目组织面临的风险损失减少到最低限度，并能在损失发生后及时合理地提供补偿，从而能促使项目目标顺利实现。

（4）促进项目组织效益的提高。项目风险管理是一种以最小成本达到最大安全保障的管理方法，它将有关处置风险管理的各种费用合理地分摊到产品、过程之中，减少了费用支出；同时，项目风险管理的各种监督措施也要求各职能部门提高管理效率，减少风险损失，这也促进了项目组织效益的提高。

课程思政　　地缘政治、贸易保护主义与国际项目风险管理

“北溪二号”作为一项能源工程，但其建设、开通、破坏停运等一系列历程展示了国际项目管理面临的巨大地缘政治风险（图 2-4）。在世界面临百年未有之大变局背景下，在“一带一路”倡议从大写意到工笔画阶段，中国海外项目利益面临愈来愈复杂的地缘政治形势，中国企业的海外业务亦面临愈来愈多的地缘政治风险。

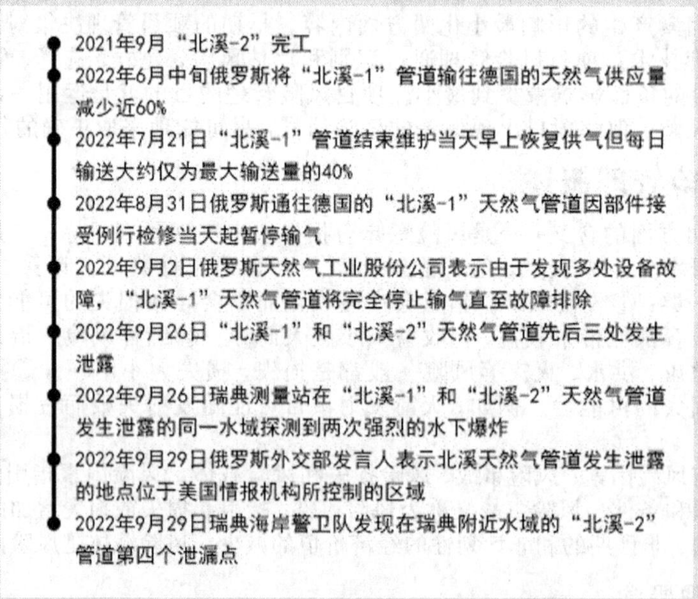

- 2021年9月“北溪-2”完工
- 2022年6月中旬俄罗斯将“北溪-1”管道输往德国的天然气供应量减少近60%
- 2022年7月21日“北溪-1”管道结束维护当天早上恢复供气但每日输送大约仅为最大输送量的40%
- 2022年8月31日俄罗斯通往德国的“北溪-1”天然气管道因部件接受例行检修当天起暂停输气
- 2022年9月2日俄罗斯天然气工业股份公司表示由于发现多处设备故障，“北溪-1”天然气管道将完全停止输气直至故障排除
- 2022年9月26日“北溪-1”和“北溪-2”天然气管道先后三处发生泄露
- 2022年9月26日瑞典测量站在“北溪-1”和“北溪-2”天然气管道发生泄露的同一水域探测到两次强烈的水下爆炸
- 2022年9月29日俄罗斯外交部发言人表示北溪天然气管道发生泄露的地点位于美国情报机构所控制的区域
- 2022年9月29日瑞典海岸警卫队发现在瑞典附近水域的“北溪-2”管道第四个泄漏点

图 2-4　“北溪二号”天然气管道项目风险历程

在大力实施“走出去”战略的背景下，越来越多的工程施工企业将目光瞄向海外市场，在取得经济效益的同时也能进一步向全世界展示企业自身的品牌和理念。但近年来国际局势持续动荡，国际项目管理需要将地缘政治与国际项目风险控制结合起来，根据各种地理要素和政治格局的地域分析和预测，在国际项目管理过程中采取一定的规避和针对性的措施，实现动态的风险控制。

2. 项目风险管理的过程

项目风险管理过程分为风险规划、风险识别、风险估计、风险评价、风险应对、风险监控六个阶段和环节，如图 2-5 所示。

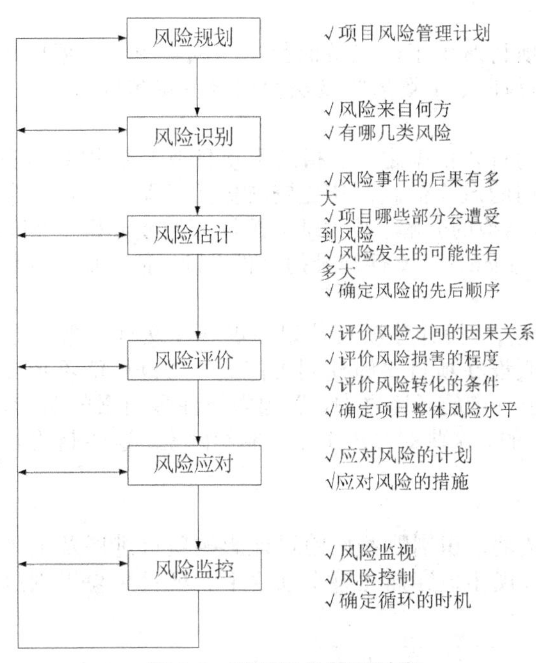

图 2-5 项目风险管理过程

2.4.2 项目风险识别

项目风险识别是指项目风险管理人员在收集资料和调查研究之后，运用各种方法对尚未发生的潜在风险以及客观存在的各种风险进行系统归类和全面识别，了解并寻找项目所有可能遭受损失的来源，并将这些风险的特性整理成文档。风险识别是项目管理者识别风险来源、确定风险发生条件、描述风险特征并评价风险影响的过程。

风险识别是风险管理的基础，通过风险识别，才能使理论联系实际，把风险管理的注意力集中到具体的项目上来。通过风险识别，可以将那些可能给项目带来危害和机遇的风险因素识别出来。

风险识别过程描述发现风险、确认风险的主要活动和方法。作为一种系统过程，风险识别有其自身的过程活动，一般分为五步：①确定目标；②明确最重要的参与者；③收集资料；④估计项目风险形势；⑤根据直接或间接的症状将潜在的项目风险识别出来。

项目风险是客观存在的，项目风险管理人员在研究项目所面临的风险对策时，最重要的工作就是寻找项目可能遭受的损失的来源。因此，风险识别的主要作用有：①为风险分析提供必要的信息，是风险分析的基础性工作；②用于衡量风险的大小；③提供最适当的风险管理对策；④通过项目风险识别，有利于项目组成员树立项目成功的信心。

1. 项目风险识别的依据

项目风险识别的主要依据包括项目规划、风险管理计划（risk management plan）、风险种类、历史资料、制约因素（constraints）和假设条件。

（1）项目规划

项目规划是项目风险识别的基础依据，其中的项目目标、任务、范围、进度计划、费用计划、资源计划、采购计划及项目承包商、业主及其他各利益相关方对项目的期望值（expected monetary value）等都是项目风险识别的依据。

（2）风险管理计划

项目风险管理计划是规划和设计如何进行项目风险管理的过程，它定义了项目组织及成员风险管理的行动方案及方式，指导项目组织选择风险管理方法。它是针对整个项目生命周期制定的。

从项目风险管理计划中可以确定风险识别的范围、信息获取的渠道和方式、项目组成员在识别风险过程中的分工和责任分配、重点调查的项目相关方、识别风险过程中可以应用的方法及规范、在风险管理过程中应该何时由谁进行哪些风险重新识别、风险识别结果的形式、信息通报和处理程序。

(3) 风险种类

风险种类是指那些可能对项目产生正面或负面影响的风险源。一般的风险类型有技术风险、质量风险、过程风险、管理风险、组织风险、市场风险及法律法规变更风险等。

(4) 历史资料

历史资料是项目风险识别的重要依据之一，指从本项目或其他相关项目的档案文件中、从公共信息渠道中获取对本项目有借鉴作用的风险信息。历史资料包括工程系统的文件记录、生命周期成本分析、产业分析或研究、计划或工作分解结构的分解、技术绩效测评计划或分析、进度计划、影像图、文件规定、决策驱动者、专家判断（expert judgment）、文件记录的事件教训、估计成本底线、假想分析。

(5) 制约因素和假设条件

项目建议书、可行性研究报告、设计等项目计划和规划性文件一般都是在若干假设、前提条件下估计或预测出来的。这些前提和假设在项目实施期间可能成立，也可能不成立。因此，项目的前提和假设之中隐藏着风险。项目必然处于一定的环境之中，受到内外许多因素的制约，其中国家法律、法规和规章等因素是项目活动主体无法控制的，这些都构成了项目制约因素，这些制约因素中隐藏着风险。

2. 项目风险识别过程

项目风险识别包含两方面内容：识别哪些风险可能影响项目进展及记录具体风险的各方面特征。风险识别不是一次性行为，而应有规律地穿插在整个项目中。项目风险识别过程如图 2-6 所示。

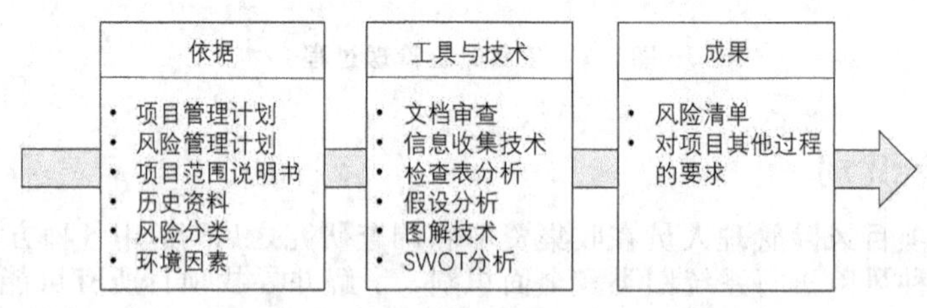

图 2-6　项目风险识别过程

项目风险识别包括识别内在风险及外在风险。内在风险指项目工作组能加以控制和影响的风险，如人事任免和成本估计等。外在风险指超出项目工作组可控力和影响力之外的风险，如市场转向或政府行为等。

风险指遭受创伤和损失的可能性，但对项目而言，风险识别还牵涉机会选择（积极成本）和不利因素威胁（消极结果）。项目风险识别应凭借对“因”和“果”（将会发生什么导致什么）的认定来实现，或通过对“果”和“因”（什么样的结果需要予以避免或促使其发生，以及怎样发生）的认定来完成。

(1) 风险识别输入

1) 产品说明

在所识别的风险中，项目产品的特性起主要的决定作用。所有的产品都是这样，生产技术已经成熟完善的产品要比尚待革新和发明的产品风险低得多。与项目相关的风险常常以“产品成本”和“预期影响”来描述。

2) 其他计划输出

需要厘清项目在工作分解结构、成本、时间、人力资源等维度的其他计划，可以用来识别可能的风险，比如工作分析结构中非传统形式的结构细分往往能提供高一层次分支图所不能看出来的选择机会；成本估计和活动时间估计中通过分析不合理的估计及仅凭有限信息做出估计会产生更多风险；人事方案中对人力分工的说明能够确定团队成员有独特的工作技能使之难以替代，或有其他职责使成员分工细化；必需品采购管理方案中规范的合同管理条例有利于降低合同成本。

3) 历史资料

有关以前若干个项目情况的历史资料对识别目前项目的潜在风险具有特殊帮助。这种历史资料往往可以从以下渠道获得：①项目资料文件。一个项目所牵涉的一个或更多的组织往往会保留过去项目的记录，这些记录会很详细，足以协助进行风险识别工作。实际上，某些团队的成员就保有这样的记录。②商业数据。在很多应用领域我们可以获得商业的历史信息。③项目组的经验知识。项目组成员都会记得以往项目的产出和消耗情况。

(2) 工具和方法

1) 核对表

核对表一般根据风险要素编写。包括项目的环境、其他程序的输出、项目产品或技术资料以及内部因素如团队成员的技能（或技能的缺陷）。有些应用领域广泛应用分类图表作为风险原始资料的一部分。

2) 流量表

流量表能帮助项目组易于理解风险的缘由和影响。

3) 面谈

与不同的项目涉及人员进行有关风险的面谈有助于识别那些在常规计划中未被识别的风险。项目前期面谈记录（这些工作往往在进行可行性研究时进行）也是可以获得的。

(3) 风险的输出

1) 风险因素

风险因素（risk factors）是指一系列可能影响项目向好或坏的方向发展的风险事件的总和，这些因素是复杂的，也就是说，它们应包括所有已识别的条目，而不论频率、发生之可能性，盈利或损失的数量等。一般风险因素包括：①需求的变化；②设计错误、疏漏和理解错误；③狭隘定义或理解职务和责任；④不充分估计；⑤不胜任的技术人员。

2) 潜在的风险事件

潜在的风险事件是指自然灾害或团队特殊人员出走等能影响项目的不连续事件。在发生这种事件或重大损失的可能相对巨大时（“相对巨大”应根据具体项目而定），除风险因素外还应将潜在风险事件考虑在内。

对潜在风险的描述应包括对以下四个要素的评估：①风险事件发生的可能性；②可选择的可能结果；③事件发生的时间；④发生频率的估测（即是否会发生一次以上）。

3) 风险征兆

风险征兆有时也称为触发引擎，是一种实际风险事件的间接显示。例如，丧失士气可能是计划被搁置的警告信号，而运作早期即产生成本超支可能又是评估粗糙的表现。

4) 对其他程序的输入

风险认定过程应在另一个相关领域中确定一个要求，以便进行进一步运作。例如，如果工作分析结构图不细致，无法进行充分的风险识别。

2.4.3 项目风险评估

项目风险评估是项目风险管理的第二个步骤。项目风险评估包括风险估计与风险评价两个内容。风险估计主要任务是确定风险发生的概率与后果；风险评价则是确定该风险的社会、经济意义以及处理的费用/效益分析。

1. 项目风险估计

风险估计又称风险测定、测试、衡量和估算等，因为在一个项目中存在着各种各样的风险，估计可以说明风险的实质，但这种估计是在有效辨识项目风险的基础上，根据项目风险的特点，对已确认的风险，通过定性和定量分析方法衡量其发生的可能性和破坏程度的大小，对风险按潜在危险大小进行优先排序和评价、制定风险对策和选择风险控制方案有重要的作用。

根据项目风险和项目风险估计的含义，风险估计的主要内容包括：①风险事件发生的可能性大小；②风险事件发生可能的结果范围和危害程度；③风险事件发生预期的时间；④风险事件发生的频率等。

风险指损失发生的不确定性（或可能性），所以风险是不利事件发生的概率及其后果的函数，而风险估计就是估计风险的性质、估算风险事件发生的概率及其后果的严重程度，以降低其不确定性。因此，风险与概率密切相关，概率是项目风险管理研究的基础。

(1) 风险估计的计算标尺

项目风险后果的多样性，要求根据风险性质对风险后果采取多种计算标尺。计量是为了取得有关数值或排列顺序。目前，计量一般使用标识、序数、基数和比率四种标尺。

标识标尺是标识对象或事件的，可以用来区分不同的风险，但不涉及数量。不同的颜色和符号都可以作为标识标尺，例如，项目管理组如果感到项目进度拖延的后果非常严重时，可用紫色表示进度拖延；如果感到很严重，用红色表示；如果感到严重，则用橘红色表示。序数标尺是事先确定一个基准，然后按照与这个基准的差距大小将风险排出先后顺序，可以区别出各风险之间的相对大小和重要程度。但序数标尺无法判断各风险之间的具体差别大小，只能给出一个相对的先后排列顺序，例如，将风险分为已知风险、可预测风险和不可预测风险就是一种序数标尺。基数标尺是指项目风险也像其他物质一样可以计算出其大小来，虽然它的计量单位是相对的或抽象的。基数标尺不仅可以把项目各个风险彼此区别开来，还可以表示它们彼此之间差别的大小。比率标尺不但可以确定风险彼此之间差别的大小，还可以确定一个计量起点，风险事件发生的概率就是一种比率标尺。

①效用与效用函数

效用是一个在经济学、管理学及日常生活中广泛使用的一个概念。效用指人们对风险的满足或感受程度。人不同，对风险的评价也不同，效用是一个相对概念，其数值也是一个相对值。效用度量一般有两种：序数效用和基数效用。序数效用只是给出效用的先后排列顺序，基数效用则给出效用的量化计量值。

效用函数。人们对风险信念、风险后果也是随着风险后果的大小、环境的变化而有所变化，这种变化关系可用效用函数 $u(x)$ 来表示。如不同数额的收益或损失在同一个人中有不同的感受，描述收益或损失大小 z 的函数就是效用函数。效用函数在经济学、管理学中具有广泛的应用，可用于衡量人们对风险以及其他事物的主观评价、态度、偏好和倾向等。在项目风险管理中，效用常被用来量化项目管理人员的风险观念。项目管理人员对待风险的态度或主观认识也可以用效用曲线来直观描述。

②效用曲线

在直角坐标系里，以横坐标表示收益或损失的大小，纵坐标表示效用值，将项目管理人员对风险所抱态度的变化关系用曲线来反映，这种曲线就叫作该项目管理人员的效用曲线。图 2-7 给出了三种常用效用曲线，反映了人们对待风险的不同态度。

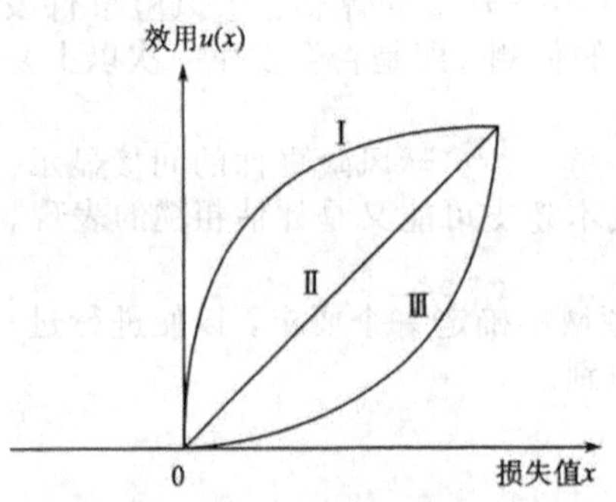

图 2-7　典型效用曲线类型

曲线Ⅰ称保守型效用曲线。属于这种类型的项目管理人员对收益的反应比较迟缓，而对损失比较敏感。这是一种谨慎小心、规避风险、不求大利的保守型决策者。

曲线Ⅲ称冒险型效用曲线。属于这种类型的项目管理人员的风险观念与曲线Ⅰ相对立，他们对损失的反应比较迟缓，而对收益则比较敏感。这是一种不怕风险、谋求大利的进取型决策者。

曲线Ⅱ称中间型效用曲线。属于这种类型的项目管理人员，对能够得到的收益期望值本身与效用大小看成比例关系。这是一种愿冒一定风险、完全按期望值大小选择行动方案的决策者。

效用、效用函数和效用曲线在项目风险管理中考虑项目管理人员的主观因素时很有用，不同的人有不同的效用曲线。

(2) 估计的不确定性与偏向

估计的本质是在信息不完全情况下的一种主观评价。进行风险估计时有两个问题要注意。①不管使用哪种标度，都需要有几种形式的主观判断。所以，风险估计的结果必然带有一定程度的不确定性。②计量本身也会产生一定程度的不确定性。项目变数（如成本、进度、质量、规模、产量、贷款利率、通货膨胀率）不确定性程度依赖于计量系统的精确性和计量的准确性。计量风险的准确性同不确定性是有区别的。

风险估计还涉及信息资料问题。人们一般不能从收集到手的信息资料直接获得有关风险大小、后果严重程度和发生频率的信息。在传播过程中，信息资料的意义常常被人们歪曲地理解或解释。如果事件给人留下的印象深，则其损失容易被高估。广为传播的事件发生频率常常被高估，而传播少的事件则被低估。

对事物感知的选择性或偏向性还表现在人们往往只依赖一种信息资料，例如，只依赖定量的或只依赖定性的信息资料，而排除另外一种。在进行风险估计时还存在着若干认知上的偏向：①过分自信。对风险的估计要么比实际风险大，要么比实际风险小。当他们渴望项目成功时，就不愿意看到与项目不利的方面。②当获得新资料时，人们不能或不愿意对原来作的估计进行准确、前后一致的修改。新的风险刚被识别之时，很少经过量化，易使人的感知产生较大偏向性。这种偏向一旦形成，则难以排除。③人们似乎很少注意样本的大小。大多数人思考问题时缺乏概率的概念。④人们作初步判断时总要选择一个起点，并根据这个起点修改以后的各次判断。因此，最初判断对以后的预测都将产生重大影响。所以在开始估计时，务必将脑子里无事实根据，甚至错误的东西清除干净。⑤在进行估计时，人们常常作简单的类推。例如，如果一个人认为项目的技术风险低，他就有可能认为技术风险对项目的费用影响也小。

(3) 项目风险估计方法

风险评价方法有定性和定量两大类。最简单的定性风险评价方法莫过于在项目的所有风险中找出后果严重者，看看这最严重的后果是否低于项目整体评价基准。例如，从经济风险的角度，看一个投资项目失败时所造成的损失是否低于 30 万元。这是一种最简单、最保守的方法，可以确定一个风险可接受水平上限。此法实际上是假定最严重的风险存在于整个项目期间，忽略了时间因素，同时过于绝对，其结论否认了进行风险管理的必要性。

列表法。对上述方法略加改善，就可以得到另外一种方法——列表法。该法利用风险识别时加工过的信息和资料把那些会引起太多麻烦且需时时当心的风险找出来，然后列在一个表中。被视为重要的放在前面。表列出之后，对照风险评价基准，把未达到评价基准的从表中删除。需要注意：①不能以为未列入表中的风险就不会对项目整体风险产生重大影响。②要留意风险的耦合作用。耦合作用往往掩盖了风险之间的真实关系。③表中的风险及其优先顺序只是暂时的情况，它们的内容和顺序随时都会发生变化。

概率分析法。风险估计要确定风险发生的概率和对项目的影响程度。一般来说，项目风险发生的概率和后果的计算均要通过对大量已完成的类似项目的数据进行分析和整理得到，或通过一系列的模拟实验来取得数据。概率分布表明了每一可能事件及其发生概率。由于事件互斥性，这些概率的和为 1。可使用历史数据（资料）或理论概率分布来建立实际概率分布。

外推方法。外推方法分为前推、后推、旁推三种，都是风险估计的好方法。从预测理论来分析，后推、旁推的应用效果一般较差，故较少用，大量运用的是前推方法。前推的方法即趋势外推法，是一种时间序列法。其基本原理是利用取得的按时间顺序排列的历史信息数据推断出未来事件发生的概率和后果，是一种定量预测方法。外推法简单易行，但需要足够的历史资料。

2. 项目风险评价

(1) 风险评价含义

所有的风险管理过程都有一个评价阶段，尽管这个阶段可能和估计阶段合并在一起，包含在一个范围更宽的分析阶段。这个阶段的作用是对估计阶段的结果进行综合评价，从而实现业主对决策和判断的评估。

(2) 项目风险评价方法

风险评价方法一般可分为定性、定量、定性与定量相结合三类，有效的项目风险评价方法一般采用定性与定量相结合的系统方法。

1) 层次分析法

层次分析法（Analytical Hierarchy Process，AHP），是 20 世纪 70 年代美国学者 T.L.Saaty 提出的，是一种在经济学、管理学中广泛应用的方法。层次分析法可以将无法量化的风险按照大小排出顺序，把它们彼此区别开来。层次分析法处理问题的基本步骤是：①确定评价目标，再明确方案评价的准则，根据评价目标、评价准则构造递阶层次结构模型；②应用两两比较法构造所有的判断矩阵；③确定项目风险要素的相对重要度；④计算综合重要度。

2) 主观评分法

主观评分法是利用专家的经验等隐性知识，直观判断项目每一单个风险并赋予相应的权重，如 0 到 10 的一个数。0 代表没有风险，10 代表风险最大，然后把各个风险的权重加起来，再与风险评价基准进行分析比较。

3) 决策树法

根据项目风险问题的基本特点，项目风险的评价既要能反映项目风险背景环境，同时又要能描述项目风险发生的概率、后果及项目风险的发展动态。决策树这种结构模型既简明，又符合上述两项要求。决策树的结构树，是图论中一种图的形式，因而决策树又叫决策图。它是以方框和圆圈为结点（node），由直线连接而成的一种树枝形状的结构。

决策树图一般包括以下几个部分：

□——决策结点，引出的分枝叫方案分枝，分枝数量与方案数量相同。决策结点表明从它引出的方案要进行分析和决策，在分枝上要注明方案名称。

○——状态结点，也称为机会结点。引出的分枝叫状态分枝或概率分枝，在每一分枝上注明自然状态名称及其出现的主观概率。状态数量与自然状态数量相同。

△——结果结点，将不同方案在各种自然状态下所取得的结果（如收益值）标注在结果结点的右端。

决策树法是利用树枝形状的图像模型来表述项目风险评价问题，项目风险评价可直接在决策树上进行，其评价准则可以是收益期望值、效用期望值或其他指标值。

4）故障树分析法

故障树分析法（Fault Tree Analysis，FTA）是1961年前后，美国贝尔电话实验室的Watson和Mearns等在分析和预测民兵式导弹发射控制系统安全性时首先提出并采用的故障分析方法。这一方法在后面的项目风险管理中得到了卓有成效的深入研究和应用。

2.4.4 项目风险应对与监控

规避风险，可从改变风险后果的性质、风险发生的概率或风险后果大小三个方面提出多种策略。本节着重介绍项目风险应对措施、项目风险监控方法、项目风险监控技术和项目风险监控工具。

1. 项目风险应对措施

（1）减轻风险

减轻风险策略，是通过缓和或预知等手段来减轻风险，降低风险发生的可能性或减缓风险带来的不利后果，以达到风险减少的目的。减轻风险是存在风险优势时使用的一种风险决策，其有效性在很大程度上要看风险是已知风险、可预测风险还是不可预测风险。

在实施风险减轻策略时，最好将项目每一个具体“风险”都减轻到可接受的水平。项目风险管理在很大程度上是一个时间的函数，项目风险水平以及管理的成效与时间因素密切相关。因此，为了有效地减轻风险，必须采取措施应对未来的风险。

（2）预防风险

风险预防是一种主动的风险管理策略，通常采取有形和无形的手段。有形手段一般以工程技术为依托，消除物质性风险威胁。无形手段包括教育法通过对有关人员进行风险和风险管理教育降低风险发生的概率；程序法以制度化的方式从事项目活动，减少不必要的损失。

（3）回避风险

回避风险是指当项目风险潜在威胁发生可能性太大，不利后果也太严重，又无其他策略可用时，主动放弃项目或改变项目目标与行动方案，从而规避风险的一种策略。

回避风险包括主动预防风险和完全放弃两种。主动预防风险是指从风险源入手，将风险的来源彻底消除。采取回避策略，最好在项目活动尚未实施时，放弃或改变正在进行的项目，一般都要付出高昂的代价。

（4）转移风险

转移风险是将风险转移至参与该项目的其他人或其他组织，所以又叫合伙分担风险。

①财务性风险转移

财务性风险转移（financial risk transfer）可以分为保险类风险转移和非保险类风险转移两种。财务性保险类风险转移是转移风险最常用的一种方法，是指项目组向保险公司交纳一定数额的保险费，通过签订保险合约来对冲风险，以投保的形式将风险转移到其他人身上。财务性非保险类风险转移是指通过不同中介，以不同的形式和方法，将风险转至商业上的合作伙伴。

②非财务性风险转移

非财务性风险转移是指将项目有关的物业或项目转移到第三方，或以合同的形式把风险转移到其他人身上，同时也能够保留会产生风险的物业或项目。

（5）接受风险

接受风险是应对风险的策略之一，它是指有意识地选择承担风险后果。觉得自己可以承担损失时，就可用这种策略。接受风险可以是主动的，也可以是被动的。

（6）储蓄风险

对于一些大型的工程项目，由于项目的复杂性，项目风险是客观存在的，因此，为了保证项目预定目标的实现，有必要制定一些项目风险应急措施即储备风险。储备风险是指根据项目风险规律事先制定应急措施和制订一个科学高效的项目风险计划，一旦项目实际进展情况与计划不同，就动用后备应急措施。项目风险应急措施主要有费用、进度和技术三种，包括预算应急费、进度后备措施、技术后备措施。

2. 项目风险监控方法

风险监控还没有一套公认的、单独的技术可供使用，其基本目的是以某种方式驾驭风险，保证项目可靠、高效地完成项目目标。

风险监控技术可分为两大类：一类用于监控与项目、产品有关的风险；另一类用于监控与过程有关的风险。常用的风险监控方法有以下几种。

(1) 审核检查法

作为监视风险的常见方法，该法可用于项目的全过程。项目建议、项目产品或服务的技术规格要求、项目的招标文件、设计文件、实施计划、必要的试验等都需要审核。审核时要查出错误、疏漏、不准确、前后矛盾、不一致之处。审核还会发现以前或他人未注意或未想到的地方和问题。审核多在项目进展到一定阶段时以会议形式进行。

(2) 系统的项目监控方法

风险监控，处于项目风险管理流程的末端，但这并不意味着项目风险控制的领域仅此而已，风险控制应该面向项目风险管理全过程，项目预定目标的实现，是整个流程有机作用的结果。多数关于项目管理的调查显示，项目管理过程的完成结果是不令人满意的。许多项目缺少足够的支持、全面的计划、详细的跟踪及明确的目标。风险监控应是一个连续的过程，它的任务是根据整个项目（风险）管理过程规定的衡量标准，全面跟踪并评价风险处理活动的执行情况。

(3) 风险预警系统

项目的创新性、一次性、独特性及其复杂性，决定了项目风险的不可避免性；风险发生后损失的难以弥补性和工作的被动性决定了风险管理的重要性。传统的风险管理是一种"回溯性"管理，属于亡羊补牢，对于一些重大项目，往往于事无补。风险监控的意义就在于实现项目风险的有效管理，消除或控制项目风险的发生或避免造成不利后果。因此，建立有效的风险预警系统，对于风险的有效监控具有重要作用和意义。

风险预警管理指对于项目管理过程中有可能出现的风险，采取超前或预先防范的管理方式，一旦在监控过程中发现有发生风险的征兆，及时采取校正行动并发出预警信号，以最大限度地控制不利后果的发生。当计划与现实之间发生偏差时，存在这样的可能，即项目正面临着不可控制的风险，这种偏差可能是积极的，也可能是消极的。例如，计划之中的项目进度拖延与实际完成日期（Actual Finish date，AF）的区别显示了计划的提前或延误。前者通常是积极的，后者是消极的，尽管都是不必要的。这样，计划日期之间的区别就是系统预测的偏差。

3.项目风险监控技术

(1) 审核检查法

审核检查法是一种传统的控制方法，该方法可用于项目的全过程，从项目建议书开始，直至项目结束。

项目建议书、项目产品或服务的技术规格要求、项目的招标文件、设计文件、实施计划、必要的试验等都需要审核。审核时要查出错误、疏漏、不准确、前后矛盾、不一致之处。审核还会发现以前或他人未注意的或未考虑到的问题。审核多在项目进展到一定阶段时，以会议形式进行。审核会议要有明确的目标、具体的问题，要请多方面的人员参加，参加者不要审核自己负责的那部分工作。审核结束后，要把发现的问题及时交代给原来负责的人员，让他们马上采取行动，予以解决，问题解决后要签字验收。

检查是为了把各方面的反馈意见及时通知有关人员，一般以完成的工作成果为研究对象，包括项目的设计文件、实施计划、试验计划、试验结果、正在施工的工程、运到现场的材料、设备等。检查是在项目实施过程中进行，而不是在项目告一段落后时进行。检查不像审核那样正规，一般在项目的设计和实施阶段进行。检查之前最好准备一张表，把要问的问题记在上面。在检查时，把发现的问题及时记在上面。检查结束后，要把发现的问题及时地向负责该工作的人员反馈，使他们能马上采取行动，予以解决。问题解决后要签字验收。参加检查的人专业技术水平最好高低差不多，这样便于平等地讨论问题。

(2) 监视单

监视单是项目实施过程中需要管理工作给予特别关注的关键区域的清单，是简单明了又易编制的文件，内容可浅可深，浅则可只列出已辨识出的风险，深则可列出诸如下述内容：风险顺序、风险在监视单中已停留的时间、风险处理活动、各项风险处理活动的计划完成日期和实际完成日期、对任何差别的解释等。

监视单编制应根据风险评估的结果，一般应使监视单中的风险数目尽量少，并重点列出那些对项目影响最大的风险。随着项目向前进展和定期的评估，可能要增补某些内容。如果有数目可观的新风险影响重大，十分需要列入监视单，则说明初始风险评估不准，项目风险比最初预估的要大，也可能说明项目正处在失去控制的边缘。如果某项风险因风险处理无进展而长时间停留在监视单之中，则说明可能需要对该风险或其处理方法进行重新评估。监视单的内容应在各种正式和非正式的项目审查会议期间进行审查和评估。

（3）项目风险报告

编制和提交此类报告一般是项目管理的一项日常工作。成功的风险管理工作都要及时报告风险监控过程的结果。风险报告要求，包括报告格式和频度一般应作为制订风险管理计划的内容统一考虑并纳入风险管理计划。为了看出技术、进度和费用方面有无影响项目目标实现和里程碑（milestone）要求满足的障碍，可将这些报告纳入项目管理审查和技术里程碑进行审查。

项目风险报告是用来向决策者和项目组织成员传达风险信息，通报风险状况和风险处理活动的效果。风险报告的形式有多种，时间仓促可作非正式口头（informal verbal）报告，里程碑审查则需提出正式摘要报告，报告内容的详略程度按接收报告人的需要确定。

（4）费用偏差分析法

这是一种测量项目预算实施情况的方法。该方法将实际上已完成的项目工作同计划的项目进行比较，确定项目在费用支出和时间进度方面是否符合原定计划的要求。该方法计算、收集三种基本数据，即计划工作的预算费用（BCWS）、已完工作实际费用（ACWP）和已完成的实际工作量。BCWS是在项目费用估算阶段编制项目资金使用计划时确定的，它是项目进度时间的函数，是累积值，随着项目的进展而增加，在项目完成时达到最大值，即项目的总费用。若将此函数画在以时间为横坐标、以费用为纵坐标的图上，则函数曲线一般呈现S状，俗称S曲线（S-curve）。具体内容可参见第4章和第5章的费用控制的内容。

4.项目风险监控工具

（1）直方图

直方图有助于形象化地描述项目风险。直方图是表示发生的频数与相对应的数据点之间关系的一种图形，是频数分布的图形表示。直方图的一个主要应用就是确认项目风险数据的概率分布；同时，直方图也可直观地观察和粗略估计出项目风险状态，为风险监控提供一定的参考。

（2）因果分析图

因果分析图是表示特性与原因关系的图，它把对某项、某类项目风险特性具有影响的各种主要因素加以归类和分解，并在图上用箭头表示其间的关系，因而又称为特性要因图、树枝图、鱼刺图等。因果分析图所指的后果指的是需要改进的特性以及这种后果的影响因素，因果分析图主要用于揭示影响及其原因之间的联系，以便追根溯源，确认项目风险的根本原因，便于项目风险监控。因果分析图的基本原理是，如果一个项目风险发生了，除非及时采取应对措施，否则它将再次发生。通过学习，吸取过去的教训，起到防患于未然的作用。因果分析图一般可由以下三阶段过程来完成：①确定风险原因；②确定项目风险的防范措施；③实施管理行为。

因果分析图的结构由特性、要因和枝干三部分组成。特性是期望对其改善或进行控制的某些项目属性，如进度、费用等；要因是对特性施加影响的主要因素，要因一般是导致特性异常的几个主要来源；枝干是因果分析图中的联系环节：把全部要因同特性联系起来的是主干，把个别要因同主干联系起来的是大枝，把逐层细分的因素（细分到可以采取具体措施的程度为止）同各个要因联系起来的是中枝、小枝和细枝，如图2-8所示。

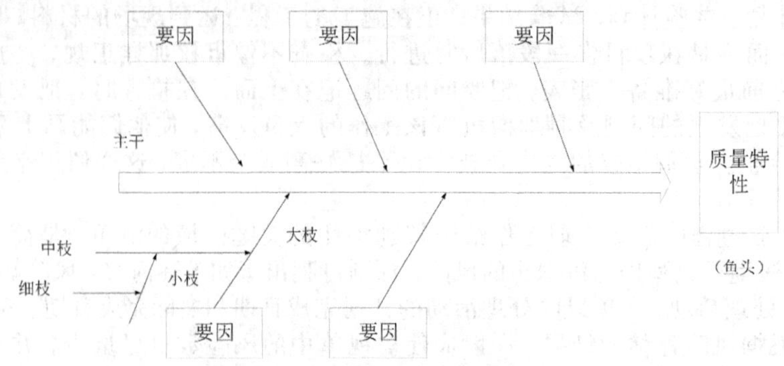

图2-8 因果分析图的结构

(3) 帕累托图

帕累托图（Pareto diagram）主要用于确定处理问题的顺序，其科学基础是所谓的“80/20”法则，即为80%的问题找出关键的影响因素。帕累托图又称“比例图分析法”，最早是由意大利经济学家帕累托提出来的，用以分析社会财富的分布状况，并发现少数人占有大量财富的现象，所谓“关键的少数与次要的多数”这一关系。在项目风险监控中，帕累托图可用于着重解决对减少项目有重大影响的风险，如可用于确定进度延误、费用超支、性能降低等问题的关键性因素，从而及时明确解决问题的途径和措施。

帕累托图一般将影响因素分为三类：A 类包含大约 20%的因素，但它导致了 75%到 80%的问题，称为主要因素或关键因素；B 类包含了大约 20%的因素，但它导致了 15%到 20%的问题，称为次要因素；其余的因素为 C 类，称为一般因素，这就是所谓的 ABC 分析法。帕累托图显示了风险的相对重要性，同时，由于帕累托图的可视化特性，一些项目风险控制变得非常直观和易于理解，有利于确定关键性影响因素，有利于抓住主要矛盾，有利于重点地采取有针对性的应对措施。

还有其他一些项目风险监控工具，如关联图法（图 2-9）、散点图（Scatter diagram）、矩阵图等，有兴趣的读者可参考有关文献资料。

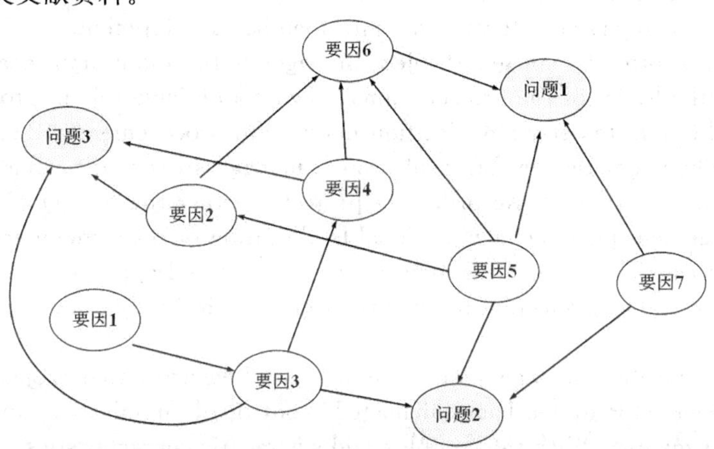

图 2-9　多问题多关联因素的关联风险

▷**English Corner for Chapter** 2

(1) Project organization and project organizational planning. Project organization is a temporary organization which is built by the staffs from different departments and professionals in order to accomplish a specific project task. Through planning, organizing, leading, controlling and other activities, various resources of the project are reasonably allocated to ensure the successful achievement of project objectives. Project organization planning is the management activity to determine the roles needed for project management, the responsibilities of each role, and the working relationships among the roles. The main results of project organizational planning include project organization structure, project responsibility allocation matrix, job descriptions, staffing plans, and related descriptions, etc.

(2) Types of project organization structure. There are four typical types of organizational structures, namely functional, projectized, matrix and combined. The advantages of functional organization are that it can solve specialized problems, achieve high utilization of experts and good technical sustainability, and make clear professional paths while the disadvantages are that there may be a conflict among the interests of the project and functional departments, and it is difficult for interdepartmental communication, internal coordination and clear responsibility. The advantages of projectized organization are that ① the project manager is fully authorized and fully responsible for the project; ② the decision-making and communication within the project are efficient; ③ the members can focus on the project, which is conducive to the improvement of the coordination and control efficiency. The disadvantages are that the operation of multiple projects may cause redundancy of resources and reduce the efficiency of resource utilization. The disadvantages are that it may cause redundancy of resources and reduce the efficiency of resource utilization, and it is difficult to form a long-term career planning, etc. Matrix organization, with three subtypes of strong, balanced, weak organization, is mainly used in high-tech project organization, and its

advantage is to absorb the general characteristics of the functional organization and projectized organization. The disadvantages of matrix organization are multiple leadership and high-quality requirements for employees. The combined project organization is a type with flexibility and not limited by the existing model, so it has potential in playing the advantages of the project and human resources, and should avoid confusion in project information flow and project communication.

(3) Project management team. A project management team is an interactive work group that is formed to accomplish a specific project task. The construction of a project team usually goes through five stages: formation, shock, specification, execution, and termination. An efficient project team should have clear and unambiguous goals, responsibilities and role expectations, and team members should have project-related skills, commitments to common goals, good communications and high ability to cooperate and help each other, high sense of mutual trust, excellent team leadership, internal and external supports, etc. Building an effective project team should start from selecting the qualified project members, adopting the promising motivation, establishing efficient communication mechanisms, working to enhance team cohesion, and paying attention to team member development.

(4) The selection of project manager. Project manager is the monitor in charge of all activities around project, and is the leader of the project team, playing a decisive role in project management. The project manager has the right to determine decision-making for procurement and equipment, supply, human resources, etc. The major responsibility of project managers is ensuring that project objectives are achieved and customers are satisfied. According to project charter, the project manager's work is to elaborate project management plan, achieve reasonable allocation of team members, make effective control of the project process. There are three main ways to select and appoint a project manager, such as assignment by the organization, selection by the organization and the customer, and competitive recruitment.

(5) Project communication management is the process of ensuring that project information is generated, collected, released, stored, fed back, managed, controlled, monitored, and ultimately processed in a timely and correct manner. With the complex and systematic characteristics, project communication management is significant to scientifically plan, organize, direct, coordinate and control the implementation process of the project. Without good communication, the development of the project and the improvement of interpersonal relations will be highly impacted. Project communication includes interpersonal communication and organizational communication. Organizational communication can be divided into organizational external communication and organizational internal communication. Organizational internal communication could be further divided into upstream communication, downstream communication and parallel communication. The whole process of project communication management consists of three steps, namely, communication planning, communication management and communication control.

(6) Project conflict management. The causes of project conflict are generally manifested as resource use conflict, cost conflict, technical conflict, management process conflict, conflict of priority, project schedule conflict, member personality conflict, etc. The basic steps of conflict resolution are divided into four steps of clarifying the conflict problem, identifying the cause of conflict, determining the solution, implementing the solution. The basic principles of conflict resolution are cooperation, communication, and participation. The methods of conflict resolution are retreat/avoidance, mitigation/inclusion, compromise/reconciliation, coercion/competition, cooperation/problem solving, etc. The characteristics of conflict varies in different phases of the project, and then the project team should choose the appropriate conflict resolution according to the specific situation.

(7) Risk is the possibility of loss or injury, consisting of the probability of a risk event and the outcome of risk. Therefore, the risk prevention is mainly from the reduction of the occurrence probability of risk events and the mitigation of the harm degree of risk outcome. The elements of risk are risk factors, risk events, risk losses and risk carriers.

(8) Project risk refers to the uncertainty in the project decision-making and project implementation process. Due to the objective uncertainty of the project environment and conditions and the subjective uncertainty faced by the project-related stakeholders, the final project results have the possibility to deviate

from the requirements or expectations of the project-related stakeholders. Project risk is characterized by randomness, dynamic development, sudden change, relevance and predictability. Project risk management refers to a series of processes such as identifying risks, analyzing risks and taking countermeasures against project risks, which includes maximizing the impact of positive factors and minimizing the impact of negative factors.

(9) Project risk identification is the first management process of determining 3W questions: what risks exist in the project, what consequences these risks may bring, and what impact these consequences will have on the project. The main methods and tools for project risk identification include checklists, flow charts, interview method, system decomposition method, fault tree method, expert experience and brainstorming method, workflow diagram method, scenario analysis method, financial statement method, etc.

(10) Project risk measurement involves the qualitative and quantitative evaluation and estimation of various aspects of project risk characteristics through analytical, estimation and statistical methods based on project risk identification. The methods of project risk measurement mainly include empirical method, probability analysis method, break-even analysis, sensitivity analysis, decision tree, etc.

(11) Based on the outcomes from project identification and risk measurement, project risk response could propose specific countermeasures for possible project risks and formulating project risk response plans. The specific measures of project risk response include risk avoidance, risk containment, risk transfer, risk mitigation, risk reserve, risk tolerance, risk sharing, and risk opportunity enhancement, etc.

(12) Project risk monitoring is an activity of monitoring and controlling throughout the whole project process based on the project risk management plan and the actual occurrence of risks and project changes. The main methods of risk monitoring are systematic project monitoring methods, risk warning systems, audit and inspection methods, risk reporting systems, etc.

章节习题

一、选择题

1.你的项目团队来自你公司所有部门。一些来自财务部，一些来自运营部，还有些来自销售和市场部。尽管他们来自各个部门，但主要时间均以执行项目为主，并且由项目经理协调管理。你的项目中使用的是什么类型的组织？（　）

A.集中办公　　B.项目型　　C.矩阵型　　D.职能型

2.对于项目冲突的认识，不正确的是（　）。

A.冲突来源于人力资源使用、成本费用等方面

B.项目冲突可能发生在各个阶段

C.项目规划阶段不涉及项目优先权的冲突

D.项目进度安排是项目实施和执行阶段的最主要冲突

3.你的项目团队来自你公司所有部门。一些来自财务部，一些来自运营部，还有些来自销售和市场部。尽管他们向你汇报项目的问题，他们仍然需要为自己“家”部门的工作花费40%的时间。你在你的项目中使用的是什么类型的组织？（　）

A.集中办公　　B.项目型　　C.矩阵型　　D.职能型

4.以下不属于项目风险监控工具的是（　）。

A.直方图　　B.甘特图　　C.帕累托图　　D.因果分析图

5.下列对项目风险识别的过程应遵循步骤的先后顺序排列正确的是（　）。

①收集资料；②估计项目风险形式；③确定风险目标；④明确最主要的参与者

A.①③④②　　B.④③②①　　C.③①④②　　D.③④①②

6.项目风险可能性的大小是项目风险管理中（　）阶段的工作之一。

A.风险识别　　B.风险评估　　C.风险监控　　D.风险应对

二、填空题

1.项目组织规划的依据包括（　　　　）、（　　　　）、（　　　　）。

2.从项目管理的角度，项目内在联系分为技术联系、（　　　　）和个体联系三种。

3.解决项目冲突的策略有共同合作，（　　　　）和鼓励参与等三个策略。

4.项目组织内部沟通主要包括上行沟通、下行沟通和（　　　　）等三种形式。

5.两个或两个以上的项目利益相关方因追求项目目标不一致而产生争斗称为（　　　　）。

6.项目策划和执行的总负责人一般是指（　　　　）。

7.项目风险不确定性包含（　　　　）的不确定性和（　　　　）的不确定性。

8.（　　　　）是项目风险潜在阶段人们所应采取的项目风险管理办法。

9.项目风险量化包括（　　　　）和（　　　　）两个内容。

10.项目组织结构的类型包括（　　　　）、（　　　　）、（　　　　）、组合式四类常见的组织结构。

11.项目团队一般包括（　　　　）、（　　　　）、（　　　　）、（　　　　）四类基本要素。

三、简答题

1.项目组织工作的主要内容是什么？

2.项目组织规划的原则有哪些？

3.项目团队有什么特点？如何才能有效地领导一个项目团队？

4.项目冲突的主要来源有哪些？可以采取哪些解决项目冲突的策略？

5.简述项目沟通管理及其重要性。

6.简述项目冲突管理的意义。

7.简述项目风险管理的含义和意义。

8.项目风险管理的过程包括哪些？

9.项目风险识别的依据有哪些？其重要意义是什么？

10.项目风险度量方法有哪些？

11.简述项目风险应对的措施。

12.项目管理是一个开放的系统，必然受到外部环境的影响。结合现实情况，依据项目管理系统理论，试论述在校园建设光伏电站项目所面临哪些外部环境的影响。

第3章 项目构思与论证

案例引入　　**青岛跨海大桥高架路二期工程项目启动**

青岛跨海大桥高架路二期工程项目启动阶段已完成，于 2022 年 5 月 22 日举行开工建设仪式，计划于 2023 年 12 月 31 日竣工，历时 593 天。建设地点主要位于崂山区，项目西起海尔路立交，东至青银高速，主线全长约 1.6km。总投资 179478 万元，由青岛市住房和城乡建设局建设。道路采用主线高架及地面辅路的设计方案，本次工程实施西向北、北向西以及西向南匝道。主要建设内容包括道路、桥梁、管线、景观、照明等工程。主线道路等级为城市快速路，设计行车速度 60km/h。

二期项目建设原因

由于沿线涉及东韩、孙家下庄、张家下庄等社区以及多个区、街改制企业，需拆除的建筑面积多达 9 万余平方米，历史遗留问题较多，中小微企业及外来人口多，情况较为复杂。这些交通“堵点”和“难点”的存在，不但容易加剧交通拥堵，还在一定程度上限制了城市的发展活力。

一期建成时，海尔路立交向东预留了远期衔接条件，“东向北”及“东向南”部分匝道受拆迁影响尚未建成。跨海大桥高架路二期工程是一期的完善，是实施青岛市综合交通规划，完善东岸城区快速路网体系的重要步骤，有利于胶州湾大桥及跨海大桥高架路一期交通安全有效地运行，加强了西海岸与东部城市组团及滨海组团的交通联系，实现了青兰高速与青银高速的连接。

项目分段招标

一标段：主线长约 1.22km，匝道长约 0.65km，主要建设内容包括主线桥梁及平行匝道、一期剩余桥梁匝道、一期桥梁顺接、调流道路、路灯亮化工程（桥梁）、交通设施（桥梁）等。二标段：辅路长约 1.55km，匝道长约 3.39km，主要建设内容包括地面辅路、四条匝道、一期道路顺接、三水工程、电力工程、前期工程迁移、路灯亮化工程（地面辅路及四条匝道）及交通设施（地面辅路及四条匝道）等。

项目核准、立项与对外公示

2022 年 3 月 15 日，青岛市住房和城乡建设局关于跨海大桥高架路二期工程项目建议书已获青岛市发展和改革委员会审批。4 月 7 日，青岛市住房和城乡建设局关于跨海大桥高架路二期工程可行性研究报告已获青岛市发展和改革委员会审批。2022 年 5 月 15 日，青岛市跨海大桥高架路二期工程规划方案进行社会公示，社会各界可以在公示期内通过自然资源和规划局政务网站、现场公示意见箱提出意见和建议。这次批前公示表明公示结束后，项目将由青岛市住房和城乡建设局批准立项。2022 年 6 月中旬，青岛跨海大桥高架路二期工程正式进入环评公示阶段，项目环境影响论证正式完成。

项目启动仪式

2022 年 5 月 22 日上午，青岛市跨海大桥高架路二期工程项目开工仪式在施工现场举行。项目建设主体青岛市领导出席仪式并宣布跨海大桥高架路二期等工程开工，施工单位青岛城市建设投资（集团）有限责任公司领导参加仪式并作表态发言。

项目构思与启动是项目生命周期第一阶段的第一项工作，好的开始是成功的一半，成功的项目构思涵盖需求识别、项目识别、项目构思、项目选定等过程，并最终完成项目申请书，这一项目管理活动对项目后续管理至关重要。当项目前期所有准备工作就绪，项目团队完成了相应的发起或核准立项程序，项目可行性研究且已通过，项目启动环节将承载项目目标正式发布的任务，意味着项目正式开始。本章将介绍需求识别的概念、需求建议书（Request For Proposal，RFP）的概念及内容、项目识别的概念、项目构思的含义、项目构思过程和方法、项目选定的过程、项目申请书的内容和编写方法、项目发起和项目发起人、项目核准和立项的联系与区别、项目启动的程序、启动标志和项目经理应明确的事宜。

3.1 项目构思

3.1.1 需求识别

项目需求来源于社会经济生活中各种需求和有待解决的问题。项目不是自发产生的，而是受各种需求所驱动的，需求是项目产生的基本前提。为了满足人们日益增长的多样化需求，各种各样的项目便应运而生。例如，随着人们收入水平大幅度提高，人们对出行的需求逐步从过去的自行车和摩托车转换到汽车，而双碳目标的提出迫切需要改变油车对于石油消耗的较高碳排放，新能源汽车应运而生，以满足城市交通低碳发展的需求，大量企业研发新能源电动汽车和氢燃料汽车。可见，任何项目都来自社会经济发展和人们生活的各种需求。通常，需求可以划分为公共需求和私人需求。前者需要依靠公共项目的投资予以解决；后者一般由私人主体投资加以解决。

需求识别是项目生命周期开始阶段的最初工作。它从识别需求、问题和机会开始，以需求建议书的发布作为结束的标志。客户识别需求、问题和机会，是为了以更好的方式去设计和实施项目，使自己的期望和目标能以更好的方式来实现。只有需求清晰明了，承约商才能准确地把握自己的目的，规划出合适的项目，最大限度地增加客户的收益，满足客户的需求。由此，需求识别是由客户对自己的需要进行自身剖析和解读之后，最终以需求建议书的形式体现的过程。在需求识别的过程中，需求产生之时就是开始识别需求之时。需求识别就是将客户产生的需求概念化、具体化，确定客户到底需要什么样的产品或服务来满足自己，最后用需求建议书表达出来。一般地，需求识别包括提出需求、确认需求、表达需求、建立功能要求和确定技术要求等几个阶段，如图 3-1 所示。

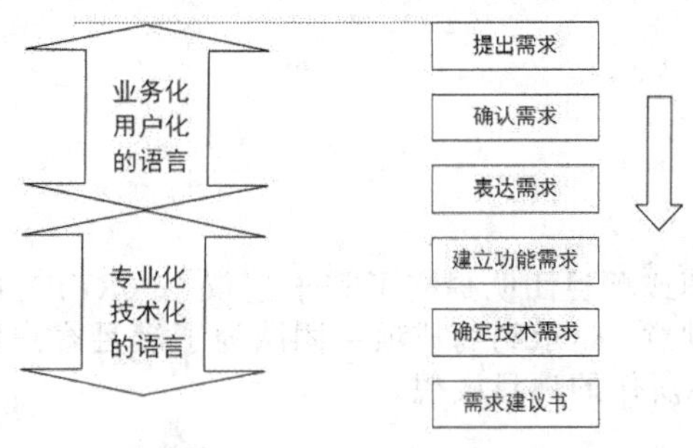

图 3-1　需求识别的过程

需求的提出必须通过收集大量的相关资料，进行调查研究，确定需要的产品或服务，并充分考虑现实的约束和限制。它开始于业务化和用户化的语言描述，结束于专业化和技术化的需求描述。例如，物品运输最初满足这一需求的范围很大，运输的方式多种多样，所需花费也大相径庭。为此，该运输任务需要收集运输方式、待运输物品、运输时间的相关信息，进行调查研究，逐步识别自己的需求，决定自己意愿的费用支出和确定自己的运输路线等。最后，可以把自己确定的想法、要求以及费用支出等明确地写成需求建议书。需求识别的过程和方法，对项目与项目管理非常重要。准确识别需求不但可以避免投资的盲目性，而且为承约商准确选择项目奠定了基础。

需求建议书

需求建议书是从客户的角度出发，全面、详细地向承约商或项目团队描述客户已经识别的、确定的需求，为满足这些需求应做哪些准备工作。一份良好的 RFP 能够让承约商或项目团队了解客户的需求，准确把握客户预期的产品或服务的内容和形式，对项目的要求、期望的目标、客户的供应条款、付款方式、契约形式、项目时间等。然后，承约商或项目团队据此进行项目识别、项目构思，编写出一份让顾客满意的项目申请书。

例如，上述物品运输的例子中，客户仅仅向承约商项目团队提交一份简单的物品运输的申请是不够的，物品运输只是客户的一种愿望，并不能使承约商或项目团队清楚地了解客户的具体要求，承约商或项目团队不能提供一份详细项目申请书和项目规划。所以，需求建议书应尽可能全面、明确和详细。

3.1.2 项目识别

在客户向承约商发送需求建议书之后，项目识别活动开始。尽管客户在需求建议书中明确地表达了自己的期望，但这种表述仍是一个概念上的目标，而且实现这个目标的途径或方式可能不止一个，即满足客户的特定需求常常可以通过不同的项目来实现。例如，当客户已识别的需求是解决家庭洗浴问题时，承约商可能的备选项目有安装电热水器、安装太阳能装置、安装煤气热水装置等。项目识别就是要从可能的备选项目中选择一个项目来满足已识别的客户需求。

因此，项目识别就是针对客户已识别的需求，承约商从备选的项目方案中选择出一种最能够满足顾客需求的项目。项目识别与需求识别的本质区别在于两种识别的行为主体不同，项目识别的行为主体是承约商或项目团队，而需求识别的行为主体是顾客。

在项目识别中，应注意以下问题。

(1) 以满足客户需求为目标。承约商或项目团队工作都应以客户为中心，任何项目方案的确定都要以满足客户需求为前提。

(2) 充分考虑项目方案的技术经济可行性。一是项目方案在技术上可以达到满足客户需求的目标；二是要满足客户成本预算（cost budgeting）约束，不能通过增加预算的办法来盲目追求提高效率；三是要注重项目建成后的运行成本，确保经济地满足客户需求。

(3) 注重对相关限制条件的识别。项目识别过程中不仅仅是提出目标，也要对相关的限制条件进行识别。制约因素多种多样，如政治体制、法律规定、技术能力、人力资源、时间期限等，管理者有意或无意地忽视了这些限制条件有可能会导致项目的失败，脱离制约和限制条件而谈论项目的前景是没有意义的。

在许多情况下，需求识别和项目识别总是相互交融、相互作用的。客户在产生需求之初就和承约商接触联系。他们向承约商了解各种可能的备选方案的优点、缺点及技术经济性，逐步完善自己的需求。承约商与客户密切联系能够帮助客户识别需求，有针对性地提出满足需求的解决方案，从而在众多参与竞争的承约商中脱颖而出。

3.1.3 项目构思

1.项目构思的含义

客户识别了需求并向承约商或项目团队提交了需求建议书（RFP）后，承约商或项目团队进入项目构思阶段。项目构思又称项目创意，是承约商或项目团队为了满足客户的需求，在需求建议书所规定的条件下，为实现客户预定的目标所作的项目设想。

(1) 项目构思的特点

①项目构思是一个思维过程，承约商或项目团队通过该过程对未来项目的目标、功能、范围以及项目涉及的主要因素和大体轮廓进行设想与初步界定。

②项目构思是一个创造性的探索过程，它通过对各种可能的项目方案的调查研究、对比分析、综合判断，提出富有创新性的项目建议，构思者应具有像艺术家那样的激情和灵感。

③项目构思是未来项目规划的基础，直接影响到整个项目的成功与否。其中，客户需求是项目构思的依据，要实现的目标是项目构思的方向，客户满意是项目创新构思的关键。

(2) 项目构思的内容

项目构思需要考虑项目的投资背景及意义，项目投资方向和目标，项目投资的功能及价值，项目的市场前景及开发潜力，项目建设环境和辅助配套条件，项目成本及资源约束，项目所涉及的技术和工艺，项目资金筹措及调配计划等内容。

2.项目构思的过程

项目构思分为三个阶段：准备阶段、酝酿阶段和完善阶段。

(1) 准备阶段

准备阶段是对项目构思进行一系列准备工作的时期，一般包括四个方面的具体内容：一是确定项目构思的性质和范围；二是通过详细的调查，收集项目构思所需的资料和信息；三是对收集来的资料和信息进行初步的整理工作；四是研究资料和信息，通过分类、组合、演绎、归纳、分析等多种方法，从所收集的资料和信息中找出有用的信息资源。

(2) 酝酿阶段

酝酿阶段一般包括潜伏、创意出现、构思诞生三个过程。潜伏过程就是把所获得的资料和信息与需要进行构思的项目联系起来，进行全面系统的比较分析。创意出现就是在大量的思维过程中产生与项目相关的一些独特新意，它是构思的雏形阶段，是项目构思者有意识活动中逻辑思维和非逻辑思维的一种结果。构思诞生就是通过多次、多种创意的出现和反复思考形成项目的初步轮廓，并用语言、文字、图形等可记录的方式明确表现出来的结果。因此，酝酿阶段是进一步进行项目构思的切入点，也是整个项目规划的基础。

(3) 完善阶段

完善阶段是从项目构思诞生到项目构思完善的过程，包括发展、评估、定型三个阶段。发展是对诞生的构思进行进一步分析和设计，对构思的内涵和外延进行进一步补充和完善的活动。评估是对诞生的项目构思进行分析评价或者是对多个构思方案进行比较筛选的活动。定型是在发展和评估的基础上对项目构思做进一步的调查、分析和研究，并在此基础上，把项目的构思具体细化为可操作的项目方案。在项目构思完善的过程中，问题被逐步解决，缺陷被逐步改进，直到产生令人满意的项目方案为止。

项目构思是一个渐进的、环环相扣的发展过程。为了达到预定的目标，每一个阶段都要认真对待、扎实工作，这样才能为一个卓越的项目奠定坚实基础。

3.项目构思的方法

项目构思是一种创造性的思维活动，没有固定的方法、模式可循，需要针对具体的项目进行具体的分析。常用的项目构思方法如下。

(1) 项目混合法

项目混合法包括项目组合法和项目复合法两种。项目组合法就是把两个或两个以上的项目相加，形成新的项目。项目复合法就是将两个或两个以上的项目，根据需求复合成一个新的项目。二者不同之处见表 3-1。

表 3-1　项目组合法与项目复合法的区别

方法	特点	举例
项目组合法	组合后的项目仍然基本保留原有项目各自的性质	组合家具、组合音箱、组合机床等不改变原先单独各自的性质，只是将其简单组合，产生功能更为完善、具有更大价值的新产品
项目复合法	复合后的项目变成原有项目性质完全不同的新项目	高效复合化肥，它改变了原有化肥的物理化学性质，成为一种新的化肥

(2) 比较分析法

比较分析法通过对已经掌握或熟悉的项目（既可以是成功的项目也可以是失败的项目），进行横向或纵向的比较分析，从而发现新的项目投资机会。这种方法需要掌握大量的信息和资料，对项目的内涵和外延进行深入思考和研究，同时还需要项目策划者具有一定的思维深度，因此这种方法比项目组合法和项目复合法要复杂。

(3) 集体创造法

集体创造法指通过集体的力量共同创造。一个成功的项目构思所涉及的问题、因素、领域众多，需要大量的信息、丰富的知识和多层次的思维，这些往往是一个人难以胜任的。只有发挥集体的力量，才能获得完善的项目构思方案。

集体创造法一般有以下四种方法。

①头脑风暴法。头脑风暴法需要召集较多的人，分成小组，一组以 6～12 人为佳，进行开放式的讨论与畅谈。其原则是：一是自由表达，禁止评论。即参与者畅所欲言地表达自己的想法，其他人不得做

出任何评价。二是归纳总结，综合评价。即对各人提出的大量想法和设想进行认真归纳和总结，通过综合评价找出最有价值和最切合实际的构思。

②逆向头脑风暴法。逆向头脑风暴法是假设已有的构思不是最理想的方案，存在着或多或少、这方面或那方面的缺陷，需要加以改善。这种方法是针对构思中的不足加以讨论、解决，不是进行新的项目构思，常用于项目构思方案的调整、修正和完善。

③多学科法。多学科法根据构思项目的性质和特征，选择相关多学科的专家来进行共同的研究和讨论。在项目的构思阶段就有必要组织多学科的专家共同研究，才能顾及并完善项目所涵盖的方方面面。与项目相关的专家包含技术专家、营销专家、投资分析专家、金融专家、环保专家、投资决策者、执行经理人、行业负责人等，同时请外部的专家担任小组的组长，负责归纳整理小组成员的意见，进行总结，提出建设性意见等。

④集体问卷法。集体问卷法就是以问卷的形式，让每一位参与者解答项目构思相关的主要问题，提出自己的看法、设想，并且在一定时间内将问卷收回，进行统一的整理、归纳和总结，再提交集体讨论会做进一步的研究、讨论、比较和筛选，并最终形成一致的项目构思。

(4) 创新法

在以上几种较为传统的方法的基础上，人们又研究出以下几种项目构思的新方法。

①信息整合法。将所有能够获得的信息进行整理后，把不同性质的信息进行穿插、整合，创造出新的构思。例如，某企业掌握了人们对自身保健和食品需求不断增加的两种信息，并将这两种不同信息进行整合后，研制出一种具有一定疗效的食品，推向市场后备受消费者的欢迎。

②逆向创新法。反“顺向思维”其道而行之，具有其独特性，往往能够获得独特的效果。例如，商品的传统定价方法是以质定价，有一家企业生产出口羊毛衫，质量不错但价格低廉，销路却不好，原因在于一种“便宜无好货”的思维定式。于是该企业采取逆向定价的开发方针，先定较高的价，再设法去开发与价格相匹配的高质量产品，结果销路大增，获得了良好的经济效益。

③发散创新法。从某一研究和思考的对象出发，充分展开想象思维，从一点联想到多点，在对比联想、接近联想和相似联想的广阔领域中充分扩展思维，从而形成项目构思的扇形格式，产生由此及彼的多项创新思维。

3.1.4 项目选定

项目选定是从已形成的备选项目方案中选择经济效益好，并且切实可行的、最能够满足客户需要的方案。评价项目方案的标准主要有成本、收益、风险、时间、可行性和客户满意度等。项目选定包括机会研究、项目选择和完成项目申请书等工作。

1.机会研究

项目选定是项目可行性研究的过程。可行性研究是指根据目前的个人、组织和社会状况与能力，对拟实施项目在满足需求上是否有效（适用性）、技术上是否可行（可能性、先进性、风险性）、经济上是否有利可图（合理性、盈利性）所进行的综合分析和全面科学评价的技术经济研究活动。在可行性研究中，市场需求是基础，实现技术是手段，经济效益是核心。

可行性研究一般分为机会研究、初步可行性研究、详细可行性研究、最后决策和评价报告等阶段。其中，机会研究是可行性研究的第一步，通常发生在项目识别和构思阶段。它通过对自然资源、社会与市场的调查和预测来确定项目，选择最有利的项目投资机会。

机会研究可以分为一般机会研究和项目机会研究。一般机会研究主要包括地区研究、行业研究和资源研究，目的是识别投资机会，把握投资方向。项目机会研究则侧重对特定项目的市场需求、外部环境和项目承办者的优劣势进行分析，最终确定最佳的投资项目方案。机会研究既可以由项目识别者自己实施，也可以委托他人或者两方各做一部分来完成。

2.项目选择

特定的社会需求可以由多个不同的项目来满足。另外，当个人或组织识别了多个项目而可以利用的资源又有限时，必须要对拟实施的项目及其方案进行选择。

项目选择要综合考虑政治、经济、文化、环境、技术、财务、物资、人力资源、组织结构和风俗等多种因素，权衡必要和可能两个方面，对被选的项目进行筛选。应尽可能地选择那些投入少、收益大、希望大的项目进行进一步的研究，进而付诸实践，反之筛选掉，避免在以后阶段中的大量人力和财力的浪费。

3.项目申请书

在仔细研究需求建议书、进行项目识别并选定项目方案之后，承约商需要对是否投标进行选择。选择时应充分考虑项目与本企业任务的一致性、扩展业务的机会、面临的竞争与风险、各种资源的可得性和客户的声誉等因素。决定投标需要精心准备一份项目申请书。

项目申请书在招标条件下又称为投标书，它是一份向客户宣传自己能胜任项目的营销性文件。因此，准备一份富有竞争力的项目申请书的要点是：准确理解和把握客户的需求；能执行所申请的项目；证明自己是最佳承约商；能在规定的预算和进度计划约束下完成项目；能使客户的价值最大化和实现客户满意。

项目申请书一般包含三个部分的内容，即技术、管理和成本。

(1) 技术部分。目的是使客户认识到承约商理解需求或问题，并能够提供风险最低且收益最大的解决方案。内容应包括理解需求或问题，提出方法或解决方案，说明客户收益等。

(2) 管理部分。目的是使客户确信承约商能够很好地完成项目所提出的任务，并获得预期的效果。内容应包括工作任务描述、交付物、项目进度计划、项目组织、相关经验、设备和工具等。

(3) 成本部分。目的是使客户确信承约商提出的项目价格是现实的、合理的。项目的成本要素包括劳动力成本、原材料成本、分包商和顾问费用、设备设施租金、差旅费、文件费用、企业管理费、物价上涨、意外开支准备金、赏金或利润等。承约商在确定项目定价时既要充分考虑成本预算的可信度和可能面临的风险，又要考虑客户的预算和可能面临的价格竞争。

课程思政　　　　中国高铁走出去与项目选定

雅万高铁是印度尼西亚雅加达至万隆的高速铁路，项目全长 142km，最高设计时速 350km，建成通车后，雅加达至万隆的通行时间将由现在的 3 个多小时缩短至 40min（图 3-2）。该项目是中国“一带一路”倡议和印度尼西亚海洋支点战略对接的重大项目，是中国高铁全方位整体走出去的第一单，也是中国高铁第一次全系统、全要素、全产业链走出国门、走向世界。

建设雅万高铁的项目受到很多国家的关注，也迎来了很多实力强劲国家的竞争。但最终为什么印度尼西亚选择中国的高铁技术呢？原因如下：第一，雅加达到万隆的政治区位，与北京到天津的类似，而海南高铁的气候和地质条件，又与雅万高铁相似，这显示出中国在这方面更有经验，可能发生的项目风险相对减少；第二，中国提供的方案造价更低，这减轻了印尼政府的财政压力，而且中国还保证大量使用当地工人，不仅能够建设高铁，还能给印尼提供工作岗位，为印尼的经济制造活力，带动印尼的经济发展；第三，因为中国为印度尼西亚修建高铁的同时，让印尼参与到雅万铁路的运营当中，还提供了复兴号列车部分零部件的生产和维护技术，这能让印度尼西亚在雅万铁路上获得高铁技术研发经验。

作为中国首个海外高铁项目，雅万高铁对中国高铁“走出去”有重要意义，它是首个由政府主导，两国企业合作建设和管理的高铁项目，也是中国高铁从技术标准、勘察设计、工程施工、装备制造、物资供应、运营管理、沿线综合开发等全方位整体走出的第一个项目，这不仅能让中国高铁技术走向世界，而且是让中国高铁标准走向世界的重要一步，让中国标准成为世界标准。

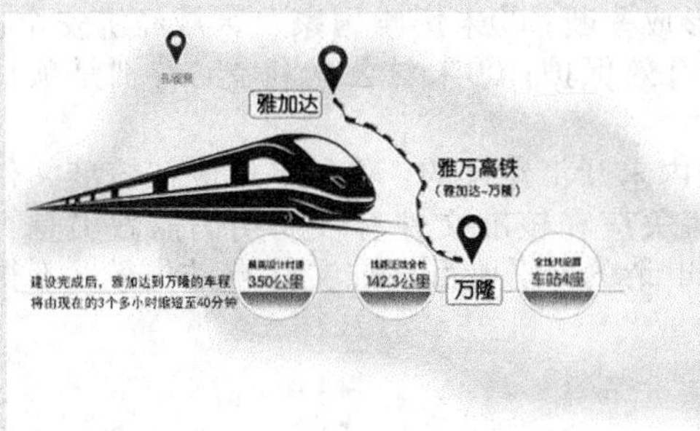

(a) 雅万高铁概况

(b) 雅万高铁热滑试验

图 3-2　印尼雅万高铁

3.2 项目启动

承约商中标之后，客户的需求已由一个“模糊”的目标变成一个具体的可以执行的项目方案，即一个清晰的既定目标，剩下的工作就是如何通过项目规划、项目执行来实现这个既定目标。在这之前还需要做如下的准备工作，以便使项目真正启动起来。

3.2.1 项目发起

项目选定之后，有发起过程才能使项目正式启动起来。项目发起，就是让项目利益相关方认识项目的必要性，使其根据自己的义务投入人力、物力、财力等。一般地，项目发起过程本身也需要投入各种资源。

充当项目发起人的可以是项目客户或承约商，也可以是其他项目利益相关者。项目发起人可以来自政府或民间。例如，长江三峡水利枢纽工程的发起人是国务院，京九铁路的发起人是铁道部，而北京恒基中心这个房地产开发项目的发起人是香港恒基集团。

在许多情况下，项目发起人并不自己实施项目，而是将其委托给他人。这时项目发起人就是项目委托人，即把项目交给项目团队的个人或组织。项目委托人可以来自项目所在组织的内部，也可以来自外部。有时一些小型项目没有正式的发起过程。

现代的一些项目，特别是一些建设项目，技术复杂，项目周期长，需要巨额的资金、大量的人力和物力，单靠项目发起单位一家之力是无法完成的。项目发起单位必须宣传、说服和动员社会上的有关力量（包括政府等）给予支持。在发起一个项目、寻求他人支持时，通常要有书面材料交给潜在的支持者或参与者，使其明白项目的必要性和可能性。这种书面材料称为项目发起文件。

3.2.2 项目核准和立项

1. 项目核准

一般地，小型项目特别是私人项目，只要合法、可行，不必经过有关部门的批准就可以实施，但是对于一些大型项目，特别是需要由政府投资的公益性项目和基础性项目，需要向有关部门申报，待审查、批准之后才能启动。这种由项目实施组织最高决策者或主管部门正式承认项目的必要性，并把完成项目所需的全部权力交给项目管理团队的过程称为项目核准。

项目核准的事项是对项目在以下几个方向进行审核：①符合国家法律法规；②符合国家宏观调控政策；③地区布局合理；④主要产品未对国内、省内市场形成垄断；⑤未影响国家及区域经济安全；⑥合理开发并有效利用资源；⑦生态环境和自然文化遗产得到有效保护；⑧未对公众利益，特别是项目建设地的公众利益产生不利影响；⑨未影响公共安全。

项目核准是存在有效期的。项目在核准文件有效期内未开工建设的，项目单位应在核准文件有效期期满 30 日前向原项目核准机关申请延期，原项目核准机关应在核准文件有效期期满前做出是否准予延期的决定。项目在有效期内未开工建设，且未提出延期申请的，原项目核准文件自动失效，不得再作为办理有关手续的依据。

2. 项目立项

当项目的实施关系到当地或整个国民经济和社会发展时，还需要上报到相应各级政府的发展和改革委员会审批，重大项目需要报国务院审批，通过之后列入当地或国家的社会经济发展规划或基本建设规划中，这一过程称为项目立项。

申请项目的立项时，应将立项文件递交给项目的有关审批部门。立项报告包括项目实施前所涉及的各种由文字、图纸、图片、表格、电子数据组成的材料。不同项目、不同的审批部门、不同的审批程序所要求的立项文件是各有不同的。

3.2.3 项目启动

1.项目启动条件

项目启动就是项目经理组建项目团队，并开始执行项目具体工作的过程。项目启动应至少满足以下条件：①项目进行了充分的可行性研究，并且结果表明项目可行；②项目申请书得到了上级有关部门的核准；③资源配置基本就绪。

2.项目启动过程

(1) 项目启动过程的目标

项目启动的目标包括：①在已确认的项目范围边界上明确项目的整体框架；②成立项目组织，并将其融入项目所在单位；③形成项目的决策机制；④建立项目的沟通机制（包括项目与单位、项目之间、项目和环境等）；⑤形成管理项目复杂性和动态性的合适计划；⑥逐步形成项目的特定文化。

(2) 项目启动过程

项目启动过程分为计划、准备、实施和后续工作（successor activity）等四个阶段。

①计划。该阶段的核心工作是任命项目经理和项目核心团队。一般地，项目经理在接受委托或委任时，需要明确四件事情，即资金、权限、要求和时间。在资金方面，要明确委托人有无足够的资金用于项目，并支付项目经理和项目团队成员的工资；在权限方面，查明委托人有无足够的权限保证项目的顺利进行，以及委托人授予项目经理的权限是否能够保证项目的顺利实施；在要求方面，要明确委托人对项目、项目经理和项目团队的具体要求；在时间方面，要正式确定项目的启动时间和完成时间，以及在时间上的奖惩措施。任何项目只有选定了项目经理，明确其职责，才能进行项目启动。

②准备。该阶段的核心任务是获得项目建设的许可证（合同）。项目许可证书就是正式承认项目的文件，通常由项目实施组织的高层管理者或者项目的主管部门颁发。项目许可证书赋予了项目经理或项目管理班子将资源用于项目活动的权力。

③实施。该阶段的核心任务是项目启动的交流和信息的发布。把项目启动的信息有效地发布给项目的利益相关者，并针对项目的实施进行有效的沟通。同时，项目团队对项目的宗旨、基本目标、初步安排要做到心中有数。有时，一些项目还需要有一个正式的项目启动仪式，让公众了解到项目的正式开始。只有项目正式启动，有关项目的账户才正式启用，一切与项目有关的资源调配才合法有效。

④后续工作。后续工作是指项目启动后紧接着需要开展的工作，其核心是完成所有与项目启动的有关文件资料的整理；与项目发起人签署有关项目运作的文件，获得承诺的授权；颁布项目管理文件。为项目利益相关者及时了解项目的意义和进展，有时项目还需要进行广泛的宣传和营销。

3.3 项目论证与评估

项目启动之前，必须对拟实施项目的技术先进性、经济合理性、实施可能性和风险性等方面进行全面、科学的技术经济分析。项目论证是对项目各方案的可行性及收益进行判断，项目评估是对项目论证结果进行审查，完善项目规划。对项目的可行性论证及项目的经济和社会效益进行评估而形成的评估报告，可以为项目决策提供依据，从而提高投资项目的决策水平和效益，并为后续项目实施提供参考建议及问题解决方案。

3.3.1 项目论证与评估概述

1. 项目论证与评估的定义和联系

项目论证是项目概念阶段的必不可少的环节，是指对拟实施项目技术上的先进性、适用性，经济上的合理性、盈利性，建设或实施上的可能性、风险性进行全面科学的综合分析，为项目决策提供客观依据的一种技术经济研究过程。项目论证应该围绕着市场需求、工艺技术、财务经济、社会环境影响等四个方面展开分析和论证。

项目论证之后，需要开展项目评估工作。项目评估是指在项目论证的基础上，从项目对企业、对社会贡献的各个角度对拟建项目进行全面的经济、技术论证和评价，并给出评价结果的过程。项目评估是项目投资前管理的重要一环，其目的是审查项目论证结果的可靠性、真实性和客观性，为企业的融资决策、银行的贷款决策以及行政主管部门审批决策等提供科学依据。

项目论证与评估之间存在密不可分的联系，共同构成项目生命周期第一阶段的核心。项目论证是从宏观到微观逐步深入研究的过程，可视为整体到局部的细致探究过程；而项目评估则是将微观问题再拿到宏观中去权衡的过程，可视为从局部到整体的综合分析过程。因此，项目评估可以看作项目论证的延伸。通过评估，项目可能被否定，也可能只做局部修改补充后被肯定。项目评估是事关项目能够成功，并取得投资的重要项目管理工作。

2. 项目论证与评估的作用

项目论证与评估的作用主要体现在以下几个方面。

(1) 确定项目是否实施的依据。现代项目管理过程中，项目是否实施的主要依据来自项目论证与评估的结论。

(2) 筹措资金、向银行贷款的依据。投资人或金融机构在决定是否向项目投资或贷款的时候，首先要研究项目的财务分析和国民经济分析的数据，审查项目在实施后是否具有足够的盈利能力和还贷能力。

(3) 编制计划、设计、采购、施工及机构设置、资源配置的依据。项目论证与评估的重要内容就是分析项目的规模、技术方案、实施进程、资源配置等。

(4) 防范风险、提高项目效率的重要保证。项目论证与评估对项目的不确定性进行了分析，确保项目在实施过程中如何最大限度地规避风险、提高执行效率。

3. 项目论证与评估的一般程序

项目论证与评估是一个连续的过程，它包括问题提出、制定目标、拟订方案、分析评价、方案比选，最后选定一个满意方案供投资者决策。具体讲，项目论证与评估一般包括以下七个主要步骤。需要注意的是这些步骤只是进行项目论证与评估的一般程序，而不是唯一程序。在实际工作中，需要根据所研究问题的性质、条件、方法来选择适宜的程序。

（1）开始启动阶段

开始启动阶段主要任务是要明确问题，包括弄清项目论证的范围与界限，投资人、业主或相应的代理人的目标等。

（2）调查研究阶段

调查研究阶段应包括项目的各个方面，每个方面根据项目的实际情况可采用实地调查或资料分析等方法。要尽可能多地掌握资料，对关键性问题或不确定性问题进行系统、深入而详尽的分析研究。

（3）拟订方案阶段

拟订方案阶段主要工作是拟订多种可行的、能够相互替代的实施方案，然后进行分析和比较。达到项目目标通常会形成多种可行的、能够相互代替的技术或投资方案。在列出技术方案时，既不能把实际上可行的方案漏掉，也不能把不可行的方案当作可行方案列进去，应当根据调查研究的结果和掌握的资料进行仔细甄别。

（4）方案评估阶段

这一阶段工作内容包括：分析各个可行方案在技术上、经济上、建设条件上的优势和局限；方案的各种技术经济指标如投资费用、经营费用、预期收益、投资回收期、投资收益率等的计算分析；方案的综合评价与选优，如敏感分析、风险分析以及对各种方案的求解结果进行比较、分析和评价，最后根据评价结果选择一个最满意、合理的方案。

（5）深入论证阶段

该阶段需对最满意的方案开展详细全面的论证，包括进一步的市场分析、工艺流程分析、项目选址及服务设施分析、劳动力及培训、组织与经营管理、现金流量及财务分析、国民经济分析、社会环境影响分析等。

（6）编制报告阶段

该阶段一般需要编制项目论证报告、环境影响报告书和采购方式审批报告等。通常，这些报告都有特定的要求。这些报告的编制和实施有助于投资人的科学决策。

（7）编制资金筹措计划和项目实施进度计划阶段

项目的资金筹措在比较方案时，已做过详细考察，其中一些潜在的项目资金需求会在贷款者进行可行性研究时显现出来。实施中的期限和条件的改变都应根据项目前评价报告的财务分析做出相应的调整，以保证项目可以根据协议的实施进度及预算进行。

3.3.2 项目机会研究

项目机会研究包括一般项目机会研究和特定项目机会研究。

1.一般项目机会研究

一般项目机会研究是研究项目机会选择的最初阶段，是项目投资者或经营者通过掌握大量信息，并经分析比较，从错综纷繁的环境中鉴别发展机会，最终形成确切的项目发展方向或投资领域的过程，其结果一般称为项目意向。

一般项目机会研究是一种全方位的搜索过程，需要大量的信息数据的收集整理和分析。具体内容包括：①区域研究。即通过分析地理位置、自然特征、人口、地区经济结构、经济发展状况、区域进出口结构等状况，选择投资或发展方向。②行业研究。即通过分析行业特征、经营者或投资者所处行业的地位作用、行业整体增长情况、能否扩展等，进行项目的方向性选择。③资源研究。即通过分析资源分布状况、资源储量、可利用程度、已利用状况、利用的限制条件等信息，寻找项目机会。

一般项目机会研究所做的区域、行业、资源三个方面的研究需要有下列信息及数据的支持：①区域经济发展现状及趋势；②区域社会发展现状及预测；③区域资源状况及数量趋势；④产业结构现状及发展趋势；⑤有关法律法规；⑥行业发展情况及增长率；⑦进出口结构及趋势分析（trend analysis）等。

项目机会研究的方法主要为要素分层法。它将一般项目机会研究涉及的各个方面要素列出并区分类别，对各要素的重要程度给出权重，并通过评分的方法找出关键要素，确立项目方向。

项目机会选择涉及许多要素，要素分层法就是将这些杂乱无章的影响因素按照项目机会、项目问题、项目承办者的优势和劣势进行分层；通过要素分层分析，并采取主观评分的方法判断机会与问题、优势与劣势各自的强弱，做出判断。所以，要素分层法是一种定性（要素分层）与定量（要素评分）相结合的方法，该方法简单直观，易于操作，十分便于决策。

要素分层法可按如下步骤操作：

(1) 列举项目影响因素。通常是随机列出项目意向所涉及的所有（或主要）影响因素。

(2) 影响要素分层。根据各要素对项目机会、项目问题、承办者所处优势、承办者所处劣势分别列出。

(3) 做出分层矩阵。用矩阵的形式将影响因素列举出来（表 3-2）。

表 3-2 要素分层矩阵示意表

项目	项目机会	得分	项目问题	得分
外部	1. 2. 3. …		1. 2. 3. …	
	优势		劣势	
内部	1. 2. 3. …		1. 2. 3. …	
得分合计				

(4) 要素评分。运用主观评分的方法对各影响要素打分。评分的方法不限，既可采取一般评分法，也可采用加权评分法，或采用高低点评分法等。

(5) 评分修正。分析项目问题转化为项目机会的可能性、劣势转化为优势的可能性，对转化后的情况重新评分。具体评分时可以运用头脑风暴法，先请评分人员分别评，然后集中起来介绍自己打分的理由，最后再分别打分。有些复杂项目、争议比较大的项目会重新几次打分，使得评价更加科学、公正。

(6) 决策。核算出项目机会、项目问题、优势、劣势和各自的得分，并依据得分决定放弃该项目还是建设该项目。

项目机会研究通过上述分析来鉴别投资机会或项目设想，一旦证明是可行的就需对它们进行详尽的研究。一般项目机会研究的结果是机会研究报告，该报告为决策者提出可供选择的项目发展方向或投资的基本方向。

2. 特定项目机会研究

特定项目机会研究是在一般机会研究已经确定了项目发展方向或投资领域后，做进一步的调查研究，经方案评价和比较，将项目发展方向或投资领域转变为概括的项目提案或项目建议。与一般项目机会研究相比较，特定项目机会选择更深入、更具体。

特定项目机会研究的主要内容包括以下三个方面。

(1) 市场研究

市场研究是对已选定的项目领域或投资方向中若干项目意向进行市场调查和预测。市场调查和预测应包括需求和供应两个方面，同时还要概略了解项目意向的相关需求。

(2) 项目意向的外部环境分析

项目意向的外部环境分析需要研究除市场之外的其他与项目意向有关的环境，如具体政策的鼓励与限制（包括税收政策、金融政策等），进出口状况及有关政策等。

(3) 项目承办者优劣势分析

项目承办者优劣势分析即分析承办者在选定的项目意向上有哪些优势、哪些劣势，劣势能否转化为优势；也可以通过寻找投资或发展“机会”和“问题”的方式，再分析将“问题”转化为“机会”的途径进行优劣势的评价。

特定项目机会研究仍然主要采用要素分层法，但是在要素设置上更具体、更明确。特定项目机会研究为决策者提供具体项目建议或投资提案，同时提出粗略的比较优选和论证的依据。其结果形式通常为机会研究报告。

3.4 项目可行性研究

1. 可行性研究的概念

机会研究、初步可行性研究、详细可行性研究、评估是项目投资决策前的四个阶段。在实际工作中，依据项目规模和复杂程度可把前两个阶段省略或合二为一，但详细可行性研究是不可缺少的。改扩建项目一般只做初步和详细可行性研究，小项目一般只进行详细可行性研究。本节项目可行性研究就中、小型项目而言就是指包括机会研究、初步可行性研究在内的整个项目论证，而对大型项目主要是指详细可行性研究。

项目可行性研究是在项目决策前对项目有关的工程、技术、经济等各方面条件和情况进行详尽、系统和全面的调查、研究、分析，对各种可能的建设方案和技术方案进行详细的比较论证，并对项目建成后的经济效益、国民经济和社会效益进行预测和评价的一种科学分析过程和方法，是项目进行评估和决策的依据。

初步可行性研究是介于机会研究和详细可行性研究之间的一个中间阶段，是在项目发展方向或投资意向确定之后，对项目的初步分析和判断。对于中小型项目而言，由于调查研究和分析判断过程不太复杂，往往不需要进行这一步，而直接进行详细可行性研究。对于大型的或比较复杂的项目，其详细可行性研究需要对技术、经济、环境及社会影响等进行深入调查研究。其目的如下：

(1) 分析项目是否有生命力，从而决定是否应该继续深入调查研究，即进行详细可行性研究。

(2) 项目中是否有关键性的技术问题或其他问题需要做更充分的论证。

(3) 必须要做哪些职能研究或辅助研究（如实验室试验、中间试验、重大事件处理、深入市场研究等）。

初步可行性研究的结构与主要内容基本与详细可行性研究相同，所不同的是占有的资源细节有较大差异。如果就投资可能性已进行了项目机会研究，那么项目的初步可行性研究阶段往往可以省略。如果关于行业或资源的机会研究包括足够的项目数据，可继续进入项目可行性研究阶段或决定终止进行这一研究，那么有时也可越过初步项目可行性研究阶段。然而，如果项目的经济效果使人产生疑问，就要进行初步项目可行性研究来确定项目是否可行。

辅助（功能）研究指对项目的一个或少数几个方面进行更为深入的专题研究，并作为初步可行性研究、详细可行性研究和大规模投资建议的前提、辅助或补充。辅助研究分类如下。

(1) 市场研究。即对要制造的产品进行市场研究，包括市场需求预测以及预期的市场渗透情况等。

(2) 投入研究。即原料和投入物资的研究，包括项目使用的基本原材料和投入物资的可获得性，以及这些原材料和投入物资的未来价格趋势。

(3) 试验研究。即根据需要进行试验室和中间工厂的试验，以决定具体原料是否合适。

(4) 选址研究。特别是对那些运输费用影响大的项目地址的选择十分重要。

(5) 规模经济性研究。该项研究的主要任务是在考虑各种选择的技术、投资费用、生产成本和价格之后，评价最具经济性的项目规模。通常要对几种规模的项目生产能力进行分析，确定每种规模的经济结果。规模经济性研究一般作为技术选择研究的一个部分进行，但不扩大到复杂的技术问题中去。

(6) 设备选择研究。如果项目的设备涉及多种来源，而且性能各异、成本不一，就要实施这种研究。项目一般在投资或实施阶段进行设备订货。如果设备选择涉及巨额投资，影响项目的构成和经济性，那么设备选择研究就是必不可少的。

辅助研究的内容因研究的性质和打算研究的项目不同而异，但由于其涉及项目的关键方面，因此其结论为随后的项目论证报告编制指明了方向。在大多数情况下，辅助研究如果在项目可行性研究之前或一起进行，其内容则构成项目可行性研究的一个必不可少的部分。如果对某一项具体功能的详细研究过于复杂，辅助研究则需要与项目可行性研究分别并同时进行。如果在进行项目可行性研究过程中发现某项具体的功能还需要进行更详尽的鉴别，那么就应在完成可行性研究之后再进行辅助研究。

2. 可行性研究的依据

项目可行性研究必须在国家有关的规划、政策、法规的指导下完成，同时还要提供所需的各种技术资料。可行性研究工作的主要依据有国家有关的发展规划、计划文件；项目主管部门对项目建设要求和请示的批复；项目建议书及其审批文件；项目承办单位委托进行可行性研究的合同（contract）或协议；企业的初步选择报告；拟建地区经济、社会和自然环境资料；主要工艺和装置的技术资料；项目承办单位与有关方面取得的协议；国家和地区关于工业建设法令、法规，如“三废”排放标准、土地法规、劳动保护条例等；国家有关经济法规、规定；等等。

3.可行性研究的原则

(1) 科学性原则，是可行性研究工作必须遵循的最基本的原则。遵循这一原则，要做到树立科学的态度和运用科学的方法。

(2) 客观性原则，要求坚持从实际出发、实事求是的原则。遵循这一原则，要做到正确认识项目的各种建设条件，实事求是地运用客观的资料做出符合科学的决定和结论，必须符合客观逻辑，不能掺杂任何主观成分。

(3) 公正性原则，要求站在公正的立场上，不偏不倚，既不能根据可行性论证委托单位要求对项目做出不符合实际的评价，也不能唯长官意志办事，弄虚作假，以国家和人民的利益为先，同时综合考虑项目利益相关者的各方利益，为项目的投资决策提供可靠的依据。

3.4.1 可行性研究的内容

1.市场需求预测

市场需求预测是项目可行性研究的基础工作，这项工作的好坏将直接影响项目可行性研究的水平。市场需求预测是就拟议中的项目使用期间对某一具体产品的需求量做出估计。一个项目在任何一个特定时间内，对其产出物的需求大小主要由市场构成、相同产品和代用品的供应和竞争、需求的收入弹性与价格弹性、经销渠道和消费增长水平等因素决定，因此，市场需求预测通常较为复杂。

(1) 需求分析

需求分析的主要内容：①市场当前需求的大小与组成，该市场的地域范围应当确定。②市场细分，主要按以下因素确定：最终用途（如消费者）；消费者类别（如消费者的不同收入水平）；地理区域（如区域市场、国内市场和出口市场）等。③对整个市场及其各部分在项目使用期间的需求变化趋势的分析。④项目产品在国内与国际竞争发展和消费者反应变化的情况下，在所预测的时期内预期达到的市场渗透率。⑤作为预测增长与市场渗透依据的定价结构。销售环境通常也是需求和市场研究的一部分，包括售后服务类型、预定的包装标准及要建立的销售组织。支配出口市场的因素往往比支配国内市场的因素更为复杂，因此需要分别考虑进行估计和预测的方法。

(2) 需求预测

项目的需求预测是在需求分析的基础上对拟定项目寿命周期内产出物的需求进行的估计和推测，包括：①对一种或几种产品潜在需求的预测；②对潜在供应的估计；③对拟议中项目可能达到的市场渗透程度的估计；④对某段时期内潜在需求的特性的估计。需要估计关于这些不同方面的数量和质量数字。

项目需求预测的基本步骤如下：①确定、收集并分析关于当前消费量及其在一段时期内变化规律的现有数据；②按细分市场将该消费量数据分类；③确定以往需求的主要决定因素及其对以往需求的影响；④预测这些决定因素今后的发展及其对需求的影响；⑤通过以一种方法或几种方法的结合对这些决定因素进行推断来预测需求。

(3) 预测方法

预测有效需求有各种不同的方法，包括定性和定量两大类。在特定的情况下使用何种方法主要取决于产品类型、供应市场的性质和需求增长的主要决定因素。常用的定量预测方法包括时间序列预测法、因果回归预测模型、消费水平法（包括需求的收入弹性与价格弹性）、最终用途（消费系数）法。

2.原材料和投入物的供应分析

原材料和投入物的供应分析是进行项目可行性研究需要详细分析的主要内容之一，具体包括：

(1) 原材料和投入物的分类

分为原料（未加工或半加工的）、经过加工的工业材料（中间产品）、制成品（组件）、辅助材料、工厂供应品及共用设施（水、电、气、燃料、废水和废气处理等）等类型。

(2) 原材料与投入物的调查

在很多项目中，不同的原材料可用于同一生产。在这种情况下，必须对不同原材料进行调查研究，在衡量全部有关因素后，确定哪一种原材料最为适宜。如果各种可供选择的原料都易于得到的话，则其选择主要取决于工艺与技术是否经济。

(3) 原材料和投入物的选择

①质量性能。鉴定原材料和投入特性需做何种分析取决于投入的性质及其在特定项目中的用途。分析应当包括下列各种性能和特点：物理性能、力学性能、化学性能、电气和磁力性能等。

②来源和可得数量。在许多项目中，对技术、加工设备和产品组合的选择在很大程度上取决于基本原材料的规格，而在其他工业中，潜在的可得数量决定项目的规模。因此，需要对项目的基本原材料和投入物的来源和可得性进行准确的估计。

③单位成本。原材料和投入物的单位成本也是确定项目是否经济的关键性因素之一。如果是国内材料，一方面须参照过去的趋势以及对今后的预测考虑现价，另一方面须从供应弹性考虑。从对某一种材料的需求量日益增长来说，其供应弹性愈低，价格就愈高。

(4) 供应计划的制订

在制订供应计划时，应使原材料和投入物的需要量及其可得性、预计的单位成本等资料与项目可行性研究的其他成分联系在一起，供应计划就可作为计算投入物数量和类别以及交货需要量的一个基础。任何供应计划都受所选用的技术与设备的影响，因为这两者都决定所需投入物的技术规格。

制订供应计划的主要目的是确定原材料和其他投入物的年成本，结果将作为经济评价中资金流动表编制的基础。此外，供应计划还指明了需要的储存设施的规模，尤其是当投入物需求地和供应地相隔较远或运输困难时更是如此。投入物的存储费用应列入投资费用与生产成本的计算中。

3.产品结构及工艺方案的确定

产品结构及其生产过程采用什么工艺方案，是项目可行性研究中的技术选择问题，它对项目的经济效益有着直接的影响。要根据具体的技术经济条件选择“适宜技术”，并做相应的评价。采用新结构、新工艺应有实验的根据，因为项目的技术方案首先要“可行”的。工艺方案的选择，包括所采用技术和工艺过程。当然，它与生产规模有着密切的关系。

项目可行性研究中技术评价应反映下述几个方面。

(1) 技术先进性。应从技术水平和实用两方面来进行评价，以判断项目是否达到国际先进水平、国际水平或国内先进水平。

(2) 技术实用性。指项目所采用的技术，对推动生产、推广应用、满足需要方面所具有的适应能力。

(3) 技术可靠性。指技术在使用中的可靠程度，即在规定时间内和规定条件下，产品工作性能符合要求和工艺方法成功的概率。

(4) 技术的连锁效果。指技术应用后对科学技术和其他领域的作用，如推动其他行业的发展、改善劳动条件、增加就业机会、改善人民生活、提高文化素养等。

(5) 技术后果的危害性。指技术的应用给社会带来不良影响的程度，如污染环境、破坏生态平衡、损害资源等，包括排除这些危害的难易程度和所需费用等。

课程思政　　**葛世荣院士与智能矿山建设**

聚焦智能矿山工程项目可行性研究，可从市场分析、技术分析、经济分析入手来开展可行性研究。智能矿山技术方面，葛世荣院士及其提出的智能矿山数字孪生思想、煤矿运输理论技术与装备创新研究加快推进了煤矿智能化建设。葛世荣院士认为，煤矿智能化就是基于数据驱动的采矿设备自动化、生产数据可视化、开采过程透明化、采掘现场无人化、矿山环境低损化，最终实现绿色低碳的智能化矿井。

针对智能矿山建设的技术体系，如图 3-3 所示，葛世荣院士的团队于 2020 年首次率先提出将数字孪生技术应用在矿山当中，并且系统阐述了数字孪生的内涵，提出了融合 5G 通信技术、物联网技术和数字孪生智能开采工作面、沉浸式体验、云端服务、信息物理系统、智能终端等 10 项关键技术。

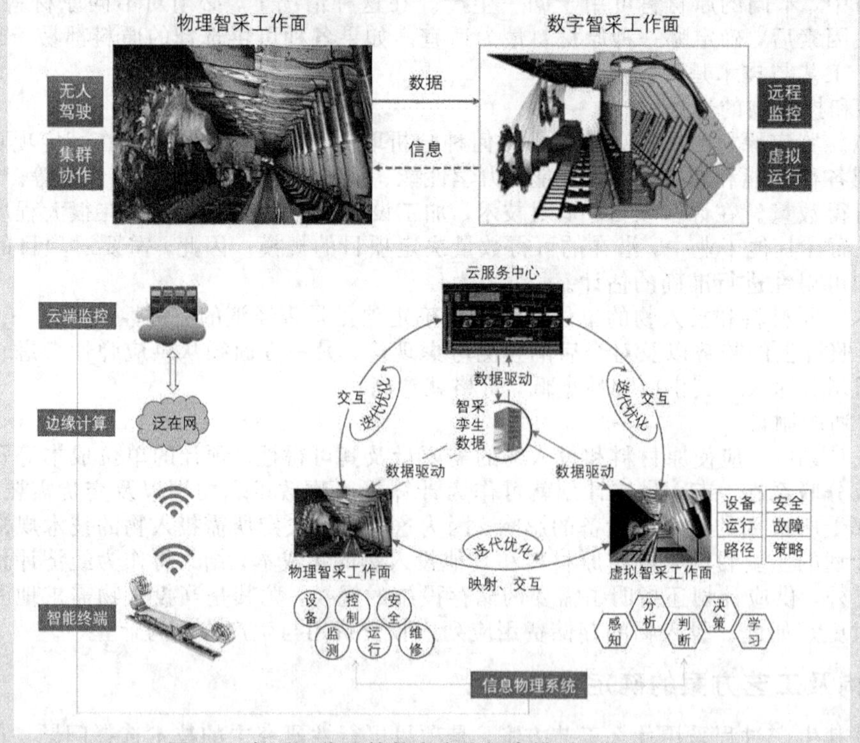

图 3-3　智采工作面的数字孪生概念模型及技术构架

资料来源：葛世荣，张帆，王世博，王忠宾.数字孪生智采工作面技术架构研究[J].煤炭学报，2020，45（06）：1925-1936.

4.生产规模（或生产能力）的确定

根据需求分析的结果，可以预测出项目产出物在未来规定年份可能的需要量，然后根据项目设想的生产情况及条件，可以估算出该产出物在未来若干年内可能达到的产量。此外，确定某一项目的生产规模还必须考虑规模经济性的问题。生产规模或生产能力指一个项目在一定时期内能够生产的量或单位数。虽然项目在整个寿命周期内的生产和产品组合必然有所变化，但在一个较短时期内，生产能力可以视为常数。生产规模定得是否合理，直接影响到项目的经济效果和企业的长远发展。通常，生产能力应当是衡量项目规模的最主要标志。在正常情况下，项目产品的年产量可以作为其生产能力的度量。

确定可行的生产规模需将投资、生产规模、销售额、盈利率等联系起来加以考虑，对生产规模和生产能力的各个选择方案进行比较，以选出最优生产规模。在确定可行的生产规模之后应考虑到详细的技术和设备问题，而在确定生产规模之前需要考虑的两个问题是：最低限度经济规模以及与各级生产水平相对应的生产技术和设备的来源。

5.技术与设备选择

（1）技术选择

项目可行性研究应该说明具体项目所需的技术，评价可供选择的各种技术，并按项目各组成部分最佳结合选择最适合的技术。应估计获得这类技术所涉及的各种问题，说明与选择的技术相联系的具体设计和技术服务，同时选择和获得技术还必须与选择机器设备相呼应。

①技术选择。在项目可行性研究中应对各种可供选择的技术进行评价，以确定对项目来说最合理的技术和技术组合。这种评价应充分考虑到项目的生产规模或服务能力、产出物的性能要求、资金实力和技术本身的先进与否。技术的选择还必须联系到项目的主要原材料以及其他长期和短期的生产要素资源的适当结合，在某些情况下，原材料可以决定将要采用的技术。

②技术获得方式。在选择技术的同时，应找出能获得这种技术的其他来源。当必须从其他企业获得技术时，就必须决定获取的方法。这些方法可以分为技术许可证交易、技术的全套购买和技术供应方分享所有权的合资经营企业。应该对这些获取方式所涉及的问题做出分析，包括许可证交易、技术分解、合同内容、购买技术的方式以及许可证持有者参与合资经营企业所带来的问题等。

③技术费用。除选择技术和因此而可能需要的设计和技术服务外，在项目可行性研究报告中还应估计技术和技术服务的费用。可参考同一行业其他项目的技术支付进行估价；也可按不同的支付方案估价，诸如按一次总付、按连续使用费率支付或两者结合。如果技术获取与使用需要在一段时间内同技术许可方保持联系，那么采取支付使用费的方式较为合适。

(2) 设备选择

设备选择和技术选择是相互依存的，在项目可行性研究报告中，应根据生产能力和所选择的生产技术来确定机械和设备方面的需要。

项目可行性研究阶段的设备选择，应概略说明通过使用某种技术达到某种生产规模或服务能力所必需的设备的最佳组合。在所有项目中，必须说明每一实施阶段的所需具体设备以及这些设备的产能。从项目经济分析的角度出发，在符合项目需要和产出物性能要求的条件下，设备费用要控制到最低限度。

设备选择应与评价报告的其他组成部分联系起来，这些组成部分大多数应在确定项目生产规模和工艺流程时涉及，包括原材料和投入物、人员的培训、环境保护、宏观政策等。例如，有时候设备选择可能会受到基本设施方面的限制、电力或运输供应方面的制约；有些先进的设备，可能会需要进行人员培训；有些设备的维修设施受到限制；而政府的某些政策，如进口管制、外汇管制等，可能限制某些类型设备进口，从而不得不选择国产设备。

6.坐落地点和项目选址

两个词常作同义词使用，但应对二者加以区分。地点的选择应当在一个相当广阔的地理区域内，从中可以考虑几个可供选择的具体选址。一个合适的地点可以包括一个相当大的地区，但是项目选址则应当是确定建立项目的具体场地所在，因而应该更为详细。

(1) 地点的选择

地点的选择应考虑以下方面：政府政策的作用、注重原材料还是市场、当地基础设施条件。一个最适当的项目地点应该兼有下列条件：项目距离原料产地和市场销地都相当近、环境条件好、劳动力来源充足、电和燃料充足而且价格合理、税收公平、交通运输条件好、用水供应充分以及有良好的废物处理设施。

(2) 项目选址

一旦决定了地理区域，项目可行性研究报告就应当说明项目的具体选址或至少两三个可供选择的地址的费用。这就需要评价每个地址的特点，包括以下四个方面。

①土地费用。即项目获取当地土地的费用，是项目建设投资的主要构成之一。

②当地条件。即项目所在地能源、运输、水、通信等基础设施的条件，此外，还应当对当地的劳动力供应情况、废料处理以及项目所在地的自然条件等进行分析。

③场地整理和开拓。即考虑各个可供选择的项目场地整理和开拓费用。

④地址的选定。通常，供选择的项目地址是和范围较广的地点连在一起考虑的，因此所需的资料大部分都是同时收集的。项目地址的选定就是按照项目业主或投资者所制定的准则，综合考虑前面各个因素对项目地址进行最后的选择。

7.投资、成本估算与资金筹措

(1) 总投资费用

总投资费用是固定资本与净周转资金的合计。固定资本是建设和装备一个投资项目所需的资金，包含固定投资和生产前的所有投资费用；周转资金（或称流动资金）是指全部或部分经营该项目所需的资金，在项目评价阶段计算周转资金需要量很重要，应使它保持在一个合理的、必要的水平上；净周转资金则是流动资产减去短期负债，流动资产包括应收账款、存货、在制品、成品和现金，短期负债主要包括应付账款（贷方）等。

在不同的研究设计阶段，投资估算的精确度要求不同。机会研究要求的投资估算精确度一般为±30%。初步项目可行性研究要求为±20%，项目可行性研究要求为±10%，工程设计时则要达到±5%。

（2）资金筹措

资金筹措指为项目建设与运行筹集必要的资金的过程，包含筹资渠道和筹资方式两个方面。资金筹措是项目可行性研究的重要内容，它不仅对任何投资决定而且对项目拟定和投资前分析都是明显的基本先决条件。

项目的资金来源渠道主要有自有资金和各种借款两个方面。筹资方式主要有吸收投资、发行股票、发行债券、银行借款、保留盈余、融资租赁等。对于多数大型投资项目，除了自筹资金外，通常还需一定数量的借款。项目借款基本上分为两种：①长期借款。从各类金融机构，如世界银行或某个国家银行获得，一般用于项目的长期资产投资。②短期借款。由商业银行信贷或商业信用获得，一般用于项目的流动资金投资。任何借款均存在成本（利息）和偿还问题，应在确保偿还的基础上努力使资金成本最低。

（3）生产成本

在项目可行性研究阶段，财务分析要求对项目生产成本进行估算。估算的精确度应当和投资估算的精确度相当。成本估算要以生产计划的各种消耗和费用开支为依据，计算全部成本和单位产品的成本。

大多数投资前的项目可行性研究报告只算生产总成本，因为在项目可行性研究阶段对各项成本，无论是原料、劳动力或管理费用，作为整体估算要比计算单位产品成本简单一些。生产总成本一般划分为四大类：制造成本、管理费用、销售费用、财务费用和折旧等，前三类成本费用的总和称为经营成本。

（4）财务报表

为了估计一个新建或扩建项目的资金需要和经济效益，要编制一套财务报表。财务报表关系到管理决策，必须注重所用的表格形式。只有当财务报表有标准的项目和格式，才能从事有意义的对比和分析。项目可行性研究中要求编制以下财务报表：

①现金流量表。包含在不同时间点上的现金流入（获得资金和销售收益等）、现金流出（投资支出、生产成本、还本付息等）和净现金流量（现金流入减去现金流出）。可见，现金流量表是项目财务分析的基础。

②损益表。用于计算整个项目期间每一阶段的项目收入或亏损。与现金流量表不同，损益表将项目收益和所需的项目成本联系起来，反映了项目投资的收益能力和收益水平。

③资产负债表。资产负债表主要反映出项目整个使用期间各个阶段的资金来源和资金使用的总体情况，其中，资金来源包括自有资金和借款；资金使用形成项目资产，包括现金和其他流动资产、固定资产和其他长期资产。资产负债表反映了项目资金的平衡状况。

8.经济评价

项目经济评价分为财务评价、国民经济评价和不确定性分析三个方面。

（1）财务评价

对于一项投资而言，其基本目的是从投入资本取得最大的财务收益。因此，项目财务评价的基本任务就是在于确定投资方案的经济效果，并用相应的经济效果评价指标来加以表示。项目财务评价分为以下三个步骤：

①第一步，进行基础准备。主要包括产品销售预测、技术方案拟订、产品的价格预测、投资估算及产品成本估算等。

②第二步，编制财务报表。在完成上述基础工作之后，就可着手编制财务报表，包括投资估算表、成本估算表、资产负债表、损益表和现金流量表等。

③第三步，计算经济效果。即选择适当的评价方法和评价指标进行分析。项目财务评价包括静态评价方法，如投资收益率与投资回收期；动态评价方法，如净现值法、内部收益率法（internal rate of return）、外部收益率法、动态投资回收期法以及收益/成本比值法等。当项目寿命周期较长，投资额较大时最好使用动态评价方法，以便考虑资金的时间价值。

（2）国民经济评价

国民经济评价是从国民经济的利害得失出发，对项目所作的经济效果评估。与财务评价不同，项目的国民经济评价是从国家的角度，评价项目对实现国家经济发展战略目标及对社会福利的实际贡献。它除了对项目的直接经济效果考虑外，还要考虑项目对社会的全面的费用效益状况；它将工资、利息、税金作为国家收益，而不是项目成本；它所采用的产品价格为社会价格，采用的贴现率也为社会贴现率。

(3) 不确定性分析

任何项目投资的评价都基于对未来经济数据的预测。项目内外诸多的不确定性因素的影响，导致项目运行结果也存在着不确定性。因此，在未来的客观实际和项目运行并不是肯定的情况下，就需要对项目评价结果进行不确定性分析。产生项目不确定性的最普遍原因有通货膨胀、技术变革、额定生产能力测定失实以及施工期和试车期的长短等。项目不确定分析分三个步骤进行：盈亏平衡点分析、敏感性分析（sensitivity analysis）和概率分析。

9.环境影响评价

随着环境保护问题的重要性越来越突出，环境保护成为项目可行性研究的重要内容。不论在哪一类项目的可行性研究报告中都必须有专门的部分说明项目的环境污染情况和治理方法，并在提交项目可行性研究报告的同时，向有关部门提交环境影响报告书。

(1) 项目环境影响评价的含义和必要性

任何项目都要处于某一特定的环境系统当中，不可避免地与周围环境发生相互作用，通过与环境发生物质流和能量流的交换对环境造成有利或不利的影响。因此在对项目进行国民经济评价时，必须权衡项目对环境的影响，进行全面的项目环境影响评价。

环境影响评价是对可能影响环境的重大工程建设、区域开发建设及区域经济发展规划或其他一切可能影响环境的活动，在事前进行调查研究的基础上，预测和评定项目可能对环境造成的影响，为防止和减少这种影响，制定最佳行动方案的活动。在项目动工兴建之前对其选址、设计、施工和投产后可能造成的影响都应进行预测和评价。

项目环境影响评价是一项综合性很强的技术工作，它需要预测项目对大气、水质、动植物、岩石土壤等要素的影响，并就项目对环境的影响做出综合性的评价。这需要数学、化学、物理、生物工程与经济学等专业技术人员的通力合作。另外，环境影响评价不仅要考虑项目对环境的近期影响，还要考虑项目对环境的长期影响，甚至要考虑项目结束若干年后对环境的影响。

(2) 项目环境影响评价制度

我国在多年环境保护实践中总结出八项环境管理制度，其中与项目密切相关的有两项，即“三同时”制度和“项目环境影响评价制度”。

①“三同时”制度。指新建、改建、扩建项目和技术改造项目以及区域性开发建设项目的污染治理设施必须与主体工程同时设计、同时施工、同时投产的制度。

②项目环境影响评价制度。主要包括：所有大、中、小型新建、扩建和技术改造项目要提高技术起点，采用能耗小、污染物产生量少的清洁生产工艺，严禁采用国家明令禁止的设备和工艺；建设对环境有影响的项目必须依法严格进行环境影响评价，编制环境影响报告书；环境影响报告书对建设项目产生的污染和环境的影响做出评价，制定防治措施，经项目主管部门预审并依照规定的程序报环境保护行政主管部门批准。环境影响报告书经批准后，计划部门方可批准建设项目设计任务书；在建设项目总投资中，必须确保有关环境保护设施建设的投资。建设项目建成投入生产后，必须确保稳定达到国家或地方规定的污染物排放标准。要把环境容量作为建设项目环境影响评价的重要依据。

(3) 项目环境影响评价的依据

项目环境影响评价的主要依据为环境标准。我国现行环境标准体系分为两级环境标准体系，即国家级与地方级（包括行业管理）。具体有以下七种类型：

①环境质量标准。是指在一定时间和空间内，各种环境介质（如大气、水、土壤等）中有害物质和因素所规定的容许含量与要求，是衡量环境受到污染的尺度，是有关部门进行环境管理、制定污染排放标准的依据。

②污染物排放标准。

③环境基础标准。是指对制定环境标准的有关名词、术语、符号、指南、准则所做出的统一规定，是制定环境标准的基础。

④环境方法标准。是指对环境保护工作中的实验、分析、抽样、统计、计算方法的规定。

⑤环境标准样品标准。

⑥环境保护仪器设备标准。

⑦污染报警标准。

10.综合分析

一般应结合项目具体情况选择分析评估以下各项：①政治和国防评估；②工业配置评估；③发展地区经济或部门经济的评估；④提高国家、地区和部门科技水平的评估；⑤减少进口、节约外汇和增加出口、创造外汇的评估；⑥环境保护和生态平衡的评估；⑦节约能源的评估；⑧节约劳动力和提供就业机会的评估；⑨产品质量评估；⑩提高社会福利和人民物质文化生活的评估。

3.4.2 可行性研究的程序

项目的可行性研究，一般由项目业主根据工程需要，委托有资格的设计院或咨询公司，进行编制可行性研究报告。

1.委托与签订合同

项目的可行性研究，既可以由项目主管部门直接给工程设计单位直接下达任务进行，也可以由项目业主自行委托有资格的工程设计单位承担。

项目业主和受委托单位签订的合同中一般应包括：进行该项目可行性研究工作的依据，研究的范围和内容，研究工作的进度和质量，研究费用的支付方法，合同双方的责任，协作方式和关于违约处理的方法等主要内容。

2.组织人员和制订计划

受委托单位接受委托后，应根据工作内容组织项目小组，并确定项目负责人和各专业负责人。

项目组根据任务要求，研究和制订工作计划和安排实施进度。在安排实施进度时，要充分考虑各专业的工作特点和任务交叉情况，协调技术专业与经济专业的关系，为各专业工作留有充分的时间，根据研究工作进度和内容要求，如果需要向外分包时，应落实外包单位，办理分包手续。

3.调查研究与收集资料

项目组在了解清楚委托单位对项目建设的意图和要求的基础上，查阅项目建设地区的经济、社会和自然环境等情况的资料。拟订调查研究提纲和计划，由项目负责人组织有关专业人员赴现场进行实地调查和专题抽样调查，收集与整理所得的设计基础资料和技术经济资料。

调查的内容包括：市场和原材料、燃料、厂址和环境；生产技术、财务资料及其他。各专题调查可视项目的特征和要求，分别拟订调查细目、对象和计划。

4.方案设计与选优

接受委托的工程设计单位，根据建设项目建议书，结合市场和资源环境的调查，在收集整理了一定的设计基础资料和技术经济基础数据的基础上，提出若干种可供选择的建设方案和技术方案，进行比较和评价，从中选择或推荐最佳建设方案。

技术方案一般应包括生产方法、工艺流程、主要设备选型、主要消耗定额和技术经济指标、建设标准、环境保护设施、工厂组成、定员。

项目的建设方案一般应包括：①市场分析、产品供销预测、生产规模、产品方案的选择，产品价格预测。②核算原材料和燃料的需用量、规格；评述资源供应情况和供应条件；预测原材料、燃料的进厂价格。③估算工厂全年总运输量，选择运输方案。④确定外协工作和协作单位。⑤厂址选择及其论证，项目的筹资方案。如有借款，应说明借款来源、利息、偿付条件；项目建设工期安排；等等。

在方案设计与优选中，对重大问题或有争议的问题，要会同委托单位共同讨论确定。

5.经济分析和评价

按照建设项目经济评价方法的要求，对推荐的建设方案进行详细的财务分析和国民经济分析，计算相应的评价指标，评价项目的财务生存能力和从国家角度看的经济合理性。在经济分析和评价中，需对各种不确定性因素进行敏感性分析。

当项目的经济评价结论不能达到有关要求时，可对建设方案进行调查或重新设计，或对几个可行性的建设方案同时进行经济分析，选出技术、经济综合考虑较优者。

6.编写可行性研究报告

在对建设方案和技术方案进行技术经济论证和评论后，项目负责人组织可行性研究工作组（项目组）成员，分别编写详尽的可行性研究报告，在报告中既可推荐一个或几个项目建设的方案，也可提出项目不可行的结论意见或项目改进的建议。

3.4.3 可行性研究报告

可行性研究报告视项目的规模和性质，有简有繁。表 3-3 是项目可行性研究报告的一般目录格式，是比较完整且典型的可行性研究报告的写法。针对不同规模及不同特点的项目，可行性研究报告的内容可依据实际情况有所删减。但总的思路是：项目可行性研究报告一定要给项目业主提供一个系统完整的思路、项目可行性的结论及实施要点和关键。要有观点，有依据，可实施，可信度高。

表 3-3　可行性研究报告内容概要

第一部分　概论或报告要点 这一部分要综合叙述报告中各部分的主要问题和研究结论，并对项目的可行与否提出最终建议，为可行性研究的审批提供方便。主要内容如下： 1.项目背景，包括：(1) 项目名称；(2) 项目的承办单位；(3) 项目的主管单位；(4) 项目拟建地区和地点；(5) 承担可行性研究工作的单位和法人代表；(6) 研究工作依据；(7) 研究工作概况。包括：①项目建设的必要性；②项目发展及可行性研究工作概况。 2.可行性研究结论 (1) 市场预测和项目规模。(2) 原材料、燃料和动力供应。(3) 项目选址。(4) 项目工艺技术方案。(5) 环境分析与结论及治理措施。(6) 项目组织及人力资源。(7) 项目实施进度。(8) 投资估算和资金筹措。(9) 项目财务和经济评价结论。(10) 项目综合评价结论。 3.主要技术经济指标 4.存在的问题及建议	**第三部分　市场分析** 1.市场调查，包括：(1) 拟建项目产出物用途调查。(2) 产品现有生产能力调查。(3) 产品产量及销售量调查。(4) 替代产品调查。(5) 产品价格调查。(6) 国外市场调查。 2.市场预测 (1) 国内市场需求预测。国内市场需求预测包括：①本产品目标对象；②本产品的消费条件；③本产品更新周期的特点；④可能出现的替代产品；⑤本产品使用中可能产生的新用途。(2) 产品出口或进口替代分析包括：①替代进口分析；②出口可行性分析；(3) 价格预测。 3.市场促销策略，包括：(1) 促销方式；(2) 促销措施；(3) 促销价格；(4) 产品销售费用预测。 4.产品方案和建设规模：(1) 产品方案。产品方案包括：①产品名称；②产品规格与标准。(2) 建设规模。 5.产品销售收入预测
第二部分　项目背景和发展概况 1.项目背景包括：(1) 国家或行业发展规划。(2) 项目发起缘由。 2.项目发展概况，包括：(1) 已进行的调查研究项目及成果。(2) 试验试制工作（项目）情况。(3) 厂址初勘和初步测量工作情况。(4) 项目建议书（初步可行性研究报告）的编制、提出及审批过程。 3.投资的必要性	**第四部分 建设条件与项目选址** 1.资源和原材料。(1) 资源详述。(2) 原材料及主要辅助材料供应。(3) 需要做生产试验的原料。 2.建设地区的选择需要考虑：(1) 自然条件；(2) 基础设施；(3) 社会经济条件；(4) 其他应考虑的因素。 3.项目选址。(1) 项目坐落地点多方案选择。(2) 推荐方案和理由。
第五部分　项目的工艺技术方案 1.项目组成 2.工艺技术方案，包括：(1) 产品标准；(2) 生产方法；(3) 技术参数和工艺流程；(4) 主要工艺设备选择；(5) 主要原材料、车间布置。 3.总平面布置和运输，包括：(1) 总平面布置；(2) 厂内外运输方案；(3) 仓储方案；(4) 占地面积及分析。 4.土建工程，包括主要建筑物的建筑特征及结构设计、建筑材料等。 5.其他工程，包括：(1) 给排水工程；(2) 动力及公用工程；(3) 地震设防；(4) 生活福利设施。	**第六部分 环境保护与劳动安全** 环境保护与劳动安全包括 8 个部分：①建设地区的环境现状；②项目主要污染源和污染物；③项目拟采用的环境保护标准；④治理环境的方案；⑤环境监测制度的建议；⑥环境保护投资估算；⑦环境影响评价结论；⑧劳动保护与安全卫生。 **第七部分　企业组织和人力资源** 1.企业组织，包括：(1) 企业组织形式；(2) 企业工作制度。 2.人力资源，包括：(1) 人员规模和结构；(2) 年工资和职工年平均工资估算；(3) 人员培训及费用估算。

续表

第九部分　投资估算与资金筹措 1.项目总投资估算包括固定资产总额和流动资金估算。 2.资金筹措，涵盖资金来源和项目筹资方案。 3.投资使用计划，包括投资使用计划和借款偿还计划。 **第十部分　财务效益、经济和社会影响评价** 1.生产成本和销售收入估算包括生产总成本、单位成本、销售收入。 2.财务评价 3.国民经济评价 4.不确定性分析 5.社会效益和社会影响分析	**第八部分　项目实施进度安排** 1.项目实施的各阶段，包括：(1) 建立项目实施管理机构。(2) 资金筹集安排。(3) 技术获得与转让。(4) 勘察设计和准备订货。(5) 施工准备。(6) 施工和生产准备。(7) 竣工验收。 2.项目实施进度表。(1) 甘特图 (Gantt chart)。(2) 网络图。(3) 里程碑事件图。 3.项目实施费用。(1) 建设单位管理费。(2) 生产筹备费。(3) 生产职工培训费。(4) 办公和生活家具购置费。(5) 勘察设计费。(6) 其他应支出的费用。
第十一部分　可行性研究结论与建议 1.结论与建议　　2.附件　　3.附图	

3.5 项目评估

项目评估主要包括项目建设发展的必要性、建设条件、技术评估、财务评估、社会效益评估、环境影响评估等，评估的结果形成项目评估报告。

3.5.1 项目经济效益评估

从企业的角度出发，运用有关财务分析的方法对项目的经济效益进行综合评价，并对项目的合理性提出判断意见。

1.项目经济效益评估的目标

（1）了解项目盈利能力。盈利能力是反映项目经济效益的主要标志。经济评估通过分析项目建成后是否有盈利、盈利能力有多大、项目盈利是否足以弥补项目投资，来判断项目是否可行。

（2）了解项目清偿能力。从广义来说，项目清偿能力包括两个层次：①项目的财务清偿能力，即项目收回全部投资的能力；②债务清偿能力，主要是项目偿还投资借款和其他债务的能力。从狭义上讲，项目清偿能力只是指第二层含义，即债务清偿能力。

（3）了解项目财务外汇平衡情况。对于涉及进出口设备或业务的项目，还要通过财务评估，编制财务外汇平衡表，掌握项目的外汇情况。

2.项目经济效益评估的方法

此方法与可行性研究时的项目价值分析方法相似。不同的是，分析的主体不同，立足点不同，侧重点不同。可行性研究是项目承担方来做，项目评估则是由项目隶属的政府管理部门、项目主管部门、贷款银行等机构来做。可行性研究一般是站在用资角度考虑问题，项目评估则一般站在银行、国家投资角度来考虑问题。

可行性研究侧重于项目技术、经济方面的论证，项目评估则着重于对可行性研究的质量和可靠性的审查与评估。

项目经济效益评估中主要用到的技术方法有投资回收期法、投资收益率法、追加投资回收期法、追加投资收益率法、净现值法、内部收益率法、外部收益率法等。

3.5.2 项目社会效益评估

项目社会效益评估是从项目对社会、国家的整体贡献出发，来评估项目的价值的方法。按照资源合理配置的原则，采用影子价格、影子汇率、影子工资、社会折现率等评估参数，来计算和分析国民经济为投资项目所付出的代价及其对国民经济做出的贡献，以评价投资项目的合理性。

1. 对宏观经济的影响效果

主要体现在对国民经济增长的贡献上，从国家角度，要求项目投资所增加的国民收入净增值和社会效益净增值大于为项目所付出的社会成本。主要通过如下指标实现。

（1）项目在正常生产能力条件下，每年所获国民收入净增值和社会净效益同项目总投资额的比率，用以考察项目每年对国家和社会的实际贡献情况。

（2）在项目整个寿命期内获得的总国民收入净增值和社会净效益同项目总投资额的比率，用以考察项目在整个寿命期内对国家和社会的总贡献情况。

（3）以国民收入净增值和社会净收益分别计算的总投资回收期，用以考察项目的投资回收能力。

2.社会效果

(1) 劳动就业目标，考察项目建成后为社会提供的劳动就业机会的数量。

(2) 收入分配目标，考察项目提供的国民收入净增值在国家、地区、部门、企业和个人之间的分配关系。

(3) 创汇节汇目标，考察项目的国际竞争能力情况。

(4) 环境保护目标，考察项目的社会环境影响情况。

课程思政　　非洲疾控中心与中非项目合作打造人类命运共同体

非洲疾控中心（图 3-4）总部大楼项目是中方在 2018 年中非合作论坛北京峰会上宣布实施的“八大行动”旗舰项目，是中国帮助非洲国家筑牢公共卫生防线、提高突发公共卫生事件应急响应速度和疾病防控能力的举措之一。2021 年 11 月 26 日，非洲疾控中心总部（一期）项目迎来主体结构封顶，非盟委员会对中方施工速度和质量非常满意。

中国帮助非洲在有关疫情疾病防控进行了多方面援助，一直以实实在在的各种援助项目，支持非洲的疫情和疫情之后的恢复发展。这不仅体现中方的友好合作，还提高了有关新冠疫苗的积极作用和发展。非洲疾控中心总部建成后将成为非洲大陆第一所拥有现代化办公和实验条件、设施完善的全非疾控中心，进一步提升非洲疾病预防、监测和疫情应急反应速度，增强非洲公共卫生防控体系和能力，切实造福非洲人民，项目社会效益显著。

(a) 非洲疾控中心设计概念图　　(b) 非洲疾控中心项目施工图

图 3-4　非洲疾控中心

3.评估技术与方法

(1) 社会折现率

社会折现率是从国家角度对资金机会成本和时间价值进行估量的评估指标。它是从社会的观点反映最佳资源分配和社会可接受的最低投资收益率。采用适当的社会折现率对项目进行投资评价，有助于合理使用项目资金，引导投资方向，调控投资规模，促进资金在全社会范围内的合理配置。

社会折现率作为项目社会效益评估的重要参数，在衡量投资项目的内部收益率时具有重要作用，同时它也是项目经济可行性和比较选优的主要依据之一。

社会折现率的测定方法主要有两种：一种是用投资项目经济内部收益率排队的方法测定；另一种是用现行价格下投资收益率的统计值测定。第二种方法比较简单实用，具体计算方法在此不作详细介绍。在我国现阶段，国家规定社会折现率的取值标准为 12%。

(2) 影子价格

影子价格是指当社会经济处于某种最优状态时，能够反映社会劳动的消耗、资源稀缺程度和最终产品需求情况的价格。它是商品或生产要素的边际变化对国民收入增长的贡献值。也就是说，影子价格是由国家的经济增长目标和资源可用量决定的。

一般来说，项目投入的影子价格就是它的机会成本——资源用于其他用途时的边际产出价值，也是用户为获得产品而愿意支付的价格。

对项目进行社会效益分析的着眼点是整个国民经济，因而确定影子价格的过程是对国民经济在生产、交换、分配和消费过程中全部环节及其相互制约因素的全面考察过程，要正确确定商品或劳务的影子价格，应考虑社会资源的可用量、政策变动及社会经济未来变动等各种不确定性因素的影响，因此要精确测定影子价格并不容易。

4.评估报告

项目评估的结果最终以评估报告的形式予以呈现。

评估报告一般包括两个部分，即正文部分和附件部分。正文部分是对项目主要特点进行概括说明，并对有关问题做简明叙述。正文内容应严谨明了，言简意赅，尽量少用只有专家才能看得懂的专业术语。附件部分是为正文所提的观点提供详细的证据，包括必要的资料、表格、数据分析、附图以及一些技术说明等。下面是评估报告的正文部分简要介绍。

(1) 正文部分，见表3-4。

表3-4　正文内容分类

分类	内容
企业概况	历史、机构、人员组成及知识构成情况，经营管理情况，近三年的生产经营情况及财务情况等
项目概况	项目的基本内容、主要产品（或主要项目产出物）的介绍，项目目的，投资必要性
市场情况分析	产品需求预测，供应市场范围、生产规模、市场竞争能力、产品生命周期、国内外同类产品情况评估等
投入物	主要投入物名称、耗用量、价格、来源、可靠程度、有无替代品等
技术和设计	工艺和技术、设备性能、技术力量保证程度、设计方案是否科学等
投资计划	总投资额、投资内容、投资方式、资金现有情况、资金筹措情况等
财务预测	产品成本、销售收入及盈利水平，偿债能力等
项目风险评估	盈亏平衡分析、敏感性分析、概率分析等
经济效益评估	产品成本、销售收入及盈利水平、偿债能力、外汇使用或平衡情况，投资回收期分析等
社会效益评估	国民生产总值贡献情况，提供劳动与就业机会情况，对科学技术发展的促进与贡献情况等
环境影响评估	对环境的影响是否重大，是否影响其他产业或经济的发展
总结与结论	总结评述报告的各个部分，并提出评估结果
建议	需要完善的地方和项目实施过程中的注意事项

(2) 附件部分

①附表。包括各类财务预测表、经济分析表，如敏感性分析表、销售情况预测分析表等。

②附图。主要有工厂平面布置图、生产流程图、项目实施图等。

③有关资料与文件。如项目建议书、可行性研究报告、进口设备、技术清单等。

评估报告要求有数据、有分析、有观点，条理清楚，论述简洁，重点突出。引用的数据与分析的资料要经过核实。

案例分析　　　　　　　　大兴国际机场综合保税区项目启动

2020年11月5日，北京大兴国际机场综合保税区获国务院批复，全国唯一一个跨省市综合保税区正式设立，综保区作为北京新机场国际货运功能的核心承载地，发挥促外贸、引外资的先导作用。

2021年1月11日，北京大兴国际机场临空经济区（大兴）管理委员会与北京新航城公司正式签署关于大兴国际机场综保区（一期）公共库项目的入区协议，标志着该项目正式进入建设阶段。

综合保税区公共库是进出口、过境、转运、通关货物以及保税货物、尚未办结手续的进出境货物接受海关查验的重要场所，也是关系综合保税区封关验收的必要基础设施项目，作为口岸功能的延伸，实施国际通行的便捷保税制度，对促进开放性经济发展，助力国际资本聚集，带动国际贸易发展，支持扩大外贸进出口具有重要意义。

据了解，项目规划总建筑面积约116123m^2，其中仓储面积约100283m^2，占比86%。拟建设4个保税物流仓库，其中2个跨境电商分拨中心，用于跨境电商进出口货物的包装、分级分类、加刷唛码、分拆、拼装等流通性加工等；2个综合保税物流中心，服务于生命健康、生物医药、医疗器械加工企业的普通材料和产品存储，实现智能制造、电子信息、服装等产业的保税仓储与分拨配送服务等。同时，围绕跨境电商、国际贸易等集聚优质企业，建设园区办公运营中心。

值得一提的是，公共库项目作为综保区第一个货运物流配套设施，未来通过联络道实现与空侧连接，将实现综保区和机场的港区联动，大大提升通关时效，有效整合物流资源，布局跨境电商分布、综合保税物流、办公运营三大中心。以保税仓储为基础，以跨境电商为引擎，实现跨境电商和保税仓储协同发展，承载政府服务、港区联动、招商引领三大功能，打造综保区第一个公共保税项目。

下一步，北京大兴国际机场临空经济区（大兴）管理委员会将构建新型政企合作模式，在用好北京大兴国际机场综合保税区、中国（北京）跨境电子商务综合试验区的相关扶持政策的基础上，制定“1325”招商策略，同步推进综保区公共库的项目建设与招商运营工作，“1”为依托多样式联运交通1个体系，打造跨境电商服务平台，国际贸易“单一窗口”平台；“3”为构建3个国际商品交易展示分销平台；“2”为发展跨境电商服务、保税仓储租赁2项业务；“5”为制定服务跨境电商企业、第三方物流企业、货代企业、国际贸易企业、快件企业5类客户招商策略。该项目于2021年12月20日北京大兴国际机场综合保税区（一期）经过海关总署等国家八部委组成的联合验收组的严格评审正式通过国家验收，成为全国首个也是目前唯一一个跨省级行政区划的综合保税区，这标志着大兴机场综保区（一期）进入封关运营新阶段。

（1）依据案例资料，分析该保税区建设项目启动的条件。

（2）结合项目论证与评估知识点，分析该项目的可行性。

▷English Corner for Chapter 3

(1) Demand identification. Demand is the basic premise for building a project, which can be divided into public demand and private demand. Public demand refers to the public sector to meet the common needs in the form of public goods, with non-exclusive and non-competitive characteristics, and is generally met by public projects. Private needs refer to the needs of individuals, families, social groups, organizations, enterprises, institutions, etc., and are generally satisfied by private projects. Demand identification is the beginning stage of the project life cycle, which starts with the identification of needs, problems and opportunities and ends with the release of a requirement proposal. The requirement proposal is a comprehensive, detailed description from the customer's perspective in order to define the identified requirements and what preparatory work should be done for the contractor or project team. A perfect requirement proposal should contain the statement of work, requirements, deliverables, terms of provision, approach, contract type, due date, schedule, payment method, evaluation criteria for deliverables, application content, bid items, and evaluation criteria for project applications, etc.

(2) Project identification is the process of selecting a project that can best meet the customer's requirements from alternative project proposals, which is closely related to demand identification. The implementer for project identification and demand identification is different. project identification is enacted

by the contractor or project team, while demand identification is usually implemented by the customer.

(3) Project conception, also known as project idea, is a project idea made by the contractor or project team to meet the project's objectives and achieve the intended project goals. Project conceptualization is a gradual development process, generally consisting of three stages of preparation, conception and refinement. As a creative thinking activity process, project conceptualization is commonly executed by methods include divergent methods, integrated methods and collective creation methods.

(4) Project selection is the process of choosing the most economically efficient and feasible solution that best meets the needs of the project client from the alternative project options that have been identified. The main factors for evaluating project options are return, cost, risk, time, feasibility, and customer satisfaction. Project selection includes opportunity analysis, project selection, and project application book. For individual projects, project selection involves three stages of necessity study, feasibility study and option selection. Project portfolio selection is based on the above individual project selection process with the extension of project prioritization and portfolio selection, which aims to achieve the best overall effectiveness and efficiency of the project portfolio.

(5) Project application generally contains three parts, namely technical, management and cost section. Project application is also called a project tender under the process of bidding, and it is a marketing document that advertises to the client that it is capable of undertaking the project. The key points in preparing a competitive project application are shown as follows: ① to accurately understand and grasp the client's needs; ② to be able to execute the applied project; ③ to demonstrate that you are the best contractor; ④ to complete the project within the specified budget and schedule constraints; and ⑤ to maximize customer value and achieve customer satisfaction.

(6) Project initiation is the process of making project stakeholders aware of the need for supporting the project with human, material and financial resources according to their obligations. Project sponsor can be the project client or contractor, or other project stakeholders and in general the project sponsor is the person funding the project. In numerous cases, the project sponsor does not implement the project itself, but monitor the progress.

(7) Project approval is the process by which the highest decision maker or authority of the project implementing organization formally recognizes the need for the project and gives the project management team all the authority to complete the project. Project approval is generally used for medium or small projects. Project establishment is the process by which a project is approved by the local or central government and included in the local or national socio-economic development plan or capital construction plan, and is generally used for large projects.

(8) Project initiation is the process by which the project manager sets up the project team and begins to execute the specific work of the project. It can be divided into four stages: planning, preparation, implementation and follow-up. At this point, the project manager needs to clarify four things, namely, funding, authority, requirements and time. In terms of funding, the manager should identify whether the principal has sufficient funds for the project; in terms of authority, it should be clear whether the principal has sufficient authority to ensure the implementation of the project; in terms of requirements, the specific requirements of the principal should be identified for the project, the project manager and the project team; in terms of time, the start time and completion time of the project components should be formalized as well as the incentives and penalties should be depicted.

(9) Project proof refers to a comprehensive scientific analysis with the technical and economic research activities on the technical innovation, economic profitability, the risk of the proposed project, which could provide an objective basis for project decision-making process. Based on the project proof results, project evaluation is designed to conclude with four aspects of market demand, technology, financial economy, and social environment influences. Market demand is the basis for project evaluation, technology is the means for project evaluation, financial economy is the core of project evaluation, and social environment is the premise for project evaluation.

(10) Project opportunity study, also known as investment opportunity identification, is a preparatory study before the feasibility study, but also to seek valuable investment opportunities by collecting

the project background, investment conditions, market conditions, including general opportunity studies and specific project opportunity studies.

(11) Project feasibility study refers to a scientific analysis process of predicting and evaluating the economic benefits of a project after its completion by conducting a detailed, systematic and comprehensive investigation and analysis on the project's relevant engineering, technical and economic aspects before making decisions. A detailed comparison of various possible project implementation options and technical solutions is made during project feasibility study, which is the basis for project evaluation and decision making.

(12) Project evaluation refers to the process of making a comprehensive technical and economic demonstration and evaluation of the proposed project from all aspects of the project's contribution to the enterprise and society on the basis of project feasibility study. Project evaluation is an important part of the pre-investment management of the project, and its purpose is to review the reliability, authenticity and objectivity of the project proof results, and provide scientific basis for project financing decisions, bank loan decisions and approval decisions of administrative departments.

章节习题

一、选择题

1.确定项目是否可行是在（ ）工作过程完成的。
A.项目启动　B.项目计划　C.项目执行　D.项目收尾

2.谁负责确定项目目标并为项目提供资金支持？（ ）
A.项目经理　B.高级管理层　C.发起人　D.客户

3.获得项目建设的许可证是项目启动环节的（ ）阶段的核心工作。
A.计划　B.准备　C.实施　D.后续工作

4.项目启动的交流和信息的发布建设是项目启动环节的（ ）阶段的核心工作。
A.计划　B.准备　C.实施　D.后续工作

5.项目范围说明书的编写一般由（ ）来完成。
A.项目经理　B.项目总工程师　C.项目团队　D.项目施工方

6.项目申请书的内容不包括（ ）。
A.管理措施　B.技术方案　C.项目评价标准　D.成本估算

7.以下哪个不属于项目申请书中成本部分的内容？（ ）
A.物价上涨　B.劳动力成本　C.工作任务描述　D.设备租金

8.项目论证是评审项目必要性、可行性、合理性，以下属于项目论证基础的是（ ）。
A.社会环境　B.工艺技术　C.财务经济　D.市场需求

9.以下哪一项不属于项目评估报告正文所出现的内容？（ ）
A.主要投入物的名称　B.生产流程图　C.总投资额　D.产品需求预测

10.项目论证是评审项目必要性、可行性、合理性，以下属于项目论证核心的是（ ）。
A.市场需求　B.工艺技术　C.财务经济　D.社会环境

11. 一般项目机会研究得到的结果是形成（ ）。
A.项目申请书　B.项目提案　C.项目意向　D.项目建议

12.要素分层法是用于（ ）分析的工具。
A.项目机会研究　B.项目评估　C.项目初步可行性研究　D.项目详细可行性研究

二、填空题

1.项目申请书一般包含技术、（　　）和（　　）三个部分的内容。

2.项目启动过程分为计划、准备、（　　）和（　　）工作四个阶段。

3.项目构思的完善过程一般包括发展、（　　）、定型三个阶段。

4.项目发起的书面材料称为（　　）。

5.项目构思的三个阶段依次是准备阶段、酝酿阶段和（　　）阶段。

6.任命项目经理是项目启动的（　　　）阶段的核心工作。
7.特定项目机会研究所得到的结果称为（　　　）。
8.在可行性研究中，经济评价主要从财务评价、（　　　）和不确定性分析三个方面展开。
9.可行性研究的原则为（　　　）、客观性原则、（　　　）。
10.一般项目机会研究包括（　　　）、（　　　）、（　　　）三个方面内容，最终形成（　　　）。
11. 项目机会研究主要采取的方法是（　　　）。
12.项目不确定性分析方法主要有（　　　）、（　　　）、（　　　）等。

三、简答题

1.项目的需求是如何产生的？如何识别这些需求？请描述一下你在日常生活中识别需求的情景。
2.项目目标是什么？如何确定项目目标？
3.需求建议书的作用是什么？它至少应该包含哪些内容？
4.什么是项目识别？在识别项目时应该注意哪些问题？
5.什么是项目构思？项目构思的主要方法有哪些？各自有什么特点？
6.项目构思的准备阶段的工作有哪些？
7.项目申请书由谁来完成？其主要作用是什么？主要包含哪些内容？
8.项目启动的条件是什么？
9.项目启动需要经过哪些程序？什么样的项目需要经过项目核准和立项？
10.项目论证与评估之间的关系是什么？其作用是什么？
11.项目一般机会研究和特定机会研究的区别与联系是什么？
12.项目可行性研究报告的组成部分有哪些？
13.项目论证的一般程序是什么？包含哪些内容？
14.什么是项目评估？其包含哪些内容？其与项目论证之间有什么关系？
15.什么是项目论证？项目论证的作用有哪些？项目论证一般要遵循什么样的程序？
16.项目的一般机会研究和特定机会研究的内容和结果是什么？
17.项目的可行性研究的主要内容有哪些？如何编制一份完整的可行性研究报告？
18.项目评估的主要内容有哪些？如何编制项目评估报告？项目评估报告与项目可行性研究报告有何不同？

第4章 项目规划与计划

案例引入　　　　我国的大飞机C919研制项目大事记

随着我国大飞机项目C919的研制成功，全球客机从“AB”格局向“ABC”新格局发展。1996年12月，波音宣布收购麦道，全球民用客机市场演变为空客和波音两家企业之间的“双寡头垄断”超级竞争格局。2008年5月，中国商用飞机有限责任公司（COMAC，简称“中国商飞”）正式建立，启动我国大飞机研制项目，拟进入全球民用客机市场，打造属于中国的大飞机，间接推动了世界飞机市场格局向“ABC”发展。项目进度表如下：

2008年年底，基本完成了C919大型客机项目可行性论证工作。

2009年，C919大型客机基本总体技术方案通过了工信部组织的国家级评审，12月25日，C919大型客机机头工程样机主体结构在上海正式交付。

自2010年开始，公司形成了飞机总体技术方案、制造总方案和客户服务总工作。型号合格证（TC）申请获得中国民航局正式受理。

2011年4月18日，C919飞机研制全面进入正式适航审查阶段；2011年12月，初步设计工作基本完成。

2012—2013年，C919大型客机项目研制工作围绕详细设计、全面试制、综合试验工作全面展开，首架飞机机体结构开始试制。

2013年12月30日，C919飞机铁鸟试验台在中国商飞上海飞机设计研究院正式投用，C919项目系统验证工作正式启动。

2014年9月19日，C919大型客机在上海浦东总装制造中心开始总装。

2016年4月11日，C919客机全机静力试验正式启动。12月25日，C919飞机首架机交付试飞中心。

2017年4月18日，C919客机通过首飞放飞评审。5月5日C919在上海浦东机场圆满首飞。11月10日，C919飞机101架机成功从上海转场西安，正式开展后续试飞取证试验。

C919项目体现了我国的先进制造技术

制造业转型升级在C919研制过程中得到了体现，我国民机制造水平正在逐步与国际接轨。2014年9月19日，C919大型客机在上海浦东总装制造中心开始总装，总装车间引入了5条先进生产线，国产民机制造精度由此大幅度提高，数字化设计、数字化制造、新化装配协调的应用效果得到充分验证。

C919大型客机项目体现了我国项目管理的先进水平

C919项目是一个大型复杂项目，涉及部门和人员多，能否保证项目高标准完成，是项目管理团队面临的挑战。中国项目管理大会宣布，中国商用飞机有限责任公司C919大型客机项目团队获“2017中国项目管理成就奖”，这反映了我国大飞机研制项目在项目管理领域取得的突出成就，从而促进中国项目管理成果的推广应用。国际项目管理协会副主席欧立雄表示，C919大型客机合理的项目管理体系为项目的研发和高效推进提供了保障，是该奖项当之无愧的得主。

资料来源：王烨捷. C919研发团队看国产大飞机如何长成[J].科学大观园，2020（16）：24—27.

项目规划与计划是项目生命周期第二阶段，是在项目环境中，预测、识别和解决可能影响项目进度的因素和问题而制定的有效方案、方针、措施和手段以及所必需的各种活动和工作成果的过程。它涵盖了项目的目标、范围规划、结构分解以及项目的计划。可以为项目执行提供方向，在项目进行过程中清晰识别到项目进度。除了网络计划技术外，常用的项目计划还包括资源计划、费用计划、质量计划、项目安全计划等。项目计划是项目管理的职能之一，是项目管理的基础。一个良好的项目计划是项目成功的重要因素之一。本章将介绍项目规划和计划的含义及主要内容；项目目标的特点、确定和描述；项目范围规划和范围定义的内容、依据和技术；项目结构分解的概念、层次、类型和步骤；工作排序和工作时间估计；项目计划的作用、形式、内容与过程；网络计划技术；项目进度计划的编制依据、基本方法、操作步骤和相关技术（里程碑计划、甘特图计划、网络进度计划）；项目资源计划、费用估计和费用预算的基本知识；项目质量管理体系、质量计划的内容、依据、技术、方法和结果；项目安全管理的概念、HSE管理体系、安全计划的内容等。

4.1 项目规划与计划概述

4.1.1 项目规划和计划的含义

项目规划和计划是项目管理的重要组成部分，主要任务是明确项目目标，确定项目范围，制订项目的组织规划、进度计划、资源计划、费用计划和质量安全计划等。

项目规划和计划的一般过程主要包含以下步骤：①确定项目目标（determine project objectives）；②定义项目范围——确定项目边界；③实施项目工作分解——确定项目工作分解结构；④估计项目各项工作的工期、所需资源和成本；⑤编制主进度计划（master schedule）、资源计划、费用计划、质量安全计划等；⑥项目组织规划——确立项目组织结构和工作关系；⑦设立项目档案；⑧审查和批准项目计划。

项目规划和计划的主要工作及其相互关系如图 4-1 所示。

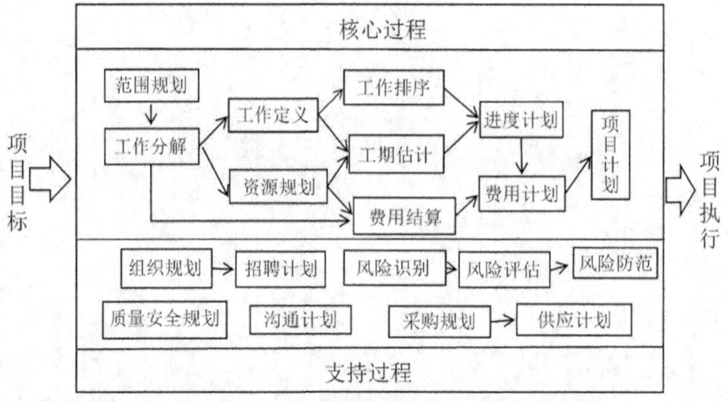

图 4-1　项目规划和计划的过程及各项工作的关系

4.1.2 项目目标

1.项目目标特点

项目目标，是实施项目所要达到的期望结果。项目实施是一个追求项目目标的过程。因此，项目目标的确定不仅要在客户同承约商之间达成一致，而且要具体、明确、可测量、切实可行。

（1）多样性

项目是一个多目标的系统，各种目标之间相互关联、相互作用，要确定项目目标，就需要对项目的多个目标进行权衡。

项目无论大小、种类如何，其基本目标可以表现为三个方面，即时间、成本和技术性能。项目实施的目的就是要充分利用可获得的资源，使得项目在一定的时间内、在一定的预算下，获得所期望的技术性能。然而，这三个基本目标之间往往存在着一定的冲突。通常，缩短工期要以提高成本为代价，而降低成本、压缩工期可能会影响技术性能的实现。因此，项目目标的确定需要在这三个方面寻求最佳的平衡。

（2）优先性

在项目的多目标系统中，不同目标在不同项目中的重要程度是不同的。例如，预算拮据的私人住宅装修项目，成本目标十分重要；新型战机的研制项目，技术性能目标的重要性要高于成本目标；而生命周期较短的开发项目，时间目标则显得尤为重要。在项目管理中，识别目标的优先顺序对于指导项目规划和实施是一项十分重要的工作。

(3) 层次性

项目目标是一个从抽象到具体的层次结构。项目目标的最高层是总体目标，要解决的问题是总的依据和原动力，是一个很抽象的概念。这个抽象的概念被层层分解，最终形成针对项目具体技术问题的特定目标。在项目目标的层次结构中，上层目标是下层目标的目的，下层目标是上层目标的手段。上层目标一般表现为模糊性、难以控制性，而下层目标则表现出具体、明确和可控的特点。

实施项目的过程就是多样化、多层次、不同优先级目标之间的协调过程，这种协调包括项目在同一层次多个目标之间的协调、项目总体目标与其子项目目标之间的协调、项目本身与组织总体目标的协调等。

2.项目目标的确立过程

项目目标的确立过程包括明确制定项目目标的主体和描述项目目标两个阶段。一般地，项目目标由项目发起人或项目提议人来确定，而承约商的意见对于项目目标的确定起着重要的参考作用。项目目标的描述应该明确、具体，并尽可能量化，保证项目目标容易被沟通、理解和度量，并使所有项目团队成员能够结合项目目标确定个人的具体目标。

3.项目目标的描述

在项目申请书中，项目目标的描述是一项非常重要的内容。在一般情况下，项目申请书的起草人是项目经理，因此，项目经理是确定项目目标的重要主体。从一定程度上讲，项目经理对项目目标的正确理解和准确定义决定了项目的成败。

描述项目目标的准则有以下几条：①能定量描述的，不要定性描述；②应使每个项目组成员都明确目标；③目标应该是现实的，不应是理想化的；④目标的描述应尽量简化。

4.1.3 项目范围规划

1.范围规划

(1) 范围规划定义

确定项目范围并编制项目范围说明书的过程。项目范围说明书阐述了为什么要进行这个项目，明确了项目目标和主要可交付的成果，是项目实施的重要基础，也是项目团队和项目委托方之间签订协议的基础。项目和子项目都要编写范围说明书，一般由项目团队来完成。

(2) 范围规划依据

①成果说明书。项目成果是指项目委托人要求项目团队在项目结束时交付的成果，一般通过成果说明书来明确表述。

②项目许可证。项目许可证是正式承认某项目存在的一种文件，它既可以是一个特别的文件形式，也可以用其他文件替代，如企业需求说明书、产品说明书等。一般地，项目许可证中有关于项目目标的陈述。

③制约因素。制约因素是限制项目团队行动的因素，它会限制项目团队对项目范围、人员配置以及日程安排的选择。

④假设前提。假设前提是指制定项目范围规划的基本前提条件。它将某些不确定因素假定为是真实的、符合现实的和肯定的，因而常常包含一定程度的风险。

(3) 范围规划工具和技术

①成果分析。通过成果分析可以加深对项目成果的理解，确定其是否必要、是否有价值，主要包括系统工程、价值分析、质量功能分析等技术。

②成本效益分析。成本效益分析用以比较不同项目方案的有形和无形的费用与效益，并利用投资收益率、投资回收期等财务指标估计各项目方案的相对优越性。

③项目方案识别技术。项目方案识别技术是指提出实现项目目标的方案的所有技术，如头脑风暴法和侧面思考法等可用于识别项目方案。

④专家判断。有时，项目需要邀请各领域的专家对各种方案进行评价。任何经过专门训练或具有专门知识的集体或个人均可视为专家。

项目范围规划的结果是形成项目范围说明书、辅助性细节说明和范围管理计划等。范围说明书主要包括项目合理性说明、项目成果的简要描述、可交付成果清单、项目目标实现程度等；辅助性细节说明包括对项目有关建设条件及制约因素的陈述；范围管理计划则包括项目范围变化的可能性、频率和幅度，以及变更管理等。

2.范围定义

范围定义是把项目的主要可交付成果划分为相对较小的更易管理的单位。其依据是范围说明书、制约因素、假设前提、其他计划结果、历史资料及经验教训等。其结果是项目的工作分解结构（Work Breakdown Structure，WBS）。

WBS是面向可交付成果的对项目元素的分组，它组织并定义了整个项目范围，与项目经理、职能经理和所有参与项目的成员的工作任务直接相关。

4.1.4 项目结构分解

1.项目工作分解结构

工作分解结构（WBS）是由项目各部分构成的、面向成果的树形结构，该结构定义并组成了项目的全部范围，其目的是将整个项目逐层分解为可以明确指派管理和任务职责的项目结构体系，以便于项目计划、实施、控制等管理活动。

（1）项目工作分解层次

项目工作分解是一个由粗到细的分解过程。一般地，项目可以分解为五个层次，即项目整体、子项目或任务大类、子类别或子任务、次子类别或次子任务、工作包等。

（2）项目工作分解原则

①功能或技术。即应根据项目的功能系统或涉及的技术领域来进行项目分解，这是项目分解的基本原则。②组织结构。即项目分解应考虑与项目的组织体系相适应。③地理位置。即项目分解应考虑处于不同地区或地点的子项目。④系统或子系统。即根据项目在某些方面的特点或差异将项目分为不同的子项目。

（3）项目工作分解的类型

主要有两种类型：产品导向型WBS和活动导向型WBS。

①产品导向型WBS。产品导向型WBS依据的是最终产品的构成（图4-2），其特点是重视结果而忽略过程，有助于项目的分包、结果检查等管理工作，但是在较低层次上的分解结构不容易理解，并且难以据此掌握项目的进展过程。

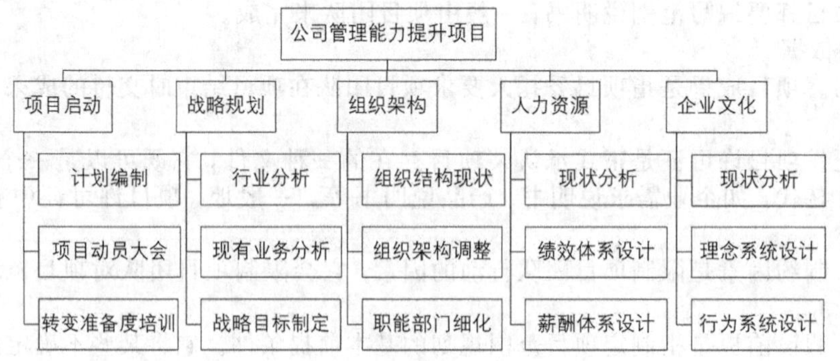

图4-2　产品导向型WBS示例

②活动导向型WBS。活动导向型WBS的基本依据是项目活动的过程（图4-3），其优点是分解结构简单易懂，逻辑性强，容易进行活动的识别和定义，且易于实施；其缺点是不易跟踪考察，且容易导致注重过程而忽略结果。

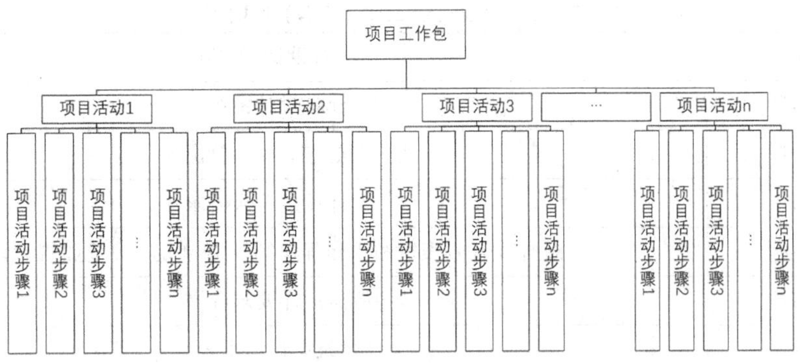

图 4-3　活动导向型 WBS 示例

(4) 项目工作分解的步骤

①认识项目的主要组成部分，即项目的主要可交付成果。

②确定每一组成部分是否分解得足够详细，以便可以对其进行费用和时间估计。

③确定可交付成果的构成要素。构成要素应该是有形的、可检查的，以便据此对项目绩效进行评价。

④核对分解是否正确，确保分解没有遗漏和冗余。

⑤在验证分解完全正确后，建立一套编号系统。

⑥随着其他计划编制活动的进行，对 WBS 更新或修正。

(5) 项目工作分解的结果

项目工作分解的结果可以用项目工作列表（表 4-1），以及责任分配矩阵（Responsibility Assignment Matrix，RAM）（责任人分配见表 4-1）等可视化工具表示出来。每一项工作任务或活动都需要用工作说明书详细陈述（对表 4-1 的建筑设计任务的详细说明见表 4-2）。

表 4-1　某建设项目活动分解列表

项目阶段	工作包代码	工作包名称	活动代码	活动名称	责任人	活动描述	单位	单价	数量	成本	总成本
定义、决策	101	定义工作									11000
1			101.1	提出方案	工程师	编写提案	小时	300	10	3000	
			101.2	可行性分析	经济师	可行性分析研究	小时	400	20	8000	
	102	决策工作									
			102.1	评估报告	咨询师	评价分析报告	小时	600	0	0	
			102.2	做出决策	经理们	制定项目的决策	小时	1000	10	10000	
设计、计划	201	设计工作									86000
2			201.1	建筑设计	建筑师	建筑图纸设计	小时	600	40	24000	
			201.2	结构设计	结构师	结构图纸设计	小时	500	60	30000	
			201.3	施工设计	工程师	施工图纸设计	小时	400	80	32000	
	202	计划工作									
			202.1	集成计划	经理	集成计划编制	小时	600	40	24000	

表 4-2　建筑设计工作（任务）说明书

任务名/代号	建筑设计/201.1
任务交付物	建筑设计图纸
验收标准	建筑师签字，设计单位盖章
技术条件	设计质量符合要求
任务描述	根据第 X 号表格和工作程序第 Y 条规定，完成建筑设计
假设条件	所需设计要求存在
信息源	建筑设计需求表
约束	必须考虑建筑工程量要求
其他	风险：设计思路可能不对 防范：事先通知潜在的利益相关者，了解设计需求
签名	项目设计团队成员

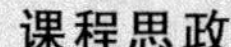

国家体育场（鸟巢）项目复杂度与工作结构分解

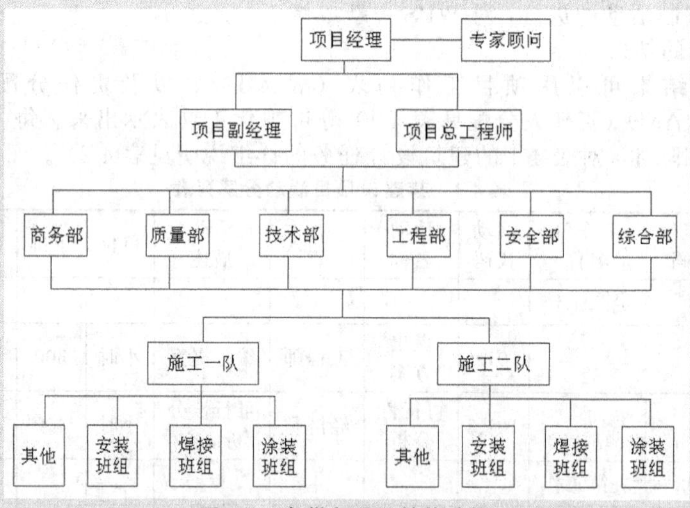

图 4-4　鸟巢各项目结构分解

国家体育场（鸟巢）位于北京奥林匹克公园中心区南部，占地 20.4 万 m^2，建筑面积 25.8 万 m^2，可容纳观众 9.1 万人，为 2008 年北京奥运会的主体育场和 2022 年北京冬季奥运会开幕式、闭幕式举办地，举行了田径比赛及足球比赛决赛。奥运会后，其成为北京市民参与体育活动及享受体育娱乐的大型专业场所，并成为地标性的体育建筑和奥运遗产。

国家体育场项目建设中的钢屋盖结构复杂，施工难度极大，钢结构是整个体育场工程的重中之重。本工程钢结构分成两大施工区域来进行加工和安装，所以，在施工组织上，不但要建立总包钢结构组织管理体系，进行统筹管理、统一协调，同时要建立分区专业钢结构项目部组织管理机构，实施对钢结构施工班组和作业人员的具体管理及钢结构施工过程中的各项管理工作。

鸟巢的项目建设工作由北京市国有资产经营有限责任公司与中国中信集团联合体共同组建的项目公司负责。如图 4-5 所示，总包钢结构组织管理由城建集团总承包，成立城建国华钢结构分部，分别由浙江、江苏、上海、北京等多家钢结构安装公司负责。专业项目部分为施工一队和施工二队，负责涂装、焊接、安装等相关工作。

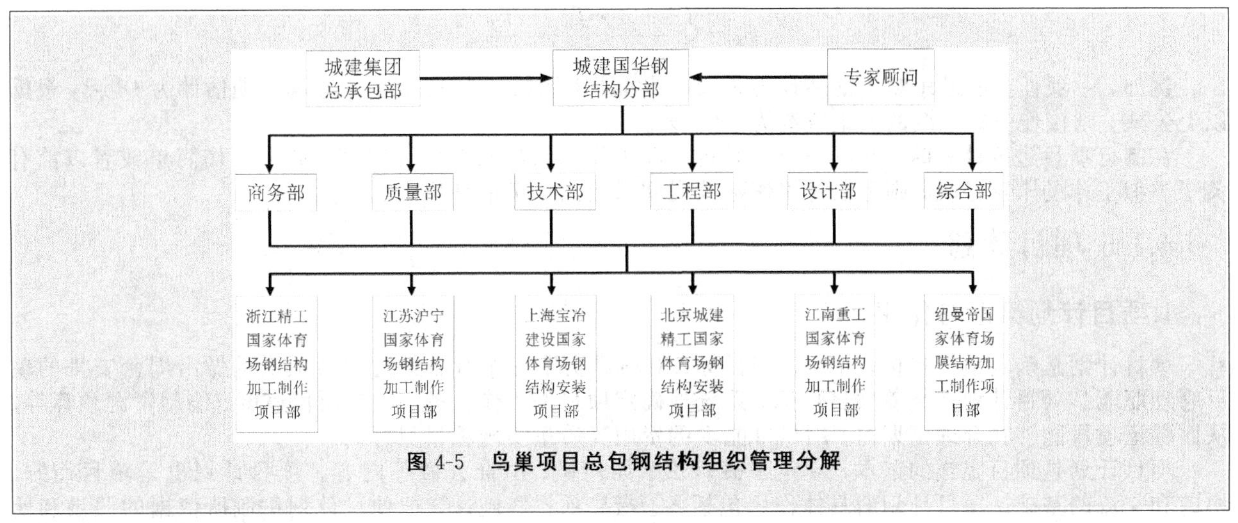

图 4-5 鸟巢项目总包钢结构组织管理分解

2. 工作排序

经过分解的项目各项工作任务（简称工作）之间存在着一定的关系。工作排序就是确定项目各项工作之间的关系并加以说明。工作之间的依赖关系有两种：一种是工作之间本身存在的、无法改变的逻辑关系；另一种是由人为组织关系所确定的工作关系。此外，外部的制约因素有时也会影响工作排序如资金约束、资源约束等。工作排序的原则是由逻辑关系决定组织关系，兼顾外部约束。

工作排序确定的主要程序是：首先，根据项目工作列表和工作说明书确定各项工作的强制性逻辑关系，它主要取决于技术方面的限制，比较容易确定。其次，根据项目的组织关系确定那些没有逻辑关系的工作的顺序。最后，分析和预测可能产生的外部约束，并据此对工作排序进行适当调整。

确定工作排序的常用工具包括甘特图（又称横道图）、单代号网络图、双代号网络图（Activity-On-Arrow，AOA）、图形评审技术（GERT）和风险评审技术（VERT）等。工作排序的结果是项目网络图（project network diagram），以及工作的详细关系列表等。

3. 工作时间估计

确定项目各项工作可能的延续时间，它是项目计划的一项重要基础性工作，其结果决定了项目各项工作的起止时间和完成项目的总时间。一项工作的延续时间主要取决于其所拥有的人力、物力和财力资源的多寡，以及人员能力、物资质量和设备效率等因素。因此，工作时间估计要以工作详细列表和工作说明书为依据，充分考虑资源数量和能力，广泛收集历史数据，采用专家判断法、类比法等方法进行科学估算。

当工作任务比较简单，其工作量及单位时间投入的资源量比较明确，项目活动进行中干扰因素较少时，一般可以通过以下公式来估算一项工作任务的延续时间。

$$\text{任务工期}=\frac{\text{任务所需总工作量}}{\text{每日可以完成的工作量}}$$

例如，某一土方施工要求完成的土方量为 $10000m^3$，在现有施工队伍和施工设备条件下，每天可完成 $500m^3$，则该土方施工任务的工期估算应为 20 天。

当一项工作所面临的干扰因素较多，完成任务所需总工作量和投入的资源量很难准确确定时，可以利用概率分析的方法来进行工作延续时间的估计。

一般对于在延续时间估计中存在高度不确定因素的工作，可以给出三个估计时间。

(1) 最乐观时间（T_o），即在一切内外部条件处于最佳状态时，完成工作所需的时间。

(2) 最悲观时间（T_p），即在遇到最不利的内外部条件时，完成工作所需的时间。

(3) 最可能时间（T_m），即在正常情况下完成工作所需的时间。

假设三种估计时间都是基于特定的概率统计，是在综合分析项目特点、工作特点、环境等因素的基础上做出的估计，则该项工作的延续时间的期望值 T_e 为

$$T_e = \frac{T_o + 4 \cdot T_m + T_p}{6}$$

例如，一项任务的最乐观工期估计为8天，最可能工期估计为12天，最悲观工期估计为18天，根据以上公式，则该任务的工期的期望值约为12.3天。

在制订项目进度计划时，并不一定要对每一项工作都给出三个估计时间，如果工作简单或者以前有关于类似工作的丰富经验，则可以对工作延续时间只给出一个估计值。

4.1.5 项目计划

1.项目计划概念与作用

项目计划是确定项目目标，并为达到目标、对项目实施工作所需进行的各项活动做出周密安排的项目管理职能。项目计划围绕着项目目标，系统地确定项目的工作任务、安排项目进度、编制资源预算等，从而保证项目能够在合理工期内，用尽可能少的费用高质量实现项目目标。

项目计划是项目实施的蓝本，规定了做什么、如何做、由谁去做等内容。项目计划也是项目控制、协商和交流的基础。项目计划的具体作用包括：①指导项目实施；②把项目计划编制所依据的假设和前提以书面文件表示出来；③将项目的目标、方案、资源需求和配置、执行步骤等决策编写成书面文件；④促进项目有关各方之间的沟通；⑤对项目内容、范围和时间安排的关键性问题进行审查；⑥为进度测量和项目控制提供基准。

2.项目计划形式与内容

（1）项目计划的形式

项目计划阶段位于项目批准以后、项目实施之前。而作为项目管理的一个职能，它贯穿于项目生命周期的全过程。随着项目的进展，项目计划不断地得到细化、具体化，同时又不断地得到修改和调整，形成一个前后相继的计划体系。

项目计划按制订的过程，可分为概念计划、详细计划、滚动计划三种形式。

①概念计划。概念计划的任务是确定初步的工作分解结构（WBS），并对项目WBS中的任务进行估计，从而形成初步的项目计划。概念计划规定了项目的整体轮廓和战略方向。

②详细计划。详细计划的任务是制定详细的工作分解结构，并依据对实现项目目标必须做的每一项具体任务的详细研究，形成详细的项目计划。详细计划提供了项目的详细范围、具体的工作任务，以及执行工作任务的步骤、时间和资源。

③滚动计划。滚动计划的作用是用滚动的方法对可预见的将来逐步制订更加合理和详细的计划，随着项目的推进，项目内外环境会随之变化，因此需要对项目计划进行不断的评估，使计划更加精确、合理，并增加计划的灵活性。

（2）项目计划内容

项目计划必须回答五个基本问题：做什么、如何做、何人做、何时做及花费多少。

①做什么。即项目的技术目标是什么，这是项目经理和项目团队成员在确立和检查技术目标时必须弄清楚的问题。

②如何做。即达到技术目标所依据的基本工作，它由项目的工作分解结构、工作列表和工作说明书等来描述。

③何人做。即人员使用计划，它决定何人在何时做何事。可以通过项目责任分配矩阵、人员使用计划等来解决，并在工作分解结构图中注明。

④何时做。即项目进度计划，它决定每一项工作在何时实施、需多长时间、每项工作需要哪些资源等问题。

⑤花费多少。即项目费用计划，它决定了项目的资金需求、来源和投入时间及数量等问题。

（3）项目计划构成

项目计划由以下10个方面构成：

①工作计划。也称实施计划，主要说明采取什么方法组织实施项目，研究如何最佳地利用资源，用尽可能少的资源获取最佳效益，具体包括工作细则、工作检查及相应措施等。

②组织计划。依据工作分解结构中的各项工作任务进行项目组织设计和职责分配，明确组织关系和人员职责等。人员组织计划的表达形式主要有项目组织结构图、责任分配矩阵和工作说明书等。

③进度计划。根据实际条件和合同要求，以拟建项目的竣工投产或交付使用时间为目标，按照合理的顺序所安排的实施日程。其实质是把各项工作活动的实施时间用图表的形式表示出来，并通过调整和优化使整个项目能在工期和预算允许的范围内最好地安排工作任务。

进度计划是资源计划、费用计划、采购计划等其他计划编制的依据，如果进度计划不合理，将导致人力、物力使用的不均衡，影响项目的经济效益。

④资源计划。资源计划涉及决策什么样的资源以及多少资源将于何时用于项目的各项工作的执行过程中，因此它必然与进度计划和费用计划相对应。资源计划的结果主要是制定资源需求计划图表，对各种资源的需求及具体安排加以描述。

⑤费用计划。包括项目各层次工作单元计划成本、基于项目时间的计划成本曲线和项目的成本模型、项目现金流量（包括支付计划和收入计划）、项目资金筹集（贷款）计划等。费用计划建立在各项工作或活动的费用估计的基础之上。

⑥质量计划。主要目的是确保项目的质量标准能够得以满意地实现。质量计划的基本依据是企业质量方针、项目范围陈述、产品描述和相关标准与规范等，其主要内容是形成项目质量管理计划，编写质量控制过程操作说明，设计各种检查表格，制订质量保证计划和质量改进计划等。

⑦采购供应计划。多数的项目都会涉及原材料、仪器设备等的采购、订货、运货、供应等问题，有的非标准设备还包括试制和验收等环节。采购供应计划就是对各种物资的采购供应做出详细安排，确保项目按计划顺利实施。采购供应计划不仅会影响项目的实施，而且会影响项目的质量和成本。

⑧变更控制计划。由于在项目实施过程中，内外环境会随时发生变化，导致原计划与实际不符的情况经常发生。这时需要对原项目范围和计划进行变更。项目变更控制计划主要是规定处理变更的步骤、程序，确定变更行动的准则，包括合理调整项目范围、制订纠偏计划等。

⑨文件控制计划。文件控制计划由一些能保证项目顺利完成的文件管理方案构成，包括文件控制的人力组织和控制所需的人员及物资资源数量、文件控制方式、细则等，其作用是建立并维护好项目文件，以供项目团队成员在项目实施期间使用。

项目管理的文件包括全部原始的及修订过的项目计划、全部里程碑文件、有关标准、结果、项目目标文件、用户文件、进度报告文件以及项目文书往来等。项目结束时，需要对全部文件进行检查，按项目规定移交相关文件，并妥善保存相应文件以备将来参考查阅。

⑩其他计划。项目管理过程还包括有众多的辅助和支持计划，如安全计划、沟通计划、风险应对计划、培训计划、软件支持计划等。

3.项目计划的过程

一般地，项目计划制订的过程可以分为项目计划前的准备工作和项目计划工作两个阶段。

项目计划前的准备工作包括五个步骤：

①对项目目标和任务进行精确定义。即项目计划应在对项目目标进行细化，明确技术设计和实施方案之后做出。

②进行详细的项目环境调查。应对影响项目计划和实施的一切内外部影响因素进行详细分析，并做出调查报告。

③实施项目结构分析。通过项目的结构分析不仅获得项目静态结构，而且通过逻辑关系分析，获得项目动态的工作流程——网络。

④完成各项目工作单元的基本定义。即将项目目标、任务进行分解，准确定义项目各项工作任务的范围、目标、质量要求、工作量、延续时间等。

⑤制定详细的实施方案。为了完成项目的各项工作任务，使项目经济、安全、稳定、高效率地实施和运行，必须对实施方案进行全面研究。

项目计划工作可分为以下九个步骤：

①定义项目交付物。这里的交付物不仅指项目的最终产品，也包括项目的中间产品。例如，一个系统设计项目标准的项目产品可以是系统需求报告、系统设计报告、项目实施阶段计划、详细的程序说明书、系统测试计划、程序及程序文件、程序安装计划、用户文件等。

②确定项目的各项工作任务。确定实现项目目标必须完成的各项工作，并以工作分解结构图（WBS）反映出来。

③建立逻辑关系图。即在假设资源独立的前提下，确定各项工作任务之间的相互依赖关系。

④确定各项工作时间。根据经验或应用相关的方法给各项工作分配可支配的时间。

⑤确定项目人力资源及其可支配时间。项目团队成员可支配的时间是指具体花在项目中的确切时间，应扣除正常可支配时间中的假期、教育培训时间等。

⑥平衡和优化资源配置。对各项工作任务的持续时间、开始日期、任务分配等进行调整，做到进度、资源和质量三者的平衡，保持各项工作任务之间的相互依赖关系，证实计划的合理性。通过资源平衡与优化可使项目团队成员承担合适的工作量，还可调整资源的供需状况。

⑦确定管理支持性工作。管理支持性工作往往贯穿项目的始终，具体指项目管理、项目会议等管理工作。

⑧重复上述过程直到完成。

⑨完成计划汇总。

4.2 网络计划技术

4.2.1 网络计划技术概述

1.网络计划技术概念

网络计划技术是用网络图对项目任务的工作进度进行安排和控制，以保证实现项目预定目标的科学的计划管理技术。一般地，网络计划是指在网络图上加注工作的时间参数等而编制成的进度计划。所以，网络计划主要由两大部分组成，即网络图和网络参数。网络图是由箭线和节点组成的用来表示工作流程的有向、有序的网状图形，如图 4-6 所示。网络参数是根据项目中各项工作的延续时间和网络图所计算的工作、节点、路线等要素的各种时间参数。

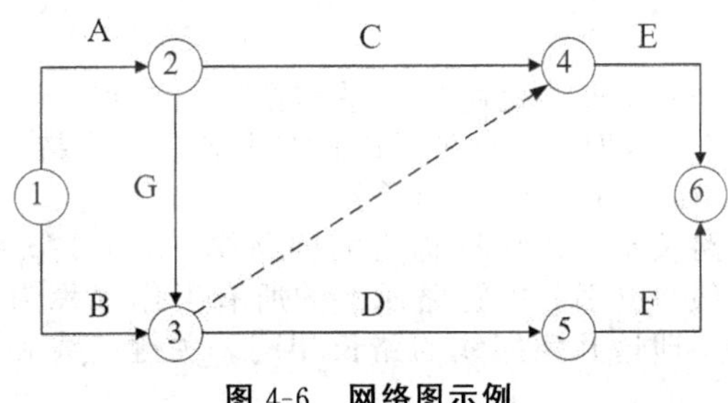

图 4-6　网络图示例

网络计划基本形式是计划评审技术（Program Evaluation and Review Technique，PERT）和关键路线法（Critical Path Method，CPM）。PERT 和 CPM 并无本质的区别，但从使用目的来说略有不同。用 PERT 法编制项目进度计划时，以“箭线”或“事项”代表工作，按工作顺序，依次连接完成网络结构图，在估计工作的持续时间的基础上，即可计算整个项目工期，并确定关键路线。这种方法的重点是研究项目所包含的各项工作持续时间。

用 CPM 法编制项目进度计划时，其图形与 PERT 法基本相同。除了具有与 PERT 法相同作用之外，CPM 法还可以调整项目的费用和工期，以研究整个项目的费用与工期的相互关系，争取以最低的费用、最佳的工期完成项目。

PERT 无法准确确定工作持续时间，只能以概率论为基础加以估计，在此基础上，计算网络的时间参数。而 CPM 法可以以经验数据为基础较准确地确定各工作的持续时间。对于一般项目来说，根据经验和知识，能够对项目的各项工作所需时间进行合理、准确的确定。所以，项目管理中最常用的是 CPM 法。

按网络结构不同，网络计划分为双代号网络和单代号网络。而双代号网络又可以分为双代号时间坐标网络和非时间坐标网络，单代号网络又可分为普通单代号网络和搭接网络。搭接网络主要是为了反映工作之间执行过程的相互重叠关系而引入的一种网络计划表达形式。

2. 网络图基本构成

在双代号网络图中，网络是由若干表示工作的箭线、节点和路线组成的，其中每一项工作都用一根箭线和两个节点来表示，每个节点都编以号码，箭线的箭尾节点和箭头节点就是每一工作的起点和终点。以下以双代号网络图为例，说明网络图的基本构成。

(1) 箭线 (或工作)

在一个项目中，任何一个可以定义名称、独立存在、需要一定时间或资源完成的工作 (或称活动、任务、工序等) 都可以用一个箭线表示。一个箭线所表达的工作任务的具体内容可多可少，范围可大可小。

工作通常可以分为以下两种：

①需要消耗时间和 (或) 资源的工作。这类工作称为实工作，在网络图中用实箭线表示。一般在箭线的上方标出工作的名称，在箭线的下方标出工作的持续时间；箭尾表示工作的开始，箭头表示工作的完成；相应节点的号码表示该项工作的代号。

②既不消耗时间，也不消耗资源的工作。这类工作称为虚工作 (dummy activity)，在网络图中用虚箭线表示。虚工作只表示相邻工作之间的逻辑关系，虚工作持续时间为零。

(2) 节点 (或事项)

每一项工作都存在一个开始时刻和结束时刻，称为节点或事项。节点的主要作用是联结箭线。箭线尾部的节点称为箭尾节点，或开始节点；箭线头部的节点称为箭头节点，或结束节点。

网络图中的第一个节点称为起始节点，它意味着一个项目或任务的开始；最后一个节点叫终止节点，它意味着项目或任务的完成。网络图中的其他节点称为中间节点。

在网络图中，就一个节点来说，可能有许多箭线通向该节点，这些箭线称为内向箭线或内向工作；若由同一个节点发出许多箭线，这些箭线就称为外向箭线或外向工作。

节点具有时间的内涵，不同类型的节点具有不同的时间内涵。起始节点标志着整个网络计划和相关工作开始的时刻；终止节点标志着整个网络计划和相关工作完成的时刻；箭尾节点标志着相应工作开始的时刻，箭头节点标志着相应工作结束的时刻；中间节点标志着内向工作的完成和外向工作开始的时刻。

(3) 路线

从起始节点开始，沿着箭线的方向连续通过一系列箭线与节点，最后到达终止节点的通路称为路线。每一条路线都有自己确定的完成时间，它等于该路线上各项工作持续时间的总和，也是完成这条路线上所有工作的计划工期 (duration，DU)，又称为路长。

在网络图的各条路线中，路长最长的路线称为关键路线，位于关键路线上的所有工作称为关键工作；其他路线则称为非关键路线，位于非关键路线上的所有工作都称为非关键工作。有时，一个项目可能同时存在若干条关键路线，即这几条路线的路长相同。关键路线和关键工作直接影响整个项目工期的实现。

在一定条件下，关键路线可能会发生变化，主要体现在两个方面：①关键路线的数量增加；②关键路线和非关键路线可能会发生互相转化。

在项目计划中广泛应用的网络图方法包括双代号网络图和单代号网络图。双节点网络图与单节点网络图 (图 4-7)。双节点网络图用两个节点连着一条箭线表示，一个作业需要用两个节点代号表示，因此也叫双代号网络图。单节点网络图，每个作业用一个节点表示，也叫单代号网络图。单代号网络图又称"活动在节点上" (Activity On Node，AON) 的网络图，它用节点表示一个活动 (或工作) 及其相关事项。在单代号网络图中，箭尾节点表示的工作是箭头节点的紧前工作；反之，箭头节点所表示的工作是箭尾节点的紧后工作。因此，单代号网络图所表示的逻辑关系易于理解，绘制时不易出错。本书重点介绍双节点网络图。

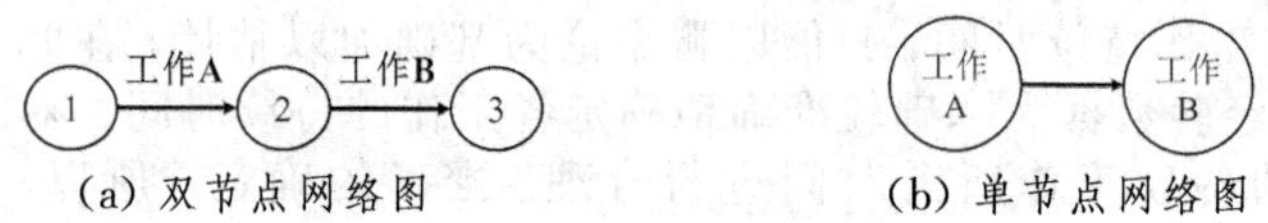

(a) 双节点网络图　　(b) 单节点网络图

图 4-7　网络图的两种表示方法

4.2.2 双代号网络图

双代号网络图又称为"活动在线上"，即在箭线上标识项目的一项工作或活动的方法，如图 4-8 所示，表示最终按照活动持续时间 20 天，1 号节点为开始事项的时间节点，2 号节点为该任务结束事项的时间节点。

图 4-8　一项活动的 AOA 表示法

1. 网络图的绘制原则

网络图绘制需要注意以下原则。

(1) 网络图中任意两个节点之间只能有一条箭线连接（图 4-9）

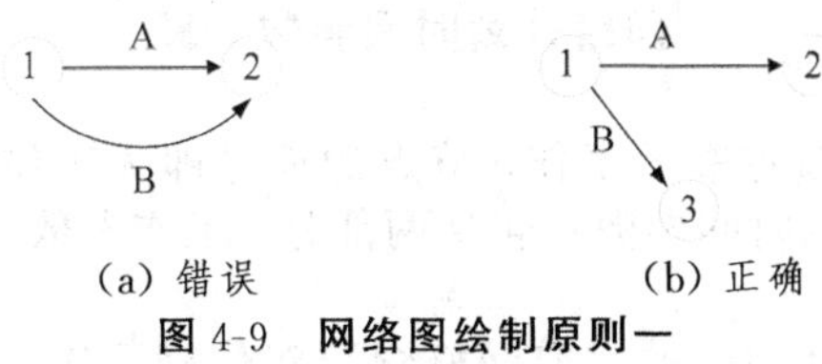

图 4-9　网络图绘制原则一

(2) 网络图只能有一个原点和一个终点（图 4-10）

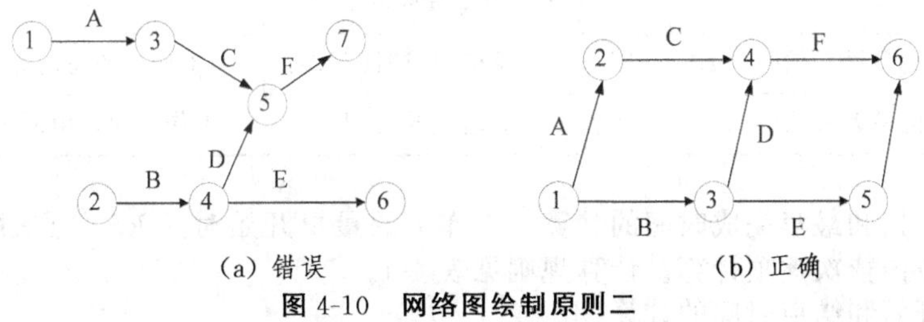

图 4-10　网络图绘制原则二

(3) 网络图不允许出现循环，错误示范如图 4-11 所示。

(4) 网络节点的箭头编号必须大于箭尾编号。网络图编号时的基本原则是从左到右、从上到下（或从下到上），每一条箭线必须从箭尾到箭头按从小到大的顺序编号，这种编号方法更方便看图与检查，同时也便于计算。

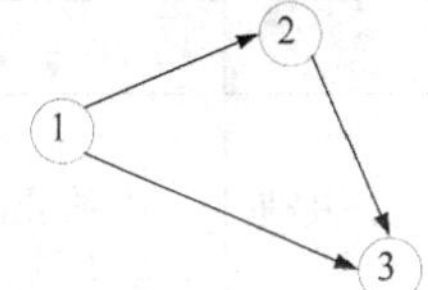

图 4-11　不符合网络图绘制原则三的网络图

2. 网络图绘制步骤

先画初步网络图，在此基础上进行优化和调整，最终得到正式的网络计划图，其基本步骤如下。

(1) 项目分解。根据计划要求将项目分解为各项独立的工作。宏观控制的网络计划，可以分解得粗一些；具体实施的网络计划，可以分解得细一些。一般地，项目分解和工艺、方法的选定是密切相关的。

(2) 工作关系分析。即确定各项工作之间的逻辑关系。一般根据已确定的项目实施方法、工艺、环境条件以及其他因素，对项目进行分析，通过比较、优化等方法确定合理的逻辑关系。工作分析的结果是明确各项工作前后逻辑的关系，形成项目工作列表。

(3) 估计工作的基本参数。一项工作的基本参数包括工作持续时间和资源需要量。一般地，应对每项工作估计两个持续时间，即工作的正常持续时间和最短持续时间。正常持续时间是指在正常条件下，完成该工作所需要的时间；最短持续时间是指通过采取特殊措施完成该工作所需要的最短时间。

(4) 绘制初步网络图。将项目所包含的各项工作及其关系用网络图表示出来。

3. 网络计划时间参数计算及关键路线

为了对项目进度进行安排，并综合考虑资源和成本因素，对项目计划进行优化。为此，必须首先计算网络计划时间参数，这是网络计划实施、优化、调整的基础。

(1) 网络计划时间参数的组成

网络计划时间参数可归纳为以下三类：①节点参数。包括节点最早时间和节点最迟时间。②工作参数。包括基本参数、最早时间、最迟时间和时差，详见栏目《网络计划时间参数计算》。③路线参数。包括计算工期和计划工期。

栏目　　网络计划时间参数计算

单代号网络计划的特点是以节点表示工作，节点的编号即为工作的代号，箭线表示工作之间的逻辑关系。所以，单代号网络计划的时间参数只包括两部分：工作参数与路线参数。

工作参数

单代号网络计划的工作参数所包含的内容和概念与双代号网络计划完全相同，所不同的是表示符号不一样。单代号网络计划工作参数的内容及表达符号见表 4-3。

表 4-3　网络计划工作参数说明

工作 i 的持续时间 D_i		
工作 i 的最早开始时间 ES_i	工作 i 的最早完成时间 EF_i	工作 i 的总时差 TF_i
工作 i 的最迟开始时间 LS_i	工作 i 的最迟完成时间 LF_i	工作 i 的自由时差 FF_i

(1) 工作最早开始和最早完成时间的计算。工作 i 的最早开始时间 ES_i 应从网络计划的起始节点开始，顺着箭线的方向依次逐项计算。计算规则见表 4-4。

(2) 工作最迟开始和结束时间的计算

工作 i 的最迟完成时间 LF_i 应从网络计划的终止节点开始，逆着箭线方向依次逐项计算。终止节点工作 n 最迟完成时间 LF_n 应根据网络计划计算工期或计划工期计算。计算规则见表 4-4。

(3) 工作时差的计算

工作的时差包括自由时差和总时差两类。计算规则见表 4-4。

表 4-4　工作参数的计算

工作最早开始和最早完成时间	工作最迟开始和结束时间
起始工作的最早开始时间，若无规定，其值应等于 0，即 $ES_i = 0$ 当工作 i 只有一项紧前工作时， $ES_i = ES_k + D_k$ 式中，工作 i 的紧前工作是工作 k。当工作 i 有多项紧前工作时， $ES_i = \max(ES_k + D_k)$ 工作 i 的最早完成时间为 $EF_i = ES_i + D_i$	终止节点工作 n 的最迟完成时间 $LF_n = T_p(or T_c)$ 式中，T_p 的确定在单代号和双代号网络计划中相同；单代号网络图计算工期 $T_c = \max(EF_n)$，双代号网络图计算工期 T_c 等于终止节点的 LT_n（一般来说 $LT_n = ET_n$）。 当工作 i 只有一项紧后工作时， $LF_i = LF_j - D_j$ 式中，工作 i 的紧后工作是工作 j。当工作 i 有多项紧后工作时， $LF_i = \min(LF_j - D_j)$ 工作最迟开始时间为 $LS_i = LF_i - D_i$

续表

工作最早开始和最早完成时间	工作最迟开始和结束时间
工作总时差为 $TF_i = LS_i - ES_i = LF_i - EF_i$ 工作自由时差为 $FF_i = \min(ES_j - EF_i) = \min(ES_j - ES_i - D_i)$	
注：本表中工作 i 的紧前工作是工作 k 。工作 i 的紧后工作是工作 j 。	

节点参数仅对于双代号网络图而言，节点参数包括节点的最早时间（Earliest Time，ET）和节点的最迟时间（Latest Time，LT），计算口诀是“箭头相碰取最大，箭尾相碰取最小”。节点的最早时间是以该节点为开始节点的工作的最早开始时间，应从网络计划图的起始节点开始，顺着箭线方向依次进行计算。节点的最晚时间是以该节点为完成节点的工作的最迟完成时间，应从网络计划图的终点节点开始，逆着箭线方向依次进行计算。

① 节点最早时间

起始节点的最早时间，若无规定，其值应等于 0，即

$ET_1 = 0$

其他节点的最早时间

$ET_j = \max(ET_i + D_{i-j})$

② 节点最迟时间

终点节点的最迟时间，若无规定，其值应等于网络计划的计算工期，即

$LT_n = T_p$

其他节点的最迟时间

$LT_i = \min(LT_j - D_{i-j})$

确定网络计划的计划工期，当已经规定了要求工期，计划工期要小于或等于要求工期；当没有规定要求工期，计划工期等于计算工期。

(2) 关键工作及关键路线的确定

①关键工作的确定。关键工作是网络计划中总时差（Total Float，TF）最小的工作。若按计算工期（TC）计算网络参数，则关键工作的总时差为0。若按计划工期（TP）计算网络参数，则

TP=TC时，关键工作的总时差为0；

TP>TC时，关键工作的总时差最小，但大于0；

TP<TC时，关键工作的总时差最小，但小于0。

②关键路线的确定。

一是根据关键工作确定关键路线。首先确定关键工作，由关键工作所组成的路线就是关键路线。

二是根据自由时差（Free Float，FF）确定关键路线。关键工作的自由时差一定最小，但自由时差最小的工作不一定是关键工作。若从起始节点开始，沿着箭头的方向到终止节点为止，所有工作的自由时差都最小，则该路线是关键路线，否则就是非关键路线。

三是根据关键节点确定关键路线。凡节点的最早时间与最迟时间相等，或者最迟时间与最早时间的差值等于计划工期与计算工期的差值，该节点就称为关键节点。关键路线上的节点一定是关键节点，但关键节点组成的路线不一定是关键路线。因此，仅凭关键节点还不能确定关键路线。

4. 双代号时标网络图

时间坐标网络图，简称为时标网络图（time-scaled network diagram），是以时间为尺度绘制的网络图。绘制方法一般有两种：①计算无时标网络计划的时间参数，再将该计划在时间计划表上进行绘制；②不计算网络时间参数，直接根据无时标网络计划在时间计划表上绘制。双代号时标网络图的绘制应符合以下基本要求。

(1) 各项工作的时间是以节点在时间计划表上的水平位置及箭线水平投影长度表示的，与其所代表的工作持续时间值相对应。

(2) 节点的中心必须对准时标的刻度线。

(3) 虚工作必须用垂直虚箭线表示，有时差时加方点线或波形线表示。

(4) 时标网络计划宜按最早时间编制，不宜按最迟时间编制。

5. 实例分析

某企业管理信息系统开发项目的工作顺序见表 4-5，根据该项目工作列表编制双代号时间网络计划。

表 4-5　企业管理信息系统项目工作列表

序号	工作名称	工作代号	紧后工作	持续时间/周
1	系统设计	A	B、E	6
2	硬件采购和交付	B	C	4
3	硬件装配和测试	C	D	6
4	硬件安装	D	G	8
5	软件说明书	E	F	2
6	软件采购和交付	F	G	8
7	系统测试	G	H	2
8	用户检测	H	—	2

(1) 绘制非时标网络图

本案例项目涉及工作八项，根据逻辑关系绘制非时标网络图，如图 4-12 所示。

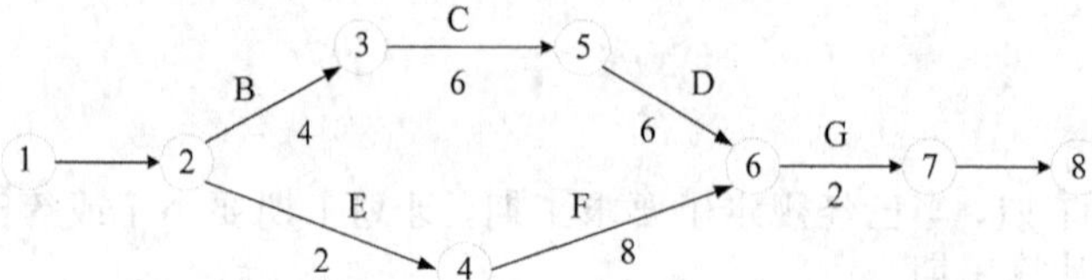

图 4-12　某企业管理信息系统项目进度计划网络图

(2) 绘制时标网络图，如图 4-13 所示。其中，粗实线为关键线路。

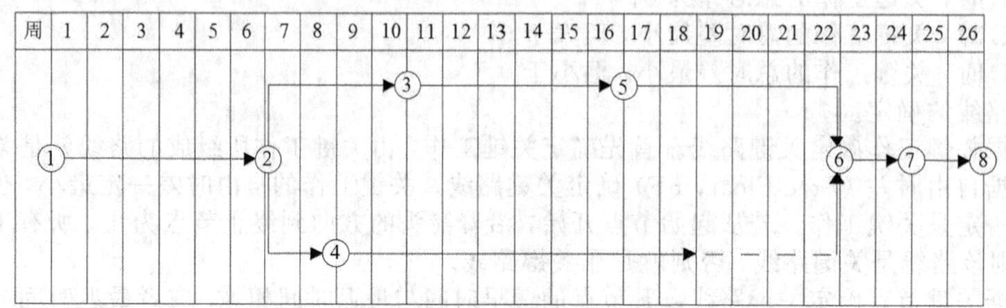

图 4-13　企业管理信息系统项目时标网络计划图

因此，线路 A—B—C—D—H—G 为关键路线，总工期为 26 周。

4.2.3 网络计划优化

上述网络图所描述的项目计划仅是一个初始方案，这种方案可能存在某些问题。如在时间方面，可能会出现计算工期超出了要求工期的情况；在资源方面，可能会出现供不应求或不平衡的情况；或在时间和资源方面的潜力未能得到最佳的发挥。因此，要使项目进度计划如期实现，并使项目工期短、质量优、资源消耗少、成本低，就必须用最优化原理调整原网络计划，这就是网络计划的优化问题。

网络计划优化是在满足既定的约束条件下，按某一目标，通过不断调整，寻找最优网络计划方案的过程。网络计划优化包括工期优化、资源优化及费用优化三个方面。

1.网络计划工期优化

工期优化也称为时间优化，其目的是通过不断压缩关键路线上关键工作的持续时间等措施，达到缩短工期，并最终满足要求工期的目的。

(1) 缩短工期方法

①强制缩短法。通过采取措施使网络计划中某些关键工作的持续时间缩短，达到缩短工期目的的一种方法。该方法的核心是选择哪些工作来压缩其持续时间，以达到缩短工期的目的。

②调整工作关系法。根据项目各项工作关系的特点，将某些串联的关键工作调整为平行作业或交替作业。

③关键路线转移法。利用非关键工作的时差，用其中的部分资源加强关键工作，以缩短关键工作的持续时间，达到缩短工期的目的。

(2) 选择调整对象（工作）考虑的主要因素

主要因素包括：①缩短持续时间对质量影响不大的工作；②有充足备用资源的工作；③缩短持续时间所需增加的资源量最少的工作；④缩短持续时间所需增加的费用最少的工作。

(3) 工期优化的步骤

①计算并确定初始网络计划的计算工期、关键路线及关键工作。

②按要求工期计算应缩短的时间。

③确定各关键工作能缩短的持续时间。

④根据（2）中的因素选择关键工作压缩其持续时间，并重新计算网络计划的计算工期。

⑤若计算工期仍超过要求工期，则重复以上步骤，直到满足工期要求或工期已不能再缩短为止。

⑥所有关键工作的持续时间都已达到其能缩短的极限而工期仍不能满足要求时，应对计划的原技术、组织方案等进行调整或对要求工期的合理性进行重新审定。

2.网络计划资源优化

在一个项目的实施过程中，可能会出现资源供需的矛盾：资源的短缺或者冗余。前者可能会导致工期延误，后者则会导致项目效率低下。网络计划的资源优化，就是力求解决这种资源的供需矛盾，实现资源的均衡利用。

资源优化通常有两个目标：①对于一个确定的网络计划，当可供使用的资源有限时，如何合理安排各项工作的进展，使得完成计划的总工期最短，即"资源有限，工期最短"的目标；②对于一个确定的网络计划，当总工期一定时，如何合理安排各项工作，使得在整个计划期内所需要的资源比较均衡，即"工期固定，资源均衡"的目标。

(1)"资源有限，工期最短"的优化

核心是使单位时间内资源的最大需求量小于资源限量，而为此需延长的工期最少，使"工期最短"。这种优化必须在网络计划编制后进行，并且不能改变各工作之间的先后顺序关系，否则会使求解问题变得十分复杂。当出现第 i 个时间单位资源需用量 R_i 大于资源限量 R_q 时，就要进行计划调整。资源调整时，应对资源冲突的各项工作的开始和结束时间做出新的安排。其选择标准是"工期延长时间最短"。

其优化一般步骤是：①计算网络计划每个时间单位的资源需用量；②从计划开始之日起，逐个检查每个时间单位资源需用量是否超出资源限量。若在整个工期内每个时间单位均能满足资源限量要求，可行优化方案即编制完成，否则必须进行计划调整；③分析资源需用量大于资源限量的时间区段，确定新的顺序；④若最早完成时间（Earliest Finish time，EF）最小值和最迟开始时间（Latest Start time，LS）最大值同属一个工作，应找出最早完成时间为次小、最迟开始时间为次大的工作，分别组成两个顺序方案，再从中选取较小者进行调整；⑤绘制调整后的网络计划，重复上述步骤，直到满足要求为止。

(2)"工期固定，资源均衡"的优化

工期固定指严格要求项目在规定的工期指标范围内完成。资源均衡指在可用资源数量充足并保持工期不变的前提下，通过调整部分非关键工作的进度，使资源需求量随着时间的变化趋于平稳的过程。随着各项目情况的不同，资源本身的性质不同，资源平衡的目标亦有区别。但就一般情况而言，理想的资源计划安排应是平行于时间坐标轴的一条直线，即使资源需求量保持不变。

实际上，资源计划安排难以达到理想状态，但可以通过调整工作的时间参数使资源需求量在理想情况上下的较小的范围内波动。常用的资源均衡方法是一种启发式方法，又称为削峰填谷法，或削高峰法，其基本步骤如下：

①计算网络计划每时间单位资源需要量。

②确定削峰目标，其数值等于每时间单位资源需要量的最大值减去一个单位量。

③确定高峰时段的最后时间点及相关工作的最早开始时间和总时差。

④计算有关工作的时间差值。

⑤若峰值不能再减少，即求得均衡优化方案，否则，重复以上过程。

3.网络计划费用优化

一个项目由许多必须完成的工作或工序所组成，而每项工作或工序都有着各自的实施方案、资源需求和持续时间，并且不同的实施方案、资源使用和持续时间之间存在着一定的内在联系。网络计划的费用优化，就是应用网络计划方法，在一定的约束条件下，综合考虑费用与时间之间的相互关系，以求费用与时间的最佳组合，达到费用低、时间短的优化目的。因此，网络计划的费用优化的核心是在时间与费用之间寻求一个最佳的平衡点。

(1) 项目时间与费用间的关系

项目费用包括直接费用和间接费用。在一定的范围内，直接费用随着时间的延长而减少。例如，为了加快项目进度，必须突击作业，增加投入而导致直接费用增加；而间接费用则随着时间的延长而增加，即成正比关系，通常用直线表示，其斜率表示间接费用在单位时间内的增加值。间接费用与项目管理水平、项目条件等因素相关。

项目费用与时间的关系，如图 4-14 所示。由图 4-14 可见，项目总费用曲线由直接费用曲线和间接费用曲线叠加而成，曲线的最低点就是项目费用与时间的最佳组合点，表示在合适的工期下项目总费用最低。

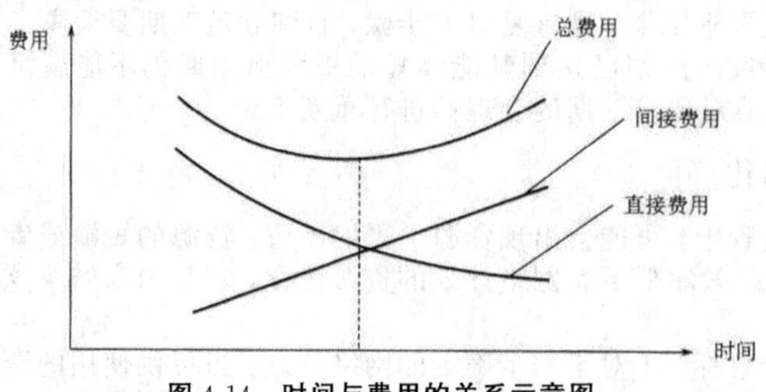

图 4-14 时间与费用的关系示意图

(2) 费用优化方法

费用优化的目的是使项目的总费用最低，其优化过程应考虑以下几个问题：①在规定工期的条件下，确定项目的最低费用；②若需要缩短工期，则考虑如何使增加的费用最少；③若要求以最低费用完成整个项目计划，如何确定项目的最佳工期；④若增加一定数量的费用，则可使工期缩短多少。

进行费用优化，应首先求出不同工期情况下最低直接费用，然后考虑相应的间接费用的影响和工期变化带来的其他损益，包括效益增量和资金的时间价值等，最后再通过叠加求出项目总费用。

(3) 费用优化步骤

①按工作正常持续时间确定关键工作和关键路线。

②计算网络计划中各项工作的费用率。

③按费用率最低的原则选择优化对象。

④考虑不改变关键工作性质并在其能够缩短的范围之内等原则，确定优化对象能够缩短的时间并按该时间进行优化。

⑤计算相应的费用增加值。

⑥考虑工期变化带来的间接费用及其他损益，在此基础上计算项目总费用。

⑦重复上述③～⑥步，直到总费用最低为止。

4.3 项目进度计划

项目进度计划是表达项目中各项工作、任务的开展顺序、开始及完成时间以及相互衔接关系的时间安排。通过进度计划的编制，使项目实施形成一个有机整体。项目进度计划既是项目进度控制和管理的依据，又是项目资源计划和费用计划编制的基础。

根据计划所包含的内容不同，项目进度计划可分为总体进度计划、分项进度计划、年度进度计划等。这些不同的进度计划共同构成了项目的进度计划体系。

4.3.1 进度计划编制依据

1. 编制进度计划的依据

编制进度计划的依据包括：①项目要求及特点；②项目的内外部环境；③项目各项工作的时间估计；④项目的资源需求及供给情况。

2. 编制进度计划的基本要求

编制进度计划的基本要求包括：①确保项目实现工期目标；②确保项目进展的均衡性和连续性；③确保项目进度与资源、费用和质量等目标的协调统一；④确保进度计划的科学性、合理性和现实性；⑤大型、复杂、长工期的项目要实行分期、分段编制进度计划的方法，对不同阶段不同时期，提出相应的进度计划，以确保计划的可执行性和指导性。

项目进度计划的编制通常是在项目经理的主持下，由各职能部门、技术人员、项目管理专家及参与项目工作的其他相关人员等共同参与完成。

4.3.2 进度计划编制方法

常用进度计划的编制方法有以下三种。

1. 里程碑

项目的里程碑计划是以项目中某些重要事件的完成或开始时间作为基准所形成的进度计划，它是项目的一个战略计划或框架，以中间产品或可实现的结果为依据，显示了项目为达到最终目标必须经过的条件或状态序列。它描述了项目在每一个阶段应达到的状态，而不是如何达到。表 4-6 显示了某项目的里程碑计划。

表 4-6　实验室翻修工程项目里程碑

里程碑事件	1月	2月	3月	4月	5月	6月	7月	8月	9月
签订承包合同			▲						
场地整理				▲					
机电设备改造					▲				
装饰工程							▲		
软件安装								▲	
验收									▲

①里程碑计划编制方式。主要有两种：编制进度计划以前，根据项目特点编制里程碑计划，并以该里程碑计划作为编制项目进度计划的依据；编制进度计划以后，根据项目特点及进度计划编制里程碑计划，并以此作为项目进度控制的主要依据之一。

②里程碑计划编制程序。编制里程碑计划的基本程序包括以下步骤：第一，从达成最后一个里程碑，即项目的终结开始反向进行。第二，运用“头脑风暴法”产生里程碑的概念草图。第三，复查各个里程碑。有些里程碑可能是另外某个里程碑的一部分，而有些则可能是将产生新的里程碑概念的活动。第四，尝试每条因果路径。第五，从最后一个目标开始，顺次往前，找出逻辑依存关系，以便可以复查每个里程碑，增加或删除某些里程碑，或者改变因果路径的定义。第六，画出最后的里程碑图。

2. 甘特图

甘特图，又称为横道图，是进度计划最常用的一种工具，最早由 Henry L. Gantt 于 1917 年提出。由于其简单明了、易于编制，因此甘特图成为小型项目管理中编制进度计划的主要工具。即使在大型工程项目中，它也是高层管理者了解全局、基层安排进度时的有用工具。

表 4-7 显示了某风电场建设项目的甘特图。图中左侧列出了项目的所有工作，项目的时间表则在图的顶部列出，图中的横道线显示了各项工作的开始时间和结束时间，线段的长度则代表了各项工作的持续时间。图中时间表可以根据计划的详细程度，以月、周、天、小时等为时间单位，本表以季度为时间单位。在绘制图形时还可以用不同的颜色代表不同性质的工作；或者用粗实线代表关键工作，用细实线代表非关键工作等。

表 4-7　某风电场建设项目甘特图计划

ID	任务名称	2023				2024				2025			
		Q1	Q2	Q3	Q4	Q1	Q2	Q3	Q4	Q1	Q2	Q3	Q4
1	可行性研究												
2	风电场选址												
3	环境影响评估												
4	风电场设计												
5	设备采购												
6	设备安装												
7	联运调试												
8	初步验收												
9	最终验收												
10	结题会议												

甘特图直观、简单、容易制作、易于理解。但是，当项目所包含的工作数量较多、逻辑关系复杂时，甘特图则难以表达清楚，更不利于进行定量分析和进度优化。

甘特图的类型包括传统甘特图（表 4-8），带有时差的甘特图（表 4-9）和具有逻辑关系的甘特图等。

表 4-8　传统甘特图

时间/天 工作	1	2	3	4	5	6	7	8	9
A									
B									
C									
D									

表 4-9　带有时差的甘特图

时间/天 工作	1	2	3	4	5	6	7	8	9	10	11	12
A												
B												
C												
D												

3. 网络图

随着科学技术和生产的迅速发展，出现了许多庞大而复杂的科研和工程项目，它们工序繁多、协作面广，常常需要动用大量人力、物力和财力。如何合理而有效地把它们组织起来，使之相互协调，在有限资源下，以最短的时间和最低费用，最好地完成整个项目，就成为一个突出的问题。关键路线法（Critical Path Method，CPM）和计划评审技术（PERT）就是在这种背景下出现的。

虽然 CPM 和 PERT 是分别独立发展起来的两种计划方法，但其基本原理一致，即用网络图（network chart）来表达项目中各项活动的进度和它们之间的相互关系，并在此基础上进行网络分析（network analysis），计算网络中各项时间参数，确定关键工作与关键路线，利用时差不断地调整与优化网络，以求得最短工期。此外，还可将成本与资源问题考虑进去，以求得综合优化的项目计划方案。

采用以上几种不同的进度计划方法，其本身所需的时间和费用不同。里程碑计划编制时间最短，费用最低；甘特图所需时间要长一些，费用也高一些；CPM 要把每个活动都加以分析，如工作任务数目较多，还需用计算机求出总工期和关键路线，因此花费的时间和费用要更多一些；PERT 法是制订项目进度计划方法中最为复杂的一种，所以花费的时间和费用也最多。

4.3.3 进度计划编制程序

编制项目进度计划包括项目描述、项目分解、工作描述（Activity Description，AD）、工作责任分配表制定、工作先后关系确定、任务工期估算、绘制网络图、进度安排八个步骤。

(1) 项目描述，形成项目描述书，对项目总体要求做一个概要性的说明。

(2) 项目分解，形成项目工作分解结构。它是编制进度计划和实施进度控制的基础。

(3) 工作描述，形成项目工作列表和各项工作的说明书。

(4) 工作责任分配，形成项目工作责任分配矩阵（表）。

(5) 确定项目各项工作的先后关系，形成项目网络图。

(6) 项目工作延续时间估计，确定各项工作的开始时间和结束时间。

(7) 对网络图进行优化和调整。

(8) 形成项目进度安排。

进度安排目标是制订项目详细的时间安排计划，以此作为项目执行的重要依据和项目控制的标准。因此，项目经理要组织有关职能部门参加，明确对各部门的要求，据此各职能部门可拟订本部门的项目进度计划和实施计划等。

4.3.4 进度计划编制结果

1. 项目进度计划

项目进度计划至少包括每一项工作的计划开始日期和预期完成日期。在资源分派被确认之前，这个项目进度只是初步方案。一般情况下，资源分派应该在项目计划制订完成前进行。

项目进度计划可以以摘要或详细的形式表示，称为“控制性进度计划”。它可以用表格（如带日期的工作任务分配表）表示，但更经常的是利用一种或多种格式的图形，如里程碑图、甘特图和网络图等表示。

带日期的工作任务分配表是在 WBS 的给定级别上，一些工作带有部分或全部时间日期的列表。进度计划的这种形式能够给出一个综合性的清单，但不够直观。表 4-10 是一个市场调研项目的工作任务分配表。

表 4-10 市场调研项目的工作任务分配表

活动	负责人	工期估计/天	最早时间		最迟时间		总时差/天
			开始时间	完成时间	开始时间	完成时间	
1.识别目标消费者	A	3	0	3	0	3	0
2.设计初始问卷调查表	A	10	3	13	3	13	0
3.测试问卷调查表	A	20	13	33	13	33	0
4.确定最终调查表	A	5	33	38	33	38	0
5.准备邮寄标签	B	2	38	40	46	48	8
6.打印问卷调查表	B	10	38	48	38	48	0
7.开发数据分析软件	C	12	38	50	96	108	58
8.设计软件测试数据	C	2	38	40	106	108	68
9.邮寄问卷并获得反馈	C	65	48	113	48	113	0
10.测试软件	D	5	50	55	108	113	58
11.输入反馈数据	D	13	113	126	113	126	0
12.分析结果	D	8	126	134	126	134	0
13.准备报告	D	10	134	144	134	144	0

2. 细节说明

项目进度计划的细节说明至少包括对所有设定的假定和约束的说明。此外，细节说明还应包括各种应用方面的详细说明等。常作为细节说明的信息包括按时段提出的资源需求（常以资源柱状图的形式出现）、替代进度计划、进度储备或进度风险估算等。

3. 进度管理计划

进度管理计划主要说明进度中何种变化需要进行处理。根据项目的需要，它可以是正式的或是非正式的，十分详细的或大致轮廓的。

4. 资源需求更新

根据进度计划对资源需求计划和活动清单（activity list）进行更新。

4.4 项目其他计划

4.4.1 项目资源计划

项目资源包括项目实施所需要的人力、设备、材料、能源及各种设施等。项目资源计划涉及决定什么样的资源，以及多少资源将用于项目的每一项工作的执行过程中，因此它必然是与费用估计相对应的，是项目费用估算和计划的基础。通常，项目经理需要了解当地各种资源的供给情况，如果需要从外地聘请当地所缺乏的劳动力时，项目劳动力成本可能会有所上升。当项目团队缺乏对项目所在地的资源情况的了解时，聘请一家咨询公司或一个项目顾问是一种简单而有效的方法。

1.资源计划编制依据

资源计划编制（resource planning）就是确定完成项目活动所需要的资源（人、设备、材料等）的种类、数量及供给时间的计划活动。资源计划编制的依据主要有以下几个方面。

（1）工作分解结构

项目工作分解结构已列出了项目各组成部分（各项工作）所需要的资源种类，因此是资源规划的基本依据。

（2）范围说明书

范围说明书阐述了项目的必要性以及项目的各项目标，因此，在资源计划中必须使用足够的资源达到这些目标。

（3）后备资源说明书

后备资源说明书列出了可供使用的资源种类和数量，因而也是编制资源计划的依据之一。

（4）组织方针

项目资源计划的制订必须考虑项目实施组织的组织方针，如有关人员招聘、物资和设备租用或采购的方针等。不同的组织方针将会导致资源的获得与组织方式的不同。

项目资源规划应当充分利用项目团队成员的技能和知识，以及过去类似项目的资源要求（resource requirements）和使用情况的历史资料。

2.资源计划编制方法

（1）专家评判

专家评判是编制资源计划最为常用的方法。专家可以是从任何具有专门知识或经过特殊培训的组织或个人中选择，其可能的来源主要包括：职业或专业技术协会，专业咨询顾问，本行业的专家、学者，本行业的工业组织，组织内部的专业技术人员等。

（2）方案选定

实施某个特定的项目可以有多种资源计划方案，这就需要从中选择出最符合要求和最经济的方案。一般地，资源计划方案的选定由专家或技术人员来完成，最常用的方法是“头脑风暴法”。

（3）数学模型

有时，项目资源计划可以通过建立一定的数学模型来提高科学性，如基于网络计划技术的资源均衡模型、资源分配模型等。

3.资源计划编制程序

资源计划包含整个项目和各项工作或任务两个层次。整个项目的资源计划主要包括确定项目使用资源的种类，每种资源的单位成本、资源需求量和需求时间，并以此为基础计算出每种资源的预算成本。各项工作或任务的资源计划则明确各项工作或任务中所需资源的名称、计划使用量和使用时间，同时确定该资源是否为驱控资源。驱控资源是指该资源的增加可以促使任务工期的缩短。

资源计划的编制可以是自上而下的，也可以是自下而上的。前者是首先确定各类资源的主要约束，然后将各项资源按需求进行分解；后者则是将各项工作或任务的资源计划汇总以形成整个项目的资源计划。

计划是项目执行与控制的基础。项目管理者可以根据项目进展和实际资源使用情况输入必要的资源量，并将资源的实际使用量和实际成本（ACWP，AC）同资源计划进行比较，从而达到对项目实施控制的目的。

4. 资源计划编制结果

资源计划的结果是形成各类资源的需求计划。这些资源需求计划可以用项目资源计划矩阵图和资源负荷图等可视化工具来表示。资源需求计划一般应分解到具体工作上，做到具体、可操作。

4.4.2 项目费用计划

1. 项目费用估计

费用估计是指对完成项目各项工作所需资源（人、材料、设备等）的费用进行估计。费用估计是在各项资源需求量和供应时间已知的条件下进行的，此时资源价格估计是一项核心工作。此外，应充分考虑费用与工作质量和工作延续时间的相互联系。在多数情况下，延长工作持续时间可以减少工作的直接费用，而追加费用则可缩短项目工作的持续时间。

项目费用估计的主要依据有如下几点：①工作分解结构（WBS）；②资源需求计划，即资源计划安排结果；③资源价格，包括工时费、材料单价等；④工作的持续时间；⑤历史信息。主要是同类项目的项目费用估计数据等；⑥会计表格。会计表格说明了各种费用信息项的代码结构，有利于项目费用的估计与正确的会计科目相对应。

2. 项目费用估计常用方法

(1) 经验估算法

这一方法本质是专家意见法，它依靠有专门知识和丰富经验的人对各种资源的费用进行估计。其优点是简单、快速；其缺点是往往难以保证估算的准确性。该方法一般适用于项目概念阶段的成本估算，或者定义不明的新型项目的成本估算。

(2) 类比估算法

类比估算法是依据过去类似项目对未来项目费用进行估算的一种方法。该方法既可以用于项目的全部费用的估算、子项目费用的估算，或某一工作或任务费用的估算。类比估算法（analogous estimating）的基本前提是新项目与原有项目的相似性。新旧项目的相似性越高，费用估算的准确性也越高。

通常，类比估算法应首先由技术人员对新项目和原有项目的技术进行比较，发现其中的差异，再由费用估算人员对技术差异导致的费用差异进行估算，建立技术差异的费用关系。最后，依据项目工期、规模、位置、复杂程度以及其他影响因素对初步估算的费用进行必要的调整。

类比估算法具有主观评价的特性。即使技术人员的比较可以定量客观，费用估算人员还需要确定有关技术差异的费用影响，因而其估算的不确定性还是比较大的。

类比估算法适用于项目的采办早期，此时还没有系统的实际费用数据，也没有相似系统的大型数据库，只有此种方法的估算较为准确。

以规模为类比对象进行费用估算一般会采取横坐标代表项目规模，纵坐标代表各项费用因素。费用估算图中的点是根据过去类似项目的资料绘制而成，然后用回归的方法求出这些点的回归线，它体现了规模和项目费用之间的基本关系。这里的回归线可以是直线，但也有可能是曲线。

(3) 参数估算法

参数估算法（parametric estimating）利用项目特性参数和项目费用之间的关系来估算待建项目的费用，这种估算可以是依据经验，但更多的是依赖数学模型。用于估算的模型既可以是简单的，也可以是复杂的，如软件开发费用模型一般要用 10 多个参数，每个参数又包括 5～6 个方面。

由于参数估算法建立了项目费用和项目特性之间的量化模型，所以其基础条件是必须要初步确定项目的性能参数。参数估算法可以很容易地适应在设计、性能和计划特性方面的更改，应用较为广泛，尤其是在频繁更改设计和需要进行快速成本估算时。

参数估算法的基础是建立一个有关性能与费用关系的数据库，为两者关系模型的建立提供依据。

(4) 费用估算中几个问题

①估算方向。分为自上而下估算（bottom-up estimating）和自下而上估算两种。自上而下估算一般在已完成的类似项目可做借鉴的情况下使用。这种方法的优点是中、高层管理人员能够比较准确地掌握项目整体费用分配，从而使项目的费用能够合理地控制在比较有效的水平上，在一定程度上避免了项目的费用风险。但该方法特别需要建立良好的沟通渠道，以使费用估算者和项目实施者对估算结果达成共识。自下而上的费用估算方法是指从项目的基层单位开始估算费用，并逐级将估算结果累加起来，最终形成项目整体的估算费用。该方法的优点是对于项目费用估算更加全面、科学。

②协调估算。无论是“自上而下”还是“自下而上”的费用估算，最终都要将其结果上报项目高层进行协调和审批。审批时应充分考虑通货膨胀、项目风险等因素的影响，并对两种估算方式可能产生的偏差进行协调，最终确定项目高层和基层都可以接受的项目预算。

③压缩成本。在项目预算时，压缩成本和费用与进度、质量交换的可能性，同样至关重要。有时，由于竞争关系和资金不足的原因，必须要对项目费用进行一定程度的压缩。有时，需要在费用、进度和质量之间寻找一种平衡。项目经理的任务就是要在项目各利益相关者之间发现各方都能接受的项目预算。

④不可预见费用。在项目费用估算中，应加入不可预见费用，以抵消不确定性影响。一般来说，项目不确定性越高，不可预见费用就越多。通常，项目不可预见费用占整个项目费用的5%～10%。不可预见费用的使用通常由公司经理直接掌握，未经批准项目经理不得擅自使用。

3. 费用估计基本结果

费用估计的基本结果有以下两个方面。

(1) 项目的费用估计。描述完成项目所需的各种资源的费用，包括劳动力、原材料、库存及各种特殊的费用项，其结果通常用劳动工时、工日、材料消耗量等表示。

(2) 详细说明。包括工作估计范围描述、对于估计的基本说明、所作各种假设的说明、费用估计结果的有效范围等。在大型项目中，费用估算的结果最后应以下述的报告形式表述出来，包括：①对每个WBS要素的详细费用估算；②每个部门的计划工时曲线；③逐月的工时费用总结；④逐年费用分配表；⑤原料及支出预测。

4. 项目费用计划

项目费用计划，也叫费用预算，是给每一项独立工作分配全部费用，以获得度量项目实际执行的费用基线的计划过程。费用预算的依据是费用估算、工作分解结构和进度计划等，其主要技术和方法与费用估算相同，如图4-15所示，在特定检查点观测计划支出与实际支出的变化情况。与费用估算不同的是，费用预算是项目费用的正式计划，费用基线也将作为今后项目执行和监控的基本依据。

5. 费用预算的主要特点

(1) 计划性

在项目计划过程中，项目首先被逐步分解为各项可执行的、独立的工作或任务，然后对分解结果进行费用估算，最后根据费用估算和进度计划要求对各项工作或任务的费用进行批准、确认和汇总就可以形成项目的费用预算了。

(2) 约束性

预算是一种分配资源的计划，它对所有涉及的人员表现为一种约束，他们只能在这种约束的范围内行动。从某种程度上讲，预算既体现了组织的政策和倾向，又表达了对项目各项活动的重要性的认识和支持力度。合理的预算应尽可能“正确”地为相关工作和活动确定必要的资源数量，既不过分慷慨，以避免浪费和管理松散；也不过于吝啬，以避免无法在既定的工期下确保质量。

(3) 控制性

预算既是项目执行的标准，又是执行控制的依据。预算的制定一方面应体现项目对效率和效益的追求，强调管理者必须有效地控制资源的使用；另一方面，由于进行预算时不可能完全预计到实际工作中所遇到的问题和环境的变化，所以对项目计划偏离的情况常常可能出现，这就需要依据项目预算所提供的基准对项目的执行进行监控，及时发现偏离，并采取有效的措施修正偏离，确保项目目标的实现。

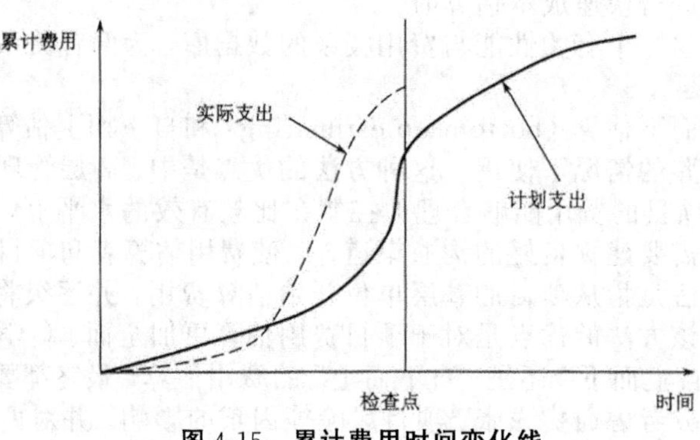

图 4-15　累计费用时间变化线

4.4.3 项目质量计划

1.项目质量管理概述

(1) 项目质量概念

根据 ISO 9000：2015《质量管理体系基础和术语》和 GB/T 19000—2016 标准，质量是“一组固有的特性满足需求的程度”。“固有的”指在某事某物中本来就有的，尤其是永久的特性。“特性”指可区分的特征，它可以是特有的或是赋予的，可以是定量的或是定性的，也可以是多种多样的。“要求”可以是明确的、隐含的，前者指标准、法律、法规及合同中规定的必须履行的需求，后者指顾客的期望等。隐含要求还包括组织、顾客或其他相关方惯例或一般做法等。

项目质量主体是项目。项目由过程和结果组成，因此，项目管理质量包含结果和过程两个方面。项目管理过程质量主要包含项目整个寿命周期各阶段的全过程的质量。项目结果，又称为项目产品，指项目产品范围中规定的交付给顾客的产品，它可能是有形产品或无形产品，而更多的是两者的结合。根据项目一次性的特点，项目质量取决于由 WBS 确定的项目范围内的所有子项目、各工作单元的质量，以及项目生命周期各阶段的工作质量。因此，要确保项目质量，必须应首先保证工作质量。

(2) 项目质量管理概述

质量管理是指“在质量方面指挥和控制组织的协调的活动”，通常包括制定质量方针和质量目标，以及质量策划、质量控制、质量保证和质量改进等。

项目质量管理（project quality management）是指围绕项目质量所进行的指挥、协调和控制活动，其目的是确保项目按规定的要求满意地实现，它包括使项目所有的功能活动按照原有的质量及目标要求得以实施。

项目质量管理是一个系统工程。该系统包括管理职责、资源管理、项目实现，以及测量、分析和改进四个方面的循环，将项目客户及其他利益相关者的要求转化为客户和其他利益相关者满意的输出。项目质量管理的最重要工作是建立项目质量管理体系并使之有效运行。项目质量管理的最终目标是使项目客户和所有利益相关者满意。

(3) 项目质量管理体系文件

项目质量管理体系文件的用途是：满足客户要求和质量改进；提供适宜的培训；重复性和可追溯性；提供客观证据；评价质量管理体系的有效性和持续改进适宜性等。

项目质量管理体系中使用的文件类型主要有以下几种：①质量手册。质量手册是“规定组织质量管理体系的文件”，它向组织内部和外部提供关于质量管理体系的一致信息。②质量计划。质量计划是“对特定的项目、产品、过程或合同，规定由谁及何时应使用哪些程序和相关资源的文件”。③规范。规范是“阐明要求的文件”。④指南。指南是阐明推荐的方法或建议的文件。⑤程序、作业指导书和图样。它们是提供如何一致地完成活动和过程的信息的文件。⑥记录。记录是“阐明所取得的结果或提供所完成活动的证据的文件”。

质量管理体系标准要求建立一个形成文件的质量管理体系，但并不要求将质量管理体系中所有的过程和活动都形成文件。文件的多少及详略程度取决于项目的复杂性、过程接口的多少、人员的技能水平等因素。文件的目的是使质量管理体系的过程得到有效的运作和实施。

2.项目质量策划

主要工作包括制定项目质量方针、确定项目质量目标、实施项目质量策划、形成项目质量计划等。

项目质量方针反映了项目总的质量宗旨和质量方向，它提供了质量目标制定的框架，是项目质量策划的基础之一。

（1）项目质量策划内容

质量策划是质量管理的一部分，致力于制定质量目标并规定必要的运行过程和相关资源以实现质量目标。项目质量策划就是围绕项目所进行的质量目标策划、运行过程策划、确定相关资源等活动的过程。

①质量目标策划。项目质量目标包括总目标和具体目标。项目总体目标规定了项目拟达到的总体质量水平，通常可以用合格率、优质工程项目等指标衡量。项目具体目标包括性能、可靠性、安全性、经济性、时间性等方面。通常，无论是对项目总体目标还是具体目标的描述都应尽量定量化。

在项目质量目标策划时，应该考虑的因素有：一是，项目性能要求，它主要是由客户需求所决定的；二是，项目外部条件，包括环境、地质、水文条件等；三是，市场条件，即社会对项目的期望等“隐含需求”；四是，质量经济性因素，如质量与成本的关系等。

②运行过程策划。运行过程策划就是要识别和规范项目实施过程、活动和环节，这些影响项目质量的过程和环节称为项目质量环。项目运行过程策划就是要识别与确认项目质量环，并规定各环节的质量管理程序（包括质量管理的重点和流程）、措施（包括质量管理技术措施和组织措施等）和方法（包括质量控制方法和评价方法等）。

③确定相关资源。为进行项目质量管理，需要建立相应的组织机构，配备人力、材料、设备和设施，提供必要的信息支持，以及创造项目合适的环境等。

（2）项目质量策划依据

①项目特点。不同项目具有不同的特点，其质量目标、运行过程和需要的资源各不相同，因此其质量策划也不尽相同。

②质量方针。质量方针是由高层管理者对项目整个质量目标和方向所做出的一个指导性文件。项目团队可以根据项目的实际情况对质量方针进行适当调整，并明确制定自己的质量工作方针。项目的质量方针必须与项目的投资者完全共享。

③范围陈述。项目范围陈述说明了项目所有者的需求以及项目的主要要求和目标，项目质量规划应适应这些需求、要求和目标。

④产品描述。产品描述是对项目成果的说明。与范围描述相比，产品描述通常包含更加详细的技术要求和其他的内容，因而是项目质量策划的主要依据。

⑤标准和规范。项目质量策划必须考虑到任何实际应用领域的特殊标准和规范，这些都将影响项目质量计划的制订。

⑥其他工作的输出。比如，采购计划就要说明承包人的质量要求从而影响到项目质量管理计划。

（3）项目质量策划技术与方法

①成本效益分析法。质量策划必须权衡成本与效益的关系。项目质量管理的基本目标是实现质量效益和成本比的最大化。

②类比法。类比法又称为基准比较法，就是将实际进行中或计划之中的项目做法同其他项目的实际做法进行比较，为改进项目实施提供思路或标准。

③流程图。流程图主要用于项目运行策划，主要有系统流程图和原因结果图两种。系统流程图主要用于分析系统各要素之间所存在的相互关系，原因结果图主要用于分析各种因素和原因是如何导致各种结果和潜在的问题的。

④实验设计。实验设计是一种分析技术，可用来找出对项目结果影响最大的因素。实验设计也可以用于权衡质量、成本与进度之间的关系。

（4）项目质量策划结果

项目质量策划的主要结果是项目质量计划。质量计划是对特定的项目、产品、过程和合同，规定由谁、何时、使用哪些程序和相关资源实现质量目标的一系列计划文件，主要有以下内容：①项目质量目标；②项目质量管理计划；③具体操作说明；④项目质量检查表格；⑤其他过程的输入。

4.4.4 项目安全计划

1.项目安全管理概述

(1) 项目安全

在项目实施过程中，引起事故的直接原因一般为物的不安全状态和人的不安全行为。物的不安全状态指由于项目实施过程中使用的物质、能量等的客观存在而可能导致事故和伤害发生的状态。人的不安全行为是指人们在项目实施中可能导致不安全状态的行为。

物的不安全状态是事故发生的根源，如果没有物的不安全状态存在（即达到了物的本质安全），人的行为通常不会产生不安全的结果。因此，安全工作首先要解决物的不安全状态问题，这主要是依靠安全的科学技术和工程技术来实现。但是在实践中，由于科学技术和工程技术本身的局限性，以及出于经济性的考虑，并不能使项目中的所有物品达到完全的安全状态，因此，消除不安全行为成为安全工作的努力方向。

(2) 项目安全管理

在项目实施过程中，组织安全生产的全部管理活动。项目安全管理包括确立项目安全目标、制订项目安全计划、建立项目安全管理体系，控制项目安全状态和不安全行为，以使项目工期、质量、费用等目标的实现得到充分保证。

项目安全管理的中心问题是保护项目实施过程中人的安全与健康，保证项目顺利进行。项目安全管理中，采用合理的安全技术、建立健全安全法规和标准、确保人员的安全行为，特别是建立健康、安全和环境管理体系并使之有效运行，是项目安全管理的关键。

(3) 项目健康、安全与环境管理体系

健康、安全与环境管理体系（Health，Safety and Environment management system，HSE），是国际上一种为减轻和消除工业生产中可能发生的健康、安全与环境方面的事故风险，保护人身安全和生态环境而制定的一套系统的管理办法。健康实质是职业卫生，环境一方面指项目或生产进程中的劳动环境，另一方面指生产对人类生存环境的作用。

HSE 管理体系的目的是将健康、安全和环境事故控制在政府和社会公众可以接受的水平内，通过一系列管理程序和规范化、责任到人的管理活动，精心“编织”起一张“安全网”。

项目的健康、安全与环境管理体系由以下相关要素构成：

①领导和承诺。企业高层管理者和项目经理应直接抓 HSE 管理工作，在 HSE 管理方面提出明确的承诺，并将其作为企业文化的一部分，成为项目团队的共同理念。

②方针和战略目标。是指企业对其在 HSE 管理方面的意向和原则声明，它指明了公司在健康、安全与环境方面的努力方向，提供了规范行为的准则。它包括遵守有关的法律、法规，以及其他内、外部要求；树立对健康、安全与环境管理体系进行持续改进的指导思想；遵循预防为主、防控结合、重在提高的原则；切实把项目安全问题当作头等大事来抓等。

③组织结构、资源和文件。包括组织机构和职责、资源、能力、承包方、信息交流、文件及控制等。

④评价和风险管理。对项目可能产生的危害和影响建立判别准则，并进行评价，建立说明危害和影响的文件，确定项目安全的具体目标和行为准则，制定风险削减措施等。

⑤规划。是指通过设施的完善，责任的明确，工作程序、应急反应计划的制订、评价及不断完善等活动，达到既定目标，实现项目承诺。它包括总则、设施的完整性、程序和工作指南、变更管理、应急反应计划等。

⑥实施和监测。包括活动和任务、监测、记录、不符合及纠正措施、事故报告、事故调查处理等。

⑦审核和评审。审核是对 HSE 管理体系是否按照预定要求运行的检查和评价活动，对公司是否符合 HSE 管理体系的要求进行验证；评审是指公司的最高管理者对 HSE 管理体系进行全面评价，目的是确定 HSE 管理体系的适宜性、充分性和有效性，实现持续改进。

(4) 项目 HSE 管理体系文件

项目 HSE 管理体系包括以下三个层次的文件：

①政策性文件（HSE 管理手册）。它规定了企业为实现健康、安全与环境管理总目标而确定的具体政策、方针等。

②程序文件。它规定了项目中有关健康、安全与环境管理工作的内容及相关程序，在程序文件中具体规定了由谁负责管理、管什么、如何管、书面记录什么内容等。

③作业文件。作业文件是基层从事实际作业的健康、安全与环境指导书，用于指导项目各岗位人员所从事的作业，对每一项作业的程序、各环节人员的配合等均要具体说明。

2.项目安全计划

安全计划针对项目特点、项目实施方案及程序，依据安全法规和标准等加以编制。项目安全计划的主要内容如下：①项目概况；②安全控制目标；③安全控制程序；④安全组织结构；⑤职责权限；⑥规章制度；⑦项目安全管理所需资源及其配置；⑧安全措施；⑨检查评价；⑩奖惩制度。

制订项目安全计划应注意的几个关系：

①安全与过程。安全是一个项目实施的过程变量。只有有了安全保障，项目实施过程才能持续、稳定地进行。

②安全与质量。从广义上看，质量包含安全工作质量，安全概念也包含着质量，两者交互作用、互为因果。项目既要"安全第一"，又要"质量第一"。"安全第一"是从保护生产要素的角度出发，而"质量第一"则是从关心产品成果的角度出发。安全为质量服务，质量需要安全来保证。

③安全与进度。项目进度应以安全作保障，安全就是速度。在项目实施过程中，应追求安全加速度，尽量避免安全减速度。当速度与安全发生矛盾时，应优先保证安全。

④安全与效益。总体看，安全与效益是统一的，安全促进了效益的增长。就具体安全措施看，一方面安全技术措施的实施，会改善作业条件，带来经济效益；另一方面也需要一定的投入。在安全管理中，既要保证安全，又要经济合理。

⑤预防与控制。项目安全管理的方针是"安全第一，预防为主"。安全管理首要的是针对项目的特点，事先对生产要素采取管理措施，有效地控制不安全因素的发展和扩大，将可能发生的事故，消灭在萌芽状态。其次是重在控制，要对项目过程实施全过程动态管理，做到安全管理的全员参与，实现全过程、全方位、全天候的动态管理。

▷English Corner for Chapter 4

(1) Project planning is an important part of project management, whose main tasks are to define the project objectives, determine the project scope, and prepare the project organization planning, schedule planning, resource planning, cost planning and quality and safety planning.

(2) Project work breakdown is the basic work of developing project planning, including two types of product-oriented project work breakdown structure and activity-oriented project work breakdown structure. The outcome of project work breakdown is a project work list and that the duration and resources required for each work can be estimated.

(3) The basic methods of network planning technique are plan review technology and critical route method, which are methods and tools for developing schedule plans. The network plan is based on project work breakdown structure, work duration estimation and work sequencing, and is essentially a visual project planning management tool that can calculate the relevant parameters through network diagrams, find out the critical route, and then optimize the network plan from three aspects of duration optimization, resource optimization and cost optimization.

(4) The project schedule is the core of the project plan and is an important part of ensuring the successful completion of the task within the time constraint. The project scheduling methods include three types, namely milestone schedule, bar chart and network diagram.

(5) Project resource planning involves what kind of resources and how many resources will be used in the implementation process of each project work, is the basis of the project cost estimation and results in project resource requirement plan with the balanced use of resource requirements.

(6) Project cost estimation is the process of estimating the cost of resources (people, materials, equipment, etc.) required to complete the project, and cost budgeting is the planning process of assigning the full cost of each individual task to obtain a baseline for measuring the actual implementation of the project.

(7) Project quality plan revolves the activities around the project quality objectives, operational process planning, relevant resources management. Its purpose is to ensure that the project deliverable meets the quality requirements by the establishment of an effective quality management system.

(8) Project safety plan is an important part of project quality and safety management, including the establishment of project safety objectives, the development of project safety plans and other safety planning work. The purpose is to ensure the health of personnel, safety, environmental protection, under the premise of the project schedule, quality, cost and other objectives to be fully guaranteed by the establishment of the project safety management system.

章节习题

一、选择题

1.下列对项目管理组织的建立应遵循的部分步骤的先后顺序排列正确的是（ ）。

①工作岗位与工作职责确定；②人员配置；③确定合理的项目目标；④确定组织工作内容

A.①②③④ B.④③②① C.③④②① D.③④①②

2.双代号网络图的三要素是指（ ）。

A.节点、箭杆、工作作业时间 B.紧前工作、紧后工作、关键线路

C.工作、节点、线路 D.工期、关键线路、非关键线路

3.利用工作的自由时差，其结果是（ ）。

A.不会影响紧后工作，也不会影响工期 B.不会影响紧后工作，但会影响工期

C.会影响紧后工作，但不会影响工期 D.会影响紧后工作和工期

4.网络计划的缺点是（ ）。

A.不能反映工作问题的逻辑 B.不能反映出关键工作

C.计算资源消耗量不便 D.不能实现电算化

5.某项工作有两项紧后工作C、D，最迟完成时间：C=20天，D=15天，工作持续时间：C=7天，D=12天，则本工作的最迟完成时间是（ ）。

A.13天 B.3天 C.8天 D.15天

6.双代号网络图中的虚工作（ ）。

A.既消耗时间，又消耗资源 B.只消耗时间，不消耗资源

C.既不消耗时间，又不消耗资源 D.不消耗时间，只消耗资源

7.关于自由时差和总时差，下列说法中错误的是（ ）。

A.自由时差为零，总时差必定为零

B.总时差为零，自由时差必为零

C.不影响总工期的前提下，工作的机动时间为总时差

D.不影响紧后工序最早开始的前提下，工作的机动时间为自由时差

8.如果A、B两项工作的最早开始时间分别为6天和7天，它们的持续时间分别为4天和5天，则它们共同紧后工作C的最早开始时间为（ ）。

A.10天 B.11天 C.12天 D.13天

9.某工程计划中A工作的持续时间为5天，总时差为8天，自由时差为4天。如果A工作实际进度拖延13天，则会影响工程计划工期（ ）。

A.3天 B.4天 C.5天 D.10天

10.项目范围界定时经常使用的工具是（ ）。

A.可行性研究 B.需求分析 C.工作分解结构（WBS） D.网络图

11.下列哪一项将项目的角色职责与项目的工作范围定义联系在一起（ ）。

A.组织分解结构 B.责任分配表 C.角色分配图表 D.工作分解矩阵

12.项目范围定义的结果是（ ）。

A.项目交付物 B.项目范围说明书 C.项目计划书 D.项目工作分解结构

13.某工程计划中B工作的持续时间为5天，总时差为7天，自由时差为3天。如果B工作实际进度拖延10天，则会影响工程计划工期（ ）。

A.3天 B.5天 C.7天 D.9天

14.利用工作的自由时差，其结果是（　）。

A.不会影响紧后工作，也不会影响工期

B.不会影响紧后工作，但会影响工期

C.会影响紧后工作，但不会影响工期

D.会影响紧后工作和工期

15.某工程网络计划在执行过程中，某工作实际进度比计划进度拖后 5 天，影响工期 2 天，则该工作原有的总时差为（　）。

A.2 天　　B.3 天　　C.5 天　　D.7 天

16.网络计划中，工作最早开始时间应为（　）。

A.所有紧前工作最早完成时间的最大值

B.所有紧前工作最早完成时间的最小值

C.所有紧前工作最迟完成时间的最大值

D.所有紧前工作最迟完成时间的最大值

二、填空题

1.项目工作分解结构 WBS 主要有两种类型：（　　　　）WBS 和活动导向型 WBS。

2.一项任务的最乐观工期估计为 8 天，最可能工期估计为 10 天，最悲观工期估计为 18 天，按照工作任务工期的估计公式，该工作延续时间的期望工期为（　　　　）天。

3.项目工作排序时考虑的工作之间的依赖关系有两种，分别是（　　　）和（　　　）。

4.网络计划主要由网络图和（　　　　）两大部分组成。

三、简答题

1.简述四个以上的项目进度计划的调整策略。

2.简述项目工作分解结构 WBS 的原则。

3.项目范围规划的依据是什么？其工具和技术是什么？

4.项目规划和计划的主要工作有哪些？它们对项目管理起到什么作用？

5.项目目标包含哪些内容？其确定过程包含哪些步骤？

6.什么是项目范围规划和范围定义？它们有什么联系和区别？

7.项目工作分解结构的作用是什么？其类型有哪些？各有什么特点？

8.项目工作排序是如何确定的？项目各项工作持续时间是如何确定的？

9.甘特图和里程碑计划是项目进度计划常用的两种方法，它们各自有什么特点？二者适用场合如何？想想你曾经经历的或正在经历的项目，试着画出其中某一个或两个简单项目的甘特图和里程碑计划。

10.与甘特图相比，网络图的优点有哪些？甘特图可以从网络图中创建吗？网络图可以从甘特图中创建吗？

11.项目资源计划包含哪些内容？它和项目进度计划和项目质量安全计划是如何结合的？

12.试述项目费用估计和项目费用预算的区别。

13.项目质量规划的主要内容是什么？在项目的质量管理中，项目质量管理体系如何建立和运行？其主要作用是什么？

14.项目安全计划的主要内容是什么？在项目的健康安全环境管理中，项目 HSE 管理体系如何建立和运行？其主要作用是什么？

四、综合计算题

1.某个 M 工程有九项工作组成，它们的持续时间和网络逻辑关系见表 4-11。

表 4-11　M 工程工作持续时间和网络逻辑关系

工作名称	前导工作	后续工作	持续时间（天）
A	—	D	4
B	—	E、H	6
C	—	F、D、G	6
D	A、B、C	I	5

续表

工作名称	前导工作	后续工作	持续时间（天）
E	B	—	8
F	C	—	3
G	C	I	5
H	B	I	4
I	D、H、G	—	9

(1) 试绘制双代号网络图。
(2) 计算图示双代号网络图的工期（月）和关键线路，并计算各项工作的时间参数。
(3) 将 (1) 所绘制的双代号网络计划图改绘成双代号时标网络计划图。

2.为保证某教学大楼建设项目的工期目标得以实现，需要采用网络计划技术对进度进行计划和动态管理，该项目网络计划的有关资料见表 4-12。

(1) 试绘制双代号网络图，并计算各项工作和各节点的时间参数，判定关键线路和预计工期。

表 4-12　某教学大楼建设项目有关资料

工作名称	前导工作	后续工作	正常持续时间（天）	最短持续时间（天）	优选系数
A	—	C、D	5	3	2
B	—	E、F	6	4	8
C	A	E、F	1	1	+∞
D	A	G、H	6	4	5
E	B、C	G、H	4	3	4
F	B、C	H	2	1	5
G	D、E	—	8	6	10
H	D、E、F	—	4	2	2

(2) 在 (1) 的基础上，现该工程的委托方希望工期缩短为 14 天，请你对工期进行优化。优选法则为关键工作压缩时间时，应选优选系数最小的工作或优选系数之和最小的组合。

3.为保证 COOPER 教学楼建设项目的工期目标得以实现，需采用网络计划技术对进度进行计划和动态管理，该项目网络计划的有关资料见表 4-13。

表 4-13　教学楼建设项目有关资料

工作	A	B	C	D	E	F	G	H	I	J
持续时间	2	3	5	2	3	3	2	3	6	2
紧前工作		A	A	B	B	D	F	E、F	C、E、F	G、H

(1) 试绘制双代号网络图，并计算各项工作的时间参数，判定关键线路和预计工期。(假定 $Tc = Tp$)
(2) 如图所示为 COOPER 教学楼建设项目子工程集合 PEER 子项目的双代号网络计划，把它改绘成双代号时标网络图。

4.YH产品生产线建设项目在实施时应用了挣值分析法进行费用控制，经过统计该项目在前12天相关费用见表4-14。

表4-14 产品生产建设项目实施过程费用计划与统计

费用统计项目	费用数据（万元）											
	1	2	3	4	5	6	7	8	9	10	11	12
每周拟完成工程计划费用	5	9	9	13	13	18	14	8	8	3	10	10
拟完成工程计划费用累计												
每周已完成工程实际费用	5	5	9	4	4	12	15	11	11	8	8	3
已完成工程实际费用累计												
每周已完成工程计划费用	5	5	9	4	4	13	17	13	13	7	7	3
已完成工程计划费用累计												

(1) 请计算项目前12周的拟完工程计划费用累计、已完工程实际费用累计及已完工程计划费用累计，填入表中，并指明其与挣值分析法中三个费用参数之间的对应关系。

(2) 分析第六周末和第十周末的费用偏差和进度执行情况。

5.为保证某产品生产线建设项目的工期目标得以实现，需要采用网络计划技术对进度进行计划和动态管理，该项目各工序之间逻辑关系见表4-15。

表4-15 项目各工序逻辑关系

工序	A	B	C	D	E	F	H	I	K
紧后工作	D	D、E	D、E、F	K	H、K、I	I	—	—	—
持续时间	5	3	2	4	5	?	2	5	3

(1) 表中的F工序最乐观工期估计为3天，最可能工期估计为5天，最悲观的延迟时间为13天，请根据工作时间的估计公式计算出该任务的工期期望值，并作为表中F工序的持续时间。

(2) 试绘制双代号网络图，并计算各项工作和各节点的时间参数（假定预计工期等于计算工期），判定关键线路和预计工期。

(3) 在(2)的基础上，请绘制带时标的网络计划图。

6.某工程项目包括A、B、C、D、E、F、G、H、I等工序，其初始网络图如图4-16所示，计算图中工作和节点的时间参数（计算工期等于预计工期）、计算工期、关键线路。

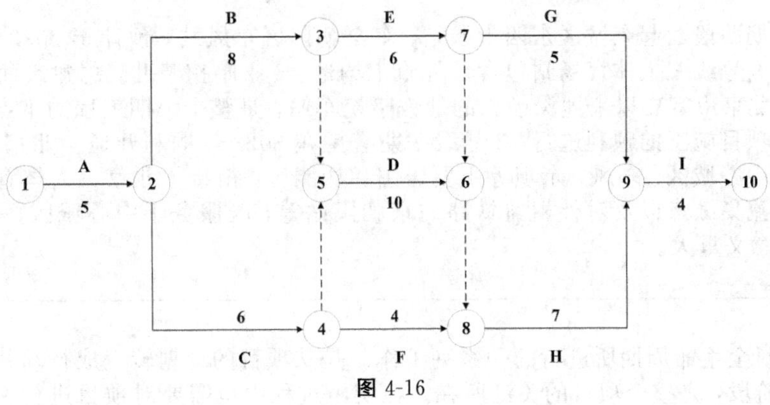

图4-16

第5章 项目实施与控制

案例引入　　　　北京地铁 3 号线工程项目实施与控制

北京地铁是服务中国北京市的城市轨道交通系统，也是国际地铁联盟（CoMET）成员，其首条线路于 1971 年 1 月 15 日正式开通运营，使北京成为中国首个开通地铁的城市。截至 2022 年 7 月，北京地铁运营线路共有 27 条，运营里程 783km，车站 463 座。而北京地铁 3 号线作为一条贯穿北京东西方向的地铁线，弥补东西向交通出行的压力，但其建设过程历经波折。

项目规划阶段

北京地铁 3 号线经过 60 年数次改版。1956 年，五位苏联专家来到北京，凭借参建莫斯科地铁的经验，指导绘制了北京地铁最早的线网设计规划图，当时的北京地铁 3 号线是一条线路走向贯通南北的地铁，但此次规划未能得到实施。

20 世纪 90 年代，北京地铁 3 号线再次被提上日程，《北京地铁西直门至颐和园北宫门工程预可行性研究报告》中明确写明，北京地铁 3 号线西北段计划 1995 年开工，2000 年开通。随着北京地铁 13 号线的批复与开建，北京地铁 3 号线的建设再一次被搁置。

2015 年 9 月，国家发展和改革委员会批复了《北京市城市轨道交通第二期建设规划（2015—2021 年）》，北京地铁 3 号线工程获得国家立项。直到 2016 年 4 月，历经 60 年数次搁置、改版的北京地铁 3 号线规划一期工程完成批复，正式开工。

项目建设阶段

2016 年 4 月，北京地铁 3 号线一期工程开工，经过多次环境影响评价公示，2018 年 11 月，北京地铁 3 号线一期工程工人体育场站主体结构开工。2020 年 11 月 11 日，北京地铁 3 号线一期工程首台盾构机始发，同时工程体育中心站封顶，成为全线首座封顶的车站。2021 年 12 月 14 日，北京地铁 3 号线一期工程朝阳公园站至石佛营站区间左线开始盾构施工。2022 年 7 月 5 日，北京地铁 3 号线电动客车项目首列车在河北京车智能制造基地下线。

项目未来发展

地铁 3 号线一期西段西起东城区东四十条站，东至朝阳区东风站，预计于 2023 年年底开通运营一期西段。北京地铁 3 号线工人体育场站包含 5 处施工场地、6 座暗挖竖井，总建筑面积 40122m^2，埋深达 38m，是建设时北京市有史以来埋深最深的地铁暗挖车站，是整个一期工程的难点。随着北京地铁 3 号线工人体育场站项目施工的顺利进行，3 号线一期有望在 2023 年顺利开通。北京地铁 3 号线一期工程沿线连通了北京中心城区、东风、东坝等主要居住和功能区，衔接了北京工人体育场、朝阳公园、朝阳体育中心等大客流集散点以及对外枢纽铁路北京朝阳站等，既服务于中心城区，同时也服务于东坝等新兴地区，建设意义重大。

项目实施是项目全生命周期所进行的一系列工作。是从项目的计划转变成行动并落实。项目实施是项目建设的实质性阶段，是整个项目的关键所在。在实施过程中也需要对项目进行一定的控制：进度控制、费用控制、质量控制、变更控制，以此来更好地推动项目的实施，检测项目的实际进展，避免项目偏离初始计划。项目进行的过程中，项目实施安全管理也是不可避免的一环，确保从事项目活动的场地科学安排合理使用，规范作业，建立完善的安全管理体系保障实施安全，保护人员健康和生态环境。项目进行过程中需要从项目组织外部获得货物和服务，即为项目采购，项目采购分为招标（Invitation For Bid，IFB）和非招标两种形式，在采购之前也需要做好规划预算，这是项目采购中首位和最重要的工作，避免预算超支导致项目实施出现问题。在项目进行的过程中同样需要签订相关的项目合同来明确相互的权利义务关系。

5.1 项目实施与控制概述

5.1.1 项目实施过程

1.项目计划的实施

(1) 项目计划实施的定义

项目计划的实施就是将项目计划转变成行动，以已经制订的计划为基础，所进行的一系列活动的过程。项目实施最终产生项目产品，是项目管理应用领域的一个关键环节。

(2) 项目计划实施的内容

项目计划实施的内容主要有：执行项目计划，按照项目计划开展各项工作，并根据项目实施中所发生的实际情况，进一步明确项目计划所规定的任务范围；采取各种项目质量保证和监控措施，确保项目能够符合预定的质量标准；提高项目团队的工作效率和对项目进行高效管理的综合能力；采购与招标，以及合同管理等。

2.项目跟踪与报告

(1) 项目跟踪与报告的定义

项目跟踪与报告是指项目各级管理人员根据项目的规划和目标等，在项目实施的整个过程中对项目状态以及影响项目进展的内外部因素进行及时的、连续的、系统的记录和报告的系列活动过程。

项目跟踪与报告的工作内容主要有两方面：①对项目计划的执行情况进行监督；②对影响项目目标实现的内外部因素的变化情况和发展趋势进行分析和预测。

(2) 项目跟踪与报告系统的建立

项目建立跟踪与报告系统时，要考虑的问题有很多，主要有以下几个方面。

①项目跟踪与报告的对象。主要包括范围、变更、资源供给、关键假设、进度、项目团队工作时间及任务完成情况等。

②收集信息的范围。项目跟踪与报告所要收集的信息主要有投入活动的信息、采购活动的信息、实施活动的信息和项目产出信息等。

③项目跟踪与报告的过程。项目跟踪与报告包括观察、测量、分析和报告四个基本过程。

5.1.2 项目控制

1.项目控制原理

项目控制就是监视和测量项目实际进展，若发现实施过程偏离了计划，就要找出原因，采取行动，使项目回到计划的轨道上来。项目控制包括进度控制、费用控制、质量控制、变更控制、安全控制等方面。

项目控制的原理可以归纳为以下几点。

(1) 动态控制原理

项目控制是一个动态过程，也是一个循环进行的过程。从项目开始，计划就进入了执行的轨迹。实施符合计划，项目目标的实现就有了保证；实施与计划不一致时，就产生了偏差，若不采取措施加以处理，项目目标就可能难以实现。所以，当产生偏差时，就应分析偏差的原因，采取措施，调整计划，使实际与计划在新的起点上重合，并尽量使项目按调整后的计划继续进行。但在新的因素干扰下，又有可能产生新的偏差，又需继续按上述方法进行控制。

(2) 系统原理

项目是一个系统，项目管理是一项系统工程。项目控制实际是用系统理论和方法解决系统问题。首先应编制项目的各种计划，包括进度计划、资源计划等，计划的对象由大到小，计划的内容从粗到细，形成了项目的计划系统；项目涉及各个相关主体、各类不同人员，这就需要建立组织体系，形成一个完整的项目实施组织系统；为了保证项目执行，自上而下都应设有专门的职能部门或人员负责项目的检查、统计、分析、调整等工作，不同的人员负有不同的控制责任，分工协作，这样形成了一个纵横相连的项目控制系统。

(3) 信息原理

项目控制的过程也是一个信息传递和反馈的过程。信息是项目控制的依据。项目执行的信息从上到下传递到项目实施相关人员，以使计划得以贯彻落实；而项目实际执行信息则自下而上反馈到各有关部门和人员，以供其分析并做出决策、调整。

(4) 弹性原理

在确定项目目标时应进行目标的风险分析，使计划具有一定的弹性。在进行项目控制时，也可以利用这些弹性优化项目实施过程，以更有效地实现预期的项目目标。

2.项目控制类型

(1) 按控制方式分类

项目控制包括前馈控制（事先控制）、过程控制（现场控制）和反馈控制（事后控制）。前馈控制是在项目的启动和计划阶段，根据经验对项目实施过程中可能产生的偏差进行预测和估计，并采取相应的防范措施，尽可能地消除和缩小偏差。这是一种防患于未然的控制方法。过程控制是在项目实施过程中进行现场监督和指导的控制。反馈控制是在项目的阶段性工作或全部工作结束，或偏差发生之后再进行纠偏的控制。

(2) 按控制内容分类

项目控制的目的是为了确保项目实施能满足项目的目标要求。对于项目可交付成果的目标描述一般都包括交付期、成本和质量这三项指标，因此项目控制的基本内容就包括进度控制、费用控制和质量控制三项内容。此外，在项目整个寿命周期的控制过程中还涉及项目变更控制、项目安全控制等内容。

在项目控制过程中，进度、费用和质量这三项控制指标通常是相互矛盾和冲突的。如加快进度往往会导致成本上升和质量下降；降低成本可能会影响进度和质量；同样，过于强调质量也会影响工期和成本。因此，在项目的进度、成本和质量的控制过程中，要进行权衡分析。

3.项目控制要素的权衡分析

(1) 权衡分析的步骤

首先，理解和认识项目中存在的冲突，寻找和分析引起冲突的原因。其次，展望项目的各个方面、各个层次的目标，分析项目的环境和形势，然后确定多个替代方案，分析和优选最佳方案。最后，审批及修改项目计划。更新计划要报送业主和上级领导批准后方能实施。

(2) 权衡分析的方法

图解分析法是一种常用的权衡分析法，它应用图形分析的方法，权衡质量、进度和成本三个要素，以获得最优的控制方案。当这三个要素中有一个固定不变时，那么另两个要素可建立相互间二维函数关系。

①质量不变前提下的权衡。图 5-1 给出了当质量保持不变时，成本对进度的函数曲线。点 CT 代表目标成本和进度，但遗憾的是该任务已不可能在目标成本和进度内完成。如只满足目标进度，完成任务将大大增加成本到 N 点，要减少成本的增加，可延长任务完成时间，这就是对成本和时间的权衡。M 点为增加成本的最低点。

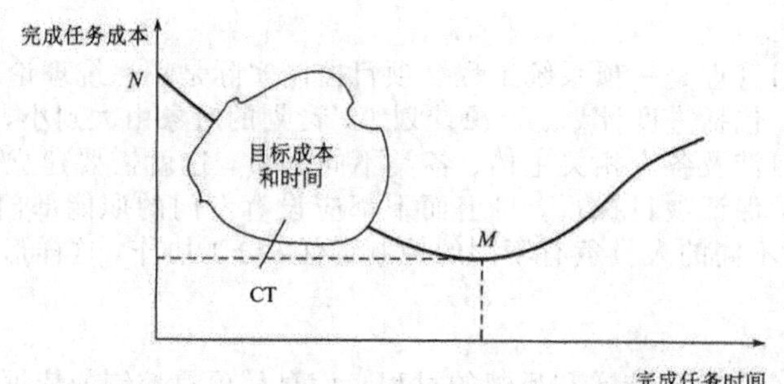

图 5-1　质量不变下的成本一时间权衡

当质量标准不变时，可以用下面四种方法建立进度/成本曲线：a.获得额外资源，追加项目预算；b.重新定义项目工作范围；c.改变资源分配；d.改变活动流程。

保持质量目标不变意味着公司绝不能提供不符合合同或业主质量要求的产品或服务而牺牲公司的声誉这一最宝贵的资源。因此在进行质量不变情形下的权衡时，要考虑公司对业主的依赖程度、本项目在公司项目群中的优先程度及对公司未来业务的影响。

②成本不变情况下的权衡。图 5-2 给出的是成本不变时，质量对进度的函数关系曲线。A、B、C 三条曲线代表三种不同的技术路线。

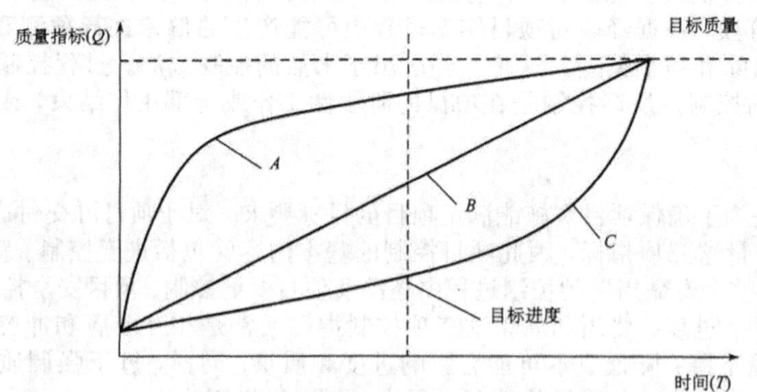

图 5-2　成本不变下的质量—时间权衡

三条曲线的斜率发展情况不一样。其中，曲线人的左 Q/AT 开始最大，随着时间 T 的增大 AQ/AT 逐渐减少，因此在开始时增加时间可获得较大的性能提高。而随着时间的增加，性能提高的程度越来越弱。目标进度是否坚持，取决于质量的达到水平。如曲线 A，在目标进度点时质量水平已达到 90%左右，可以坚持目标进度而牺牲 10%的质量要求。对于路径 C，性能随时间增加而增加的趋势变化正好相反，必须延长时间。因为业主不可能接受不到 50%的原质量要求的项目产出。对路径 B，则取决于业主能接受的最低质量的多少。

③时间固定时的权衡。图 5-3 是时间固定时，成本对性能的变化，同样给出 A、B、C 三种情况。图 5-3 和图 5-2 相似，权衡方法也基本相同。

当同时考虑进度、质量、成本三个要素时，需要用三维图解分析法。这也是一种常见的情况。由于在三维立体空间坐标上建立曲线复杂而又难以表示清楚，可以将某一要素坐标等级化，或固定几个特殊点，如图 5-4 所示。

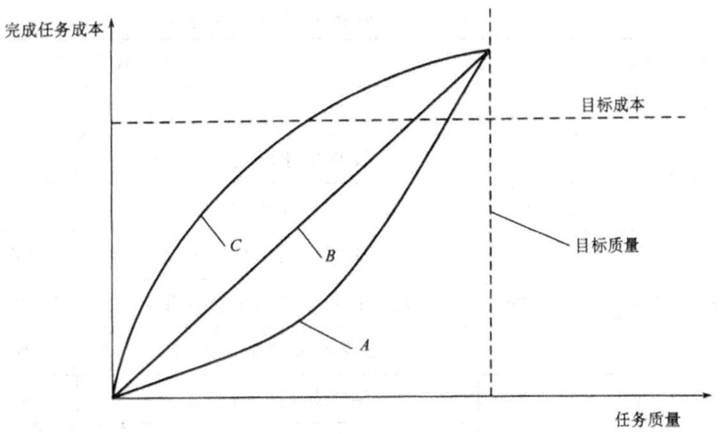

图 5-3　时间不变下的成本—质量权衡

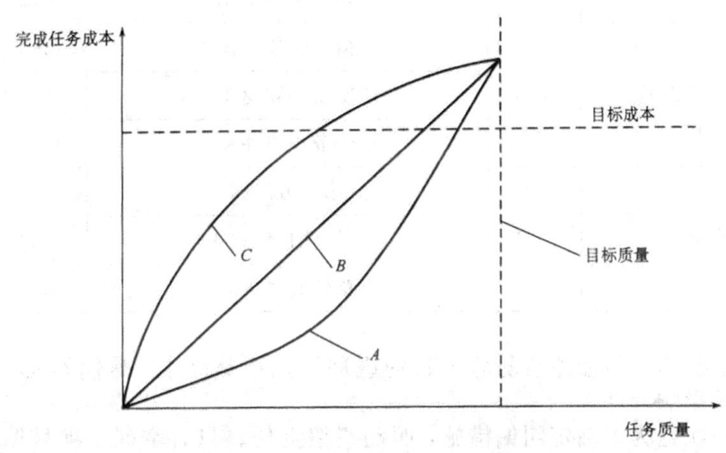

图 5-4　三维图解分析法的权衡

4.项目控制过程

项目控制过程包括以下三个环节。

(1) 制定项目控制目标，建立项目绩效考核标准

项目控制目标就是项目的总体目标和阶段性目标。总体目标通常就是项目的合同目标，阶段性目标可以是项目的里程碑事件要达到的目标，也可以由项目总体目标分解来确定。绩效标准通常根据项目的技术规范和说明书、预算费用计划、资源需求计划、进度计划等来制订。

(2) 衡量项目实际工作状况，获取偏差信息

通过将各种项目执行过程的绩效报告（performance reports）、统计等文件与项目合同、计划、技术规范等文件对比或定期召开项目控制会议等方式考察项目的执行情况，及时发现项目执行结果和预期结果的差异，以获取项目偏差信息。

(3) 分析偏差产生原因和趋势，采取适当的纠偏行动

项目进展中产生的偏差就是实际进展与计划的差值，一般会有正向偏差和负向偏差两种。正向偏差不一定是好事，负向偏差也不一定是坏事，关键是看正、负向偏差产生的原因。

①造成项目偏差的责任方通常有业主（或客户）、项目承包方、第三方、供应商、不可抗力等。

②造成项目偏差的根源有项目设计的原因、项目方案设计的原因、项目计划的原因、项目实施过程的原因等。

在进行偏差原因分析时，常用的工具是因果分析图或称鱼刺图，对偏差原因的分析，还应包括各种原因对偏差的影响程度，对影响程度大的原因要重点防范。利用项目偏差的因果分析图，找出全部偏差原因之后，可通过专家评分法给出各种原因对偏差影响程度的权重。表 5-1 列出了某项目成本偏差（Cost Variance，CV）原因分析的专家权重评分示例。

表 5-1　项目成本偏差原因影响权重表

原因		具体原因及其权重		
类型	权重	类型		权重
设计原因	0.13	设计要求难以达到	0.75	
		设计错误	0.25	
实施方案原因	0.26	任务衔接出现问题	0.64	
		实施工艺难以满足技术要求	0.26	
		缺乏必要的施工设备	0.10	
宏观经济与政策原因	0.51	施工材料价格上涨	0.65	
		相关税率上调	0.23	
		外汇汇率上调	0.12	
实施管理原因	0.06	指令传递延误	0.62	
		质量问题返工	0.23	
		任务小组冲突	0.15	
其他原因	0.04	第三方原因	0.55	
		突发性自然灾害	0.22	
		意外交通事故	0.23	

③偏差趋势分析主要是分析偏差会随着项目的进展增加还是缩小，是偶然发生的还是必然会发生，以及对项目后续工作的影响程度等。

④偏差分析的目的就是为了确定纠偏措施，明确纠偏责任。只有掌握了项目偏差信息，了解了项目偏差的根源，才可以有针对性地采取适当的纠偏措施。而只有明确了造成偏差的责任方和根源，才能分清应由谁来承担纠正偏差的责任和损失，以及如何纠正造成偏差的行为。

5.2 项目进度控制

5.2.1 项目进度计划的实施

1.项目实施环境

项目实施环境是指项目运行系统赖以生存和发展所处的内部和外部条件的总称。具体地说，项目实施环境包括项目实施周围的一切有关事物。项目实施环境对项目实施计划的制订、组织机构的设置、施工技术的选择、人员的配备、经营方向的确定等都将产生重要的影响。因此，必须使项目实施与其环境中的各种因素相互适应、密切配合。在制订项目实施计划时，既要考虑项目实施对外界环境提供的物力、财力、人力和技术等方面的要求，还要考虑项目外部社会成员对项目实施的需求与欲望。

2.进度计划实施保障

项目进度受到了众多因素的制约，因此，必须采取一系列措施，以保证项目满足进度要求。

(1) 进度计划的贯彻

计划实施的第一步是进度计划的贯彻，也是关键的一步。其工作内容包括：

①检查各类计划，形成严密的计划保证系统。为保证工期的实现，应编制各类计划。高层次的计划是低层次计划的编制依据，低层次计划是高层次计划的具体化；在贯彻执行这些计划时，应首先检查计划本身是否协调一致，计划目标是否层层分解、互相衔接。在此基础上，组成一个计划实施的保证体系，以任务书的形式下达给项目实施者，以保证实施。

②明确责任。项目经理、项目管理人员、项目作业人员，应按计划目标明确各自的责任、相互承担的经济责任、权限和利益。

③计划全面交底。进度计划的实施是项目团队全体成员的共同行动，要使相关人员都明确各项计划的目标、任务、实施方案和措施，使管理层和作业层协调一致，将计划变为项目人员的自觉行动。要做到这一点，就应在计划实施前进行计划交底工作。

(2) 调度工作

调度主要通过监督、协调、调度会议等方式实现。其主要任务是掌握项目计划实施情况，协调各方面关系，采取措施解决各种矛盾，加强薄弱环节，实现动态平衡，保证完成计划和实现进度目标。

(3) 关键工作

关键工作是项目实施的主要矛盾，应紧抓不懈。可采取以下措施：

①集中优势资源按时完成关键工作。

②专项承包。对关键工作可采用专项承包的方式，即定任务、定人员、定目标。

③采用新技术、新工艺，技术、工艺选择不当，就会严重影响工作进度。

④保证资源的及时供应。

⑤加强组织管理。根据项目特点，建立项目组织和各种责任制度，将进度计划指标的完成情况与部门、单位和个人的利益分配结合起来，做到责、权、利一体化。

⑥加强进度控制。进度控制贯穿于项目进展的全过程，是保证项目工期必不可少的环节。

5.2.2 进度监控

1.进度监控

项目进度监控就是在项目实施过程中，搜集反映项目进度实际状况的信息，对项目进展情况进行分析，掌握项目进展动态，对项目进展状态进行观测。

通常采用日常监控和定期监控的方法对项目进度进行监控，用项目进展报告的形式描述观测的结果。

（1）日常监控

随着项目的进展，要不断地监控进度计划中所包含的每一项工作的实际开始时间（Actual Start date，AS）、实际完成时间、实际持续时间、目前状况等内容，并加以记录，以此作为进度控制的依据。

（2）定期监控

定期监控指每隔一定时间对项目进度计划执行情况进行一次较为全面、系统的观测、检查。间隔的时间因项目的类型、规模、特点和对进度计划执行要求程度的不同而异。

2.项目进展报告

项目进度监控的结果通过项目进展报告的形式向有关部门和人员报告。项目进展报告是记录观测检查的结果、项目进度现状和发展趋势等有关内容的书面形式报告。

（1）项目进展报告分类

项目进展报告根据报告的对象不同，一般分为项目概要级进度控制报告、项目管理级进度控制报告和业务管理级进度控制报告。

（2）项目进展报告的内容

项目进展报告的内容主要包括：项目实施概况、管理概况、进度概要；项目实际进度及其说明；资源供应进度；项目近期趋势，包括从现在到下次报告期之间将可能发生的事件等内容；项目费用发生情况；项目存在的困难与危机等。

（3）项目进展报告的形式

项目进展报告的形式可分为日常报告、例外报告（exception report）和特别分析报告。

（4）项目进展报告的报告期

项目进展报告的报告期应根据项目的复杂程度和时间期限以及项目的监控方式等因素确定，一般可考虑与定期监控的间隔周期相一致。一般来说，报告期越短，及早发现问题并采取纠正措施的机会就越多。

5.2.3 进度更新

由于各种因素的影响，项目进度计划的变化是绝对的，不变是相对的。进度控制的核心问题就是能根据项目的实际进展情况，不断地进行进度计划的更新。可以说，项目进度计划的更新既是进度控制的起点，也是进度控制的终点。

1.比较分析

将项目的实际进度与计划进度进行比较分析，以评判其对项目工期的影响，确定实际进度与计划不相符合的原因，进而找出对策，这是进度控制的重要环节之一。进行比较分析的方法主要有以下几种。

（1）甘特图比较法

甘特图比较法是将在项目进展中通过观测、检查、搜集到的信息，整理后直接用横道线与原计划的横道线并列标出，进行直观比较的方法。例如，将某混凝土基础工程的施工实际进度与计划进度比较，见表 5-2。

表 5-2　某钢筋混凝土基础施工实际进度与计划进度比较

工作编号	工作名称	工作时间/天	项目进度									
			1	2	3	4	5	6	7	8	9	10
1	挖土	3										
2	立模	3										
3	绑扎钢筋	4										
4	浇混凝土	5										
5	回填土	3										

表 5-2 显示在第 3 天末检查时，挖土未能按计划完成；立模已顺利开工 1 天；绑扎钢筋的实际进度与计划进度一致，但是在第 7 天出现延迟；浇筑混凝土工作尚未开始，在第 9 天出现延迟。通过上述比较，

项目管理者就明确了实际进度与计划进度之间的偏差，为采取调整措施明确了方向和任务。但是，这种方法仅适用于项目中各项工作都是按均匀速度进行的情况，即每项工作在单位时间内所完成的任务量是相等的。

(2) 实际进度前锋线比较法

实际进度前锋线比较法是根据前锋线与工作箭线交点的位置判断项目实际进度与计划进度偏差的方法，如图5-5所示。实际进度前锋线可用于判断相关工作的进度状况，同时也可用于判断整个项目的进度状况。

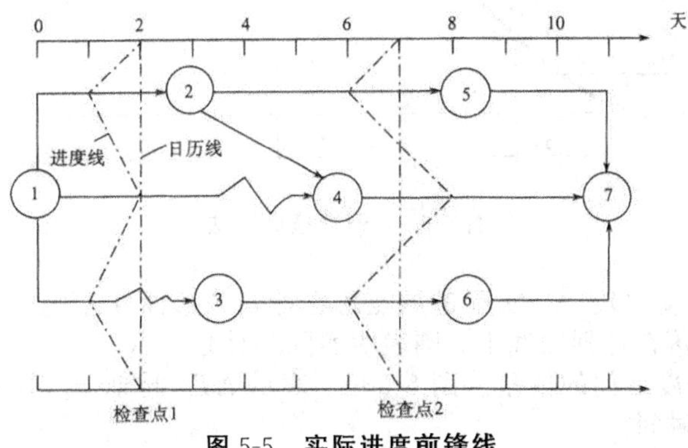

图5-5　实际进度前锋线

①判断相关工作的进度状况。由实际进度前锋线图可以直接观察出工作的进展情况并做出判断，如图5-5所示。在第7天进行检查时，工作②～⑤和③～⑥比原计划拖后1天，工作④～⑦比原计划提前1天。

②判断项目的进度状况。某工作的提前或拖后对项目工期会产生什么影响，这是项目管理人员最为关心的。根据实际进度前锋线可以判断该工作的状况对项目的影响。如果该工作是关键工作，则其提前或拖后将会对项目工期产生影响，如图5-5所示。因为工作②～⑤是关键工作，所以该工作拖后1天，将会使项目工期拖后1天；如果该工作是非关键工作，则应根据其总时差的大小，判断其提前或拖后对项目工期的影响。

(3) S形曲线比较法

S形曲线比较法是以横坐标表示进度时间，纵坐标表示累计完成任务量，绘制出一条按计划时间累计完成任务量的S形曲线，将项目的各检查时间实际完成任务量与S形曲线进行比较的一种方法。

①S形曲线绘制。S形曲线反映了随时间进展累计计划完成任务量的变化情况，如图5-6所示，其中实线为计划S形曲线。

S形曲线的绘制步骤如下：

第一步，计算每单位时间内计划完成的任务量占总任务量的百分比 q_i；

第二步，计算时刻 j 的计划累计完成的任务量占总任务量的百分比，即

$$Qj=\sum_{i=1}^{j}qi \tag{5-1}$$

式中，Q_j 为某时刻 j 计划累计完成的任务量占总任务量的百分比；q_i 为单位时间的计划完成任务量占总任务量的百分比。

第三步，按各规定时间的 Q_j 值，绘制S形曲线。

②S形曲线比较。即在图上直观地进行项目实际进度与计划进度的比较。通常，在计划实施前绘制出计划S形曲线，在项目进行过程中，按规定时间检查实际完成情况，绘制实际累计完成任务量曲线，即可得出实际进度的S形曲线。图5-6中，虚线表示实际S形曲线。比较两条S形曲线，即可得到相关信息。

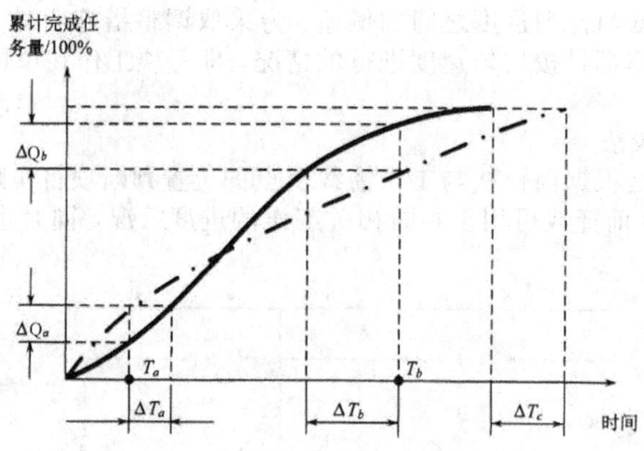

图 5-6 S 形曲线比较法

项目实际进度与计划进度比较。当实际进展点落在计划 S 形曲线左侧时，表明实际进度超前；若在右侧，则表示拖后；若正好落在计划曲线上，则表明实际与计划一致。

项目实际进度与计划进度之间的偏差。图 5-6 中，表示 ΔT_a 时刻 T_a 实际进度超前的时间，ΔT_b 表示 T_b 时刻实际进度拖后的时间。

项目实际完成任务量与计划任务量之间的偏差。如图 5-6 所示，ΔQ_a 表示 T_a 时刻超额完成的任务量，ΔQ_b 表示在 T_b 时刻少完成的任务量。

项目进度预测。如图 5-7 所示，项目后期若按原计划速度进行，则工期拖延预测值为 ΔT_c 。

(4)“香蕉”形曲线比较法

“香蕉”形曲线是两条 S 形曲线组合而成的闭合曲线。对于一个项目的网络计划，在理论上总有最早和最迟两种开始和完成时间，因此都可以绘制出两条 S 形曲线，即以最早时间和最迟时间分别绘制出相应的 S 形曲线，前者称为 ES 曲线，后者称为 LS 曲线，两者的组合即为“香蕉”形曲线，如图 5-7 所示。

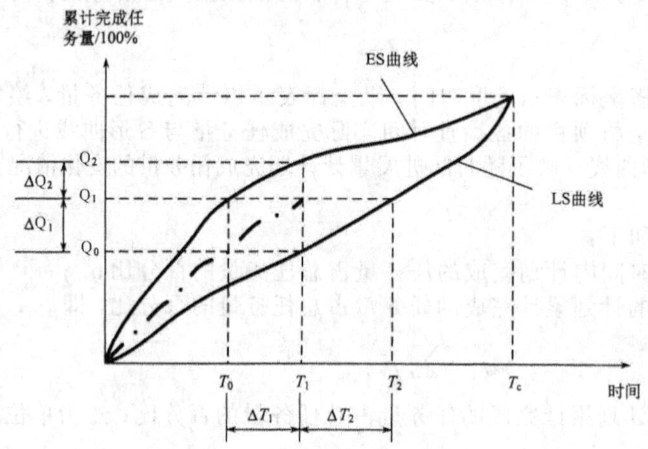

图 5-7 “香蕉”形曲线比较法

在项目实施过程中，根据每次检查的各项工作实际完成的任务量，计算出不同时间实际完成任务量的百分比，并在“香蕉”形曲线的平面内绘出实际进度曲线，即可进行实际进度与计划进度的比较。

“香蕉”形曲线比较法主要进行如下两个方面的比较：

①时间一定，比较完成的任务量。当项目进展到 T_1 时，实际完成的累计任务量为 Q_1；若按最早时间计划，则应完成 Q_2，可见，实际比计划少完成：$\Delta Q_2 = Q_1 - Q_2 < 0$；若按最迟时间计划，则应完成 Q_0，实际比计划多完成：$\Delta Q_1 = Q_1 - Q_0 > 0$。

由此可以判断，实际进度在计划范围之内，不会影响项目工期。

②任务量一定，比较所需时间。当项目进展到 T_1 时，实际完成累计任务量 Q_1，若按最早时间计划，则应在 T_0 时完成同样任务量，所以，实际比计划拖延，其拖延的时间是 $\Delta T_1 = T_1 - T_0 > 0$；若按最迟时间计划，则应在 T_2 时完成同样任务量，所以，实际比计划提前，其提前量（lead）是 $\Delta T_2 = T_1 - T_2 < 0$。

由图5-7示例可以判断，项目实际进度未超出计划范围，进展正常。

2.进度计划调整

项目进度计划的调整，一般有以下几种方法。

(1) 关键工作的调整

关键工作无机动时间，其中任一工作持续时间的缩短或延长都会对整个项目工期产生影响。因此，关键工作的调整是项目进度更新的重点。

①关键工作的实际进度较计划进度提前时的调整方法。若仅要求按计划工期执行，则可利用该机会降低资源强度及费用。实现的方法是，选择后续关键工作中资源消耗量大或直接费用高的予以适当延长，延长的时间不应超过已完成的关键工作提前的时间；若要求缩短工期，则应将计划的未完成部分作为一个新的计划，重新计算与调整，按新的计划执行，并保证新的关键工作按新计算的时间完成。

②关键工作的实际进度较计划进度落后时的调整方法。为保证项目按期完成，就要缩短后续关键工作的持续时间。要在原计划的基础上，采取组织措施或技术措施缩短后续工作的持续时间以弥补时间损失，通常采用网络计划法进行调整。

(2) 改变某些工作的逻辑关系

若实际进度产生的偏差影响了总工期，则在工作之间的逻辑关系允许改变的条件下，改变关键路线和超过计划工期的非关键路线上有关工作之间的逻辑关系，达到缩短工期的目的。但这种调整应以不影响原定计划工期和其他工作之间的顺序为前提，调整的结果不能形成对原计划的否定。例如，可以将依次进行的工作变为平行或互相搭接的关系，以缩短工期。

(3) 重新编制计划

当采用其他方法仍不能奏效时，则应根据工期要求，将剩余工作重新编制网络计划，使其满足工期要求。例如，某项目在实施过程中，由于地质条件的变化，造成已完工程的大面积塌方，耽误工期6个月。为保证该项目在计划工期内完成，在认真分析研究的基础上，重新编制网络计划，并按新的网络计划组织实施。

(4) 非关键工作的调整

当非关键路线上某些工作的持续时间延长，但不超过其时差范围时，则不会影响项目工期，进度计划不必调整。为了更充分地利用资源，降低成本，必要时可对非关键工作的时差做适当调整，但不得超出总时差，且每次调整均需进行时间参数计算，以观察每次调整对计划的影响。

当非关键路线上某些工作的持续时间延长而超出总时差范围时，则必然影响整个项目工期，关键路线就会转移。这时，其调整方法与关键路线的调整方法相同。

(5) 增减工作项目

由于编制计划时考虑不周，或因某些原因需要增加或取消某些工作，则需重新调整网络计划，计算网络参数。增减工作项目只能改变局部的逻辑关系，而不应影响原计划总的逻辑关系。

(6) 资源优化

当供应满足不了需要时，应进行资源调整。资源调整的前提是保证工期不变或使工期更加合理，也就是关键工作不发生重大变化。

5.3 项目费用控制

5.3.1 项目费用控制

项目费用控制就是在整个项目的实施过程中，定期地、经常性地收集项目的实际费用数据，进行费用的目标值和实际值的动态比较分析，并进行费用预测，如果发现偏差，则及时采取纠偏措施，以使项目的成本目标尽可能好地实现。

项目费用控制内容包括三个方面：第一，对造成费用基准变化的因素施加影响，以保证这种变化朝有利的方向发展；第二，确定实际发生的费用是否已经出现偏差；第三，在出现费用偏差时，分析偏差对项目未来进度的影响，并采用适当的纠偏措施。因此，费用控制还应包括寻找费用向正反两方面变化的原因，同时还必须考虑与其他控制过程相协调。

项目费用控制的依据主要包括费用基准计划和项目实施执行报告。项目费用基准计划将项目的费用预算与进度计划联系起来，可以用来作为测量和监控费用实际情况的依据。项目实施执行报告通常包括项目各工作的所有费用支出，是发现问题的最基本的依据。

项目费用控制的作用体现在如下几个方面：①项目费用控制能够便于变更申请。变更申请可以是请求增加预算或者是减少预算。②项目费用控制有助于提高项目的费用成本管理水平。③项目费用控制有助于项目团队发现更为有效的项目实施方法，从而可以降低项目成本。④项目费用控制有助于项目管理人员加强经济核算，提高经济效益。

5.3.2 挣得值分析法

挣得值分析法，简称挣得值法，或挣值法，是对项目进度和费用进行综合控制的一种有效方法。挣值法（Earned Value，EV）通过测量和计算已完成工作的预算费用与已完成工作的实际费用和计划工作的预算费用得到有关计划实施的进度和费用偏差，以达到判断项目预算和进度计划执行情况的目的。

挣值法的独特之处在于以预算和费用来衡量项目进度，其核心是计算挣值（earned value），即已完成工作的预算费用。

1.三个基本参数

(1) 计划工作量的预算费用（Budgeted Cost for Work Scheduled，BCWS）。BCWS是指项目实施过程中某阶段计划要求完成的工作量所需的预算费用，其计算公式为

$$BCWS=\text{计划工作量}\times\text{预算定额} \quad (5-2)$$

BCWS主要是反映进度计划应当完成的工作量，而不是反映应消耗的费用。

(2) 已完成工作量的实际费用（Actual Cost for Work Performed，ACWP）。ACWP是指项目实施过程中某阶段实际完成的工作量所消耗的费用。它是反映项目执行的实际消耗的指标。

已完成工作量的预算成本（Budgeted Cost for Work Performed，BCWP）。BCWP是指项目实施过程中某阶段实际完成的工作量按预算定额计算出来的费用，即挣得值（earned value）。其计算公式为

$$BCWP=\text{已完成工作量}\times\text{预算定额} \quad (5-3)$$

2.四个评价指标

(1) 费用偏差（Cost Variance，CV）。CV是指检查期间BCWP与ACWP之间的差异，计算公式为

$$CV=BCWP-ACWP \quad (5-4)$$

当CV<0时，表示执行效果不佳，即实际消耗人工（或费用）超过预算值，即超支，如图5-8 (a) 所示。

当 CV>0 时，表示实际消耗人工（或费用）低于预算值，即有节余或效率高，如图 5-8（b）所示。

当 CV=0 时，表示实际消耗人工（或费用）等于预算值。

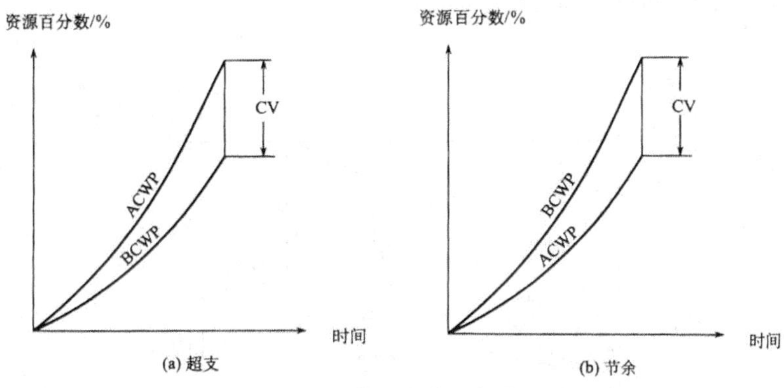

(a) 超支　(b) 节余

图 5-8　费用偏差示意图

(2) 进度偏差（Schedule Variance，SV）。SV 是指检查日期 BCWP 与 BCWS 之间的差异，其计算公式为

$$SV = BCWP - BCWS \tag{5—5}$$

当 SV>0 时，表示进度提前，如图 5-9（a）所示。

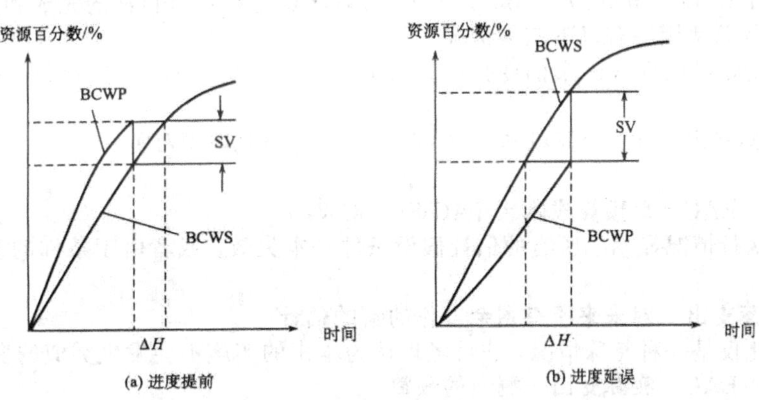

(a) 进度提前　(b) 进度延误

图 5-9　进度偏差示意图

当 SV<0 时，表示进度延误，如图 5-9（b）所示。

当 SV=0 时，表示实际进度与计划进度一致。

(3) 费用执行指标（Cost Performed Index，CPI）。CPI 是指预算费用与实际费用值之比（或工时值之比），其计算公式为

$$CPI = BCWS/ACWP \tag{5—6}$$

当 CPI>1 时，表示低于预算，即实际费用低于预算费用。

当 CPI<1 时，表示超出预算，即实际费用高于预算费用。

当 CPI=1 时，表示实际费用与预算费用吻合。

(4) 进度执行指标（Schedule Performed Index，SPI）。SPI 是指项目挣得值与计划之比，即

$$SPI = BCWP/BCWS \tag{5—7}$$

当 SPI>1 时，表示进度提前，即实际进度比计划进度快。

当 SPI<1 时，表示进度延误，即实际进度比计划进度慢。

当 SPI=1 时，表示实际进度等于计划进度。

3.评价曲线

挣值法评价曲线如图 5-10 所示。图的横坐标表示时间，纵坐标则表示计划完成费用（以实物工程量、工时或金额表示）。图中 BCWS 按 S 形曲线路径不断增加，直至项目结束达到它的最大值。可见

BCWS是一种S形曲线。ACWP同样是进度的时间参数，随项目推进而不断增加，也是S形曲线。利用挣值法评价曲线可进行费用进度评价，如图5-8所示。CV＜0，SV＜0，表示项目执行效果不佳，即费用超支，进度延误，应采取相应的补救措施。

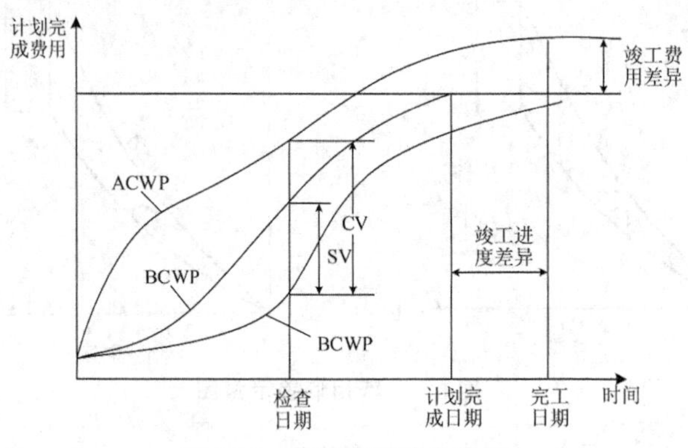

图5-10 挣值法评价曲线图

4.预测项目完成时的费用

项目完成费用估计（Estimate At Completion，EAC）就是在项目目前的完成和实施情况下，估算的最终完成项目所需的总费用。有以下三种情况：

(1) 当目前的变化可以反映未来的变化时，EAC＝实际支出＋按照实施情况对剩余预算所做的修改，即

EAC＝**实际费用**＋（**总预算成本**－BCWP）×（ACWP/BCWP） (5－8)

或

EAC＝**总预算成本**×（ACWP/BCWP） (5－9)

(2) 当过去的执行情况显示了所有的估计假设条件基本失效，或者由于条件的改变原有的假设不再适用的情况下，即

EAC＝**实际支出**＋**对未来所有剩余工作的新的估计** (5－10)

(3) 现在的变化仅是一种特殊情况，项目经理认为本来的实施不会发生类似的变化时，即

EAC＝**实际支出**＋**剩余的预算** (5－11)

经过对比分析，发现某一方面已经出现费用超支，或预计最终将会出现费用超支，则应对其做进一步的原因分析。原因分析是费用责任分析和提出费用控制措施的基础，费用超支的原因是多方面的，有宏观因素、微观因素、内部原因、外部原因以及其他技术、经济、管理、合同等方面的原因。通常要压缩已经超支的费用，而不损害其他目标是十分困难的，一般只有当给出的措施比原计划已选定的措施更为有利，或使工程范围减少，或生产效率提高，成本才能降低。

5.4 项目质量控制

项目的质量管理是指围绕项目质量所进行的指挥、协调和控制等活动。进行项目质量管理的目的是确保项目按规定的要求圆满地实现，它包括使项目所有的功能活动能够按照计划的质量及目标要求得以实施。项目的质量管理是一个系统过程，在实施过程中，应创造必要的资源条件，使之与项目质量要求相适应。项目各参与方都必须保证其工作质量，做到工作流程程序化、标准化和规范化，围绕一个共同的目标，开展质量管理工作。

提高项目质量的一个重要途径就是有效进行项目的质量控制。项目质量控制，是通过认真规划，不断进行观测检查，以及采取必要的纠正措施，来鉴定或维持预期的项目质量或工序质量水平的一种系统。质量控制不仅局限在质量本身的范畴，而且包括为保证和提高项目质量的理想水平而进行的一切工作。

5.4.1 项目质量控制的特点

项目不同于一般产品，对于项目的质量控制也不同于一般产品的质量控制，其主要特点有以下几点。

1.影响质量的因素多

项目的不同阶段、不同环节、不同过程，影响因素不尽相同，它们都给项目的质量控制带来了难度。项目的进行是动态的，影响项目质量的因素也是动态的。项目质量控制的一项重要内容就是加强对影响质量的因素的管理和控制。

2.易产生质量变异

质量变异就是项目质量参数的不一致性，偶然因素和系统因素是产生这种变异的原因。偶然变异是偶然因素造成的，这种变异对项目质量的影响较小，是经常发生的，是难以避免、难以识别，也难以消除的；系统变异是系统因素所造成的，这类变异对项目质量的影响较大，易识别，通过采取措施可以避免，也可以消除。由于项目的特殊性，在项目进行过程中，易产生这两类变异。

3.易产生判断错误

由于项目的复杂性、不确定性，造成质量数据的采集、处理和判断的复杂性，这往往会导致对项目的质量状况做出错误判断。在项目质量控制中，经常需要根据质量数据对项目实施的过程或结果进行判断。这就需要在项目的质量控制中，采用更加科学、更加可靠的方法，尽量减少判断错误。

4.项目一般不能解体或拆卸

项目的质量控制应更加注重项目进展过程，注重对阶段结果的检验和记录。已加工完成的产品可以解体、拆卸，对某些零部件进行检查，但项目一般做不到这一点。

5.项目质量受费用和工期的制约

项目质量不是独立存在的，它受费用和工期的制约。在对项目进行质量控制的同时，必须考虑其对费用和工期的影响，同样应考虑费用和工期对质量的制约，使项目的质量、费用、工期都能实现预期目标。

5.4.2 项目质量控制的工具和技术

1.检查

检查包括为确定结果是否符合要求所采取的诸如测量、检验和测试等活动。检查的目的是确定项目成果是否与计划要求一致。

2.控制图

控制图是项目过程的结果随时间推移而变化的一种曲线图形。控制图上首先要根据项目的质量管理计划标出控制对象的质量计划基准和计划允许误差的控制上限和控制下限，然后记录各个时间点或样本的项目质量测量结果的实际值，如图 5-11 所示。

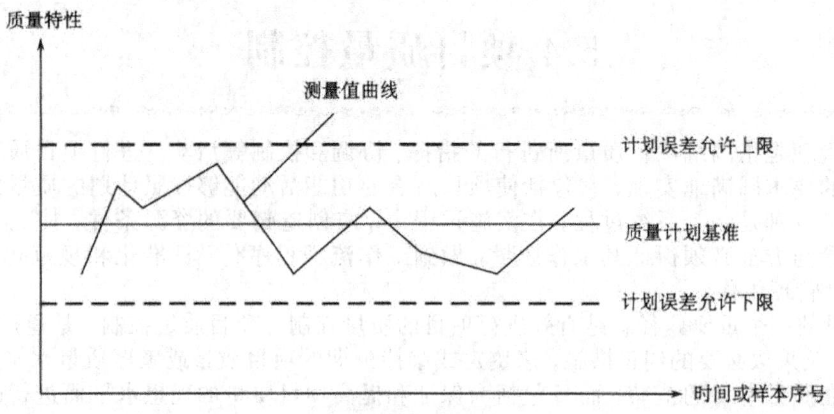

图 5-11　质量控制图（测量统计均值）

当采用分组样本的检测统计量对质量控制对象总体加以分析控制时，可先分析样本组的质量检测参数的均值和标准差。采样可按班组、时间等特征分组，然后依据各组的质量检测参数均值和标准差或极差绘制控制图，如图 5-12 所示。

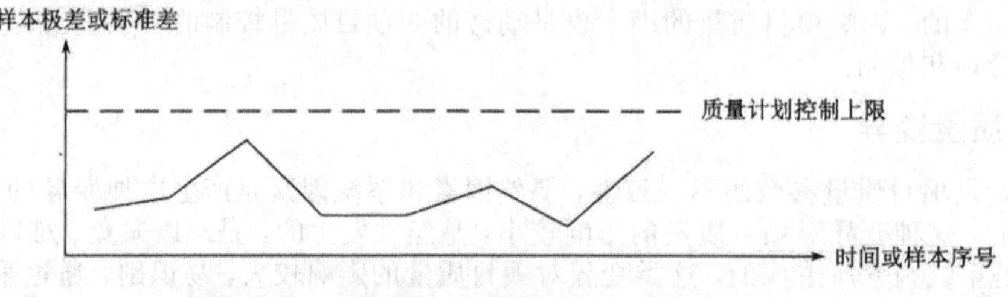

图 5-12　质量控制图（测量统计极差或标准差）

3.帕累托图

帕累托图也称排列图，是一种按事件发生频率从大到小排列，然后再按累计频率绘制而成的曲线图，该曲线称为帕累托曲线。帕累托图的横轴表示引发质量问题的原因，纵轴表示相应原因导致质量问题出现的次数或百分比（频率）。

绘制帕累托图的步骤如下：

(1) 找出所有检测出的质量缺陷并将质量缺陷分类。

(2) 针对某一类质量缺陷找出所有原因，可采用因果分析图。

(3) 统计各种原因所引发的质量缺陷的数量和频率。

(4) 将各类原因按引发质量缺陷的次数和频率从大到小排序，绘制相应的直方图。

(5) 在 (4) 的基础上绘制累计次数或频率曲线，即帕累托曲线，如图 5-13 所示。

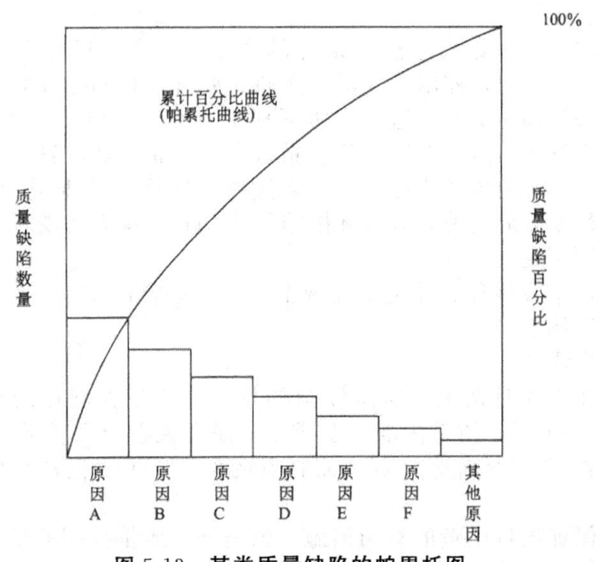

图 5-13 某类质量缺陷的帕累托图

4.统计抽样（statistical sampling）

在一个质量控制对象总体中，随机抽取若干个个体进行质量检测的方法。

5.流程图

质量控制中的流程图用于规定项目质量控制的程序和步骤。

6.趋势分析

在项目质量控制中，常用项目已完成成果的质量检测结果来预测未来成果的质量。

5.4.3 项目质量控制的层次

1.不同阶段的质量控制

(1) 项目决策阶段的质量控制

项目决策阶段包括项目的可行性研究和项目决策。项目的可行性研究直接影响项目的决策质量和设计质量。所以，在项目的可行性研究中，应进行方案比较，提出对项目质量的总体要求，使项目的质量要求和标准符合项目所有者的意图，并与项目的其他目标及项目环境相协调。

项目决策是影响项目质量的关键阶段，项目决策的结果应能充分反映项目所有者对质量的要求和意愿；同时应充分考虑项目费用、时间、质量等目标之间的对立统一关系，确定项目应达到的质量目标和水平。

(2) 项目设计阶段的质量控制

项目设计阶段是影响项目质量的决定性环节，没有高质量的设计就没有高质量的项目。在项目设计过程中，应针对项目特点，根据决策阶段已确定的质量目标和水平，使其具体化。

(3) 项目实施阶段的质量控制

项目实施阶段的质量是一种符合性质量，即实施阶段所形成的项目质量应符合设计要求。项目实施阶段是一个从输入转化到输出的系统过程。项目实施阶段的质量控制，也是一个从对投入品的质量控制开始，到对产出品的质量控制为止的系统控制过程。

2.工序过程控制

工序是构成项目实施过程的基本单元，每一道工序质量的优劣，最终都将会影响项目质量，因此，工序质量是形成项目质量的最基本环节。若项目实施过程中每一道工序的质量都能符合要求，则项目质量就能得到保证，工序质量越好，项目质量所得到的保证程度就越高。

(1) 工序质量控制概念

工序质量包括两方面内容：一是工序活动条件的质量；二是工序活动效果的质量。就质量控制而言，这两者是互为关联的。一方面要控制工序活动条件的质量，使每道工序投入品的质量符合要求；另一方面应控制工序活动效果的质量，使每道工序所形成的产品（或结果）达到其质量要求或标准。工序质量控制，就是对工序活动条件和活动效果进行质量控制，从而达到对整个项目质量控制的目的。

工序质量控制的原理是，采用数理统计方法，通过对工序样本数据进行统计、分析，判断整个工序质量的稳定性。若工序不稳定，则应采取对策和措施予以纠正，从而实现对工序质量的有效控制。

工序质量控制的基本原则是：

①严格遵守工序作业标准或规程。②主动控制工序活动条件的质量。③及时控制工序活动效果的质量。④合理设置工序质量控制点。

(2) 工序质量控制点的设置

工序质量控制点是指在不同时期工序质量控制的重点。质量控制点的涉及面较广。根据项目的特点，视其重要性、复杂性、精确性、质量标准和要求等，质量控制点可能是材料、操作环节、技术参数、设备、作业顺序、自然条件、项目环境等。质量控制点的设置，主要视其对质量特性影响的程度及危害程度加以确定。

质量控制点的设置是保证项目质量的有力措施，也是进行质量控制的重要手段。在工序质量控制过程中，首先应对工序进行全面分析、比较，以明确质量控制点；然后应分析所设置的质量控制点在工序进行过程中可能出现的质量问题或造成质量隐患的因素，并加以严格控制。

3.质量因素的控制

影响项目质量的因素主要有四个方面：人、材料与设备、方法和环境。对这四方面因素的控制，是保证项目质量的关键。

(1) 人的控制

人，是指直接参与项目的组织者、指挥者和操作者。人，作为控制的对象，是要避免产生失误。作为控制的动力，是要充分调动人的积极性，发挥人的主导作用。因此，应提高人的素质，健全岗位责任制，改善劳动条件，公平合理地激励劳动热情；应根据项目特点，从确保质量出发，在人的技术水平、生理要求和人的心理行为等方面控制人的使用。更为重要的是提高人的质量意识，形成人人重视质量的项目环境。

(2) 材料与设备的控制

对材料的控制主要通过严格检查验收，正确合理地使用，杜绝使用不合格材料等环节来进行控制。设备包括项目使用的机械设备、工具等。对设备的控制，应根据项目的不同特点，合理选择，正确使用、管理和保养。

(3) 方法控制

项目的实施方案、工艺、组织设计、技术措施等都是方法。对方法的控制，主要通过合理选择、动态管理等环节加以实现。根据项目特点合理选择技术可行、经济合理、有利于保证项目质量、加快项目进度、降低项目费用的实施方法。同时在项目进行过程中正确应用各种方法，并随着条件的变化不断对其进行调整。

(4) 环境控制

影响项目质量的环境因素较多，有项目技术环境，如地质、水文、气象等；项目管理环境，如质量管理体系、质量管理制度等；劳动环境，如劳动组合、作业场所等。根据项目特点和具体条件，应采取有效措施对影响质量的环境因素进行控制。

5.5 项目变更控制

在项目生命周期中，存在着各种因素不断干扰项目的进行，项目总是处于一个不断变化的环境之中。对于项目管理者来说，关键的问题是能够有效地预测可能发生的变化，以便采取预防措施，以实现项目的目标。但当项目的内外环境变化无法保证项目按计划实施时，或项目需求发生变化时，就要进行项目变更。

5.5.1 项目变更概述

1.项目变更的定义

项目变更是指项目组织为适应项目运行过程中与项目相关的各种因素的变化，保证项目目标的实现而对项目计划进行部分变更或全部变更。

2.引起项目变更的因素

(1) 项目利益相关者引起的变更

项目利益相关者引起的变更是指主要的项目利益相关者，如政府、投资者、顾客、项目组织、项目决策者等由于新的需求或决策，对项目进行变更。

①顾客引起的变更。例如，顾客需求变化导致的对项目成果、费用或者进度的变化，或者对于其中之一的要求发生变化而导致其他要素的变化。

②项目团队引起的变更。例如，在项目实施过程中，项目团队发现项目设计方案不合理，则提出设计变更建议。

③项目经理引发的变更。例如，某位负责为顾客开发自动发票系统的项目经理提出，为了降低项目成本并加快进度，自动发票系统应该采用现成的标准化软件，而不是为顾客专门设计软件。

(2) 计划不完善引起的变更

计划不完善引起的变更是指在项目计划过程中，忽略了某些环节而引起的变更。例如，在建造房屋时，客户或承约商未将安装下水道列入工作范围，则应进行范围变更。

(3) 不可预见事件引发的变更

不可预见事件引发的变更是指由于一些不可预测的事件的发生导致项目无法按原有计划实施。例如，地质条件的变化使得原先的设计方案不能满足要求，则需要进行设计变更；暴风雨延缓了项目实施过程，则需进行进度变更等。

5.5.2 项目变更控制

1.项目变更控制的含义

项目变更控制是指为使项目朝着有益的方向发展而采取的各种监控和管理措施。项目经理和项目团队必须对变更进行控制。项目变更可以分为影响项目整体和局部两大类，对于影响项目全局的变更要特别重视。项目控制的很大部分就是控制变更。

2.项目变更控制的前提

对项目变更进行有效的管理和控制，必须掌握项目工作分解，提供项目实施进展报告，提交变更要求，参考项目计划。

为了对项目变更进行控制，应由项目实施组织、项目管理团队或两者共同建立变更控制系统。变更控制系统由变更控制委员会（Change Control Board，CCB）、人员职责和权限、变更审批程序和制度、变更文件等组成。变更控制系统还应当有处理自动变更的机制。自动变更又称现场变更，是不经事先审查即可批准的变更，多数自动变更是由意外的紧急情况造成的。

变更控制系统可细分为整体、范围、进度、费用和合同变更控制子系统。变更控制系统应当同项目管理信息系统（project management information system）一起通盘考虑，形成整体。

3.项目变更控制的基本要求

项目变更控制的任务是查明项目内外造成变更的因素，必要时设法消除；查明项目是否已经发生变更，以便在变更实际发生时对其进行管理。各方面的变更控制必须紧密结合起来。

项目变更的基本要求有以下几个方面。

(1) 事先设计变更控制机制

在项目早期，项目承约人和客户之间、项目经理和项目团队之间应就有关变更方式、程序等问题进行协商，并形成文件或协议。

(2) 谨慎对待变更请求

对任何一方提出的变更请求，其他各方都应谨慎对待。例如，承约商对客户提出的变更请求，在未对这种变更可能会对项目的工期、费用产生何种影响做出判断前，就不能随便同意变更，而应估计变更对项目进度和费用的影响程度，并在变更实施前得到客户的同意。客户同意对项目进度和费用的修改建议后，所有额外的任务、修改后的工期估计、原材料和人力资源费用等均应列入变更计划。

对于一个变更的申请，一般有以下六种可能的结果。

①在现有的资源和时间范围允许的情况下采纳。在考虑了变更对进度的影响之后，项目经理决定，可以采纳变更申请，而且变更也不会影响项目的进度和资源。

②可以采纳，但需要延长交付进度。变更的唯一影响是延长交付进度，而不需要额外的资源来满足变更申请。

③在现有的可交付进度内可以采纳，但需要额外的资源。采纳这种变更申请，项目经理需要获得额外的资源，但项目能按照现有的进度或变更后的进度交付。

④可以采纳，但需要额外的资源和延长交付进度。

⑤可以采纳，但需要采取多次发布策略，并排定不同发布时期交付成果的优先次序。在这种情况下，为了采纳变更申请，项目计划将不得不进行重大修改。

⑥不能采纳，变更将严重影响项目的进程。此时，有两种解决方案，一种是拒绝变更申请，项目照常进行，而把申请看作另外一个项目；另一种是停止现有的项目，根据申请更新计划，启动一个全新的项目。

(3) 制订变更计划并实施变更

变更申请确定后，应根据申请更新项目计划，并采取有效措施加以实施，以确保项目变更达到既定的效果。

①明确界定项目变更的目标。项目变更的目的是为了适应项目变化的要求，实现项目预期的目标。这就要求明确项目变更的目标，并围绕该目标制订变更计划，做到有的放矢。

②优选变更方案。变更方案的不同影响着项目目标的实现，一个好的变更方案将有利于项目目标的实现，而一个不好的变更方案则会对项目产生不良影响。这就存在着变更方案的优选问题。

③做好变更记录。项目变更的控制是一个动态过程，它始于项目的变化，终于项目变更的完成。在这一过程中，拥有充分的信息、掌握第一手资料是做出合理变更的前提条件。这就需要记录整个变更过程，而记录本身就是项目变更控制的重要内容。

④及时发布变更信息。项目变更方案一旦确定以后，应及时将变更的信息和方案公布于众，使项目团队成员能够掌握和领会变更方案，以调整自己的工作方案，朝着新的方向去努力。同样，变更方案实施以后，也应通报实施效果。

4.项目变更控制的三角形分析

所谓的“项目三角形”是指由项目的时间、项目成本预算和项目范围所构成的三角形。大多数项目都会有明确的完成日期、项目预算和项目范围的限制。项目时间、项目预算和项目范围三个要素称为项目成功的三大要素。如果调整了这三个要素中的任何一个，另外两个就会受到影响。虽然这三个要素都很重要，可一般来说会有一个要素对一个项目的影响最大。因此，在使用项目三角形法控制项目的范围变动时，首先应明确项目的时间、预算和范围三个要素中的哪一个对项目的成功完成最重要。这决定哪个是首先确保的目标，哪个次之，进而决定应该如何去优化项目范围变动方案和行动。

5.6 项目安全管理

5.6.1 项目现场管理

项目现场是指从事项目活动的场地，现场管理是指对这些场地进行科学安排，合理使用，并与各种环境保持协调关系。现场管理的目标是规范场容、文明作业、安全有序、整洁卫生、不损害公众利益。

1.项目现场管理的意义

(1) 有效的现场管理有利于项目活动的正常进行。项目现场管理的好坏，涉及人流、物流和财流是否畅通，涉及项目活动是否顺利进行。

(2) 项目现场管理直接关系到各项专业活动的技术经济效果。在项目现场，各项专业管理工作按合理分工分头进行而又密切协作，它们相互影响、相互制约，但均以现场为基础。

(3) 项目现场管理反映了项目承担者的面貌。通过观察项目现场，项目承担者的精神面貌、管理面貌赫然显现。一个文明的项目现场不仅能提高项目经济效益，而且能赢得良好的社会信誉。

(4) 项目现场管理是贯彻执行有关法规的“焦点”。这就要求在施工现场从事施工和管理工作的每个人员，都应具有法制观念，知法、守法、护法。

2.项目现场管理的原则

基础性管理原则、综合性管理原则、群众性管理原则、动态化管理原则是项目现场管理的四大原则。

3.项目实施现场管理方法

现场管理的方法有许多，采用何种管理方法可以根据现场活动的具体内容做出选择。

(1) 标准化管理方法

标准化管理就是按标准和制度进行现场管理，使管理程序标准化、管理方法标准化、管理效果标准化、场容场貌标准化、考核方法标准化等。为了实现标准化管理，首先应制定各种标准，然后按标准执行，根据标准对执行的结果进行考核和评价。

(2) 核算方法

核算方法是指对现场管理的有关内容进行核算，如进行业务核算、统计核算和会计核算等。

(3) 检查和考核方法

在现场管理过程中，不断检查管理的实际情况，将实际情况与计划或标准相对比，以找出差距，根据对比的结果对现场管理状况进行评价和考核并改进管理工作。

4.现场管理措施

现场管理措施是视项目的具体情况所采取的管理办法。就施工项目而言，现场管理措施主要有开展“5S”活动、合理定置和目视管理。

(1)“5S”活动

“5S”活动是指对施工现场各生产要素所处状态不断地进行整理、整顿、清扫、清洁和素养。因为这五个词的日语中罗马拼音的第一个字母都是“S”，所以简称为“5S”。“5S”活动是符合项目特点的一种科学的管理方法，是提高现场管理效果的一项有效措施和手段。开展“5S”活动，要特别注意调动项目团队全体人员的积极性，做到自觉管理、自我实施和自我控制。

(2) 合理定置

合理定置，就是将项目现场所需要的物在空间上合理布置，实现人与物、人与场所、物与场所、物与物之间的最佳配合，使项目现场秩序化、标准化、规范化，以体现文明作业水平。合理定置是改善项目现场环境的一项重要的日常管理工作，贯穿于整个项目进展过程之中。

(3) 目视管理

目视管理实际上就是用眼睛看的管理，也可称为“看得见的管理”。它利用形象直观、色彩适宜的各种视觉感知信息，组织项目现场活动，达到提高生产效率、保证项目质量、降低成本的目的。

目视管理的基本特征是：以视觉显示为基本手段，便于判断和监督；以公开化为基本原则，尽可能地向所有人员全面提供所需要的信息，形成一个让所有人都自觉参与完成项目目标的管理系统。

目视管理以项目实施现场的人、物及其环境为对象，贯穿于项目实施全过程，存在于项目实施现场管理的各项专业管理之中，并且应覆盖作业者、作业环境和作业手段。其主要内容和形式是：

①将项目实施任务和完成情况制成图表，公布于众，使每个项目参与者都知道。

②看板、挂板或写后张贴现场的各项管理制度、操作规程、各种标准、现场管理实施细则等。

③以清晰的、标准化的视觉显示信息落实定置设计，实现合理定置。

④标牌显示现场管理岗位责任人。

⑤形象直观、适用方便的现场作业控制手段。我国建筑业最常用的施工作业控制手段有点、线控制，施工图控制，通知书控制，看板控制，旗语、手势等信息传导信号控制等。

⑥利用各种色彩、安全色、安全标志等进行现场管理。

⑦张榜公布现场管理的各项检查结果。

⑧采用先进、科学的信息显示手段。

5.6.2 项目安全管理的工作内容

项目实施过程中存在着许多对员工健康、安全和环境产生负面影响的因素，项目安全管理的核心内容是确保员工健康，保障实施安全，保护环境生态。其中，控制人的不安全行为和物的不安全状态是安全管理的重点。项目一般通过建立安全管理体系并使之有效运行来完成这些任务。项目安全管理体系主要包括以下五个方面。

1.承诺与责任

明确承诺并确立安全卫生工作方针和战略目标；建立完善的组织结构，明确职责；制定各项安全卫生规章制度，并鼓励全员参与和认真履行；为安全管理体系的有效运行提供保障。

2.培训与教育

建立各项培训制度，明确培训与教育工作目标与要求，制订培训计划；加强安全教育，提高员工职业安全意识；有应急培训，并定期进行演练。

3.规划与计划

明确安全卫生工作具体目标和实施准则；制订安全卫生工作计划，编制操作程序和工作指南；为安全卫生工作计划提供必需的资源，包括安全卫生专业人员、资金和设施等。

4.危险与控制

明确危险与控制工作目标、要求，制定危险性评估和管理的工作体系与程序；依据等级控制原则，制订危险控制计划，并且措施到位；重视本质安全和源头控制计划，措施到位，并建立事故预案。

5.检查与审核

明确安全工作质量控制要求和目的，制定各级安全检查制度，建立作业场所检查和监测工作体系；定期检查，及时反馈信息，及时纠正发现的问题，事故的上报、调查与处理按规定进行；定期评审、考核安全管理体系运转的有效性，不断改进提高。

5.7 项目采购、招标和合同管理

项目采购是一项很复杂的工作。稍有不慎，就可能导致采购工作的拖延、采购预算超支、不能采购到满意或适用的货物或服务，而造成损失，影响项目的顺利完成。

课程思政　　　　从项目管理规范深入开展宪法法治教育和职业道德教育

项目的创新性决定了社会进步的力量源泉，同时在项目管理过程中也需规范项目资金、物品、设备等管理。大型项目建设的资金投入巨大，招投标的规范性和资金流动的可监控性都是保障项目成功实施的关键。在讲解项目合同管理、招投标流程、资金流动的过程中，需要让学生学思践悟全面依法治国新理念新思想新战略，自觉实践项目管理师这一职业的职业精神和职业规范。

项目管理过程中需规范项目资金、物品、设备等管理。大型项目建设的资金投入巨大，招投标的规范性和资金流动的可监控性都是保障项目成功实施的关键。多部法律规定了项目采购与招投标过程规范性、公平性。在学习项目合同管理、招投标流程、资金流动的过程中，要深刻感悟全面依法治国新理念新思想新战略，自觉实践项目管理师这一职业的职业精神和职业规范，坚定项目管理法治思想，发扬全社会对项目管理过程的监督作用。

5.7.1 项目采购规划

1. 项目采购规划的内容和依据

(1) 采购规划的内容

采购工作直接关系到项目的质量、成本和进度。因此，项目各方应尽可能多地掌握所需货物及服务在国内外市场中的供求情况，各承包商、供应商的产品性能规格及其价格等信息，确保用最低价格及时满足符合项目质量要求的物资供应。它要求项目组织、业主、采购代理机构之间的通力合作。采购代理机构尤其应该重视市场调查和信息，必要时还需要聘用咨询家来帮助制定采购规划，提供有关信息，直至参与采购的全过程。

项目采购规划是在考虑了买卖双方之间关系之后，从采购者（买者）的角度来进行的。项目采购规划过程就是识别项目的哪些需要可以通过从项目实施组织外部采购产品和设备来得到满足。

(2) 项目采购规划的依据

①范围说明书。范围说明书说明了项目目前的界限，提供了在采购规划过程中必须考虑的项目要求和策略的重要资料。随着项目的进展，范围说明书可能需要修改或细化，以反映这些界限的所有变化。

②产品说明。项目产品（项目最终成果）的说明，提供了有关在采购计划过程中需要考虑的所有技术问题或注意事项的重要材料。

③采购活动所需的资源。项目实施组织若没有正式的负责采购单位，则项目管理团队需要自己提供资源和专业知识支持项目的各种采购活动。

④市场状况。采购计划过程必须考虑市场上有何种产品可以买到、从何处购买，以及采购的条款和条件是怎样的。

⑤项目费用预算、进度计划和质量计划对项目采购会产生重要影响。

⑥制约条件和基本假设。由于项目采购存在着诸多变化不定的环境因素，项目组织在实施采购过程

中，面对变化不定的社会经济环境应做出一些合理推断。

2. 项目采购的技术和工具

项目实施组织对需要采购的产品拥有一定的选择权，通常运用以下技术进行选择。

(1) 自制或外购分析

平衡点分析法是进行自制或外购选择决策分析的一种常用技术，可以确定某种具体的产品是否可由实施组织低成本生产出来。

自制或外购分析还必须反映项目实施组织的发展前景和项目目前需要的关系。例如，购买一项项目资产（一般为长期资产，如施工设备、个人计算机），从目前成本上看往往不合算。但是，如果项目组织以后还需要使用这项资产，则购买费分期摊入到该项目损益中的部分，可能就会小于每期的资产租赁费用，那么项目组织应选择购买而不是去租赁设备资产。

(2) 短期租赁或长期租赁分析

决定是短期还是长期租赁，通常取决于财务上的考虑。根据项目对某租赁品的预计使用时间、租金大小来分析短期与长期租赁的成本平衡点。

5.7.2 项目采购招投标

项目采购方式包括招标和非招标两种形式。

1. 项目采购招投标概述

(1) 招标投标的概念与特征

招标投标是由招标人和投标人经过要约、承诺、择优选定，最终形成协议和合同关系的平等主体之间的一种交易方式，是“法人”之间达成有偿、具有约束力的法律行为。

招标投标是商品经济发展到一定阶段的产物，是一种高竞争性的采购方式。它能为采购者带来经济、高质量的工程、货物或服务。因此，在政府及公共领域推行招标投标制，有利于节约国有资金，提高采购质量。

招标投标具有平等性、竞争性、开放性等特征。

(2) 招标投标活动应遵循的基本原则

招标投标行为是市场经济的产物，并随着市场的发展而发展，必须遵循市场经济活动的基本原则。各国立法及国际惯例普遍规定，招标投标活动必须遵循“公开、公平、公正”和诚实信用的原则。

(3) 招标投标的一般程序

招标投标活动一般分为四个阶段。

①招标准备阶段。此阶段基本分为八个步骤，如图 5-14 所示。

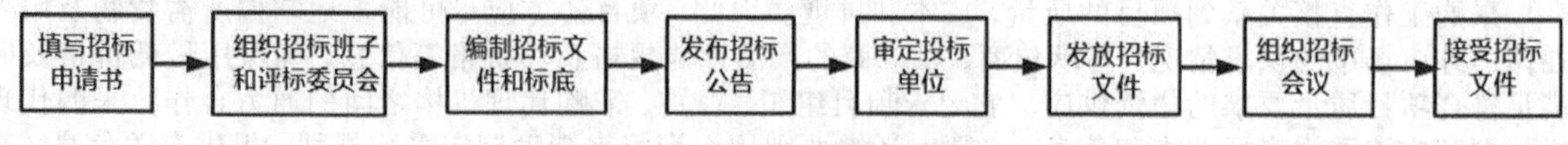

图 5-14 招标准备阶段流程

②投标准备阶段。根据招标公告或招标单位的邀请，投标单位选择符合本单位能力的项目，向招标单位提交投标意向，并提供资格证明文件和资料；资格预审通过后，组织投标班子，跟踪投标项目，购买招标文件；参加招标会议；编制投标文件，并在规定时间内报送给招标单位。

③开标评标阶段。按照招标公告规定的时间、地点，由招投标方派代表并有公证人在场的情况下当众开标；招标方对投标者进行资料后审、询标、评标；投标方做好询标解答准备，接受询标质疑，等待评标决标。

④决标签约阶段。评标委员会提出评标意见，报送决定单位确定；依据决标内容向中标单位发出《中标通知书》；中标单位在接到通知书后，在规定的期限内与招标单位签订合同。

2. 项目采购招标

项目采购招标是指招标人（业主）对自愿参加某一特定项目的投标人（承包商）进行审查、评比和选定的过程。

(1) 项目采购招标的要素

作为最富竞争力的一种方式，与其他采购方式相比，招标采购至少应具备以下要素。

①程序规范；②编制招标、投标文件；③公开性；④一次成交。

(2) 项目招标文件

以工程项目为例，建设部 1992 年颁发的《工程建设施工招标投标管理办法》对建设单位和建设项目的招标条件做了明确规定。

①建设单位招标应当具备的条件。建设单位招标应当具备的条件包括：a.招标单位是法人或依法成立的其他组织；b.有与招标工程相应的经济、技术、管理人员；c.有组织编制招标文件的能力；d.有审查投标单位资质的能力；e.有组织开标、评标、定标的能力。

上述条件中，前两条是单位资格规定，后三条则是对招标人能力的要求。不具备上述 c～e 项条件的，须委托具有相应资质的招标代理机构办理招标事宜。有关招标代理机构应具备条件在《招标投标法》中有相应规定。

②建设项目招标应具备的条件。建设项目招标应具备的条件包括：概算（budget estimate）已经批准；建设项目已经正式列入国家、部门或地方的年度固定资产投资计划；建设用地的征用工作已经完成；有能够满足施工需要的施工图纸及技术资料；建设资金和主要建筑材料、设备的来源已经落实；建设项目所在地规划部门已经批准，施工现场“三通一平”已经完成或一并列入施工招标范围。上述规定的主要目的在于促使建设单位严格按基本建设程序办事，确保招标工作的顺利进行。

(3) 项目招标程序

具备招标条件的项目组织一般应按规定程序开展采购招标工作。建设工程公开招标和邀请招标的程序框图将在工程项目经济篇的第 11 章详细论述。

(4) 招标文件的编制

招标文件一般包括以下几部分：①招标邀请书，投标人须知。②合同的通用条款、专用条款。③业主对货物、工程与服务方面的要求一览表格式、技术规格（规范）、图纸。④投标书格式、资格审查需要的报表、工程清单、报价一览表、投标保证金格式及其他补充资料表。⑤双方签署的协议书格式履约保证金格式，预付款保函格式等。

(5) 发布招标公告

招标文件编好后，即可根据既定的招标方式，在主要报刊上刊登招标公告或发出投标邀请通知。招标公告和投标邀请通知的主要内容包括：项目采购类目、项目资金来源、招标内容和数量、时间要求、发放招标文件的日期和地点、招标文件的价格、投标地点、投标截止日期（as-of date）（必须具体到年、月、日、时）和开标时间（一般与招标截止日相差 1 小时至 24 小时）、招标单位的地址、电话、邮编、电报挂号。

(6) 资格预审

资格预审是对申请投标的单位进行事先资质审查。资格预审的主要内容有投标者的法人地位、资产财务状况、人员素质、各类技术力量及技术装备状况、企业信誉和业绩等。

(7) 现场勘察和文件答疑

①现场勘察。业主在招标文件中要注明投标人进行现场勘察的时间和地点，并按照国际惯例，投标人提出的标价一般被认为是审核招标文件后并在现场勘察的基础上编制出来的。投标人应派出适当的负责人员参加现场勘察，并做出详细的记录，作为编制投标书的重要依据。投标人现场勘察的费用将由投标人自行承担。

②文件答疑。这是业主给所有投标者的一次质疑机会。投标人应消化招标文件中的各类问题，整理成书面文件，寄往招标单位指定地点要求答复，或在会上要求澄清。会上提出的问题和解答的概要情况，应做好记录，如有必要可以作为招标文件补充部分发给所有投标人。

(8) 标底的编制

标底又称底价，是招标人对招标项目所需费用的自我测算的期望值，它是评定投标价的合理性、可行性的重要依据，也是衡量招标活动经济效果的依据。标底应具有合理性、公正性、真实性和可行性。

影响标底的因素很多，在编制时要充分考虑投资项目的规模大小、技术难易、市场条件、时间要求、价格差异、质量等级要求等因素。从全局出发，标底的确定应兼顾国家、项目组织和投标单位三者的利益。标底的构成包括三部分，即项目采购成本、投标者合理利润和风险系数。

标底直接关系到招标人的经济利益和投标者的中标率，应在合同签订前严加保密。如有泄密情况，应对责任者严肃处理，甚至追究其法律责任。

3. 项目投标

投标人及其条件。投标人是响应招标、参加投标的独立法人或组织。投标人应具备下列条件：

①投标人应当具备承担招标项目的能力。国家有关规定对投标人资格条件或者招标文件对投标人资格条件有规定的，投标人应当具备规定的资格条件。

②两个以上法人或者其他组织可以组成一个联合体，以一个投标人的身份共同投标。国家有关规定或者招标文件对投标人资格条件有规定的，联合体各方均应当具备规定的相应资格条件。由同一专业的单位组成的联合体，按照资质等级较低的单位组成资质等级。联合体各方应当签订共同投标协议，明确约定各方拟承担的工作和相应的责任，并将共同投标协议连同投标文件一并提交招标人。中标的联合体各方应当共同与招标人签订合同，就中标项目向招标人承担连带责任，但是共同投标协议另有约定的除外。招标人不得强制投标人组成联合体共同投标，不得限制投标人之间的竞争。

③投标人不得相互串通投标报价，不得排挤其他投标人的公平竞争，损害招标人或者他人的合法权益。

④投标人不得以低于合理预算成本的报价竞标，也不得以他人名义投标或者以其他方式弄虚作假，骗取中标。所谓合理预算成本，即按照国家有关成本核算的规定计算的成本。

⑤投标人根据招标文件载明的项目实际情况，拟在中标后将中标项目的部分非主体、非关键性工作交由他人完成的，应当在投标文件中载明。

4. 授予合同

(1) 中标单位确定

招标单位应当依据评标委员会的评标报告，并从其推荐的中标候选人名单中确定中标单位，也可以授权评标委员会直接定标。招标单位未按照推荐的中标候选人排序确定中标单位的，应当在其招标投标情况的书面报告中说明理由。

(2) 中标通知书

在评标委员会提交评标报告后，招标单位应当在招标文件规定的时间内完成定标。定标后，招标单位须向中标单位发出《中标通知书》。《中标通知书》的实质内容应当与中标单位投标文件的内容相一致。

(3) 履约保证

中标单位应按规定提交履约保证，履约保证可由在中国注册的银行出具的银行保函（保证数额为合同价的5%），也可由具有独立法人资格的经济实体企业出具履约担保书（保证数额为合同价10%）。投标单位可以选其中一种，并使用招标文件中提供的履约保证格式。中标后不提供履约保证的投标单位将没收其投标保证金。

(4) 合同协议书的签署

中标单位按《中标通知书》规定的时间和地点，由投标单位和招标单位的法定代表人按招标文件中提供的合同协议书签署合同。若对合同协议书有进一步的修改或补充，应以合同协议书谈判附录形式作为合同的组成部分。中标单位按文件规定提供履约保证后，招标单位及时将评标结果通知未中标的投标单位。

5.7.3 项目合同管理

1. 项目合同概述

合同是平等主体的自然人、法人、其他经济组织（包括中国的和外国的）之间建立、变更、终止民事法律关系的协议。

项目合同是指项目业主或其代理人与项目承包人或供应人为完成一确定的项目所指向的目标或规定的内容，明确相互的权利义务关系而达成的协议。项目合同管理（project contract management）是保证合同双方当事人严格地按照所签订的合同规定的各项项目要求自觉履行各自义务，维护各自权益的过程，并按照民法典对于合同签订、执行、终结、变更等进行合同管理活动的工作过程。

(1) 项目合同一般要求：合同是当事人协商一致的协议，是双方或多方的民事法律行为；合同的主体是自然人、法人和其他组织等民事主体；合同的内容是有关设立、变更和终止民事权利义务关系的约定，通过合同条款具体体现出来；合同须依法成立，只有依法成立的合同对当事人才具有法律约束力。

(2) 项目合同的构成要素：第一，合同的彼此一致性，项目合同必须建立在一个双方均可接受的提议基础之上。第二，报酬原则，项目合同要有一个统一的计算和支付价金的方式。第三，合同规章，只有当承包商依据合同规章进行工作时，他们才会受到合同的约束，并享受合同的保护。第四，合法的合同目的。合同中必须有一个合法的目的或标的物，它应当不是法律所禁止的。第五，依据法律确定的合同类型，项目合同要反映双方的权利及义务，这将作用于合同的最终结果。

2. 项目合同分类

项目合同的类型按不同的分类方法，其种类也不同。

(1) 按签约各方的关系，项目合同可分为：①工程总承包合同；②工程分包合同；③货物购销合同；④转包合同；⑤劳务分包合同；⑥劳务合同；⑦联合承包合同。

(2) 按合同计价方式，可分为：

①固定价或总价合同。该类合同非常明确地固定了项目的总价格。如果该项目各方面并不十分明确，则买主和卖主将会有风险。买主可能收不到希望的项目成果，或者卖主可能要支付额外的费用才能提交该项目成果。固定价合同还可以增加激励措施，以便达到或超过预定的项目目标。

②单价合同。付给承包商的报酬按单位服务计算（例如，每小时专业服务 500 元，每立方挖方 15 元等），因此该合同的总价值是为完成该项目所需工作量的函数。

③成本加酬金合同。这种类型的合同向承包商支付（报销）项目的实际成本和支付约定的酬金。项目实际成本一般分为直接费用（项目直接开支的费用，如项目人员的薪水等）和间接费用（由实施组织分摊到该项目上作为经营费用的费用，如承包商行政人员的工资等）。间接费用在计算时一般都取直接费用的某个百分比。成本加酬金合同经常包括某些激励措施，以便达到或超过某些预定的项目目标。

④计量估价合同，计量估价合同以承包上提供的劳务数量清单和单价表为计算价金的依据。

(3) 按承包范围分类

①交钥匙合同。这种合同有时又叫“统包”或“一揽子”合同，它通常由一个承包商承担整个项目的设计和实施，签订一份合同。项目业主只对项目概括地叙述一般情况，提出一般要求，而把项目的可行性研究、勘测、设计、施工、设备采购和安装及竣工后一定时期内的试运行和维护等，全部交给一个承包商。

②设计—采购—施工合同。与交钥匙合同类似，只是承包的范围不包括试生产及生产准备。

③设计—采购合同。承包商只负责工程项目设计和材料设备的采购，工程施工由业主另行委托。这类合同承包商所负责的工作范围较窄，业主管理工作量大，需负责设计、采购、施工的协调等。

④单项合同，如设计合同和施工合同等。设计合同，承包商只承包工程项目设计和实施小部分设计技术服务，而大部分工作由业主统一协调控制；施工合同，承包商只能按图施工，无权修改设计方案，承包范围单一，与项目设计、采购等环节形成众多结合部，难以协调。这种设计、施工、分立式项目合同，需要业主有很强的管理能力，同时也增大了承包商项目管理工作的难度。

3. 项目合同主要内容

合同的内容由合同双方当事人约定。不同种类的合同其内容不一，简繁程度差别很大。签订一个完备周全的合同，是实现合同目的、维护自己合法权益、减少合同争执的基础。项目合同通常包括如下几方面内容。

(1) 合同当事人。合同当事人指签订合同的各方，是合同的权利和义务的主体。

(2) 合同标的。合同标的是当事人双方的权利、义务共指的对象。它可能是实物（如生产资料、生活资料、动产、不动产等）、行为（如工程承包、委托）、服务性工作（如劳务、加工）、智力成果（如专利、商标、专有技术）等。标的是合同必须具备的条款。无标的或标的不明确，合同是不能成立的，也无法履行。

(3) 标的的数量和质量。标的的数量和质量共同定义标的的具体特征。标的的数量一般以度量衡作为计算单位、以数字作为衡量标的的尺度；标的的质量是指质量标准、功能、技术要求、服务条件等。没有标的数量和质量的定义，合同是无法生效和履行的，发生纠纷也不易分清责任。

(4) 合同价款或酬金。合同价款或酬金即取得标的（物品、劳务或服务）的一方向对方支付的代价，作为对方完成合同义务的补偿。合同中应写明价款数量、付款方式和结算程序。

(5) 合同期限、履行地点和方式。合同期限指履行合同的期限，即从合同生效到合同结束的时间。履行地点指合同标的物所在地，如以承包工程为标的的合同，其履行地点是工程计划文件所规定的工程所在地。

由于项目活动都是在一定的时间和空间上进行的，离开具体的时间和空间，项目活动是没有意义的，所以合同中应非常具体地规定合同期限和履行地点。

(6) 违约责任。即合同一方或双方因过失不能履行或不能完全履行合同责任而侵犯了另一方权利时所应负的责任。违约责任是合同的关键条款之一。没有规定违约责任，则合同对双方难以形成法律约束力。难以确保圆满地履行合同，发生争执也难以解决。

(7) 解决争执的方法。这是一般项目合同必须具备的条款。不同类型项目合同按需要还可以增加许多其他内容。

4. 项目合同的订立

合同的签订过程也就是合同的形成过程、合同的协商过程。合同订立应遵循合法原则、协商原则、公平原则、等价交换原则、诚信原则等。

订立合同的具体方式多种多样，有的是通过口头或者书面往来协商谈判，有的是采取拍卖、招标投标等方式。但不管采取何种具体方式，都必然经过两个步骤即要约和承诺。《合同法》规定，“当事人订立合同，采取要约、承诺方式”。

5. 项目合同的履行

项目合同的履行是指合同生效后，当事人双方按照合同约定的标的、数量、质量、价款、履行期限、履行地点和履行方式等完成各自应承担的全部义务的行为。严格履行合同是双方当事人的义务，因此，合同当事人必须共同按计划履行合同，实现合同所要达到的各类预定的目标。

项目合同的履行有实际履行和适当履行两种形式。

(1) 实际履行

项目合同的实际履行，即要求按照合同规定的标的来履行。实际履行是我国合同法规的一个基本原则。由于项目合同的标的物大都为指定物，因此不得以支付违约金或赔偿损失来免除一方当事人继续履行合同规定的义务。如果允许合同当事人的一方可用货币代偿合同中规定的义务，那么合同当事人的另一方可能在经济上蒙受更大的损失或无法计算的间接损失。此外，即使当事人一方在经济上的损失得到一部分补偿，但是对于预定的项目目标或任务，甚至国家计划的完成，如果某些涉及国计民生、社会公益项目不能得到实现，实际上会有更大的损失。所以，实际履行的正确含义只能是按照项目合同规定的标的履行。

但在某些情况下，过于强调实际履行，不仅在客观上不可能，而且还会给对方和社会利益造成更大的损失。此时，应当允许用支付违约金和赔偿损失的办法，代替合同的履行。

(2) 适当履行

项目合同的适当履行，即当事人按照法律和项目合同规定的标的按质、按量地履行。义务人不得以次充好、以假乱真，否则，权利人有权拒绝接受。所以在签订合同时，必须对标的物的规格、数量、质量做具体规定以便按规定履行义务，权利人按规定验收。

6. 项目合同变更、转让

(1) 项目合同变更

合同的变更通常是指由于一定的法律事实而改变合同的内容和标的的法律行为。当事人双方协商一致，就可以变更合同。合同变更应符合合同签订的原则和程序。

(2) 项目合同转让

债权人可以将合同的权利全部或部分地转让给第三人，但如下情况除外：

①根据合同的性质不得转让。②按照当事人的约定不得转让。③按照法律规定不得转让。④合同当事人一方经对方同意，可以将自己的权利和义务转让给第三人。⑤如果当事人一方发生合并或分立，则应由合并或分立后的当事人承担或分别承担履行合同的义务，并享有相应的权利。

7. 项目合同解除

合同的解除是指消灭既存的合同效力的法律行为。其主要特征是：①合同当事人必须协商一致；②合同当事人应负恢复原状之义务；③其法律后果是消灭原合同的效力。合同解除有两种情况。

(1) 协议解除

协议解除是指当事人双方通过协议解除原合同规定的权利和义务关系。有时是在订立合同时在合同中约定了解除合同的条件，当解除合同的条件成立时，合同就被解除；有时在履行过程中，双方经协商一致同意解除合同。

(2) 法定解除

法定解除是合同成立后，没有履行或者没有完全履行以前，当事人一方行使法定解除权而使合同终止。为了防止解除权的滥用，《合同法》规定了十分严格的条件和程序。有下列情形之一的，当事人可以解除合同：

①因不可抗力因素致使合同无法履行，或不能实现合同目的。

②在履行期满之前，当事人一方明确表示或者以自己的行为表明不履行主要义务。

③当事人一方拖延履行主要义务，经催告后在合理期限内仍未履行。

④当事人一方延迟履行义务或者有其他违约行为致使不能实现合同目的，致使原签订的合同成为不必要。

⑤法律规定的其他情形。

可见，只有在不履行主要义务、不能实现合同目的，也就是根本违约的情况下，才能依法解除合同。如果只是合同的部分目的不能实现，或者部分违约，如延迟或者部分质量不合格，一方是不能解除合同的，而应当按违约责任来处理，可以要求违约方实际履行、采取补救措施、赔偿损失等。合同的权利和义务终止，并不影响合同中结算和清理条款的效力。

8. 项目合同的终止

当事人双方依照项目合同的规定，履行其全部义务后，合同即行终止。合同签订以后，是不允许随意终止的。根据我国的现行法律和有关司法实践，合同的法律关系可因下列原因而终止。

(1) 合同因履行而终止。合同的履行意味着合同规定的义务已经完成，权利已经实现，因而合同的法律关系自行消灭。所以，履行是实现合同、终止合同的法律关系的最基本的方法，也是合同终止的最通常原因。

(2) 当事人双方混同为一人而终止。法律上对权利人和义务人合为一人的现象，称为混同。既然发生合同当事人合并为一人的情况，那么原有的合同已无履行的必要，因而自行终止。

(3) 合同因不可抗力的原因而终止。合同不是由于当事人的过错而是由于不可抗力的原因致使合同义务不能履行的，应当终止合同。

(4) 合同因当事人协商同意而终止。当事人双方通过协议而解除或者免除义务人的义务，也是合同终止的方法之一。

(5) 仲裁机构裁决或者法院判决终止合同。

9. 项目合同纠纷的处理

合同纠纷通常具体表现在：当事人双方对合同规定的义务和权利理解不一致，最终导致对合同的履行或不履行的后果和责任的分组产生争议。合同纠纷的解决通常有如下几个途径。

(1) 协商

这是一种最常见的，也是应首先采用的解决方法。当事人双方在自愿、互谅的基础上，通过双方谈判达成解决争执的协议。这是解决合同争执的最好方法，具有简单易行、不伤和气的优点。

(2) 调解

调解是在第三者（如上级主管部门、合同管理机关等）的参与下，以事实、合同条款和法律为根据，通过对当事人的说服，使合同双方自愿、公平合理地达成解决协议。如果双方经调解后达成协议，由合同双方和调解人共同签订调解协议书。

(3) 仲裁

仲裁是仲裁委员会对合同争执所进行的裁决。我国实行一裁终局制，裁决做出后合同当事人就同一争执若再申请仲裁或向人民法院起诉，则不再予以处理。

仲裁做出裁决后，由仲裁机构制作仲裁裁决书。对仲裁机构的仲裁裁决，当事人应当履行。当事人一方在规定的期限内不履行仲裁机构的仲裁裁决，另一方可以申请法院强制执行。

(4) 诉讼

诉讼解决是指司法机关和案件当事人在其他诉讼参与人的配合下为解决案件依法定诉讼程序所进行的全部活动。基于所要解决的案件的不同性质，可以分为民事诉讼、刑事诉讼和行政诉讼。而在项目合同中一般只包括广义上的民事诉讼（即民事诉讼和经济诉讼）。

项目合同当事人因合同纠纷而提起的诉讼一般由各级法院的经济审判庭受理并判决。某些据有特殊情况的合同，还必须由专业法院进行审理，如铁路运输法院、水上运输法院、森林法院以及海事法院等。

当事人在采取诉讼前，应注意诉讼管辖地和诉讼时效问题。

▷English Corner for Chapter 5

(1) Project implementation is the process of translating a project plan into actual action. It is based on the plan that has been determined and involves the series of activities or efforts undertaken.

(2) Project control is to monitor and measure the actual progress of the project. If the implementation process is found to deviate from the plan, the project team should find out the reasons and take action to bring the project back to the planned track. Project control includes schedule control, cost control, quality control, change control, safety control and other aspects.

(3) Project cost control is to collect the actual cost data of the project regularly and frequently throughout the implementation of the project, and to conduct dynamic comparative analysis of the cost target value and the actual value, and to make forecast on expected total cost. If deviations are found, the project team should decide whether to take timely corrective measures, including economic, technical, contractual, organizational management and other comprehensive measures, in order to achieve the cost target of the project.

(4) Project schedule monitoring is to collect information reflecting the actual status of the project progress, and then to analyze the project progress, master the project progress dynamics, and observe the project progress status in the process of project implementation.

(5) Earned value analysis, referred to earned value method, is an effective method for integrated control of project schedule and cost. It is widely accepted by project manager for time management and cost management. Crashing is only a viable alternative if earned value analysis indicates that the project is ahead of schedule and under budget.

(6) Project quality management refers to the activities of planning, organizing, directing, coordinating and controlling around the project quality. These activities should obey the basic rules of quality management.

(7) Project change is the corresponding partial or total changes to the project plan made by the project organization in order to adapt to the changes of various factors related to the project during the operation of the project to ensure the achievement of the project objectives. Among these changes, project scope change should be controlled because the scope change of the project may influence the final outcome. In order to make the project in the direction of the project objectives, the project team should carefully adjust some aspects of the project scope by a rigorous control process.

(8) Project contract is an agreement between the project owner or its agent and the project contractor or supplier to accomplish the objectives or specified contents of a defined project and to clarify the mutual rights and obligations. It guides all aspects of the project and is the legal instrument for all affairs around the project life—cycle stage.

章节习题

一、选择题

1.项目实施阶段最主要的冲突是（ ）。

A.技术问题的冲突　B.进度安排的冲突　C.优先权的冲突　D.管理程序的冲突

2.能够确定影响项目质量的因素是由随机事件还是突发事件引起的方法是（ ）。

A.流程图法　B.实验设计　C.控制图　D.帕累托图

3.能够描述由不同原因相互作用所产生的潜在问题的分析方法是（ ）。

A.趋势分析　B.因果分析　C.控制图　D.帕累托图

4.在项目进行的某时刻，该项目进度的BCWP=130；BCWS = 150；ACWP=100，这说明（ ）。

A.项目费用超支30万元，项目进度落后于进度计划

B.项目费用节约30万元，项目进度落后于进度计划

C.项目费用节约 30 万元，项目进度提前于进度计划

D.项目费用超支 30 万元，项目进度提前于进度计划

二、填空题

1.项目实施阶段的最主要的冲突是（　　　　　）。

2.项目进展报告的形式可分为（　　　　　）、（　　　　　）和特别分析报告三种。

3.项目质量控制中，影响项目质量的主要因素包括（　　　）、材料与设备、（　　　）、环境等四个方面。

4.项目质量保证包括项目内部质量保证和（　　　　　）。

5.项目活动时间估计的主要方法有（　　　　　）、（　　　　　）、（　　　　　）。

6.项目质量计划编制的方法有（　　　　　）、（　　　　　）、（　　　　　）。

7.按合同计价方式进行分类，项目合同可以分为（　　　）、（　　　）、（　　　）。

三、简答题

1.简述项目现场管理的主要措施。

2.项目招投标的程序是什么？如何进行项目合同纠纷的处置？

3.什么是项目控制？项目控制的原理是什么？简述项目控制的过程。

4.简述项目质量控制的特点。

5.项目安全控制的主要内容是什么？

6.时间、费用、质量是项目管理的三大约束，请说明这三大约束与项目目标实现的关系。在项目实施过程中应如何协调三者之间的关系？

7.简述项目进度监测类型与进度更新的方法。

8.在项目费用控制过程中，如何利用控制方法和技术？

9.现场管理的原则是什么？

10.简述变更控制的基本要求。

四、计算题

1.某项目经理部在对 A 施工项目进行成本管理过程中，对各月的费用进行了统计，有关情况见表 5-3。

表 5-3　A 施工项目成本

月份	计划完成工作预算费用（万元）	已完工作量（%）	实际发生费用（万元）
1	200	100	190
2	280	105	290
3	310	90	290
4	470	100	470
5	620	50	300
6	430	110	440
7	600	40	240
8	290	50	130
9	300	80	220
10	260	120	300
11	210	90	180
12	180	100	170

（1）求出 12 个月的挣得值；

（2）求出 12 个月的 CV 和 SV；

（3）求出 12 个月的 CPI、SPI 并分析成本和进度情况。

2.（1）某一土方工程施工要求完成的土方量为 $10000m^3$，在现有的施工技术和设备条件下，每天最多可以完成 $1000m^3$，最可能完成 $800m^3$，最少可以完成 $500m^3$，则该工程施工任务的延长时间的期望值是多少？

（2）在（1）的基础上，在土方工程施工完成后检查该项目进展情况发现 BCWP＝130 万元；BCWS＝150 万元；ACWP＝100 万元，计算项目进展的 CV 和 SV，试判断该项目的费用和进度情况。

3.某工厂建设项目的进度计划见表 5-5，费用预算见表 5-4。在项目执行到第 31 周的时候，项目经理对前 30 周的项目实施情况进行了总结，发现前 30 周已经完成了项目总工作量的 70%，实际已支付（ACWP）为 100 万元，请根据以上信息计算（以下小题均要求列出算式以展示计算方法）。

（1）计算 N 项目已完成工作量的预算成本（BCWP）。

（2）计算 N 项目前 30 周结束时的计划成本（BCWS）。

（3）计算 N 项目前 30 周结束时的费用偏差（CV）和进度偏差（SV），并判断是否出现费用超支以及工期拖延的情况。

（4）假设 N 项目前期执行情况可以反映项目未来的执行情况，请预测项目结束时的总成本（EAC）。

（5）该项目的经理通过更深入的分析发现，有一项任务只完成了工作量的 25%，但是其固定费用 10 万元已经全部支付，另外一项任务的工作量完成了 50%，其固定费用 6 万元也已经全部支付，但是该任务的工人工资共计 4 万元还没有支付，请根据以上情况再次预测项目结束时的总成本。

表 5-4　N 项目的费用预算

序号	工作名称	固定费用（千元）	总费用（千元）	每周平均费用（千元/周）
1	客户调查	40	48	24
2	行业调查	100	116	58
3	新产品开发决策	20	36	18
4	新产品设计	176	320	40
5	厂房改建设计	20	68	17
6	筹集资金	107.2	120	30
7	人才招聘	42.4	52	13
8	采购设备	60	84	14
9	采购材料	60	76	19
10	厂房改建	80	104	26
11	设备安装	40	48	24
12	设备试运行	20	28	14
13	试生产	40	56	28
14	建立销售网络	84	150	25
15	市场宣传	96	134	16.75
	合计	985.6	1440	

表 5-5　N 项目甘特图计划表

代号	工作名称	2	4	6	8	10	12	14	16	18	20	22	24	26	28	30	32	34	36	38	40	42
1	客户调查																					
2	行业调查																					
3	新产品开发决策																					
4	新产品设计																					
5	厂房改建设计																					
6	筹集资金																					
7	人才招聘																					
8	采购设备																					
9	采购材料																					
10	厂房改建																					
11	设备安装																					
12	设备试运行																					
13	试生产																					
14	建立销售网络																					
15	市场宣传																					
		2	4	6	8	10	12	14	16	18	20	22	24	26	28	30	32	34	36	38	40	42

第6章 项目结束与后评价

案例引入 **高铁项目验收与后评价**

2022 年 9 月 15 日，济南至莱芜高速铁路联调联试正式启动，标志着年内通车运营进入倒计时。济莱高铁 2019 年 9 月开工建设，线路全长 117.49km，全线共设济南东、历城、章丘南、雪野、莱芜北、钢城 6 座车站，设计时速 350km。回顾这条城际高铁建设历程，2013 年，济莱高铁就已列入规划；2019 年 1 月，莱芜市划归济南市管辖，设立济南市莱芜区、钢城区，开工准备就绪的济莱高铁由城际高铁变为市域高铁。

济莱高铁项目对于济南铁路枢纽建设意义重大。根据济南市发展与改革委员会 2019 年 5 月发布，中国铁路总公司与山东省人民政府联合批复《济南铁路枢纽总图规划（2016－2030 年）》，济南市“米字型”高铁规划具体为：南北方向是京沪高铁，向东是济青高铁，向西是郑济高铁，西北方向是石济客专，东北方向是济滨城际铁路（济滨高铁），东南方向是济莱城际铁路（济莱高铁），西南方向是济济高铁（济南至济宁）。因此，济莱高铁对于济南“米字型”高铁规划具有重要意义。

高铁建设项目一般需要经过严格的验收程序才能正式通车。高铁通车前的主要流程依次是静态验收、动态验收、联调联试、运行试验。联调联试是高铁通车前的关键环节。济莱高铁于 2022 年 7 月开始静态验收，静态验收是高速铁路工程质量验收工作的重要组成部分，是强化高速铁路工程质量管理的重要环节。值得注意的是，国家铁路局于 2021 年 11 月 24 日发布《高速铁路工程静态验收技术规范》（TB 10760－2021），自 2022 年 3 月 1 日起实施，《高速铁路工程静态验收技术规范》（TB 10760－2013）同时废止，新版标准充分总结了近些年高速铁路工程静态验收工作经验，紧密结合了相关工作管理要求，对验收项目、验收要求进行了全面优化，突出了关键工序及隐蔽工程资料、专业检测报告等重点项目的验收要求，具有协调性、全面性、可操作性更强等特点，将对全面提升静态验收工作质量提供技术支撑。2022 年 8 月 30 日，济莱高铁电气化工程静态验收会在山东省济南市顺利召开。2022 年 9 月 15 日济南联调联试是由铁路部门采用高速检测列车等测试设备，对沿线轨道、接触网、通信、信号等各项设备逐步进行测试，依据测试整改发现的缺陷，直至各个系统以及整体系统满足符合高速运行及动态验收要求的过程。

项目结束标志着项目的终结，是项目生命周期最后一个阶段，这与项目启动同样重要，项目结束阶段能采用两种方式来结束项目：正常结束和非正常终止。项目进入正常结束阶段时应对项目进行验收与决算审计，做好交接与清算工作，收集、整理移交项目结束文档，举行正式的项目验收、项目评估、项目小组工作鉴定、经验总结等，确保项目成果进入稳定运行状态，达到客户或管理层接收项目的要求。

项目因不可抗力等因素而不得不非正常终止时，需要综合考虑终止项目的决定因素，制定并执行项目终止决策，处理好终止后的事务。项目结束之后还要开展项目后评价，对项目运营情况的检查总结，确定项目预期的目标是否达到，项目是否合理有效，项目的主要运营指标是否实现，促进项目发展。项目的结束与后评价能够总结出项目全生命周期的经验教训，可为下一个项目的顺利实施提供重要参考。

本章将主要介绍以下内容：项目结束阶段的主要工作；项目正常结束和非正常终止的区别；项目验收的概念、作用和分类；项目验收的基本方法；项目验收的一般程序；项目质量验收和文件验收的主要内容、方法和结果形式；项目决算的概念、内容和结果；项目审计的意义，掌握项目竣工审计的主要内容；项目交接的程序和内容；项目清算的程序；项目后评价和项目论证的主要区别；项目后评价的主要内容；编制项目后评价报告一般体例；项目后评价一般流程。

6.1 项目结束

6.1.1 项目结束概述

1.项目结束的含义

任何一个项目均是有生命周期的，要经过启动、计划、实施、控制和结束五个基本过程，当某项目的规划目标已经实现，或者能够清晰地判断该项目规划目标无法实现时，则该项目就应该适时终止，即进入结束阶段。项目的结束阶段一般是项目生命周期的最后一个阶段。这一阶段的主要任务是，对项目结束过程进行有效管理，完成相应的移交与验收、决算与审计、清算与后评价等工作，总结分析项目的经验教训，为今后的项目管理工作提供有益的经验和总结具有普遍意义的管理规律。

2.项目结束的情形

当某一项目出现下列情形之时，就应适时终止，使项目进入结束阶段。

(1) 项目的目标已经成功地实现，项目的结果（产品或服务）已经可以交付给项目投资人或转移给其他第三方。

(2) 项目严重地偏离了其进度、成本或性能目标，而且即使采取措施也无法实现预定的目标。

(3) 项目投资人的战略发生了改变，该项目必须舍弃。

(4) 项目无法继续获得足够的资源以保证项目持续。

(5) 项目的外部环境发生剧烈变化，使项目失去了继续下去的意义或根本无法持续下去。

(6) 项目因为政策、法律或一些无法控制的因素而被迫无限期地延长。

(7) 项目的关键成员成为不受欢迎的人，而又无法找到替代者。

(8) 项目目标已无望实现，项目工作开始放慢或已经停止。

可见，项目的最后执行结果只有两个状态：成功与失败。相应地，项目进入结束阶段后，能够采用两种方式来结束项目：正常结束和非正常终止。在项目进入正常结束阶段时，应对项目进行项目竣工验收和后评价，实现项目的移交和清算。当采用非正常终止方式对项目进行收尾时，要综合考虑影响终止项目的决定因素，制定并执行项目终止决策，处理好终止后的事务。

6.1.2 正常结束

当项目的预定目标已经实现，该项目就取得了成功。项目成功是指项目已经达到了其费用、进度和性能目标并融入投资人、业主或项目所有者的组织中，促进其组织的发展。一个成功的项目意味着组织成功地定位了自己的未来，设计和实施了一个具体的战略。

项目在工程实施完成后，进入项目收尾阶段——总结和后评价阶段。项目后评价的实施是以项目建设实施过程中的监测、监督资料和施工管理信息为基础，分自我评价和独立评价两个步骤来完成的。

6.1.3 非正常终止

当项目可能因为政治原因、经济原因、管理原因等，没有办法维持一个项目，或项目目标不可能实现时，此时高层管理人员应考虑终止项目的执行，避免进一步的损失。项目失败意味着项目没有达到其成本、进度和技术性能目标，或者它不能适合组织的未来。因此，失败是一个相对的因素。

由于不可预见的因素而导致失败的项目并不是真正的失败项目，由于环境变化、组织变化、目标变化而失败的项目也非真正的失败项目，虽然这些理由并不能使项目投资人、业主或项目所有者信服，获得项目的款项。因为从某种意义上来说，这些因素是人力不可控制的。只有那些因为管理问题、决策问题而导致预算超支、进度推迟、资源严重浪费的项目才是失败的项目。

不同的项目有不同的经验教训和启示。对那些失败的项目，研究错误出现在哪里，为什么项目的目标不能实现，从中可以得到许多有益的启示。

对项目终止问题的探讨，需要考虑决定项目终止的因素有哪些，如何做出项目终止决策，以及决策制定后，如何来执行决策和处理终止后的事务等。

6.2 项目验收

6.2.1 项目验收定义

1. 项目验收的概念

项目验收是指项目结束或项目阶段性结束时，项目承包单位将其成果交付给使用者之前，项目接受方会同项目承包方、项目监理等有关方面对项目的工作成果进行审查，核查项目计划规定范围内的各项工作或活动是否已经完成，应交付的成果是否令人满意。若验收合格，将项目成果交付给项目接收方，实现投资转入生产、使用和运营。同时，总结经验教训，为后续项目做准备。

对非正常终止的项目，通过验收查明哪些工作已经完成、完成到什么程度、哪些原因造成项目不能正常结束，并将核查结果记录在案，形成文件以供决策。

2. 项目验收的作用

当项目结束时，及时地对项目进行验收，对项目参与各方均有重要的作用，主要表现在：

(1) 项目验收是项目结束（或阶段性结束）的标志。任何项目不通过验收，项目就无法移交，业主就不能正式地使用项目，就不能达到项目建设或投资的目的，也不能获得其预期的收益（或效用）。对某些时效性非常强的产品和服务，很可能由于验收的延误而造成项目成果的失效，失去项目存在的意义。

(2) 项目验收是项目参与各方获得应得利益的前提。若项目顺利地通过验收，项目的当事人就可以终止各自的义务和责任，从而获得相应的权益。同时，也意味着项目团队的全部或部分任务的完成，项目团队可以总结经验，接受新的项目任务；项目成员可以回到各自原来的工作岗位或安排合适的工作。

(3) 项目验收是提高项目质量的手段。项目的竣工验收，是保证合同任务完成，提高质量水平的最后关口。通过竣工验收，全面考查工程质量，保证交工项目符合设计标准、规范等规定的质量标准要求，并能及时发现和解决一些影响正常生产使用的问题，确保项目能按设计要求的技术、经济指标正常地投入生产并交付使用。

(4) 项目验收是促进项目尽快投入运营的基础。对于基本建设项目和投资项目，通过竣工验收，促进项目及时投入生产和交付使用，将投资及时转入固定资产，发挥投资效益。避免项目由于延期不能投入使用而造成的资金和时间价值的损失。通过项目竣工验收，整理档案资料，可为项目投产后的经营管理、生产技术和固定资产的保养、维修提供全面系统的技术经济文件、资料和图样。

3.项目验收的分类

(1) 按验收时项目所处的时点划分

按验收时项目所处的时点，可分为前期验收、过程验收和竣工验收。

①前期验收，是指项目团队依据项目目标、项目范围、项目资源等编制出项目进度计划、项目质量标准、成本预算等项目目标文件后，项目业主针对目标文件进行论证验收，签订具有法律效力的合同，以此作为项目启动的依据和项目完成的评价标准。

②过程验收，是在项目实施过程中，由业主、项目团队、监理部门等根据项目进度计划对项目进行适时跟踪检查，以保证在规定时间内，按预算成本达到项目目标。尤其对在实施过程中遇到困难、有较大变动的项目，对其进行过程验收，可以使各方当事人进一步了解项目情况，以保证项目顺利完成。

进行过程验收是工程建设项目管理的国际惯例，我国在投资项目建设中，也特别强调过程验收的必要性。随着我国经济与世界经济的融合，项目建设与国际惯例接轨，过程验收更显重要。

③竣工验收，是指项目基本完成，在项目成功正式交付使用前，由项目业主会同项目团队、项目监

理等有关方面对项目的工作成果进行审查和接收，是项目质量检查的最后关口，也是对项目的总体验收。本章节所指的验收主要指竣工验收。

(2) 按项目验收的范围划分

按项目验收的范围分类，可分为部分验收和全部验收。

①部分验收，亦称单项工程验收，是指项目取得阶段性成果后，项目接收方或其委托人对阶段性成果进行检验，如果成果合格，可提前投入使用，获得一定的效益。对那些能够明显分出阶段性成果的项目进行部分验收，可充分有效地利用资源。部分验收还可为后续的全部验收奠定基础，做好准备。

②全部验收，亦称整体验收，指项目全部完成后，对取得的成果进行全面、综合的考核，以便为项目的终结做出合理的结论。所有的项目都必须有全部验收的过程。对于大型综合项目，可通过综合各个子项目的部分验收，来完成全部验收；对于小型项目，可不必进行部分验收，而仅进行全部验收。建设项目的全部验收，又称整体工程验收或动用验收，简称竣工验收，指建设单位（项目业主）在建设项目按批准的设计文件规定的内容全部建成后，向国家交工、接受验收的过程。

(3) 按项目的性质划分

按项目的性质分类，可分为投资建设项目验收、生产性项目验收、研发项目验收、系统开发项目验收和服务项目验收等。

①投资建设项目验收，主要从工程质量是否达到要求，工程图样、资料是否齐全，工期是否得到保证，成本控制等方面进行验收。

②生产性项目验收，主要考核项目交工使用后生产能力能否达到设计要求、产品质量是否能得到保证等。

③研发项目验收，重点检验项目成果是否达到预期的性能指标，如果项目失败，则应分析失败的原因。由于研发项目本身风险较大，所以相对性能指标而言，项目工期和成本处于验收的次要位置。

④系统开发项目验收，主要验收项目运行是否稳定，项目能否达到项目投资人、业主或项目所有人要求的功能，项目说明书是否清楚、全面等。

⑤服务性项目验收，由于涉及面比较广，因而主要依据项目合同要求进行检查验收。

(4) 按项目验收的内容划分

按项目验收的内容，主要分为质量验收和文件验收。

质量验收和文件验收，是一般项目验收的两大部分，也是比较全面、准确地把握项目验收的基础。关于质量验收和文件验收将在 6.2.5 和 6.2.6 详尽介绍。

6.2.2 项目验收范围

1. 项目验收范围

项目验收范围是指项目验收中要验收的内容和方面，即在项目验收时，需要对哪些子项目进行验收和对项目的哪些方面、哪些内容进行验收。

项目验收范围的确认是指对需要验收的内容进行科学、合理的界定，以保障项目各方的权益和明确各方的责任。要确认项目验收范围，不仅要明确项目的起点和终点，还要明确项目的最终成果以及标志这些成果的各个子项。

从项目层次来看，原则上一切完整的项目子项或单元都应列入项目验收的范围，只是根据项目业主方不同、项目性质不同，其验收的形式也可能不同。但所有列入固定资产投资计划的建设项目或单项工程，只要已按国家批准的设计文件所规定的内容建成；或工业投资项目经负荷试车考核，试生产期间能够正常生产出合格产品；或非工业投资项目符合设计要求，能够正常使用的，不论是属于哪种建设性质，都应及时组织验收，办理固定资产移交。

从项目验收的内容划分，项目验收范围通常包括工程质量验收和文件资料验收。

项目验收范围确认主要依据项目合同、项目成果文档和工作成果等。

2. 项目验收的方法

项目验收根据项目的特点不同，而灵活采用不同的方法，在实际验收中采用观测、试运行、抽样统计分析等方法非常普遍。对于生产性项目，可采用试生产的方法，检验生产设备或试制件是否能达到设计要求；对于系统开发项目，可采用试运行方式检验项目成果的性能；对于 R&D 项目，可通过测试成果的各项物理、化学、生化等性能指标来检验；对于服务性项目，一般通过考核其经济效益或社会效益来验收。

为了核实项目或项目阶段是否已按规定完成，往往验收需要进行必要的测量、考查和试验等活动。

3.项目验收的结果

项目验收完毕后，如果验收合格，项目参与各方应签署项目验收鉴定书。

如果验收的成果符合项目目标规定的标准和相关的合同条款及法律法规，参加验收的项目团队和项目接收方人员应在事先准备好的验收鉴定书上签字，表示接收方已正式认可并验收全部或部分阶段性成果。一般情况下，这种认可和验收可以附有条件，如软件开发项目在移交和验收时，可规定若在使用中发现软件有问题，软件使用者仍可以要求该软件项目开发人员协助解决。

对于投资建设项目，项目验收合格要签署竣工验收鉴定书。竣工验收鉴定书，是表示建设项目已经竣工，并交付使用的重要文件，它是全部固定资产交付使用和建设项目正式动用的依据，也是承包商对建设项目消除法律责任的证件。竣工验收鉴定书，一般应包括工程名称、地点、验收委员会成员、工程总说明、工程据以修建的设计文件、竣工工程与设计的符合情况、全部工程质量鉴定、总的预算造价和实际造价、结论以及验收委员会对工程动用时的意见和要求等主要内容。

验收委员会在进行正式全部验收工作后，有关负责人须在竣工验收鉴定书中签署姓名和意见。竣工验收鉴定书见表6-1。

表 6-1 竣工验收鉴定书

<table>
<tr><td colspan="2">工程名称</td><td colspan="2" rowspan="2"></td><td>工程地点</td><td></td></tr>
<tr><td colspan="2">工程范围</td><td>建筑面积</td><td></td></tr>
<tr><td colspan="2">工程造价</td><td colspan="4"></td></tr>
<tr><td colspan="2">开工日期</td><td colspan="2"></td><td>竣工日期</td><td></td></tr>
<tr><td colspan="2">日历工作天</td><td colspan="2"></td><td>实际工作天</td><td></td></tr>
<tr><td colspan="2">验收意见</td><td colspan="4"></td></tr>
<tr><td colspan="2">建设单位</td><td colspan="4"></td></tr>
<tr><td colspan="2">验收人</td><td colspan="4"></td></tr>
<tr><td>建设单位</td><td>（公章）
年 月 日</td><td>监理单位</td><td>（公章） 年 月 日</td><td>施工单位</td><td>工程负责人：（公章）
公司负责人：（公章）
年 月 日</td></tr>
</table>

6.2.3 项目验收标准

1. 项目验收的一般标准

项目验收标准是判断项目成果是否达到目标要求的依据，因而应具有科学性和权威性。只有制定科学的标准，才能有效地验收项目结果。项目验收的标准，一般选用项目合同书、国家标准、行业标准、相关的政策法规、国际惯例等。

（1）项目合同书规定了在项目实施过程中各项工作应遵守的标准、项目要达到的目标、项目成果的形式以及对项目成果的要求等，它是项目实施管理、跟踪与控制的首要依据，具有法律效力。因而在对项目进行验收时，最基本的标准就是项目合同书。

（2）国家标准、行业标准和相关的政策法规，是比较科学的、被普遍接受的标准。项目验收时，如无特殊的规定，可参照国家标准、行业标准以及相关的政策法规进行验收。

（3）国际惯例是针对一些常识性内容而言的，如无特殊说明，可参照国际惯例进行验收。

2. 投资建设项目竣工验收的一般标准

进行投资建设项目验收时，由于建设项目所在行业不同，验收标准也不完全相同，一般情况下必须符合以下要求方可认为符合标准。

（1）生产性项目和辅助性公用设施，已按设计要求完成，能满足生产使用。

（2）主要工艺设备配套设施经联动负荷试车合格，形成生产能力，能够生产出设计文件所规定的产品。

(3) 必要的生活设施，已按设计要求及规定的质量标准建成。

(4) 生产准备工作能适应投产的需要。

(5) 环境保护设施、劳动安全卫生设施、消防设施已按设计要求与主体工程同时建成使用。

按照我国有关规定，已具备竣工验收条件的项目（工程），在规定的期限内不办理验收投产和移交固定资产手续的，取消企业和主管部门（或地方）的基建试验收入分成，由银行监督全部上缴财政。如在规定期限内办理竣工验收确有困难，经验收主管部门批准，可以适当延长期限。

3. 生产性投资项目土建、安装、管道等工程的验收标准

生产性投资项目，如工业项目、一般土建工程、安装工程、人防工程、管道工程、通信工程等，其施工和竣工验收，必须按国家批准的《中华人民共和国国家标准××工程施工及验收规范》和主管部门批准的《中华人民共和国行业标准××工程施工及验收规范》执行。

4. 项目验收的依据

在对项目进行验收时，主要依据项目的工作成果和成果文档。工作成果是项目实施后的结果，项目结束应当提供出一个令人满意的工作成果。因此，项目验收重点是针对工作成果进行检验和接收。工作成果验收合格，项目实施才可能最终完结。同时在进行项目验收时，项目团队必须向接收方出示说明项目（或项目阶段）成果的文档，如项目计划、技术要求说明书、技术文件、图样等，以供审查。不同类型的项目，成果文档包含的文件不同。

6.2.4 项目验收程序

1. 项目验收的组织及其职责

项目验收的组织是指对项目成果进行验收的组成人员及其组织。一般由项目接收方、项目团队和项目监理人员构成。但由于项目性质的不同，项目验收的组织构成差异较大，如对一般小型服务性项目，只由项目接收人员验收即可；甚至对内部项目，仅由项目经理就可验收。

关于投资建设项目的竣工验收组织，《建设项目（工程）竣工验收办法》已于 2016 年 1 月 1 日由国家发展和改革委员会废止，这表示现阶段投资建设项目的竣工验收由项目建设单位组织负责开展。大中型和限额以上基本建设和技术改造项目（工程），由国家发展和改革委员会或由国家发展和改革委员会委托项目主管部门、地方政府部门组织验收。小型和限额以下基本建设和技术改造项目（工程），由项目（工程）主管部门或地方政府部门组织验收。竣工验收要根据工程规模大小、复杂程度组成验收委员会或验收组。验收委员会或验收组，应由投资方、银行、环保、劳动、消防及其他有关部门的人员组成。接管单位、施工单位、勘察设计单位应参加验收工作。

验收委员会或验收组的主要职责是：

(1) 审查预验收情况报告和移交生产准备情况报告。

(2) 审查各种技术资料，如项目可行性研究报告、设计文件、概（预）算，有关项目建设的重要会议记录，以及各种合同、协议、工程技术经济档案等。

(3) 对项目主要生产设备和公用设施进行复验和技术鉴定，审查试车规格，检查试车准备工作，监督检查生产系统的全部带负荷运转，评定工程质量。

(4) 处理交接验收过程中出现的有关问题。

(5) 核定移交工程清单，签订交工验收证书。

(6) 提交竣工验收工作的总结报告和国家验收鉴定书。

2. 项目验收的程序

根据项目的大小、性质、特点的不同，项目验收程序也不尽相同。对大型建设项目而言，由于验收环节较多、内容繁杂，因而验收的程序也相对复杂。对一般程序设计、软件开发或咨询等小项目，验收也相对简单一些。项目验收一般应由以下过程组成。

(1) 前期准备工作

①做好项目的收尾工作。当项目接近尾声时，大量复杂的工作已经完成，但还有部分分散的、零星的工作需要耐心细致地处理。这些工作看似较轻，但如果处理不好，将直接影响项目的进行。同时，临近项目结束，项目团队成员通常有松懈心理。这就要求项目负责人把握全局，正确处理好团队成员的工

作情绪，保质保量地将收尾工作做好，做到项目的善始善终。

②准备项目验收材料。项目验收的重要依据之一是项目的成果材料。项目团队在项目全过程中，应时刻做好各种项目文件的收集工作，编制必要的图样、说明书、合格验收证、测试材料、相关论文、研究报告等。项目验收准备阶段，再将分阶段、分部分的材料汇总、整理、装订入档，形成一套清晰、完整、客观的验收材料。这既是项目验收的前提，也是顺利通过项目验收的必要保证。

③自检。项目负责人应组织项目团队，在项目成果交付验收之前，进行必要的自检自查工作，找出问题和漏洞以尽快解决。

④提出验收申请，报送验收材料。项目自检合格后，项目团队应向项目接收方提交申请验收的报告，并同时附送验收的相关材料，以备项目接收方组织人员进行验收。

(2) 验收方的验收工作

①组成验收工作组或验收委员会。项目业主（接收方）应会同项目监理人员、政府相关人员，如有必要还可吸收注册会计师、律师、审计师、行业专家等人员，组成验收工作组或验收委员会。项目验收班子成员应坚持公正、公平、科学、客观、负责的态度对项目进行全面验收。

②项目材料验收。项目验收班子对项目团队送交的验收材料进行审查，如有缺项、不全、不合格的材料应立即通知项目团队，令其限期补交，以保证项目验收的顺利进行。

③现场（实物）初步验收。项目验收班子根据项目团队送交的验收申请报告，组织人员对项目成果现场或项目成果进行初步检查，形成对项目成果的基本把握。如果发现不符合项目目标要求的，应通知项目团队尽快整改。

④正式验收。在对项目验收材料和项目初审合格的基础上，项目验收班子组织人员对项目进行全面、细致的正式验收。正式验收可依据项目特点，实行单项工程验收、整体工程验收，或部分验收、全面验收等。如果验收合格，签署验收报告；如果验收不合格，通知项目团队进行整改后再做验收。如在验收中发现较严重的问题，双方难以协商解决，可诉诸法律。

⑤签发项目验收合格文件。对验收合格的项目，验收班子签发项目验收合格文件，标志项目团队的工作圆满结束，项目由接收方使用，投入下一阶段的生产运营。

⑥办理固定资产形成和增列手续。对于投资性项目，当项目验收合格后，应立即办理项目移交，对形成的固定资产增列办理固定资产手续。

6.2.5 项目质量验收

项目质量是考查和评价项目成功与否的重要方面。一个项目的最终目的是满足项目投资人、业主或项目所有人的需求，它是以项目质量保证为前提的。特别是对于基本建设项目，保证质量更有十分重要的意义。基本建设是百年大计，但是在我国基本建设领域工程出现质量问题却屡见不鲜，甚至出现“豆腐渣”工程，所以必须从项目计划、项目控制、项目验收等不同环节严把质量关。其中，工程质量验收尤其关键，只有搞好质量验收，项目才能圆满移交。

课程思政　　项目质量验收及其重要意义

北京轨道交通建设管理有限公司于11月30日在北京市交通运输委员会的监督下，按照《北京市轨道交通新线运营设备验收细则》的要求，于11月29日至30日组织建设、设计、施工、监理、主要供应商等单位，邀请专家对中铁十一局和三公司承建的北京轨道交通房山铁路线路北延线轨道工程进行竣工验收（图6-1）。房山线北延工程包括房山线北延干线，配电线路及烟村车辆段改建工程的轨道及其附属设备，疏散平台，接触轨及防护系统安装。线路全长约5.25km，全部为地下线路。全线共有4个车站，包括寿景茂站与现有10号线换乘，凤仪桥南站与16号线在建换乘，车站平均距离1.53km。经验收，参加验收的各方均同意北京轨道交通房山线北延工程轨道工程完成合同约定的全部施工内容，工程质量符合设计及相关规范、标准，工程档案齐全、完整有效，已顺利通过列车冷热滑试验及预验收，线路运行状态良好。其中质量验收部分，依照《城市地铁工程质量检验标准》(DB 29－54－2003)中地下土建部分的单位、分部、分项工程划分及分项工程检验项目等进行仔细核实、补充和完善，指导地铁工程质量检验管理的有序开展。

图 6-1　北京地铁房山线验收

1.项目质量验收的概念

项目质量验收是依据质量计划中的范围划分、指标要求和采购合同中的质量条款，遵循相关的质量评定标准，对项目质量进行认可评定和办理验收交接手续的过程。质量验收是控制项目最终质量的重要手段，也是项目验收的重要内容。

项目质量验收，首先要对质量有个客观的认识。《项目管理知识体系指南》指出："质量是实体中能够满足明确需求和隐含需要的能力的特性的总和"；赵铁生在《工程质量管理》一书中认为，工程项目质量是指坚固、耐久、经济、适用、美观等这些能够满足社会和人们需要的自然属性和技术性能。通常，项目质量包括项目产品实体（有形产品）和服务（无形产品）两个方面的质量。

项目的最终质量是由项目过程形成的，要确保项目质量，必须应首先保证过程工作质量。因此，应强调项目全过程的质量管理、质量控制、全面质量管理（Total Quality Management，TQM）、ISO 9000质量管理体系标准正是因此应运而生。由此，质量验收也是质量的全过程验收，在项目规划、项目实施、项目竣工等不同时期都要进行质量验收，以保证最终获得一个合格的项目。

2.项目质量验收的范围

项目质量验收包括项目概念阶段的质量验收、项目规划阶段的质量验收、项目实施阶段的质量验收、项目收尾阶段的质量验收等。

(1) 项目概念阶段的质量验收

概念阶段是项目整个生命周期的起始阶段，这一阶段工作的好坏直接影响到项目后期的实施。同时，项目概念阶段的质量目标决策是项目规划、设计阶段质量验收范围与标准的设计依据和前提。

概念阶段各项工作的主要目的是确定项目的可行性，对项目所涉及的领域、总投资、投资效益、技术可行性、环境影响、融资措施、社会效益等进行全方位的评估，从而明确项目在技术上、经济上的可行性和项目的投资价值。这阶段的主要工作包括一般机会研究、特定项目机会研究、方案策划、初步可行性研究、详细可行性研究、项目评估及商业计划书的编写等。

项目概念阶段的质量验收是整个项目质量验收的开端，其重点是对可行性研究的科学性进行把关。这阶段的质量验收，主要是检查项目可行性研究和机会研究时是否收集到足够的和准确的信息，使用的方法是否合理；项目评估是否科学，评估的内容是否全面，是否考虑了项目的进度、成本与质量三者之间的制约关系，对项目投资人、业主或项目所有人的需求是否有科学、可行、量化的描述，对项目的质量目标与要求是否做出整体性、原则性的规定和决策等。

(2) 项目规划阶段的质量验收

规划阶段作为项目实施的前期准备阶段，是对项目的实施过程进行全面、系统的描述和安排。规划阶段的主要工作包括项目背景描述、目标确定、范围规划、范围定义、工作分解关系排序、工作延续时间估计、进度安排、资源计划费用估计、费用预算、质量计划及质量保证等。

这一阶段的质量验收主要检验设计文件的质量，包括：

①项目目标定位是否准确。

②目标描述是否清晰。

③范围规划是否全面，使用的工具和技术是否科学。

④工作分解是否细致，使用的方法和工具是否科学，结果能否达到目的。

⑤工作排序是否符合逻辑性和最优化思想，工具和方法是否科学。

⑥工作延续时间估计是否准确，考虑影响工作延续的可能因素是否全面。

⑦进度安排是否合理，使用的方法和工具是否科学，是否考虑到资源的相互制约。

⑧资源计划涉及的内容是否考虑全面，费用估计的依据是否可信，使用的方法和工具是否科学。

⑨费用预算是否精确，系数选择是否合理。

⑩质量计划是如何安排的，质量计划的标准和规划是否实际可行，制约质量计划的方法和技术是否科学。质量保证是否完善，是否切实可行，质量保证的依据是否真实，使用的工具和方法是否科学等。

另外，该阶段还要检验项目的全部质量标准及验收依据是否完成，即检验质量验收评定标准与依据的合理性、完备性和可操作性等。项目规划阶段质量验收的标准与依据是根据概念阶段决策的质量目标进行分解，并在相应的设计文件上指出达到质量目标的途径和方法。

项目规划阶段必须指明项目竣工验收时质量验收评定的范围、标准与依据，以及质量事故处理程序和奖惩措施等。项目规划阶段给出的质量验收范围与适用标准是项目实施阶段每个工序实体质量控制和评定的依据。

(3) 项目实施阶段的质量验收

项目实施阶段是项目质量管理、质量控制的具体执行，它占据了项目生命周期的大部分时间，涉及的工作内容最多、时间最长，耗费大量资源，是项目能否取得成功的关键所在。项目实施阶段的质量验收要根据范围规划、工作分解和质量规划对每一道工序进行单个评定和验收。

项目实施阶段的主要管理工作包括：采购规划、招标采购的实施，合同管理基础，合同履行和收尾，实施计划，安全计划，项目进展报告，进度控制，费用控制，质量控制，安全控制，范围变更控制，生产要素管理及现场管理与环境保护等。项目实施阶段的验收，既要对上述主要工作的过程进行检验，又要对工作结果进行验收。

项目实施阶段质量验收的标准和依据是项目规划阶段制定的质量评定的范围、标准与依据。对单个工序依据规划阶段对质量验收评定的标准、范围和依据进行验收，对验收结果进行汇总、统计，形成上道工序的质量结果（合格率或优良率），以检验项目质量的等级，依此类推，最终形成全部项目质量的验收结果。

项目实施阶段对质量的验收将形成质量的四个等级：不合格、合格、良好、优。

(4) 项目收尾阶段的质量验收

项目收尾阶段是整个项目生命周期的最后阶段，是对项目质量的最后把关，关系到项目能否顺利交接及能否进入正常使用阶段。因而这阶段的质量验收，无论对项目团队还是对项目接收方都是非常重要的。收尾阶段的质量验收要以项目规划阶段制定的“项目竣工质量验收评定的范围、标准与依据”为准。

对于大型、复杂项目的质量验收，可采用对项目实施阶段中每个工序的质量验收结果进行汇总、统计、澄清，得出项目最终的、整体的质量验收结果；对于比较简单的项目和具有特殊要求的项目（如系统软件等），收尾阶段的质量验收要依据验收标准，彻底进行检验，以保证项目质量。

收尾阶段项目验收的结果将产生质量验收评定报告。

3.项目质量验收的方法

项目质量验收的方法依项目阶段的不同、项目类型的不同而不同，如在项目概念、规划等阶段，质量验收多采用审阅的方法，主要是对项目的文件进行审阅。对于一般项目通常采用文件审阅、实物观测、性能测试或进行特殊试验等方法。对于大型投资建设项目，除采用一般项目的验收方法外，还要进行试生产等验收方法。

4.项目质量验收的结果形式

项目质量验收的结果将产生质量验收评定报告和项目技术资料。

项目质量验收评定报告包含的主要内容为：详细评定项目各组成部分的质量等级；综合项目不同时期的质量检验结果；对项目质量给出最终的评价；对于验收不合格的项目，提出问题所在并限定达标的期限及组织再验收的规定；对合格的项目，质量等级一般分为“合格”和“优良”两级。

在项目的不同阶段验收中，都形成验收评定报告，这些报告翔实记录了项目进程中各时期的工作状况，将这些资料汇总，就形成相应的验收技术资料。这些技术资料既是前期工作的记录，也是后期工作评定的依据，是项目资料的重要组成内容。对项目技术资料，要按《技术档案法》妥善保管，以便在项目引进、项目评估和项目后评价中查阅使用。同时，这些技术资料也可为将来新项目提供有价值的参考。

6.2.6 项目文件验收

项目文件是项目整个生命周期的详细记录，是项目成果的重要展示形式。项目文件既作为项目评价和验收的标准，也是项目交接、维护和后评价的重要原始凭证。因而，项目文件在项目验收工作中起着十分重要的作用。

在项目验收过程中，项目团队必须将整理好的、真实的项目资料交给项目验收方，项目验收方只有在对资料验收合格后，才能开始项目竣工验收工作。可见，项目文件验收是项目竣工验收的前提。

项目验收合格后，接收方应将项目成果及项目文件一同接收，并将其妥善保管，以便查阅和参考。

1.项目文件验收的范围与内容

项目的不同阶段，形成文件的范围与内容也不同，具体见表 6-2。

表 6-2　项目文件验收、移交和归档的资料清单

概念阶段	规划阶段	实施阶段	收尾阶段
1.项目机会研究报告及相关附件 2.项目初步可行性研究报告及相关附件 3.项目详细可行性研究报告及相关附件 4.项目方案及论证报告 5.项目评估与决策报告	1.项目背景概况 2.项目目标文件 3.项目范围规划说明书 4.项目范围管理计划 5.项目工作分解结构 6.项目计划资料	1.全部项目的采购计划及工程说明 2.全部项目采购合同的招标书和投标书 3.全部合格供应商资料 4.完整的合同文件 5.全部合同变更文件、现场签证和设计变更等 6.项目实施计划、项目安全计划等 7.完整的项目进度报告 8.项目质量记录、会议记录、备忘录、各类通知等 9.进度、质量、费用、安全、范围等变更控制申请及签证 10.现场环境报告 11.质量事故、安全事故调查资料和处理报告等 12.第三方所做的各类试验、检验证明、报告等	1.项目竣工图 2.项目竣工报告 3.项目质量验收报告 4.项目后评价资料 5.项目审计报告 6.项目交接报告

项目文件验收的依据主要为：合同中有关资料的条款要求；国家关于项目资料档案的法规、政策性规定和要求；国际惯例等。

2.项目文件验收的程序

项目团队依据项目进行的不同时期，按合同条款中有关资料验收的范围及清单，准备完整的项目文件。文件准备完毕后，由项目经理组织项目团队进行自检和预验收。合格后将文件装订成册，按文档管理方式妥善保管，并送交项目验收方进行验收。

项目验收班子在收到项目团队送交的验收申请报告和所有相关的项目文件后，应组织人员按合同资料清单或档案法规的要求，对项目文件进行验收、清点。对验收合格的项目文件立卷、归档；对验收不合格或有缺损的文件，要通知项目团队采取措施进行修改或补充。只有项目文件验收完全合格后，才能进行项目的整体验收。

当所有的项目文件全部验收合格时，项目团队与项目接收方对项目文件验收报告进行确认和签证，形成项目文件验收结果。

3.项目文件验收的结果

项目文件验收结果包括项目文件档案和项目文件验收报告。

项目文件档案，既是项目文件的卷宗，也是项目文件的结果。一套完整的项目文件档案，就是一个项目的历史写照。

项目文件验收报告，表明了对项目文件质量的客观评价，也构成了项目验收的主要内容。对于某些咨询类、策划类的项目，项目文件验收就是项目的成果验收，因而合格的项目文件验收结果非常重要。

6.3 项目决算与审计

6.3.1 项目决算

1.项目决算的概念

项目决算是以实物量和货币为单位，综合反映项目实际投入和投资效益，核定交付使用财产和固定资产价值的文件，是项目的财务总结，是竣工验收报告的重要组成部分。

项目决算由项目业主编制，所需的资料由项目团队提供。项目决算是指项目从筹建开始到项目结束交付使用为止的全部费用的确定。

2.项目决算的依据

项目决算的依据主要是合同、合同的变更。原始资料包括：①各原始概（预）算；②设计图样交底或图样会审的会议纪要；③设计变更记录；④施工记录或施工签证单；⑤各种验收资料；⑥停工（复工）报告；⑦竣工图；⑧材料、设备等调差价记录；⑨其他施工中发生的费用记录。

3.项目决算的内容及结果

项目决算的内容包括项目生命周期各个阶段支付的全部费用。

项目决算的结果形成项目决算书，经项目各参与方共同签字后成为项目验收的核心文件。决算书由两部分组成，即文字说明和决算报表。文字说明主要包括工程概况、设计概算、实施计划和执行情况、各项技术经济指标的完成情况、项目的成本和投资效益分析、项目实施过程中的主要经验、存在的问题、解决意见等。

决算报表分大中型项目和小型项目两种，大中型项目的决算表包括竣工项目概况表、财务决算表、交付使用财产总表、交付使用财产明细表；小型项目决算表按上述内容并简化为小型项目决算总表和交付使用财产明细表。

6.3.2 项目审计

1.项目审计的意义

项目审计是整个项目管理系统的重要组成部分。项目审计是指审计机构依据国家法令和财务制度、企业的经营方针、管理标准和规章制度，对项目的活动用科学的方法和程序进行审核检查，判断其是否合法、合理和有效，借以发现错误，纠正弊端，防止舞弊，改善管理，保证项目目标顺利实现的一种活动。

2.项目审计的特征

项目审计有以下三个特征。

(1) 独立性。项目审计独立于项目组织之外，其工作不受项目管理人员的制约，审计人员与项目无任何直接的行政或经济关系。审计人员的权力由国家或委托方授予，代表国家或委托方对项目实施审计监督并评价其经济责任，客观地向国家或委托方报告审计结果。

(2) 权威性。项目审计具有高度的权威性，其依据是法规和标准。法规是指法律、法令、条例、规章制度及方针政策等。标准是指各种技术标准和管理标准。因而，项目审计不是体现决策者的权力和意志，而是以原则和权威为依据。

(3) 科学性。项目审计是一项具有科学性的工作，它不仅在审计实施过程中应遵循科学的程序，而且还运用各种科学的方法。审计的科学性是其独立性和权威性的基础和保证。

3.项目审计的职能

审计因对象不同、具体内容不同，其职能也有区别。就项目建设而言，审计主要有如下职能。

(1) 经济监督

经济监督是指对项目的全部或部分建设活动进行监察和督促。具体来讲，就是把项目实施情况与其目标、计划和规章制度、各种标准以及法律、法令、投资政策、经营方针等进行对比，把那些不合法规的经济活动找出来，从而保证项目建设沿着正常的轨道进行。

项目的审计监督主要包括两个方面：一是对项目管理人员的监督；二是对建设项目的各种活动进行监督。而项目审计要充分发挥其监督职能，必须具备两个条件：其一，项目审计要由企业或国家的审计机关实施，这是发挥审计监督职能的先决条件；其二，项目审计要有严格的标准和明确的界限，只有这样，才能保证审计结果的严肃、公平和客观。

(2) 经济评价

经济评价是指通过审计和检查，评定项目的投资决策及项目建设期间的重大决策是否正确，项目计划是否科学、完备和可行，实施状况是否满足工程进度、工期和质量目标的要求，资源利用是否优化，以及控制系统是否健全、有效，机构运行是否合理等。

评价过程，就是查明建设项目的真相，并对照标准进行分析研究，从而发现问题、肯定成绩的过程。因此，评价的实现既包括为投资决策者了解项目的建设情况和管理状况提供简明可靠的资料，为新的决策提供依据，也包括对项目管理人员的鞭策和鼓励。如同监督职能一样，评价职能也主要包括两个方面，即对管理人员业绩的评价和对建设活动的评价。

(3) 经济鉴证

经济鉴证是指通过审查项目建设和管理的实际情况，确定相关资料是否符合实际，并在认真鉴定的基础上做出书面的证明。

在建设项目中，需要在审计中予以鉴证的资料很多，但最主要的不外乎进度报告、质量报告、成本报告、会计记录、财务报表、物资领用记录和报表等。对某一方面材料的真实性和正确性做出鉴证，需要做大量艰苦细致的工作。比如，对项目会计记录和财务报表的鉴证，就需要对鉴证期限中所有账目和单据进行审核，以确保其正确无误。在项目审计中可以选择其中某些既重要而又可能存在问题的领域开展工作。

审计的鉴证职能依赖于审计工作的权威性。这种权威性来自两个方面：其一，审计部门拥有国家或企业授予的足够的权力；其二，参与审计的人员在所审查的范围内的专业性，这两者缺一不可。

(4) 项目促进

项目促进是指通过实施审计，提出改进项目组织、提高工作效率、改善管理方法的途径，帮助项目组织者在合乎法规的前提下更合理地利用现有资源，顺利实现建设项目的目标。

在我国各种项目建设中，审计者和项目组织的根本利益是一致的，其工作目标也是一致的，这就要求项目审计在发挥监督职能的同时发挥其促进职能，帮助项目组织更好地开展工作。正确地认识审计的促进职能，对于项目审计的顺利实施将起到支撑作用，一位优秀的项目经理对此也会竭诚欢迎。

项目审计的促进职能是由项目建设的特殊性所决定的。现代项目的建设会涉及大量复杂的管理和技术问题，其中有些问题可能是全新的。尽管项目经理经过精心挑选，但是他们也不一定精通项目涉及的所有问题，不可避免地出现差错与失误，因而通过项目审计提供支持就显得十分重要。

4.项目审计的范围

项目审计的范围，原则上指项目的所有内容并且贯穿于项目的整个生命周期中，但在实际项目的进程中，审计人员往往依据项目目标的特点和项目中具体出现的问题，有重点地选择项目的不同内容、不同时期进行审计。一般常见的审计按审计的内容不同分为工程质量审计、资金使用审计、合同审计等；按项目周期分类，分为项目前期审计、项目实施审计、项目竣工审计等。本书着重针对项目收尾阶段的项目竣工审计进行介绍。

6.3.3 项目竣工审计

项目经过系统建设达到既定的投资目标之后，就要组织试运行和验收，交付使用。为了对项目结束期间的经济活动进行监督和对整个项目建设与管理状况做出评价，必须加强这一时期的审计工作。

1. 竣工验收审计

项目完成有形建设直至交付使用后还有大量的工作要做。其间的审计工作主要有以下几方面。

(1) 审查剩余物资、设备的处理情况。项目结束后，要及时清理施工现场和仓库，做好剩余物资和设备的清点和处理工作。该部分审计的重点是审查剩余物资和设备的处理是否合乎规定，处理剩余物资和设备的收入是否已按规定上交，有无违反国家规定、财经纪律以及贪污盗窃等现象，发现线索要彻底清查，严肃处理。

(2) 审查项目的试运行情况。主要检查项目完成之后试运行的结果，对运行中暴露出的问题的补救措施，试运行时间和交工时间的执行情况，销售试产产品的行为等。

(3) 审查项目建设资料的归档和移交。主要检查项目组织是否系统整理了项目建设的各种资料，图样、记录、文件、合同及其他资料是否齐全，是否已被分类归档，资料处理是否符合保密要求等。同时还要检查各种技术资料向项目使用单位的移交情况。

(4) 审查索赔问题。审核甲乙双方因对方未履行合同条款或建设期间发生意外而产生的索赔问题，要逐一核查索赔是否合法、合理，处理结果如何，有无勾结作弊现象，赔偿的技术和法律依据是否充分等问题，防止因失误造成经济损失和个别人趁项目结束时放松管理钻空子。

(5) 审查人员复员情况。审查复员费用与计划的偏差，包括复员费用是否合法、复员人员安置是否合理，总结人员复员工作的经验和不足，提出改进建议。

(6) 项目验收审计。审查项目验收是否符合规范，验收工作是否认真、严格，对特殊环节的验收是否按规定做了检验和计算，验收的手续和资料是否齐全，是否有行贿受贿、敷衍应付、弄虚作假等现象。

2. 竣工决算审计

竣工决算是由项目组织或建设单位编制的综合反映竣工项目的建设成果和财务情况的总结性报告文件，对竣工决算的审计主要从以下几方面进行。

(1) 审查项目预算的执行情况。审查建设内容与批准的预算和建设计划是否相符，有无擅自改变建设内容的情况，乱摊成本和搞计划外工程的现象。

(2) 审查项目的全部资金来源和资金运用是否正常。要认真审核竣工财务决算表和竣工决算总表是否正确，其所反映的全部资金来源和资金占用情况是否正常，有没有建设资金和专用基金等其他资金相互挪用的问题，有没有技术方面的问题等。

(3) 审查交付使用财产总表和明细表是否正确。交付使用财产总表反映大、中型建设项目建成后新增固定资产和流动资产的价值，审查时要与各子项目或单项工程的交付使用财产明细表对比进行，看两者有无差异，交付使用财产价值的计算是否准确、可靠，有无虚列、重报等现象。

(4) 审查竣工情况说明书的编制是否真实。竣工情况说明书是对竣工决算报表做进一步分析和补充说明的文件，主要应审查其内容与编制的竣工决算表是否一致，与实际情况是否相符。

(5) 审查竣工决算的编报是否及时。项目竣工验收交付使用后一个月内，要编制好竣工决算，并按规定上报。审计人员要检查有无拖延编报期或未将编制好的竣工决算及时送交相关部门等现象的发生，检查经审查批复的竣工决算是否及时办理了调整和结束工作。

3.项目建设经济效益审计

项目建设的经济效益体现在成本降低、工期缩短和质量提高三个方面，因而，审计工作也要紧密围绕这三者展开。

(1) 项目工期审计。对照项目计划审查项目的开工日期和竣工日期，以及各分项工程的开工日期和竣工日期。查明有无拖延开工和拖延工期的现象，找出原因并提出整改建议，查明有无工期提前的情况并总结经验等。

(2) 项目成本审计。对照项目预算审核实际成本的发生情况。如果超支，要查明是因成本控制不利还是因擅自扩大项目范围或乱摊成本所致；如果节约，则要查明是否缩小了建设范围或降低了建设标准，若成本节约缘于有效利用资源，要及时肯定和推广经验。

(3) 项目质量审计。审查建设质量是否达到验收规范和设计标准，查明其中有无不合格的建设内容和重大质量事故，评定建设项目的质量等级，督促施工单位对质量低劣的部分进行加固补修或返工。对于报废工程或重大质量事故，要追究相关人员的责任，并总结教训，引以为戒。

(4) 投资决策审计。项目建成之后，对照项目前期对投资收益的预测，审查投资效果是否达到设计能力以及满足建设需要的程度，对投资决策及投资收益做出综合评价。

4.项目人员业绩评价

项目完成后，要对项目参与人员做出全面真实的评价，以确定他们在项目建设期间的业绩及其对职责的履行状况。做好这项工作，对于激励员工和培养项目组织优秀的管理人员具有重要意义。

(1)准确评价项目经理的业绩。要根据任命书评价项目经理的业绩，并根据项目经理履行既定的责任，对部下的有效激励，对资源的合理利用，对意外事件的正确处理，对技术问题的判断能力，以及创造性成果等，按照“优秀”“很好”“好”“一般”“差”来评定项目经理的业绩。

(2)合理评价主要项目管理人员的业绩。对项目主要管理人员的业绩评价主要集中在评价他们的业务能力、工作的主动性和适应性、与他人合作的程度以及工作习惯和对项目建设做出的贡献等方面。

(3)全面评价一般工作人员的表现。主要包括工作态度、工作质量和工作主动性等方面。在评价项目参与人员业绩的工作中，一要注意征求相关部门负责人的意见，避免所做的评价带有片面性；二要不以成败论英雄，有些项目虽不太成功，但参与人员已付出了最大努力，这时也要做出正确评价；三要将评价与精神和物质鼓励结合起来。

6.4 项目交接与清算

6.4.1 项目交接

1. 项目交接的概念

项目交接是指全部合同收尾后，在政府项目监管部门或社会第三方中介组织的协助下，项目业主与全部项目参与方之间进行项目所有权移交的过程。项目能否顺利交接取决于项目是否顺利通过了竣工验收。项目收尾阶段的主要工作由项目竣工、项目竣工验收和项目交接三项组成，三者之间紧密联系，但又是不同的概念和过程。

项目竣工是对项目团队而言的，表示项目团队按合同完成了任务，项目团队对项目的有关质量和资料等内容进行了自检，项目的工期、进度、质量、费用等均已满足合同的要求。

项目竣工验收是指项目团队与项目承接方、项目监理和与项目有关的人员组成的验收班子，对竣工的项目进行验收、检查的过程。只有当项目质量和资料等项目成果完全符合项目验收标准，达到要求，才能通过验收。

当项目通过验收后，项目团队将项目成果的所有权交给项目接收方，这个过程就是项目交接。项目交接完毕，项目接收方有责任对整个项目进行管理，有权力对项目成果进行使用。这时，项目团队与项目业主的项目合同关系基本结束，项目团队的任务转入对项目的保修阶段。

可见，项目竣工验收是项目交接的前提，交接是项目收尾的最后工作内容，是项目管理的完结。

2. 项目交接的范围与依据

对于不同行业、不同类型的项目，国家或相应的行业主管部门出台了各类项目交接的规程或规范。对于个人投资项目交接，一旦验收完毕，应由项目团队与项目业主按合同进行移交。移交的范围是合同规定的项目成果、完整的项目文件、项目合格证书、项目产权证书等。对于企（事）业投资项目交接，应由企（事）业的法人代表出面代表项目业主进行项目交接。对于国家投资项目的交接，投资主体是国家，并通过国有资产的代表实施投资行为。对中、小型项目，一般由地方政府的某个部门担任业主的角色。对大型项目，通常可委托地方政府的某个部门担任建设单位（项目业主）的角色，但建成后的所有权属于国家（中央）。

3.项目交接的内容

工程项目经竣工验收合格后，便可办理工程项目交接手续，从而将项目的所有权移交给建设单位。项目的移交包括项目实体移交和项目文件移交两部分。

(1) 实体移交

实体移交的繁简程度随工程项目承发包模式的不同及工程项目本身的具体情况不同而各不相同。一般地，凡是合同上规定属于用户在生产过程中使用的所有必需品及专用工具，均应由项目团队向项目接收方移交。

(2) 文件移交

移交时要编制《工程档案资料移交清单》。项目团队和业主按清单查阅并认可后，双方在移交清单上签字盖章。移交清单一式两份，双方各自保存一份，以备查对。

(3) 竣工结算书

在办理工程项目交接前，项目团队要编制竣工结算书，并据此向项目业主结算最终拨付的工程价款。而竣工结算书通过监理工程师审核、确认并签证后，才能通知银行与项目团队办理工程价款的拨付手续。

当实体移交、文件移交和项目款项结清后，项目移交方和项目接收方将在项目移交报告上签字，形成项目交接报告，并据此构成项目交接的结果。

6.4.2 项目清算

1. 项目清算的概念

在项目结尾阶段，如果项目达到预期的成果，就是正常的项目竣工、验收、移交过程；如果项目没有达到预期的效果，并且由于种种原因没有可能或没有必要进行下去，因而终止项目的，将开始项目清算。项目清算是非正常的项目终止过程。

如果项目存在项目决策失误、项目规划与设计中出现重大技术方向错误、项目实施过程中出现重大质量事故且不能挽回、项目虽顺利交接但项目试运行效果不佳、出现制约项目运行的相关新政策、其他不可预见因素等情况，需要项目团队及时报告并决定是否办理项目清算手续。

项目清算是项目业主和项目团队都不希望出现的事件，但是，如果出现项目不能顺利进行的情况，及时、果断地进行项目清算无论对业主、项目团队，还是对国家都是必要的。对于项目业主，项目清算是最大限度地减少损失的唯一方法和途径；对于项目团队，促使项目业主尽快清算，项目清算可减轻对项目承担的责任，使项目团队尽快转移到新项目中去；对于国家，当项目无意义时，尽快清算，结束项目，可减少对资源的占用和浪费。因而，对不能成功结束的项目，要根据情况尽快进行清算。与项目竣工不同，项目清算是由项目业主召集项目团队及其相关人员组成清算班子，执行清算的。

2. 项目清算程序

项目清算主要以合同为依据。在清算时，按照合同的有关条款，确定相应的责任和损失。

项目清算的程序如下：

(1) 由业主召集项目团队、工程监理等相关人员组成项目清算小组。

(2) 项目清算小组对项目执行的现状及已完成的部分，依据合同逐条进行检查。对项目已经进行的，并且符合合同要求的，免除相关部门和人员责任；对项目中不符合合同目标的，并有可能造成项目失败的工作，依合同条款进行责任确认，同时就损失估算、拟定索赔方案等事宜进行协商。

(3) 找出造成项目失败的所有原因，总结经验。

(4) 明确责任，确定损失，协商索赔方案，形成项目清算报告，合同各方在清算报告上签章，使之生效。

(5) 如协商不成则按合同的约定提请仲裁，或直接向项目所在地的人民法院提起诉讼。

项目清算对于及时结束不可能成功的项目，保证国家资源得到合理使用，增强社会法律意识都起到重要作用。项目各方应树立实事求是的观念，对于无法完成的项目就应及时、客观地进行清算。

6.5 项目后评价

6.5.1 项目后评价概述

1.项目后评价的概念

项目论证是指分析研究拟议中的项目应该采用什么技术、规模做多大、项目需要多少资金、市场前景如何，也就是说，要解决项目应该做成什么样子或实现什么目的。而项目后评价则是分析研究已经开始运营的项目究竟怎样，评价当时采用的技术是否先进、规模是否适宜、投融资措施是否恰当。

随着整个社会越来越关注投资效益问题，越来越强调科学决策观，许多的项目特别是投资巨大、社会影响面广的投资项目，不仅在投资决策前要进行项目的可行性分析，也需要在项目完成并投资使用后的一定时期内，结合实际运营情况，对项目进行后评价。

项目后评价是指对已完成并投入运营的项目的投资背景和目的、建设或实施过程、投资执行情况、运营情况、配套及服务设施情况、建成后的作用与效益、社会经济与环境影响以及项目的可持续性所进行的系统的、客观的和全面的分析研究过程。

2.项目后评价的作用

项目后评价通过对项目运营情况的检查总结，确定项目预期的目标是否达到，项目是否合理有效，项目的主要运营指标是否实现。具体讲，项目后评价具有以下作用。

(1) 总结经验教训，提升过程能力

项目后评价是指对已完成并投入运营的项目进行的系统的、客观的和全面的分析研究，通过提炼项目在实施及运营过程中有益的经验，发现规律性的科学方法，反思在实施及运营过程中出现的失误和教训，使项目的投资人、决策者、管理者和建设者学习到更加科学、合理的方法和策略，提升项目全过程的计划与控制能力。

(2) 促进全过程参与，增进各方责任心

由于项目后评价具有现实、客观、公正等特点，通过对项目实施全过程的成绩和失误进行科学客观的分析研究，可以准确地判断投资人、决策者、管理者和建设者在工作中实际存在的主要问题，使项目参与各方清醒地认识到任何决策上、执行中和管理层面的失误给项目带来的危害，进而增强其责任心。

(3) 优化投资决策，改进决策支持

虽然项目后评价对完善已建项目、改进在建项目有重要作用，但更重要的是为待建项目或拟议中的项目的投资决策提供经验和决策支持。

(4) 加强过程监督，促进项目发展

项目后评价是一个向实践学习的过程，同时又是一个对投资活动的监督过程。项目后评价的监督功能与项目的前期评估、实施监督结合在一起，构成了对投资活动的监督机制。同时，针对项目后评价中发现的问题，可以制定有效的改进措施，促进项目随后的发展。

3.项目后评价与项目评估的区别

项目后评价与项目评估，在评价原则和方法上没有太大的区别，采用的都是定量与定性相结合的方法。但是，两者是项目生命周期中不同时点上进行的两种不同的评价活动，因此也存在一些区别。

(1) 目的不同

项目评估的目的是审查项目可行性研究的可靠性、真实性和客观性，为项目融资决策、银行贷款决策以及行政主管部门的审批决策提供科学依据。项目后评价则是在项目完成并投入运营以后，总结项目执行情况，并通过利用已经运营阶段的数据来预测项目的未来趋势，其目的是为了总结经验教训，以改进决策和项目运营。所以，后评价要同时进行项目的回顾总结和前景预测。

(2) 起点不同

项目评估是指在项目可行性研究完成后，从项目对企业、对社会贡献的各个角度对拟建项目进行全面的经济、技术论证和评价，并给出评价结果的过程。而项目后评价是站在项目已经建成的时点上，对项目实施全过程的成绩和失误进行科学客观的分析研究。

(3) 判别标准不同

项目评估的重要判别标准是投资者期望达到的收益水平，如投资利润率和投资回收期。而后评价的判别标准则重点是对比项目可行性研究和项目评估的结论，采用前后对比的方法，分析项目实际运行中是否已经达到当初的预期。

4.项目后评价的特点

(1) 现实性

项目后评价是以实际执行和运行情况为出发点，对项目建设、运营现实存在的情况、产生的数据进行分析研究，所以具有现实性的特点。项目论证与评估是预测性的评价，它所使用的数据为通过对市场分析以后预测得来的数据，而项目后评价则以项目投入运营后的短期实际数据为依据。

(2) 客观性

项目后评价必须确保是客观公正的，这是一条很重要的原则。客观性表示在评价时，应该从实际执行情况和运营数据出发，始终保持客观的立场对待评价工作。再者进行后评价的机构应尽量是独立的第三方，以确保客观公正。

(3) 全面性

项目后评价是对项目实践的全面评价，它是对项目立项决策、设计施工、生产运营等全过程进行的系统评价。这种评价不仅涉及项目生命周期的各阶段，而且还涉及项目的方方面面；不仅包括经济效益、社会影响、环境影响，还包括项目的管理效率、可持续性等许多方面。

(4) 反馈性

项目后评价的结果需要反馈到决策部门，作为新项目立项和评估的基础以及调整投资计划和政策的依据，这是后评价的最终目标。

6.5.2 项目后评价的主要内容

项目后评价的主要内容与项目论证及评估的内容基本相同，具体包括以下内容。

1.项目目标评价

项目后评价要对照原定目标完成的主要指标，检查项目实际实现的情况和变化，分析实际发生改变的原因，以判断目标的实现程度。另外，目标评价要对项目原定决策目标的正确性、合理性和实践性进行分析评价。有些项目原定的目标不明确，或不符合实际情况，项目实施过程中可能会发生重大变化，项目后评价都要给予重新分析和评价。

2.项目实施过程评价

项目的过程评价应对照立项评价或可行性研究报告时所预计的情况和实际执行的过程进行比较和分析，找出差别，分析原因。具体包括以下几个方面：①前期工作情况和评价；②项目实施情况和评价；③投资执行情况和评价；④运营情况和评价；⑤项目的管理和机制。

3.项目效益评价

项目效益评价包括财务评价和经济评价，主要分析指标有内部收益率、净现值和贷款偿还期等项目盈利能力和清偿能力的指标。具体应注意以下几点。

(1) 项目前评价采用的是预测值，项目后评价则对已发生的财务现金流量和经济流量采用实际值，并按统计学原理加以处理；对后评价时点以后的流量做出新的预测。

(2) 当财务现金流量来自财务报表时，应收而未实际收到的债权和非倾向资金都不可计为现金流入，只有当实际收到时才作为现金流入；同理，应付而实际未付的债务资金不能计为现金流出，只有当实际支付时才作为现金流出。必要时，要对实际财务数据做出调整。

(3) 实际发生的财务会计数据都含有物价通货膨胀的因素，而通常采用的盈利能力指标是不含通货膨胀水分的。因此，对项目后评价采用的财务数据要剔除物价上涨因素，以实现前后的一致性和可比性。

4.项目影响评价

项目影响评价包括经济影响评价、环境影响评价和社会影响评价等几个方面。

(1) 经济影响评价。经济影响评价主要分析评价项目对所在地区、所属行业和国家所产生的经济方面的影响。要注意把项目效益评价中的经济分析区别开来。评价的内容主要包括分配、就业、国内资源成本（或换汇成本）、技术进步等。由于经济影响评价的部分因素难以量化，一般只能做定性分析，一些国家和组织把这部分内容并入社会影响评价的范畴。

(2) 环境影响评价。对照项目前期评价时批准的《环境影响评价》，重新审定项目环境影响的实际结果，审核项目环境管理的决策、规定、规范、参数的可靠性和实际效果。项目的环境影响评价一般包括项目的污染控制、地区环境质量、自然资源利用和保护、区域生态平衡和环境管理等几个方面。

(3) 社会影响评价。从社会发展的观点来看，项目社会影响评价是对项目在社会的经济、发展方面的有形和无形的效益与结果的一种分析，重点评价项目对所在地区和社区的影响。社会影响评价一般包括贫困、平等、参与和妇女等内容。

5.项目持续性评价

项目持续性是指在项目建成之后，项目的既定目标是否还能继续，项目是否可以持续地发展下去，项目业主是否愿意并可能依靠自己的力量继续去实现既定目标，项目是否具有可重复性，即是否可在未来以同样的方式建设同类项目。持续性评价一般可作为项目影响评价的一部分，但是世界银行和亚洲开发银行等组织把项目的可持续性视为其援助项目成败的关键之一，因此要求受援项目在前评价和后评价中进行单独的持续性分析和评价。项目持续性的影响因素一般包括：本国政府的政策；管理、组织和地方参与；财务因素；技术因素；社会文化因素；环境和生态因素；外部因素等。

上述后评价的内容是目前项目后评价实践中普遍采用的范围。不同的项目其侧重点是不一样的，有些项目重点评价项目建成后对就业、居民生活条件改善、收入和生活水平提高、文教卫生、体育、商业等公用设施增加和质量提高等方面带来的影响；而一些项目将评价重点放在项目建成后为本地区经济发展、社会繁荣和城市建设、交通便利等方面所产生的实际影响。另外一些项目则着眼于项目对产业结构的调整、生产力布局的改善、资源优化配置等方面产生的作用和影响。

6.5.3 项目后评价的程序

1.项目后评价的阶段

项目后评价的阶段，项目后评价一般分为四个阶段。本部分以工业节能与绿色发展项目为例进行项目后评价的程序分析。

(1) 项目自评阶段

由项目业主会同执行管理机构按照行业标准、国家标准或世界金融机构的要求编写项目的自我评价报告，报相应的投资部门或投资决策部门。项目自我评价是从项目业主或项目主管部门的角度对项目的实施进行全面的总结，为开展项目后评价做好准备。项目自我评价的内容基本上与项目完工报告相同，侧重找出项目在实施过程中的变化，以及变化对项目效益等各方面的影响，并分析变化的原因，总结经验教训。

(2) 行业或地方初审阶段

在行业或地方初审阶段，由行业或省级主管部门对项目自评报告进行初步审查，提出意见，一并上报。例如，2022 年武汉市工业节能专项资金项目申报需要各个项目按照申报要求完成项目符合性初审和网上审核，正式行文向市经信局报送合格项目，含项目汇总表、项目申请报告，以及征求安全、环境、质量等相关主管部门意见的复函。

(3) 正式后评价阶段

该阶段由相对独立的第三方后评价机构组织专家对项目实施后评价，通过资料收集、现场调查、统计分析和综合判断，编制项目的后评价报告，这一阶段也称为项目的独立后评价。项目的独立后评价要保证评价的客观公正性，同时要及时将评价结果报告委托单位。为了达到后评价总结经验教训的目的，项目独立后评价的主要任务是，在分析项目完工报告、项目自我评价报告或项目竣工验收报告的基础上，通过实地考察和调查研究，评价项目结果和项目执行情况。武汉市工业节能专项资金项目申报在正式后评价阶段由市经信局对项目申报材料是否完备等进行符合性审查，并组织第三方机构对项目进行实地核查和年节能量审核，最终完成后评价报告。

(4) 成果反馈阶段

反馈是后评价的主要特点，评价成果反馈的好坏是后评价能否达到其最终目的的关键之一。在项目后评价报告的编写过程中应该广泛征求各方面意见，在报告完成之后要以召开座谈会等形式进行发布，同时散发成果报告。反馈是后评价体系中的一个决定性环节，是一个传达和公布评价成果信息的动态过程，可以保证这些成果在新建或已有项目中以及其他开发活动中得到采纳和应用。武汉市工业节能专项资金项目依据上一阶段公示后的第三方机构审核结果，按照年度重点支持方向，批复项目名单。

2.项目后评价的程序

(1) 后评价项目的选定

选择后评价项目有两条基本原则，即特殊的项目和规划计划总结需要的项目。

(2) 制订项目后评价计划

选定进行后评价的项目之后，需要制订项目后评价的计划，以便项目管理者和执行者在项目实施过程中注意收集资料。严格来说，项目后评价本身也是一个项目，同样需要制订周密、详细的实施计划。

(3) 项目后评价范围的确定

通常，一个项目的影响面非常广泛，所以在进行后评价时应该把评价内容限定在一定的范围内，主要是项目直接影响的范围之内。评价范围通常在委托合同中确定，委托者要把评价任务的目的、内容、深度、时间和费用等，特别是那些在本次任务中必须完成的特定要求，予以明确而具体的规定。

(4) 项目后评价机构的选择

在项目后评价阶段，通常需要委托一个独立的评价咨询机构去实施，或由银行内部相对独立的后评价专门机构去实施，如世界银行的业务评价局，项目后评价往往由这两类机构来完成。

(5) 项目后评价的执行

在项目后评价任务委托、专家聘用后，后评价即可开始执行。项目后评价的主要工作包括：

①资料信息的收集。项目后评价的基本资料应包括项目自身的资料、项目所在地区的资料、评价方法的有关规定和指导原则等。

项目自身的资料一般应包括：项目自我评价报告、项目完工报告、项目竣工验收报告；项目决算审计报告、项目概算调整报告及其批复文件；项目开工报告及其批复文件、项目初步设计及其批复文件；项目评估报告、项目可行性研究报告及其批复文件等。项目所在地区资料包括国家和地区的统计资料、物价信息等。项目后评价方法规定的资料则应根据委托者的要求进行收集。

②后评价现场调查。项目后评价现场调查应事先做好充分准备，明确调查任务，制定调查提纲。调查任务一般应回答以下问题：项目基本情况；目标实现程度；作用和影响。

③分析和结论。后评价项目现场调查后，应对资料进行全面认真的分析，回答以下主要问题：总体结果；可持续性；方案比选；经验教训。

(6) 编制项目后评价的报告

上述后评价研究成果应按项目后评价的一般要求编写成为项目后评价报告。它既是评价结果的汇总，又是反馈经验教训的重要文件。

6.5.4 项目后评价报告

1.项目后评价报告的编写要求

项目后评价报告是评价结果的汇总，应真实反映情况，客观分析问题，认真总结经验。另外，后评价报告是反馈经验教训的主要文件形式，必须满足信息反馈的需要，而且后者显得更为重要。因此，后评价报告要有相对固定的内容格式，便于分解，便于计算机输录。项目后评价报告编写有以下要求。

(1) 报告文字准确清晰，通俗易懂。报告应包括摘要、项目概况、评价内容、主要变化和问题、原因分析、经验教训、结论和建议、评价方法说明等。这些内容既可以形成一份报告，也可以单独成文上报。

(2) 报告的发现和结论要与问题和分析相对应，经验教训和建议要把评价的结果与将来规划和政策的制定、修改联系起来。

2.项目后评价报告的内容

项目后评价报告的内容包括项目背景、实施评价、效果评价和结论建议等几个部分，具体包括以下几方面。

（1）项目背景

项目背景主要应说明：

①项目的目标和目的。简单描述立项时社会发展对本项目的需求情况和立项的必要性，项目的宏观目标，与国家、部门或地方产业政策布局规划和发展策略的相关性，建设项目的具体目标和目的，市场前景预测等。

②项目建设内容。项目可行性研究报告和评估提出主要产品、运营或服务的规模、品种、内容，项目的主要投入和产出，投资总额，效益测算情况，风险分析等。

③项目工期。项目原计划工期，实际发生的科研批准、开工、完工、投产、竣工验收、达到设计能力以及后评价时间。

④资金来源与安排。项目批复时所安排的主要资金来源、贷款条件、资本金比例以及项目全投资加权综合贷款利率等。

⑤项目后评价。项目后评价的任务来源和要求，项目自我评价报告完成时间，后评价时间程序，后评价执行者，后评价的依据、方法和评价时点。

（2）项目实施评价

项目实施评价应简单说明项目实施的基本特点，对照可行性研究评估找出主要变化，分析变化对项目效益影响的原因，讨论和评价这些因素及影响。世界银行、亚洲开发银行项目还要就变化所引起的对其主要政策可能产生的影响进行分析，如环保、扶贫等。

①设计。评价设计的水平、项目选用的技术装备水平，特别是规模的合理性。对照可行性研究和评估，找出并分析项目涉及重大变更的原因及其影响，提出如何在可行性研究阶段预防这些变更的措施。

②合同。评价项目的招投标、合同签约、合同执行和合同管理方面的实施情况，包括工程承包商、设备材料供货商、工程咨询专家和监理工程师等。对照合同承诺条款，分析和评价实施中的变化和违约及其对项目的影响。

③组织管理。组织管理的评价包括对项目执行机构、借款单位和投资者三方在项目实施过程中的表现和作用的评价。如果项目执行得不好，评价要认真分析相关的组织机构、运作机制、管理信息系统、决策程序、管理人员能力、监督检查机制等因素。

④投资和融资。分析项目总投资的变化，找出变化的原因，分清内部原因还是外部原因，如是汇率变化、通货膨胀等政策性因素，还是项目管理的问题，以及投资变化对项目效益的影响程度。评价要认真分析项目主要资金来源和融资成本的变化，讨论原因及影响，重新测算项目的全投资加权综合利率，作为项目实际财务效益的对比指标。如果政策性因素占主导，则应对这些政策的变化提出对策建议。

⑤项目进度。对比项目计划工期与实际进度的差别，包括项目准备期、施工建设期和投产达产期。分析工期延误的主要原因，及其对项目总投资、财务效益、借款偿还和产品市场占有率的影响。同时，还要提出今后避免进度延误的措施建议。

⑥其他。包括：银行资金的到位和使用，世界银行、亚洲开发银行安排的技术援助，贷款协议的承诺和违约，借款人和担保者的资信等。

（3）效果评价

效果评价应分析项目所达到和实现的实际结果，根据项目运营和未来发展，以及可能实现的效益、作用和影响，评价项目的成果和作用。但在内容和文字上不要与项目实施评价重复。

①项目运营和管理评价。根据项目评价时的运营情况，预测出未来项目的发展，包括产量、运营量等。对照可研评估的目标，找出差别，分析原因。分析评价项目内部和外部条件的变化及制约条件。

②财务状况分析。根据上述项目运营及预测情况，按照财务程序和财务分析标准，分析项目的财务状况。主要应评价项目债务的偿还能力和维持日常运营的财务能力。在可能的情况下，要分析项目的资本构成、债务比例；需要投资者、政府和其他方面提供的政策和资金，如资本重组、税收优惠、增加流动资金等。

③财务和经济效益的重新评价。一般的项目在后评价阶段都必须对项目的财务效益和经济效益进行重新测算。要用重新测算得出的数据与项目可行性研究评估时的指标进行对比分析，找出差别和原因。还要与后评价计算的项目全投资加权综合利率相比，确定其财务清偿能力。同时，评价根据未来市场、

价格等条件，进行风险分析和敏感性分析。

④环境和社会效果评价。环境和社会效果及影响评价的内容、指标和方法已在前面的小节中做过介绍。这部分评价的一个关键是项目受益者，即项目对受益者产生了什么样影响。一般应评价项目的社会经济、文化、环境影响和污染防治等。

⑤可持续发展状况。项目可持续性主要是指项目固定资产、人力资源和组织机构在外部投入结束之后持续发展的可能性。评价应考虑以下几个方面。

第一，技术装备与当地条件的适用性；第二，项目与当地受益者及社会文化环境的一致性；第三，项目组织机构、管理水平、受益者参与的充分性；第四，维持项目正常运营、资产折旧等方面的资金来源；第五，政府为实现项目目标所承诺提供的政策措施是否得力；第六，防止环境质量下降的管理措施和控制手段的可靠性；第七，对项目外部地质、经济及其他不利因素防范的对策措施。

(4) 结论和经验教训

项目独立后评价报告的最后一部分内容包括项目的综合评价、结论、经验教训、建议对策等。

①项目的综合评价和评价结论。综合评价应汇总以上报告内容，以便得出项目实施和成果的定性结论。综合评价要做出项目的逻辑框架图，以评定项目目标的合理性、实现程度及其外部条件。同时，评价还要列出项目主要效益指标，评定项目的投入产出结果。在此评定的基础上，综合评价采取分项打分的办法，即成功度评价。一般项目独立后评价的定性结论分为成功的、部分成功的和不成功的三个等级。

②主要经验教训。经验教训主要是两个方面的：一是项目具有本身特点的重要的收获和教训；二是可供其他项目借鉴的经验教训，特别是可供项目决策者、投资者、借款者和执行者在项目决策、程序、管理和实施中借鉴的经验教训，目的是为决策和新项目服务。

③建议和措施。根据项目的问题、评价结论和经验教训，提出相对应的建议和措施。

▷English Corner for Chapter 6

(1) Project closure is the final stage of project life cycle. The project enters the closure phase when the project objectives have been achieved, or when it can be clearly judged that the project's planning objectives cannot be achieved. When the project enters the normal closing phase (success), project finalization and audit should be carried out, project completion and acceptance should be performed, project handover should be realized, and post-project evaluation should be conducted. When the project needs to be terminated abnormally (fail), the project should be audited and liquidated. Project closure includes administrative closure and contract closure.

(2) Project acceptance is the activity of reviewing the final deliverables of a project by the project recipient in conjunction with the project contractor, project supervisor and other relevant parties before the project contractor delivers its results to the user at the end of the project. Project acceptance is the sign of the end of the project and a prerequisite for all stakeholders involved in the project to obtain the benefits they deserve, a means to check the quality of the project, and a basis to promote the project to be put into operation as soon as possible. Project completion acceptance mainly includes quality acceptance and document acceptance.

(3) Project final account and project audit work are the economic activities in the final stage of project. Project final account is the process of determining all costs from project initiation to project closure, which results in the formation of a project final account table. The significance of the project final account is to understand the implementation of the project plan and design budget, to provide the basis for project acceptance, qualifying the total project assets, for delivery etc.

(4) Project audit is a comprehensive follow-up inspection of the entire project management from decision making and project initiation to completion and commissioning, including project documents and records, management methods and procedures, property situation, budget and cost expenditures, and completion of project work. The main purpose of project audit is to judge the legality, reasonableness and effectiveness of the project implementation process. Project audit includes the stages of pre-project audit, project implementation audit, project completion audit, etc., of which completion audit includes completion acceptance audit, completion final audit, economic efficiency audit, personnel performance evaluation, etc.

(5) Project handover and project liquidation. Project handover refers to the process of transferring

ownership of the project between the project owner and all project participants with the assistance of government department or social third-party intermediary organization after all contracts are closed. Project acceptance is the premise of project handover, and handover is the final work content of project closure, which is the completion of project management. Project liquidation is the termination process for a failed project. Project liquidation is mainly based on the contract to divide the responsibility and share the loss, which is mainly organized by the investors themselves and joint liquidation with project partners.

(6) Post-project evaluation is the activity of analyzing, summarizing and assessing the purpose, process, results, benefits, effects and impacts of completed projects. Its purpose is to summarize experience, learn lessons, and continuously improve project decision-making management ability, and to provide a scientific basis for the formulation of relevant policies. Post-project evaluation includes project objective evaluation, project process evaluation, project benefit evaluation and project sustainability evaluation. The post-project evaluation involves four stages: project self-evaluation, industry or local preliminary review, formal post-evaluation, and feedback of assessment results. It is a prerequisite for all parties involved to obtain the benefits they deserve, a means to improve the quality of the project, and a basis to promote the project to be put into operation as soon as possible.

章节习题

一、选择题

1.以下哪一内容不应出现在项目评估报告的正文部分？（ ）

A.环境影响评价　B.项目风险评估　C.投资计划　D.经济预测表

2.下列表述正确的是（ ）

A.与其他项目阶段相比较，项目收尾阶段的成本投入和启动阶段相当

B.与其他项目阶段相比较，项目收尾阶段的成本投入是较多的

C.项目从开始到结束，其风险是不变的

D.项目开始时，风险最低，随着任务的完成，风险逐渐增多

3.下列哪些因素不是影响审计细致程度的因素（ ）

A.项目周期　B.组织规模　C.项目重要性　D.项目规模

4.项目后评价的基本方法是（ ）

A. 对比法　B.有无对比法　C.动态法　D.分析法

5.项目竣工验收的主要内容是项目质量验收和（ ）

A.项目技术验收　B.项目财务验收　C.项目文件验收　D.项目人员验收

二、填空题

1.项目后评价的主要内容包括项目目标评价、（ ）、（ ）、（ ）和项目可持续性评价。

2.项目正常结束后的后评价过程分自我评价和（ ）两个步骤来完成。

3.（ ）是控制项目最终质量的重要手段，也是项目验收的重要内容。

4.（ ）是指项目从筹建开始到项目结束交付使用为止的全部费用的确定。

5.一般而言，项目正常结束后将开展项目验收，而当项目非正常终止的时候，项目业主需要进行的是（ ）。

6.项目验收按验收内容可分为（ ）和文件验收两种。

7.项目验收按验收范围可分为（ ）和（ ）。

8.当项目通过验收后，项目团队将项目成果所有权交给项目接收方，这个过程就是（ ）。

三、简答题

1.项目验收的作用有哪些？

2.什么是项目后评价？其与项目评估的区别是什么？

3.项目交接的内容是什么？

4.项目审计的任务有哪些？

5.项目处于什么样的情况下，应该进入项目结束阶段？
6.项目正常结束和非正常终止的主要区别有哪些？
7.什么叫项目验收？如何分类？项目验收的结果是什么？
8.项目质量验收和文件验收各自的主要内容是什么？
9.什么叫项目决算？项目决算的主要内容是什么？
10.简述项目交接的程序和内容。
11.项目后评价和项目论证的主要区别是什么？项目后评价的主要内容有哪些？
12.如何编制项目后评价报告？项目后评价要遵循什么样的流程？

二、工程项目经济篇

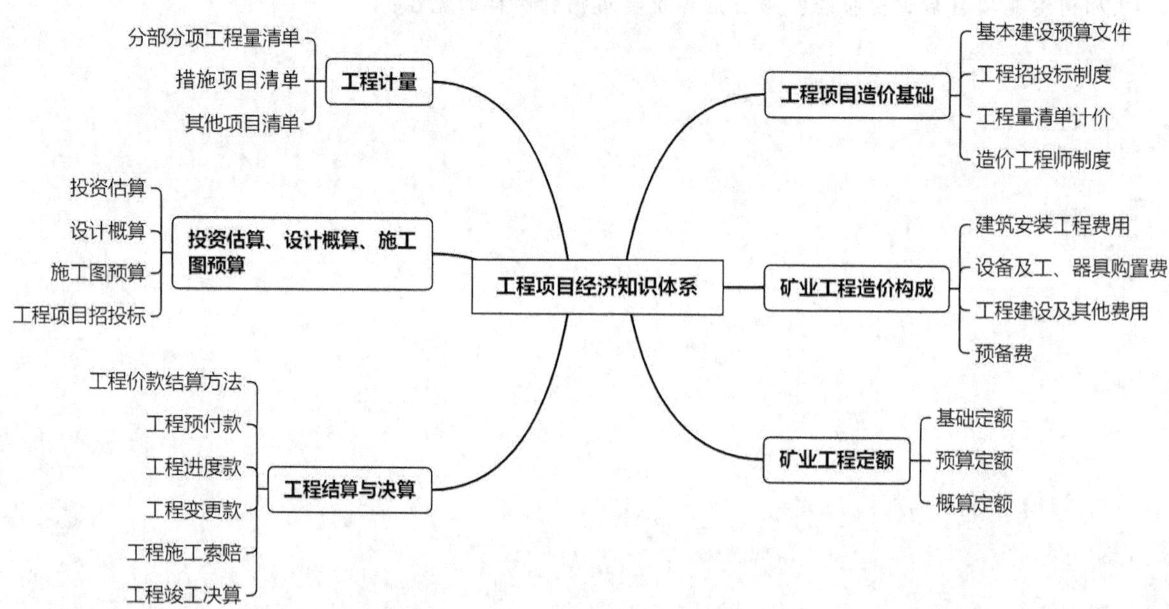

工程项目经济篇分为六章，知识体系如上图所示，主要研究工程项目成本学问题，系统地介绍了工程造价理论与实务，主要内容包括工程造价基础、工程造价构成、工程定额标准体系、工程量计算规则、工程投资估算、施工图预算、工程结算与决算等理论与方法。其中，建设工程定额和工程建设中投资估算、设计概算、施工图预算、竣工决算及合同价款等工程造价编制方法需要理论与实际案例相结合，注重实用性和实践性。

第7章 工程项目造价基础

案例引入　　　　**我国工程造价历史沿革**

中华人民共和国成立以来，我国建设工程造价管理行业经历了从无到有的发展历程；工程造价领域已从传统的算量套价拓展到以全过程造价控制与管理、前期投融资决策、风险管理、价值管理、投资战略规划、信息化等高端领域，面向以工程价款为核心的全过程工程管理。

计划经济时期

1.早期的计划经济时期

中华人民共和国刚刚成立的时候，为了与计划经济相适应，进行合理的工程造价确定，我们国家引进苏联的概预算定额管理制度，这项管理制度的核心是“三性一静”（定额的统一性、综合性、指令性，工料机价格的静态）。1966 年至 1976 年，概预算定额管理工作遭到破坏，相关机构被撤销，大量基础资料被销毁，造成整个行业发生了设计无概算、施工无预算、竣工无决算的状况。直到 1977 年，国家开始恢复重建造价管理机构。

2.改革开放后的计划经济时期

改革开放使整个中国的经济开始了缓慢腾飞，工程造价行业也迎来了前所未有的机会，从 1979 年开始，国家先后颁发了《建筑安装工程统一劳动定额》《基本建设设计工作管理暂行办法》《建筑安装工程统一劳动定额》《加强工程建设标准定额工作的意见》等一系列政策文件，并在 1990 年，经建设部同意，民政部核准登记，中国建设工程造价管理协会正式成立。

这些措施和政策明确工程建设标准定额工作是政策性、技术性、经济性很强的工作；并为设计、施工、竣工验收提供科学的依据，为建设项目评估决策、控制项目投资、确定工程造价、检查监督工程质量提供合理的尺度，是搞好基本建设管理的一项很重要的基础工作，也是提高投资效益，促进技术进步的一个重要环节。

市场经济时期

1.早期的市场经济时期

1995 年，建设部颁发《国家建筑工程基础定额》。之后，全国各地先后重新修订了各类建筑工程预算定额，使定额管理逐渐摆脱以前的不科学，不规范。1998 年，全国范围内组织了造价工程师统一考试。同年，《中华人民共和国建筑法》颁布。2000 年 1 月，《造价工程师注册管理办法》（建设部第 75 号令）发布，标志着我国注册造价工程师制度体系正式建立。这一时期我国工程造价行业的发展更加规范化和制度化。

2.加入 WTO 后的市场经济时期

2003 年 7 月，《建设工程工程量清单计价规范》（GB 50500－2003）发布，量价分离、企业自主报价的清单计价制度开始推广执行，标志着建设产品价格属性成功实现了政府指导价向市场调节价的过渡。2013 年 7 月，《建设工程工程量清单计价规范》（GB 50500－2013）以及《房屋建筑与装饰工程工程量计算规范》(GB 50854—2013) 等9本工程量计算规范发布，进一步推进了“政府宏观调控、企业自主报价、市场形成价格、监管合理有效”的工程造价管理机制，标志着工程造价管理迈入全过程精细化管理时代。

中国建设工程造价管理协会将工程造价定义为一个多义词，对于其本身来说也是一个复杂、多元的概念，涉及多种学科与理论。本章的主要内容为工程造价的概念、特点和作用，计价的特征和方法以及工程项目各阶段的造价控制；介绍了工程招标制度的相关内容，包括发展历程和招标投标的规范化、完善化对工程造价的意义；最后介绍了我国工程清单的计价规范的主要内容和特点。通过本章的学习，熟悉工程造价的基本概念及其特点，了解工程造价的计价特征，了解我国的工程招标制度、工程量清单计价规范以及我国造价工程师（造价工程师和建造师）执业资格制度包括其注册、考试制度规范等。

7.1 工程造价

7.1.1 工程造价及其特点

基本建设是固定资产扩大再生产的新建、扩建、改建、恢复工程及其与之有关的工作，用于形成新的固定资产的经济过程。在形成固定资产的过程中，建设主体需要开展与工程价格有关的经济活动，即工程造价，其前身是“建筑工程概预算”和“建筑产品价格”。学术界就工程造价含义认为工程造价是个多义词，包含两种含义：一是建设成本或称投资额，二是建设工程合同价或承发包价格。

1.工程造价的两种含义

（1）建设成本或称投资额

建设成本是一个建设项目从筹建到竣工验收所需的所有费用。它是以投资者的角度从工程项目建设全过程的视角对工程造价的理解，便于投资者了解建设成本。一般而言，建设成本包括建筑安装工程费用、设备购置费用、工程建设及其他费用和预备费等。投资额是对投资方、业主、项目法人而言的。

（2）建设工程合同价或承发包价格

建设工程合同价是建设工程建造的契约性价格，本书研究工程造价的确定或投标报价计算是以市场交易的角度从承包商的视角了解和介绍工程造价的构成。上述工程造价的两种含义，是两个相对独立的主题，遵循各自的原理与原则。就管理而言，虽然二者有着密切的联系，但前者对应项目投资或项目招标控制价，后者接近项目施工成本。

2.两种含义的区别

对建设工程的投资者来说面对市场经济条件下的工程造价是“购买”工程项目要付出的价格；对于承包商供应商和规划、设计等机构来说，工程造价是他们作为市场供给主体出售商品和劳务价格的总和，或是特指范围的工程造价，如建筑安装工程造价。

工程造价的两种含义最主要的区别在于需求主体和供给主体对市场经济利益的追求不同，因而管理性质和管理目标不同。从管理性质看，前者属于投资管理范畴，后者属于价格管理范畴，但二者又互相交叉。从管理目标看，作为工程项目投资（费用），投资者在进行项目决策和项目实施中，首先追求的是决策的正确性，其依据是投资数额的大小、价格等。其次，在项目实施中如何保障项目质量且降低投资费用是投资者关注的焦点。然而，承包商追求的是较高的工程造价并获得较高的利润。因此，不同的管理目标，反映不同的经济利益，但都受市场价格规律的影响和调节。投资者和承包商之间的经济利益矛盾正是市场的竞争机制和利益风险机制的必然反映。

工程造价的两种不同含义反映了工程造价的特点。建设成本对应的是工程投资，承发包价格对应的是工程价格，二者的区别见表 7-1。

表 7-1　工程造价两种含义的区别

区别分类	工程投资	工程价格
性质不同	不属于价格性质	为合同价，属于价格性质
要求不同	取决于项目决策的正确与否，建设标准是否适用，设计方案是否优化	是否反映其价值，是否符合价格形成机制的要求，是否具有合理的税率

续表

区别分类	工程投资	工程价格
形成机制不同	基础是项目决策，工程设计，材料、设备的采购并进行建筑安装，从而形成工程投资	基础是价值，其形成受市场价值规律、供求规律、竞争规律的支配和影响
存在的问题和原因不同	工程决策失误，盲目上马，重复建设，设计脱离实际	价格偏离价值，利益主体的利益诉求不同

表中列出的四个方面的不同，其性质不同是由于工程价格即合同价，属于价格性质，而工程投资不属于价格性质。

栏目　　造价的字意分析

工程造价是指项目工程在建设中所花的全部费用，工程造价所承担的主要任务：根据图纸、定额以及清单规范，计算出工程中所包含的直接费（人工、材料及设备、施工机具使用）、企业管理费、措施费、规费、利润及税金等。造的文字演进如图 7-1 所示，“造”字甲骨文本义为造舟，即制造船只，能体现人类的创造性。在金文中，“造”字外围是一座房屋的形状，内部靠左边为一只小船（舟），意思在房屋内制造小船。内部靠右为“告”，用来表示字音。后来“造”引申为制造、制作、创造、制定、建立等义。“造”字用作名词，意为成就。造与价相结合，引申为制作价格之意，与工程造价十分贴近。

图 7-1　造字演变及其内涵变化

因此，工程造价是指工程价格，即为建成一项工程，预计或实际在土地、设备、技术劳务以及承包等市场上，通过招投标等交易方式所形成的建筑安装工程的价格和建设工程总价格。

3. 工程造价的特点

(1) 大额性

发挥投资效用的工程都实物形体庞大且造价高昂。该特点决定了工程造价的特殊地位及造价管理的重要意义。

(2) 个别性、差异性

任何一项工程都有特定的用途、功能、规模，因而工程内容和实物形态都应具有个别性、差异性。产品的差异性决定了工程造价的个别性差异。同时，每项工程所处地区、地段都不相同。

(3) 动态性

任何一项工程都有一个较长的建设期间，许多影响工程造价的动态不可控因素都会影响到造价的变动。所以，工程造价在整个建设期中处于不确定状态，直至竣工决算后才能最终确定工程的实际造价。

(4) 层次性

工程造价的层次性取决于建设项目的特点。一个建设项目往往含有多个能够独立发挥设计效能的单项工程。一个单项工程又是由能够独立施工的多个单位工程（土建工程、电气安装工程等）组成。工程造价有三个层次：建设项目总造价、单项工程造价和单位工程造价。如果专业分工更细，单位工程（如土建工程）的组成部分——分部分项工程也可以成为分层对象，这样工程造价的层次就成为五个层次。即使从造价的计算和工程管理的角度看，工程造价层次性也是非常突出的。

栏目	井巷工程项目构成

项目构成

基本建设项目是以一个企业、事业或行政单位为对象，按照一个总体设计进行施工的若干个单项工程所组成的总体。煤炭工业基本建设的内涵是为实现煤炭工业固定资产扩大再生产而进行的增加固定资产的建设工作。它包括：固定资产的建筑和安装、固定资产的购置以及其他基本建设工作；按照其纵向结构及其相对应的技术特征可分为单项工程、单位工程、分部工程和分项工程。

第一，单项工程

单项工程（Individual projects）又称工程项目。它指在一个建设项目中具有独立的设计文件，竣工后可以独立发挥生产能力或效益的工程，是建设项目的组成部分。一个建设项目可包括多个单项工程，也可以是只有一个单项工程。

第二，单位工程

单位工程（Single project）是单项工程的组成部分。它指建成后不能独立发挥生产能力或效益，但具有独立施工条件的部分工程。

第三，分部工程

分部工程（Subproject）是单位工程的组成部分。它是指既不能独立发挥效能，又不具备独立施工条件，但可以单独结算工程价款的部分工程。

第四，分项工程

分项工程（Sub-projects）是分部工程的组成部分。它是指在分部工程中按不同的施工方法、不同的支护材料、不同的规格等进一步划分成的部分工程。

分部工程和分项工程是井巷工程计量与计价的基本单元。在编制单位工程施工图预（结）算时，首先要把单位工程分解成分部、分项工程，按分部、分项工程量，先计算其工、料、机费用；其次计算各项地区差价，记取各项管理费用；最后根据工程造价管理的要求汇总单位工程的造价，再将单位工程造价汇总为单项工程造价。

（5）兼容性

首先在于它有两种含义。其次在于工程造价构成因素的广泛性和复杂性。在工程造价中，成本因素非常复杂。其中，为获得建设工程用地支出的费用、项目可行性研究和规划设计费用、与政府一定时期政策相关的费用占有相当的份额。最后，盈利的构成也较为复杂，资金成本较大。

4.基本建设分类

基本建设是由基本建设工程项目组成的，通常将基本建设工程项目简称为建设工程或建设项目。由于建设项目的性质、用途和资金来源等不同，基本建设项目的分类情况如下。

（1）按建设性质划分

基本建设分为新建项目、扩建项目、改建项目、迁建项目和恢复项目。

①新建项目（New projects）是指从无到有新开始建的项目，或对原有建设项目扩大建设规模后，其新增固定资产价值超过原有固定资产价值三倍的项目。

②扩建项目（Expansion project）是指企业或事业单位在原有固定资产的基础上投资建设的项目。扩建项目按扩建新增的设计能力或扩建所需投资（扩建总概算）计算，不包括扩建以前原有的生产能力。

③改建项目（Alteration projects）是指企业或事业单位，为提高生产效率，增加科技含量，采用新技术，改进产品质量或改进产品方向，对原有设备、工艺条件或工程进行技术改造的项目。现有企业、事业、行政单位增加或扩建部分辅助工程和生活福利设施并不增加本单位主要效益的，也为改建项目。

改建项目和扩建项目都是指在原有企业、事业、行政单位的基础上，扩大产品的生产能力或增加新的产品生产能力，以及对原有设备和工程进行全面技术改造的项目。

④迁建项目（Relocation project）是指原有企业、事业单位，由于各种原因，经有关部门批准搬迁到另地建设的项目。无论其建设规模是企业原来的还是扩大的，都属于迁建项目。

迁建项目中符合新建、扩建、改建条件的，应分别作为新建、扩建或改建项目。迁建项目不包括留在原址的部分。

⑤恢复项目（Restoring and reconstruction projrct），也称重建项目，是指对由于自然灾害、战争或其他人为灾害等原因，使原有固定资产全部或部分报废以后又投资按原有规模重新建设的项目。

但是尚未建成投产的项目，因自然灾害损坏再重建的，仍按原项目看待，不属于重建项目。在恢复的同时进行扩建的，应作为扩建项目。

(2) 按经济用途划分

分为生产性建设项目和非生产性建设项目。

①生产性建设项目（Productive construction projects）是用于物质生产和直接为物质生产服务的建设项目，包括工业项目（含矿业）、建筑业、运输邮电项目、商业和物资供应项目、能源项目、地质资源勘探事业建设和农林水利建设等项目。

②非生产性建设项目（Non-productive construction projects）是指用于满足人民物质和文化生活需要的建设项目，包括文教卫生、科学研究、社会福利、公用事业建设、行政机关、团体办公用房和金融保险业的建设等。

5.基本建设程序

(1) 概念

基本建设程序是工程建设活动中必须遵循的前后次序关系。基本建设是一种综合性的经济活动。在基本建设活动过程中，这些工作既不容许混淆或遗漏，又不容许颠倒或跳跃。人们通过大量基本建设实践发现了这个规律，并把它总结出来，就形成了基本建设程序（Capital construction procedures）。

(2) 内容及其关系

基本建设程序包括基本建设项目从决策、设计、发承包、实施到竣工验收的全过程，内容很多，大体分为五个阶段。第一阶段，基本建设项目决策阶段，包括编制项目建议书、可行性研究、选择建设地点等。第二阶段，基本建设项目设计阶段，包括基本建设项目的初步设计、技术设计、施工图设计等编制设计文件。第三阶段，基本建设项目发承包阶段，包括工程量清单、最高投标限价编制和审查等工作。第四阶段，基本建设项目实施阶段，包括列入工程年度建设计划、建设准备、组织施工和生产准备等。第五阶段，基本建设项目竣工验收阶段，指对按设计文件内容建成的基本建设项目进行竣工验收、交付使用的步骤。

基本建设程序的内容及其关系如图 7-2 所示。

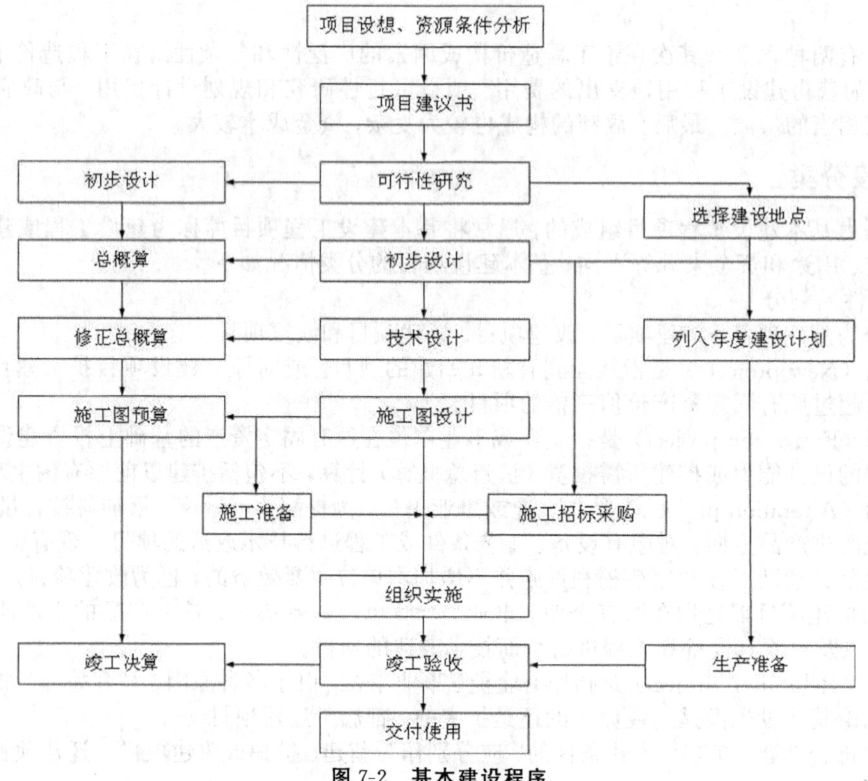

图 7-2　基本建设程序

7.1.2 工程造价的作用

工程造价涉及国民经济各部门、各行业，涉及社会再生产中的各个环节。工程造价的主要作用有以下几点。

1. 形成项目决策的依据

建设工程投资大、生产和使用周期长等特点决定了项目决策的重要性。投资者是否有足够的财务能力支付项目的一次投资费用，是否认为值得支付这项费用，是项目决策中要考虑的主要问题。因此，在项目决策阶段，建设工程造价就成为项目财务分析和经济评价的重要依据。

2. 制订投资计划和控制投资的依据

投资计划是按照建设工期、工程进度和建设工程价格等逐年分月加以制订的。工程造价是通过多次性预估，最终通过竣工决算确定下来的。工程造价的每一次预估的过程就是对造价的控制过程；每一次的预估对下一次的预估是对造价严格的控制。在市场经济利益风险机制的作用下，造价对投资控制作用成为投资的内部约束机制。

3. 筹集建设资金的基础依据

投资体制的改革和市场经济的建立，要求项目的投资者必须有很强的筹资能力，以保证工程建设有充足的资金供应。工程造价基本决定了建设资金的需要量，从而为筹集资金提供了比较准确的依据。

4. 评价投资效果的重要指标

建设工程造价是一个包含着多层次工程造价的体系，既是建设项目的总造价，又包含单项工程的造价和单位工程的造价，同时也包含单位生产能力的造价。这些使工程造价自身形成了一个指标体系。它能够为评价投资效果提供出多种评价指标，为今后类似项目的投资提供参照系。

5. 合理分配利益和调节产业结构的手段

工程造价的高低，涉及国民经济各部门和企业间的利益分配。在计划经济体制下，政府为了用有限的财政资金建成更多的工程项目，总是趋向于压低建设工程造价，使建设中的价值不能得到完全实现。而未被实现的部分价值则被重新分配到各个投资部门，为项目投资者所占有。这种利益的再分配会严重损害建筑企业等的利益，与整个国民经济的发展不相适应。在市场经济中，工程造价会受供求状况的影响，并在围绕价值的波动中实现对建设规模、产业结构和利益分配的调节。加上政府正确的宏观调控和价格政策导向，工程造价在这方面的作用会充分发挥出来。

7.1.3 工程造价的计价特征

工程造价的特点，决定了工程造价的计价特征。

1.单件性

工程的个体差别性决定每项工程都必须单独计算造价，这体现出工程计价的单件性特点。

2.多次性

建设工程周期长、规模大、造价高，因此，为保证工程造价计算的准确性和控制的有效性，相应地也要在不同阶段多次计价。多次性计价是个逐步深化、逐步细化和逐步接近实际造价的过程。对于大型建设项目，其计价过程如图 7-3 所示。

(1) 投资估算（Investment estimates）。其是指在项目建议书和可行性研究阶段对拟建项目所需投资，通过编制估算文件预先测算和确定的过程。也可表示估算出的建设项目的投资额，或称估算造价。就一个工程项目来说，如果项目建议书和可行性研究分不同阶段，相应的投资估算也分为四个阶段。投资估算是决策、筹资和控制造价的主要依据。

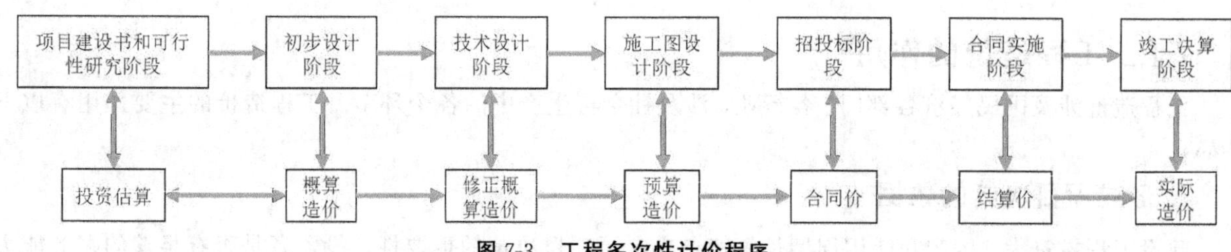

图 7-3 工程多次性计价程序

(2) 概算造价（Estimated cost）。在初步设计阶段，根据设计意图，通过编制工程概算文件预先测算和限定的工程造价。概算造价受估算造价的控制。概算造价分建设项目概算总造价、各个单项工程概算综合造价、各单位工程概算造价。

(3) 修正概算造价（Cost of revised estimates）。在采用三阶段设计的技术设计阶段，根据技术设计的要求，通过编制修正概算文件预先测算和限定的工程造价。它对初步设计概算进行修正调整，比概算造价准确，但受概算造价控制。

(4) 预算造价（Budget Costs）。在施工图设计阶段，根据施工图纸通过编制预算文件，预先测算和限定的工程造价。它比概算造价或修正概算造价更为详尽和准确。但同样要受前一阶段所限定的工程造价的控制。

(5) 合同价（Contract price）。在工程招投标阶段通过签订总承包合同、建筑安装工程承包合同、设备材料采购合同以及技术和咨询服务合同确定的价格。合同价属于市场价格的性质，它是由承发包双方根据市场行情共同议定和认可的成交价格，但它并不等同于最终决算的实际工程造价。

(6) 结算价（Settlement price）。在合同实施阶段，在工程结算时按合同调价范围和调价方法，对实际发生的工程量增减、设备和材料价差等进行调整后计算和确定的价格。

(7) 实际造价（The actual cost）。竣工决算阶段，通过为建设项目编制竣工决算，最终确定的实际工程造价。

栏目

井巷工程预算计价程序

井巷工程施工图预算是施工图设计文件的重要组成部分，经会审批准的预算是确定工程造价，编制和调整年度基本建设计划，统计工程进度，签订承发包合同，拨付工程预付款、工程进度款，办理工程结算，考核工程成本和施工企业备工、备料的依据，也是工程招标编制标底的基础和投标报价的参考，以及衡量设计合理性的尺度。

计价程序为：熟悉施工图样及准备有关资料；了解施工组织设计和施工现场情况；根据施工图计算各分项工程量；以各分项工程量分别乘预算定额的人工、材料、施工机械台班消耗量，按类相加求出该工程需要的人工、各种材料、施工机械台班数量；以各分项人工、材料、施工机械台班数量再乘当时、当地人工单价、各种材料单价和施工机械台班单价，计算出分项工程直接工程费、措施费、间接费、利润、税金等。井巷工程预算计价计算程序，见表 7-2。

表 7-2

费用项目	计算方法
(一) 直接工程费	工程量×消耗量定额基价
(二) 技术措施费	工程量×消耗量定额基价
(三) 企业管理费	[(一)+(二)]×相应费率
(四) 利润	[(一)+(二)+(三)]×相应费率
(五) 组织措施费	[(一)+(二)+(三)+(四)]×相应费率
(六) 其他项目费	列项计算
(七) 地区差价	按规定计算
(八) 规费	按规定计算

续表

费用项目	计算方法
（九）税金	[（一）+（二）+（三）+（四）+（五）+（六）+（七）+（八）]×相应费率
（十）总造价	（一）+（二）+（三）+（四）+（五）+（六）+（七）+（八）+（九）

井巷工程预算管理是指对井巷工程各阶段所编制的投资估算、设计概算、施工图预算、投标阶段工程量清单计价（合同价格确定）、竣工结算等全过程、全方位的管理。通过管理使建设各阶段、各环节有效衔接，达到合理确定、有效控制工程造价，充分发挥投资效益。

井巷工程预算管理的主要任务为：贯彻执行国家建设工程造价管理的法律、法规、政策、规范、标准；科学、合理地制定和正确应用工程造价计价、定价依据；根据需要，制定和组织实施控制、监督、检查工程造价的各项规章制度；加强对建设项目的估算人工时估算、概算、预算、工程量清单计价、合同价和结算价的编制管理，并进行监督、检查；建立健全价格信息网络，收集、整理有关工程造价信息，积累各种单位工程造价和消耗量分析资料，及时发布相关信息，为市场主体合理确定造价提供参考依据和相关服务；搞好工程造价从业人员的培训学习和日常管理等工作。

3. 造价的组合性

工程造价的计算是分部组合而成。一个建设项目是一个工程综合体。这个综合体可以分解为许多有内在联系的独立和不能独立的工程，建设项目的这种组合性决定了计价的过程是一个逐步组合的过程。其计算过程和计算顺序是：分部分项工程单价→单位工程造价→单项工程造价→建设项目总造价。

4. 方法的多样性

工程造价多次性计价有各不相同的计价依据，对造价的精确度要求也不相同，这就决定了计价方法有多样性特征。计算概、预算造价的方法有单价法和实物法等。计算投资估算的方法有设备系数法、生产能力指数估算法等。不同的方法利弊不同，适应条件也不同，计价时要根据具体情况加以选择。

5. 依据的复杂性

由于影响造价的因素多，故计价依据复杂、种类繁多。例如，计算设备和工程量的依据包括项目建议书、可行性研究报告、设计文件等；计算人工、材料、机械等实物消耗量的依据包括投资估算指标、概算定额、预算定额等；计算税费以政府规定为准。

7.1.4 工程项目划分

工程项目可以按照建设项目、单项工程、单位工程三级标准进行划分；也可以按照五级标准进行划分，即前述标准的三项内容再加上分部工程和分项工程构成，如图 7-4 所示。

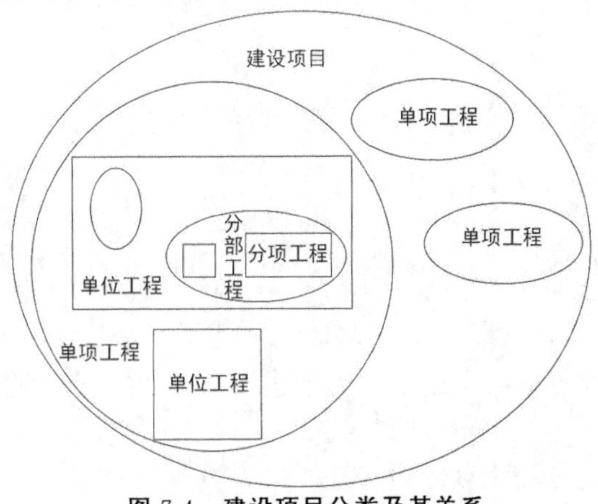

图 7-4　建设项目分类及其关系

(1) 建设项目又称建设单位。一般是指具有一个设计任务书、按一个总体规划或设计进行施工、经济上实行独立核算、行政上有独立组织形式的建设单位。

(2) 单项工程又称工程项目，是建设项目的组成部分。一个建设项目可以是一个单项工程，也可能包括几个单项工程。单项工程是具有独立的设计文件，建成后可以独立发挥生产能力或效益的工程项目。生产性建设项目的单项工程，一般是指能独立生产的车间。它包括厂房建筑，设备的安装及设备、工具、器具、仪器的购置等。非生产性建设项目的单项工程是指办公楼、教学楼、图书馆、食堂、宿舍等。

(3) 单位工程是单项工程的组成部分，一般是指具有独立的设计文件，能够独立组织，但建成后不能独立发挥生产能力或效益的工程项目。如车间的厂房建筑是一个单位工程，车间的设备安装又是一个单位工程。还有电气照明工程，特殊构筑物工程、工业管道工程等。

(4) 分部工程是单位工程的组成部分，一般是按结构部位、路段长度及施工特点或施工任务将单位工程划分为若干个项目单元。分部工程也可以按照工程的工种来划分。

(5) 分项工程是分部工程的组成部分。一般是按不同的施工方法、材料、工序及路段长度等将分部工程划分为若干个项目单元。一般墙基工程可划分为开挖基槽、垫层、基础灌注混凝土（或砌石、砌砖）、防潮等分项工程。

7.2 基本建设预算文件组成

7.2.1 单位工程概（预）算

单位工程概（预）算是根据设计图纸和概算指标、概算定额、预算定额、各项费用计费标准和国家有关规定等资料编制，确定某一个生产车间、独立建筑物或构筑物中的一般土建工程、装饰工程、给水与排水工程、采暖工程、通风工程、煤气工程、工业管道工程、特殊构筑物工程、照明工程、机械设备及安装工程、电气设备及安装工程等各单位工程建设费用的文件。

7.2.2 工程建设其他费用概（预）算

工程建设其他费用概（预）算是根据设计文件和国家、省、自治区、市主管部门规定的取费标准以及相应的计算方法编制，确定建筑工程（building engineering）、设备及其安装工程、公路工程等之外的，与整个建设工程有关的，应在基本建设投资中支付的，并列入建设项目总概算或单项工程综合概预算的工程建设其他费用文件。

工程建设其他费用，在初步设计阶段编制总概算时均需编制概算。在施工图设计阶段，大部分费用项目仍需编制概算；少部分由建筑安装企业施工的项目。

7.2.3 单项工程综合概（预）算

单项工程综合概（预）算是确定某一生产车间、独立建筑物或构筑物全部建设费用的文件。它是由该单项工程内的各单位工程概（预）算汇编而成。当一个建设项目中只有一个单项工程时，与该项工程有关的工程建设其他费用的概（预）算，也应列入该单项工程概（预）算中，此时单项工程综合概（预）算实际上就是一个建设项目的总概算。

7.2.4 建设项目总概算

建设项目总概算是确定一个基本建设项目从筹建到竣工验收全过程的全部建设费用的文件。它是由该建设项目的各生产车间、独立建筑物、构筑物等单项工程的综合概算以及工程建设其他费用概算综合汇总而成。

一个基本建设项目的全部建设费用是由总概算确定和反映的，它由一个或几个分项工程的综合概算和其他工程的施工费用（construction cost）概算组成。单项工程的建设总成本由综合预算确定和反映，综合预算由单项工程中的若干单位工程预算组成。单位工程总造价由各单位工程内的分项工程费、措施工程费、其他工程费、规费、税金等组成。在编制基本建设预算时，应首先编制单位工程的概（预）算，然后编制单项工程综合概（预）算，最后编制基本建设项目的总概算。

7.3 工程招投标制度

我国招标投标制度是伴随着改革开放而逐步建立并完善的。1984 年，国家计委、城乡建设环境保护部联合下发了《建设工程招标投标暂行规定》，我国由此开始推行招投标制度。1999 年，我国工程招标投标制度面临重大转折。首先是 1999 年 3 月 15 日全国人大通过了《中华人民共和国合同法》，同年 10 月 1 日起生效实施。1999 年 8 月 30 日全国人大常委会通过了《中华人民共和国招标投标法》，并于 2000 年 1 月 1 日起实行。这部法律基本上是针对建设工程发包活动而言的，其中大量采用了国际惯例或通用做法，给招标体制带来了巨大变革。

2000 年 5 月 1 日，国家计委发布了《工程建设项目招标范围的规模标准规定》，2000 年 7 月 1 日，国家计委又发布了《工程建设项目招标试行办法》和《招标公告发布暂行办法》，2001 年 7 月 5 日，国家计委等七部委联合发布《评标委员会和评标办法暂行规定》，其中有三个重大突破：关于低于成本价的认定标准；关于中标人的确定条件；关于最低价中标。在这里第一次明确了最低价中标的原则，与国际惯例接轨。随后建设部连续颁布了第 79 号令《工程建设项目招标代理机构资格认定办法》、第 89 号令《房屋建筑和市政基础设施工程施工招标投标管理办法》等文件，对招投标活动及其承发包中的计价工作做出进一步的规范。2013 年 5 月 1 日，为了规范工程建设项目施工招标投标活动，根据《中华人民共和国招标投标法》和国务院有关部门的职责分工，国家计委、建设部、铁道部、交通部、信息产业部、水利部、中国民用航空总局审议通过了工程建设项目施工招标投标办法（七部委 30 号令）。

实行建设项目招标投标是我国建筑市场趋向规范化、完善化的重要举措，对于择优选择承包单位、与全面降低工程造价、进而使工程造价得到合理有效的控制，具有十分重要的意义，具体表现在：

第一，基本形成了由市场定价的价格机制，使工程价格更加趋于合理。最明显的表现是若干投标人之间出现激烈竞争（相互竞标），通过竞争确定出工程价格，使其趋于合理或下降，这将有利于节约投资、提高投资效益。

第二，不断降低社会平均劳动消耗水平，使工程价格得到有效控制，实现生产资源的更好配置和不同投标人之间的优胜劣汰。面对激烈竞争的压力，各投标人为了自身的生存和发展，必须努力降低自身的个体劳动消耗水平，全面降低社会平均劳动消耗水平，使工程价格更加合理。

第三，便于供求双方更好地相互选择，使工程价格更加符合价值基础，进而更好地控制工程造价。采用招投标方式就为供求双方在较大范围内进行相互选择创造了条件，为需求者与供给者在最佳点上结合提供了可能。需求者对供给者选择的基本出发点是“择优选择”，这样就为合理控制工程造价奠定了基础。

第四，有利于规范价格行为，使公开、公平、公正的原则得以贯彻。我国招投标活动有特定的机构进行管理，能够避免盲目过度的竞争和营私舞弊现象的发生，使价格形成过程变得透明而较为规范。

第五，减少交易费用，节省人力、物力、财力，进而使工程造价有所降低。招投标中，若干投标人在同一时间、地点报价竞争，在专家支持系统的评估下，以群体决策方式确定中标者，必然减少交易过程的费用，这本身就意味着招标人收益的增加，对工程造价必然产生积极的影响。

7.4 工程量清单计价规范

随着我国建设市场的快速发展，招标投标制、合同制的逐步推行以及加入世界贸易组织（WTO）与国际接轨等要求，工程造价计价依据改革不断深化。

根据建设部 2002 年工作部署和建设部标准定额司工程造价管理工作要点，建设部于 2002 年 2 月 28 日开始组织有关部门和地区工程造价专家编制《全国统一工程量清单计价办法》，最后改为《建设工程工程量清单计价规范》(以下简称《计价规范》)，于 2003 年 7 月 1 日正式施行。2013 年 7 月 1 日，中华人民共和国住房和城乡建设部编写颁发了新版《计价规范》。其内容根据《中华人民共和国建筑法》《中华人民共和国合同法》《中华人民共和国招投标法》等法律以及最高人民法院《关于审理建设工程施工合同纠纷案件适用法律问题的解释》(法释 200414 号)，按照我国工程造价管理改革的总体目标，本着国家宏观调控、市场竞争形成价格的原则制定的。

《建设工程工程量清单计价规范》贯彻了由政府宏观调控、市场竞争形成价格的指导思想。主要体现在：

政府宏观调控。一是规定了全部使用国有资金或国有资金投资为主的大中型建设工程要严格执行《计价规范》的有关规定，与招标投标法规定的政府投资要进行公开招标是相适应的；二是《计价规范》统一了分部分项工程项目名称，统一了计量单位，统一了工程量计算规则，统一了项目编码，为建立全国统一建设市场和规范计价行为提供了依据；三是《计价规范》没有人、材、机的消耗量，必然促使企业提高管理水平，引导企业学会编制自己的消耗量定额，适应市场需要，市场竞争形成价格。工程造价的最终确定，由承发包双方在市场竞争中按价值规律通过合同确定。

7.4.1《计价规范》的主要内容

1. 一般概念

工程量清单计价方法是建设工程招标投标中，招标人按照国家统一的工程量计算规则提供工程数量，由投标人依据工程量清单自主报价，按照经评审低价中标的工程造价计价方式。

工程量清单是表现拟建工程的分部分项工程项目、措施项目、其他项目名称和相应数量的明细清单，由招标人按照《计价规范》附录中统一的项目编码、项目名称、计量单位和工程量计算规则进行编制，包括分部分项工程量清单、措施项目清单、其他项目清单。

工程量清单计价（Bill of Quantities Pricing）是指投标人完成由招标人提供的工程量清单所需的全部费用，包括分部分项工程费、措施项目费、其他项目费和规费、税金。

工程量清单计价采用综合单价计价。综合单价是指完成规定计量单位项目所需的人工费、材料费、机械使用费、管理费、利润，并考虑风险因素。

2. 正文和附录，二者具有同等效力

正文共五章，包括总则、术语、工程量清单编制、工程量清单计价、工程量清单及其计价格式等内容，分别就《计价规范》的适用范围、遵循的原则、编制工程量清单应遵循的规则、工程量清单计价活动的规则、工程量清单及其计价格式做了明确规定。

附录包括：附录 A 建筑工程工程量清单项目及计算规则，附录 B 装饰装修工程工程量清单项目及计算规则，附录 C 安装工程工程量清单项目及计算规则，附录 D 市政工程工程量清单项目及计算规则，附录 E 园林绿化工程工程量清单项目及计算规则。附录中包括项目编码、项目名称、项目特征、计量单位、工程量计算规则和工程内容。

7.4.2《计价规范》的特点

1. 强制性

规定全部使用国有资金或国有资金投资为主的大中型建设工程应按计价规范规定执行；明确工程量清单是招标文件的组成部分，并做到四统一，即统一项目编码、统一项目名称、统一计量单位、统一工程量计算规则。

2. 实用性

附录中工程量清单项目及计算规则的项目名称表现的是工程实体项目，列出的项目特征和工程内容易于编制工程量清单时确定具体项目名称和投标报价。

3. 竞争性

《计价规范》中的措施项目，在工程量清单中只列“措施项目”一栏，具体采用什么措施，视具体情况报价；《计价规范》中人工、材料和施工机械没有具体的消耗量，投标企业可以依据企业的定额和市场价格信息，也可以参照建设行政主管部门发布的社会平均消耗量定额进行计价，《计价规范》将报价权交给了企业。

4. 通用性

采用工程量清单计价将与国际惯例接轨，符合工程量计算方法标准化、工程量计算规则统一化、工程造价确定市场化的要求。

7.5 全国造价工程师执业资格制度

7.5.1 我国造价工程执业资格制度概述

随着我国社会主义市场经济体制的逐步建立、投融资体制的不断改革和建设工程招标投标制度的逐步推行，工程造价管理逐步由政府定价向市场形成造价机制转变，这对工程造价专业人员的职业素质提出了更高的要求。1996 年 8 月，国家人事部和建设部联合发布《造价工程师执业资格制度暂行规定》，明确国家在工程造价领域实行造价工程师执业资格制度。国家人事部和建设部共同负责造价工程师执业资格制度在全国范围内的政策制定、组织协调、资质审核、注册登记和监督管理。2018 年 7 月 20 日颁布并实施了《造价工程师职业资格制度规定》是根据《国家职业资格目录》，为统一和规范造价工程师职业资格设置和管理，提高工程造价专业人员素质，提升建设工程造价管理水平印发。

栏目　　**造价工程师与建造师**

造价工程师负责工程造价，建造师负责施工管理，在工程建设的过程中，需要两者互相协作。造价工程师由交通部、水利部和建设部不同部门颁发的证书，主要负责并协助其进行工程造价的计价、定价及管理业务。而建造师主要是负责施工管理，比如安排施工计划，负责采购材料，安排人力、物力、财力，合理配置资源，使建筑符合规范和图纸要求，保证施工的顺利进行，并对设计不合理的地方提出修改。

造价师主要负责工程造价的计价、定价和管理业务，属于工程造价，属于预算类；建造师是企业承包工程必备的技术人才，主要参与工程的施工管理。其次，级别划分也不一样。造价师：从 2019 年分为一级造价工程师和二级造价工程师两级；2016 取消全国造价员考试，2018 年改革造价工程师增设二级考试，2019 年二级造价工程师第一年开考。建造师：分为一级建造师和二级建造师两个级别。一、二级建造师主要由住建部管理，造价师主要由建设部、人事部统一管理。

一级建造师：考试科目有《建设工程经济》、《建设工程项目管理》、《建设工程法规及相关知识》和《专业工程管理与实务》。前三科以客观题为主，后面则是涉及主观题，每门课相对独立，理论知识广泛，更注重理解和记忆。二级建造师考试科目有三科：管理，法规及实务科目。（二建和一建的区别首先是二建没有经济科目，其次二建有 6 个实务科目专业，一建则有 10 个，最后一个区别是二建管理科目叫施工管理，一建管理科目叫项目管理）

造价工程师：考试科目有《建设工程造价管理》《建设工程计价》《建设工程技术与计量》《建设工程造价案例分析》，内容详细且更加专业，考试涉及公式计算，需要具备良好的逻辑思维能力。二级造价科目有管理和计量，如果已拥有造价员证书，则可以免考管理，只考计量，计量有 4 个专业（土木建筑工程、交通运输工程、水利工程和安装工程）。

7.5.2 造价工程师的考试、注册制度

1. 执业资格考试

《造价工程师职业资格制度规定》要求一级造价工程师执业资格考试实行全国统一大纲、统一命题、统一组织的办法。原则上每年举办一次。住房城乡建设部负责基础科目考试大纲和培训教材的编写和命

题，会同交通运输部、水利部负责各自领域专业科目考试大纲、命审题工作。国家人力资源社会保障部同国家住房城乡建设部、交通运输部、水利部则监督、检查、指导并确定一级造价工程师职业资格考试合格标准。

(1) 报考条件。凡中华人民共和国公民，工程造价或相关专业大学毕业，从事工程造价业务工作满五年，均可申请参加造价工程师执业资格考试。另外，满足其他 4 个条件的，也可以申请参加考试。

(2) 考试科目。造价工程师执业资格考试分为四个科目："建设工程造价管理""建设工程计价""建设工程技术与计量"和"建设工程造价案例分析"。

对于长期从事工程造价业务工作的专业技术人员，凡符合一定的学历和专业年限条件的人员，可免试"建设工程造价管理""建设工程计价"，只参加后两项专业科目的考试。

造价工程师四个科目分别单独考试、单独计分。参加全部科目考试的人员，需在连续的四个考试年度通过一级造价工程师考试科目。

(3) 证书取得。通过造价工程师执业资格考试合格者，由省、自治区、直辖市人事（职改）部门颁发造价工程师执业资格证书，该证书全国范围内有效，并作为造价工程师注册凭证。

课程思政　　造价管理制度的重要意义

我国注册造价工程师的管理工作采取政府监管为主，协会协助相结合的方式，政府主管部门与其授权的行业协会共同管理，管理内容主要包括对造价咨询市场的治理整顿，造价咨询企业的资质、从业管理，注册造价工程师考试、注册及继续教育等。中国建设工程造价管理协会是注册造价工程师、相关专家学者组成的行业协会，成立于 1990 年，并在政府主管部门的领导下从事工程造价咨询服务与工程造价管理工作。从 1997 年起，我国开始实行注册造价工程师执业资格考试与认证制度，至今已近 20 年。中国建设工程造价管理协会作为中国工程造价行业唯一的国家组织，2007 年 3 月正式加入了国际造价工程联合会。

国际造价工程师管理较为规范，管理机构职能完善。国际造价工程联合会（International Cost Engineering Council，ICEC），是由美国造价工程师协会（AACE）、英国造价工程师协会（A Cost E）以及荷兰的 DACE 和墨西哥的 SMIEFC 于 1976 年在波士顿会议上发起成立的，旨在推进国际造价工程活动和发展的协调组织，促进各国造价工程协会相互间的合作。美国造价工程师管理的特点是"政府宏观调控，行业高度自律"。政府依据法律法规规范市场行为、保障公平竞争。AACE 作为行业协会主要负责与政府进行沟通协调，出台了全成本管理框架（Total Cost Management Framework）用于成员管理手册。工程造价咨询企业和造价工程师自愿加入行业协会，成为协会会员，并接受协会相应的管理。英国政府对造价工程师的管理与美国相似。但英国行业协会在行政上始终强调其独立性，与政府完全分开。根据经济规律，市场对工料测量师实行优胜劣汰。英国已形成了一套由政府、行业协会和市场三方共同作用的较为完善的管理体系。

随着建设市场的全面开放，国内的工程行业已与国际接轨，工程造价通过招投标竞争定价将促进市场公平竞争，投资、设计、承包方或造价咨询单位都必须认真考虑运用最小的投入，取得最大的利润或投资效益。企业要提高竞争力，首要条件是要具备一支高素质、经验丰富的工程造价队伍，这对造价工程师的管理提出了更高的要求。

资料来源：汤凯惠《基于 WTO 环境的建筑业行业管理模式研究》；张萍《中国工程咨询专业人士制度研究》。

2. 注册

(1) 注册管理部门。国务院建设行政主管部门负责全国造价工程师注册管理工作。省、自治区、直辖市人民政府建设行政主管部门负责本行政区域内的造价工程师注册管理工作。特殊行业的主管部门负责本行业内造价工程师注册管理工作。

(2) 初始注册。经全国造价工程师执业资格统一考试合格的人员，应当在取得造价工程师执业资格考试合格证书后的 1 年内，持有关材料到省级注册机构或者部门注册机构申请初始注册。

超过规定期限申请初始注册的，还应提交国务院建设行政主管部门认可的造价工程师继续教育证明。

申请造价工程师初始注册，按照下列程序办理：①申请人向聘用单位提出申请；②聘用单位审核同意后，连同规定的材料一并报单位注册所在地省级注册机构或者部门注册机构；③省级注册机构或者部门注册机构对申请注册的有关材料进行初审，签署初审意见，报国务院建设行政主管部门；④国务院建设行政主管部门对初审意见进行审核；对符合注册条件的，准予注册，并颁发“造价工程师注册证”和造价工程师执业专用章。

造价工程师初始注册的有效期限为 4 年，自核准注册之日起计算。

(3) 延续注册。造价工程师注册有效期满要求继续执业的，应当在注册有效期满前 30 日向省级注册机构或者部门注册机构申请延续注册。

申请造价工程师延续注册，应当提交下列材料：延续注册申请表；注册证书；与聘用单位签订的劳动合同复印件；前一注册期内工作业绩证明；继续教育合格证书。

延续注册的有效期限为 4 年。自准予延续注册之日起计算。

(4) 变更注册。在注册有效期内，注册造价工程师变更执业单位的，应当与原聘用单位解除劳动合同，按规定程序办理变更注册手续。变更注册后延续原注册有效期。

7.5.3 造价工程师的执业

造价工程师是注册执业资格，其执业必须依托所注册的工作单位。我国规定造价工程师只能在一个单位注册和执业。

1.执业范围

造价工程师的执业范围包括：建设项目建议书、可行性研究投资估算与审核，项目评价造价分析，工程概、预、结算，竣工决算；工程量清单、标底（或控制价）、投标报价的编制和审核，工程合同价款的签订及变更、调整、工程款支付与工程索赔费用的计算；建设项目管理过程中设计方案的优化、限额设计等工程造价分析与控制、工程保险理赔的核查；工程经济纠纷的鉴定。

2. 权利与义务

经造价工程师签字的工程造价成果文件，应当作为办理审批、报建、拨付工程款和工程结算的依据。造价工程师享有下列权利：称谓权，即使用造价工程师名称；执业权，即依法独立执业；签章权，即签署工程造价文件，加盖执业专用章；立业权，即申请设立工程造价咨询单位；举报权，即对违反国家法律、法规的不正当计价行为，有权向有关部门举报。

造价工程师应履行下列义务：遵守法律、法规，恪守职业道德；接受继续教育，提高业务技术水平；在执业中保守技术和经济秘密；不得允许他人以本人名义执业；按照有关规定提供工程造价资料。

3. 执业道德准则

为了规范造价工程师的职业道德行为，提高行业声誉，造价工程师在执业中应信守以下职业道德行为准则。

(1) 遵守国家法律、法规和政策，执行行业自律性规定，珍惜职业声誉，自觉维护国家和社会公共利益。

(2) 遵守“诚信、公正、精业、进取”的原则，以高质量的服务和优秀的业绩，赢得社会和客户对造价工程师职业的尊重。

(3) 勤奋工作，独立、客观、公正、正确地出具工程造价成果文件，使客户满意。

(4) 诚实守信，尽职尽责，不得有欺诈、伪造、作假等行为。

(5) 尊重同行，公平竞争，搞好同行之间的关系，不得采取不正当的手段损害、侵犯同行的权益。

(6) 廉洁自律，不得索取、收受委托合同约定以外的礼金和其他财物，不得利用职务之便谋取其他不正当的利益。

(7) 造价工程师与委托方有利害关系的应当回避，委托方有权要求其回避。

(8) 知悉客户的技术和商务秘密，负有保密义务。

(9) 接受国家和行业自律性组织对其执业行为的监督检查。

7.5.4 造价工程师的继续教育管理

为了提高工程技术人员的专业素质，对新知识、新技能、新方法所进行的岗位培训、专业教育、职业进修教育等。继续教育的组织和管理工作由政府行政主管部门会同造价协会负责。继续教育贯串于造价工程师执业的整个过程。造价工程师每一注册有效期接受继续教育时间累计不得少于60学时。

▷English Corner for Chapter 7

(1) Project cost is the construction price of the project, which has the following two meanings. The first meaning of project cost is the total investment cost of fixed assets expected to be spent or actually spent for constructing a project. Obviously, this meaning is defined from the perspective of investor or owner. The investor selects a project for possible investment and predicts the expected benefit through project evaluation. All the expenses paid in the project investment will generate fixed assets and intangible assets. Therefore, the project cost is the project investment cost, and the project cost of the construction project is the investment in fixed assets of the construction project. The second meaning of project cost is the market price of the project, include the price of land, equipment, technical labor, etc. Obviously, the second meaning of construction cost is defined from the aspect of the contractor, which considers the market price of the construction project.

(2) Determined by the characteristics of engineering construction, the project cost has the following characteristics. ① The large amount of engineering cost. Any project is not only huge in physical, but also costly in economy. The large amount of project cost makes it valuable for the major economic interests of all stakeholders. ② The individuality and difference of engineering cost. Any project has a specific use, function and scale. This fact determines the individual differences of engineering costs. ③ Dynamic of engineering cost. Any project has a long construction period from decision to completion. Dynamic factors affecting the project cost within the expected construction period will certainly result in the change of project cost. ④ Hierarchy of construction cost. Because of the hierarchy characteristics of the construction project, there are three levels of project cost, namely: the total cost of the construction project, the cost of individual projects and the cost of the unit project. ⑤ Compatibility of project cost. The compatibility of engineering cost is firstly expressed in that it has two meanings, and secondly expressed in the extensiveness and complexity of the factors governing engineering cost. This fact requires the project cost to be widely analyzed by a uniform manner.

(3) Project cost control is to use the principle of dynamic control to compare the actual project cost value with the corresponding planned targeted cost value at different stages of the project construction process frequently or regularly. If it is found that the actual project cost value deviates from the target project cost value, corrective measures should be taken, including organizational measures, technical measures, economic measures, contractual measures, information management measures, etc., in order to ensure the realization of the total investment cost constraint.

(4) The implementation of construction project bidding is the trend of standardization for China's construction market. It is important for the selection of the best contractor, the overall reduction of project costs, and the reasonable and effective control on the project cost.

(5) The characteristics of code of valuation with the billing quantity are manifested as follows: ① Mandatory requirement from national standards. ② Practicality for a wide application of the project list items and calculation rules. ③ Competitiveness. The fix on step item cost in quoted price to bill quantity of construction is compete content of building items bid quoted price. ④ Generality. The adoption of code of valuation with the billing quantity will be in line with international practice and meet the requirements of standardization.

(6) The cost engineer is an engineering economic professional who is qualified by the state and allowed to project cost management practice after registration and accept the designation, commission or employment of a department or a unit. Cost engineer is responsible for the valuation, pricing and management of the project cost and China implements a qualification system for cost engineers in the field of project cost management. There are two levels (Class 1 and Class 2) for cost engineer with four specialty

classifications of civil engineering, transportation engineering, water conservancy engineering and installation engineering.

章节习题

一、选择题

1.下列不属于造价工程师执业应尽的义务是（ ）。

A.遵守法律、法规，恪守职业道德

B.接受继续教育，提高业务技术水平

C.不得允许他人以本人名义执业

D.申请设立工程造价咨询单位

2.土建工程属于建设项目的（ ）。

A.单项工程　　B.单位工程　　C.分部工程　　D.分项工程

3.以下（ ）属于建设项目。

A.建一所学校　　B.1＃教学楼　　C.1＃教学楼的结构工程　　D.混凝土工程

4.某汽车制造厂的组装车间，属于（ ）。

A.建设项目　　B.单项工程　　C.单位工程　　D.分部工程

5.具有独立的设计文件，竣工后可独立发挥生产能力或使用效益的基本建设项目称为（ ）。

A.建设项目　　B.单项工程　　C.单位工程　　D.分部分项工程

二、填空题

1.注册造价工程师继续教育分为必修课和选修课，每一注册有效期接受继续教育时间累计不得少于（　　）学时。

2.造价工程师初始注册的有效期限为（　　）年，自核准注册之日起计算。

3.计价规范的特征为（　　）、（　　）、竞争性、通用性。

4.一个建设项目可依次分解为（　　）、（　　）、（　　）和（　　）。

5.业主方的工程造价控制是（　　）控制，施工方的工程造价控制是（　　）控制。

6.工程造价的特点有（　　）、（　　）、（　　）、（　　）和（　　）。

7.工程计价特征包括（　　）、（　　）、（　　）、（　　）和依据的复杂性等。

8.一个项目建设可依次分解为（　　）、（　　）、（　　）和（　　）。

三、简答题

1.简述工程造价的作用。

2.工程造价的含义是什么，举例说明区分两种含义在工程实践中有什么意义。

3.造价工程师的执业范围是什么？有哪些权利和义务？

第8章 矿业工程造价构成

案例引入　　工程造价与中国“天眼”

2021年2月，习近平总书记在贵州视察期间，亲切会见了中国“天眼”项目负责人和科研骨干，通过视频察看中国“天眼”现场，表示“中国天眼”是观天巨目，国之重器，勉励广大科技工作者大力弘扬科学家精神，勇攀世界科技高峰，在一些领域实现国际并跑领跑，为加快建设科技强国、实现科技自强做出新的更大贡献。

20世纪90年代，科学家南仁东构想在贵州喀斯特洼地上建造一个500米口径的球面射电望远镜，最终选择了独一无二、最适合建造射电望远镜的台址——贵州省平塘县大窝凼。此洼地位于北纬25.64°，东经106.85°，直径大约800m，位于贵州高原向广西丘陵过渡的斜坡地带，标高1201m，洼地的最低点标高841m，最大相对高差达360m。这项被誉为“中国天眼”的世界最大单口径射电望远镜——500m口径球面射电望远镜（简称FAST），是我国具有自主知识产权，世界最大单口径、最灵敏的射电望远镜。

2011年，FAST开工建设；2016年9月25日，FAST落成；2020年1月11日，FAST通过国家验收，正式开放运行；2021年3月31日，FAST向全球开放共享。整个工期5.5年，总投资概算为6.67亿元。

中铁十一局二公司承建了FAST项目的进场道路、台址开挖、引水隧洞、圈梁浇科研综合楼等建设工程，在建设过程中面对山势陡峭、危岩分布范围广、定位难、地质复杂、科技标准高、安全隐患大等一系列困难，积极开展科技攻关，建设了一系列与FAST的高科技含量相匹配的精品工程。

天眼从设计到技术，从材料到建造，“国产化”贯穿始终。FAST开创了建造矩形望远镜的新模式，最终建成的“天眼”拥有500m的口径、相当于30个足球场的接收面积。和德国波恩100m望远镜相比，其灵敏度提高了大约10倍；比美国“阿雷西博”305m望远镜的综合性能提高了大约10倍。中国“天眼”拥有世界领先的绝对灵敏度，将在宇宙演化、脉冲星探测、星际分子搜寻等领域，为中国科学家提供前所未有的机遇，大幅度拓展了人类的视野，不断探索宇宙的起源和演化。

矿业工程的项目建设一直以来都是一个工序复杂、工期又长的一项工程。因此矿业工程的造价容易受到多种因素的影响。矿山工程的造价十分重要，将会直接影响到矿山的经济效益。本章主要介绍了矿山工程的造价构成。工程造价包括建筑安装费用、设备购置费用、工程建设其他费用、预备费以及各种利息和税费。矿山工程的造价构成有一定的特殊性，本章详细介绍了项目每一部分的组成内容和相应的计算方法，通过本章的学习，掌握工程造价的构成，熟悉矿山工程造价的各部分费用的归属。

8.1 矿业工程概述

建设项目总投资含固定资产投资和流动资产投资两个部分。工程造价是工程项目按照确定的建设内容、建设规模、建设标准、功能和使用要求等全部建成并验收合格交付使用所需全部费用的总和，它在量上等于固定资产投资。工程造价的构成如图 8-1 所示。工程造价包括用于购买工程项目所含各种设备的费用，即设备及工、器具购置费用；用于建筑施工和安装施工所需的费用，即建筑安装工程费用；工程建设其他费用、预备费、建设期贷款利息和固定资产投资方向调节税。

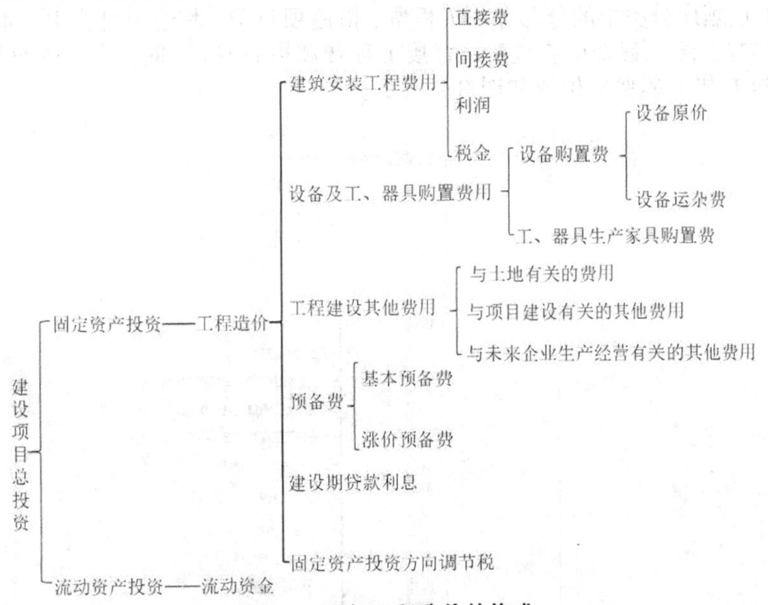

图 8-1　现行工程造价的构成

矿山工程主要分地下开采和地上开采两种，地下开采又分地上工程和地下工程。地上建设工程一般较简单，工程造价易管理。管理人员主要关注地下工程造价的控制，因为地下工程建设十分复杂，其中涉及井巷、通风、运输和支护等多项工程建设。对一些矿山开采时，还会出现一些有害、有毒或者易燃易爆的气体和物质，这也需要进行有效的防护，矿山生态修复必不可少。这导致了矿山工程造价内容复杂，具有不确定性。

8.2 地面建筑安装工程费用

建筑安装工程费用（Construction and installation costs）指完成列入建筑工程和安装工程的所有项目建设所发生的全部费用。按照住房城乡建设部和财政部关于印发《建筑安装工程费用项目组成》（建标〔2013〕44 号）的通知，建筑安装工程费用项目按费用构成要素组成划分为人工费、材料费、施工机具使用费、企业管理费、利润、规费和税金；按工程造价形成顺序划分为分部分项工程费、措施项目费、其他项目费、规费和税金。其中，费用构成要素分类中的人工费、材料费、施工机具使用费、企业管理费、利润包含在工程造价形成顺序分类中的分部分项工程费、措施项目费、其他项目费中。本章采取两种分类形式相结合的思路，建筑安装工程费由直接费（直接工程费和措施费）、间接费（企业管理费和规费）、利润和税金组成。建筑安装工程费的构成如图 8-2 所示。

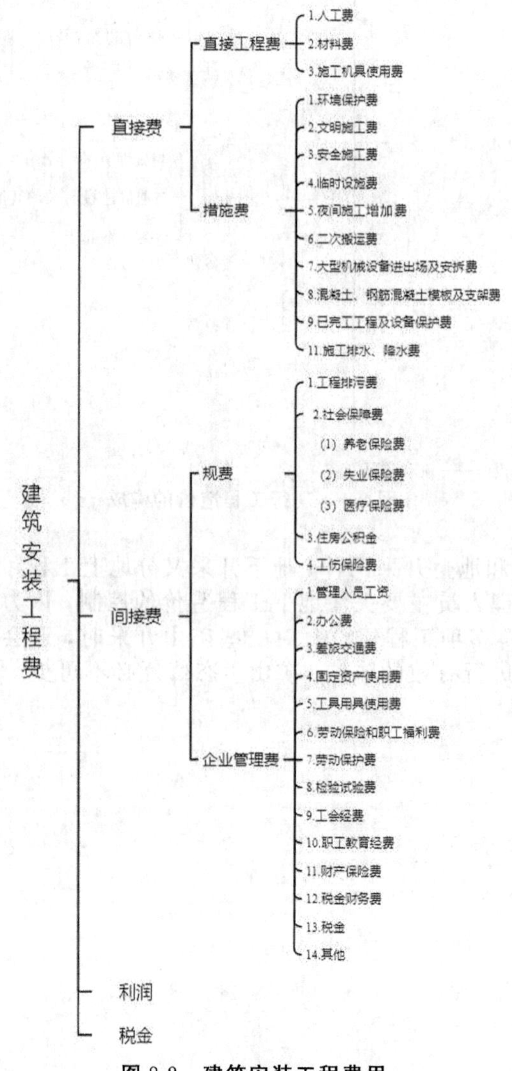

图 8-2 建筑安装工程费用

列入建筑工程的费用：①各类房屋（建筑工程）及其供水、供暖、卫生、通风、煤气等设备费用（equipment cost）；②各种管道、电力、电信和电缆导线敷设工程的费用；③设备基础、支柱、工作台、烟囱、水塔、水池、灰塔等建筑工程以及各种炉窑的砌筑工程和金属结构工程的费用；④为施工而进行的场地平整，工程和水文地质勘察，原有建筑物和障碍物的拆除以及施工临时用水、电、气、路和竣工后的场地清理，环境绿化、美化等工作的费用；⑤矿井开凿、井巷延伸、露天矿剥离，石油、天然气钻井，修建铁路、公路、桥梁、水库、堤坝、灌渠及防洪等工程的费用。

列入安装工程的费用：①生产、动力、起重、运输、传动和医疗、实验等各种需要安装的机械设备的装配费用，与设备相连的工作台、梯子、栏杆等设施的工程费用，附属于被安装设备的管线敷设工程费用，以及被安装设备的绝缘、防腐、保温、油漆等工作的材料费和安装费；②为测定安装工程质量，对单台设备进行单机试运转、对系统设备进行系统联动、无负荷试运转工作的调试费。

8.2.1 建筑安装工程费用的组成

1. 直接费

直接费由直接工程费和措施费组成。

(1) 直接工程费：施工过程中用于构成工程实体的各项费用，包括人工费、材料费、施工机械使用费。

①人工费：直接从事建筑安装工程施工的生产工人开支的各项费用。一是基本工资，指发放给生产工人的基本工资；二是工资性补贴，指按规定标准发放的物价补贴，煤、燃气补贴，交通补贴，住房补贴，流动施工津贴等；三是生产工人辅助工资，指生产工人有效施工天数以外非作业天数的工资，包括职工学习、培训期间的工资，调动工作、探亲、休假期间的工资，因气候影响的停工工资，女工哺乳时期的工资，病假在六个月以内的工资及产、婚、丧假期的工资；四是职工福利费，指按规定标准计提的职工福利费；五是生产工人劳动保护费，指按规定标准发放的劳动保护用品的购置费及修理费，徒工服装补贴，防暑降温费，在有碍身体健康环境中施工的保健费用等。

②材料费：施工过程中用于构成工程实体耗费的原材料、辅助材料、构配件、零件、半成品或成品、工程设备的费用。一是材料原价，指材料、工程设备的出厂价格或商家供应价格。二是运杂费，指材料、工程设备自来源地运至工地仓库或指定堆放地点所发生的全部费用。三是运输损耗费，指材料在运输装卸过程中不可避免的损耗。四是采购及保管费，指为组织采购、供应和保管材料、工程设备的过程中所需要的各项费用，包括采购费、仓储费、工地保管费、仓储损耗。此外，工程设备是指构成或计划构成永久工程一部分的机电设备、金属结构设备、仪器装置及其他类似的设备和装置。

③施工机具使用费：施工作业所发生的施工机械、仪器仪表使用费或其租赁费。

第一，施工机械使用费：施工机械作业所发生的机械使用费以及机械安拆费和场外运费。施工机械台班单价应由不变费用和可变费用两个部分组成。

不变费用包括四方面：一是折旧费，即施工机械在规定的使用年限内陆续收回其原值及购置资金的时间价值；二是大修理费，即施工机械按规定的大修理间隔台班进行必要的大修理以恢复其正常功能所需的费用；三是经常修理费，即施工机械除大修理以外的各级保养和临时故障排除所需的费用。包括以保障机械正常运转所需替换设备与随机配备工具附具的摊销和维护费用，机械运转中日常保养所需润滑与擦拭的材料费用（material cost）及机械停滞期间的维护和保养费用等；四是安拆费及场外运费，其中安拆费指施工机械在现场进行安装与拆卸所需的人工、材料、机械和试运转费用以及机械辅助设施的折旧、搭设、拆除等费用；场外运费指施工机械整体或分体自停放地点运至施工现场或由一施工地点运至另一施工地点的运输、装卸、辅助材料及架线等费用。

可变费用包括三方面：一是人工费，即机上司机（司炉）和其他操作人员的工作日人工费及上述人员在施工机械规定的年工作台班以外的人工费。二是燃料动力费，即施工机械在运转作业中所消耗的固体燃料（煤、木柴）、液体燃料（汽油、柴油）及水、电等。三是养路费及车船使用税，施工机械按照国家规定和有关部门规定应缴纳的养路费、车船使用税、保险费及年检费等。

第二，仪器仪表使用费：工程施工所需使用的仪器仪表的摊销及维修费用。仪器仪表使用费等于工程使用的仪器仪表摊销费和维修费之和。

(2) 措施费（Fees for measures）：为完成工程项目施工，发生于该工程施工前和施工过程中非工程实体项目的费用。

①环境保护费：施工现场进行为达到环保部门要求所需要的各项费用。

②文明施工费：施工现场进行文明施工所需要的各项费用。

③安全施工费：施工现场进行安全施工所需要的各项费用。

④临时设施费：施工企业为进行建筑工程施工所必须搭设的生活和生产用的临时建筑物、构筑物和其他临时设施费用等。临时设施包括临时宿舍、文化福利及公用事业房屋与构筑物、仓库、办公室、加工厂以及规定范围内道路、水、电、管线等临时设施和小型临时设施。临时设施费用包括临时设施的搭设、维修、拆除费或摊销费。

⑤夜间施工增加费：因夜间施工所发生的夜班补助费、夜间施工降效、夜间施工照明设备摊销及照明用电等费用。

⑥二次搬运费：因施工场地狭小等特殊情况而发生的二次搬运费用。

⑦大型机械设备进出场及安拆费：机械整体或分体自停放场地运至施工现场或由一个施工地点运至另一施工地点所发生的机械进出场运输及转移费用和机械在施工现场进行安装、拆卸所需的人工费、材料费、机械费、试运转费和安装所需的辅助设施的费用。

⑧混凝土、钢筋混凝土模板及支架费：混凝土施工过程中需要的各种钢模板、木模板、支架等的支、拆、运输费用及模板、支架的摊销（或租赁）费用。

⑨脚手架费：施工需要的各种脚手架搭、拆、运输费用及脚手架的摊销（或租赁）费用。

⑩已完工工程及设备保护费：竣工验收前，对已完工工程及设备进行保护所需费用。

⑪施工排水、降水费：为确保工程在正常条件下施工，采取各种排水、降水措施所发生的各种费用。

(3) 直接工程费计算

$$\text{直接工程费}=\text{人工费}+\text{材料费}+\text{施工机械使用费} \tag{8-1}$$

①人工费

$$\text{人工费}=\sum(\text{工日消耗量}\times\text{日工资单价}) \tag{8-2}$$

$$\text{日工资单价}(G)=\sum_{i=1}^{5}G_i \tag{8-3}$$

ⅰ.基本工资

$$\text{基本工资}(G_1)=\frac{\text{生产工人平均月工资}}{\text{年平均每月法定工作日}} \tag{8-4}$$

ⅱ.工资性补贴

$$\text{工资性补贴}(G_2)=\frac{\sum\text{年发放标准}}{\text{全年日历日}-\text{法定假日}}+\frac{\sum\text{月发放标准}}{\text{年平均每月法定工作日}}+\text{日发放标准} \tag{8-5}$$

ⅲ.生产工人辅助工资

$$\text{生产工人辅助工资}(G_3)=\frac{\text{全年无效工作日}\times(G_1+G_2)}{\text{全年日历日}-\text{法定假日}} \tag{8-6}$$

ⅳ.职工福利费

$$\text{职工福利}(G_4)=(G_1+G_2+G_3)\times\text{福利费计提比例}(\%) \tag{8-7}$$

ⅴ.生产工人劳动保护费

$$\text{生产工人劳动保护费}(G_5)=\frac{\text{生产工人年平均支出劳动保护费}}{\text{全年日历日}-\text{法定假日}} \tag{8-8}$$

②材料费

$$\text{材料费}=\sum(\text{材料消耗量}\times\text{材料基价})+\text{检验试验费} \tag{8-9}$$

ⅰ.材料基价

$$\text{材料基价}=[(\text{供应价格}+\text{运杂费})\times(1+\text{运输损耗率}(\%))]\times(1+\text{采购保管费率}(\%)) \tag{8-10}$$

ⅱ.检验试验费

$$\text{检验试验费}=\sum(\text{单位材料量检验试验费}\times\text{材料消耗量}) \tag{8-11}$$

③施工机械使用费

$$\text{施工机械使用费}=\sum(\text{施工机械台班消耗量}\times\text{机械台班单价}) \tag{8-12}$$

机械台班单价＝台班折旧费＋台班大修费＋台班经常修理费
＋台班安拆费及场外运费＋台班人工费
＋台班燃料动力费＋台班养路费及车船使用税　　　　（8－13）

(4) 措施费计算

措施费包括通用项目措施费和专业工程项目措施费两大类。

本书中只列通用项目措施费的计算方法，各专业工程的专用项目措施费的计算方法由各地区或国务院有关专业主管部门的工程造价管理机构自行制定。

①环境保护费

环境保护费＝直接工程费×环境保护费费率（%）　　　　（8－14）

$$环境保护费费率(\%)=\frac{本项费用年度平均支出}{全年建安产值\times直接工程费占总造价比例(\%)} \quad (8-15)$$

②文明施工费

文明施工费＝直接工程费×文明施工费费率（%）　　　　（8－16）

$$文明施工费费率(\%)=\frac{本项费用年度平均支出}{全年建安产值\times直接工程费占总造价比例(\%)} \quad (8-17)$$

③安全施工费

安全施工费＝直接工程费×安全施工费费率（%）　　　　（8－18）

$$安全施工费费率(\%)=\frac{本项费用年度平均支出}{全年建安产值\times直接工程费占总造价比例(\%)} \quad (8-19)$$

④临时设施费

临时设施费包括周转使用临时建筑（如活动房屋）、一次性使用临时建筑（如简易建筑）和其他临时设施（如临时管线）所需的费用。

临时设施费＝（周转使用临时建筑费＋一次性使用临时建筑费）
×［1＋其他临时设施所占比例（%）］　　　　（8－20）

$$式中，周转使用临时建筑费=\sum\left[\frac{临建面积\times每平方米造价}{使用年限\times365\times利用率(\%)}\times工期(天)\right]+一次性拆除费 \quad (8-21)$$

一次性使用临时建筑费＝∑临时建筑面积×每平方米造价
×［1－残值率（%）］＋一次性拆除费　　　　（8－22）

其他临时设施在临时设施费中所占比例，可由各地区造价管理部门依据典型施工企业的成本资料经分析后综合测定。

⑤夜间施工增加费

$$夜间施工增加费=\left(1-\frac{合同日期}{定额工期}\right)\times\frac{直接工程费中的人工费合计}{平均日工资单价}\times每工日夜施工费开支 \quad (8-23)$$

⑥二次搬运费

二次搬运费＝直接工程费×二次搬运费费率（%）　　　　（8－24）

$$二次搬运费费率(\%)=\frac{年平均二次搬运费开支额}{全年建安产值\times直接工程费占总造价的比例(\%)} \quad (8-25)$$

⑦大型机械进出场费及安拆费

$$大型机械进出场费及安拆费=\frac{一次进出场费及安拆费\times年平均安拆次数}{年工作台班} \quad (8-26)$$

⑧混凝土、钢筋混凝土模板及支架费

ⅰ. 模板费及支架费＝模板摊销费×模板价格＋支、拆、运输费　　　　（8－27）

$$摊销量=一次使用量\times(1+施工损耗)\times\left[1+(周转次数-1)\times\frac{补损率}{周转次数}-\frac{(1-补损率)\times50\%}{周转次数}\right] \quad (8-28)$$

ⅱ. 租赁费＝模板使用量×使用日期×租赁价格＋支、拆、运输费　　　　（8－29）

⑨脚手架搭拆费

ⅰ. 脚手架搭拆费＝脚手架摊销费×脚手架价格＋搭、拆、运输费　　　　（8－30）

$$脚手架摊销费=\frac{单位一次使用量\times(1-残值费)}{耐用期\div一次使用期} \quad (8-31)$$

ⅱ.租赁费＝脚手架每日租金×搭设周期＋搭、拆、运输费 (8—32)

⑩已完工工程保护费及设备保护费

已完工工程保护费及设备保护费＝成品保护所需机械费＋材料费＋人工费 (8—33)

⑪施工排水、降水费

排水、降水费＝∑排降水机械台班费×排降水周期＋排降水使用材料费、人工费 (8—34)

2. 间接费

间接费由规费和企业管理费组成。

(1) 规费：按国家法律、法规规定，由省级政府和省级有关权力部门规定必须缴纳或计取的费用。具体包括：

①工程排污费：施工现场按规定缴纳的工程排污费。

②社会保障费：包括养老保险费、失业保险费、医疗保险费、生育保险费。

③住房公积金：企业按国家规定标准为职工缴纳的住房公积金。

④工伤保险：企业按照规定标准为职工缴纳的工伤保险费。

其他应列而未列入的规费，按实际发生计取。出现计价规范未列的项目，应根据省级政府或省级有关权力部门的规定列项。值得注意的是工程定额测定费按规定支付工程造价（定额）管理部门的定额测定费，于 2009 年 1 月 1 日取消并停止征收。

(2) 企业管理费：建筑安装企业组织施工生产和经营管理所需费用。包括：管理人员工资、办公费、差旅交通费、固定资产使用费、工具用具使用费、劳动保险和职工福利费、劳动保护费、检验试验费、工会经费、职工教育经费、财产保险费、财务费、税金、其他费等。

(3) 规费计算

规费计算可按下列公式进行：

规费＝计算基数 × 规费费率 (8—35)

计算基数可采用“直接费”“人工费和机械费合计”或“人工费”。投标人在投标报价时，规费的计算一般按国家及有关部门规定的计算公式及费率标准执行。

规费费率的计算公式

①以直接费为计算基础

$$规费费率(\%)=\frac{\sum 规费缴纳标准\times每万元发承包价计算基数}{每万元发承包价中的人工费含量}\times人工费占直接费的比例(\%) \quad (8-36)$$

②以人工费和机械费合计为计算基础

$$规费费率(\%)=\frac{\sum 规费缴纳标准\times每万元发承包价计算基数}{每万元发承包价中的人工费含量和机械费含量}\times100\% \quad (8-37)$$

③以人工费为计算基础

$$规费费率(\%)=\frac{\sum 规费缴纳标准\times每万元发承包价计算基数}{每万元发承包价中的人工费含量}\times100\% \quad (8-38)$$

(4) 企业管理费计算

企业管理费＝计算基数×企业管理费费率 (8—39)

其中，企业管理费费率的计算因计算基数不同，分为 3 种：

①以直接费为计算基础

$$企业管理费费率(\%)=\frac{生产工人年平均管理费}{年有效施工天数\times人工单价}\times人工费占直接费比例(\%) \quad (8-40)$$

②以人工费和机械费合计为计算基础

$$企业管理费费率(\%)=\frac{生产工人年平均管理费}{年有效施工天数\times(人工单价+每一工日机械使用率)}\times100\% \quad (8-41)$$

③以人工费为计算基础

$$企业管理费费率(\%)=\frac{生产工人年平均管理费}{年有效施工天数\times人工单价}\times100\% \quad (8-42)$$

3. 利润

利润指施工企业完成所承包工程获得的盈利。在编制概算和预算时，依据不同投资来源、工程类别实行差别利润率。在投标报价时，企业可以根据工程的难易程度、市场竞争情况和自身的经营管理水平自行确定合理的利润率。

利润＝计算基数×利润率 （8－43）

4. 税金

税金指国家税法规定的应计入建筑安装工程造价内的营业税、城市维护建设税、教育费附加以及地方教育附加。

（1）营业税

营业税按营业额乘营业税税率确定，指从事建筑、安装、修缮、装饰及其他工程作业收取的全部收入，还包括建筑、修缮、装饰工程所用原材料及其他物资和动力的价款。当安装的设备的价值作为安装工程产值时，亦包括所安装设备的价款。但建筑安装工程总承包方将工程分包或转包给他人的，其营业额中不包括付给分包或转包方的价款，其中，建筑安装企业营业税税率为3%。

（2）城乡维护建设税

城乡维护建设税原名城市维护建设税，是国家为了加强城乡的维护建设、稳定和扩大城市、乡镇维护建设的资金来源，而对有经营收入的单位和个人征收的一种税种。

城乡维护建设税是按应纳营业税额乘适用税率确定：城乡维护建设税的纳税人所在地为市区的，其适用税率为营业税的7%；所在地为县镇的，其适用税率为营业税的5%；所在地为农村的，其适用税率为营业税的1%。

（3）教育费附加以及地方教育附加

教育费附加以及地方教育附加按应纳营业税额乘3%确定。建筑安装企业的教育费附加要与其营业税同时缴纳。即使办有职工子弟学校的建筑安装企业，也应当先缴纳教育费附加，教育部门可根据企业的办学情况，酌情返还给办学单位，作为对办学经费的补助。

（4）税金计算可简化为式8－44所示。

税金＝（直接费＋间接费＋利润）×税率（%） （8－44）

式中，税率（计税系数）分别如下：

①纳税地点在市区的企业，税率为3.41%；

②纳税地点在县城、镇的企业，税率为3.35%；

③纳税地点不在市区、县城、镇的企业，税率为3.22%；

④实行营业税改增值税的，按纳税地点现行税率计算。

8.2.2 建筑安装工程费用计价程序

建筑安装工程各项费用之间存在着密切的内在联系，费用计算必须按照一定的程序进行，避免重项或漏项，做到计算清晰、结果准确。按照具体的费用项目构成、费用计算方法等，遵照一定的程序进行计算。

1.采用工程量清单计价时的费用计算步骤

（1）分部分项工程（单价措施项目）综合单价计价程序，见表8-1。

表 8-1　分部分项工程（单价措施项目）综合单价计价程序

序号	费用名称	计算式
(1)	计费人工费	Σ工日消耗量×人工单价
(2)	人工费价差	Σ工日消耗量×(合同约定或建设主管部门发布的人工单价－原人工单价)
(3)	材料费	Σ(材料消耗量×除税材料单价)
(4)	材料风险费	Σ(相应除税材料单价×费率×材料消耗量)
(5)	机械费	Σ(机械消耗量×除税台班单价)
(6)	机械风险费	Σ(相应除税台班单价×费率×机械消耗量)
(7)	企业管理费	(1)×费率
(8)	利润	(2)×费率
(9)	综合单价	(1)＋(2)＋(3)＋(4)＋(5)＋(6)＋(7)＋(8)

(2) 单位工程费用计算步骤

工程量清单计价模式下，单位工程费用计算程序，见表 8-2。

表 8-2　工程量清单计价模式下，单位工程费用计算程序表

序号	费用名称	计算式
(一)	分部分项工程费	Σ(分部分项工程量×相应综合单价)
(A)	其中：计费人工费	Σ工日消耗量×人工单价
(二)	措施项目费	(1)＋(2)
(1)	单价措施项目费	Σ(措施项目工程量×相应的综合单价)
(B)	其中：计费人工费	Σ工日消耗量×人工单价
(2)	总价措施项目费	①＋②＋③
①	安全文明施工费	[(一)＋(1)－除税工程设备金额]×费率
②	其他措施项目费	[(A)＋(B)]×费率
③	专业工程措施项目费	根据工程情况而定
(三)	其他项目费	(3)＋(4)＋(5)＋(6)
(3)	暂列金额	[(一)－工程设备金额]×费率 (投标报价时按招标工程量清单中的金额填写)
(4)	专业工程暂估价	根据工程情况确定 (投标报价时按招标工程量清单中的金额填写)
(5)	计日工	根据工程情况而定
(6)	总承包服务费	供应材料费用、设备安装费用或发包的专业工程的(分部分项工程费＋措施项目费)×费率
(四)	规费	[(A)＋(B)＋人工费价差]×费率
(五)	税金	[(一)＋(二)＋(三)＋(四)]×税率
(六)	含税工程造价	(一)＋(二)＋(三)＋(四)＋(五)

2. 定额计价程序下单位工程费用计算步骤

定额计价程序下单位工程费用计算定额计价程序，见表 8-3。

表 8-3　定额计价程序下单位工程费用计算程序表

序号	费用名称	计算式
(一)	分部分项工程费	Σ(分部分项工程量×相应综合单价)
(A)	其中：计费人工费	Σ工日消耗量×人工单价
(二)	措施项目费	(1)+(2)
(1)	单价措施项目费	Σ(措施项目工程量×相应的综合单价)
(B)	其中：计费人工费	Σ工日消耗量×人工单价
(2)	总价措施项目费	①+②+③
①	安全文明施工费	[(一)+(1)-除税工程设备金额]×费率
②	其他措施项目费	[(A)+(B)]×费率
③	专业工程措施项目费	根据工程情况而定
(三)	其他项目费	(3)+(4)+(5)+(6)
(3)	暂列金额	[(一)-工程设备金额]×费率 (投标报价时按招标工程量清单中的金额填写)
(4)	专业工程暂估价	根据工程情况确定 (投标报价时按招标工程量清单中的金额填写)
(5)	计日工	根据工程情况而定
(6)	总承包服务费	供应材料费用、设备安装费用或发包的专业工程的(分部分项工程费+措施项目费)×费率
(四)	规费	[(A)+(B)+人工费价差]×费率
(五)	税金	[(一)+(二)+(三)+(四)]×税率
(六)	含税工程造价	(一)+(二)+(三)+(四)+(五)

8.3 地下井巷工程费用构成

目前，我国井巷工程计价模式通常有两种：定额计价模式、工程量清单模式。本书主要介绍井巷工程定额计价模式计价方法。定额计价模式是使用煤炭系统预算定额进行计价。井巷工程预算定额是一种综合定额，主要研究定额消耗量。按预算定额计价，通过利用井巷工程预算定额中的各项消耗量指标，结合各地区人工单价、材料单价和机械台班单价，进行井巷工程计价。煤炭建筑安装工程费用的项目组成，与建筑安装工程十分类似，在此不再赘述。

8.3.1 井巷直接费

井巷直接费由井巷直接工程费、井巷措施费组成。

1. 井巷直接工程费

井巷直接工程费是施工过程中耗费的构成工程实体的各项费用，包括井巷人工费、材料费、施工机械使用费等。

(1) 人工费、材料费、施工机械使用费

井巷工程的人工费、材料费、施工机械使用费的计算与地面工业广场的建筑安装工程费用计算是一致的。特别地，井巷工程各工种劳动保护费单价根据工程所在地区选用，见表 8-4。

表 8-4 生产工人劳动保护费单价表 （单位：元/工日）

工程类别	工种	地区类别		
		一类	二类	三类
井巷工程	井下直接工	4.39	4.39	4.39
	井下辅助工	1.82	1.82	1.82
	地面辅助工	2.14	1.97	1.72
特凿工程	冻结工	3.40	3.24	2.98
	其他工	2.29	2.14	1.87
露天剥离工程	综合工	2.41	2.26	1.99
土建工程	综合工	2.08	1.91	1.66
安装工程	井下工	1.87	1.87	1.87
	地面工	1.88	1.74	1.48

煤炭定额（统一基价）工资单价见表 8-5。

表8-5　煤炭定额（统一基价）工资单价表　（单位：元/工日）

项目		井巷			特殊凿井		露天剥离		土建	安装	
		井下直接工	井下辅助工	地面辅助工	冻结工	其他工	直接工	辅助工	综合工	地面工	井下工
基本工资		16.97	14.73	14.73							
工资性补贴	井下岗位津贴	25.67	20.67								
	地方性津贴	4.99	4.92	5.59							
生产工人辅助工资		2.85	2.53	2.46							
职工福利费		3.45	3.08	3.16							
生产工人劳动保护费		4.39	1.82	1.97							
日工资单价		58.32	47.75	27.91							

(2) 辅助费

辅助费指井巷工程施工所发生的提升、给排水、通风、运输、供电供热、汽车排矸、其他等辅助系统的费用。

①提升系统费用指立井、斜井由井底或井筒工作面至井口之间为提升煤矸石和运达人员、设备、器材等发生的费用。其中，立井提升系统费用包括井筒提升设备、设施，井口井底设备、设施，以及井筒施工期间工作面伞钻、抓岩机、大模板等设备、设施的悬吊，吊盘、安全梯、混凝土输送管、放炮电缆等设施及其悬吊等发生的费用。斜井提升系统费用包括井筒及井口提升设备设施、箕斗卸载装置以及井筒临时铺轨等发生的费用。

②给排水系统费用包括给水系统费用和排水系统费用，是指井下工作面施工及环境保护而设置的供水和洒水管网所发生的费用。排水系统费用是指为排出井筒、斜巷、平巷反坡施工、顺槽施工和全矿涌水而设置的主排水、区域排水、工作面排水设备、设施所发生的费用。

③通风系统费用指为保证井下新鲜空气的正常供应和降低井下有害气体浓度、排除粉尘、检测有害气体浓度而设置的通风、安全、检测设备、设施及井下人员配备的自救器等所发生的费用。

④运输系统费用指为井巷施工服务的地面工业广场运输、矸石山运输，以及井下平巷、斜巷运输和顺槽及反坡掘进工作面小绞车所发生的费用。

⑤照明供电系统费用是指主井、副井、风井工业广场临时变电所引出线至地面动力照明网、井口配电点及井下各掘进工作面配电点的输、变、配电所发生的费用，但不包括掘进工作面配电对施工设备的供电电缆，主井、副井、风井工业广场临时变电所、场外输电线路、临时变电所至绞车房、压风机房的供电电缆所发生的费用。照明系统费用是指为井巷工程施工服务的地面工业广场、排矸场、辅助系统厂房和井下设置的照明设备、设施（包括固定照明、移动照明，灯房设备、设施）所发生的费用。

⑥供热系统费用指为井口房加热及各辅助系统厂房取暖而设计的人工、设备、设施及动力、燃料所发生的费用。

⑦汽车排矸费用指地面为采用汽车排矸而配备的汽车、推土机所发生的费用。

⑧其他系统费用指为井巷施工服务的但不属于上列各辅助系统的辅助工作所发生的费用，其中包括井口及井下调度通信、电钳工、火药发放工、施工地质测量、安全质量检测、送班中餐、井下卫生和维修木工等所发生的费用。

2. 井巷措施费

井巷措施费指完成工程项目施工，发生于该工程施工前和施工过程中非工程实体项目的费用，由技术措施费和组织措施费组成。

(1) 技术措施费

①大型机械设备进出场及安拆费（不包括矿建工程大型机械设备）指机械整体或分体自停放地运至现场或由一施工地点运至另一施工地点，所发生的机械进出场运输转移费用，以及机械在施工现场进行安装、拆卸所需的人工费、材料费、机械费、试运转费和安装所需的辅助设施的费用。

②混凝土、钢筋混凝土模板及支架费（矿建工程除外）指混凝土施工过程中需要的各种钢模板、木模板、支架等的支、拆、运输费用及模板、支架的摊销（或租赁）费用。

③脚手架费指施工需要的各种脚手架搭、拆、运输费用及脚手架的摊销（租赁）费用。

④其他技术措施费指根据各专业工程特点或工程实际需要补充的技术措施项目费用。

（2）组织措施费

①环境保护费指施工现场为达到环保部门的要求所需要的各项费用。其内容主要包括：施工企业按照《中华人民共和国环境保护法》《建设施工安全生产管理条例》及其他有关环境保护的规定，保护施工现场周边环境，防止或减少粉尘、废气、废水、噪声、振动、施工照明等造成对周围环境的污染和对人的危害以及采取必要的措施，修复由于工程受到破坏的环境等所需要的各项费用。

②文明施工费指施工现场文明施工所需要的各项费用。其内容主要包括：按照《建设工程安全生产管理条例》《建筑施工安全检查标准》等有关规定，施工现场硬化处理，实施防病除害措施、卫生保健措施、洗车槽措施、现场绿化等建设和管理措施所需费用。

③安全施工措施费指施工现场安全施工所需要的各项费用。其主要内容包括：一是按照《建设施工安全生产管理条例》《矿山安全法》《煤矿安全规程》等规定，施工企业建立安全生产责任、安全检查、安全隐患排除、安全教育、安全生产培训等各种制度以及为保护井下工作人员的生命安全，进行安全救护所发生的费用；二是设置符合国家标准的安全警示标牌、标志的费用；三是对可能造成损害的毗邻建筑物、构筑物和地下管线等的防护措施，对建筑四周、四口（楼梯口、电梯口、通道口、预留洞口）临时采用的安全防护，垂直作业上下隔离防护，起重吊装专设人员上下爬梯及作业平台临时支护的费用，起重机械（各类起重机等）及需要检测的设备、设施的安全防护和安全检测费用，施工现场配置的消防设施、消防器材的费用，按照《煤矿安全规程》一般规定，通风、防尘、防火、防瓦斯爆炸及水害、地压等安全监控系统设施和机电、运输、提升、安全保护监控设施的费用以及创伤急救系统应该配备救护车辆、急救器材、急救装备和药品等费用。

安全施工、文明施工、环境保护费费率，见表8-6。

表8-6 安全施工、文明施工、环境保护费费率

<table>
<tr><th rowspan="2">工程名称</th><th rowspan="2">计算基础</th><th colspan="2">安全施工费费率（%）</th><th rowspan="2">文明施工费费率（%）</th><th rowspan="2">环境保护费费率（%）</th></tr>
<tr><th>高瓦斯</th><th>低瓦斯</th></tr>
<tr><td>井巷工程</td><td rowspan="3">分部分项工程费</td><td>2.94</td><td>1.96</td><td>0.38</td><td>0.19</td></tr>
<tr><td>井下铺轨工程</td><td>0.53</td><td>0.35</td><td>0.07</td><td>0.04</td></tr>
<tr><td>露天剥离工程</td><td colspan="2">0.24</td><td>0.17</td><td>0.10</td></tr>
<tr><td>特殊凿井工程</td><td>人工费</td><td colspan="2">7.12</td><td>3.71</td><td>2.23</td></tr>
</table>

④临时设施费指施工企业为进行建筑安装工程施工必需的生活和生产用的建筑物、构筑物和其他临时设施的费用等。内容包括：临时设施的搭设、维修、拆除、摊销费用及施工期间场内道路和水、电、管线的养护费和维修费。

临时设施包括临时宿舍、生活福利的房屋与构筑物，临时仓库、办公室、加工厂以及规定工业范围内的道路，水、电、管线等临时设施。临时设施不包括矿井施工时必需的冻结、钻进、预注浆、提升、排水、通风、压风、运输、照明、机电以及广场外的水、电等凿井措施工程。

临时设施费按地区类别和施工期分别设置系数，见表8-7。

表 8-7　临时设施费按地区类别和施工期设置的系数

工程名称		计算基础	临时设施费费率（%）								
			一类地区			二类地区			三类地区		
			一期	二期 三期	尾工期	一期	二期 三期	尾工期	一期	二期 三期	尾工期
井巷工程	立井井巷及硐室	分部分项工程费	3.21			2.92			2.77		
	一般支护		4.16	2.09		3.78	1.90		3.59	1.81	
	金属架支护			1.17			1.06			1.01	
井下铺轨工程			0.85	0.43	0.14	1.78	0.39	0.13	0.74	0.37	0.12
露天工程			0.48			0.44			0.42		
特殊凿井工程		人工费	8.58			7.80			7.41		

⑤冬雨季施工费指建筑安装工程在冬雨季施工期间为保障工程质量所采取的各项措施（保暖、防寒、防雨、防潮、排水等）费用以及增加工序、机械使用、材料消耗和降低工效等所需的补偿费用。

⑥夜间施工费指地面建筑安装工程因夜间施工发生的夜班补助费，夜间施工降效，夜间施工照明设备的安装、拆除、摊销及照明用电等费用。

⑦二次搬运费指因场地狭小等特殊情况所发生的二次搬运费用。

⑧生产工具用具使用费指施工生产所需不属于固定资产的生产工具和检验、实验用具等购置、摊销及维修费以及支付给工人自备工具的补贴费。

⑨检验试验费指对建筑材料、构件建筑安装物进行一般性鉴定、检查所发生的费用，包括自设实验室进行试验所耗用的材料和化学药品等费用，不包括新结构、新材料的试验费和建设单位对具有出厂合格证证明的材料进行检验，以及对构件做破坏性试验及其他特殊要求检验试验的费用。

⑩工程定位、点交、清理费指工程定位复测（不含井巷工程）、工程点交、场地清理和单位工程竣工后移交前的看管费等费用。

⑪特殊工种培训费指对特殊工种进行培训，在培训期间支付的工资、补贴、劳动保护费、差旅费、学杂费等。

其他组织措施费是指以上没有包括的实际发生的各种其他组织措施费。

冬雨季施工费、夜间施工费、生产工具用具使用费、检验试验费、二次搬运费、特殊工种培训费等综合费率，见表 8-8。

表 8-8　冬雨季施工费、夜间施工费等综合费率

工程名称	计算基础	冬雨季施工费、夜间施工费等综合费率（%）		
		一类地区	二类地区	三类地区
井巷工程	分部分项工程费	2.41	1.97	1.66
井下铺轨工程		0.48	0.39	0.33
露天剥离工程		1.32	1.08	0.91
特殊凿井工程	人工费	27.66	22.58	19.08

8.3.2 井巷间接费

井巷间接费由规费和企业管理费组成。

1. 规费

规费是指政府和有关权力部门规定必须缴纳的费用。包括工程排污费、工程定额测定费、社会保障费、住房公积金、危险作业意外伤害保险费。

2. 企业管理费

企业管理费是指建筑安装企业组织施工生产和经营管理所需费用。企业管理费费率表见表 8-9。

表 8-9 企业管理费率

<table>
<tr><th colspan="2" rowspan="3">工程名称</th><th rowspan="3">计算基础</th><th rowspan="3">基本费率（%）</th><th colspan="6">企业管理费费率（%）</th></tr>
<tr><th colspan="6">取暖费：按取暖期（月）计取</th></tr>
<tr><th>2</th><th>3</th><th>4</th><th>5</th><th>6</th><th>7</th></tr>
<tr><td rowspan="6">井巷工程</td><td>立井井巷及硐室</td><td rowspan="4">直接工程费＋辅助费</td><td>11.48</td><td>0.09</td><td>0.21</td><td>0.37</td><td>0.59</td><td>0.84</td><td>1.15</td></tr>
<tr><td>一般支护</td><td>14.95</td><td>0.12</td><td>0.27</td><td>0.49</td><td>0.76</td><td>1.10</td><td>1.49</td></tr>
<tr><td>金属支架支护</td><td>8.35</td><td>0.07</td><td>0.15</td><td>0.27</td><td>0.43</td><td>0.61</td><td>0.83</td></tr>
<tr><td>井下铺轨工程</td><td>2.22</td><td>0.02</td><td>0.04</td><td>0.07</td><td>0.11</td><td>0.16</td><td>0.22</td></tr>
<tr><td>特殊凿井工程</td><td>人工费</td><td>59.10</td><td>0.55</td><td>1.24</td><td>2.20</td><td>3.44</td><td>4.95</td><td>6.74</td></tr>
<tr><td>露天剥离工程</td><td>直接工程费</td><td>2.81</td><td>0.03</td><td>0.06</td><td>0.11</td><td>0.17</td><td>0.24</td><td>0.33</td></tr>
</table>

井巷工程的企业管理费与地面工业广场的企业管理费内容一致。

8.3.3 利润

利润是指施工企业完成承包工程获得的利润，见表 8-10。

表 8-10 利润

<table>
<tr><th colspan="2">工程名称</th><th>计算基础</th><th>费率（%）</th></tr>
<tr><td rowspan="4">矿建工程</td><td>井巷工程</td><td rowspan="2">直接工程费（含辅助费）＋企业管理费</td><td>7.26</td></tr>
<tr><td>井下铺轨工程</td><td>3.40</td></tr>
<tr><td>露天剥离工程</td><td>直接工程费＋企业管理费</td><td>3.20</td></tr>
<tr><td>特殊凿井工程</td><td>人工费</td><td>53.00</td></tr>
</table>

8.3.4 税金

税金是指国家税法规定的应列入建筑安装工程造价内的营业税、城市维护建设税及教育费附加税，见表 8-11。

表 8-11 税金

<table>
<tr><th>工程所在地</th><th>计税基础</th><th>税率（%）</th></tr>
<tr><td>市区</td><td rowspan="3">分部分项工程费、措施项目费、其他项目费、规费之和（不含税工程造价）</td><td>3.41</td></tr>
<tr><td>县城或镇</td><td>3.35</td></tr>
<tr><td>其他地区</td><td>3.22</td></tr>
</table>

案例 **煤炭建设井巷工程辅助费基础定额的应用**

煤炭建设井巷工程辅助费基础定额的工作内容、施工期划分、各辅助系统包括的费用范围、费用项目划分、硐室分类等与《煤炭建设井巷工程辅助费综合定额》完全一致。一个矿井或一个施工区内由多个施工单位承包工程时，各施工单位可按各自承担的辅助系统分别编制辅助费预算，但施工总承包和建设单位应予以监督协调，使实际发生费用控制在全部井巷工程辅助费之内。

1.辅助工人配备

(1) 辅助工人人工消耗定额是按工种、岗位、实物工程量及合理的劳动组织制定的，实际劳动力配备与定额不同时不做调整。

(2) 劳动力配备按每月 30 天，每天 3 班，每班 8h 制定，实际作业制度与定额不同时，定额不做调整。

(3) 定额中瓦斯检查员按低瓦斯矿井配备，用于高瓦斯矿井时，按每工作面每班一人配备。

(4) 锅炉工及水质化验工是为井口防冻加热和辅助生产系统取暖而配备的，该费用依据国家规定的工程所在地取暖期，按取暖期内实际施工工期（月）计算。施工现场的临时宿舍、生活福利建筑物、仓库、办公室、加工厂等临时设施的取暖、洗澡、生活等所配备的锅炉工、水质化验工不得计入该费用，其费用在临时设施费中列支。

2.施工周转材料

(1) 材料费是指施工中辅助系统使用的钢轨、管路、钢丝绳、电缆、电机车架线、风筒等周转材料所发生的摊销、经修辅材和安装拆卸费用。

月摊销售＝材料原价×月摊销售

材料原价＝材料出厂（或销售）价格＋供销部门手续费＋一次运杂费

或

材料原价＝材料出厂（或销售）价格×1.07

$$月摊销率=\frac{1-材料残值率}{耐用年限\times 12}\times 100\%$$

式中，材料残值率：钢材、钢丝绳、电缆（线）为 10%，其他金属制品为 5%，其余为 3%。

(2) 管路定额是以钢管为主材出现的，其中管路安装拆除费综合了钢管耐用期限内法兰（快速接头）、闸门、弯头、三通、管箍（丝接管路用）等在内的材料费、加工费及其安装拆除费。

(3) 电机车架线及供电线路定额是以架线、缆线为主材出现的，其中线路的安装拆除费综合了定额规定期限内电杆、拉线、金具、电瓷瓶等全部材料及其安装拆除费用。

(4) 铺轨定额是以钢轨为主材出现的，其中安装拆除费综合了钢轨耐用期限内道夹板、螺栓、垫圈、垫板、道钉、轨枕、道砟等材料及其铺设拆除费。

3.施工设备、设施

施工设备、设施单台（单位）月费由下列费用组成。

(1) 折旧费

月折旧费＝设备原值×月折旧率×设备更新贷款利息系数

设备原值由设备出厂（或销售）价格和生产厂（或销售单位交货地点）运至施工单位基地设备库的全部费用组成。

国产设备原值＝出厂（或销售）价格＋供销部门手续费＋一次运杂费

国产运输车辆原值＝出厂（或销售）价格×（1＋购置附加费率）＋供销部门手续费＋一次运杂费

$$月折旧率=\frac{1-残值率}{耐用年限\times 12}\times 100\%$$

残值率指施工设备报废时回收残余价值占原值的比率。依据财政部、中国人民银行有关规定，残值率为 2%～5%。非标设备（如金属井架、吊盘等）残值率为 6%。

耐用年限按财政部、中国人民银行有关企业固定资产分类折旧年限及原煤炭部的规定设备耐用年限。矿井施工中使用的吊盘、激光盘、井盖等非标设备，按服务于该工程的工期，作为该非标设备的耐用年限。

贷款利息系数 $=1+\frac{i}{2}(n+1)$

i 为设备更新年贷款利率。根据中国人民银行发布的年贷款利率取定。

n 为国家有关文件规定的此类设备折旧年限。

(2) 大修理费

月大修理费＝设备原值×月大修折旧率

月大修折旧率＝[（耐用年限/大修间隔年限－1）×一次大修率/（耐用年限×12）]×100％

一次大修率＝一次大修费/设备原值

“耐用年限/大修间隔年限”的商数有小数时，应进为整数计算。大修间隔年限、一次大修费是根据财政部、原煤炭部的有关规定，按照全国统一机械台班费用定额及其技术经济定额规定为基础进行计算或换算的。吊盘、激光盘、井盖等非标设备不计取大修折旧费。

(3) 安装拆卸费

安装拆卸费是指除凿井措施费包括的内容以外的设备、设施所发生的安装、拆除费用。

供热系统设备设施月费用定额，是按全年12个月分摊的，无论工程是否在取暖期内施工，均按实际施工工期（月）计算供热系统一类费用。

根据矿井施工组织设计安排，施工中使用永久设备、设施时，预算按施工设备、设施单台（单位）月费用组成编制，结算时施工单位只计取大修理及经修辅材费，不计取折旧费及安装拆卸费。租赁设备按自备设备计算费用。根据施工组织设计安排使用进口设备施工时，可按“（到岸价格＋关税＋增值税）×（1＋购置附加费率）＋外贸部门手续费＋银行部门财务费＋国内一次运杂费”计提折旧费，该折旧费与相似型号国产设备折旧费的差额按价差处理。其余费用按相似规格、型号的国产设备计取。

8.4 设备及工、器具购置费

设备及工、器具购置费用由设备购置费和工具、器具及生产家具购置费组成。计算公式如式（8—45）。

设备及工、器具购置费＝设备购置费＋工、器具及生产家具购置费　　（8—45）

8.4.1 设备购置费

设备购置费是为建设项目购置或自制的达到固定资产标准的各种国产或进口设备、工具、器具的购置费用。设备购置费由设备原价和设备运杂费构成，设备原价是指国产设备或进口设备的原价；设备运杂费是指除设备原价之外的关于设备采购、运输、途中包装及仓库保管等方面支出费用的总和。

设备购置费＝设备原价＋设备运杂费　　（8—46）

1. 设备原价

（1）国产设备原价的构成及计算

国产设备原价为设备制造厂的交货价，或订货合同价。一般根据生产厂或供应商的询价（Request Seller Responses）、报价、合同价确定。国产设备原价分国产标准设备原价和国产非标准设备原价。

国产标准设备是按照主管部门颁布的标准图纸和技术要求，由我国设备生产厂批量生产的，符合国家质量检测标准的设备。国产标准设备原价有两种，即带有备件的原价和不带有备件的原价。计算时一般采用带有备件的原价。国产标准设备一般有完善的设备交易市场，因此可通过查询相关交易市场价格或向设备生产厂家询价得到国产标准设备原价。

国产非标准设备是指国家尚无定型标准，各设备生产厂不可能在工艺过程中采用批量生产，只能按一次订货，并根据具体的设计图纸制造的设备。非标准设备原价有多种不同的计算方法，如成本计算估价法、系列设备插入估价法、分部组合估价法、定额估价法等。

（2）进口设备原价的构成

进口设备的抵岸价，即抵达买方边境港口或边境车站，且交完关税等税费后形成的价格。进口设备抵岸价的构成与进口设备的交货类别有关。抵岸价构成包括货价、国际运费、运输保险费、银行财务费、外贸手续费、关税、增值税、消费税和海关监督手续费。进口设备的抵岸价的各类费用计算如下：

①抵岸价是指设备抵达买方边境、港口或车站，缴纳完各种手续费、税费后形成的价格。计算方法如式（8—47）所示：

抵岸价＝到岸价 CIF＋进口从属费　　（8—47）

②进口从属费用：进口设备在办理进口手续过程中发生的应计入设备原价的银行财务费、外贸手续费、进口关税、消费税、进口环节增值税及进口车辆的车辆购置税等。需要注意的是到岸价作为关税的计征基数时，又可称为“关税完税价格”。进口从属费计算公式如式（8—48）所示：

进口从属费＝银行财务费＋外贸手续费＋关税
＋消费税＋进口环节增值税＋车辆购置税　　（8—48）

其中，

银行财务费＝离岸价（FOB）×人民币外汇汇率×银行财务费率　　（8—49）

外贸手续费＝到岸价（CIF）×人民币外汇汇率×外贸手续费率　　（8—50）

关税＝到岸价（CIF）×人民币外汇汇率×进口关税税率　　（8—51）

$$\text{消费税}=\frac{\text{到岸价}\times\text{人民币外汇汇率}+\text{关税}}{1-\text{消费税税率}}\times\text{消费税税率}\qquad(8-52)$$

增值税＝（到岸价＋关税＋消费税）×增值税税率　　（8—53）

车辆购置税＝（到岸价＋关税＋消费税）×车辆购置税率　　（8—54）

③到岸价（Cost Insurance and Freight，CIF）：也叫作成本加保险费、运费，是指设备抵达买方边境港口或边境车站所形成的价格。卖方除负有与运费在内价相同的义务外，还应办理货物在运输途中最低险别的海运保险，并应支付保险费。如买方需要更高的保险险别，则需要与卖方明确地达成协议，或者自行做出额外的保险安排。除保险这项义务之外，买方的义务也与运费在内价相同。

到岸价＝离岸价＋国际运费＋运输保险费

＝运费在内价＋运输保险费 （8－55）

其中，离岸价（Free On Board，FOB）：装运港船上交货称为离岸价，即原币货价，其风险转移以在指定的装运港货物越过船舷时为分界点，费用划分与风险转移的分界点相一致。运费在内价（Cost and Freight，CFR），也叫成本加运费，是指在装运港装上指定船时卖方即完成交货，卖方必须支付将货物运至指定的目的港所需的运费和费用，但交货后货物灭失或损坏的风险，以及由于各种事件造成的任何额外费用，由卖方转移到买方，此时费用划分与风险转移的分界点是不一致的。计算公式如下：

运费在内价＝离岸价＋国际运费 （8－56）

国际运费＝离岸价×运费率或国际运费＝单位运价×运量 （8－57）

$$运输保险费=\frac{离岸价+国际运费}{1-保险费率}\times 保险费率 \quad (8-58)$$

［例］某进口矿山钻机设备到岸价为1500万元，银行财务费，外贸手续费合计36万元，关税300万元，消费税和增值税税率分别为10%、17%，计算该进口矿山钻机设备原价。

［解］进口设备原价＝到岸价＋进口从属费用，到岸价为已知条件，所以本题首先需要求出进口从属费用。其中，

$$消费税=\frac{到岸价\times 汇率+关税}{1-消费税税率}\times 消费税税率=\frac{1500+300}{1-10\%}\times 10\%=200（万元）$$

增值税＝（到岸价＋关税＋消费税）×增值税税率＝（1500＋300＋200）×17%＝340（万元）

进口设备原价＝到岸价＋进口从属费用＝1500＋36＋300＋200＋340＝2376（万元）

2. 设备运杂费

(1) 内容

①运费和装卸费：国产设备由设备制造厂交货地点起至工地仓库（或施工组织设计指定的需要安装设备的堆放地点）止所发生的运费和装卸费；进口设备则由我国到岸港口或边境车站起至工地仓库（或施工组织设计指定的需安装设备的堆放地点）止所发生的运费和装卸费。

②包装费：在设备原价中没有包含的为运输而进行的包装支出的各种费用。

③设备供销部门的手续费：按有关部门规定的统一费率计算。

④采购与仓库保管费：采购、验收、保管和收发设备所发生的各种费用包括设备采购人员、保管人员和管理人员的工资、工资附加费、办公费、差旅交通费，设备供应部门办公费和仓库所占固定资产使用费、工具用具使用费、劳动保护费、检验试验费等。这些费用可按主管部门规定的采购与保管费费率计算。

(2) 计算

按设备原价乘设备运杂费率计算，其公式为

设备运杂费＝设备原价×设备运杂费率 （8－59）

其中，设备运杂费率按各部门及省、市等的规定计取。

8.4.2 工具、器具及生产家具购置费的构成及计算

工具、器具及生产家具购置费为新建或扩建项目初步设计规定的，保证初期正常生产必须购置的没有达到固定资产标准的设备、仪器、工卡模具、器具、生产家具和备品备件等的购置费用。一般以设备购置费为计算基数，按照部门或行业规定的工具、器具及生产家具费率计算。计算公式为

工具、器具及生产家具购置费＝设备购置费×定额费率 （8－60）

8.5 工程建设其他费用

工程建设其他费用指从工程筹建起到工程竣工验收交付使用止的整个建设期间，除建筑安装工程费用和设备及工、器具购置费用以外，为保证工程建设顺利完成和交付使用后能够正常发挥效用而发生的各项费用。工程建设其他费用：与土地有关的费用、与工程建设有关的其他费用、与未来企业生产经营有关的其他费用。

8.5.1 与土地有关的费用

按照国家和地方人民政府的规定，建设项目征收或征用土地、租用土地应支付的费用。

1. 土地征收或征用及迁移补偿费是指建设项目通过划拨方式取得无限期的土地使用权，依照《中华人民共和国土地管理法》等规定所支付的费用。主要包括：①征用耕地补偿费是指被征用土地附着物及育苗补偿费、菜地开发建设基金、土地使用税、征用管理费等。②征用耕地安置补偿费是指征用耕地要安置农业人口的补助费。③征地动迁费是指征用土地上房屋及构筑物的拆除、拆迁补偿费，企业因搬迁造成的减产停产补贴费、拆迁管理费。

土地征收、征用及迁移补偿费是根据批准的建设用地和临时用地面积，按工程所在地人民政府颁发的费用标准并结合实际情况计算。

2. 土地使用出让金是指建设项目通过土地使用权出让的方式，取得有限期的土地使用权，依照《中华人民共和国城镇国有土地使用权出让和转让暂行条例》规定所支付的土地使用权出让所发生的费用。土地使用出让金是根据应征建设用地和临时用地面积按实际价格计算。

3. 租地费用是指建设项目采用“长租短付”方式租用土地使用权所支付的租地费用。

4. 征地管理费主要用于征地拆迁、安置工作的办公费、会议费、交通工具费、福利费、借用人员的工资、旅费、业务培训、宣传教育、经验交流和改善办公条件等费用。

8.5.2 与建设项目有关的其他费用

根据项目的不同，与项目建设有关的其他费用的构成也不尽相同，在进行工程估算及概算中可根据实际情况进行计算。

1. 建设单位管理费

建设项目从立项、筹建、设计与建造、联合试运转、竣工验收、交付使用及后评估等全过程管理所需的费用。内容包括：①建设单位开办费，指新建项目为保证筹建和建设工作正常进行所需办公设备、生活家具、用具、交通工具等购置费用。②建设单位经费，包括工作人员的基本工资、工资性补贴、职工福利费、劳动保护费、劳动保险费、办公费、差旅交通费、排污费、竣工交付使用清理及竣工验收费、后评估等费用。不包括应计入设备、材料预算价格的建设单位采购及保管设备、材料所需的费用。

建设单位管理费（Construction management fee）按照单项工程费用之和（包括设备工、器具购置费和建筑安装工程费用）乘建设单位管理费率计算。

2. 勘察设计及咨询费

勘察设计及咨询费包括建设项目前期工作咨询费和勘察设计费两部分。建设项目前期工作咨询费是建设项目专题研究、编制和评估项目建议书、编制和评估可行性研究报告以及其他与建设项目前期工作有关的咨询服务收费。

勘察设计费（Survey design fee）是指建设单位委托勘察设计单位为建设项目进行勘察、设计等所需费用。主要包括：①工程勘察费，它是测绘、勘探、取样、试验、测试、检测、监测等勘察作业以及编制工程勘探文件和岩土工程设计文件等收取的费用。②工程设计费，它是编制初步设计文件、施工图设计文件、非标准设备设计文件、工程概算文件、施工图预算文件、竣工图文件等服务所收取的费用。

3. 研究试验费

研究试验费是为建设项目提供和验证设计参数、数据、资料等所进行的必要的试验费用以及设计规定在施工中必须进行的试验、验证所需费用。包括自行或委托其他部门研究试验所需人工费、材料费、试验设备及仪器使用费等。这项费用按照设计单位根据本工程项目的需要提出的研究试验内容和要求按实际计算。

研究试验费（Research experiment fee）不包括应由科技三项费用（新产品试验费、中间试验费和重要科学研究补助费）开支的项目；不包括应由建筑安装费中列支的施工企业对建筑材料、构件和建筑物进行一般鉴定、检查所发生的费用及技术革新的研究试验费。

4. 建设单位临时设施费

建设单位临时设施费是建设期间建设单位所需临时设施的搭设、维修、摊销费用或租赁费用。临时设施包括临时宿舍、文化福利及公用事业房屋与构筑物、仓库、办公室、加工厂以及规定范围内的道路、水、电、管线等临时设施和小型临时设施。

5. 工程监理费

建设单位委托工程监理单位对工程实施监理工作所需费用。

课程思政　　建设工程监理及其重要性

随着我国经济活动专业化分工的程度不断提升，工程监理也随之发展，主要向两个方向转变。一是大部分监理企业向专业化及其旁站监理发展；二是为了可以与国际进行接轨，部分监理企业有条件地向全过程、全方位项目管理发展。就目前而言，我国主要的工程监理工作还是主要以施工阶段的工程质量控制和施工工期的控制为主。《工程建设监理规定》是1995年原建设部和原国家计委发布的部门规定，自1996年1月1日起实施，于2016年2月18日《关于宣布失效一批住房城乡建设部文件的公告》（中华人民共和国住房和城乡建设部公告第1041号）废止。虽然已经废止，但工程监理作为业主项目管理活动之一，已经成为我国建设工程管理的专业化服务活动。

建设工程监理即指具有相应资质的工程监理企业，接受建设单位的委托，承担其项目管理工作，并代表建设单位对承建单位的建设行为进行监控的专业化服务活动。其特性主要表现为监理的服务性、科学性、独立性和公正性。监理工作简言之就是“四控”“两管”“一协调”。“四控”指的是工程进度、质量、投资和工程监理控制；“两管”是合同管理和信息管理；“一协调”是指对三方的全面协调。工程监理行业目前存在投入不足、全监理职责不够明确、监理理论和监理规范滞后问题，监理单位对于以上各种问题，应当树立“安全第一、预防为主”的安全监理工作方针。

工程监理为港珠澳大桥项目顺利完成保驾护航。港珠澳大桥是我国继三峡工程、青藏铁路、南水北调、西气东输、京沪高铁之后又一重大基础设施项目，作为集桥、岛、隧于一体的超大型跨海交通工程，大桥建设是目前中国交通运输史上里程最长、投资最多、技术最复杂、建设要求及标准最高、施工难度最大的超大型桥梁建设项目。结合港珠澳大桥主体工程项目管理特点，为充分发挥国内有实力监理单位的特点和优势，港珠澳大桥施工监理招标采用了联合体模式，由两家以上的监理企业共同参与工程投标，项目实施管理，竣工结算等。联合体监理模式通过构建基于积极沟通、明确目标、制定合理措施并督促贯彻实施的监理联合体管理策略，为实现港珠澳大桥建设目标起到积极的推动作用。

资料来源：https：//www.hzmb.org/和秦新刚《工程项目管理中工程监理的重要性》。

6. 工程保险费

工程保险费是建设项目在建设期间根据需要实施工程保险所需费用，包括建筑工程及其在施工过程中的物料、机器设备为保险标的的建筑工程一切险，以安装工程中的各种机器、机械设备为保险标的的安装工程一切险以及机器损坏保险等。根据不同的工程类别，分别以其建筑、安装工程费乘建筑、安装工程保险费率计算。

7. 引进技术和进口设备其他费用

引进技术和进口设备其他费用包括出国人员费用、国外工程技术人员来华费用、技术引进费、分期或延期付款利息、担保费以及进口设备检验鉴定费。

8. 环境影响咨询服务费

环境影响咨询服务费系指按照《中华人民共和国环境保护法》《中华人民共和国环境影响评价法》对建筑项目对环境影响进行全面评价所需的费用。内容包括编制环境影响报告表、环境影响报告书（含大纲）和评估环境影响报告表、环境影响报告书（含大纲）。

8.5.3 与未来企业生产经营有关的费用

1. 联合试运转费

联合试运转费是指新建企业或新增加生产工艺过程的扩建企业在竣工验收前，按照设计规定的工程质量标准，进行整个车间的负荷或无负荷联合试运转过程中发生的支出费用大于试运转收入的差额部分（即亏损部分）。费用内容包括：试运转所需的原料、燃料、油料和动力的费用，机械使用费用，低值易耗品及其他物品的购置费用和施工单位参加联合试运转人员的工资等。联合试运转费一般根据不同性质的项目按需要试运转车间的工艺设备购置费的百分比计算。

2. 生产准备费

生产准备费是指新建企业或新增生产能力的企业，为保证竣工交付使用进行必要的生产准备所发生的费用。包括：①生产人员培训费，包括自行培训、委托其他单位培训的人员的工资、工资性补贴、职工福利费、差旅交通费、学习资料费、学习费、劳动保护费等。②生产单位提前进厂参加施工、设备安装、调试等以及熟悉工艺流程及设备性能等人员的工资、工资性补贴、职工福利费、差旅交通费、劳动保护费等。生产准备费一般根据需要培训和提前进厂人员的人数及培训时间，按生产准备费指标进行估算。

3. 办公和生活家具购置费

办公和生活家具购置费是为保证新建、改建、扩建项目初期正常生产、使用和管理所必须购置的办公和生活家具、用具的费用。改、扩建项目所需的办公和生活用具购置费，应低于新建项目。

8.6 预备费、贷款利息与投资方向调节税

按我国现行规定，预备费包括基本预备费和涨价预备费。

8.6.1 基本预备费

在初步设计及概算内难以预料的工程费用，其内容包括：在批准的初步设计范围内，技术设计、施工图设计及施工过程中所增加的工程费用；设计变更、局部地基处理等增加的费用；一般自然灾害造成的损失和预防自然灾害所采取的措施费用。实行工程保险的工程项目费用应适当降低；竣工验收时为鉴定工程质量对隐蔽工程进行必要的挖掘和修复费用。

基本预备费按设备及工、器具购置费，建筑安装工程费用和工程建设其他费用三者之和为计取基础，乘基本预备费率进行计算。

基本预备费＝（设备及工、器具购置费＋建筑安装工程费用＋工程建设其他费用）×基本预备费率

基本预备费＝（工程费＋工程建设其他费）×基本预备费率 (8－61)

基本预备费率的取值应执行国家及部门的有关规定，一般为5%～8%。

8.6.2 涨价预备费

建设项目在建设期间内由于价格等变化引起工程造价变化的预测预留的费用。费用内容包括：人工、设备、材料、施工机械的价差费，建筑安装工程费及工程建设其他费用调整，利率、汇率调整等增加的费用。

涨价预备费的测算方法，一般根据国家规定的投资综合价格指数，按估算年份价格水平的投资额为基数，采用复利方法计算。计算公式为

$$PF=\sum_{t=1}^{n}I_t\times[(1+f)^t-1] \qquad (8-62)$$

式中，PF——涨价预备费；

n——建设期年份数；

I_t——建设期中第 t 年的投资计划额，包括设备及工、器具购置费、建筑安装工程费、工程建设其他费用及基本预备费；

f——年均投资价格上涨率。

[例] 某项目建安工程费5000万元，设备购置费3000万元，项目建设前期年限为1年，建设期为3年，各年投资计划额为：第一年完成投资20%，第二年60%，第三年20%。年均投资价格上涨率为6%，求建设项目建设期间价差预备费。

[解] 工程费用＝5000＋3000＝8000（万元）

建设期第一年完成投资＝8000×20%＝1600（万元）

第一年价差预备费为：$P_1=I_1[(1+f)^1-1]=96$（万元）

第二年完成投资＝8000×60%＝4800（万元）

第二年价差预备费为：$P_2=I_2[(1+f)^2-1]=593.28$（万元）

第三年完成投资＝8000×20%＝1600（万元）

第三年价差预备费：$P_3=I_3[(1+f)^3-1]=305.63$（万元）

所以，建设期的价差预备费为：

$P=96+593.28+305.63=994.91$（万元）

8.6.3 建设期贷款利息

建设期贷款利息包括向国内银行和其他非银行金融机构贷款、出口信贷、外国政府贷款、国际商业银行贷款以及在境内外发行的债券等在建设期间内应偿还的贷款利息。

当总贷款是分年均衡发放时，建设期利息的计算可按当年借款在年中支用考虑，即当年贷款按半年计息，上年贷款按全年计息。计算公式为

$$q_j = (P_{j-1} + \frac{1}{2}A_j) \times i \tag{8-63}$$

式中，q_j为建设期第j年应计利息；

P_{j-1}为建设期第（$j-1$）年末贷款累计金额与利息累计金额之和；

A_j为建设期第j年贷款金额；

i为年利率。

国外贷款利息的计算中，还应包括国外贷款银行根据贷款协议向贷款方以年利率的方式收取的手续费、管理费、承诺费以及国内代理机构经国家主管部门批准的以年利率的方式向贷款单位收取的转贷费、担保费、管理费等。

[例] 某新建项目，建设期为 3 年，第一年贷款 300 万元，第二年贷款 600 万元，第三年贷款 400 万元，年利率为 12%，建设期内利息只计息不支付，贷款年中支用，计算建设期的贷款利息。

[解] 在建设期，各年利息计算如下：

$$q_1 = \frac{1}{2}A_1 \times i = \frac{1}{2} \times 300 \times 12\% = 18 \text{（万元）}$$

$$q_2 = (P_1 + \frac{1}{2}A_2)\, i = (300 + 18 + \frac{1}{2}600) \times 12\% = 74.16 \text{（万元）}$$

$$q_3 = (P_2 + \frac{1}{2}A_3)\, i = (318 + 600 + 74.16 + \frac{1}{2} \times 400) \times 12\% = 143.06 \text{（万元）}$$

所以，建设期贷款利息$= q_1 + q_2 + q_3 = 18 + 74.16 + 143.06 = 235.22$（万元）

8.6.4 固定资产投资方向调节税

为了贯彻国家产业政策，控制投资规模。引导投资方向，调整投资结构，加强重点建设，促进国民经济持续、稳定、协调发展，对在我国境内进行固定资产投资的单位和个人征收固定资产投资方向调节税（简称“投资方向调节税”）。

1. 税率

投资方向调节税根据国家产业政策和项目经济规模实行差别税率，税率为 0%，5%，10%，15%，30%五个档次。差别税率按两大类设计，一是基本建设项目投资，二是更新改造项目投资。对前者设计了四档税率，即 0%，5%，15%，30%；对后者设计了两档税率，即 0%，10%。

(1) 基本建设项目投资适用的税率，见表 8-12。

表 8-12　基本建设项目投资适用的税率

基本建设项目	税率
国家急需发展的项目投资，如农业、水利、能源、交通、通信、原材料、科教、地质、勘探、矿山开采等基础产业和薄弱环节的部门项目投资	0%
对国家鼓励发展但受能源、交通等制约的项目投资，如钢铁、化工、石油、水泥等部分重要原材料项目，以及一些重要机械、电子、轻工工业和新型建材的项目	5%
配合住房制度改革，对城乡个人修建、购买住宅的投资	0%
单位修建、购买一般性住宅投资	5%
单位用公款修建、购买高标准独门独院、别墅式住宅投资	30%
楼堂馆所以及国家严格限制发展的项目投资	30%
其他项目投资	15%

（2）更新改造项目投资适用的税率

为了鼓励企事业单位进行设备更新和技术改造，促进技术进步，对国家急需发展的项目投资，予以扶持，适用零税率；对单纯工艺改造和设备更新的项目投资，适用零税率。对不属于上述提到的其他更新改造项目投资，一律使用10%的税率。

2. 计税依据

投资方向调节税以固定资产投资项目实际完成投资额为计税依据。实际完成投资额包括：设备及工器具购置费、建筑安装工程费、工程建设其他费用及预备费。

▷English Corner for Chapter 8

(1) The total investment of the construction project contains two parts: investment in fixed assets and investment in current assets. Project cost is the total cost for the determined construction content, construction scale, construction standards, function requirements for final delivery, which is equal to the investment in fixed assets.

(2) The project cost includes the cost for purchasing various equipment, the cost for construction building and installation, other costs of construction, preparation cost, construction loan interest and fixed assets investment adjustment tax, etc.

(3) The project construction and installation cost is the total cost incurred to complete the construction and installation projects, which consists of direct cost, indirect cost, profit and tax.

(4) Quantity Unit Price Method is to multiply the quantities of divisional and subdivisional works by the unit price to reach the total for the direct project cost, which is defined as labor, materials, machinery consumption and its corresponding price.

(5) The comprehensive unit price method refers to the labor cost, material cost, machinery usage cost, management cost and profit required to complete a specified work with the consideration of the risk factor. Comprehensive unit price is not strictly targeted the full cost price. Full cost unit price should include measures, fees and taxes.

(6) Machinery usage cost includes the construction machinery operating costs, as well as machinery installation and dismantling costs and off-site transportation costs, which consists of seven components: depreciation, major repair costs, regular repair costs, installation and off-site freight transport costs, labor costs, fuel and power costs, other costs.

(7) Measures fee refers to the non-engineering entity project costs which is necessary for the completion of the project, which occurs before the construction of the project and the construction process of and can be divided into technical measures fee and organizational measures fee.

(8) Equipment acquisition costs are the acquisition costs of various domestic or imported equipment, tools and appliances purchased or manufactured for the construction project, which has meet the standards of fixed assets. It consists of the original price of the equipment and equipment transportation and miscellaneous costs. Besides, tools, apparatus and furniture acquisition costs are the acquisition costs of various equipment, tools and appliances purchased or manufactured for the construction project, which has not meet the standards of fixed assets.

(9) Other costs of engineering construction refer to other fees for the construction period from project preparation to project completion. Other costs of engineering construction can be broadly divided into three categories according to their contents. The first category is the land-related cost; the second category is other costs related to engineering construction; the third category is other costs related to the future production and operation of the enterprise.

(10) The reserve fee includes basic reserve fee and price increase reserve fee. Basic reserve refers to the preliminary design and budget estimates within the project costs that are difficult to anticipate. Price increase reserve fee refers to the prepared cost for the construction project due to changes in prices and other changes in project cost forecasts.

章节习题

一、选择题

1.以下哪项不属于施工机械台班单价中的不变费用?(　)

A.折旧费　　B.大修理费　　C.经常修理费　　D.车船使用税

2.以下应计入工程建设其他费用的是(　)。

A.设备购置费用　　B.建筑安装工程费用　　C.工程建设监理费　　D.预备费

3.以下哪项不属于施工机械台班单价中的可变费用?(　)

A.人工费　　B.燃料动力费　　C.养路费及车船使用税　　D.折旧费

4.教育费附加以(　)为计税依据。

A.营业收入额　　B.营业税额　　C.城市维护建设税额　　D.直接费额

5.下列费用中,属于措施费的是(　)。

A.混凝土模板及支架费　　B.联合试运转费　　C.直接费　　D.人工费

6.建筑安装工程费用由(　)等构成。

A.建筑工程费用、安装工程费用、设备购置费用

B.人工费、材料费、施工机械使用费

C.直接费、间接费、利润、税金

D.直接费、建设工程其他费用、设备购置费

7.建设项目投资构成中,预备费是为了考虑(　)而设置的一项费用。

A.意外的实物性费用支出

B.物价因素

C.意外的实物性费用支出和物价因素

D.动态因素

8.某进口设备通过海洋运输,到岸价为 972 万元,国际运费为 88 万元,海上运输保险费率 3‰,则离岸价为(　)万元。

A.881.08　　B.883.74　　C.1063.18　　D.1091.90

二、填空题

1.城乡维护建设税的纳税人所在地为市区的,其适用税率为营业税的(　　)%。

2.营改增前,建筑安装企业营业税税率为(　　)%。

3.直接工程费包括(　　)、(　　)、(　　)。

4.人工费中,工人必须消耗的时间包括(　　)、(　　)、(　　)。

5.按我国现行规定,预备费包括(　　)和(　　)。

6.我国现行的建筑安装工程费用由直接工程费、(　　)、(　　)和税金四部分组成。

7.措施项目工程量清单:措施项目包括(　　)和(　　)。

8.直接费由(　　)和(　　)组成。

9.某批进口设备离岸价为 1000 万元人民币,国际运费为 100 万元人民币,运输保险费费率为 1%。则该批设备的关税完税价格应为(　　　)万元人民币。

10.某进口设备人民币货价为 400 万元,国际运费折合人民币 30 万元,运输保险费率为 3‰,则该设备应计的运输保险费折合人民币(　　　)万元。

三、简答题

1.简述预备费的含义及用途。

2.简述工程建设其他费用的定义及其分类。

3.简述设备费定义及其构成。

4.简述税金的组成及其计算。

四、综合计算题

1.某铁矿生产需进口瑞士圆锥式破碎机,其进口装运上船的交货价为 280 万美元,运费率 0.15%,运保费率 0.3%,银行财务费率 0.5%,外贸手续费 1.5%,关税 20%,增值税 17%,消费税 10%,汇率 7,求该进口设备原价(计算结果均保留两位小数)。

2.某建设项目的建筑安装工程费构成为主要生产项目 75000 万元，辅助生产 50000 万元，环境保护工程费用 650 万元，总图运输工程 300 万元，厂外工程 100 万元。该项目设备及工器具购置费 30000 万元，工程建设其他费用为 500 万元。基本预备费率为 10%，涨价率为 5%，建设期为 2 年，第一年投资使用比例为 45%，第二年投资使用比例为 55%。第一年贷款 5000 万元，第二年贷款 4800 万元，贷款年利率为 12%。试计算该项目总投资（保留小数点两位）。

3.某新建项目，建设期为 3 年，计划总投资额为 2000 万元。其中，自有资金为 1000 万元，计划建设期内第一年贷款 500 万元，第二年贷款 300 万元，第三年贷款 200 万元，已知银行利率为 10%，建设期内利息只计息不支付，贷款年中支用。试计算建设期贷款的利息。

4.某煤矿建设项目建筑安装工程费 5000 万元，工程建设其他费用为 1000 万元，已知基本预备费率 5%，项目建设期为 3 年，各年投资计划额如下，第一年完成投资 30%，第二年 40%，第三年 30%，年均投资价格上涨率为 5%，求该矿山项目建设期间涨价预备费。（保留小数点两位）

第9章 矿业工程定额

案例引入　　**定额的由来**

据《辑古墓经》记载，我国唐代就已经有了夯筑城台的用工定额，北宋时期著名的土木建筑家李诫编著的《营造法式》，不仅是一部土木建筑工程技术方面的巨著，也是一部工料计算方面的巨著。它的“功限”和“料例”两个部分，分别相当于现在的人工和材料消耗定额。清朝工部的《工程做法则例》是一部有关工料估算的典籍。这些古籍中所记载的估工估料的经验就是原始的定额。

现代定额与泰勒科学管理思想密切相关。现代定额是随着社会化大生产的发展以及管理科学的产生而产生的。19 世纪末至 20 世纪初，资本主义工业在欧美发达国家得以快速发展，然而，生产管理科学的发展却相对落后。泰勒提倡科学管理，主要着眼于提高劳动生产率（labor productivity）和提高工人的劳动效率。他一方面对工人工作时间的组成、有效和无效消耗，从理论、方法和手段上进行了科学分析研究，并通过大量的科学试验，对工作时间的合理利用进行分析、制定出所谓的标准操作方法，训练工人采用标准操作方法，从而提高了工人劳动效率；另一方面，他对工具或设备的选用、材料消耗、作业环境等也进行了细致的研究，又制定出工具、设备、材料及作业环境的标准。1895 年至 1903 年，泰勒相继发表了《计件工资制》和《车间管理》两篇论文。

泰勒定额管理思想认为管理的中心问题是提高劳动生产率，策略在于：①考虑专业化分工，选择第一流的工人从事工作，第一流的工人是那些最适合又最愿意干某种工作的人，企业管理中就是把合适的人安排到合适的岗位上；②制定科学的工作方法，编制标准的操作方法，并按此培训工人，提高工人操作的熟练程度；③根据定额完成情况，实行差别计件工资制，使工人的贡献大小与工资高低紧密挂钩。定额管理的思想首先在工厂管理得到实践，使企业管理从传统的经验管理进入科学管理，科学管理的最直接结果是大幅度削减了制成品的成本，同时使管理可以衡量。

定额的概念不断发展，除了在生产领域得到大规模采用以外，非生产性定额也得到普及。例如，生产性定额中一辆汽车的生产由四个车门、一个车盖、一个车身等组成；非生产定额中，一个餐桌只能服务 10～12 名顾客，这些都体现了定额的含义。

本章以用途为定额的分类主线，讲述了基础定额、预算定额、概算定额、概算指标、估算指标的组成、特点、作用、编制及使用等内容。通过本章内容的学习，需要掌握和了解建筑工程定额的概念、作用、发展、分类体系，掌握基础定额中人工、材料、机械台班消耗量定额的组成，熟悉预算定额的分类、编制原则、依据及方法和程序，掌握预算定额的人工、材料、机械台班消耗量及相应单价的组成以及定额单位估价表的组成和作用，理解预算定额的组成、特点、使用等内容，了解概算定额、概算指标的概念、作用、编制方法和项目表等，了解投资估算定额的概念、作用、内容等。

9.1 建设工程定额概述

9.1.1 定额的概念

定额（quota）是在合理的劳动组织和合理使用材料、机械的条件下，完成单位合格产品所消耗的资源数量的标准。在社会生产中，为了完成某一合格产品，就必然要消耗（或投入）一定量的活劳动与物化劳动，但在社会生产发展的各个阶段，由于生产力水平及关系不同，在产品生产中所需消耗的活劳动与物化劳动的数量也就不同。定额就是衡量产品劳动数量的指标。

课题思政　　企业施工定额与其先进性

作为计价依据的定额，目前国家住建部颁发的《通用安装工程消耗量定额》（TY 02－31－2015）已经在各地执行。但它只是消耗量标准，只有消耗量，没有价格，因此各地又依照全统定额编制了各省市的消耗量预算定额，定额说明、计算规则、编制范围、包含内容、取费标准都不一样。

通常，各地每套定额的更新周期大约是十年，有的甚至将近十五年时间，其间建筑市场的各种成本都在时时发生着变化，国家的大政方针也在适时进行着调整，但依旧很难跟上时代的步伐。而且每次定额的修编，都要聘请大批的行内专家，测算大量的数据基础，耗费大量人力、物力。

所以能否适时取消各地的定额计价系统，全部执行全国统一安装工程消耗量定额，使各省市从事建筑工程计价活动有了唯一的依据和标准。出版一本全国建设工程造价信息与全统消耗量定额配套使用，其中的人工、材料信息价格由各地造价管理部门定期报送，信息价格刊物按月或按季出版均可以。这本信息价格包括了全国各地的市场价格信息，或者通过测算、价格差调整系数的方法列出不同省市的价格系数，这样操作更为简便。至于评标及管理的权限还是由建设项目当地依据国家统一方法和标准，结合自己省的特点评出符合实际的标书，从而达到择优劣汰的目的。

实行全国统一消耗量定额的先进性主要体现在以下几点：①依据是唯一的，避免计算标准、方法不统一造成的施工中的争议；②计算规则统一，费用计取唯一；③避免各省市、自治区编制定额所花费的人力、物力、财力以及大量的时间成本；④有利于优化各地定额管理机构的人员设置；⑤节省编制招标文件的人力、时间成本，可以大大提高编标进度；⑥可以节约购买当地定额文件、信息价格及计价程序软件的费用；⑦便于结算简洁化，利于项目管理；⑧有利于政府部门宏观了解各地区造价情况，及时调整国家相关政策，调控指导；⑨有利于在一个统一的平台上价格、指标、数据库共享；⑩有利于造价行业信息化、智能化、数据化方向发展。

历史在发展，时代在进步。陈旧的、有碍历史进程的体制应当加以改革，推行全国定额计价系统一体化，促进生产力的加速发展。

9.1.2 定额的作用

定额是管理科学的基础，也是现代管理科学中的重要内容和基本环节。我国要实现工业化和生产的社会化、现代化，就必须积极地吸收和借鉴世界先进管理方法，必须充分认识定额在社会主义市场经济中的地位。

第一，定额是节约社会劳动、提高劳动生产率的重要手段。降低劳动消耗，提高劳动生产率，是人类社会发展的普遍要求和基本条件。定额为生产者和经营管理人员树立了评价劳动成果和经营效益的标准尺度，同时也使广大职工明确了自己在工作中应该达到的具体目标。

第二，定额是组织和协调社会化大生产的工具。任何一件产品都可以说是许多企业、许多劳动者共同完成的社会产品。因此必须借助定额实现生产要素的合理配置；以定额作为组织、指挥和协调社会生产的科学依据和有效手段，从而保证社会生产持续、顺利地发展。

第三，定额是宏观调控的依据。我国社会主义经济是以公有制为主体的，它既要充分发展市场经济，又要有计划的调节。这就需要利用一系列定额为预测、计划、调节和控制经济发展提供有技术根据的参数，提供出可靠的计量标准。

第四，定额在实现分配、兼顾效率与社会公平方面有巨大的作用。定额作为评价劳动成果和经营效益的尺度，也就成为资源分配和个人消费品分配的依据。

9.1.3 定额计价方法改革及发展方向

1949 年中华人民共和国成立后，我国引进了苏联定额计价制度。从 1949 年到 20 世纪 90 年代初期，定额计价制度在我国从产生到完善，所有的工程项目均是按照国家统一颁发的各项工程建设定额标准进行计价。由于国内长期受“管制价格”的影响，各种建设要素（例如人工、材料、机械等）的价格和消耗量标准等长期保持固定不变，因此能够实行由政府主管部门统一颁布定额，实现对工程造价的有效管理。

随着我国计划经济向市场经济的转变和改革开放及商品经济的发展，我国建筑市场的各种建设要素价格随市场供求变化而上下浮动，工程定额计价制度由静态转为动态，将过去完全由政府计划统一管理的定额计价改变为“控制量、指导价、竞争费”，即根据全国统一基础定额，对定额中人工、材料、机械等消耗“量”统一控制，单“价”由当地造价管理部门定期发布市场信息价作为计价参考，“费”率的确定由市场情况竞争而定，从而确定工程造价。

20 世纪 90 年代中后期，我国国内建设市场迅猛发展，1999 年《中华人民共和国招投标法》的颁布标志着我国建设市场基本形成，在建设市场的交易过程中，以往的定额计价制度与市场主体要求自主定价之间出现冲突，定额中采用的消耗量是根据社会平均水平测得，施工方法是综合取定，取费的费率是根据地区平均测算的，因此，定额计价模式不能真正反映施工企业的实际成本和各项费用的实际开支，不利于公平竞争。为了充分发挥工程建设市场主体的主动性和能动性，政府主管部门推行了《建设工程工程量清单的计价规范》(GB 50500—2003)，以适应市场定价，从而施工企业可以根据企业技术、管理水平的整体实力自行确定人工、材料、机械的消耗量及各分部分项工程的报价，以确定工程造价。

在我国建设市场逐步放开的改革过程中，虽然已经制定并推广了工程量清单计价制度，但是由于各地实际情况的差异，我国目前的工程造价计价方式又不可避免地出现双轨并行的局面。并且由于我国各施工企业消耗量定额的长期缺乏，要全面建立企业内部定额尚需时日，因此，我国建筑工程定额还是工程造价管理的重要手段。随着我国工程造价管理体制改革的不断深入和对国际管理的进一步深入了解，市场自主定价模式将逐渐占主导地位。

9.1.4 定额体系

工程定额按其内容和执行范围等，一般做如下分类。

1. 按生产要素分类，分为劳动定额（又称人工定额）、材料消耗定额、机械台班使用定额。劳动定额、材料消耗定额、机械台班使用定额是编制各种使用定额的基础，亦称为基础定额。

2. 按定额用途分类，分为施工定额、预算定额或综合预算定额、概算定额、概算指标、投资估算指标。上述各种定额的相互关系，见表 9-1。

表 9-1　各种定额的相互关系

	施工定额	预算定额	概算定额	概算指标	投资估算指标
对象	施工过程或基本工序	分项工程和结构构件	扩大的分项工程或扩大的结构构件	单位工程	建设项目单项工程单位工程
用途	编制施工预算	编制施工预算	编制扩大初步设计概算	编制初步设计概算	编制投资估算
项目划分	最细	细	较粗	粗	粗
定额水平	平均先进	平均	平均	平均	平均
定额性质	生产性定额	计价性定额	计价性定额	计价性定额	计价性定额

3. 按专业分类，分为建筑工程定额、建筑装饰工程定额（有些地区将其含在建筑工程定额之中）、设备安装工程定额、市政工程定额、仿古建筑及园林工程定额、公路工程定额、铁路工程定额、井巷工程定额。

4. 按定额执行范围分类，分为全国统一定额、行业统一定额、地区统一定额、企业定额。

企业定额是建筑施工企业根据本企业的特点并参照国家、地区统一的水平编制而成、在本企业内部使用的定额，企业定额水平一般应高于国家和地区现行定额的水平，这样才能满足生产技术发展、企业管理和市场竞争的需要。建设工程定额分类如图 9-1 所示。

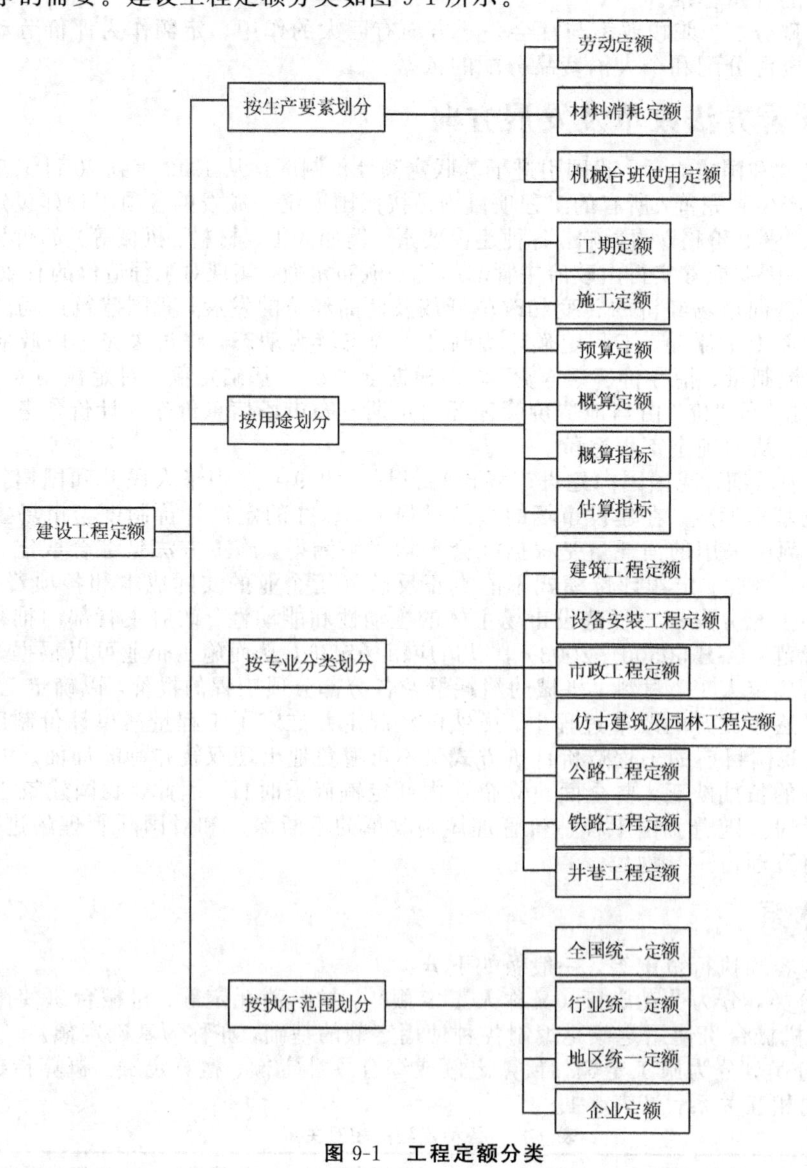

图 9-1 **工程定额分类**

栏目　　井巷工程定额概述

根据住房城乡建设部和财政部《建筑安装工程费用项目组成》等文件精神，结合煤炭建设具体情况，中国煤炭建设协会重新修订了《煤炭建设工程费用定额》。

1.井巷工程定额的概念

确定完成一定计量单位合格的井巷分项工程所需要消耗的人工、材料、机械的数量标准，称为井巷工程预算定额。它是井巷工程造价计算必不可少的计价依据，反映国家对当今井巷工程施工企业完成井巷工程产品每一分项工程所规定的人工、材料、机械台班消耗的数量限额。

2.井巷工程预算定额的作用

井巷工程预算定额作为计算井巷工程预算造价的重要依据，其作用主要体现在以下几个方面：①编制井巷工程预算，合理确定井巷工程预算造价的依据。②井巷工程设计方案进行技术经济比较以及对新型装饰材料进行技术经济分析的依据。③招投标过程中编制工程标底的依据。④编制井巷工程施工组织设计，确定井巷工程施工所需人工、材料及机械需用量的依据。⑤编制井巷工程竣工结算的依据。⑥井巷工程施工企业考核工程成本和进行经济核算的依据。⑦编制井巷工程单位估价表的基础。⑧编制井巷工程概算定额（指标）和估算指标的基础。

3.井巷工程预算定额的编制原则

（1）按社会平均必要劳动量确定定额水平

在商品生产和商品交换的条件下，确定预算定额的消耗量指标，应遵循价值规律的要求，按照产品生产中消耗的社会平均必要劳动时间确定其定额水平。即在正常施工条件下，以平均的劳动强度、平均的劳动熟练程度和平均的技术装备水平来确定完成每一单位分期工程需要的劳动消耗，作为确定预算定额水平的主要原则。

（2）简明适用

井巷工程预算定额既要满足各方面使用的需要（如编制预算，结算，编制各种计划和进行成本核算等），同时又要简明扼要，层次分明，使用方便。预算定额的项目应该齐全完整，要把已经成熟和推广的新技术、新结构、新材料、新机具和新工艺等项目编入定额。对缺漏项目，要尽快补齐。简明适用的核心是定额项目划分要粗细恰当，步距合理。这里的步距是指同类型产品（或同类工程内容）相邻项目之间的定额水平的差距。步距大小同定额的简明适用程度关系极大，定额步距的大小必须适中、合理，步距大，定额项目就会减少，而定额水平的准确度则会降低，不利于提高劳动生产率；步距小，定额项目增多，准确度提高，但使用和管理都不方便。

4.井巷工程预算定额的编制依据

（1）现行的全国统一劳动定额、材料消耗量及施工机械台班使用定额。

（2）现行的设计规范、施工验收规范、质量评定标准和安全操作规程。

（3）通用的标准图集、定型设计图样、有代表性的设计图样或图集。

（4）有关科学实验资料、技术测定和可靠的统计资料。

（5）已推广的新技术、新材料、新结构、新工艺的资料。

（6）现行的预算定额基础资料、人工工日单价、材料预算单价和机械台班预算单价。

5.井巷工程预算定额的编制步骤

预算定额的编制通常可分为准备工作、收集资料、定额编制和审查定稿四个阶段。

（1）准备工作阶段

准备工作阶段的任务是成立编制机构，拟订编制方案，确定定额项目，全面收集各项依据和资料。

（2）收集资料阶段

收集现行规定、规范和政策法规资料以及定额管理部门积累的资料，听取建设单位、设计单位、施工单位预算及其他有关单位的有经验的专业人员的建议和意见，对混凝土及砂浆配合比进行试验并收集资料。

（3）定额编制阶段

各种资料收集齐全之后，就可进行定额的测算和分析工作，确定编制细则并编制定额。主要包括统一编制表格和编制方法，统一计算口径、计量单位和小数点位数的要求，以及其他统一性规定；确定项目划分和工程量计算的规则；进行定额人工、材料、机械台班用量的计算、测算和复核。

（4）审查定稿阶段

定额初稿完成后，应该与原定额进行比较，测算定额水平，分析定额水平提高或降低的原因，然后对定额初稿进行修正。在定额水平测算、分析和比较时，考虑规范变更、施工方法改变、劳动定额水平变化、材料损耗率调整、人工工日单价、材料预算单价及机械单价变化、定额项目内容变更对工程量计算的影响等。通过测算修正定稿之后，即可确定编制说明和审批报告，并一起呈报主管部门审批。

定额是煤炭建筑安装工程造价的计价依据，适用于编制煤炭建设矿山工程、地面建筑工程、机电设备安装工程概算、预算、结算和招标工程编制标底，也可作为投标报价的基础；规费和税金属于不可竞争的费用，必须按照费用标准及有关规定计取；安全文明施工及环境保护费为措施性费用，但属于非竞争性，不参与商务标价竞争。编制工程预算、标底、投标报价时，应当单独列项计算，并在合同中明确其内容、计取标准和费用金额，确保专款专用；本定额中不论是工程量清单计价还是定额计价，编制标底时，均应按照煤炭建设工程量定额统一基价和本定额规定的费用标准及有关规定计算，投标报价时，应当按照本定额规定的计算程序，参照本定额取费标准或采用企业定额由企业自报价；定额部分费用标准划分了地区类别，编制工程概算、预算、标底、工程结算时，按建设项目所在地的地区类别选用有关费率标准。地区类别划分如下：

一类地区：黑龙江、吉林、辽宁、内蒙古、宁夏、青海、新疆、甘肃、西藏及山西雁北地区、陕西陕北地区（含延安和榆林地区）。

二类地区：山西（不含雁北地区），陕西（不含陕北地区）、山东、河南、河北、云南、贵州、四川、重庆、北京、天津。

三类地区：江苏、安徽、浙江、江西、湖南、湖北、福建、广东、广西、海南、上海。

9.2 基础定额

9.2.1 劳动定额

1.概念和表现形式

劳动定额（Labour quota）也称人工定额。它是在正常的施工技术组织条件下，完成单位合格产品所必需的劳动消耗量标准。劳动定额是国家和企业对工人在单位时间内完成产品数量、质量的综合要求。由于其表现形式不同，可分为时间定额和产量定额两种。

(1) 时间定额

时间定额（Time limit）是某种专业、某种技术等级工人班组或个人在合理的劳动组织和合理使用材料的条件下完成单位合格产品所必需的工作时间，包括准备与结束时间、基本生产时间、辅助生产时间、不可避免的中断时间及工人所需的休息时间。时间定额以工日为单位，每一工日按八小时计算。其计算方法如下：

$$\text{单位产品时间定额（工日）}=\frac{1}{\text{每工产量}} \tag{9—1}$$

$$\text{或单位产品时间定额（工日）}=\frac{\text{小组成员工日数总和}}{\text{机械台班产量}} \tag{9—2}$$

(2) 产量定额

产量定额（Production quota），是在合理的劳动组织和合理地使用材料的条件下，某种专业、某种技术等级的工人班组或个人在单位工日中所应完成的合格产品的数量。其计算方法如下：

$$\text{每工产量}=\frac{1}{\text{单位产品时间定额（工日）}} \tag{9—3}$$

产量定额的计量单位有米（m）、平方米（m^2）、立方米（m^3）、吨（t）、块、根、件、扇等。时间定额与产量定额互为倒数，即

$$\text{时间定额}\times\text{产量定额}=1 \tag{9—4}$$

按定额的标定对象不同，劳动定额又分单项工序定额和综合定额两种。综合定额表示完成同一产品中的各单项（工序或工种）定额的综合。按工序综合的用“综合”表示，按工程综合的一般用“合计”表示。其计算方法如下：

$$\text{综合时间定额}=\sum\text{各单项（工序）时间定额} \tag{9—5}$$

$$\text{综合产量定额}=\frac{1}{\text{综合时间定额（工日）}} \tag{9—6}$$

时间定额和产量定额都表示一个劳动定额项目，它们是同一定额项目的两种不同的表现形式。时间定额以工日为单位，综合计算时间方便，产量定额则以产品数量为单位表示，便于分配任务。劳动定额用复式表同时列出时间定额和产量定额，以便于各部门、企业根据各自的生产条件和要求选择使用。

劳动定额的复式表示如下：

$$\frac{\text{时间定额}}{\text{每工产量}}\quad\text{或}\quad\frac{\text{人工时间定额}}{\text{机械台班产量}} \tag{9—7}$$

根据表 9-2，5 米单位立井开拓运输机械采用吊装，该项定额属于综合定额，它由三个单项工序组成，其时间定额为 0.972（工日/m）＝0.458＋0.418 ＋0.096，其产量定额为 1.03（m/工日）＝ 1/0.972，时间定额×产量定额＝0.972×1.03＝1。

表 9-2　每米井工开拓的劳动定额

项目		立井开拓					斜井开拓				
		0.5m	1.0m	2.0m	5m	10m 及以外	0.5 m	1.0m	2.0m	5m	10m 及以外
综合	吊装	$\frac{2.05}{0.488}$	$\frac{1.32}{0.758}$	$\frac{1.27}{0.787}$	$\frac{0.972}{1.03}$	$\frac{0.945}{1.06}$	$\frac{1.42}{0.704}$	$\frac{1.37}{0.73}$	$\frac{1.04}{0.962}$	$\frac{0.985}{1.02}$	$\frac{0.955}{1.05}$
	机械	$\frac{2.26}{0.442}$	$\frac{1.51}{0.662}$	$\frac{1.47}{0.68}$	$\frac{1.18}{0.847}$	$\frac{1.15}{0.87}$	$\frac{1.62}{0.617}$	$\frac{1.57}{0.637}$	$\frac{1.24}{0.806}$	$\frac{1.19}{0.84}$	$\frac{1.16}{0.862}$
开拓		$\frac{1.54}{0.65}$	$\frac{0.822}{1.22}$	$\frac{0.774}{1.29}$	$\frac{0.458}{2.18}$	$\frac{0.426}{2.35}$	$\frac{0.931}{1.07}$	$\frac{0.869}{1.15}$	$\frac{0.522}{1.92}$	$\frac{0.466}{2.15}$	$\frac{0.435}{2.3}$
运输	吊装	$\frac{0.433}{2.31}$	$\frac{0.412}{2.43}$	$\frac{0.415}{2.41}$	$\frac{0.418}{2.39}$	$\frac{0.418}{2.39}$	$\frac{0.412}{2.43}$	$\frac{0.415}{2.41}$	$\frac{0.418}{2.39}$	$\frac{0.418}{2.39}$	$\frac{0.418}{2.39}$
	机械	$\frac{0.64}{1.56}$	$\frac{0.61}{1.64}$	$\frac{0.613}{1.63}$	$\frac{0.621}{1.61}$	$\frac{0.61}{1.64}$	$\frac{0.621}{1.61}$	$\frac{0.613}{1.63}$	$\frac{0.619}{1.62}$	$\frac{0.619}{1.62}$	$\frac{0.619}{1.62}$
支护		$\frac{0.081}{12.3}$	$\frac{0.081}{12.3}$	$\frac{0.085}{11.8}$	$\frac{0.096}{10.4}$	$\frac{0.101}{9.9}$	$\frac{0.081}{12.3}$	$\frac{0.085}{11.8}$	$\frac{0.096}{10.4}$	$\frac{0.101}{9.9}$	$\frac{0.102}{9.8}$

注：表中数字分子表示时间定额，单位为工日/m^3；分母表示产量定额，单位为 m^3/工日。

2.工作时间分析

工作时间的分析，是将劳动者整个生产过程中所消耗的工作时间，根据其性质、范围和具体情况进行科学划分、归类，明确规定哪些属于定额时间，哪些属于非定额时间，找出定额时间损失的原因，以便拟定技术组织措施，消除产生非定额时间的因素，以充分利用工作时间，提高劳动生产率。

对工作时间的研究和分析，可以分为工人工作时间和机械工作时间两个系统进行。

(1) 工人工作时间

工人在工作班内消耗的工作时间，按其消耗的性质，基本可以分为两大类：定额时间（必需消耗的时间）和非定额时间（损失时间），如图 9-2 所示。

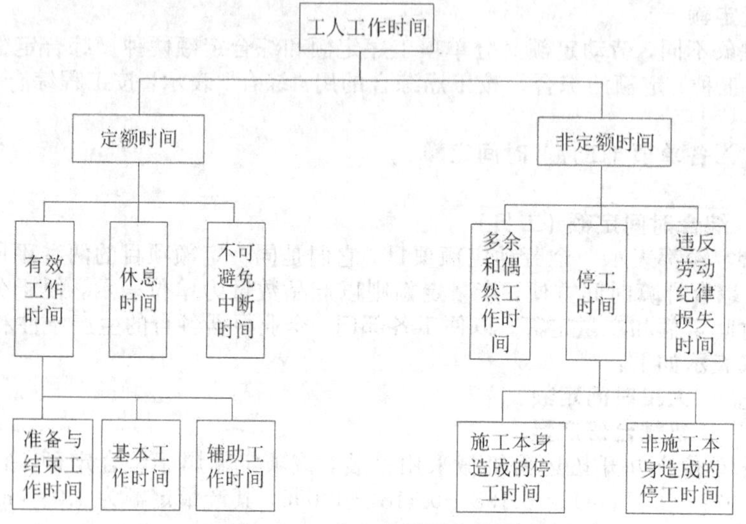

图 9-2　工人工作时间分类图

①定额时间

定额时间是工人在正常施工条件下，为完成指定产品（工作任务）所消耗的时间。包括有效工作时间，休息时间和不可避免中断时间的消耗。

有效工作时间，是指与完成产品直接有关的时间消耗。包括基本工作时间、辅助工作时间、准备与结束工作时间的消耗。一是基本工作时间，即直接与施工过程的技术操作发生关系的时间消耗。基本工作时间一般与工作量的大小成正比。二是辅助工作时间，即为了保证基本工作顺利完成而同技术操作无直接关系的辅助性工作时间。辅助工作一般不改变产品的形状、位置和性能。三是准备与结束工作时间，即工人在执行任务前的准备工作（包括工作地点、劳动工具、劳动对象的准备）和完成任务后的整理工作时间。

休息时间，是工人在工作过程中为恢复体力所必需的短暂休息和生理需要的时间消耗。

不可避免的中断时间，是由于施工工艺特点所引起的工作中断时间。如汽车司机等候装货的时间，安装工人等候构件起吊的时间等。

②非定额时间

非定额时间是和产品生产无关，而与施工组织和技术上的缺陷有关，与工人在施工过程中的个人过失或某些偶然因素有关的时间消耗，包括多余和偶然工作时间、停工时间和违反劳动纪律的损失时间。

多余和偶然工作时间，指在正常施工条件下不应发生的时间消耗。例如，重砌质量不合格的墙体及抹灰工不得不补上偶然遗留的墙洞等。

停工时间，是工作班内停止工作造成的工时损失。按其性质可分为施工本身造成的停工时间和非施工本身造成的停工时间两种，前者是由于施工组织不善、材料供应不及时、工作面准备工作做得不好、工作地点组织不良等情况引起的停工时间；后者是由于水源、电源中断引起的停工时间。

违反劳动纪律的损失时间，指在工作班内工人迟到、早退、闲谈、办私事等原因造成的工时损失。

(2) 机械工作时间

机械工作时间的分类与工人工作时间的分类基本相同，也分为定额时间和非定额时间，如图 9-3 所示。

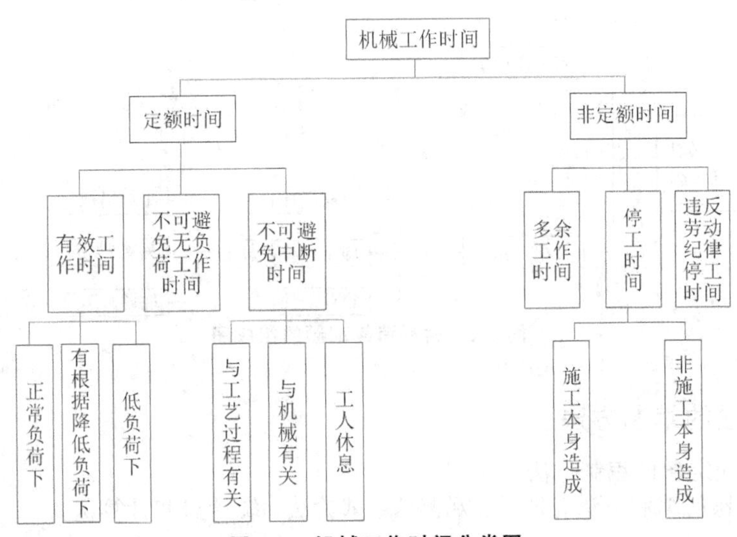

图 9-3　机械工作时间分类图

①定额时间

定额时间包括有效工作时间、不可避免的无负荷工作时间和不可避免的中断时间。

有效工作时间，包括正常负荷下的工作时间、有根据地降低负荷下的工作时间、低负荷下的工作时间。第一，正常负荷下的工作时间，是机器在与机器说明书规定的计算负荷相符的情况下进行工作的时间。第二，有根据地降低负荷下的工作时间，是在个别情况下由于技术上的原因，机器在低于其计算负荷下工作的时间。第三，低负荷下的工作时间，是由于工人或技术人员的过错所造成的施工机械在降低负荷的情况下工作的时间。

不可避免的无负荷工作时间，是由施工过程的特点和机械结构的特点造成的机械无负荷工作时间。

不可避免的中断时间，是与工艺过程的特点、机械使用中的保养、工人休息等有关的中断时间。

②非定额时间

非定额时间包括机械多余的工作时间、机械停工时间和违反劳动纪律的停工时间。

第一，机械多余的工作时间，指机械完成任务时无须包括的工作占用时间。第二，机械停工时间，是指由于施工组织不好及气候条件影响所引起的停工时间。第三，违反劳动纪律的停工时间，由于工人迟到、早退等原因引起的机械停工时间。

9.2.2 材料消耗定额

1.材料消耗定额

材料消耗定额（Material consumption quota）是在合理和节约使用材料的条件下，生产单位合格产品所消耗的一定规格的材料、成品、制品、半成品、水电资源等的数量。材料消耗定额包括主要材料消耗定额和周转性材料消耗定额。

（1）主要材料消耗定额

主要材料消耗定额包括直接使用在工程上的材料净用量和在施工现场的运输、堆放及操作过程中的不可避免的损耗。其损耗一般以损耗率表示，损耗率是损耗量占净用量的百分比，材料的消耗量的计算公式如下：

消耗量＝净用量＋损耗量＝净用量×（1＋损耗率） （9－8）

（2）周转性材料的消耗定额

周转性材料指在施工过程中多次使用、周转的工具材料，如供粉刷用的梯子、脚手架等。周转性材料消耗定额一般考虑下列四个因素：①第一次制造时的材料消耗量（一次使用量）；②每周转使用一次材料的损耗量（第二次使用时需要补充）；③周转使用次数；④周转材料的最终回收及其回收折价。

定额中周转材料消耗量指标的表示，应当用一次使用量和摊销量两个指标表示。一次使用量是指周转材料在不重复使用时的一次使用量，供施工企业组织施工用，摊销量是指周转材料直至退出使用应分摊到每一定计量单位的结构构件的周转材料消耗量，供施工企业成本核算或预算用。

材料消耗定额的组成如图 9-4 所示。

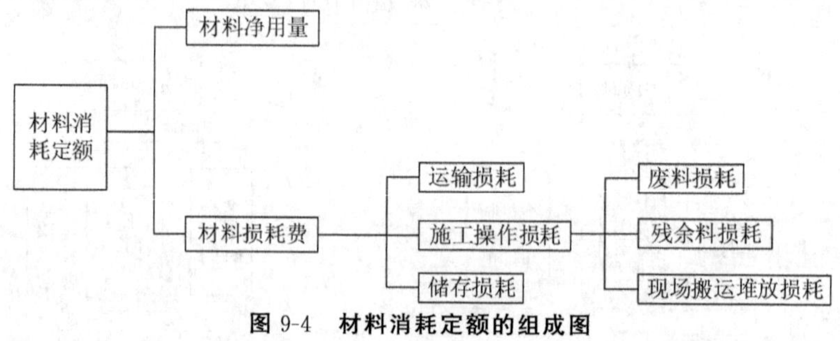

图 9-4　材料消耗定额的组成图

2.材料消耗定额的编制方法

（1）主要材料消耗定额的编制方法

主要材料消耗定额的编制方法有四种：观测法、试验法、统计法和计算法。

①观测法

观测法是在现场对施工过程观察，记录产品的完成数量、材料的消耗数量以及作业方法等具体情况，通过分析与计算，来确定材料消耗指标的方法。此法通常用于制定材料的损耗量。通过现场观测，获得必要的现场资料，测定出哪些材料是施工过程中不可避免的损耗，计入定额内，反之不计入定额内。在现场观测中，同时测出合理的材料损耗量，即可据此制定出相应的材料消耗定额。

②试验法

试验法是在实验室里，用专门的设备和仪器，来进行模拟试验，测定材料消耗量的一种方法。试验法的优点是能在材料用于施工前就测定出了材料的用量和性能。缺点是由于脱离施工现场，实际施工中某些对材料消耗量影响的因素难以估计到。

③统计法

统计法是以长期现场积累的分部分项工程的拨付材料数量、完成产品数量及完工后剩余材料数量的统计资料为基础，经过分析、计算得出单位产品材料消耗量的方法。统计法准确程度较差，应该结合实际施工过程，经过分析研究后，确定材料消耗指标。

④计算法

有些建筑材料，可以根据施工图中所标明的材料及构造，结合理论公式计算消耗量。例如，砌砖工程中砖和砂浆的消耗量，可按公式（9—9）和（9—10）计算。

$$A=\frac{2K}{\text{墙厚}\times(\text{砖长}+\text{灰缝})\times(\text{砖厚}+\text{灰缝})} \tag{9—9}$$

$$B=1-\text{砖的净用量}\times\text{标准砖体积} \tag{9—10}$$

式中，A—— 砖的净用量；

B—— 砂浆的净用量；

K—— 墙厚砖数（0.5、1、1.5、2）。

（2）周转性材料消耗量的确定

周转性材料是指在施工过程中多次使用、周转的工具性材料。周转性材料用摊销量表示。模板摊销量可用这一方法计算。

9.2.3 机械台班使用定额

机械台班使用定额，也称机械台班定额。它反映了施工机械在正常的施工条件下合理均衡地组织劳动和使用机械时该机械在单位时间内的生产效率。按其表现形式不同，可分为时间定额和产量定额。

1. 机械时间定额

机械时间定额（Mechanical time quota），是指在合理的劳动组织与合理地使用机械的条件下完成单位合格产品所必须的工作时间，包括有效工作时间（正常负荷下的工作时间和降低负荷下的工作时间）、不可避免的中断时间和不可避免的无负荷工作时间。机械时间定额以“台班”表示，即一台机械工作一个作业班时间，一台班为 8 小时。

$$\text{单位产品机械时间定额（台班）}=\frac{1}{\text{台班产量}} \tag{9—11}$$

由于机械必须由工人小组配合，所以，完成单位合格产品的时间定额同时列出了人工时间定额。即

$$\text{单位产品人工时间定额（工日）}=\frac{\text{小组成员总人数}}{\text{台班产量}} \tag{9—12}$$

2. 机械产量定额

机械产量定额（Mechanical production quota），是指在合理的劳动组织与合理地使用机械的条件下机械在每个台班时间内完成合格产品的数量。与劳动定额一样，机械产量定额与其时间定额互为倒数关系。例如，挖一、二类土，挖土深度在 1.5m 以外，且需装车的情况下，若采用斗容量 $0.5m^3$ 的正铲挖土机，其台班产量定额为 4.5（$100m^3$/台班），配合挖土机施工的工人小组的人工时间定额为 0.444（工日/$100m^3$），同时，可以推算出挖土机的时间定额=1/4.5=0.222（台班/$100m^3$），还能推算出配合挖土机施工的工人小组人数$=\frac{\text{人工时间定额}}{\text{机械时间定额}}=\frac{0.444}{0.222}$=2（人），或人数=人工时间定额×机械台班产量定额=0.444×4.5=2（人）。

9.3 预算定额

9.3.1 预算定额概述

预算定额（Budget quota）是确定一定计量单位的分项工程或结构构件的人工、材料、施工机械台班消耗量的标准。预算定额一般是一种计价的定额，在工程建设定额中占有很重要的地位，从编制程序看它是概算定额编制的编制基础。它是工程建设中一项重要的技术经济文件。它的各项指标，反映了在完成计量单位符合设计标准和施工及验收规范要求的分项工程消耗的劳动和物化劳动的数量限度。这种限度最终决定着单项工程和单位工程的成本和造价。

1. 预算定额的分类

(1) 按专业性质分，预算定额有建筑工程定额和安装工程定额两大类。建筑工程定额按专业对象分为建筑工程预算定额、市政工程预算定额、铁路工程预算定额、公路工程预算定额、房屋修缮工程预算定额、矿山井巷预算定额等。

安装工程预算定额按专业对象分为电气设备安装工程预算定额、机械设备安装工程预算定额、通信设备安装工程预算定额、化学工业设备安装工程预算定额、工业管道安装工程预算定额、工艺金属结构安装工程预算定额、热力设备安装工程预算定额等。

(2) 从管理权限和执行范围划分，预算定额可以分为全国统一定额、行业统一定额和地区统一定额等。全国统一定额由国务院建设行政主管部门组织制定发布，行业统一定额由国务院行业主管部门制定发布，地区统一定额由省、自治区、直辖市建设行政主管部门制定发布。

(3) 预算定额按物资要素分为劳动定额、机械定额和材料消耗定额，但是它们相互依存，形成一个整体，作为编制预算定额的依据，各自不具有独立性。

2. 预算定额的编制原则

(1) 按社会平均水平确定预算定额的原则

预算定额不同于施工定额，它不是企业内部使用的定额，不具有企业定额的性质。须按照价值规律的要求，以社会必要劳动时间来确定预算定额的定额水平，即以本地区、现阶段社会正常的生产条件及社会平均劳动熟练程度和劳动强度来确定预算定额水平。这使得大多数施工企业经过努力能够用产品的价格收入来补偿生产中的消费，并取得合理的利润。

预算定额以施工定额为基础，但预算定额绝不是简单地套用施工定额。首先，预算定额是若干项施工定额的综合，一项预算定额不仅包括了若干项施工定额的内容，还包括更多的可变因素，如人工幅度差，机械幅度差，材料超运距等。其次，要考虑两定额的不同的定额水平，预算定额的水平是社会平均水平，而施工定额的水平则是平均先进水平。二者相比较，预算定额的水平相对低一些，但应限制在一定的范围内。

课程思政 **企业施工定额与其先进性**

作为计价依据的定额，中华人民共和国住房和城乡建设部住建部颁发的《通用安装工程消耗量定额》（TY 02－31－2015）已在各地执行。但它只是消耗量标准，只有消耗量，没有价格，因此各地又依照该定额编制了各省市的消耗量预算定额，其定额说明、计算规则、编制范围、包含内容、取费标准都不一样。例如，《湖北省通用安装工程消耗量定额及全费用基价表》(2018)（以下简称本定额）是按照国家标准《建设工程工程量清单计价规范》(GB 50500—2013)的有关要求，在住房和城乡建设部颁发的《通用安装工程消耗量定额》(TY 02—31—2015)及《湖北省通用安装工程消耗量定额及单位估价表》(2013 年)编写得到的定额计价的全费用基价表。

建设并执行全国统一安装工程消耗量定额，使各省市从事建筑工程计价活动存在唯一的可比较的依据和标准，是十分必要的。全国建设工程造价信息与全统消耗量定额能够配套使用，其中的人工、材料信息价格由各地造价管理部门定期报送，信息价格按月或按季发布：包括了全国各地的市场价格信息，或者通过测算、价格差调整系数的方法列出不同省市的价格系数。

企业施工定额是施工企业为组织生产和加强管理在企业内部使用的一种定额，属于企业生产定额的性质。它是建筑安装工人在合理的劳动组织或工人小组在正常施工条件下，为完成单位合格产品，所需劳动、机械、材料消耗的数量标准。企业定额只在企业内部使用，是企业施工水平和竞争力的一个标准，企业施工定额必然体现企业自有的先进性。企业施工定额的编制能够反映比较成熟的先进技术和先进经验，有利于降低工料消耗，提高企业管理水平，达到鼓励先进、勉励中间、鞭策落后的作用。

(2) 简明适用的原则

预算定额项目是在施工定额的基础上进一步综合，通常将建筑物分解为分部、分项工程。简明适用是指在编制预算定额时，对于那些主要的、常用的、价值量大的项目，分项工程划分宜细；次要的、不常用的、价值量相对较小的项目则可以放粗一些。

预算定额要项目齐全，对定额的活口也要设置适当，活口是指在定额中规定当符合一定条件时，允许该定额进行调整，在编制中应尽量不留活口，即使留有活口，也要注意尽量规定换算方法，避免采取按实调整。合理取定计量单位，简化工程量的计算，尽可能避免同一材料用不同的计量单位和一量多用，尽量减少定额附注和换算系数。

(3) 坚持统一性与差别性相结合的原则

统一性是指从培育全国统一市场规范计价行为出发，计价定额的制定规划和组织实施由国务院建设行政主管部门归口，并负责全国统一定额的制定或修订，颁发有关工程造价管理的规章制度办法等。这有利于通过定额和工程造价的管理实现建筑安装工程价格的宏观调控。差别性就是在统一性的基础上，各部门和省、自治区、直辖市主管部门可以在自己的管辖范围内，根据本部门和地区的具体情况，制定部门和地区性定额、补充性制度和管理办法，以适应我国幅员辽阔、地区间部门发展不平衡和差异大的实际情况。

3. 预算定额的编制依据

预算定额的编制依据包括以下内容：①现行的设计规范、施工及验收规范、质量评定标准及安全操作规程等技术法规，以确定工程质量标准和工程内容以及应包括的施工工序和施工方法。②现行全国统一劳动定额、本地区补充的劳动定额以及材料消耗定额、机械台班使用定额，以供计算人工、材料、机械消耗量之用。③通用的标准图集和定型设计图纸、有代表性的设计图纸或图集，据以测定定额的工程含量。④新技术、新结构、新材料和先进经验资料，使定额能及时反映社会生产力水平。⑤有关科学试验、测定、统计和经验分析资料，使定额建立在科学的基础上。⑥国家和地方最新的和过去颁发的编制预算定额的文件规定和定额编制过程的基础资料，使定额能跟上飞速发展的经济形势需要。

4. 预算定额的编制方法及程序

预算定额编制程序一般分为准备工作阶段、收集资料阶段、编制阶段、报批阶段和修改定稿阶段等五个阶段。预算定额编制中的主要工作包括：

(1) 确定预算定额编制的计量单位

预算定额的计量单位应根据分部分项工程的形体特征和变化规律来确定。一般来说，分项工程的三个度量中有两个度量经常发生变化，选用平方米（㎡）为计量单位比较适宜，如地面、墙面、门、窗等。当物体截面形状基本固定或呈规律性变化，选用延长米（m）为计量单位比较适宜，如扶手、拉杆、窗帘盒等。如工程量主要取决于设备或材料的重量，还可以按吨（t）、千克（kg）作为计量单位。个别也有以个、座、套、台为计量单位的。

定额中人工、材料、机械的计量单位选择比较简单和固定。人工、机械分别按“工日”和“台班”计量，各种材料的计量单位，或按体积、面积和长度，或按吨（t）、千克（kg）和升（L），或按块、个、根等。总之，要能达到准确地计量。

(2) 按典型设计图纸和资料计算工程数量

计算工程数量，就是计算出典型设计图纸所包括的施工过程的工程量。在编制预算定额时，有可能利用施工定额的人工、机械和材料消耗指标确定预算定额所含工序的消耗量。

(3) 确定预算定额各项目人工、材料和机械台班消耗指标

确定预算定额人工、材料、机械台班消耗指标时，必须先按施工定额的分项逐项计算出消耗指标，然后，再按预算定额的项目加以综合。但不是简单的合并和相加，而需要在综合过程中增加两种定额之间的适当的水平差。预算定额的水平取决于这些消耗量的合理确定。

人工、材料和机械台班消耗量指标，应根据定额编制原则和要求，采用理论与实际相结合、图纸计算与施工现场测算相结合、编制人员与现场工作人员相结合等方法进行计算和确定，使定额既符合政策要求，又与客观情况一致，便于贯彻执行。

(4) 编制定额表和拟定有关说明

定额项目表的一般格式是：横向排列为各分项工程的项目名称，竖向排列为分项工程的人工、材料和施工机械消耗量指标。有的项目表下部还有附注以说明设计有特殊要求时，如何进行调整和换算。

表 9-3 为某砌筑工程分部多孔砖内墙的项目表。

表 9-3　多孔砖内墙

定额编号			3—3—1	3—3—2	3—3—3	3—3—4
项目		单位	多孔砖内墙			
			1.5 砖及以上	1 砖	1/2 砖平砌	1/2 砖侧砌
			m^3	m^3	m^3	m^3
人工	砖瓦工	工日	0.8646	0.8956	1.2164	1.2625
	其他工	工日	0.3652	0.3650	0.3875	0.3703
	人工工日（合计）	工日	1.2298	1.2606	1.6039	1.6328
材料	多孔砖（20 孔）240×115×90	块	332.0000	337.0000	351.0000	359.5600
	混合砂浆	m^3	0.2370	0.2260	0.1930	0.1182
	水	m^3	0.1050	0.1060	0.1120	0.1120
	其他材料费	%	0.2300	0.3500	0.7000	0.9000
机械	灰浆搅拌机 200L	台班	0.0296	0.0283	0.0241	0.0148

注：工作内容：调运砂浆，运砌砖、门窗套，安放木砖、铁件等全部操作过程。

建筑工程预算定额一般由总说明、定额手册目录、分部工程（章）和附录四个部分组成，如图 9-5 所示。

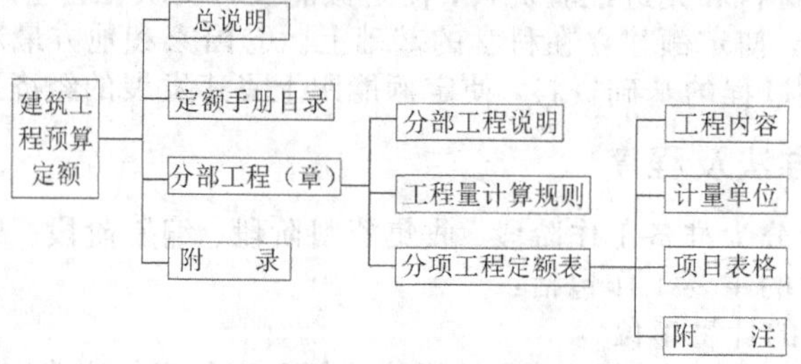

图 9-5　建筑工程预算定额的组成图

预算定额的说明包括定额总说明、分部工程说明及各分项工程说明。涉及各分部工程所需说明的共性问题列入总说明，属某一分部工程需说明的事项列入章节说明，具体某一分项工程需说明的工作内容、主要工序及操作方法等列在项目表的表头。说明要求简明扼要，但是必须分门别类注明，尤其是对特殊的变化。

5. 井巷工程预算编制步骤

(1) 收集编制预算的有关文件和资料

收集资料包括施工图设计文件、施工组织设计材料预算价格、预算定额、地区单位估价表、工程承包合同、预算工作手册等。

(2) 熟悉编制预算的有关文件和资料

熟悉施工图设计文件，只有全面熟悉施工图设计文件才能在预算人员头脑中形成工程全貌，以便加快工程量计算速度和正确选套定额项目；熟悉施工组织设计，主要了解施工方法、机械选择、运输距离等；熟悉预算定额。

(3) 熟悉施工现场情况

为了编制出符合施工实际情况的施工图预算，必须全面掌握现场情况，以免漏项。

(4) 计算工程量

正确计算工程量是准确编制施工图预算的基础。因此，需注意正确划分计算项目和计算工程量。要求预算人员要把握好施工工艺和预算定额子目划分，同时准确掌握计算规则。

(5) 计算直接工程费

根据计算出的分项工程量乘相应分项的直接工程费（或人工费、材料费和机械费），分别汇总统计得出单位工程直接费。

(6) 计算措施项目费

(7) 计算直接费

(8) 计算间接费

(9) 计算利润、税金

案例　　井巷工程预算编制实例——山西省长治立井井筒工程施工图及预算

1.工程概况

(1) 地质条件

某矿井位于山西省长治市，太行山中段西侧的上党盆地西部，地形标高一般在 910～1060m，相对高差 150m。区内地形总趋势是西高东低，西北、西南部为丘陵地带，中东部地势平坦。区内地质构造较复杂。本区属大陆性气候，夏季午间较热，早晚凉爽，昼夜温差较大。春、冬季多风，气候干燥。基本烈度为Ⅵ度地震区。

(2) 井筒设计

矿井开拓方式采用立井单水平分区式开拓。工业场地内设主井、副井、风井三个井筒，主井用于提升煤炭，井筒净直径 6.0m。副井只担负矿井辅助提升任务，井筒净直径 6.5m。风井为矿井的总回风井，井筒净直径 5.0m。设计主井基岩段长度 545m，井筒净直径 Φ6000mm，采用混凝土支护方式，支护厚度 500.245mm。岩石平均普氏系数 f=4.4。

(3) 施工说明

主井表土段采用钢筋混凝土支护方式，掘进断面直径 7800mm，支护厚度 900mm，井筒净直径 6000mm；主井基岩段掘进采用普通凿井法中的浅孔爆破施工方式，采用混凝土支护方式，掘进断面 7000mm，支护厚度 500.245mm，井筒净直径 6000mm，如图 9-6 所示。每百米井筒装备材料消耗量 60.14t，主井井筒提升方位角 270°。

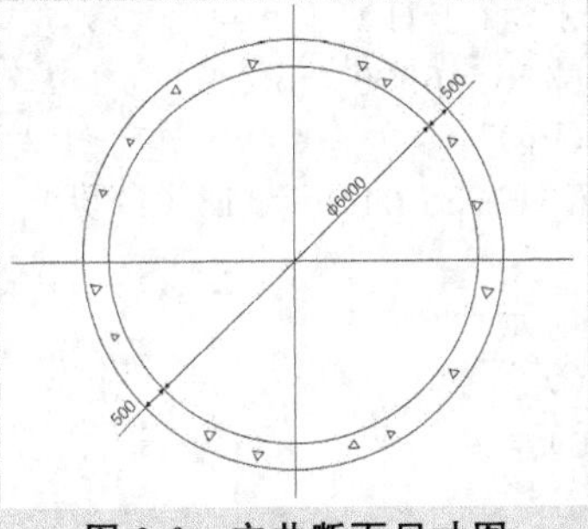

图 9-6　主井断面尺寸图

2.施工图预算

(1) 计算工程量巷道长度：545m

掘进体积：V=3.14×3.5×3.5×545=20963 (m^3)

混凝土砌筑喷射体积：V=3.14×6.5×0.500245×545=5564.45 (m^3)

(2) 查定额计算工料机费用

①掘进费用：掘进工程量×定额基价（0033）

(20963/100) ×9949=2085609（元）

其中，人工费：209.63×4199=880236（元）

材料费：209.63×1613=338133（元）

机械费：209.63×4137=867239（元）

②混凝土砌筑费用：喷射体积×基价（0137）

(5564.45/100) ×44273=2463549（元）

其中，人工费：55.6445×10848=603632（元）

材料费：55.6445×33317=1853908（元）

机械费：55.6445×108=6010（元）

③井巷工程辅助费：井巷工程量×基价（0025）

(545/10) ×28280=1541260（元）

其中，人工费：54.5×12627=688172（元）

材料费：54.5×2354=12829（元）

机械费：54.5×13299=724796（元）

④供暖系统费：井巷工程量×基价（8002）

(545/10) ×2712=147804（元）

其中，人工费：54.5×223=12154（元）

材料费：54.5×342=18639（元）

机械费：54.5×2147=117011（元）

合计：直接工程费= 2085609+2463549+1541260+147804=6238222（元）

其中，人工费：880236+603632+688172+12154=2184194（元）

材料费：338113+853908+128293+18639=1338973（元）

机械费：867239+6010+724796+117011=1715056（元）

(3) 工料机消耗量分析

①立井掘进：

井下直接工：72× (209744.11/100) =151016（工日）

水胶炸药：112×2097.4411=234913 (kg)

电雷管：205×2097.4411=429975（个）

气腿式凿岩机（YT—26 型）：6.39×2097.4411=13403（台班）

风镐（03—11 型）：1.23×2097.4411=366（台班）

气动抓岩机（HZ—4 型中心回转式）：2.01×2097.4411=4216（台班）

锻针机（GK—50 型）：0.53×2097.4411=1112（台班）

②混凝土砌筑

井下直接工：186×55.6445=10350（工日）

混凝土井上现制 C30：124×55.6445=6900 (m^3)

氯化钙：585×55.6445=32552 (kg)

混凝土振捣器（HE—50 型）：7.51×55.6445=418（台班）

③辅助费

井上辅助工：230×54.5=12535（元）

井下辅助工：130×54.5=7085（元）

摊销费：1785×54.5=97283（元）

电能：6750×54.5＝367875（kW·h）

④供暖系统：

井上辅助工：8×54.5＝436（元）

摊销费：78×54.5＝4251（元）

电能：145×54.5＝7903（kW·h）

煤：5140×54.5＝280130（kg）

水：15×54.5＝818（m^3）

（4）调差

①人工差价：

井下直接工：（10350＋15093）×（112.21－58.32）＝1371123（元）

井下辅助工：7085×（98.67－47.75）＝360768（元）

井上辅助工：（12535＋436）×（87.56－27.91）＝774239（元）

②主要材料价差：

水胶炸药价差：23479×（11.5－7.48）＝94386（元）

周转材料摊销费价差：（97283＋4251）×（1.021－1）＝21322（元）

差价合计＝1371123＋360768＋774239＋94386＋21322＝2621838（元）

（5）计取各项管理费

①直接工程费＝Σ分部分项工程费＝Σ人工费＋Σ材料费＋Σ机械费＝25020055（元）

②企业管理费＝直接工程费×费率＝25020055×11.85％＝2964877（元）

③利润＝（直接工程费＋企业管理费）×利润率＝（25020055＋2964877）×7.26％＝2031706（元）

④组织措施费＝（直接工程费＋企业管理费＋利润）×费率

＝（25020055＋2964877＋2031706）×7.42％＝2227234（元）

⑤规费＝（25020055＋2964877＋2031706＋2227234＋2621838）×7.358％＝2372504（元）

⑥税金＝（25020055＋2964877＋2031706＋2227234＋2970280）×3.41％＝1276402（元）

工程造价＝直接工程费＋企业管理费＋利润＋组织措施费＋规费＋税金

＝25020055＋2964877＋2031706＋2227234＋2565419＋1180418＝38707546（元）

技术经济指标：38707546/545＝71023（元/m）

山西省长治立井井筒人工、材料、机械台班消耗量汇总分析表见表 9-4 和表 9-5。立井井筒工程施工图预算总表见表 9-6。查定额计算工料费用表见表 9-7。分项工程量计算表见表 9-8。

表 9-4　山西省长治立井井筒人工、材料、机械台班消耗量汇总分析表（一）

分部分项工程名称		巷道掘进		混凝土砌筑		井巷工程辅助费		供暖系统费		汇总
工程量		209.63		55.6445		54.5		54.5		
工、料名称	单位	定额	数械	定额	数量	定额	数量	定额	数量	
井下直接工	工日	72	15093	186	10350					25443
水胶炸药	kg	112	23479							23479
电雷管	个	205	42974							42974
气腿式凿岩机	台班	6.39	1340							1340
风镐	台班	1.23	258							258
气动抓岩机	台班	2.01	421							421
锻钎机	台班	0.53	111							111
混凝土井上现制 C30	m^3			124	6900					6900
氯化钙	kg			585	32552					32552
混凝土振捣器	台班			7.51	418					418

表 9-5　山西省长治立井井筒人工、材料、机械台班消耗量汇总分析表（二）

定额编号		106—1329 调		575—8086		汇总
分部分项工程名称		井辅费		供热系统费		
工程量		4.0455		4.0455		
工、料名称	单位	定额	数量	定额	数量	
井上辅助工	工日	230	12535	8	436	12971
井下辅助工	工日	130	7085			7085
周转材料摊销费	元	1785	97283	78	4251	101534
煤	kg			5140	280130	280130
电	kW・h	6750	367875	145	7903	375778
水	m^3			15	818	818

表 9-6　立井井筒施工图预算总表

费用项目	计算基础	金额/元	备注
（一）直接工程费（井巷工程辅助费）	1+2+3+4+5	25020055	
1. 人工费	2007 统一基价		
2. 材料费	2007 统一基价		
3. 机械费	2007 统一基价		
4. 定额外材料费	矿建工程无定额外材料费		
5. 技术措施费	按技术措施工程计算		
（二）企业管理费	（1＋2＋3）×企业管理费费率（11.85％）	2964877	
（三）利润	[（一）＋（二）]×利润率（7.26％）	2031706	
（四）组织措施费	[（一）＋（二）＋（三）]×相应费率（7.42％）	2227234	
（1）临时设施费	[（一）＋（二）＋（三）]×临时设施费费率（1.90％）		
（2）安全措施费、文明施工费及环境保护费	[（一）＋（二）＋（三）]×相应费率（2.53％）		
（3）夜间施工费，冬雨季施工费，生产工具用具使用费，检验试验费，二次搬运费，工程定位、点交、清理费	[（一）＋（二）＋（三）]×相应费率（1.97％）		
（五）价差	按规定计算	2621838	
（六）规费	[（一）＋（二）＋（三）＋（四）＋（五）]×规费费率（7.58％）	2565418	
（七）税金	[（一）＋（二）＋（三）＋（四）＋（五）＋（六）]×相应税率（3.41％）	1276402	

续表

费用项目	计算基础	金额/元	备注
(八) 工程造价	(一)＋(二)＋(三)＋(四)＋(五)＋(六)＋(七)	38707546	
(九) 技术经济指标/元・m^{-1}		71023	

表 9-7　查定额计算工料

定额编号	分部分项工程名称	单位	数量	单价（基价）				总价/元			
				合计	人工	材料	机械	合计	人工	材料	机械
0033	巷道掘进	$100m^3$	209.63	9949	4199	1613	4137	2085609	880236	338133	867239
0137	混凝土砌筑	$100m^3$	55.6445	44273	10848	33317	108	2463549	603632	1853908	6010
0025	井巷工程辅助费	$100m^3$	54.5	28280	12627	2354	13299	1541260	688172	128293	724796
8002	供暖系统费	$100m^3$	54.5	2712	223	342	2147	147804	12154	18639	117011

表 9-8　分项工程量计算表

序号	分项工程名称	单位	数量	详细尺寸及计算公式
1	巷道长度	m	545	
2	掘进体积	m^3	20963	3.14×3.5×3.5×545
3	混凝土砌筑	m^3	5564.45	3.14×6.5×0.5×545

6. 预算定额的作用

(1) 编制施工图预算，确定和控制工程造价的基础

施工图预算是控制和确定工程造价的必要手段。编制施工图预算，除设计文件决定的建设工程功能、规模、尺寸和文字说明是计算分部分项工程量和结构构件数量的依据外，预算定额是确定一定计量单位分项工程人工、材料、机械消耗量的依据，也是计算分项工程单价的基础。

(2) 设计方案进行技术经济比较、技术经济分析的依据

设计方案在设计工作中居中心地位。根据预算定额对方案进行技术经济分析和比较，是选择经济合理设计方案的重要方法。对设计方案进行比较，主要是通过定额对不同方案所需人工、材料和机械台班消耗量，材料重量、材料资源等进行比较。

(3) 施工企业进行经济活动分析的依据

实行经济核算的根本目的，是用经济的方法促使企业在保证质量和工期的条件下，用较少的劳动消耗取得大量的经济效果。在继续使用预算定额的地区，企业可根据预算定额，对施工中的劳动、材料、机械的消耗情况进行具体的分析，以便找出高消耗、低工效的薄弱环节及其原因。为实现经济效益的增长由粗放型向集约型转变，提供对比数据，促进企业提高在市场上竞争的能力。

(4) 编制标底、投标报价的基础

预算定额作为编制标底的依据和施工企业报价的基础性的作用仍将存在，这是由它本身的科学性和权威性决定的。

(5) 编制概算定额和概算指标的基础

概算定额和概算指标是在预算定额基础上经综合扩大编制的，也需要利用预算定额作为编制依据，这样做不但可以节省编制工作中大量的人力、物力和时间，收到事半功倍的效果，还可以使概算定额和概算指标在水平上与预算定额一致，以避免造成执行中的不一致。

9.3.2 人工定额消耗指标的确定

1. 人工的组成

人工包括基本工和其他工，基本工指完成单位合格产品所必须消耗的技术工种用工。在预算定额中以不同工种列出定额工日。

其他工指技术工种劳动定额内不包括而预算定额内又必须考虑的工时，其内容包括：

(1) 辅助工主要指材料加工所用的工时，如筛砂子、洗石子、整理模板等用工。

(2) 超运距用工是指超距离运输所增加的用工。预算定额的水平运距是综合施工现场一般必须的各技术工种的平均运距，技术工种劳动定额内的运距是按其项目本身基本的运距计入的，超运距为二者差值。因此，预算定额取定的运距往往要大于劳动定额包括的运距，超运距用工数量可按劳动定额相应材料超运距定额计算。

(3) 人工幅度差是指在劳动定额中未包括而在预算定额中又必须考虑的用工，也是在正常施工条件下所必须发生的各种零星工序用工。内容如下：①各工种间的工序搭接及交叉作业、互相配合所发生的间歇用工；②施工机械的转移及临时水、电线路移动所造成的停工；③质量检查和隐蔽工程验收工作的影响时间；④班组操作地点转移用工；⑤工序交接时对前一工序不可避免的修正用工；⑥施工中不可避免的其他零星用工。

2. 计算公式

工日数计算：

$$基本用工=\sum(工序工程量\times时间定额) \tag{9-13}$$

$$超运距=预算定额规定的运距-劳动定额已包括的运距 \tag{9-14}$$

$$超运距用工=\sum(超运距材料数量\times时间定额\times超运距) \tag{9-15}$$

$$辅助用工=\sum(加工材料数量\times时间定额) \tag{9-16}$$

$$人工幅度差用工=(基本用工+超运距用工+辅助用工)\times人工幅度差系数 \tag{9-17}$$

$$其他工=超运距用工+辅助用工+人工幅度差用工 \tag{9-18}$$

$$\begin{aligned}人工工日数&=基本用工+其他工\\&=\sum(基本用工+超运距用工+辅助用工)\times(1+人工幅度差系数)\end{aligned} \tag{9-19}$$

以表 9-4 为例，砌筑 $1m^3$ 的一砖厚多孔砖内墙，其基本工为砖瓦工，用工为 0.8956 工日，其他工为 0.365 工日，人工工日数=0.8956+0.365=1.2606（工日）。

9.3.3 材料消耗量指标的确定

材料消耗量是指在正常条件下使用合格材料完成单位合格产品所必须消耗的材料数量标准，包括主要材料、辅助材料、零星材料、周转性材料等。

凡能计量的材料、成品、半成品，定额均按品种、规格逐一列出数量，并计入相应损耗，包括从工地仓库或现场集中堆放地点至现场加工地点或操作地点以及加工地点至安装地点的运输损耗、施工操作损耗、施工现场堆放损耗。难以计量的材料（零星材料）以其他材料费的形式列出，并以占该材料之和的百分率表示。

定额内材料、成品、半成品的消耗量确定，主要是根据现行规范、规程、标准图集和有关规定，按理论计算，个别项目通过调查、试验确定。

对于施工周转性材料，定额项目按不同施工方法、不同材质列出一次使用摊销量。

混凝土、砌筑砂浆、抹灰砂浆等均按半成品，以立方米（m^3）表示，其配合比是按现行规范（或常用资料）计算的，各地区可按当地的材质及地方标准进行调整。

施工工具性消耗材料及单位价值在 2000 元以下的小型机具，应列入建筑安装工程费用定额中工具用具使用费项目内，不再列入定额消耗量之中。

9.3.4 机械台班消耗量指标的确定

施工机械台班消耗量，是指在正常施工条件下完成单位合格产品所必须消耗的施工机械工作时间（台班）。

定额分别按机械功能和容量，区别单机或主机配合辅助机械作业，包括机械幅度差，以台班表示，未列机械的其他机械费以占项目机械费之和的百分率列出。

1. 定额根据机械类型、功能及作业对象不同，分别确定机械幅度差，幅度差包括：①配套机械相互影响的时间损失；②工程开工或结尾时工作量不饱满的时间损失；③临时停水停电的影响时间；④检查工程质量的影响时间；⑤施工中不可避免的机械故障排除、维修及工序间交叉影响的时间间歇。

2. 机械台班消耗量确定方法

(1) 以手工操作为主的工人班组所配备的施工机械，如砂浆、混凝土搅拌机，垂直运输用的塔式起重机，为小组配用，应以小组日产量作为机械的台班产量，不另增加机械幅度差。

按工人小组日产量计算：

$$\text{机械台班数量}=\frac{\text{定额计量单位}}{\text{每工产量}\times\text{小组成员}} \tag{9-20}$$

[例]砌一砖厚内墙，定额单位 10m³，其中：单面清水墙占 20%，双面混水墙占 80%，瓦工小组成员 22 人，定额项目配备砂浆搅拌机一台，2－6t 塔式起重机一台，分别确定砂浆搅拌机和塔式起重机的台班用量。已知：单面清水墙每工综合产量定额 1.04m³，双面混水墙每工综合产量定额 1.24 m³。

[解]小组总产量＝22×（0.2×1.04＋0.8×1.24）＝26.4（m³）

砂浆搅拌机消耗量＝10/26.4＝0.379（台班）

塔式起重机消耗量台班＝10/26.4＝0.379（台班）

(2) 以机械施工为主的，如打桩工程、吊装工程等应增加机械幅度差。机械幅度差在定额中以机械幅度差系数的形式表示，系数值一般根据测定和统计资料取定。大型机械的机械幅度差系数分别如下：土方机械 1.25；打桩机械 1.33；吊装机械 1.3；其他分部工程的机械，如蛙式打夯机、水磨石机等专用机械，均为 1.1。

按机械台班产量定额计算：

$$\text{机械台班数量}=\frac{\text{定额计量单位}}{\text{台班产量}}\times\text{机械幅度差系数} \tag{9-21}$$

9.3.5 预算定额单位估价表中单价确定

1. 单位估价表的概念和作用

(1) 概念

建筑工程预算定额单位估价表也称建筑工程预算单价，是根据建筑工程预算定额规定的人工、材料、施工机械台班的消耗数量，按照工程所在地的工资标准、材料预算价格和机械台班预算单价计算的、以货币形式表示的分项工程定额计量单位价格的价目表。

$$\begin{aligned}\text{单位估价}=&\sum(\text{人工消耗量}\times\text{相应人工单价})\\&+\sum(\text{材料消耗量}\times\text{相应材料基价})\\&+\sum(\text{机械台班消耗量}\times\text{相应机械台班单价})\end{aligned} \tag{9-22}$$

表 9-9 是某地区水磨石楼地面预算定额和相对应的单位估价表。

表 9-9　某地区水磨石楼地面单位估价表

工作内容：清理基层、调制石子浆、刷素水泥浆、找平抹面、磨光、补沙眼、理光、上草酸、打蜡、擦光、嵌条、调色、彩色镜面水磨石，包括油石抛光，计量单位：100m²

定额编号				8—29		8—30		8—31		8—32	
项目		单位	单价（元）	水磨石楼地面							
				不嵌条		嵌条		分格调色		彩色镜面	
				厚 15mm						厚 20mm	
				数量	合价	数量	合价	数量	合价	数量	合价
基价			元	2350.86		2647.80		3208.72		5278.01	
其中	人工费		元	1036.64		1242.12		1322.20		2042.48	
	材料费		元	1071.27		1162.73		1643.57		2599.53	
	机械费		元	242.95		242.95		242.95		636.00	
人工	综合工日	工日	22.00	47.12	1036.64	56.46	1242.12	60.10	1322.20	92.84	2042.48
材料	水泥白石子浆	m³	321.32	1.73	555.88	1.73	555.88				
	白水泥色石子浆	m³	590.92					1.73	1022.29	2.49	1471.39
	氧化铁红	kg	4.81					3.00	14.43	3.00	14.43
	素水泥浆	m³	379.76	0.10	37.98	0.10	37.98	0.10	37.98	0.10	37.98
	水泥	kg	0.25	26.00	6.5	26.00	6.5	26.00	6.5	26.00	6.50
	金刚石三角	块	12.34	30.00	370.20	30.00	370.20	30.00	370.20	45.00	555.30
	金刚石	块	8.96	3.00	26.88	3.00	26.88	3.00	26.80	3.00	26.88
	玻璃	m²	17.00			5.38	91.46	5.38	91.46	5.38	91.46
	草酸	kg	7.50	1.00	7.50	1.00	7.50	1.00	7.50	1.00	7.50
	硬白蜡	kg	4.88	2.65	12.93	2.65	12.93	2.65	12.93	2.65	12.93
	煤油	kg	2.49	4.00	9.96	4.00	9.96	4.00	9.96	4.00	9.96
	油漆溶剂油	kg	3.51	0.53	1.86	0.53	1.86	0.53	1.86	0.53	1.86
	清油	kg	12.30	0.53	6.52	0.53	6.52	0.53	6.52	0.53	6.52
	棉纱头	kg	6.04	1.10	6.64	1.10	6.64	1.10	6.64	1.10	6.64
	草袋子	m²	1.04	22.00	22.88	22.00	22.88	22.00	22.88	22.00	22.88
	油石	块	5.00							63.00	315.00
	水	m³	0.99	5.60	5.54	5.60	5.54	5.60	5.54	12.42	12.3
机械	灰浆搅拌机	台班	45.00	0.29	13.05	0.29	13.05	0.29	13.05	0.42	18.90
	平面磨石机	台班	22.00	10.45	229.90	10.45	229.90	10.45	229.90	28.05	617.10

注：①彩色镜面磨石系指高级水磨石，除质量要求达到规范要求外，其操作工序一般应按“五浆五磨”研磨、七道“抛光”工序施工。

②水磨石面层厚度设计要求与定额规定不符时，水泥石子浆数量换算，其他不变（下同）。

③水磨石面层嵌条采用金属嵌条时，取消玻璃数量，另增加水磨石嵌铜条。

④彩色水磨石按氧化铁红 4.81 元/kg 编制。如采用氧化铁黄（5.85 元/kg）或氧化铬绿（37.64 元/kg），可调整。

从表中可以看出，单位估价表中的人工、材料、机械用量基本上是按照预算定额中相应的用量计算的，只是平面磨石机的用量根据该地区的实际情况做了调整。

单位估价表通常由编制地区的建设行政主管部门负责组织编制，一经颁发实施，即成为法定的单价，凡在规定区域范围内的所有建筑工程，都必须按单位估价表编制工程预算或进行工程结算，如需补充修改，应得到批准机关的同意，未经批准，不得任意变动。

(2) 单位估价表的作用

建筑工程预算定额单位估价表有以下主要作用：①确定工程造价的基本依据之一，按施工图计算出各种分项工程量，乘相应的预算单价，得单位工程的直接费，再按规定计取各项费用，即得出单位工程的全部预算造价。②在设计方案的技术经济分析工作中作用重要，它是方案设计阶段进行技术经济分析的基础资料。③施工企业为了考核成本执行情况，必须按单位估价表中所规定的单价进行比较。④建设单位和施工单位按单位估价表核对已完工程的单价是否正确，以便进行分部分项工程结算。⑤根据单位估价表来审核施工图预算和工程决算，就可以判断该工程预决算是否合理，是否有高估冒算的现象。

2. 单位估价表中人工单价、材料基价与机械费单价的确定

(1) 人工单价

人工单价是指一个建筑安装工人一个工作日在预算中应计入的全部人工费用，它基本上反映了建筑安装工人的工资水平和一个工人在一个工作日中可得到的报酬。

(2) 材料基价

材料基价指列入单位估价表的材料单价也称材料预算价格或材料基价，是指材料由来源地或发货地运至工地仓库或施工现场存放地后的出库价格。

(3) 施工机械单价

施工机械单价也称施工机械台班预算价格，是指各种用途类别、能力的施工机械在正常运转情况下所支出和分摊的各项费用，以每运行一个台班为计算单位，8h为一个台班。

人工单价、材料基价与施工机械单价的各组成部分具体概念和计算方法等，详见第8章第1节相应部分内容。

9.3.6 北京市预算定额（2012）简介

北京市住房和城乡建设委员会于2013年4月11日发布了关于印发《关于执行2012年〈北京市建设工程计价依据——预算定额〉的规定》的通知。根据《关于颁发2012年〈北京市建设工程计价依据——预算定额〉的通知》（京建发〔2012〕538号）的精神，北京市自2013年7月1日起执行2012年《北京市建设工程计价依据——预算定额》。北京市建设工程预算定额2012（包括房屋建筑与装饰、仿古建筑、通用安装、市政、园林绿化、构筑物、城市轨道交通）：适用于北京市行政区域内的工业与民用建筑、市政、园林绿化、轨道交通工程的新建、扩建；复建仿古工程；建筑整体更新改造；市政改建以及行道新辟栽植和旧园林栽植改造等工程。不适用于房屋修缮工程、临时性工程、山区工程、道路及园林养护工程等。详情可访问北京市人民政府或北京市住房和城乡建设委员会网站（http：//www.beijing.gov.cn/）下载。

9.3.7 井巷工程预算审查

1. 概述

(1) 意义

井巷工程预算是井巷工程建设招投标、合同签订、施工、办理结算的重要文件，它的编制准确程度不仅直接关系到建设单位和施工单位的经济利益，也关系到井巷工程的经济合理性。

对井巷工程预算进行审查是确保预算造价的准确程序的重要环节，具有十分重要的意义：①能够合理确定井巷工程造价。②能够为签订工程承发包合同的当事人或参与招投标的单位提供可靠的参考依据，恰当合理地平衡各方的经济利益。③能够作为银行提供拨付工程进度款和办理工程造价款结算的可靠依据。④能够为建设单位、监理单位进行造假控制、合同管理、资金筹备、材料采购等工作提供依据。⑤能够为施工单位进行成本核算与控制、施工方案的编制与优化、施工过程中的材料采购、内部结算与造价控制提供依据。

(2) 含义及目的

井巷工程预算的审查，其含义就是按照相应的法律法规结合现行有效的计算规则和取费方式对已编制好的井巷工程预算进行审查核实，以确定井巷工程预算的合理性。审查的目的在于：合理确定井巷工程造价，及时发现预算中可能存在的高估冒算、套取建筑资金、丢项漏算、有意压低工程造价等问题；切

实保证施工企业收入合理合法，建设单位工程投资使用合理，避免浪费；促进施工企业加强自身管理，向质量、技术、工期、成本控制要效益。

(3) 原则及依据

①原则

如前所述，井巷工程预算审查有其重要的意义，因此在审查过程中只有坚持一定的原则，才能保证其意义的实现，否则不但起不了实际的意义，反而还会为工程各方提供错误的决策信息，以至于造成较大的经济损失。因此加强和遵循审查的原则性是井巷工程预算审查的一个非常重要的前提，归纳起来有以下三条原则：一是参与审核井巷工程预算的人员必须坚持实事求是的原则；二是审查人员坚持清正廉洁的作风；三是坚持科学的工作态度。

②依据

为了使审核工作做到有根有据，井巷工程预算的审查依据通常包括以下几方面：第一，国家或地方现行规定的各项方针、政策、法律法规；第二，建设方、施工方双向认可并经审核的施工图样及附属文件；第三，工程承包合同或相关招标资料；第四，现行井巷工程预算定额及相关规定；第五，各种经济信息，如材料的动态价格、造价信息等资料；第六，各类工程变更和经济洽商；第七，拟采用的施工方案、现场地形及环境资料。

2. 井巷工程预算的审查方式与方法

井巷工程预算的审查方式与方法大致与建筑、安装等专业工程的预算审查方法相同，其不同点主要在于井巷工程预算的预算规则、项目划分、材料价格和工艺方法更加详细和多样化，同时新材料、新工艺的应用更频繁，定额缺项较多。

(1) 审查方式

根据预算编制单位和审查部门的不同，一般有以下三种方式：①单独审查是指编制单位经过自审后，将预算文件分别送交建设单位和有关银行进行审核，建设单位和有关银行依靠自有的技术力量进行审查后，对审查中发现的问题，经与施工单位交换意见后协商解决。②委托会审是指因建设单位或银行自身审查力量不足而难以完成审查任务，委托具有审查资质的咨询部门代其进行审查，并与施工单位交换意见，协商定案。③会审指造价高的工程预算，因采用单独审查或委托审查比较困难，所以采用设计、建设、施工等单位会同银行一起审查的方式。此方式定案时间短、效率高，但组织工作比较麻烦。

(2) 审查方法

①全面审查法也称逐项审查法，即按井巷工程预算的构成内容，从工程量、定额套用、费用计取等方面，逐项进行审查。其实质是对井巷工程预算的编制全过程进行复核，此方法审查质量高，十分准确，但效率低、费时费力。

②重点审查法，是依据平时积累的资料和经验，对被送审的井巷工程预算进行重点项目重点分析、审查的方法。重点审查法是预算审查中最常用的一种方法，它与全面审查法相比能节约审查时间，审查效率高，质量基本能保证；但由于审查的项目是有选择性的，故不容易选准项目，从而造成较大的误差。

③分析对比审查法，是指采用长期积累的经验指标对照送审预算进行比较的审查方法。其特点是速度快，质量基本能够得到保证。

3. 井巷工程预算的审查内容

井巷工程预算的审查内容按组成预算书的格式可分为工程量审查、分项工程单价审查和费用审查三部分。

(1) 工程量审查

工程量审查的方法包括：①全面审查法，当采用此方法时，需要对送审预算的工程量按照相关规则进行重新计算汇总，再与送审工程量进行对比调整。②重点审查法，当采用重点审查法进行审查时，需要有重点地选择一些工程量大、价格高、容易出错的项目进行审查，而其他项目则不予重点考虑。前提是审查者应具备比较丰富的实际经验和与之类似工程的相关数据，不然在选择审查项目时很难准确地把握好。③分析对比审查法重点是将要审核的预算书的各种工程量按照各种计算分摊出的造价指标与之相类似的工程的造价指标进行对比分析，找出差异较大的子目再进行单独计算。此种方法最简便，审查质量基本能保证，因此在实际操作中，分析对比审查法往往与重点审查法结合使用。

工程量审查中的注意事项：①现行有效定额的各种消耗指标或单价是按照社会平均施工水平和常规工艺编制的，因井巷工程材料、施工工艺变化较大，同时工艺也较土建工程复杂，在施工过程中往往会增加一些必要的措施，而这些措施费定额往往很难考虑周全，所以在进行工程测量审查计算时要将这些措施项目列入计算。②按照定额项目划分要求列项计算时，应结合工艺特点进行划分，按不同种类分别乘不同系数。这一点要求审查者一定要对定额的划分标准非常熟悉。③现行有效定额虽然经过不断补充修编，在一定程度上可以满足一般项目（general item）的预算报价，但远远跟不上市场的发展，定额缺项较多，需新编定额子目。新编定额子目的划分一定要按照科学方法进行，一般是以一道工序为一个分项子目。

(2) 分项工程单价审查

分项工程单价审查是指对送审预算书的工程计价表的定额子目套取、定额材料单价和各种汇总费用进行审查，主要有以下两种审查方法。

①全面审查法

当采用全面审查法时，需要对送审预算的工程计价表的定额子目套取和定额单价按照相关规则和当期市场价格或甲乙双方约定的价格进行重新套取，再与送审工程量进行对比调整。在审查过程中要把握好定额换算和定额缺价，在进行定额套取过程中，往往采用预算软件进行定额套取和价格选取，从而大大节约了审查时间，准确度也最高，因此这种方法也是人们常常采用的。

②重点审查法

重点选取的审查项目应与工程量审查中的重点一致，重点审查法选取审查项目时间短，但重点审查法不如全面审查法的准确度高。重点审查法适用于审查要求不是很高而且时间紧迫的情况。

(3) 费用审查

费用审查是指对送审预算的工程取费表的取费程序和依据进行审查。费用审查需注意以下几点。

①因目前全国各个省市所选取的定额和计费程序不尽相同，部分省市内甚至还存在地区调差系数，所以在审查取费程序和计价依据时一定要结合当地实际情况。

②井巷工程往往直接购买了不少的成品或半成品，这些部件（component）的费用往往是包含了安装、运输等费用，这些费用不再进行定额套取和计价，直接进入工程取费表中收取税金及当地的规费，如果不是同一单位承包施工，还应计算配合费用。

③一切以合同和招标文书为依据，对于招标工程的取费依据必须按照招标方的招标文书要求进行取费计算，对于直接发包工程的取费依据必须按照甲乙双方签订的工程合同的要求进行取费计算，不能直接以当地的取费规则、工程类别、材料价格等进行取费计算。

4. 井巷工程预算的审查步骤

井巷工程预算审查按照以下三步进行。

(1) 准备工作

井巷工程预算审查的准备工作可按以下几点进行：①熟悉送审预算和与之相关的施工图样、承发包签订的合同或招标文书、材料价格、施工方案或施工组织设计。②根据投资规模和送审预算价值及审查期限选择适当的审查方法。③深入施工现场调查研究，掌握施工现场情况、技术变更及生产条件等资料，使预算审查工作符合国家规定又不脱离工程的实际施工情况。

(2) 审查核对

井巷工程预算审查核对工作是审查的重点，可按以下几点进行：①按照提供的施工图样、技术变更、施工方案或措施结合当地现行预算规则进行项目划分和计算工程量。②按照定额规定划分标准对已计算出的工程量进行汇总统计。③按汇总的工程量分别套取定额，采集材料价格进行单价计算，并汇总直接费、人工费、材料费、机械费，统计主要材料用量。④按照合同或招标文书、当地取费规则进行取费计算。⑤汇总各单位工程造价。

(3) 审查定案

审查定案是审查的最后过程，也是确定造价的决定性工作，它关系到建设方、施工方的各自利益，因此其定案过程往往也较麻烦。根据不同的审查目的大致有以下工作：①与送审单位和有关部门交换审查意见，对预算中有出入和争议的地方找出合理合法的解决方法。②对合同或相关书面资料有不同理解方式的内容逐一进行明确，并形成书面资料。③通过与各方人员协商后形成审定的结果由审查单位形成文件，并由各方面签收认可。④审查单位还应就审查的工程进行备案，以备核查。

9.4 概算定额、概算指标和估算指标

9.4.1 概算定额

1. 概念

概算定额（Estimated budget quota）是确定一定计量单位扩大分项工程（或扩大结构构件）的人工、材料和施工机械台班消耗量的标准。它是在预算定额的基础上，在合理确定定额水平的前提下，进行适当扩大、综合和简化编制而成的（实际上综合预算定额已具有概算定额的性质和功能）。

2. 作用

（1）概算定额是初步设计阶段编制建设项目概算的依据

建设程序规定，采用两阶段设计时，其初步设计必须编制概算；采用三阶段设计时，其技术设计必须编制修正概算，对拟建项目进行总估价。

（2）概算定额是设计方案比较的依据

所谓设计方案比较，目的是选择出技术先进可靠、经济合理的方案，在满足使用功能的条件下，达到降低造价和资源消耗。概算定额采用扩大综合后可为设计方案的比较提供方便条件。

（3）概算定额是编制主要材料需要量的计算基础

根据概算定额所列材料消耗指标计算工程用料数量可在施工图设计之前提出供应计划，为材料的采购、供应做好施工准备，提供前提条件。

（4）概算定额是编制概算指标的依据

概算指标是从设计概算或施工图预（决）算文件中取出有关数据和资料进行编制的，而概算定额又是编制概算文件的主要依据。因此，概算定额又是编制概算指标的重要依据。

（5）概算定额在实行工程总承包时，也可作为已完工工程价款结算的依据。

3. 北京市建设工程概算定额

为适应北京市建筑市场发展需要，合理确定并有效控制工程造价，提高工程投资效益，北京市住房和城乡建设委员会组织编制了 2016 年《北京市建设工程计价依据——概算定额》，经审查同意，于 2016 年 11 月 28 日对外发布。本概算定额作为北京市行政区域内编制建设工程设计概算、控制建设工程投资的依据。自 2017 年 3 月 1 日起执行，2004 年《北京市建设工程概算定额》及其配套文件同时停止使用。

北京市建设工程概算定额 2016（包括房屋建筑与装饰、仿古建筑、通用安装、市政、园林绿化、构筑物、城市轨道交通）：适用于北京市行政区域内的新建、扩建、整体更新改造及复建的房屋建筑与装饰工程、仿古建筑工程、通用安装工程、市政工程、园林绿化工程、构筑物工程、城市轨道交通工程。不适用于房屋修缮、临时性工程、山区工程、道路、园林养护工程及轨道交通运营改造工程等。

9.4.2 概算指标

1. 概念

概算指标（Estimated budget indicator）是以每 m^2 或每 $100m^2$、或每幢建筑物、或每座构筑物、或每 km 道路为计量单位，规定完成相应计量单位的建筑物或构筑物所需人工、材料和施工机械台班消耗量和相应费用的指标。

建筑安装工程概算定额与概算指标的主要区别如下：①确定各种消耗量指标的对象不同，概算定额是以单位扩大分项工程或单位扩大结构构件为对象，而概算指标则是以整个建筑物（如 $100m^2$ 或 $1000m^2$ 建筑物）和构筑物为对象。因此，概算指标比概算定额更加综合与扩大。②确定各种消耗量指标的依据不同，概算定额以现行预算定额为基础，通过计算后才综合确定出各种消耗量指标，而概算指标中各指标的确定，则主要来自各种预算或结算资料。

2. 作用

概算指标与概算定额、预算定额一样，都是与各个设计阶段相适应的多次性计价的产物，它主要用于投资估价、初步设计阶段，其作用主要有：①概算指标可以作为编制投资估算的参考；②概算指标中的主要材料指标可以作为匡算主要材料用量的依据；③概算指标是设计单位进行设计方案比较、建设单位选址的一种依据；概算指标是编制固定资产投资计划、确定投资额和主要材料计划的主要依据。

9.4.3 估算指标

1. 概念

投资估算指标（Investment estimation indicator）是在项目建议书和可行性研究阶段编制投资估算、计算投资需要量时使用的一种定额。往往以独立的单项工程或完整的工程项目为计算对象，编制内容是所有项目费用之和。它的概略程度应与可行性研究阶段相适应。投资估算指标往往根据历史的预、决算资料和价格变动等资料编制，但其编制基础仍然离不开预算定额、概算定额。

2. 作用

投资估算指标的作用体现在四个方面。①工程建设投资估算指标是编制建设项目建议书、可行性研究报告等前期工作阶段投资估算的依据，编制固定资产长远规划投资额的参考。②投资估算指标为完成项目建设的投资估算提供依据和手段，它在固定资产的形成过程中起着投资预测、投资控制、投资效益分析的作用，是合理确定项目投资的基础。③投资估算指标中的主要材料消耗量也是一种扩大材料消耗量指标，可以作为计算建设项目主要材料消耗量的基础。④估算指标的正确制定对于提高投资估算的准确度，对建设项目的合理评估、正确决策具有重要意义。

9.5 井巷工程预算定额编制实务

井巷工程造价的高低，不仅取决于井巷工程预算定额中人工、材料和机械台班消耗量的大小，同时还取决于煤炭行业人工单价、材料单价和机械台班单价的高低。因此，正确确定人工单价、材料单价和机械台班单价，是计算井巷工程造价的重要依据。

9.5.1 井巷工程人工单价的确定

井巷工程人工单价也称人工工日单价，是指一个井巷施工工人一个工作日在预算中应计入的全部人工费用。它基本上反映了井巷工程工人的工资水平，即在一个工作日中可得到的劳动报酬。

人工单价的构成及组成内容包括基本工资、工资性补贴、生产工人辅助工资、职工福利费、生产工人劳动保护费。具体各工资内容与建设工程人工单价的内容一致。

1. 井巷工程人工单价的确定方法

人工单价即日工资单价 G，其计算公式如下：

$$G=\sum_{i=0}^{5}G_i \tag{9-23}$$

①基本工资 G_1 算

G_1 =生产工人平均月工资/年平均每月法定工作日天数 (9—24)

年平均每月法定工作日天数=（全年天数－法定假日天数）/全年月数

=（365－52×2－10）/12=20.92 (9—25)

生产工人平均月工资：生产工人平均月工资水平按市场需求确定。

②工资性补贴（G_2）计算

G_2 =年发放标准/（全年天数－法定假日天数）＋每工作日发放标准 (9—26)

③生产工人辅助工资（G_3）计算

G_3 =全年无效工作日×（G_1＋G_2）/（全年天数－法定假日天数） (9—27)

④职工福利费（G_4）计算

G_4=（G_1＋G_2＋G_3）×福利费计提比例（%） (9—28)

⑤生产工人劳动保护费（G_5）计算

G_5 =生产工人年平均支出劳动保护费/（全年天数－法定假日天数） (9—29)

2. 影响井巷工程人工单价的因素

影响井巷工人人工单价的因素很多，归纳起来有以下几方面：①社会平均工资水平，井巷工人人工单价必然和社会平均工资水平紧密相关。社会平均工资水平取决于社会经济发展水平。由于我国改革开放以来经济迅速增长，社会平均工资也有大幅度增长，从而影响人工单价的大幅度提高。②生产消费指数，生产消费指数的提高会带动人工单价的提高以减少生活水平的下降，或维持原来的生活水平。生活消费指数的变动尤其决定于生活消费品物价的变动。③人工单价的组成内容，例如，住房消费、养老保险、医疗保险、失业保险等列入人工单价，会使人工单价提高。④劳动力市场供需变化，劳动力市场如果需求大于供给，人工单价就会提高；供给大于需求，市场竞争激烈，人工单价就会下降。⑤国家政策的变化，如政策推行社会保障和福利政策，会影响人工单价的变动，例如针对井巷工程人力资源的特殊补贴。

9.5.2 井巷工程材料单价的确定

材料单价是指井巷工程材料由其来源地（或交货地点）运至工地仓库（或施工现场材料存放点）后

的出库价格。材料从采购、运输到保管全过程所发生的费用，构成了材料单价。

一般情况下，材料单价由以下费用构成：材料原价、材料运杂费、运输损耗费、采购保管费、检验试验费。这一点与地面建设工程材料单价基本一致。

材料单价的确定方法

①材料原价（或供应价格）的确定

在确定材料原价时，同一种材料，因产地或供应单位的不同而有几种原价，应根据不同来源地的供应数量及不同的单价计算出加权平均原价。

②材料运杂费的确定

材料运杂费主要包括车（船）费用、调车（驳船）费、装卸费及附加工作费。车（船）费用是指火车、汽车、轮船运输材料时发生的途中费用；调车（驳船）费是指车（船）到专用线（专用装货码头）或非供应地点装货时发生的往返运费；装卸费是指给火车、轮船、汽车上下货物时发生的费用；附加工作费是指货物从货源地运至工地仓库期间所发生的材料搬运、分类堆放及整理费用。

材料运杂费应按照国家有关部门和地方政府交通运输部门的规定计算，同一种材料如有若干个来源地时可根据材料来源地、运输方式、运输里程以及地方规定的运价标准按加权平均的方法计算。

③运输损耗费的确定

材料运输损耗费可计入材料运输费，也可以单独计算。

材料运输损耗费＝（加权平均原价＋加权平均运杂费）
×材料运输损耗率　　（9—30）

④采购保管费的确定

由于井巷工程材料的种类、规格繁多，采购保管费不可能按每种材料在采购保管过程中发生的实际费用计算，只能规定几种费率。目前国家规定的综合采购保管费率为 2.5%（其中采购费率为 1%，保管费率为 1.5%）。由建设单位供应材料到现场仓库，施工企业只收保管费。

以上四项费用相加的总和为材料基价，计算公式为

材料基价＝[（供应价格＋运杂费）×（1＋材料运输损耗率）]
×（1＋采购保管费率）　　（9—31）

⑤检验试验费的确定

检验试验费按检验的单位材料数量发生的费用确定其材料检验试验费。综合以上 5 项费用即为材料单价，计算公式为

材料单价＝[（供应价格＋运杂费）×（1＋材料运输损耗率）]
×（1＋采购保管费率）＋单位材料量检验试验费　　（9—32）

上述是主要材料单价的计算方法，次要材料的材料单价可以采用简化计算的方法确定，一般在材料原价确定之后，其他费用可按各地区规定的综合费率计算。

9.5.3 井巷工程机械台班单价的确定

机械台班单价是指用于井巷开拓的一台施工机械，在一个台班内为使机械正常运转支出和分摊的各项费用之和。施工机械台班费的比例将随着井巷工程施工机械化水平的提高而增加。所以正确确定施工机械台班单价具有重要的意义。

井巷工程施工机械台班单价由以下 7 项费用构成，这些费用按其性质可划分为第一类费用和第二类费用。第一类费用也称为不变费用，属于分摊费用性质，它包括折旧费、大修理费、经常维修费、安拆费及场外运输费。第二类费用也称为可变费用，属于支出费用性质，它包括人工费、燃料动力费、养路费及车船使用税。

①折旧费，指施工机械在规定使用期（即耐用总台班）内，每台班应该分摊的机械原值及支付贷款利息的费用。

②大修理费，指施工机械按规定达到大修理间隔台班时，必须进行大修理以恢复其正常运转而发生的各项费用。

③经常维修费，指施工机械在寿命期内除大修理以外的各级保养（包括一、二、三级保养）及故障排除和机械停置期间的维护等需要的各项费用，以及为保障机械正常运转需要的替换设备、工具器具摊销费以及机械日常保养需要的润滑及擦拭材料费等。

④安拆费及场外运输费，安拆费指施工机械在施工现场进行安装、拆卸所需的人工、材料、机械和

试运转费用以及安装所需的机械辅助设备（安装机械的基础、底座、固定锚桩、行走轨道、枕木等）的折旧、搭设、拆除费用。场外运输费指机械整体或分件从停放场地运至施工现场或从一个工地运至另一个工地的机械进出场运输及转移费用，包括机械的装卸、运输、辅助材料及架线等费用。

⑤人工费，指机上司机、司炉及其他人员的基本工资、工资性补贴等费用。其中包括施工机械规定的年工作台班以外的上述人员的基本工资、工资性补贴等费用。

⑥燃料动力费，指机械在运转作业中所消耗的固体燃料（煤、木炭）、液体燃料（汽油、柴油）及水、电等的资源费用。

⑦养路费及车船使用税，指施工机械按照国家规定和有关部门规定应缴纳的养路费、车船使用税、保险费及年检费等。

1.机械台班单价的确定方法

(1) 折旧费的确定

①折旧费的计算依据

a.机械预算价格：机械设备购置费，它由机械设备原价和机械设备运杂费等构成。

b.机械残值率：指机械报废回收的残余价值占机械预算价格的比率。机械残值率一般为：运输机械2%，特大型机械3%，中小型机械4%，掘进机械5%。

c.贷款利息系数：企业贷款购置机械设备所发生的利息应分摊计入机械台班折旧费中，其分摊的计算方法是通过计算贷款利息系数来计取的。

贷款利息系数计算公式如下：

贷款利息系数＝1＋[（$n+l$）/2]i　　(9－33)

式中，n——国家有关文件规定的此类机械设备折旧年限；

i——当年的银行利息。

d.耐用总台班：指施工机械在正常施工作业条件下，从投入使用到报废为止，按规定应该达到的使用总台班数。其计算公式如下：

耐用总台班＝折旧年限×年工作台班

＝大修理间隔台班×大修理周期数　　(9－34)

式中，折旧年限——主要依据国家有关固定资产年限的规定确定；

年工作台班——根据有关部门对各类主要施工机械近三年的统计资料分析确定；

大修理间隔台班——机械自投入使用起至第一次大修理为止（或自上一次大修理后投入使用起至下一次大修理为止），机械应达到使用台班数；

大修理周期数——施工机械在正常工作条件下，将其寿命期（即耐用总台班）按规定的大修理次数划分为若干个周期。

大修理周期数的计算公式为：

大修理周期数＝寿命期大修理次数＋1　　(9－35)

式中，寿命期大修理次数——为恢复原机械功能按规定在全寿命周期内需要进行的大修理次数。

②折旧费的计算方法折旧费的计算公式如下：

折旧费＝机械预算价格×（1－机械残值率）

×贷款利息系数/耐用总台班　　(9－36)

机械预算价格＝原价×（1＋购置附加率）＋手续费＋运杂费　　(9－37)

(2) 大修理费的确定

大修理费用的计算公式为：

机械台班大修理费＝一次大修理费×寿命大修理次数/耐用总台班　　(9－38)

一次大修理费指机械设备的大修理范围和工作内容，对机械设备进行一次全面修理所支出的全部费用（如工时费、配件、辅助材料、油燃料及送修运费等）。

(3) 经常维修费的确定

经常维修费的计算公式为：

机械台班经常修理费＝Σ[（各级保养一次费用×寿命期内各级保养总次数）＋临时故障排除费和机械停置期间维护保养费]/（耐用总台班＋替换设备台班摊销费＋工具附具台班摊销费＋例保辅料费）

(9－39)

式中，各级保养一次费用——机械在各个使用周期内为保证机械处于完好状态，必须按规定进行的间隔周期各级保养、定期保养所发生的全部费用（如工时费、配件、辅助材料、油燃料等）；

寿命期内各级保养总次数——机械一、二、三级保养或定期保养在寿命期内的各个受用周期中的保养次数之和；

临时故障排除费和机械停置期间维护保养费——按各级保养（不包括例保辅料费）费用之和的 3% 计算，即

机械临时故障排除费和机械停置期间维护保养费＝Σ（各级保养一次费用×寿命期内各级保养总次数）×3% (9－40)

替换设备、工具、附具台班摊销费＝Σ（替换设备、工具、附具使用数量×相应单价）/耐用总台班

例保辅料费——机械日常保养所需要的润滑擦拭材料费。

为了简化计算，机械台班经常修理费可按下方法确定：

机械台班经常维修费＝机械台班大修费×k

k＝机械台班经常修理费/机器台班大修理费

如载货汽车 k 值为 1.46，自卸汽车 k 值为 1.69 等。

(4) 安拆费及场外运输费的确定

①计算依据分别按不同机械型号、质量、外形体积以及不同的安拆和运输方式测算机械一次安拆费和一次场外运输费以及机械年平均安拆次数和平均运输次数。

②计算公式

机械台班安拆费＝[（机械一次安拆费×机械年平均安拆次数）/年工作台班]＋机械台班辅助设施摊销费 (9－41)

机械台班辅助设施摊销费＝（机械一次运输及装卸费＋辅助材料一次摊销费＋一次架线费）×年运输次数/年工作台班 (9－42)

应当注意，大型机械的安装费和场外运输费不包括在机械台班单价内，发生时另行计算。

(5) 人工费的确定

其计算公式为

机械台班人工费＝额定机上人工工日×日工资单价 (9－43)

额定机上人工工日＝机上定员工日×（1＋增加工日系数） (9－44)

增加工日系数＝（年日历天数－规定节假公休日－辅助工资中年非工作日－机械年工作台班/机械年工作台班 (9－45)

增加工日系数法定为 25%。

(6) 燃料动力费的确定其计算公式为

机械台班燃料动力费＝台班燃料动力消耗量×相应单价 (9－46)

台班燃料动力消耗量应以实测消耗量（仪表测量加合理损耗）为主、以现行定额消耗量为辅的方法综合确定。

台班燃料动力消耗量＝（实测数×4＋额定平均值＋调查平均值）/6 (9－47)

(7) 养路费及车船使用税的确定其计算公式为

养路费及车船使用税＝载重量（养路费标准×12＋车船使用税）/年工作台班 (9－48)

养路费单位为元/（t・月），车船使用税单位为元/（t・年）。

综合以上 7 项费用即为机械台班单价，其计算公式为

机械台班单价＝机械台班折旧费＋机械台班大修费＋机械台班经常维修费＋机械台班安拆费及场外运输费＋机械台班人工费＋机械台班燃料动力费＋机械台班养路费及车船使用税 (9－49)

2. 影响机械台班单价的因素

(1) 施工机械的价格。施工机械价格直接影响施工机械台班折旧费，从而也直接影响施工机械台班单价。

(2) 施工机械使用年限。它不仅影响施工机械台班折旧费，也影响施工机械的大修费和经常维修费。

(3) 施工机械的使用效率、管理水平和维护水平。

(4) 国家及地方政府征收税的规定等。

▷**English Corner for Chapter** 9

(1) The quota is the standard for the number of resources consumed to complete a unit of qualified products under the condition of reasonable labor organization and reasonable use of materials and machinery. The level of quota is the number of resources required to complete a unit of qualified products, which changes along with the level of social productivity.

(2) There are three basic quotas in engineering quota system. ① Labor quota is the standard of labor consumption necessary to complete a unit of qualified products under the normal technical organization of construction. Labor quota includes time quota and output quota. ② Material quota is the quantity of certain materials, finished products, products, semi-finished products, water and electricity resources which is consumed in the production of a unit of qualified products under the reasonable condition. The material quota includes the main material consumption quota and the turnover material consumption quota. ③ Machinery quota reflects the production efficiency of machines in the normal construction conditions. It can be divided into time quotas and production quotas.

(3) The classification of budget quotas, according to the different standards, can be divided into the following three categories. ① According to the professional field, budget quotas have two categories of construction quotas and installation quotas. ② From the management authority and the implementation scope, budget quotas can be divided into national uniform quotas, industry uniform quotas and regional uniform quotas, etc.. ③ According to resources elements, budget quotas are divided into labor quotas, machinery quotas and material consumption quotas.

(4) The quota of budgetary estimate is to determine consumption standards for the labor, materials and machinery construction of a certain unit of the expanded sub-project. It is based on the budget quotas, and extends with appropriate expansion, integration and simplification.

(5) Budget estimates indicator are charged as per m^2 or per 100 m^2, or per building, or per structure, or per km road, etc., as the unit of measurement, and measured by the required labor, materials and machinery consumption. Also, it is an extension of the quota of budgetary estimate.

(6) Investment estimation index is a quota used in the project proposal and feasibility study stage to prepare investment estimates and calculate the investment requirements. It often refers to an independent single project or complete project as the object of calculation, including the sum of all project costs.

章节习题

一、选择题

1.若完成某分项工程需要某种材料的净用量 1.02t，损耗率为 5%，那么，必需消耗量为（ ）。

A.1.0t　B.0.95t　C.1.071t　D.0.9975t

2.定额中规定的定额时间不包括（ ）。

A.休息时间　B.施工本身造成的停工时间

C.辅助工作时间　D.不可避免的中断时间

3.当时间定额减少 15%时，产量定额增加幅度约为（ ）。

A.13.04　B.11.11　C.17.65　D.9.10

4.时间定额和产量定额之间的关系是（ ）。

A.互为倒数　B.互成正比　C.需分别独立测算　D.没什么关系

5.（ ）是以整个建筑物或构筑物为对象，以“平方”“立方”“座”等为计量单位，规定了人工、机械台班、材料消耗指标的一种标准。

A.预算定额　B.概算定额　C.概算指标　D.预算指标

6.劳动定额时间不包括（ ）。

A.基本工作时间　B.不可避免的中断时间

C.不是故意的失误时间　D.准备结束时间

7.预算定额手册中的（　），主要用于对预算定额的分析、换算。

A.总说明　　B.分部说明　　C.分布说明　　D.附录

8.（　）是在预算定额的基础上，将若干个预算定额项目综合为一个扩大结构定额。

A.概算指标　　B.概算定额　　C.劳动定额　　D.施工定额

9.以下哪项不属于施工机械台班单价中的不变费用?（　）

A.折旧费　　B.大修理费　　C.经常修理费　　D.车船使用税

10.（　）是在预算定额的基础上，将若干个预算定额项目综合为一个扩大结构定额。

A.概算指标　　B.概算定额　　C.劳动定额　　D.施工定额

二、填空题

1.按生产要素分类，建筑工程定额可分为（　　　）、（　　　）和（　　　）。

2.时间定额以（　　　）为单位，每单位按（　　　）计算，且其与（　　　）互为倒数。

3.劳动定额由于其表现形式不同，可分为（　　　）和（　　　）两种。

4.预算定额中人工工日消耗量是由分项工程所综合的各个工序施工劳动定额所包括的基本用工、（　　）和（　　）三部分组成。

5.概算定额包括总说明 、分部说明和（　　　）等三部分内容。

6.按执行范围分类，建筑工程定额可分为（　　　）、（　　　）、（　　　）。

7.（　　　）是指在正常合理的施工条件下，规定完成一定计量单位的分项工程或结构构件所必须的人工、材料和施工机械台班，以及价值货币表现合理消耗的数量标准。

8.（　　　）是确定一定计量单位扩大分项工程（或扩大结构构件）的人工、材料和施工机械台班消耗量的标准，是介于预算定额和概算指标之间的一种定额。

三、简答题

1.简述材料消耗定额的概念及其分类。

2.简述土木工程定额的分类。

3.劳动定额中的时间定额与产量定额有何联系?

4.简述预算定额的编制原则、依据和方法。

5.如何确定预算定额中的人工、材料、机械台班消耗量？人工幅度差、机械幅度差的含义是什么?

6.简述单位估价表的概念、作用。人工费单价、材料费单价与机械费单价包括哪些内容?

7.简述概算定额、概算指标、估算指标的概念及作用。

四、综合计算题

1.某矿业建设工程施工工程外包工程有土方工程和钢筋混凝土预制方桩两个。根据给定的资料回答并计算以下两个问题。

(1) 土方工程采取人工挖土方，土壤系潮湿的黏性土，按土壤分类属于第二类土。测时资料表面，挖 $1m^3$ 需要消耗基本工作时间 60min，辅助工作时间占工作延续时间 2%，准备与结束工作时间占工作延续时间 2%，不可避免的中断时间占 1%，休息时间占 20%。试确定时间定额和产量定额。

(2) 打钢筋混凝土预制方桩 $80m^3$，桩长 8m 以内。已知打桩长 8m 以内预制方桩的基价为 96.09 元/m^3，其中人工费 9.10 元/m^3，机械费 82.82 元/m^3，材料费 4.17 元/m^3，另按预算规定，小量打桩工程的人工费，机械费按相应定额项目乘系数 1.25。试计算打桩工程的预算单价是多少？预算总额是多少?

2.已知某矿山支护工程的定额单位消耗量和单价见表 9-10，请按照表的形式计算出该支护工程的单位估价表中的人工、材料、机械和总基价（保留小数点两位）。

表 9-10 某地区矿山支护工程单位估价表

工作内容：矿山支护　　　　　　　　　　　　　　　　计量单位：m^2

定额编号				01020311102	
项目		单位	单价（元）	铝合金隔断	
				数量	合价
总基价			元	???	
其中	人工费		元	?	
	材料费		元	?	
	机械费		元	?	
人工	综合工日	工日	40.00	1.33	
材料	水泥砂浆	m^3	260.00	0.06	
	泥浆	m^2	100.00	1.23	
	硅胶	支	28.00	0.6	
	膨胀螺栓	套	100.00	3.395	
	自攻螺钉	个	50	19.23	
	铝合金型材	m	7.50	3.75	
	其他铁件	kg	3.90	0.4	
机械	支护设备机	台班	300.00	0.092	
	吊机	台班	200.00	0.185	

第10章 工程计量

案例引入　　**工程计量与工程量清单计价规范**

当下，中国的社会高速发展，工程项目也随着经济的发展而不断增多。对于一个工程项目而言，资金和项目的合理规划是十分重要的。资金是一个企业和工程建设的根本，没有足够的资金支撑，工程项目是不能够顺利进行的。因此进行合理并且有效的工程计量是必不可少的。

运用合理、科学的工程计量方法，实现工程造价的降低，进而在确保工程的施工质量、工期的前提下，提高施工企业的经济效益和社会效益。工程计量在施工管理中的重要性已经与日俱增，这不仅是工程施工管理内在要求的具体体现，也是工程计量本身的重要价值和意义的集中体现。

工程计量的应用范围越来越广，工程量清单计价规范（Code of valuation with bill quantity of construction works）也与时俱进。为完善工程造价市场化形成机制，进一步统一工程计价规则，中华人民共和国住房和城乡建设部于 2021 年 11 月 17 日发布了《住房和城乡建设部标准定额司关于征求〈建设工程工程量清单计价标准〉（征求意见稿）意见的函》（建司局函标〔2021〕144 号），对《建设工程工程量清单计价规范》（GB 50500－2013）进行修订后形成的《建设工程工程量清单计价标准》（征求意见稿）公开征询意见，这标志着计价规范 2013 年版本将面临修改。

工程量计价规范的应用推广力度不断加大。例如，由于高速公路工程项目具有规模大、参与人员多、投资金额数目大等特点，在高速公路工程计量过程中会涉及多方利益，有一定的复杂性和综合性。因此工程计量对于高速公路的保质保量施工十分重要。高速工程计量要严格按照各项文件的实际内容来开展工作，如设计方案、工程清单和招投标文件等。同时还要严格遵守我国的相关法律规定，确保计量工作做到有法可依。随着国家“一带一路”倡议、粤港澳大湾区发展战略实施以及全球经济一体化的发展，施工单位和建设单位对于工程计量工作的质量和效率要求越来越高，现有的计量方法在一些实际案例中已经难以满足施工各方的实际要求，未来的工程计量方法还需要进一步的创新和发展，从而推动工程计量与国际接轨，实现我国工程造价管理水平不断提升，使我国工程建设行业更加规范、有序、良性的竞争和发展。

本章阐述了工程量的含义及工程计量的依据与一般方法，结合《建设工程工程量清单计价规范》2013 版，较为详细地介绍了工程量清单项目的工程计量规则及建筑面积计算规则，通过本章的学习，要求掌握建筑面积计算规则，熟悉工程量清单项目内容与工程量清单计量规则，熟悉建筑工程预算工程量计算规则，能够应用工程计量的一般方法解决实际问题。

10.1 工程计量概述

10.1.1 工程量的含义

工程量（Amount of work）是指按照事先约定的工程量计算规则计算所得的、以物理计量单位或自然计量单位表示的分部分项工程的数量。物理计量单位是指须经量度的、具有物理属性的单位；自然计量单位指个、只、套、组、台、程、座等。

应该注意的是：实物量是实际完成的工程数量，而工程量是按照工程量计算规则计算所得的工程数量。工程量计算规则是建设工程领域各方进行思想交流和表达的共同语言。为了简化工程量计算，往往对某些零星的实物量做出不扣除或扣除、不增加或增加的规定。

10.1.2 工程计量的内容与依据

1. 工程计量内容

工程计量（Engineering Measurement）是工程造价中主要工作内容之一，它是工程造价的基础，计量正确与否，直接影响工程造价的正确性。工程计量包括以下三个方面的内容。

（1）工程量清单项目的工程计量

清单项目的工程计量是对清单项目确定其工程数量和单位的过程。它是招标文件的组成部分，由招标人或招标代理机构编制。

（2）预算定额项目的工程计量

在目前两种计价模式（清单计价和定额计价）的情况下，预算定额项目工程计量是编制施工图预算的基础，也是清单计价模式下工程投标报价的基础。

（3）建筑面积计算

建筑面积是工程造价计算的某些结构工程量、装饰装修工程量的基础，还是确定某些费用指标的依据。

2. 工程量计算的依据

工程量是根据施工图及其相关说明，按照一定的工程量计算规则逐项进行计算并汇总得到的。工程量计算主要依据如下。

（1）经审定的施工设计图纸及其说明。施工图纸全面反映建筑物（或构筑物）的结构构造、各部位的尺寸及工程做法，是工程量计算的基础资料和基本依据。

（2）工程施工合同、招标文件的商务条款等。

（3）施工图纸主要表现拟建工程的实体项目，分项工程的具体施工方法及措施，应按施工组织设计（项目管理实施规划）或施工技术措施方案确定。

（4）工程量计算规则。工程量计算规则是规定在计算工程实物数量时，从设计文件和图纸中摘取数值的取定原则。我国工程量计算规则有两类，一是与计价定额相配套的工程量计算规则；二是与清单计价相配套的计算规则。目前执行的是 2013 年住建部颁布的房屋建筑与装饰工程等九个专业的工程量计算规范，现行的规范进一步明确了工程造价中工程量计量行为，统一了各专业工程量清单的编制、项目设置和工程量计算规则。

（5）经审定的其他有关技术经济文件。

10.1.3 工程计量的一般方法

1. 工程计量的顺序

工程计量的特点是工作量大、头绪多。工程计量要求做到既不遗漏又不重复，既要快又要准确，有利于节省看图时间，加快计算速度，又能提高计算的准确性。

(1) 单位工程各分项工程计量的顺序

一项单位工程要包含数十项乃至上百项分项工程，所以，在工程计量前，应先设定一个明确的计算顺序。

①按施工顺序计算法即按照工程施工工艺流程的先后次序计算工程量。这种方法要求对施工工艺流程相当熟悉。

②按定额顺序计算法就是按照预算定额的章、节、子目的编排顺序来计算工程量。

③运用统筹法原理，就是根据分项工程的工程量计算规则，找出各分项工程的工程量之间的内在联系，统筹安排计算顺序。这种计算顺序实质上是对预算工作精益求精的探索，适用于具有一定预算工作经验的人。按统筹法原理设计顺序计算法实践表明，任何事物都有其内在的规律性。

(2) 分项工程中各部位工程的计算顺序

一个分项工程分布在施工图纸的各个部位上，如砖基础分项工程，计算砖基础工程量，需要逐段计算后相加汇总。为了防止遗漏和重复，必须按一定的顺序来计算。常用顺序如下：①按顺时针方向计算法就是自平面图左上角开始向右进行计算，绕一周后回到左上角为止。这种顺时针方向转圈、依次分段计算工程量的方法，适用于计算外墙的挖地槽、垫层、基础、墙体、圈过梁、楼地面、天棚、外墙面粉刷等工程量。②按先横后竖、从上到下、从左到右的计算法。此法适用于计算内墙的挖地槽、垫层、基础、墙体、圈过梁等工程量。③按构件代号顺序计算法。此法适用于计算钢筋混凝土柱、梁、屋架及门、窗等的工程量。

2. 列表计算工程量

对于门窗、预制构件等大量标准构件，可用列表法计算其工程量。表格的设计应考虑一表多用，一次计算，多处使用。门窗工程量明细表中可汇总出门、窗的制作、安装、油漆的工程量；钢窗、铁栅、门窗、五金的工程量。门窗洞口所在部位的面积经汇总可作为计算墙身工程量、墙面粉刷工程量时应扣除部分的数据资料。

3. 规范计算式书写，并标记出构件的代号或所在的部位

工程量计算式应力求简单明了。一般面积计算式为宽×高、体积计算式为长×宽×高或长×截面积。在计算式旁应标记出构件的代号，如 Z1，Z2，…，J1，J2，…等。没有代号的，如带形基础、墙体等，可标记出其所在的部位，如①；Ⓐ；Ⓑ，①～②；⑤，Ⓐ～Ⓒ，来分别进行表示。

4. 装饰工程计算方法

对于装饰工程，不同楼层、不同房间的装饰要求差异较大。为便于审核与校核，应按楼层、按房间分别计算工程量，且不宜汇总。

5. 利用基本数据——“三线一面”计算工程量

“三线一面”的“三线”是指外墙中心线长度（$L_{中}$）外墙外包线长度（$L_{外}$）和内墙净长线长度（$L_{内}$）；“一面”是指底层建筑面积（$S_{底}$）。

建筑工程的诸多分项工程的工程量计算与这“三线一面”有关，因此，将“三线一面”称为基本数据。首先计算“三线一面”，以后计算各分项工程工程量时，可多次应用“三线一面”基本数据，达到简捷、准确、高效的目的。

10.2 工程量清单项目的工程计量

10.2.1 工程量清单内容

工程量清单包括分部分项工程量清单、措施项目清单和其他项目清单。工程量清单计价活动包括：工程量清单、招标控制价、投标报价的编制，工程合同价款的约定、施工过程中工程计量、工程价款的支付、索赔与现场签证、工程价款调整、竣工结算办理及工程计价争议处理等活动。

课程思政　　工程量清单计价模式与国际工程管理

2003 年 7 月，中华人民共和国建设部颁布了《建设工程工程量清单计价规范》(GB 50500－2003)，首次以规范形式提出了工程量清单计价模式。工程量清单计价模式是在建设工程招投标中，由招标人自己或委托有资质的中介机构根据招标形式和目的编制相适应的反映工程量实体消耗和措施性消耗的工程量清单。该清单作为招标文件的一部分提供给投标人，投标人依据工程量清单计价规范依照市场价格和自身实际情况进行自主报价。工程量清单计价是国际通用的工程造价计价方式，已经有几百年的历史，是一种成熟的管理模式和方法，我国实行工程量清单计价，这是与国际工程管理接轨和参与国际建设市场的必然需求。

工程量清单计价方式诞生于英国。1830 年，英联邦通过立法规定政府工程必须采用招标承包制，要求工料测量师在开工以前就进行测量和估价，根据图纸算出实物工程量并汇总成工程量清单，为招标者确定标底或为投标者做出报价，量价分离的框架开始逐步形成。英国政府投资的公共工程项目必须执行统一的设计标准和投资指标，工料测量师要协助建筑师核算和监控。由于英国政府没有统一的计价标准，价格是通过市场确定，投资者一般是委托中介组织利用已建类似工程的数据资料和近期的价格及相关指数，并进行必要的调整来确定投资估算，作为控制设计、招标和施工的造价限额。

1999 年 9 月，广东省综合改革试点城市顺德市经广东省建设厅批准成为广东省工程造价改革试点城市，参照英联邦计价模式，实行工程量清单计价改革。2000 年 8 月，原建设部标准定额司委派专家组参加顺德市工程造价改革，首次提出工程量清单综合单价分析与定额消耗量指标结合的观念。工程量清单计价开始出现在我国的建筑行业中。我国加入世界贸易组织以来，建设市场将进一步对外开放，国外的企业以及投资的项目越来越多地进入国内市场，我国企业走出国门在海外投资的项目也会增加。为了适应这种对外开放建设市场的形势，在我国工程建设中推行工程量清单计价，逐步与国际惯例接轨已十分必要，因此，我国自 2003 年开始全面推广采用工程量清单即工程量清单计价模式。

1. 分部分项工程量清单

《计价规范》中分部分项工程量清单包括项目编码、项目名称、计量单位和工程数量。

项目编码用 12 位阿拉伯数字表示，前 9 位数为统一编码，后 3 位为根据清单项目的特征等不同，由编制人设置，一般要求从 001 起顺序编制，项目编码如图 10-1 所示。

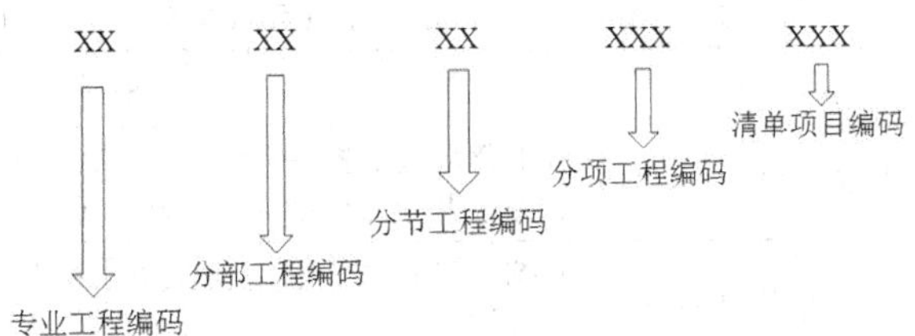

图 10-1　清单项目编码规则

2. 措施项目清单

措施项目是指为完成工程项目施工，发生于该项目施工前准备、施工过程中技术、生活、安全等方面的非工程实体项目。措施项目应根据拟建项目的具体情况，参照表 10-1 的列项，编制人可作增减。

3. 其他项目清单

(1) 其他项目清单应根据拟建工程的具体情况，可列出预留金、材料购置费、总承包服务费、零星工作项目费等。

(2) 零星工作项目表应根据拟建工程的具体情况，详细列出人工、材料、机械的名称、计量单位和相应数量，并随工程量清单发至投标人。

表 10-1　措施项目表

章	节	项目
措施项目 (0117)	一般措施项目 (011701)	安全文明施工（含环境保护、文明施工、安全施工、临时设施）；夜间施工；非夜间施工照明；二次搬运冬雨季施工；大型机械设备进出场及安拆；施工排水；施工降水；地上、地下设施、建筑物的临时保护设施；已完工程及设备保护
	脚手架工程 (011702)	综合脚手架；挑脚手架；满堂脚手架；整体提升架；外装饰吊篮
	混凝土模板及支架 (011703)	垫层；设备基础桩承台基础；矩形柱；构造柱；异形柱；基础梁；矩形梁；异形梁；过梁；直形墙；弧形墙；短肢剪力墙、电梯；井壁；有梁板；无梁板；平板；拱板；薄壳板；栏板；其他板；天沟、檐沟；雨篷、悬挑板、阳台板；直形楼梯；弧形楼梯；其他现浇构件；电缆沟、地沟；台阶；扶手；散水；后浇带；化粪池底；化粪池壁；化粪池顶；检查井底；检查井壁；检查井顶
	垂直运输 (011704)	垂直运输
	超高施工增加 (011705)	超高施工增加

10.2.2 地面房屋建筑工程量清单项目计算规则

依据《房屋建筑与装饰工程计量规范》(GB 500854－2013)，本节介绍适用于房屋建筑与装饰工程施工发承包计价活动中的工程量清单编制和工程量计算方法，可用于矿业工程中地面工业广场建筑的工程量计算。

1. 土（石）方工程（0101）

土（石）方工程包括土方工程、石方工程和土石方回填三节 15 项内容，项目见表 10-2。主要项目工程量计算规则如下。

表 10-2　土（石）方工程项目组成表

章	节	项目
土（石）方工程（0101）	土方工程（010101）	平整场地；挖一般土方；挖沟槽土方；挖基坑土方；冻土开挖；挖淤泥、流砂；管沟土方
	石方工程（010102）	挖一般石方、挖沟槽土方、挖基坑石方、基底摊座、管沟石方
	回填（010103）	回填方、余方弃置、缺方内运

(1) 土方工程（010101）

①平整场地（010101001）

“平整场地”指建筑场地内厚度在±30cm 以内的挖方、填方、运土和土方找平等施工内容。其工程量按设计图示尺寸以建筑物首层面积计算。

②挖一般土方（010101002）

“挖土方”适用于±30cm 以上的竖向布置的挖土或山坡切土，指设计室外地坪标高以上的挖土，并包括指定范围内的土方运输。其工程量按设计图示尺寸以体积计算。即

$$V = 挖土方面积 \times 挖方平均厚度 \qquad (10-1)$$

式中，平均厚度是指按自然地面测量标高至设计地坪标高间的平均厚度。

③挖沟槽土方（010101003）和基坑土方（010101004）

“挖沟槽土方”是指凡底宽在 7m 以内（含 7m），长边大于底宽 3 倍以上的沟为沟槽，判断槽底宽时不含工作面的宽度，用房屋建筑按设计图示尺寸以基础垫层底面积乘挖土深度计算，构筑物按最大水平投影面积乘挖土深度以体积计算。清单方法是以垫层底面积乘挖土深度计算。“挖基坑土方”适用于底长≤3 倍底宽、底面积≤150m²。其工程量按设计图示尺寸以基础垫层底面积乘挖土深度计算。挖土深度指基础垫层底面标高至交付的施工场地标高有效值。挖基础土方的编码应根据不同基础类型列项，带形基础根据其不同的底宽和深度编码列项；独立基础和满堂基础则按不同底面积和深度分别编码列项。

④冻土开挖（010101005）和挖淤泥、流砂（010101006）

“冻土开挖”需要注意冻土厚度，按设计图示尺寸开挖面积乘挖土厚度以体积计算。“挖淤泥、流砂”需要注意挖掘深度和弃淤泥、流砂的距离，按设计图示位置、界限以体积计算。

⑤管沟土方（010101007）

“管沟土方”适用于管沟土方的开挖和回填。管沟土方工程量不论其有无管沟设计，均按管沟的长度（m）计算。

(2) 石方工程（010102）

① 挖一般石方（010102001）、挖沟槽石方（010102002）、挖基坑石方（010102003）

挖一般石方按设计图示尺寸以体积计算；挖沟槽石方按设计图示尺寸沟槽底面积乘挖石深度以体积计算；挖基坑石方按设计图示尺寸基坑底面积乘挖石深度以体积计算。三者项目特征均为岩石类别、开凿深度和弃碴运距三者，工作内容为排地表水、凿石和运输 。三者计量单位为 m³。

②基底摊座（010102004）

基底摊座按设计图示尺寸以展开面积计算。计量单位为 m²，项目特征、工作内容与挖一般石方、挖沟槽石方、挖基坑石方一致。

③管沟石方（010102005）

管沟石方以米计量，按设计图示以管道中心线长度计算；或以立方米计量，按设计图示截面积乘长度计算。项目特征包括岩石类别、管外径和挖沟深度。工作内容包括排地表水、凿石、回填和运输。

(3) 回填（010103）

回填方（010103001）工程中的“土（石）方回填”适用于场地回填、室内回填和基础回填，并包括指定范围内的运输以及借土回填的土方开挖。其工程量计算如下：

场地回填：$V = 回填面积 \times 平均回填厚度 \qquad (10-2)$

室内回填：$V = 主墙间净面积 \times 回填厚度 \qquad (10-3)$

基础回填：$V = 挖方体积 - 设计室外地坪以下所埋的基础体积 \qquad (10-4)$

回填方项目特征包括密实度要求、填方材料品种、填方粒径要求和填方来源、运距。工程量计算规则，按设计图示尺寸以体积计算：一是，场地回填：回填面积乘平均回填厚度。二是，室内回填：主墙间

净面积乘回填厚度，不扣除间隔墙。三是，基础回填：挖方体积减去设计室外地坪以下所埋的基础体积（包括基础垫层及其他构筑物）。工作内容包括：运输、回填和压实。计量单位为 m^3。

余方弃置（010103002）项目特征包括废弃料品种和运距，按挖方清单项目工程量减利用回填方体积（正数）计算，工作内容为余方点装料运输至弃置点，计量单位为 m^3。

缺方内运（010103003）项目特征包括填方材料品种、运距，工程量按挖方清单项目工程量减利用回填方体积（负数）计算，工作内容为取料点装料运输至缺方点，计量单位为 m^3。

（4）土方工程计量的注意事项

①挖土应按自然地面测量标高至设计地坪标高的平均厚度确定。竖向土方、山坡切土开挖深度应按基础垫层底表面标高至交付施工现场地标高确定，无交付施工场地标高时，应按自然地面标高确定。

②建筑物场地厚度≤±300mm 的挖、填、运、找平，应按本表中平整场地项目编码列项。厚度＞±300mm 的竖向布置挖土或山坡切土应按本表中挖一般土方项目编码列项。

③沟槽、基坑、一般土方的划分为：底宽≤7m，底长＞3 倍底宽为沟槽；底长≤3 倍底宽、底面积≤150m^2 为基坑；超出上述范围则为一般土方。

④挖土方如需截桩头时，应按桩基工程相关项目编码列项。

⑤弃、取土运距可以不描述，但应注明由投标人根据施工现场实际情况自行考虑，决定报价。

⑥土壤的分类应按附录附表 A1 确定，如土壤类别不能准确划分时，招标人可注明为综合，由投标人根据地勘报告决定报价。

⑦土方体积应按挖掘前的天然密实体积计算。如需按天然密实体积折算时，应按附表 A2 系数计算。

⑧挖沟槽、基坑、一般土方因工作面和放坡增加的工程量（管沟工作面增加的工程量），是否并入各土方工程量中，按各省、自治区、直辖市或行业建设主管部门的规定实施，如并入各土方工程量中，办理工程结算时，按经发包人认可的施工组织设计规定计算，编制工程量清单时，可按附表 A3、A4、A5 规定计算。

⑨挖方出现流砂、淤泥时，应根据实际情况由发包人与承包人双方现场签证确认工程量。

⑩管沟土方项目适用于管道（给排水、工业、电力、通信）、光（电）缆沟（包括人孔桩、接口坑）及连接井（检查井）等。

（5）石方工程还需注意

①挖石应按自然地面测量标高至设计地坪标高的平均厚度确定。基础石方开挖深度应按基础垫层底表面标高至交付施工现场地标高确定，无交付施工场地标高时，应按自然地面标高确定。

②厚度＞±300mm 的竖向布置挖石或山坡凿石应按本表中挖一般石方项目编码列项。

③沟槽、基坑、一般石方的划分为：底宽≤7m，底长＞3 倍底宽为沟槽；底长≤3 倍底宽、底面积≤150 平方米为基坑；超出上述范围则为一般石方。

④ 弃碴运距可以不描述，但应注明由投标人根据施工现场实际情况自行考虑，决定报价。

⑤岩石的分类应按附表 A6 确定。

⑥ 石方体积应按挖掘前的天然密实体积计算。如需按天然密实体积折算时，应按规范附表 A7 系数计算。土石方体积按挖掘前的天然密实体积计算，如需计算虚方体积、夯实后体积或松填体积时，可按表 10-3 所列系数换算。

⑦ 管沟石方项目适用于管道（给排水、工业、电力、通信）、电缆沟及连接井（检查井）等。

表 10-3　土（石）方体积折算系数表

天然密实度体积	虚方体积	夯实后体积	松填体积
1	1.3	0.87	1.08
0.77	1	0.67	0.83
1.15	1.49	1	1.24
0.93	1.2	0.81	1

［例 10－1］某矿业工业广场生活中心建筑工程土壤类别为三类土，基础为钢筋混凝土带形基础（外墙下）和砖大方脚带形基础。基础平面图及剖面图如图 10-2 所示，挖土深度为 1.8m，弃土运距 4km。室内外高差为 0.6m，求：（1）场地平整工程量；（2）挖基础土方工程量；（3）室内回填土工程量（地面垫层与面层总厚度为 150mm）；（4）基础回填土工程量（钢筋混凝土带基 6.04m^3，室外地坪以下砖基础为 7.55m^3）。

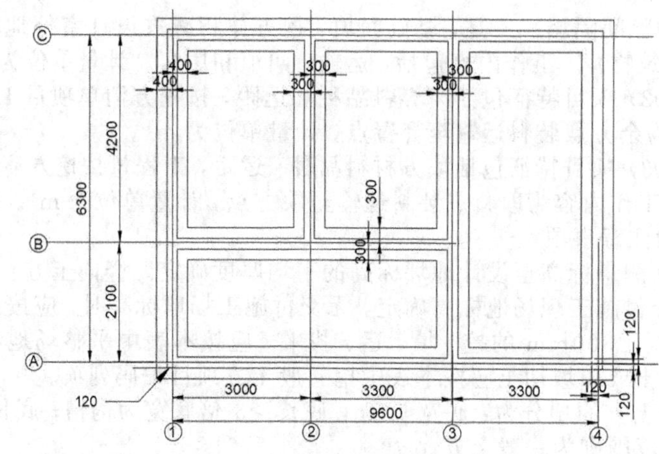

(a) 生活中心首层基础建筑平面图

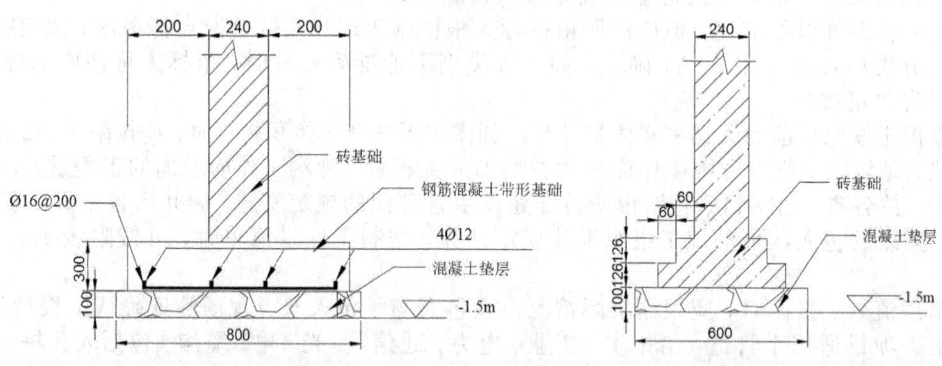

(b) 外墙剖面图　　(c) 内墙剖面图

图 10-2　活动中心基础平面图及内外墙剖面图（单位：mm）

［解］(1) 场地平整：$S=(9.6+0.24)\times(6.3+0.24)=64.35$ (m²)

(其中 0.24 按外墙体厚度的一半 0.12 乘两个得到)

(2) 挖基础土方：

外墙下垫层：$S_1=(9.6+0.4\times2)\times(6.3+0.4\times2)-(9.6-0.4\times2)\times(6.3-0.4\times2)$

$=10.4\times7.1-8.8\times5.5$

$=25.44$ (m²)

内墙下垫层：$S_2=(3.0+3.3-0.4-0.3)\times0.6+(4.2-0.4-0.3)\times0.6+(6.3-0.4\times2)\times0.6$

$=3.36+2.10+3.30$

$=8.76$ (m²)

挖基础土方：$V=(25.44+8.76)\times1.8=61.56$ (m³)

(3) 室内回填土：

主墙净面积：$S=[(3.0-0.24)+(3.3-0.24)]\times(4.2-0.24)+(3.3-0.24)\times(6.3-0.24)+(3.0+3.3-0.24)\times(2.1-0.24)$

$=23.05+18.54+11.27=52.86$ (m²)

$V=Sh=52.86\times(0.6-0.15)=23.79$ (m³)

(4) 基础回填土：

室外地坪（-0.6m）下基础实物量：

①垫层：$V=(25.44+8.76)\times0.1=3.42$ (m³)

②钢筋混凝土带基：$V=6.04$ (m³)

③砖带形基础：$V=7.55$ (m³)

V＝挖方体积－室外地坪以下基础实物量

$=61.88-(3.42+6.04+7.55)$

$=44.87$ (m³)

2. 地基处理与边坡支护工程（0102）和桩基工程（0103）

本分部工程包括地基处理、基坑与边坡支护两节，项目见表 10-4。

表 10-4　地基处理与边坡支护工程项目组成表

章	节	项目
地基处理与边坡支护工程（0102）	地基处理（010201）	换填垫层、铺设土工合成材料、预压地基、强夯地基、振冲密实（不填料）、振冲桩（填料）、砂石桩、水泥粉煤灰碎石桩、深层搅拌桩、粉喷桩、夯实水泥土桩、高压喷射注浆桩、石灰桩、灰土（土）挤密桩、柱锤冲扩桩、注浆地基、褥垫层
	基坑与边坡支护（010202）	地下连续墙、咬合灌注桩、圆木桩、预制钢筋混凝土板桩、型钢桩、钢板桩、预应力锚杆、锚索、其他锚杆、土钉、喷射混凝土、水泥砂浆、混凝土支撑、钢支撑
桩基工程（0103）	打桩（010301）	预制钢筋混凝土方桩、预制钢筋混凝土管桩、钢管桩、截（凿）桩头
	灌注桩（010302）	泥浆护壁成孔灌注桩、沉管灌注桩、干作业成孔灌注桩、挖孔桩土（石）方、人工挖孔灌注桩、钻孔压浆桩、桩底注浆

主要项目的工程量计算规则表述如下：

（1）地基处理（010201）

① 换填垫层（010201001）

换填垫层按设计图示尺寸以体积计算，项目特征为材料种类及配比、压实系数和掺加剂品种，工作内容为分层铺填，碾压、振密或夯实和材料运输三部分，计量单位为立方米。

② 铺设土工合成材料（010201002）

铺设土工合成材料按设计图示尺寸以面积计算，项目特征为部位、品种和规格，工作内容为挖填锚固沟、铺设、固定和运输四部分，计量单位为平方米。

③ 预压地基（010201003）、强夯地基（010201004）和振冲密实（不填料）（010201005）

三部分均按设计图示尺寸以加固面积计算工程量，计量单位均为平方米。

预压地基项目特征为：一是排水竖井种类、断面尺寸、排列方式、间距、深度；二是预压方法；三是预压荷载、时间；四是砂垫层厚度。工作内容为：一是设置排水竖井、盲沟、滤水管；二是铺设砂垫层、密封膜；三是堆载、卸载或抽气设备安拆、抽真空；四是材料运输。

强夯地基项目特征为夯击能量、夯击遍数、地耐力要求和夯填材料种类，工作内容为铺设夯填材料、强夯和夯填材料运输。振冲密实（不填料）项目特征为地层情况、振密深度和孔距，工作内容为振冲加密和泥浆运输。其他类别工程的项目不在此赘述。

（2）基坑与边坡支护（010202）

①地下连续墙（010202001）项目的工程内容包括挖土成槽、余土运输、导墙施工、销口管吊拔、混凝土浇筑等。其工程量按下式计算：

$$V=LBH \qquad (10-5)$$

式中，L ——地下连续墙的中心线长度（m）；

B ——地下连续墙的厚度（m）；

H ——地下连续墙的成槽的深度（m）。

② 咬合灌注桩（010202002）

咬合灌注桩以米计量，按设计图示尺寸以桩长计算，或以根计量，按设计图示数量计算，计量单位为 m 或根。项目特征包括：地层情况；桩长；桩径；混凝土类别、强度等级；部位。工作内容包括：成孔、固壁；混凝土制作、运输、灌注、养护；套管压拔；土方、废泥浆外运；打桩场地硬化及泥浆池、泥浆沟。

③ 预应力锚杆、锚索（010202007）、其他锚杆、土钉（010202008）

两者均以米或根计量，按设计图示尺寸以钻孔深度计算，或以根计量，按设计图示数量计算。预应力锚杆、锚索项目特征包括：地层情况；锚杆（索）类型、部位；钻孔深度；钻孔直径；杆体材料品种、规格、数量；浆液种类、强度等级。工作内容包括：钻孔、浆液制作、运输、压浆；锚杆、锚索制作、安装；张拉锚固；锚杆、锚索施工平台搭设、拆除。

其他锚杆、土钉项目特征包括：地层情况；钻孔深度；钻孔直径；置入方法；杆体材料品种、规格、数量；浆液种类、强度等级。工作内容包括：钻孔、浆液制作、运输、压浆；锚杆、土钉制作、安装；锚杆、土钉施工平台搭设、拆除。

桩与地基基础工程共性问题的说明：本分部工程各项目用于工程实体。各类桩的混凝土充盈量，在报价时应考虑。沉管灌注桩若使用预制混凝土桩尖时，报价时应予以计算。爆扩桩扩大头的混凝土量，应包括在报价内。桩的钢筋应按《计价规范》中混凝土或钢筋混凝土的有关项目编码列项。

(3) 打桩（010301）

①预制钢筋混凝土方桩（010301001）、预制钢筋混凝土管桩（010301002）

二者均以米计量，按设计图示尺寸以桩长（包括桩尖）计算，或以根计量，按设计图示数量计算，计量单位为 m 或根。

预制钢筋混凝土方桩项目特征包括：地层情况；送桩深度、桩长；桩截面；桩倾斜度；混凝土强度等级。工作内容包括：工作平台搭拆；桩机竖拆、移位；沉桩；接桩；送桩。

预制钢筋混凝土管桩项目特征包括：地层情况；送桩深度、桩长；桩外径、壁厚；桩倾斜度；混凝土强度等级；填充材料种类；防护材料种类。工作内容包括：工作平台搭拆；桩机竖拆、移位；沉桩；接桩；送桩；填充材料、刷防护材料。

②钢管桩（010301003）

钢管桩以吨计量，按设计图示尺寸以质量计算，或以根计量，按设计图示数量计算。计量单位为 t 或根。项目特征包括：地层情况；送桩深度、桩长；材质；管径、壁厚；桩倾斜度；填充材料种类；防护材料种类。工作内容包括：工作平台搭拆；桩机竖拆、移位；沉桩；接桩；送桩；切割钢管、精割盖帽；管内取土；填充材料、刷防护材料。

③截（凿）桩头（010301004）

截（凿）桩头以立方米计量，按设计桩截面乘桩头长度以体积计算，或以根计量，按设计图示数量计算。计量单位为立方米或根。项目特征包括：桩头截面、高度；混凝土强度等级；有无钢筋。工作内容包括：截桩头；凿平；废料外运。

(4) 灌注桩（010302）

①泥浆护壁成孔灌注桩（010302001）、沉管灌注桩（010302002）、干作业成孔灌注桩（010302003）

三者均以米计量，按设计图示尺寸以桩长（包括桩尖）计算，或以立方米计量，按不同截面在桩上范围内以体积计算，或以根计量，按设计图示数量计算。计量单位为 m、立方米。

泥浆护壁成孔灌注桩项目特征包括：地层情况；空桩长度、桩长；桩径；成孔方法；护筒类型、长度；混凝土类别、强度等级。工作内容包括：护筒埋设；成孔、固壁；混凝土制作、运输、灌注、养护；土方、废泥浆外运；打桩场地硬化及泥浆池、泥浆沟。

沉管灌注桩项目特征包括：地层情况；空桩长度、桩长；复打长度；桩径；沉管方法；桩尖类型；混凝土类别、强度等级。工作内容包括：打（沉）拔钢管；桩尖制作、安装；混凝土制作、运输、灌注、养护。

干作业成孔灌注桩项目特征包括：地层情况；空桩长度、桩长；桩径；扩孔直径、高度；成孔方法；混凝土类别、强度等级。工作内容包括：成孔、扩孔；混凝土制作、运输、灌注、振捣、养护。

②挖孔桩土（石）方（010302004）

挖孔桩土（石）方按设计图示尺寸截面积乘挖孔深度以立方米计算。计量单位为立方米。项目特征包括：土（石）类别；挖孔深度；弃土（石）运距。工作内容包括：排地表水；挖土、凿石；基底钎探；运输。

③人工挖孔灌注桩（010302005）

人工挖孔灌注桩以立方米计量，按桩芯混凝土体积计算，或以根计量，按设计图示数量计算。计量单位为立方米或根。项目特征包括：桩芯长度；桩芯直径、扩底直径、扩底高度；护壁厚度、高度；护壁混凝土类别、强度等级；桩芯混凝土类别、强度等级。工作内容包括：护壁制作；混凝土制作、运输、灌注、振捣、养护。

④钻孔压浆桩（010302006）

钻孔压浆桩以米计量，按设计图示尺寸以桩长计算，或以根计量，按设计图示数量计算。计量单位为 m 或根。项目特征包括：地层情况；空钻长度、桩长；钻孔直径；水泥强度等级。工作内容包括：钻孔、下注浆管、投放骨料、浆液制作、运输、压浆。

⑤桩底注浆（010302007）

桩底注浆按设计图示以注浆孔数计算，计量单位为孔。项目特征包括：注浆导管材料、规格；注浆导管长度；单孔注浆量；水泥强度等级。工作内容包括：注浆导管制作、安装；浆液制作、运输、压浆。

［例 10—2］某工程主楼为预制混凝土管桩，上节桩长为 8m，下节桩如图 10-3（b）所示，桩数为 300 根。附房采用预制钢筋混凝土方桩（图 10-3（a））40 根。土壤类别为四类土，混凝土强度等级为 C40；桩接头为焊接。求此工程的预制方桩和管桩的工程量。

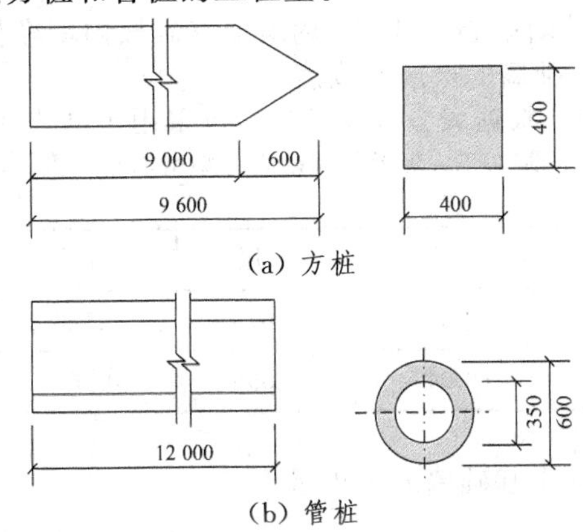

（a）方桩

（b）管桩

图 10-3　预制钢筋混凝土桩（单位：mm）

［解］①预制钢筋混凝土方桩：土壤类别为四类土，长为 9.6m，断面为 400mm×400mm，混凝土强度为 C40：

$$L = 9.6 \times 40 = 384.0\ (\text{m})$$

或　　$N = 40$ 根

②预制钢筋混凝土管桩：土壤类别为四类土，两节桩 8m + 12m，截面为 Φ600mm×125mm：

$$L = (8.0 + 12.0) \times 300 = 6000\ (\text{m})$$

或　　$N = 300$ 根

③管桩接头：焊接接头

$$N = 300 \text{ 个}$$

3. 砌筑工程（0104）

砌筑工程包括砖砌体，砌块砌体，石砌体，垫层等 4 节 16 个项目，项目详见表 10-5。

表 10-5　砌筑工程项目组成表

章	节	项目
砌筑工程（0104）	砖砌体（010401）	砖基础、砖砌挖孔桩护壁、实心砖墙、多孔砖墙、空心砖墙、空斗墙、空花墙、填充墙、实心砖柱、多孔砖柱、砖检查井、零星砌砖、砖散水、地坪、砖地沟、明沟
	砌块砌体（010402）	砌块墙、砌块柱
	石砌体（010403）	石基础、石勒脚、石墙、石挡土墙、石柱、石栏杆、石护坡、石台阶、石坡道、石地沟、明沟
	垫层（010404）	垫层

（1）砖砌体（010401）

① 砖基础（010401001）

砖基础适用于各种类型砖基础，如墙基础、柱基础、烟囱基础、水塔基础、管道基础等。对基础类型，应在工程量清单的项目特征中进行描述。

“砖基础”按设计图示尺寸以体积计算。包括附墙垛基础宽出部分体积，扣除地梁（圈梁）、构造柱所占体积，不扣除基础大放脚 T 形接头处的重叠部分及嵌入基础内的钢筋、铁件、管道、基础砂浆防潮层和单个面积≤0.3 平方米的孔洞所占体积，靠墙暖气沟的挑檐不增加。基础长度：外墙按外墙中心线，内墙按内墙净长线计算。砖基础与砖墙身的划分，应以设计室内地坪为界，以下为基础，以上为墙（柱）身。基础与墙身使用不同材料，位于设计室内地坪±300mm 以内时，以不同材料为界，超过±300mm 时，应以设计室内地坪为界。砖围墙应以设计室外地坪为界，以下为基础，以上为墙身。

带形砖砖基础

$$V=L\ (BH+S_{\text{大方脚}})+V_{\text{垛}}-V_{\text{柱、梁、洞}} \qquad (10-6)$$

（$V_{\text{柱、梁、洞}}$ 的计算独立柱砖基础需考虑图 10-5 所示的类型）

式中，L—— 外墙砖基础按外墙中心线计算；内墙墙基础按内墙净长线计算；

B、H—— 分别为砖基础墙的厚度和高度；

$S_{\text{大方脚}}$—— 大方脚面积，根据大方脚（图 10-4）采用等高式或间隔式分别查表 10-6 选用。

表 10-6　带形砖基础大方脚增加断面表

计量单位：m²

放脚层数	一层	二层	三层	四层	五层	六层
间隔式	0.016	0.039	0.079	0.126	0.189	0.260
等高式	0.016	0.047	0.095	0.157	0.236	0.331

［例 10—3］试计算［例 10—1］中基础墙的工程量。

［解］外墙下砖基础：

$L_{\text{中}}=(9.6+6.3)\times 2=31.8\ (\text{m})$

$H=1.5-0.1-0.3=1.1\ (\text{m})$

$V=31.8\times 0.24\times 1.1=8.40\ (\text{m}^3)$

内墙下砖基础：

$L_{\text{内}}=(3.0+3.3-0.24)+(4.2-0.24)+(6.3-0.24)=16.08\ (\text{m})$

$H=1.5-0.1=1.4\ (\text{m})$

$S_{\text{大方脚}}=0.047\text{m}^2$（二阶等高）

$V=16.08\times(0.24\times 1.44+0.047)=6.16\ (\text{m}^3)$

基础墙工程量为

$8.40+6.16=14.56\ (\text{m}^3)$

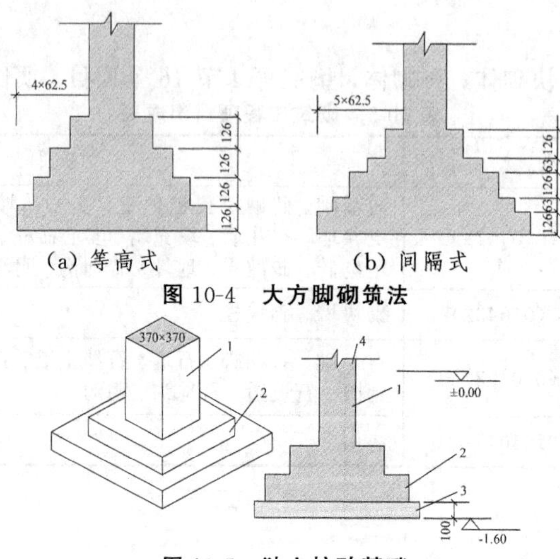

(a) 等高式　　(b) 间隔式

图 10-4　大方脚砌筑法

图 10-5　独立柱砖基础

1—柱基础；2—柱大放脚；3—垫层；4—柱身

② 实心砖墙（010401003）、多孔砖墙（010401004）、空心砖墙（010401005）

"实心砖墙"适用于各种类型砖墙。可分为外墙、内墙、围墙、双面混水墙、双面清水墙、单面清水墙、直形墙、弧形墙等，墙具有不同厚度和不同的强度，不同的砖强度等级，加浆勾缝、原浆勾缝等，应在工程量清单项目中一一进行描述。

实心砖墙工程量计算规则：按设计图示尺寸以体积计算。应扣除过人洞、空圈、门窗洞口面积和每个面积在 0.3 m^2 以上的孔洞所占的体积，嵌入墙身的钢筋混凝土柱、梁及凹进墙内的壁龛、管槽、暖气槽、消火栓箱所占体积。突出墙面的窗台虎头砖、压顶线、山墙泛水、烟囱根、门窗套、三砖以内的腰线和挑檐等体积亦不增加。突出墙面的砖垛并入墙体体积内计算。其计算通式为

$$V = (L \times H - S_{洞}) \times \text{墙厚} \pm \Delta V \quad (10-7)$$

式中，L ——外墙中心线长度或内墙净长线长度；

H ——墙身高度；

$S_{洞}$ ——门窗孔洞、过人洞或 0.3m^2 以上的空圈等面积；

ΔV ——按规定需增加或减少的实心砖墙体积。

实心砖墙墙身高度 H 可按如下规定确定：

▲外墙：斜（坡）屋面无檐口天棚者，算至屋面板底；有屋架且室内外均有天棚者，算至屋架下弦底另加 200mm；无天棚者，算至屋架下弦底另加 300mm，出檐宽度超过 600mm 时，按实砌高度计算；平屋面算至钢筋混凝土板底。

▲内墙：位于屋架下弦者，算至屋架下弦底；无屋架者，算至天棚底另加 100mm；有钢筋混凝土楼板隔层者，算至楼板顶；有框架梁时，算至梁底。

▲内外山墙按其平均高度计算。

▲围墙：高度算至压顶上表面（如有混凝土压顶时算至压顶下表面），围墙柱并入围墙体积内。

▲女儿墙：从屋面板上表面算至女儿墙顶面（如有混凝土压顶时算至压顶下表面）。

“填充墙”适用于框架结构、剪力墙等处的填充。其工程量按设计尺寸以填充墙外形体积计算。

“实心砖柱”项目适用于各种类型柱、矩形柱、异形柱、圆柱等。其工程量按设计图示尺寸以体积计算。扣除混凝土及钢筋混凝土梁垫、梁头、板头所占的体积。

“零星砌砖”项目适用于台阶、台阶挡墙、梯带、锅台、炉灶、蹲台等。其工程量以立方米计量，按设计图示尺寸截面积乘长度计算；以平方米计量，按设计图示尺寸水平投影面积计算；以米计量，按设计图示尺寸长度计算；以个计量，按设计图示数量计算。

台阶工程量可按水平投影面积计算（不包括梯带或台阶挡墙）；小型池槽、锅台、炉灶可按个计算，以长×宽×高的顺序标明外形尺寸；砖砌小便槽等可按长度计算。

[例 10—4] 某建筑物平面，底层平面图如图 10-6 所示，墙为 M2.5 混合砂浆。M—1 为 1200mm × 2500mm，M—2 为 900mm×2400mm，C—1 为 1500mm×1500mm，过梁断面为 240mm × 120mm，长为洞口宽加 500mm，构造柱断面 240mm × 240mm，圈梁断面为 240mm× 200mm，雨篷梁为 240mm × 400mm，钢筋混凝土压顶断面为 300mm× 80mm。根据施工图计算墙身及零星砌体工程量（二、三层平面图仅 M_1 改为 C—1）。

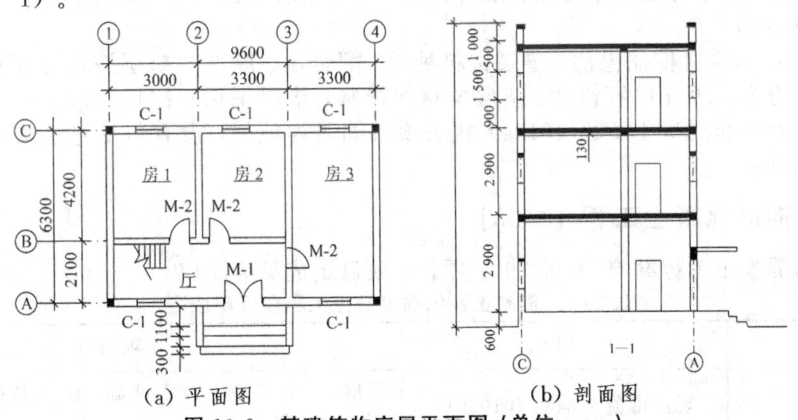

(a) 平面图　　(b) 剖面图

图 10-6　某建筑物底层平面图（单位：mm）

[解]①外墙工程量：

$L_{中}$ =31.8m（由[例 10—3]计算所得）

$H = 2.9 \times 3 + 1.0 - 0.08 = 9.62$（m）

扣门窗洞：$1.2 \times 2.5 + 1.5 \times 1.5 \times 17 = 41.25$（$m^2$）

扣构造柱：$(0.24\times0.24\times9.62+0.24\times0.06\times\frac{9.62}{2}\times2)\times4=2.77(m^3)$

或 $0.24\times0.24\times9.7\times1.25\times4=2.79(m^3)$

扣圈梁：$0.24\times0.2\times1.8\times3=4.58(m^3)$

扣过梁、雨篷梁：$0.24\times0.12\times(1.5+0.5)\times17+0.24\times0.4\times3.3=1.30(m^3)$

故外墙工程量为

$(31.8\times9.62-41.25)\times0.24-(2.77+4.58+1.30)=54.87(m^3)$

②内墙工程量：

$L_{内}=16.08m$（由[例 10－3]计算所得）

$H=2.9\times3=8.7(m)$

扣门窗洞口：$0.9\times2.4\times9=19.44(m^2)$

扣圈梁：$0.24\times0.2\times16.08\times3=2.32(m^3)$

扣过梁：$0.24\times0.12\times(0.9+0.5)\times9=0.36(m^3)$

故内墙工程量为

$V=(L_{内}H-S_{门})\times B-V_{梁}$

$=(16.08\times8.7-19.44)\times0.24-(0.77+0.36)=27.78(m^3)$

③零星砌体工程量：

砖砌台阶：$S=(3.3+0.12\times2)\times(1.1+3\times0.3)=7.08(m^2)$

（2）砌块砌体（010402）

①砌块墙（010402001）项目特征包括：砌块品种、规格、强度等级；墙体类型；砂浆强度等级。工作内容包括：砂浆制作、运输；砌砖、砌块；勾缝；材料运输。计量规则按设计图示尺寸以体积计算。扣除门窗洞口、过人洞、空圈、嵌入墙内的钢筋混凝土柱、梁、圈梁、挑梁 、过梁及凹进墙内的壁龛、管槽、暖气槽、消火栓箱所占体积，不扣除梁头、板头、檩头、垫木、木楞头、沿缘木、木砖、门窗走头、砌块墙内加固钢筋、木筋、铁件、钢管及单个面积≤$0.3m^2$的孔洞所占的体积。凸出墙面的腰线、挑檐、压顶、窗台线、虎头砖、门窗套的体积亦不增加。凸出墙面的砖垛并入墙体体积内计算。

②砌块柱（010402002）项目特征包括：砖品种、规格、强度等级；墙体类型；砂浆强度等级。砌块柱。计量规则按设计图示尺寸以体积计算。扣除混凝土及钢筋混凝土梁垫、梁头、板头所占体积。计量单位为立方米。工作内容包括：砂浆制作、运输；砌砖、砌块；勾缝；材料运输。

（3）石砌体（010403）

石基础（010403001）项目特征包括：石料种类、规格；基础类型；砂浆强度等级。石基础按设计图示尺寸以体积计算。包括附墙垛基础宽出部分体积，不扣除基础砂浆防潮层及单个面积≤$0.3m^2$的孔洞所占体积，靠墙暖气沟的挑檐不增加体积。基础长度：外墙按中心线，内墙按净长线计算。计量单位为立方米。工作内容包括：砂浆制作、运输；吊装；砌石；防潮层铺设；材料运输。

（4）垫层（010404）

垫层（010404001）项目特征包括：垫层材料种类、配合比、厚度。垫层按设计图示尺寸以立方米计算。计量单位为立方米。工作内容包括：垫层材料的拌制；垫层铺设；材料运输。垫层还需注意除混凝土垫层应按混凝土及钢筋混凝土工程（0104）相关项目编码列项外，没有包括垫层要求的清单项目应按本表垫层项目编码列项。

4. 混凝土及钢筋混凝土工程（0105）

混凝土及钢筋混凝土工程共有 16 节 79 个项目，项目组成见表 10-7。

表 10-7　混凝土及钢筋混凝土工程项目组成表

章	节	项目
混凝土及钢筋混凝土工程（0105）	现浇混凝土基础（010501）	垫层、带形基础、独立基础、满堂基础、设备基础、桩承台基础
	现浇混凝土柱（010502）	矩形柱、构造柱、异形柱
	现浇混凝土梁（010503）	基础梁、矩形梁、异形梁、圈梁、过梁、弧（拱）形梁

续表

章	节	项目
混凝土及钢筋混凝土工程（0105）	现浇混凝土墙（010504）	直形墙、弧形墙、短肢剪力墙、挡土墙
	现浇混凝土板（010505）	有梁板、无梁板、平板、拱板、薄壳板、栏板、天沟（檐沟）、挑檐板、雨篷、悬挑板、阳台板、其他板
	现浇混凝土楼梯（010506）	直形楼梯、弧形楼梯
	现浇混凝土其他构件（010507）	其他构件、散水与坡道、电缆沟与地沟、台阶、扶手与压顶、化粪池底、化粪池壁、化粪池顶、检查井底、检查井壁、检查井顶、其他构件
	后浇带（010508）	后浇带
	预制混凝土柱（010509）	矩形柱、异形柱
	预制混凝土梁（010510）	矩形梁、异形梁、过梁、拱形梁、鱼腹式吊车梁、风道梁
	预制混凝土屋架（010511）	折线型屋架、组合屋架、薄腹屋架、门式刚架屋架、天窗架屋架
	预制混凝土板（010512）	平板、空心板、槽形板、网架板、折线板、带肋板、大型板、沟盖板、井盖板、井圈
	预制混凝土楼梯（010513）	楼梯
	其他预制构件（010514）	烟道、垃圾道与通风道、其他构件、水磨石构件
	钢筋工程（010515）	现浇构建钢筋、钢筋网片、钢筋笼、先张法预应力钢筋、后张法预应力钢筋、预应力钢丝、预应力钢绞线、支撑钢筋（铁马）、声测管
	螺栓、铁件（010516）	螺栓、预埋铁件、机械连接

(1) 现浇混凝土基础（010501）

现浇混凝土基础适用于带形基础（图 10-7）、独立基础（图 10-8）、满堂基础（图 10-9）、桩承台基础与柱计算高度（图 10-10）。其工程量按设计图示尺寸以体积计算。不扣除构件内钢筋、预埋件和伸入承台基础的桩头所占体积。

① 垫层（010501001）、带形基础（010501002）、独立基础（010501003）、满堂基础（010501004）、桩承台基础（010501005）

以上五部分均按设计图示尺寸以体积计算。不扣除构件内钢筋、预埋铁件和伸入承台基础的桩头所占体积，计量单位为立方米。项目特征均为：混凝土类别；混凝土强度等级。工作内容均为：模板及支撑制作、安装、拆除、堆放、运输及清理模内杂物、刷隔离剂等；混凝土制作、运输、浇筑、振捣、养护。

② 设备基础（010501006）

设备基础按设计图示尺寸以体积计算。不扣除构件内钢筋、预埋铁件和伸入承台基础的桩头所占体积，计量单位为立方米。项目特征为：混凝土类别；混凝土强度等级；灌浆材料、灌浆材料强度等级。工作内容为：模板及支撑制作、安装、拆除、堆放、运输及清理模内杂物、刷隔离剂等；混凝土制作、运输、浇筑、振捣、养护。

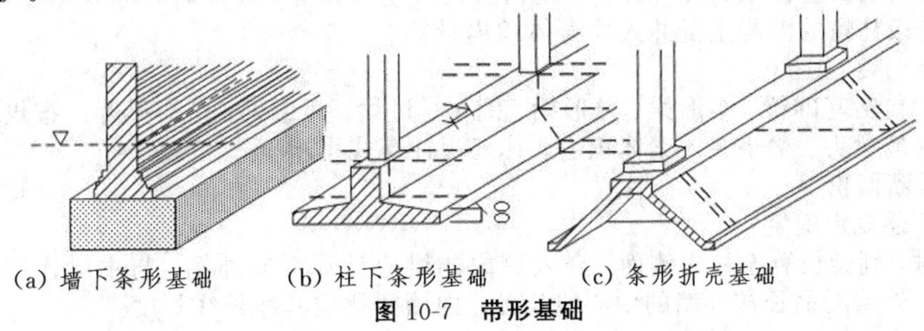

(a) 墙下条形基础　(b) 柱下条形基础　(c) 条形折壳基础

图 10-7　带形基础

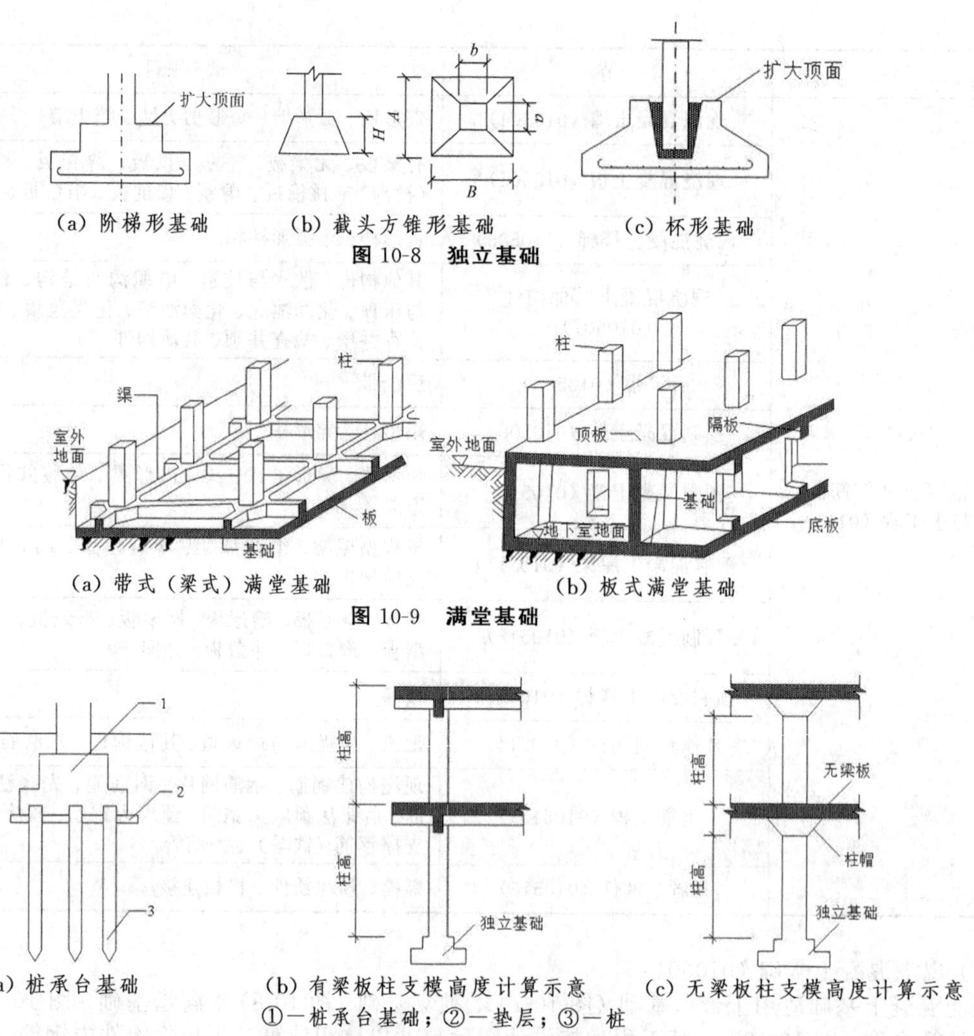

(a) 阶梯形基础　(b) 截头方锥形基础　(c) 杯形基础

图 10-8　独立基础

(a) 带式（梁式）满堂基础　(b) 板式满堂基础

图 10-9　满堂基础

(a) 桩承台基础　(b) 有梁板柱支模高度计算示意　(c) 无梁板柱支模高度计算示意

①—桩承台基础；②—垫层；③—桩

图 10-10　桩承台基础与柱计算高度

(2) 现浇混凝土柱（010502）

矩形柱（010502001）、构造柱（010502002）、异形柱（010502003）

矩形柱、构造柱项目特征包括混凝土类别；混凝土强度等级。异形柱项目特征包括：柱形状；混凝土类别；混凝土强度等级。三者计量单位均为立方米。工作内容均包括：模板及支架（撑）制作、安装、拆除、堆放、运输及清理模内杂物、刷隔离剂等；混凝土制作、运输、浇筑、振捣、养护。

三者计算均按设计图示尺寸以体积计算，不扣除构件内钢筋、预埋铁件所占体积。型钢混凝土柱扣除构件内型钢所占体积。其工程量为柱的截面乘柱的计算高度。计算高度按以下要求确定：一是有梁板的柱高，应自柱基上表面（或楼板上表面）至上一层楼板上表面之间的高度计算（图 10-10（b））无梁板的柱高，应自柱基上表面（或楼板上表面）至柱帽下表面之间的高度计算（图 10-10（c））；二是框架柱的柱高：应自柱基上表面至柱顶高度计算；三是构造柱按全高计算，嵌接墙体部分（马牙槎）并入柱身体积；柱上牛腿和升板柱帽的混凝土量并入柱身体积内计算。

(3) 现浇混凝土梁（010503）

现浇混凝土梁包括基础梁、矩形梁、异形梁、圈梁、过梁、弧形梁、拱形梁等。按设计图示尺寸以体积计算。伸入墙内的梁头、梁垫并入梁体积内，其工程计算式可用下式表示：

$V=$**梁长×梁断面积**　　(10—8)

梁的长度按下述规定确定：

梁与柱连接时，则梁长算至柱内侧面；介入墙内的梁应计算至墙外侧；与主梁连接的次梁，长度算至主梁的内侧面。外墙圈梁长按外墙的中心线长度，内墙圈梁按其净长线长度。

梁计算长度示意如图 10-11 所示。现浇梁搁置处有现浇垫块者，垫块体积可并入梁内计算。

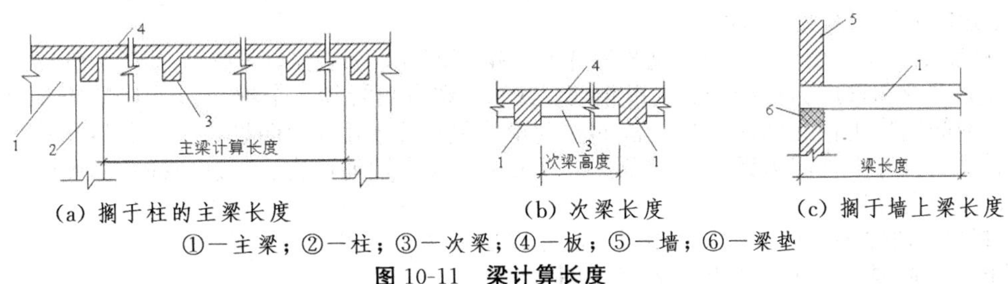

(a) 搁于柱的主梁长度　　(b) 次梁长度　　(c) 搁于墙上梁长度

①—主梁；②—柱；③—次梁；④—板；⑤—墙；⑥—梁垫

图10-11　梁计算长度

(4) 现浇混凝土墙（010504）

现浇混凝土墙包括直形墙（010504001）、弧形墙（010504002）、短肢剪力墙（010504003）、挡土墙（010504004）。以上四部分均按设计图示尺寸以体积计算。不扣除构件内钢筋、预埋铁件所占体积，扣除门窗洞口及单个面积>0.3平方米的孔洞所占体积，墙垛及突出墙面部分并入墙体体积计算内。计量单位为m^3。项目特征均包括：混凝土类别；混凝土强度等级。工作内容均包括：模板及支架（撑）制作、安装、拆除、堆放、运输及清理模内杂物、刷隔离剂等；混凝土制作、运输、浇筑、振捣、养护。

(5) 现浇混凝土板（010505）

①有梁板（010505001）、无梁板（010505002）、平板（010505003）、拱板（010505004）、薄壳板（010505005）、栏板（010505006）

以上六部分均按设计图示尺寸以体积计算，不扣除构件内钢筋、预埋铁件及单个面积≤0.3平方米的柱、垛以及孔洞所占体积。压形钢板混凝土楼板扣除构件内压形钢板所占体积。有梁板（包括主、次梁与板）按梁、板体积之和计算，无梁板按板和柱帽体积之和计算，各类板伸入墙内的板头并入板体积内，薄壳板的肋、基梁并入薄壳体积内计算。

②天沟（檐沟）、挑檐板（010505007）

天沟（檐沟）、挑檐板均按设计图示尺寸以体积计算。

③雨篷、悬挑板、阳台板（010505008）

雨篷、悬挑板、阳台板均按设计图示尺寸以墙外部分体积计算。包括伸出墙外的牛腿和雨篷反挑檐的体积。

④其他板（010505009）

其他板按设计图示尺寸以体积计算。

现浇混凝土板的九部分，项目特征均包括：混凝土类别；混凝土强度等级。工作内容均包括：模板及支架（撑）制作、安装、拆除、堆放、运输及清理模内杂物、刷隔离剂等；混凝土制作、运输、浇筑、振捣、养护。计量单位为m^3。

(6) 现浇混凝土楼梯（010506）

现浇混凝土楼梯包括直形楼梯（010506001）和弧形楼梯（010506002）。二者项目特征均包括：混凝土类别；混凝土强度等级。计算规则是以平方米计量，按设计图示尺寸以水平投影面积计算。不扣除宽度≤500mm的楼梯井，伸入墙内部分不计算。或以立方米计量，按设计图示尺寸以体积计算。计量单位为m^3。工作内容均为：模板及支架（撑）制作、安装、拆除、堆放、运输及清理模内杂物、刷隔离剂等；混凝土制作、运输、浇筑、振捣、养护。

(7) 现浇混凝土其他构件（010507）包括其他构件、散水与坡道和电缆沟与地沟、台阶、扶手与压顶等11个项目。其他构件按设计图示尺寸以体积（立方米）或面积（平方米）或长度（米）计算；散水、坡道按设计图示尺寸面积计算；电缆沟、地沟按设计图示以中心线长度计算。

(8) 后浇带（010508）按设计图示尺寸以体积计算。计量单位为立方米。项目特征包括：混凝土类别；混凝土强度等级。工作内容包括：模板及支架（撑）制作、安装、拆除、堆放、运输及清理模内杂物、刷隔离剂等；混凝土制作、运输、浇筑、振捣、养护及混凝土交接面、钢筋等的清理。

(9) 各类预制构件，包括预制混凝土柱（010509）、预制混凝土梁（010510）、预制混凝土屋架（010511）、预制混凝土板（010512）、预制混凝土楼梯（010513）、其他预制构件（010514）等，均按设计图示尺寸以体积或根、榀、块、套等计算。例如，预制混凝土柱包括矩形柱（010509001）和异形柱（010509002）。二者项目特征均包括：图代号；单件体积；安装高度；混凝土强度等级；砂浆强度等级、配合比。计算规则是以立方米计量，按设计图示尺寸以体积计算。不扣除构件内钢筋、预埋铁件所占体积，或以根计量，按设计图示尺寸以数量计算。计量单位为立方米或根。工作内容均包括：构件安装；

砂浆制作、运输；接头灌缝、养护。

(10) 钢筋工程 (010515) 分为现浇构建钢筋、钢筋网片、钢筋笼、先张法预应力钢筋、后张法预应力钢筋、预应力钢丝和预应力钢绞线、支撑钢筋（铁马）和声测管等9个项目。工程量计算均以其质量（t）计算，其中钢筋网片用钢筋网面积×单位面积理论质量；其余用（钢筋设计图示长度±ΔL×单位长度理论质量来计算。其中，预应力钢丝、钢绞线和后张法预应力钢筋而言，考虑到锚具锚固因素，应按《计价规范》的有关规定确定。

(11) 螺栓、铁件 (010516) 按设计图示尺寸以质量（t）计算。

混凝土及钢筋混凝土工程中共性内容说明：

所有钢筋混凝土构件的工程量中，均不扣除钢筋、铁件的体积。在现浇板、墙及散水坡道中，不扣除单个孔洞 0.3m^{2}以内的体积。在预制混凝土板及其他预制构件中.不扣除 300mm× 300mm 以内的孔洞所占的体积。现浇构件中固定位置的支撑钢筋、双层钢筋用的“铁马”、伸出构件的锚固钢筋、预制构件的吊钩等，应并入钢筋工程量内。

[例 10－5]试计算[例 10－1]中带形基础工程量。

[解] ①带基混凝土工程量

截面积：$S=(0.2+0.24+0.2)\times0.3=0.192$ (m^2)

带基长度：$L=L_{中}=31.8$m

故 $V=0.192\times31.8=6.11$ (m^3)

②带基钢筋

Φ16@200，单根长度：640－25×2 = 590mm = 0.59 (m)

根数：$\dfrac{31.8+4\times0.64}{0.2}=172$ (根)

总长度：0.59×172=101.48 (m)

质量：$101.48\times1.58\times10^{-3}=0.160$ (t)

Φ12，Ⓐ，Ⓒ轴下：单根长度：9.6＋0.64－0.025×2=10.19 (m)

①，④轴下：单根长度：6.3＋0.64－0.025×2 = 6.89 (m)

总长度：10.19×8 ＋ 6.89×8=136. 64 (m)

质量：$136.64\times0.888\times10^{-3}=0.121$ (t)

带基钢筋的用量为：0.160＋0.121 = 0.281 (t)

[例 10－6]计算[例 10－5]（图 10-6）所示的构造柱混凝土工程量。

[解] 构造柱截面积：$S=0.24\times0.24=0.058$ (m^2)

构造柱高度：$L=1.1+2.9\times3+1.0=10.8$ (m)

构造柱凸出部分体积：$0.24\times0.06\times\dfrac{10.8}{2}\times2=0.156$ (m^3)

$V=(0.058\times10.8+0.156)\times4=3.13$ (m^3)

或 $V=0.058\times10.8\times1.25\times4=3.13$ (m^3)

5. 金属结构工程 (0106)

金属结构工程包括7节31个项目，项目组成见表 10-8。

表 10-8 金属结构和木结构工程项目组成表

章	节	项目
金属结构工程 (0106)	钢网架 (010601)	钢网架
	钢屋架、钢托架、钢桁架、钢桥架 (010602)	钢屋架、钢托架、钢桁架、钢桥架
	钢柱 (010603)	实腹钢柱、空腹钢柱、钢管柱
	钢梁 (010604)	钢梁、钢吊车梁
	钢板楼板、墙板 (010605)	钢板楼板、钢板墙板

续表

章	节	项目
金属结构工程（0106）	钢构件（010606）	钢支撑、钢拉条、钢檩条、钢天窗架、钢挡风架、钢墙架、钢平台、钢走道、钢梯、钢护栏、钢漏斗、钢板天沟、钢支架、零星钢构件
	金属制品（010607）	成品空调金属百叶护栏、成品栅栏、成品雨篷、金属网栏、砌块墙钢丝网加固、后浇带金属网

(1) 工程量计算规则

金属网按设计图示以面积计算；压型钢板楼板、墙板按图示尺寸以铺设投影面积计算。其余的金属结构构件均按设计图示尺寸以质量（t）计算。不规则或多变形钢板以其外接矩形面积乘厚度乘单位理论质量计算。

以钢网架（010601001）为例，钢网架需要按设计图示尺寸以质量计算。不扣除孔眼的质量，焊条、铆钉、螺栓等不另增加质量。计量单位为 t。项目特征包括：钢材品种、规格；网架节点形式、连接方式；网架跨度、安装高度；探伤要求；防火要求。工作内容包括：拼装；安装；探伤；补刷油漆。

以钢屋架（010602001）为例，钢屋架以榀计量，按设计图示数量计算，或以吨计量，按设计图示尺寸以质量计算。不扣除孔眼的质量，焊条、铆钉、螺栓等不另增加质量。计量单位为 t 或榀。项目特征包括：钢材品种、规格；单榀质量；屋架跨度、安装高度；螺栓种类；探伤要求；防火要求。工作内容包括：拼装；安装；探伤；补刷油漆。

(2) 对本分部工程有关项目的说明

①"钢屋架"项目适用于一般钢屋架和轻屋架、冷弯薄壁型钢屋架。

②"钢网架"项目适用于一般钢网架和不锈钢网架。不论节点形式（球形节点、板式节点等）和节点联结方式（焊结、丝结）等，均使用该项目。

③"实腹钢柱"项目适用于实腹钢柱和实腹式型钢混凝土柱。

④"空腹钢柱"项目适用于空腹钢柱和空腹式型钢混凝土柱。

⑤"钢管柱"项目适用于钢管柱和钢管混凝土柱。应注意：钢管混凝土柱的盖板、底板、穿心板、横隔板、加强环、明牛腿、暗牛腿，应包括在报价内。

⑥"钢梁"项目适用于钢梁和实腹式型钢混凝土梁。

⑦"钢吊车梁"项目适用于钢吊车梁及吊车梁的制动梁、制动板、制动桁架，车挡应包括在报价内。

⑧"压型钢板楼板"项目适用于现浇混凝土楼板，使用压型钢板作永久性模板，并与混凝土叠合后组成共同受力的构件。压型钢板采用镀锌或经防腐处理的薄钢板。

⑨"钢栏杆"适用于工业厂房平台钢栏杆。

(3) 本分部工程共性问题的说明

①钢构件的除锈刷漆应包括在报价内。

②钢构件的拼装台的搭拆和材料摊销，应列入措施项目费。

③钢构件需探伤（包括射线探伤、超声波探伤、磁粉探伤、金相探伤、着色探伤、荧光探伤等），应包含在报价内。

6. 木结构（0107）

木结构工程包括木屋架、木构件、屋面木基层 3 节 8 个项目。项目见表 10-9。

表 10-9　木结构工程项目组成表

章	节	项目
木结构工程（0107）	木屋架（010701 ）	木屋架、钢木屋架
	木构件（010702）	木柱、木梁、木檩、木楼梯、其他木构件
	屋面木基层（010703）	屋面木基层

(1) 木屋架（010701 ）

① 木屋架（010701001）

木屋架项目特征包括：跨度；材料品种、规格；刨光要求；拉杆及夹板种类；防护材料种类计量单位是榀和立方米。计算规则有两种：以榀计量，按设计图示数量计算；以立方米计量，按设计图示的规格尺寸以体积计算。工作内容为：制作；运输；安装；刷防护材料。

② 钢木屋架（010701002）

钢木屋架项目特征包括跨度；木材品种、规格；刨光要求；钢材品种、规格；防护材料种类。计量单位是榀。计算规则：以榀计量，按设计图示数量计算。

注：①屋架的跨度应以上、下弦中心线两交点之间的距离计算。

②带气楼的屋架和马尾、折角以及正交部分的半屋架，按相关屋架项目编码列项。

③以榀计量，按标准图设计，项目特征必须标注标准图代号。

（2）木构件（010702）

① 木柱（010702001）

木柱项目特征包括构件规格尺寸；木材种类；刨光要求；防护材料种类。计量单位是立方米。计算规则按设计图示尺寸以体积计算。

② 木梁（010702002）

木梁项目特征包括构件规格尺寸；木材种类；刨光要求；防护材料种类。计量单位是立方米。

③ 木檩（010702003）

木檩项目特征包括构件规格尺寸；木材种类；刨光要求；防护材料种类。计量单位是立方米和米。计算规则有两种：以立方米计量，按设计图示尺寸以体积计算；以米计量，按设计图示尺寸以长度计算。

④ 木楼梯（010702004）

木楼梯项目特征包括楼梯形式；木材种类；刨光要求；防护材料种类。计量单位是平方米。计算规则按设计图示尺寸以水平投影面积计算。

⑤ 其他木构件（010702005）

其他木构件项目特征包括构件名称；构件规格尺寸；木材种类；刨光要求；防护材料种类。计量单位是立方米和平方米。计算规则有两种：以立方米计量，按设计图示尺寸以体积计算；以米计量，按设计图示尺寸以长度计算。

以上五个分项工程的工作内容都是制作；运输；安装；刷防护材料。

注：木楼梯的栏杆（栏板）、扶手，应按本规范其他装饰工程（0115）的相关项目编码列项。

（3）屋面木基层（010703）

屋面木基层（010703001）

屋面木基层项目特征包括椽子断面尺寸及椽距；望板材料种类、厚度；防护材料种类。计量单位是平方米。计算规则按设计图示尺寸以斜面积计算。工作内容为椽子制作、安装；望板制作、安装；顺水条和挂瓦条制作、安装；刷防护材料。

7.门窗工程（0108）

门窗工程包括木门、金属门、金属卷帘（闸）门、厂库房大门、特种门、其他门、木窗、金属窗、门窗套、窗台板、窗帘、窗帘盒、轨等十节内容，项目见表 10-10。主要项目工程量计算规则如下。

表 10-10　门窗工程项目组成表

章	节	项目
门窗工程（0108）	木门（010801）	木质门、木质门带套、木质连窗门、木质防火门、木门框、门锁安装
	金属门（010802）	金属（塑钢）门、彩板门、钢质防火门、防盗门
	金属卷帘（闸）门（010803）	金属卷帘（闸）门、防火卷帘（闸）门
	厂库房大门、特种门（010804）	木板大门、钢木大门、全钢板大门、防护铁丝门、金属格栅门、钢质花饰大门、特种门
	其他门（010805）	平开电子感应门、旋转门、电子对讲门、电动伸缩门、全玻自由门、镜面不锈钢饰面门
	木窗（010806）	木质窗、木橱窗、木飘（凸）窗、木质成品窗

续表

章	节	项目
门窗工程（0108）	金属窗（010807）	金属（塑钢、断桥）窗、金属防火窗、金属百叶窗、金属纱窗、金属格栅窗、金属（塑钢、断桥）橱窗、金属（塑钢、断桥）飘（凸）窗、彩板窗
	门窗套（010808）	木门窗套、木筒子板、饰面夹板筒子板、金属门窗套、石材门窗套、门窗木贴脸、成品木门窗套
	窗台板（010809）	木窗台板、铝塑窗台板、金属窗台板、石材窗台板
	窗帘、窗帘盒、轨（010810）	窗帘（杆）、木窗帘盒、饰面夹板、塑料窗帘盒、铝合金窗帘盒、窗帘轨

(1) 木门（010801）

① 木质门（010801001）、木质门带套（010801002）和木质连窗门（010801003）

以上三个分项工程的项目特征都包括门代号及洞口尺寸；镶嵌玻璃品种、厚度。工作内容都是门安装；玻璃安装；五金安装。计量单位都是樘和平方米。计算规则都有两种：以樘计量，按设计图示数量计算；以平方米计量，按设计图示洞口尺寸以面积计算。

② 木质防火门（010801004）

木质防火门项目特征包括门代号及洞口尺寸；镶嵌玻璃品种、厚度。工作内容、计量单位和计算规则与木质门相当。

③ 木门框（010801005）

木门框项目特征包括门代号及洞口尺寸；框截面尺寸；防护材料种类。工作内容为木门框制作、安装；运输；刷防护材料。计量单位是樘和平方米。计算规则有两种：以樘计量，按设计图示数量计算；以平方米计量，按设计图示洞口尺寸以面积计算。

④ 门锁安装（010801006）

门锁安装项目特征包括锁品种；锁规格。工作内容为安装。计量单位是个（套）。计算规则按设计图示数量计算。

(2) 金属门（010802）

① 金属（塑钢）门（010802001）

金属（塑钢）门项目特征包括门代号及洞口尺寸；门框或扇外围尺寸；门框、扇材质；玻璃品种、厚度。

② 彩板门（010802002）

彩板门项目特征包括门代号及洞口尺寸；玻璃安装；门框或扇外围尺寸。

③ 钢质防火门（010802003）

钢质防火门项目特征包括门代号及洞口尺寸；门框或扇外围尺寸；门框、扇材质。

以上三个分项工程的工作内容都是门安装；五金安装。计量单位都是樘和平方米。计算规则都有两种：以樘计量，按设计图示数量计算；以平方米计量，按设计图示洞口尺寸以面积计算。其他类型项目不在此赘述。

(3) 金属卷帘（闸）门（010803）

金属卷帘（闸）门（010803001）和防火卷帘（闸）门（010803002）。以上两个分项工程的项目特征都包括门代号及洞口尺寸；门材质；启动装置品种、规格。工作内容都是门运输、安装；启动装置、活动小门、五金安装。计量单位都是樘和平方米。计算规则都有两种：以樘计量，按设计图示数量计算；以平方米计量，按设计图示洞口尺寸以面积计算。

(4) 厂库房大门、特种门（010804）

厂库房大门、特种门按设计图示数量以樘计算。特种门应区分冷藏门、冷冻间门、保温门、变电室门、隔音门、防射电门、人防门、金库门等项目。以樘计量，项目特征必须描述洞口尺寸，没有洞口尺寸必须描述门框或扇外围尺寸，以平方米计量，项目特征可不描述洞口尺寸及框、扇的外围尺寸。在项目特征中，招标人应描述每樘门的开启方式、有否门框、门扇数量、材料、五金、油漆品种及刷漆遍数，以便投标人合理报价。

（5）其他门（010805）

① 平开电子感应门（010805001）、旋转门（010805002）、电子对讲门（010805003）和电动伸缩门（010805004）

以上四个分项工程的项目特征都包括门代号及洞口尺寸；门框或扇外围尺寸；门框、扇材质；玻璃品种、厚度；启动装置的品种、规格；电子配件品种、规格。工作内容都是门安装；启动装置、五金、电子配件安装。计量单位都是樘和平方米。计算规则都有两种：以樘计量，按设计图示数量计算。以平方米计量，按设计图示洞口尺寸以面积计算。

② 全玻自由门（010805005）

全玻自由门项目特征包括门代号及洞口尺寸；门框或扇外围尺寸；框材质；玻璃品种、厚度。

③ 镜面不锈钢饰面门（010805006）

镜面不锈钢饰面门项目特征包括门代号及洞口尺寸；门框或扇外围尺寸；框、扇材质；玻璃品种、厚度。

以上两个分项工程的工作内容都是门安装；五金安装。计量单位都是樘和平方米。计算规则都有两种：以樘计量，按设计图示数量计算。以平方米计量，按设计图示洞口尺寸以面积计算。

（6）木窗（010806）

① 木质窗（010806001）

木质窗项目特征包括窗代号及洞口尺寸；玻璃品种、厚度；防护材料种类。计量单位是樘和平方米。计算规则有两种：以樘计量，按设计图示数量计算；以平方米计量，按设计图示洞口尺寸以面积计算。工作内容为窗制作、运输、安装；五金、玻璃安装；刷防护材料。

② 木橱窗（010806002）和木飘（凸）窗（010806003）

以上两个分项工程的项目特征都包括窗代号；框截面及外围展开面积；玻璃品种、厚度；防护材料种类。工作内容都是窗制作、运输、安装；五金、玻璃安装；刷防护材料。计量单位都是樘和平方米。计算规则都包括：以樘计量，按设计图示数量计算；以平方米计量，按设计图示尺寸以框外围展开面积计算。

③ 木质成品窗（010806004）

木质成品窗项目特征包括窗代号及洞口尺寸；玻璃品种、厚度。工作内容为窗安装；五金、玻璃安装。计量单位是樘和平方米。计算规则有两种：以樘计量，按设计图示数量计算；以平方米计量，按设计图示洞口尺寸以面积计算。

（7）金属窗（010807）

① 金属（塑钢、断桥）窗（010807001）和金属防火窗（010807002）

以上两个分项工程的项目特征都包括窗代号及洞口尺寸；框、扇材质；玻璃品种、厚度。工作内容都是窗安装；五金、玻璃安装。计量单位都是樘和平方米。计算规则都包括：以樘计量，按设计图示数量计算；以平方米计量，按设计图示洞口尺寸以面积计算。

② 金属百叶窗（010807003）

金属百叶窗的项目特征包括窗代号及洞口尺寸；框、扇材质；玻璃品种、厚度。工作内容为窗安装；五金安装。计量单位是樘和平方米。计算规则包括：以樘计量，按设计图示数量计算；以平方米计量，按设计图示洞口尺寸以面积计算。

③ 金属纱窗（010807004）

金属纱窗项目特征包括窗代号及洞口尺寸；框材质；窗纱材料品种、规格。工作内容为窗安装；五金安装。计量单位是樘和平方米。计算规则包括：以樘计量，按设计图示数量计算；以平方米计量，按设计图示洞口尺寸以面积计算。

④ 金属格栅窗（010807005）

金属格栅窗项目特征包括窗代号及洞口尺寸；框外围尺寸；框、扇材质。工作内容为窗安装；五金安装。计量单位是樘和平方米。计算规则包括：以樘计量，按设计图示数量计算；以平方米计量，按设计图示洞口尺寸以面积计算。

⑤ 金属（塑钢、断桥）橱窗（010807006）

金属（塑钢、断桥）橱窗项目特征包括窗代号；框外围展开面积；框、扇材质；玻璃品种、厚度；防护材料种类。工作内容为窗制作、运输、安装；五金、玻璃安装；刷防护材料。计量单位是樘和平方米。计算规则包括：以樘计量，按设计图示数计算；以平方米计量，按设计图示尺寸以框外围展开面积计算。

其他类别金属（塑钢、断桥）飘（凸）窗（010807007）；彩板窗（010807008）；不在此赘述。

(8) 门窗套 (010808)

① 木门窗套 (010808001)

木门窗套项目特征包括窗代号及洞口尺寸；门窗套展开宽度；基层材料种类；面层材料品种、规格；线条品种、规格；防护材料种类。

② 木筒子板 (010808002)

木筒子板项目特征包括筒子板宽度；基层材料种类；面层材料品种、规格；线条品种、规格；防护材料种类。

③ 饰面夹板筒子板 (010808003)

饰面夹板筒子板项目特征包括筒子板宽度；基层材料种类；面层材料品种、规格；线条品种、规格；防护材料种类。

以上三个分项工程的工作内容都是清理基层；立筋制作、安装；基层板安装；面层铺贴；线条安装；刷防护材料。计量单位都是樘、平方米和米。计算规则都包括以樘计量，按设计图示数量计算；以平方米计量，按设计图示尺寸以展开面积计算；以米计量，按设计图示中心以延长米计算。

④ 金属门窗套 (010808004)

金属门窗套项目特征包括窗代号及洞口尺寸；门窗套展开宽度；基层材料种类；面层材料品种、规格；防护材料种类。工作内容为清理基层；立筋制作、安装；基层板安装；面层铺贴；刷防护材料。计量单位是樘、平方米和米。计算规则包括以樘计量，按设计图示数量计算；以平方米计量，按设计图示尺寸以展开面积计算；以米计量，按设计图示中心以延长米计算。

⑤ 石材门窗套 (010808005)

石材门窗套项目特征包括窗代号及洞口尺寸；门窗套展开宽度；底层厚度、砂浆配合比；面层材料品种、规格；线条品种、规格。工作内容为清理基层；立筋制作、安装；基层抹灰；面层铺贴；线条安装。计量单位是樘、平方米和米。计算规则包括以樘计量，按设计图示数量计算；以平方米计量，按设计图示尺寸以展开面积计算；以米计量，按设计图示中心以延长米计算。

其他类别，门窗木贴脸 (010808006)；成品木门窗套 (010808007) 不在此赘述。此外，关于窗台板 (010809)、窗帘、窗帘盒、轨 (010810) 的详细类别可查阅计价规范。

8. 屋面及防水工程 (0109)

屋面及防水工程包括瓦、型材及其他屋面、屋面防水、墙面防水、防潮、楼（地）面防水、防潮等四节内容，项目见表 10-11。主要项目工程量计算规则如下。

表 10-11 屋面及防水工程项目组成表

章	节	项目
屋面及防水工程 (0109)	瓦、型材及其他屋面 (010901)	瓦屋面、型材屋面、阳光板屋面、玻璃钢屋面、膜结构屋面
	屋面防水(010902)	屋面卷材防水、屋面涂膜防水、屋面刚性层、屋面排水管、屋面排（透）气管、屋面（廊、阳台）吐水管、屋面天沟、檐沟、屋面变形缝
	墙面防水、防潮 (010903)	墙面卷材防水、墙面涂膜防水、墙面砂浆防水（防潮）、墙面变形缝
	楼（地）面防水、防潮 (010904)	楼（地）面卷材防水、楼（地）面涂膜防水、楼（地）面砂浆防水（防潮）、楼（地）面变形缝

(1) 瓦、型材及其他屋面 (010901)

“瓦屋面”适用于小青瓦、平瓦、筒瓦、石棉水泥瓦、玻璃钢波形瓦等；“型材屋面”适用于压型钢板、金属压型夹心板、阳光板、玻璃钢等；膜结构屋面是指以膜布与支撑和拉结结构组成的屋盖、篷顶结构形式的屋面。瓦与型材屋面的工程量按设计图示尺寸以斜面积计算。小气窗的出檐部分不按设计图示以需要覆盖的水平面积计算其工程量。

(2) 屋面防水 (010902)

①屋面卷材防水、涂膜防水和刚性防水的工程量计算规则为按设计图示尺寸以面积计算：斜屋顶按斜面积计算，平屋顶按水平投影面积计算。不扣除房上烟囱、风帽、底座、风道、小气窗、斜沟等面积，

小气窗的出檐部分不增加面积。屋面的女儿墙、伸缩缝和天窗等处的弯起部分，并入屋面工程量内。

"屋面刚性防水"适用于细石混凝土、补偿收缩混凝土、块体混凝土、预应力混凝土和钢纤维混凝土刚性防水屋面。投标人报价中应包括刚性防水屋面的分格缝、泛水、变形缝部位的防水卷材、密封材料、背衬材料、沥青麻丝等费用。

②"屋面排水管"按设计图示尺寸以长度计算。如设计未标注尺寸，以檐口到设计室外散水上表面垂直距离计算。

③"屋面天沟、檐沟"适用于水泥砂浆天沟、细石混凝土天沟、预制混凝土天沟板、卷材天沟等。其工程量按设计图示尺寸以面积计算。铁皮和卷材天沟按展开面积计算。

"卷材防水，涂膜防水"项目适用于基础、楼地面、墙面等部位的防水。"砂浆防水"（潮）项目适用于地下、基础、楼地面、墙面等部位的防水防潮。防水、防潮层的外加剂应包括在报价内。工程量计算规则为按设计图示尺寸以面积计算：

屋面防水：按主墙间净面积计算。扣除凸出地面的构筑物设备基础所占面积，不扣除墙及单个 $0.3m^2$ 以内的柱、垛、烟囱和孔洞所占面积。墙基防水：外墙按中心线，内墙按净长线，分别乘宽度计算。

"变形缝隙"项目适用于基础、墙体、屋面等部位的抗震缝、温度缝（伸缩缝）、沉降缝。应注意止水带安装、盖板制作安装应包括在报价内。屋面变形缝按设计图示以长度计算。

(3) 墙面防水、防潮（010903）

① 墙面卷材防水（010903001）

墙面卷材防水项目特征包括卷材品种、规格、厚度；防水层数；防水层做法。工作内容为基层处理；刷黏结剂；铺防水卷材；接缝、嵌缝。

② 墙面涂膜防水（010903002）

墙面涂膜防水项目特征包括防水膜品种；涂膜厚度、遍数；增强材料种类。工作内容为基层处理；刷基层处理剂；铺布、喷涂防水层。

③ 墙面砂浆防水（防潮）（010903003）

墙面砂浆防水（防潮）项目特征包括防水层做法；砂浆厚度、配合比；钢丝网规格。工作内容为基层处理；挂钢丝网片；设置分格缝；砂浆制作、运输、摊铺、养护。

以上三个分项工程的计量单位都是平方米。计算规则都按设计图示尺寸以面积计算。

④ 墙面变形缝（010903004）

墙面变形缝项目特征包括嵌缝材料种类；止水带材料种类；盖缝材料；防护材料种类。工作内容为清缝；填塞防水材料；止水带安装；盖缝制作、安装；刷防护材料。计量单位是米，计算规则按设计图示以长度计算。

(4) 楼（地）面防水、防潮（010904）

① 楼（地）面卷材防水（010904001）

楼（地）面卷材防水项目特征包括卷材品种、规格、厚度；防水层数；防水层做法。工作内容为基层处理；刷黏结剂；铺防水卷材；接缝、嵌缝。

② 楼（地）面涂膜防水（010904002）

楼（地）面涂膜防水项目特征包括防水膜品种；涂膜厚度、遍数；增强材料种类。工作内容为基层处理；刷基层处理剂；铺布、喷涂防水层。

③ 楼（地）面砂浆防水（防潮）（010904003）

楼（地）面砂浆防水（防潮）项目特征包括防水层做法；砂浆厚度、配合比。工作内容为基层处理；砂浆制作、运输、摊铺、养护。

以上三个分项工程计量单位都是平方米。计算规则都按设计图示尺寸以面积计算。

④ 楼（地）面变形缝（010904004）

楼（地）面变形缝项目特征包括嵌缝材料种类；止水带材料种类；盖缝材料；防护材料种类。工作内容为清缝；填塞防水材料；止水带安装；盖缝制作、安装；刷防护材料。计量单位是米。计算规则按设计图示以长度计算。

9.保温、隔热、防腐工程（0110）

保温、隔热防腐工程包括保温、隔热；防腐面层；其他防腐 3 节 16 个项目，项目见表 10-12。主要项目工程量计算规则如下。

表 10-12　保温、隔热、防腐工程项目组成表

章	节	项目
保温、隔热、防腐工程（0110）	保温、隔热（011001）	保温隔热屋面；保温隔热天棚；保温隔热墙面；保温柱、梁；保温隔热楼地面；其他保温隔热
	防腐面层（011002）	防腐混凝土面层、防腐砂浆面层、防腐胶泥面层、玻璃钢防腐面层、聚氯乙烯板面层、块料防腐面层、池、槽块料防腐面层
	其他防腐（011003）	隔离层、砌筑沥青浸渍砖、防腐涂料

(1) 保温、隔热（011001）

① 保温隔热屋面（011001001）和保温隔热天棚（011001002）

保温隔热屋面项目特征包括保温隔热材料品种、规格、厚度；隔气层材料品种、厚度；黏结材料种类、做法；防护材料种类、做法。保温隔热天棚项目特征包括保温隔热面层材料品种、规格、性能；保温隔热材料品种、规格及厚度；黏结材料种类及做法；防护材料种类及做法。工作内容都包括基层清理；刷黏结材料；铺黏结保温层；铺、刷（喷）防护材料。计量单位为平方米。计量规则按设计图示尺寸以面积计算，需要扣除面积＞0.3 平方米上柱、垛、孔洞及占位面积。

② 保温隔热墙面（011001003）和保温柱、梁（011001004）

以上两类工程的项目特征包括保温隔热部位；保温隔热方式；踢脚线、勒脚线保温做法；龙骨材料品种、规格；保温隔热面层材料品种、规格、性能；保温隔热材料品种、规格及厚度；增强网及抗裂防水砂浆种类；黏结材料种类及做法；防护材料种类及做法。工作内容都包括基层清理；刷界面剂；安装龙骨；填贴保温材料；保温板安装；粘贴面层；铺设增强格网、抹抗裂、防水砂浆面层；嵌缝；铺、刷（喷）防护材料。计量单位为平方米。保温隔热墙面计算规则按设计图示尺寸以面积计算，扣除门窗洞口以及面积＞0.3 平方米梁、孔洞所占面积；门窗洞口侧壁需作保温时，并入保温墙体工程量内。保温柱、梁工程按设计图示尺寸以面积计算，柱按设计图示柱断面保温层中心线展开长度乘保温层高度以面积计算，扣除面积＞0.3 平方米梁所占面积；梁按设计图示梁断面保温层中心线展开长度乘保温层长度以面积计算。

③ 保温隔热楼地面（011001005）

项目特征包括保温隔热部位；保温隔热材料品种、规格、厚度；隔气层材料品种、厚度；黏结材料种类、做法；防护材料种类、做法。工作内容包括基层清理；刷黏结材料；铺黏结保温层；铺、刷（喷）防护材料。计量单位为平方米。计算规则按设计图示尺寸以面积计算，需要扣除面积＞0.3 平方米柱、垛、孔洞所占面积。

④ 其他保温隔热（011001006）

项目特征包括保温隔热部位；保温隔热方式；隔气层材料品种、厚度；保温隔热面层材料品种、规格、性能；保温隔热材料品种、规格及厚度；黏结材料种类及做法；增强网及抗裂防水砂浆种类；防护材料种类及做法。工作内容包括基层清理；刷界面剂；安装龙骨；填贴保温材料；保温板安装；粘贴面层；铺设增强格网、抹抗裂防水砂浆面层；嵌缝；铺、刷（喷）防护材料。计量单位为平方米。计算规则按设计图示尺寸以展开面积计算，需要扣除面积＞0.3 平方米孔洞及占位面积。

注：保温隔热装饰面层，按本规范中相关项目编码列项；仅做找平层按本规范工程（0111）中“平面砂浆找平层”或（0112）“立面砂浆找平层”项目编码列项。柱帽保温隔热应并入天棚保温隔热工程量内。池槽保温隔热应按其他保温隔热项目编码列项。保温隔热方式指内保温、外保温、夹心保温。

(2) 防腐面层（011002）

① 防腐混凝土面层（011002001）

项目特征包括防腐部位；面层厚度；混凝土种类；胶泥种类、配合比。工作内容包括基层清理；基层刷稀胶泥；混凝土制作、运输、摊铺、养护。

② 防腐砂浆面层（011002002）和防腐胶泥面层（011002003）

两类工程项目特征包括防腐部位；面层厚度；砂浆、胶泥种类、配合比。防腐砂浆面层工作内容包括基层清理；基层刷稀胶泥；砂浆制作、运输、摊铺、养护。防腐胶泥面层工作内容包括基层清理；胶泥调制、摊铺。

③ 玻璃钢防腐面层（011002004）、聚氯乙烯板面层（011002005）、块料防腐面层（011002006）

玻璃钢防腐面层项目特征包括防腐部位；玻璃钢种类；贴布材料的种类、层数；面层材料品种。工

作内容包括基层清理；刷底漆、刮腻子；胶浆配制、涂刷；粘布、涂刷面层。聚氯乙烯板面层项目特征为防腐部位；面层材料品种、厚度；黏结材料种类。工作内容包括基层清理；配料、涂胶；聚氯乙烯板铺设。块料防腐面层项目特征包括防腐部位；块料品种、规格；黏结材料种类；勾缝材料种类。工作内容包括基层清理；铺贴块料；胶泥调制、勾缝。

工程（011002001 和 011002006）计量单位为平方米。计量规则都是按设计图示尺寸以面积计算。其中，平面防腐需要扣除凸出地面的构筑物、设备基础等以及面积＞0.3 平方米孔洞、柱、垛所占面积；立面防腐需要扣除门、窗、洞口以及面积＞0.3 平方米孔洞、梁所占面积；门、窗、洞口侧壁、垛突出部分按展开面积并入墙面积内。

④ 池、槽块料防腐面层（011002007）

池、槽块料防腐面层项目特征为防腐池、槽名称、代号；块料品种、规格；黏结材料种类；勾缝材料种类。计量单位为平方米。计量规则按设计图示尺寸以展开面积计算。工作内容包括基层清理；铺贴块料；胶泥调制、勾缝。需要注意的是：防腐踢脚线，应按计价规范“踢脚线”项目编码列项。

(3) 其他防腐（011003）

① 隔离层（011003001）和防腐涂料（011003003）

隔离层项目特征为隔离层部位；隔离层材料品种；隔离层做法；粘贴材料种类。隔离层工作内容包括基层清理、刷油；煮沥青；胶泥调制；隔离层铺设。防腐涂料项目特征为涂刷部位；基层材料类型；刮腻子的种类、遍数；涂料品种、刷涂遍数。防腐涂料工作内容包括基层清理；刮腻子；刷涂料。

工程（011003001 和 011003003）的计量单位为平方米。计量规则按设计图示尺寸以面积计算。其中平面防腐需要扣除凸出地面的构筑物、设备基础等以及面积＞0.3 平方米孔洞、柱、垛所占面积；立面防腐需要扣除门、窗、洞口以及面积＞0.3 平方米孔洞、梁所占面积；门、窗、洞口侧壁、垛突出部分按展开面积并入墙面积内。

②砌筑沥青浸渍砖（011003002）

项目特征为砌筑部位；浸渍砖规格；胶泥种类；浸渍砖砌法（浸渍砖砌法指平砌、立砌）。工作内容包括基层清理；胶泥调制；浸渍砖铺砌。计量单位为立方米。计量规则按设计图示尺寸以体积计算。

10.2.3 地面建筑装饰工程量清单项目计算规则

随着人们物质生活的提高，建筑装饰越来越被重视，装饰工程造价已接近甚至超过土建工程造价，专业的建筑装饰企业逐渐增多、日益壮大，成为建筑行业一大支柱产业。为此，《计价规范》2013 年版将装饰装修工程工程量清单项目及计算规则与房屋建筑工程合并。其清单项目包括楼地面装饰工；墙、柱面装饰与隔断、幕墙工程；天棚工程；油漆、涂料、裱糊工程；其他装饰工程；拆除工程等项目。

依据《房屋建筑与装饰工程计量规范》(GB 500854－2013），本节介绍适用于房屋建筑的装饰工程施工发承包计价活动中的工程量清单编制和工程量计算方法，可用于矿业工程中地面工业广场建筑内装饰工程量计算。

1. 楼地面装饰工程（0111）

楼地面装饰工程包括楼地面抹灰、楼地面镶贴、橡塑面层、其他材料面层、踢脚线、楼梯面层、台阶装饰、零星装饰项目八节内容，项目见表 10-13。主要项目工程量计算规则如下。

表 10-13　楼地面装饰工程项目组成表

章	节	项目
楼地面装饰工程（0111）	楼地面抹灰（011101）	水泥砂浆楼地面、现浇水磨石楼地面、细石混凝土楼地面、菱苦土楼地面、自流坪楼地面、平面砂浆找平层
	楼地面镶贴（011102）	石材楼地面、碎石材楼地面、块料楼地面
	橡塑面层（011103）	橡胶板楼地面、橡胶板卷材楼、塑料板楼地面、塑料卷材楼地面
	其他材料面层（011104）	地毯楼地面、竹木地板、金属复合地板、防静电活动地板
	踢脚线（011105）	水泥砂浆踢脚线、石材踢脚线、块料踢脚线、塑料板踢脚线、木质踢脚线、金属踢脚线、防静电踢脚线

续表

章	节	项目
楼地面装饰工程（0111）	楼梯面层（011106）	石材楼梯面层、块料楼梯面层、拼碎块料面层、水泥砂浆楼梯面层、现浇水磨石楼梯面层、地毯楼梯面层、木板楼梯面层、橡胶板楼梯面层、塑料板楼梯面层
	台阶装饰（011107）	石材台阶面、块料台阶面、拼碎块料台阶面、水泥砂浆台阶面、现浇水磨石台阶面、剁假石台阶面
	零星装饰项目（011108）	石材零星项目、拼碎石材零星项目、块料零星项目、水泥砂浆零星项目

(1) 楼地面抹灰工程（011101）

① 水泥砂浆楼地面（011101001）

水泥砂浆楼地面项目特征包括垫层材料种类、厚度；找平层厚度、砂浆配合比；素水泥浆遍数；面层厚度、砂浆配合比；面层做法要求。工作内容包括基层清理、垫层铺设、抹找平层、抹面层、材料运输。

② 现浇水磨石楼地面（011101002）

现浇水磨石楼地面项目特征包括垫层材料种类、厚度；找平层厚度、砂浆配合比；面层厚度、水泥石子浆配合比；嵌条材料种类、规格；石子种类、规格、颜色；颜料种类、颜色；图案要求；磨光、酸洗、打蜡要求。工作内容与水泥砂浆楼地面相当。

③ 细石混凝土楼地面（011101003）

细石混凝土楼地面项目特征包括垫层材料种类、厚度；找平层厚度、砂浆配合比；面层厚度、混凝土强度等级；基层清理；垫层铺设；抹找平层；面层铺设；材料运输。工作内容与水泥砂浆楼地面相当。

④ 菱苦土楼地面（011101004）

菱苦土楼地面项目特征包括垫层材料种类、厚度；找平层厚度、砂浆配合比；面层厚度；打蜡要求。工作内容包括基层清理、垫层铺设、抹找平层、面层铺设、打蜡、材料运输。

⑤ 自流坪楼地面（011101005）

自流坪楼地面项目特征为垫层材料种类、厚度；找平层厚度、砂浆配合比；基层清理；垫层铺设；抹找平层；材料运输。工作内容为基层清理、垫层铺设、抹找平层、材料运输。

以上五个分项工程的计量单位都是平方米，计算规则都是按设计图示尺寸以面积计算。扣除凸出地面构筑物、设备基础、室内管道、地沟等所占面积，不扣除间壁墙及≤0.3 立方米柱、垛、附墙烟囱及孔洞所占面积。门洞、空圈、暖气包槽、壁龛的开口部分不增加面积。

⑥ 平面砂浆找平层（011101006）

平面砂浆找平层项目特征为找平层砂浆配合比、厚度；界面剂材料种类；中层漆材料种类、厚度；面漆材料种类、厚度；面层材料种类。工作内容包括基层处理；抹找平层；涂界面剂；涂刷中层漆；打磨、吸尘；镘自流平面漆（浆）；拌和自流平浆料；铺面层。计量单位是平方米。计算规则按设计图示尺寸以面积计算。

(2) 楼地面镶贴（011102）

① 石材楼地面（011102001）、碎石材楼地面（011102002）

石材楼地面项目特征为找平层厚度、砂浆配合比；结合层厚度、砂浆配合比；面层材料品种、规格、颜色；嵌缝材料种类；防护层材料种类；酸洗、打蜡要求。碎石材楼地面项目特征与石材楼地面相当。

② 块料楼地面（011102003）

块料楼地面项目特征包括垫层材料种类、厚度；平层厚度、砂浆配合比；结合层厚度、砂浆配合比；面层材料品种、规格、颜色；嵌缝材料种类；防护层材料种类；酸洗、打蜡要求。

以上三个分项工程计量单位都是平方米，计算规则都是按设计图示尺寸以面积计算。工作内容都是基层清理、抹找平层；面层铺设、磨边；嵌缝；刷防护材料；酸洗、打蜡；材料运输。

注：在描述碎石材项目的面层材料特征时可不用描述规格、品牌、颜色。石材、块料与黏结材料的结合面刷防渗材料的种类在防护层材料种类中描述。

(3) 橡塑面层（011103）

橡胶板楼地面（011103001）、橡胶板卷材楼（011103002）、塑料板楼地面（011103003）、塑料卷材楼地面（011103004）

以上四个分项工程的项目特征都包括黏结层厚度、材料种类；面层材料品种、规格、颜色；压线条种类。工作内容都是基层清理；面层铺贴；压缝条装钉；材料运输。计量单位都是平方米。计算规则都按设计图示尺寸以面积计算。

(4) 其他材料面层 (011104)

① 地毯楼地面 (011104001)

地毯楼地面项目特征包括面层材料品种、规格、颜色；防护材料种类；黏结材料种类；压线条种类。工作内容包括基层清理；铺贴面层；刷防护材料；装钉压条；材料运输。

② 竹木地板 (011104002)

竹木地板项目特征包括龙骨材料种类、规格、铺设间距；基层材料种类、规格；面层材料品种、规格、颜色；防护材料种类。工作内容包括基层清理；龙骨铺设；基层铺设；面层铺贴；刷防护材料；材料运输。

③ 金属复合地板 (011104003)

金属复合地板项目特征包括龙骨材料种类、规格、铺设间距；基层材料种类、规格；面层材料品种、规格、颜色；防护材料种类。工作内容与竹木地板相当。

④ 防静电活动地板 (0111040041)

防静电活动地板项目特征包括支架高度、材料种类；面层材料品种、规格、颜色；防护材料种类。工作内容为基层清理；固定支架安装；活动面层安装；刷防护材料；材料运输。

以上四个分项工程的计量单位都是平方米。计算规则都按设计图示尺寸以面积计算。

(5) 踢脚线 (011105)

① 水泥砂浆踢脚线 (011105001)

水泥砂浆踢脚线项目特征包括踢脚线高度；底层厚度、砂浆配合比；面层厚度、砂浆配合比。工作内容包括基层清理；底层和面层抹灰；材料运输。

② 石材踢脚线 (011105002)、块料踢脚线 (011105003)

石材踢脚线项目特征包括踢脚线高度；粘贴层厚度、材料种类；面层材料品种、规格、颜色；防护材料种类。工作内容包括基层清理；底层抹灰；面层铺贴、磨边；擦缝；磨光、酸洗、打蜡；刷防护材料；材料运输。块料踢脚线项目特征和工作内容与石材踢脚线相当。

③ 塑料板踢脚线 (011105004)、木质踢脚线 (011105005)、金属踢脚线 (011105006)、防静电踢脚线 (011105007)

塑料板踢脚线项目特征包括踢脚线高度；黏结层厚度、材料种类；面层材料种类、规格、颜色。木质踢脚线项目特征包括踢脚线高度；基层材料种类、规格；面层材料品种、规格、颜色。金属踢脚线项目特征与木质踢脚线相当。防静电踢脚线项目特征与木质踢脚线相当。以上四个分项工程的工作内容都是基层清理；基层铺贴；面层铺贴；材料运输。

以上七个分项工程的计量单位都是平方米和米。计算规则都按设计图示长度乘高度以面积计算或按延长米计算。注：石材、块料与黏结材料的结合面刷防渗材料的种类在防护层材料种类中描述。

(6) 楼梯面层 (011106)

① 石材楼梯面层 (011106001)、块料楼梯面层 (011106002)、拼碎块料面层 (011106003)

以上三个分项工程的项目特征都包括找平层厚度、砂浆配合比；贴结层厚度、材料种类；面层材料品种、规格、颜色；防滑条材料种类、规格；勾缝材料种类；防护层材料种类；酸洗、打蜡要求。工作内容都是基层清理；抹找平层；面层铺贴、磨边；贴嵌防滑条；勾缝；刷防护材料；酸洗、打蜡；材料运输。

② 水泥砂浆楼梯面层 (011106004)

水泥砂浆楼梯面层项目特征包括找平层厚度、砂浆配合比；面层厚度、砂浆配合比；防滑条材料种类、规格。工作内容包括基层清理；抹找平层；抹面层；贴嵌防滑条；材料运输。

③ 现浇水磨石楼梯面层 (011106005)

现浇水磨石楼梯面层项目特征包括找平层厚度、砂浆配合比；面层厚度、水泥石子浆配合比；防滑条材料种类、规格；石子种类、规格、颜色；颜料种类、颜色；磨光、酸洗打蜡要求。工作内容包括基层清理；抹找平层；抹面层；贴嵌防滑条；磨光、酸洗、打蜡；材料运输。

④ 地毯楼梯面层 (011106006)

地毯楼梯面层项目特征包括基层种类；面层材料品种、规格、颜色；防护材料种类；黏结材料种类；固定配件材料种类、规格。工作内容包括基层清理；铺贴面层；固定配件安装；刷防护材料；材料运输。

⑤ 木板楼梯面层 (011106007)

木板楼梯面层项目特征包括基层材料种类、规格；面层材料品种、规格、颜色；黏结材料种类；防护材料种类。工作内容为基层清理；基层铺贴；面层铺贴；刷防护材料；材料运输。

⑥ 橡胶板楼梯面层（011106008）、塑料板楼梯面层（011106009）

橡胶板楼梯面层项目特征包括黏结层厚度、材料种类；面层材料品种、规格、颜色；压线条种类。工作内容为基层清理；面层铺贴；压缝条装钉；材料运输。塑料板楼梯面层项目特征和工作内容与橡胶板楼梯面层相当。

以上九个分项工程的计量单位都是平方米。计算规则都按设计图示尺寸以楼梯（包括踏步、休息平台及≤500mm的楼梯井）水平投影面积计算。

注：在描述碎石材项目的面层材料特征时可不用描述规格、品牌、颜色。石材、块料与黏结材料的结合面刷防渗材料的种类在防护层材料种类中描述。

(7) 台阶装饰（011107）

① 石材台阶面（011107001）、块料台阶面（011107002）、拼碎块料台阶面（011107003）

以上三个分项工程的项目特征都包括找平层厚度、砂浆配合比；黏结层材料种类；面层材料品种、规格、颜色；勾缝材料种类；防滑条材料种类、规格；防护材料种类。工作内容都是基层清理；抹找平层；面层铺贴；贴嵌防滑条；勾缝；刷防护材料；材料运输。

②水泥砂浆台阶面（011107004）

水泥砂浆台阶面项目特征包括垫层材料种类、厚度；找平层厚度、砂浆配合比；面层厚度、砂浆配合比；防滑条材料种类，工作内容为基层清理；铺设垫层；抹找平层；抹面层；贴嵌防滑条；材料运输。

③ 现浇水磨石台阶面（011107005）

现浇水磨石台阶面项目特征包括垫层材料种类、厚度；找平层厚度、砂浆配合比；面层厚度、水泥石子浆配合比；防滑条材料种类、规格；石子种类、规格、颜色；颜料种类、颜色；磨光、酸洗、打蜡要求。工作内容为清理基层；铺设垫层；抹找平层；抹面层；贴嵌防滑条；打磨、酸洗、打蜡；材料运输。

④ 剁假石台阶面（011107006）

剁假石台阶面项目特征包括垫层材料种类、厚度；找平层厚度、砂浆配合比；面层厚度、砂浆配合比；剁假石要求。工作内容为清理基层；铺设垫层；抹找平层；抹面层；剁假石；材料运输。

以上六个分项工程的计量单位都是平方米。计算规则都按设计图示尺寸以台阶（包括最上层踏步边沿加300mm）水平投影面积计算。

注：在描述碎石材项目的面层材料特征时可不用描述规格、品牌、颜色。石材、块料与黏结材料的结合面刷防渗材料的种类在防护层材料种类中描述。

(8) 零星装饰项目（011108）

① 石材零星项目（011108001）、拼碎石材零星项目（011108002）和块料零星项目（011108003）

以上三个分项工程项目特征包括工程部位；找平层厚度、砂浆配合比；贴结合层厚度、材料种类；面层材料品种、规格、颜色；勾缝材料种类；防护材料种类；酸洗、打蜡要求。工作内容都是清理基层；抹找平层；面层铺贴、磨边；勾缝；刷防护材料；酸洗、打蜡；材料运输。

② 水泥砂浆零星项目（011108004）

水泥砂浆零星项目的项目特征包括工程部位；找平层厚度、砂浆配合比；面层厚度、砂浆厚度。工作内容为清理基层；抹找平层；抹面层；材料运输。

以上四个分项工程的计量单位都是平方米。计算规则都按设计图示尺寸以面积计算。

注：楼梯、台阶牵边和侧面镶贴块料面层，小于等于0.5平方米的少量分散的楼地面镶贴块料面层，应按零星装饰项目执行。石材、块料与黏结材料的结合面刷防渗材料的种类在防护层材料种类中描述。

2. 墙、柱面装饰与隔断、幕墙工程（0112）

墙、柱面装饰与隔断、幕墙工程包括墙面抹灰、柱（梁）面抹灰、零星抹灰、墙面块料面层、柱（梁）面镶贴块料、镶贴零星块料、墙饰面、柱（梁）饰面、幕墙工程、隔断等十节内容。具体项目见表10-14，主要项目工程量计算规则如下。

表 10-14　墙、柱面装饰与隔断、幕墙工程项目组成表

<table>
<tr><th>章</th><th>节</th><th>项目</th></tr>
<tr><td rowspan="10">墙、柱面装饰与隔断、幕墙工程（0112）</td><td>墙面抹灰（011201）</td><td>墙面一般抹灰、墙面装饰抹灰、墙面勾缝、立面砂浆找平层</td></tr>
<tr><td>柱（梁）面抹灰（011202）</td><td>柱、梁面一般抹灰、柱、梁面装饰抹灰、柱、梁面砂浆找平、柱、梁面勾缝</td></tr>
<tr><td>零星抹灰（011203）</td><td>零星项目一般抹灰、零星项目装饰抹灰、零星项目砂浆找平</td></tr>
<tr><td>墙面块料面层（011204）</td><td>石材墙面、拼碎石材墙面、块料墙面、干挂石材钢骨架</td></tr>
<tr><td>柱（梁）面镶贴块料（011205）</td><td>石材柱面、块料柱面、拼碎块柱面、石材梁面、块料梁面</td></tr>
<tr><td>镶贴零星块料（011206）</td><td>石材零星项目、块料零星项目、拼碎块零星项目</td></tr>
<tr><td>墙饰面（011207）</td><td>墙面装饰板</td></tr>
<tr><td>柱（梁）饰面（011208）</td><td>柱（梁）面装饰</td></tr>
<tr><td>幕墙工程（011209）</td><td>带骨架幕墙、全玻（无框玻璃）幕墙</td></tr>
<tr><td>隔断（011210）</td><td>木隔断、金属隔断、玻璃隔断、塑料隔断、成品隔断、其他隔断</td></tr>
</table>

（1）墙面抹灰（011201）

① 墙面一般抹灰（011201001）和墙面装饰抹灰（011201002）

以上两个分项工程的项目特征都包括墙体类型；底层厚度、砂浆配合比；面层厚度、砂浆配合比；装饰面材料种类；分格缝宽度、材料种类。工作内容都是基层清理；砂浆制作、运输；底层抹灰；抹面层；抹装饰面；勾分格缝。

② 墙面勾缝（011201003）

墙面勾缝项目包括墙体类型；找平的砂浆厚度、配合比。工作内容为基层清理；砂浆制作、运输；抹灰找平。

③ 立面砂浆找平层（011201004）

立面砂浆找平层项目特征包括墙体类型；勾缝类型；勾缝材料种类。工作内容为基层清理；砂浆制作、运输；勾缝。

以上四个分项工程的计量单位都是平方米。计算规则都按设计图示尺寸以面积计算。

注：立面砂浆找平项目适用于仅做找平层的立面抹灰。抹石灰砂浆、水泥砂浆、混合砂浆、聚合物水泥砂浆、麻刀石灰浆、石膏灰浆等按墙面一般抹灰列项，水刷石、斩假石、干粘石等按墙面装饰抹灰列项。飘窗凸出外墙面增加的抹灰不计算工程量，在综合单价中考虑。

（2）柱（梁）面抹灰（011202）

① 柱、梁面一般抹灰（011202001）；柱、梁面装饰抹灰（011202002）

柱、梁面一般抹灰项目特征包括柱体类型；底层厚度、砂浆配合比；面层厚度、砂浆配合比；装饰面材料种类；分格缝宽度、材料种类。工作内容为基层清理；砂浆制作、运输；底层抹灰；抹面层；勾分格缝。柱、梁面装饰抹灰的项目特征和工作内容与柱、梁面一般抹灰相当。

② 柱、梁面砂浆找平（011202003）

柱、梁面砂浆找平项目特征包括柱体类型；找平的砂浆厚度、配合比。工作内容为基层清理；砂浆制作、运输；抹灰找平。

以上三个分项工程的计量单位都是平方米。柱面抹灰的计算规则按设计图示柱断面周长乘高度以面积计算。梁面抹灰的计算规则按设计图示梁断面周长乘长度以面积计算。

③ 柱、梁面勾缝（011202004）

柱、梁面勾缝项目特征包括墙体类型；勾缝类型；勾缝材料种类。工作内容为基层清理；砂浆制作、运输；勾缝。计量单位为m^2。计算规则按设计图示柱断面周长乘高度以面积计算。

注：①砂浆找平项目适用于仅做找平层的柱（梁）面抹灰。

②抹石灰砂浆、水泥砂浆、混合砂浆、聚合物水泥砂浆、麻刀石灰浆、石膏灰浆等按柱（梁）面一般抹灰编码列项，水刷石、斩假石、干粘石、假面砖等按柱（梁）面装饰抹灰编码列项。

(3) 零星抹灰（011203）

① 零星项目一般抹灰（011203001）

零星项目一般抹灰项目特征包括墙体类型；底层厚度、砂浆配合比；面层厚度、砂浆配合比；装饰面材料种类；分格缝宽度、材料种类。工作内容为基层清理；砂浆制作、运输；底层抹灰；抹面层；抹装饰面；勾分格缝。

② 零星项目装饰抹灰（011203002）

零星项目装饰抹灰项目特征包括墙体类型；底层厚度、砂浆配合比；面层厚度、砂浆配合比；装饰面材料种类；分格缝宽度、材料种类。

③ 零星项目砂浆找平（011203003）

零星项目砂浆找平项目特征包括基层类型；找平的砂浆厚度、配合比。工作内容为基层清理；砂浆制作、运输；抹灰找平。

以上三个分项工程的计量单位都是平方米。计算规则都按设计图示尺寸以面积计算。

注：①抹石灰砂浆、水泥砂浆、混合砂浆、聚合物水泥砂浆、麻刀石灰浆、石膏灰浆等按零星项目一般抹灰编码列项，水刷石、斩假石、干粘石、假面砖等按零星项目装饰抹灰编码列项。

②墙、柱（梁）面≤0.5 平方米的少量分散的抹灰按 L.3 零星抹灰项目编码列项。

(4) 墙面块料面层（011204）

① 石材墙面（011204001）、拼碎石材墙面（011204002）、块料墙面（011204003）

以上三个分项工程项目特征都包括墙体类型；安装方式；面层材料品种、规格、颜色；缝宽、嵌缝材料种类；防护材料种类；磨光、酸洗、打蜡要求。工作内容都为基层清理；砂浆制作、运输；黏结层铺贴；面层安装；嵌缝；刷防护材料；磨光、酸洗、打蜡。计量单位都是平方米。计算规则都按镶贴表面积计算。

② 干挂石材钢骨架（011204004）

干挂石材钢骨架项目特征包括：骨架种类、规格；防锈漆品种遍数。工作内容为骨架制作、运输、安装；刷漆。计量单位是吨。计算规则按设计图示以质量计算。

注：在描述碎块项目的面层材料特征时可不用描述规格、品牌、颜色。石材、块料与黏结材料的结合面刷防渗材料的种类在防护层材料种类中描述。安装方式可描述为砂浆或粘接剂粘贴、挂贴、干挂等，不论哪种安装方式，都要详细描述与组价相关的内容。

(5) 柱（梁）面镶贴块料（011205）

① 石材柱面（011205001）、块料柱面（011205002）、拼碎块柱面（011205003）

以上三个分项工程的项目特征都包括柱截面类型、尺寸；安装方式；面层材料品种、规格、颜色；缝宽、嵌缝材料种类；防护材料种类；磨光、酸洗、打蜡要求。工作内容都是基层清理；砂浆制作、运输；黏结层铺贴；面层安装；嵌缝；刷防护材料；磨光、酸洗、打蜡。

② 石材梁面（011205004）、块料梁面（011205005）

石材梁面项目特征包括安装方式；面层材料品种、规格、颜色；缝宽、嵌缝材料种类；防护材料种类；磨光、酸洗、打蜡要求。工作内容为基层清理；砂浆制作、运输；黏结层铺贴；面层安装；嵌缝；刷防护材料；磨光、酸洗、打蜡。块料梁面的项目特征和工作内容与石材梁面相当。

以上五个分项工程的计量单位都是平方米。计算规则都按镶贴表面积计算。

注：在描述碎块项目的面层材料特征时可不用描述规格、品牌、颜色。石材、块料与黏结材料的结合面刷防渗材料的种类在防护层材料种类中描述。柱梁面干挂石材的钢骨架按相应项目编码列项。

(6) 镶贴零星块料（011206）

石材零星项目（011206001）、块料零星项目（011206002）、拼碎块零星项目（011206003）

以上三个分项工程的项目特征都包括安装方式；面层材料品种、规格、颜色；缝宽、嵌缝材料种类；防护材料种类；磨光、酸洗、打蜡要求。工作内容都是基层清理；砂浆制作、运输；面层安装；嵌缝；刷防护材料；磨光、酸洗、打蜡。计量单位都是平方米。计算规则都按镶贴表面积计算。

注：在描述碎块项目的面层材料特征时可不用描述规格、品牌、颜色。石材、块料与黏结材料的结合面刷防渗材料的种类在防护层材料种类中描述。零星项目干挂石材的钢骨架按相应项目编码列项。墙柱面≤$0.5m^2$的少量分散的镶贴块料面层应按零星项目执行。

(7) 墙饰面（011207）

墙面装饰板（011207001）

墙面装饰板项目特征包括龙骨材料种类、规格、中距；隔离层材料种类、规格；基层材料种类、规格；面层材料品种、规格、颜色；压条材料种类、规格。工作内容为基层清理；龙骨制作、运输、安装；钉隔离层；基层铺钉；面层铺贴。计量单位是 m^2。计算规则按设计图示墙净长乘净高以面积计算。

(8) 柱（梁）饰面（011208）

柱（梁）面装饰（011208001）

柱（梁）面装饰的项目特征包括龙骨材料种类、规格、中距；隔离层材料种类；基层材料种类、规格；面层材料品种、规格、颜色；压条材料种类、规格。工作内容为清理基层；龙骨制作、运输、安装；钉隔离层；基层铺钉；面层铺贴。计量单位是 m^2。计算规则按设计图示饰面外围尺寸以面积计算。

(9) 幕墙工程（011209）

① 带骨架幕墙（011209001）

带骨架幕墙的项目特征包括骨架材料种类、规格、中距；面层材料品种、规格、颜色；面层固定方式；隔离带、框边封闭材料品种、规格；嵌缝、塞口材料种类。计量单位是 m^2。计算规则按设计图示框外围尺寸以面积计算。工作内容为骨架制作、运输、安装；面层安装；隔离带、框边封闭；嵌缝、塞口；清洗。

② 全玻（无框玻璃）幕墙（011209002）

全玻（无框玻璃）幕墙项目特征包括玻璃品种、规格、颜色；黏结塞口材料种类；固定方式。计量单位是 m^2。计算规则按设计图示尺寸以面积计算。带肋全玻幕墙按展开面积计算。工作内容为幕墙安装；嵌缝、塞口；清洗。

(10) 隔断（011210）

① 木隔断（011210001）

木隔断的项目特征包括骨架、边框材料种类、规格；隔板材料品种、规格、颜色；嵌缝、塞口材料品种；压条材料种类。工作内容为骨架及边框制作、运输、安装；隔板制作、运输、安装；嵌缝、塞口；装钉压条。计量单位是 m^2。计算规则按设计图示框外围尺寸以面积计算。

② 金属隔断（011210002）

金属隔断项目特征包括骨架、边框材料种类、规格；隔板材料品种、规格、颜色；嵌缝、塞口材料品种。工作内容为骨架及边框制作、运输、安装；隔板制作、运输、安装；嵌缝、塞口。计量单位是 m^2。计算规则按设计图示框外围尺寸以面积计算。

③ 玻璃隔断（011210003）

玻璃隔断项目特征包括边框材料种类、规格；玻璃品种、规格、颜色；嵌缝、塞口材料品种。工作内容为边框制作、运输、安装；玻璃制作、运输、安装；嵌缝、塞口。计量单位是平方米。计算规则按设计图示框外围尺寸以面积计算。

④ 塑料隔断（011210004）

塑料隔断项目特征包括边框材料种类、规格；隔板材料品种、规格、颜色；嵌缝、塞口材料品种。工作内容为骨架及边框制作、运输、安装；隔板制作、运输、安装；嵌缝、塞口。计量单位是平方米。计算规则按设计图示框外围尺寸以面积计算。

⑤ 成品隔断（011210005）

成品隔断项目特征包括隔断材料品种、规格、颜色；配件品种、规格。计量单位是平方米和米。计算规则按设计图示框外围尺寸以面积计算或按设计间的数量以间计算。工作内容为隔断运输、安装；嵌缝、塞口。

⑥ 其他隔断（011210006）

其他隔断项目特征包括骨架、边框材料种类、规格；隔板材料品种、规格、颜色；嵌缝、塞口材料品种。工作内容为骨架及边框安装；隔板安装；嵌缝、塞口。计量单位是平方米。计算规则按设计图示框外围尺寸以面积计算。

3. 天棚工程（0113）

天棚工程包括天棚抹灰、天棚吊顶、采光天棚工程、天棚其他装饰等四节内容。项目见表 10-15，主要项目工程量计算规则如下。

表 10-15　天棚工程项目组成表

章	节	项目
天棚工程（0113）	天棚抹灰（011301）	天棚抹灰
	天棚吊顶（011302）	吊顶天棚、格栅吊顶、吊筒吊顶、藤条造型悬挂吊顶、织物软雕吊顶、网架（装饰）吊顶
	采光天棚工程（011303）	采光天棚
	天棚其他装饰（011304）	灯带（槽）、送风口、回风口

(1) 天棚抹灰（011301）

天棚抹灰（011301001）

天棚抹灰项目特征包括基层类型；抹灰厚度、材料种类；砂浆配合比。工作内容为基层清理；底层抹灰；抹面层。计量单位是平方米。计算规则按设计图示尺寸以水平投影面积计算。

(2) 天棚吊顶（011302）

① 吊顶天棚（011302001）

吊顶天棚项目特征包括吊顶形式、吊杆规格、高度；龙骨材料种类、规格、中距；基层材料种类、规格；面层材料品种、规格；压条材料种类、规格；嵌缝材料种类；防护材料种类。工作内容为基层清理、吊杆安装；龙骨安装；基层板铺贴；面层铺贴；嵌缝；刷防护材料。

② 格栅吊顶（011302002）

格栅吊顶项目特征包括龙骨材料种类、规格、中距；基层材料种类、规格；面层材料品种、规格；防护材料种类。工作内容为基层清理；安装龙骨；基层板铺贴；面层铺贴；刷防护材料。计量单位是平方米。计算规则按设计图示尺寸以水平投影面积计算。

③ 吊筒吊顶（011302003）

吊筒吊顶项目特征包括吊筒形状、规格；吊筒材料种类；防护材料种类。工作内容为基层清理；吊筒制作安装；刷防护材料。

④ 藤条造型悬挂吊顶（011302004）

藤条造型悬挂吊顶项目特征包括骨架材料种类、规格；面层材料品种、规格。工作内容为基层清理；龙骨安装；铺贴面层；基层清理；龙骨安装；铺贴面层。

⑤ 织物软雕吊顶（011302005）

织物软雕吊顶项目特征和工作内容与藤条造型悬挂吊顶相当。

⑥ 网架（装饰）吊顶（011302006）

网架（装饰）吊顶项目特征包括：网架材料品种、规格。工作内容为基层清理；网架制作安装。

以上六个分项工程的计量单位都是平方米。计算规则都按设计图示尺寸以水平投影面积计算。

(3) 采光天棚工程（011303）

采光天棚（011303001）

采光天棚的项目特征包括骨架类型；固定类型、固定材料品种、规格；面层材料品种、规格；嵌缝、塞口材料种类。工作内容为清理基层；面层制安；嵌缝、塞口；清洗。计量单位是平方米。计算规则按框外围展开面积计算。

注：采光天棚骨架不包括在本节中，应单独按相关项目编码列项。

(4) 天棚其他装饰（011304）

① 灯带（槽）（011304001）

灯带（槽）的项目特征包括灯带型式、尺寸；格栅片材料品种、规格；安装固定方式。工作内容为安装、固定。计量单位是平方米。计算规则按设计图示尺寸以框外围面积计算。

② 送风口、回风口（011304002）

送风口、回风口的项目特征包括风口材料品种、规格；安装固定方式；防护材料种类。工作内容为安装、固定；刷防护材料。计量单位是个。计算规则按设计图示数量计算。

4. 油漆、涂料、裱糊工程（0114）

油漆、涂料、裱糊工程包括门油漆、窗油漆、木扶手及其他板条、线条油漆、木材面油漆、金属面油漆、抹灰面油漆、喷刷涂料、裱糊等八节内容。具体项目见表 10-16，工程量计算规则如下。

表 10-16　油漆、涂料、裱糊工程项目组成表

章	节	项目
油漆、涂料、裱糊工程（0114）	门油漆（011401）	木门油漆、金属门油漆
	窗油漆（011402）	木窗油漆、金属窗油漆
	木扶手及其他板条、线条油漆（011403）	木扶手油漆、窗帘盒油漆、封檐板、顺水板油漆、挂衣板、黑板框油漆、挂镜线、窗帘棍、单独木线油漆
	木材面油漆（011404）	木板、纤维板、胶合板油漆、木护墙、木墙裙油漆、窗台板、筒子板、盖板、门窗套、踢脚线油漆、清水板条天棚、檐口油漆、木方格吊顶天棚油漆、吸音板墙面、天棚面油漆、暖气罩油漆、木间壁、木隔断油漆、玻璃间壁露明墙筋油漆、木栅栏、木栏杆（带扶手）油漆、衣柜、壁柜油漆、梁柱饰面油漆、零星木装修油漆、木地板油漆、木地板烫硬蜡面
	金属面油漆（011405）	金属面油漆
	抹灰面油漆（011406）	抹灰面油漆、抹灰线条油漆、满刮腻子
	喷刷涂料（011407）	墙面喷刷涂料、天棚喷刷涂料、空花格、栏杆刷涂料、线条刷涂料、金属构件刷防火涂料、木材构件喷刷防火涂料
	裱糊（011408）	墙纸裱糊、织锦缎裱糊

（1）门油漆（011401）

① 木门油漆（011401001）

木门油漆项目特征包括门类型；门代号及洞口尺寸；腻子种类；刮腻子遍数；防护材料种类；油漆品种、刷漆遍数。工作内容为基层清理；刮腻子；刷防护材料、油漆。计量单位是樘和平方米。计算规则有两种：以平方米计量，按设计图示洞口尺寸以面积计算；以樘计量，按设计图示数量计量。

② 金属门油漆（011401002）

金属门油漆工作内容为除锈、基层清理；刮腻子；刷防护材料、油漆。项目特征、计量单位和计算规则与木门油漆相当。

注：①木门油漆应区分木大门、单层木门、双层（一玻一纱）木门、双层（单裁口）木门、全玻自由门、半玻自由门、装饰门及有框门或无框门等项目，分别编码列项。

②金属门油漆应区分平开门、推拉门、钢制防火门列项。

③以平方米计量，项目特征可不必描述洞口尺寸。

（2）窗油漆（011402）

① 木窗油漆（011402001）

木窗油漆工作内容为基层清理；刮腻子；刷防护材料、油漆。

② 金属窗油漆（011402002）

金属窗油漆的工作内容为除锈、基层清理；刮腻子；刷防护材料、油漆。

以上两个分项工程的项目特征都包括窗类型；窗代号及洞口尺寸；腻子种类；刮腻子遍数；防护材料种类；油漆品种、刷漆遍数。计量单位都是樘和平方米。计算规则都有两种：以樘计量，按设计图示数量计量；以平方米计量，按设计图示洞口尺寸以面积计算。

注：①木窗油漆应区分单层木门、双层（一玻一纱）木窗、双层框扇（单裁口）木窗、双层框三层（二玻一纱）木窗、单层组合窗、双层组合窗、木百叶窗、木推拉窗等项目，分别编码列项。

②金属窗油漆应区分平开窗、推拉窗、固定窗、组合窗、金属隔栅窗分别列项。

③以平方米计量，项目特征可不必描述洞口尺寸。

（3）木扶手及其他板条、线条油漆（011403）

① 木扶手油漆（011403001）

② 窗帘盒油漆（011403002）

③ 封檐板、顺水板油漆（011403003）

④ 挂衣板、黑板框油漆（011403004）

⑤ 挂镜线、窗帘棍、单独木线油漆（011403005）

以上五个分项工程的项目特征为断面尺寸；腻子种类；刮腻子遍数；防护材料种类；油漆品种、刷漆遍数。工作内容为基层清理；刮腻子；刷防护材料、油漆。计量单位是米。计算规则按设计图示尺寸以长度计算。

注：木扶手应区分带托板与不带托板，分别编码列项，若是木栏杆代扶手，木扶手不应单独列项，应包含在木栏杆油漆中。

(4) 木材面油漆（011404）

① 木板、纤维板、胶 合板油漆（011404001）、木护墙、木墙裙油漆（011404002）、窗台板、筒子板、盖板、门窗套、踢脚线油漆（011404003）、清水板条天棚、檐口油漆（011404004）、木方格吊顶天棚油漆（011404005）吸音板墙面、天棚面油漆（011404006）暖气罩油漆（011404007）。以上七个分项工程的计算规则都按设计图示尺寸以面积计算。

② 木间壁、木隔断油漆（011404008）、玻璃间壁露明墙筋油漆（011404009）、木栅栏、木栏杆（带扶手）油漆（011404010）。以上三类的计算规则都按设计图示尺寸以单面外围面积计算。

以上十个分项工程的项目特征包括腻子种类；刮腻子遍数；防护材料种类；油漆品种、刷漆遍数。计量单位是平方米。工作内容为基层清理；刮腻子；刷防护材料、油漆。

③ 衣柜、壁柜油漆（011404011）、梁柱饰面油漆（011404012）、零星木装修油漆（011404013）

以上三个分项工程的项目特征都包括腻子种类；刮腻子遍数；防护材料种类；油漆品种、刷漆遍数。工作内容都是基层清理；刮腻子；刷防护材料、油漆。计量单位都是平方米。计算规则都按设计图示尺寸以油漆部分展开面积计算。

④ 木地板油漆（011404014）

木地板油漆的项目特征和工作内容与衣柜、壁柜油漆相当。计量单位都是平方米。计算规则按设计图示尺寸以面积计算。

⑤ 木地板烫硬蜡面（011404015）

木地板烫硬蜡面的项目特征包括硬蜡品种；面层处理要求。工作内容为基层清理；烫蜡。计量单位是平方米。计算规则按设计图示尺寸以面积计算。

(5) 金属面油漆（011405）

金属面油漆（011405001）

金属面油漆项目特征包括构件名称；腻子种类；刮腻子要求；防护材料种类；油漆品种、刷漆遍数。工作内容为基层清理；刮腻子；刷防护材料、油漆。计量单位是 t 和平方米。计算规则有两种：以 t 计量，按设计图示尺寸以质量计算；以平方米计量，按设计展开面积计算。

(6) 抹灰面油漆（011406）

① 抹灰面油漆（011406001）

抹灰面油漆的项目特征包括基层类型；腻子种类；刮腻子遍数；防护材料种类；油漆品种、刷漆遍数。计量单位是平方米。计算规则按设计图示尺寸以面积计算。工作内容为基层清理；刮腻子；刷防护材料、油漆。

② 抹灰线条油漆（011406002）

抹灰线条油漆项目特征包括线条宽度、道数；腻子种类；刮腻子遍数；防护材料种类；油漆品种、刷漆遍数。工作内容与抹灰面油漆相当。计量单位是米。计算规则按设计图示尺寸以长度计算。

③ 满刮腻子（011406003）

满刮腻子项目特征包括基层类型；腻子种类；刮腻子遍数。工作内容为基层清理；刮腻子。计量单位是 m^2。计算规则按设计图示尺寸以面积计算。

(7) 喷刷涂料（011407）

① 墙面喷刷涂料（011407001）、天棚喷刷涂料（011407002）

以上两个分项工程的项目特征都包括基层类型；喷刷涂料部位；腻子种类；刮腻子要求；涂料品种、喷刷遍数。工作内容都是基层清理；刮腻子；刷、喷涂料。计量单位都是平方米。计算规则都按设计图示尺寸以面积计算。

② 空花格、栏杆刷涂料（011407003）

空花格、栏杆刷涂料项目特征包括腻子种类；刮腻子遍数；涂料品种、刷喷遍数。计量单位是平方米。计算规则按设计图示尺寸以单面外围面积计算。工作内容为基层清理；刮腻子；刷、喷涂料。

③ 线条刷涂料（011407004）

线条刷涂料项目特征包括基层清理；线条宽度；刮腻子遍数；刷防护材料、油漆。工作内容与空花格、栏杆刷涂料相当。计量单位是米。计算规则按设计图示尺寸以长度计算。

④ 金属构件刷防火涂料（011407005）

金属构件刷防火涂料项目特征包括喷刷防火涂料构件名称；防火等级要求；涂料品种、喷刷遍数。工作内容为基层清理；刷防护材料、油漆。计量单位是平方米和 t。计算规则有两种：以吨计量，按设计图示尺寸以质量计算；以平方米计量，按设计展开面积计算。

⑤ 木材构件喷刷防火涂料（011407006）

木材构件喷刷防火涂料项目特征与金属构件刷防火涂料相当。工作内容为基层清理；刷防火材料。计量单位是平方米和立方米。计算规则有两种：以平方米计量，按设计图示尺寸以面积计算；以立方米计量，按设计结构尺寸以体积计算。

注：喷刷墙面涂料部位要注明内墙或外墙。

(8) 裱糊（011408）

裱糊分为墙纸裱糊（011408001）和织锦缎裱糊（011408002）。以上两个分项工程的项目特征都包括基层类型；裱糊部位；腻子种类；刮腻子遍数；黏结材料种类；防护材料种类；面层材料品种、规格、颜色。工作内容都为基层清理；刮腻；面层铺粘；刷防护材料计量单位都是平方米。计算规则都按设计图示尺寸以面积计算。

5. 其他装饰工程（0115）

其他装饰工程包括柜类、货架、装饰线、扶手、栏杆、栏板装饰、暖气罩、浴厕配件、雨篷、旗杆、招牌、灯箱、美术字等八节内容。具体项目见表 10-17，主要项目工程量计算规则如下。

表 10-17 其他装饰工程项目组成表

章	节	项目
其他装饰工程（0115）	柜类、货架（011501）	柜台、酒柜、衣柜、存包柜、鞋柜、书柜、厨房壁柜、木壁柜、厨房低柜、厨房吊柜、矮柜、吧台背柜、酒吧吊柜、酒吧台、展台、收银台、试衣间、货架、书架、服务台
	装饰线（011502）	金属装饰线、木质装饰线、石材装饰线、石膏装饰线、镜面玻璃线、铝塑装饰线、塑料装饰线
	扶手、栏杆、栏板装饰（011503）	金属扶手、栏杆、栏板、硬木扶手、栏杆、栏板、塑料扶手、栏杆、栏板、金属靠墙扶手、硬木靠墙扶手、塑料靠墙扶手、玻璃栏板
	暖气罩（011504）	饰面板暖气罩、塑料板暖气罩、金属暖气罩
	浴厕配件（011505）	洗漱台、晒衣架、帘子杆、浴缸拉手、卫生间扶手、毛巾杆（架）、毛巾环、卫生纸盒、肥皂盒、镜面玻璃、镜箱
	雨篷、旗杆（011506）	雨篷吊挂饰面、金属旗杆、玻璃雨篷
	招牌、灯箱（011507）	平面、箱式招牌、竖式标箱、灯箱
	美术字（011508）	泡沫塑料字、有机玻璃字、木质字、金属字、吸塑字

其他装饰工程的详细清单内容较多，涉及范围复杂，在此不再赘述，可查阅《房屋建筑与装饰工程计量规范》(GB 500854－2013)。

6. 拆除工程（0116）

表 10-18　拆除工程项目组成表

章	节	项目
拆除工程（0116）	砖砌体拆除（011601）	砖砌体拆除
	混凝土及钢筋混凝土构件拆除（011602）	混凝土构件拆除、钢筋混凝土构件拆除
	木构件拆除（011603）	木构件拆除
	抹灰面拆除（011604）	平面抹灰层拆除、立面抹灰层拆除、天棚抹灰面拆除
	块料面层拆除（011605）	平面块料拆除、立面块料拆除
	龙骨及饰面拆除（011606）	楼地面龙骨及饰面拆除、墙柱面龙骨及饰面拆除、天棚面龙骨及饰面拆除
	屋面拆除（011607）	刚性层厚度、防水层种类
	铲除油漆涂料裱糊面（011608）	铲除油漆面、铲除涂料面、铲除裱糊面
	栏杆、轻质隔断隔墙拆除（011609）	栏杆、栏板拆除、隔断隔墙拆除
	门窗拆除（011610）	木门窗拆除、金属门窗拆除
	金属构件拆除（011611）	钢梁拆除、钢柱拆除、钢网架拆除钢支撑、钢墙架拆除、其他金属构件拆除
	管道及卫生洁具拆除（011612）	管道拆除、卫生洁具拆除
	灯具、玻璃拆除（011613）	灯具、玻璃拆除
	其他构件拆除（011614）	暖气罩拆除、柜体拆除、窗台板拆除、筒子板拆除、窗帘盒拆除、窗帘轨拆除
	开孔（打洞）（011615）	开孔（打洞）

拆除工程的详细清单内容较多，表 10-18 列出了其具体项目表，但因其涉及范围复杂，在此不再赘述，可查阅《房屋建筑与装饰工程计量规范》(GB 500854－2013)。

10.3 井巷工程清单项目的工程计量

10.3.1 工程量清单项目与计价概述

1. 煤炭建设工程工程量清单项目

《煤炭建设工程工程量清单项目及计算规则》（以下简称煤炭建设工程清单规则）适用于煤炭行业新建、改建、扩建矿井，建设井巷工程、露天剥离工程、工业与民用建筑工程、机电安装工程工程量清单计价活动。煤炭建设工程工程量清单计价活动应遵循客观、公正、公平的原则。除应遵循煤炭建设工程清单规则外，还应符合国家、地方和煤炭行业有关法律、法规、标准、规则及工程造价管理办法的规定。

煤炭井巷工程量清单项目编制的主要依据包括：施工图及说明；招标文件；《煤炭建设工程工程量清单项目及计算规则》（基价）。

煤炭井巷工程量清单计价编制的主要依据：施工图及说明；招标文件（含工程量清单）；施工组织设计方案；编制投标报价时按拟建工程的个别施工组织设计方案；《煤炭建设工程工程量清单项目及计算规则》（基价）。

煤炭井巷工程量清单计价的主要内容与《建设工程工程量清单计价规范》（GB 50500－2013）一致，包括封面、总说明、工程项目总价表、单项工程造价汇总表、单位工程造价汇总表、分部分项工程量清单计价表、措施项目清单计价表、其他项目清单计价表、零星项目工作计价表、分部分项工程量清单综合单价分析表、措施项目费（综合单价）分析表、主要材料（设备）价格表，等等。

2. 煤炭井巷工程现行特殊规定

（1）编制标底时执行现行煤炭建设各类工程定额，编制投标报价时可参考执行现行煤炭建设各类工程定额或企业定额。

（2）井巷工程：执行《煤炭建设井巷工程消耗量定额》（基价）、《煤炭建设井巷工程辅助费基础定额》（基价）、《煤炭建设井巷工程辅助费综合定额》（基价）、《煤炭建设特殊凿井工程消耗量定额》（2007基价）、《煤炭建设工程机械台班费用定额》（基价）。

（3）工程取费：执行《煤炭建设费用定额》。

（4）工程量清单应由具有编制招标文件能力的招标人或具有相应资质的中介机构进行编制。

（5）工程量清单及其计价格式中所有要求签字、盖章的地方，必须按规定签字、盖章。

（6）编制工程量清单及清单价格各种表格需按照《煤炭建设工程工程量清单项目及计算规则》（基价）中的相关表格填写。

（7）工程量清单编制及清单活动必须遵守《煤炭建设工程工程量清单项目及计算规则》（基价）。

10.3.2 工程量清单项目的编制

1. 工程量清单项目编制的一般规定

工程量清单应由具有编制招标文件能力的招标人，或受其委托具有相应资质的中介机构进行编制。工程量清单应作为招标文件的组成部分。工程量清单应由部分分项工程量清单、措施项目清单、其他项目清单组成，应按规则规定编制，并以统一格式表现。

2. 分部分项工程量清单项目的编制

（1）分部分项工程量清单应包括项目编码、项目名称（含工程项目特征、工程内容）、计量单位和工程数量。

(2) 分部分项工程量清单应根据分部分项工程量清单项目及计算规则的统一项目编制码、项目名称、计量单位和工程量计算规则进行编制，不得因情况不同而变动。

(3) 分部分项工程量清单的项目编码，编码规则与 10.2.1 的图 10.4 类似。

(4) 分部分项工程量清单的项目名称应按下列规定确定：①项目名称应分别按分项工程量清单项目及计算规则所列的项目名称与项目特征并结合拟建工程的实际确定；②在编制工程量清单时，如果出现分部分项工程量清单项目及计算规则未包括的项目，编制人可做相应的补充，并在“项目编码”栏中以“补”字表示。

(5) 分部分项工程量清单的计量单位应分别按照规定的计量单位确定。编制人补充的部分分项清单项目，其计量单位应综合考虑组成该项目的各工程内容计量单位统一或便于换算。

(6) 工程数量应按下列规定进行计算

①工程数量应分别按照分部分项工程量清单项目及计算规则规定的工程量计算规则计算。编制人补充的部分分项工程清单项目工程数量均应为实体数量，并具有可计量性。

②工程数量的有效位数应遵守下列规定：以“吨”为单位，应保留小数点后三位数字，第四位四舍五入。以“立方米”“平方米”“米”为单位，应保留小数点后两位数字，第三位四舍五入。以“个”“项”等为单位，应取整数。

3. 措施项目清单的编制

(1) 措施项目清单由发生于工程施工前和施工过程中不构成工程实体的项目组成，分为通用项目和专业项目。

(2) 措施项目清单，表中未列项目，编制人可做补充，并在“序号”栏中加“ 补”字样。工程投标时，投标人可根据拟建工程及企业实际、施工方案调整补充措施项目，并必须在投标文件中表明。

4. 其他项目清单的编制

(1) 其他项目清单应包括除分部分项项目清单和措施项目清单以外，为完成工程施工可能发生费用的项目，可根据拟建工程的具体情况列项。

(2) 零星工作项目表应根据拟建工程的具体情况，详细列出人工、材料、机械的名称、计量单位和相应数量，并随工程量清单发至投标人。人工应按工种列项，材料和机械应按规格、型号列项。

(3) 编制其他项目清单，出现表中未列的项目，编制人可做补充，并在“序号”栏中以“补”字示之。工程招标时，投标人调整补充其他项目清单必须在投标文件中注明。

5. 工程量项目清单格式

(1) 工程量清单格式的内容组成

封面；填表须知；总说明；分部分项工程清单；措施项目清单；其他项目清单；零星项目工作表；主要材料、设备表。

(2) 工程量清单格式的填写应符合下列规定

①工程量清单编制人必须符合本规则规定的资格。

②填表须知除本规则内容外，招标人可根据具体情况进行补充。

③总说明应按下列内容填写

工程概况（建设规模、工程特征、计划工期、施工现场实际情况、交通运输情况、自然地理条件、环境保护要求等）。工程招标和分包范围。工程量清单编制依据。工程质量、材料、施工等的特殊要求。招标人自行采购材料的名称、规格型号、数量等。预留金、自行采购材料的金额数量。其他需要说明的问题。

10.3.3 工程量清单计价的编制

1.实行工程量清单计价招投标的建设工程，其招标标底、投标报价编制、合同价款确定与调整、工程结算按本规则执行。

2.工程量清单计价的依据

(1) 以工程量清单编制标底

①煤炭建设工程清单规则。

②拟建工程设计文件。

③拟建工程工程量清单。

④招标文件中有关要求。

⑤合理的施工方法。

⑥“煤炭建设各类工程消耗量定额（2007 基价）”及其相关配套的“煤炭建设工程费用定额及造价管理有关规定”。

⑦批准的人工费、材料费、机械费价差调整文件。

⑧相关的价格信息。

（2）以工程量清单投标报价

①煤炭建设工程清单规则。

②拟建工程设计文件。

③拟建工程工程量清单。

④招标文件中有关要求。

⑤拟建工程施工组织设计。

⑥企业定额或参照“煤炭建设各类工程消耗量定额（2007 基价）”及其相关配套的“煤炭建设工程费用定额及造价管理有关规定”。

⑦市场价格或相关的价格信息。

3.工程量清单计价应包括按招标文件规定，完成工程量清单所列项目的全部费用，包括分部分项工程费、项目措施费、其他项目费和规费、税金，计算程序与方法与建筑工程基本一致。

4.工程量清单应采用综合单价计价。综合单价是指完成规定计量单位项目所需的人工费、材料费、机械使用费、管理费、利润，并考虑风险因素，即

综合单价＝人工费＋材料费＋机械费＋管理费＋利润＋风险金

5.综合单价计价应根据煤炭建设工程清单规则编制。投标报价时人工费、材料费、机械费均为市场价格。投标人应根据企业定额或参考“煤炭建设各类工程消耗量定额（2007 基价）”，其他费用可参考“煤炭建设工程费用定额及工程造价管理有关规定”。

编制招标标底时，应按照“煤炭建设各类工程消耗量定额（2007 基价）”及其相关配套的“煤炭建设工程费用定额及工程造价管理有关规定”中的相关规定计算。

6.分部分项工程费是完成分部分项工程量清单项目所需的费用。分部分项工程清单项目的综合单价，应根据煤炭建设工程清单规则规定的综合单价组成，按分部分项工程清单提供的清单项目中的“工程内容”“项目特征”确定，即

分部分项工程量清单计价合计＝Σ（分部分项工程量×该分部分项综合单价）

详见煤炭建设工程清单规则中综合单价计算程序表。

7.措施项目清单的金额，应根据拟建工程的施工方案或施工组织设计，参照本规则规定的分部分项工程量清单综合单价组成确定，即

措施项目清单计价合计＝Σ（措施项目工程量×该措施项目综合单价）＋组织措施项目费用

详见煤炭建设工程清单规则中技术措施费和组织措施费计算程序表。

8.其他项目清单的金额应按下列规定确定

（1）预留金、工程分包和材料购置费等，属业主部分的金额，拟建工程的具体要求或招标文件规定，以估算金额确定。

（2）投标人部分的总承包服务费应根据招标人提出的所要求发生的费用确定。业主无具体要求时，计价人可自主确定。

（3）零星工作项目费应根据煤炭建设工程清单规则中的零星工作项目计价表分别计算后确定。其综合单价应参照本规则规定的综合单价组成填写。

9.招标工程如设标底，标底只能有一个，作为评标的参考依据。地区价差列入风险（risk）内，只计取规费和税金。

10.报价应根据招标文件中的工程量清单和有关要求、施工现场实际情况、拟订的施工方案或施工组织设计，由企业自主报价，但投标报价不得低于企业成本。

11.合同中综合单价因工程量变更需调整时，除合同另有约定外，应按照下列办法确定（本条仅适用于分部分项工程量清单）

（1）工程量清单漏项或设计变更引起新的工程量清单项目，其相应综合单价由承包人提出，经发包人确定后，作为结算的依据。

(2) 由于工程量清单的工程数量有误或设计变更引起工程量增减，属于合同约定幅度以内的，应执行原有的综合单价；属合同约定幅度以外的，其增加部分的工程量或减少后剩余部分的工程量的综合单价由承包人提出，经发包人确定后，作为结算的依据。

12.由于工程量的变更，且实际发生了除上述第11条规定以外的费用损失，承包人可提出索赔要求，与发包人协商确认后，给予补偿。

13.承发包双方应根据拟建工程项目承发包方式的实际情况，依据《建设工程价款结算暂行办法》(财政部、建设部财建〔2004〕369号)，在合同中约定预付工程款、工程款拨付方式、工程结算等事宜。

井巷工程工程量清单项目设置及工程量计算规则应按《煤炭建设工程工程量清单项目及计算规则》中附录的规定执行。

10.4 建筑面积计算规则

10.4.1 建筑面积的概念与作用

建筑面积，也称建筑展开面积，是建筑物（包括墙体）所形成的楼地面面积，包括使用面积、辅助面积和结构面积。使用面积是指建筑物各层平面布置中可直接为生产或生活使用的净面积总和，净面积在民用建筑中称为居住面积；辅助面积是指建筑物各层平面布置中辅助部分的面积之和，辅助面积在民用建筑中称为公共面积；结构面积是指建筑物各层平面布置中结构部分的墙体或柱体所占面积之和。

10.4.2 建筑面积的作用

1.建筑面积是一项重要的技术经济指标。根据建筑面积可以计算出建设项目的单方造价、单方资源消耗量、建筑设计中的有效面积率、平面系数、土地利用系数等重要的技术经济指标。

2.建筑面积是进行建设项目投资决策、勘察设计、招标投标、工程施工、竣工验收等一系列工作的重要依据。

3.建筑面积在确定建设项目投资估算、设计概算、施工图预算、招标控制价、投标报价、合同价、结算价等一系列的工程估价工作中发挥了重要的作用。

4.建筑面积与其他的分项工程量的计算结果有关甚至其本身就是某些分项工程的工程量。例如，平整场地、脚手架工程、楼地面工程、垂直运输工程、建筑物超高增加人工、机械等。

10.4.3 建筑面积计算规则

由于建筑面积起着衡量基本建设规模、投资效益、建设成本等重要尺度的作用，因此必须保证其计算结果的准确性及统一性，本书是根据国家标准《建筑工程建筑面积计算规范》（GB/T 50353－2013）中的有关规定加以介绍。值得注意的是，2022 年 10 月 27 日，中华人民共和国住房和城乡建设部为统一规范建筑工程建筑面积计算方法，组织对《建筑工程建筑面积计算规范》（GB/T 50353－2013）进行了修订，并按照工程建设标准化改革要求，将名称变更为《建筑工程建筑面积计算标准》，向社会公开征求意见，这意味时隔 10 年，《建筑工程建筑面积计算规范》将与时俱进地完成修订工作。

课程思政　　建筑面积计算规则及其与时俱进

我国的《建筑面积计算规则》是在 20 世纪 70 年代依据苏联的做法结合我国的情况制定的。1982 年，国家经委基本建设办公室〔82〕经基设字 58 号印发了《建筑面积计算规则》，是对 20 世纪 70 年代制订的《建筑面积计算规则》的修订。1995 年建设部发布《全国统一建筑工程预算工程量计算规则》（GJDGZ－101－95），其中含“建筑面积计算规则”（以下简称“原面积计算规则”），是对 1982 年的《建筑面积计算规则》的修订。

一直以来，《建筑面积计算规则》在建筑工程造价管理方面起着非常重要的作用，是建筑房屋计算工程量的主要指标，是计算单位工程每平方米预算造价的主要依据，是统计部门汇总发布房屋建筑面积完成情况的基础。原建设部和国家质量技术监督局颁发的《房产测量规范》的房产面积计算，以及《住宅设计规范》中有关面积的计算，均依据的是《建筑面积计算规则》。随着我国建筑市场发展，建筑的新结构、新材料、新技术、新的施工方法层出不穷，为了解决建筑技术的发展产生的面积计算问题，使建筑面积的计算更加科学合理，完善和统一建筑面积的计算范围和计算方法，对建筑市场发挥更大的作用。因此，2005 年，原建设部以国家标准的形式发布了《建筑工程建筑面积计算规范》(GB/T 50353－2005)，对原《建筑面积计算规则》予以修订，考虑到《建筑面积计算规则》的重要作用，将修订的《建筑面积计算规则》改为《建筑工程建筑面积计算规范》。

《建筑工程建筑面积计算规范》(GB/T 50353－2013) 由中华人民共和国住房和城乡建设部与中华人民共和国国家质量监督检验检疫总局于 2013 年 12 月 19 日联合发布，自 2014 年 7 月 1 日起实施，原《建筑工程建筑面积计算规范》GB/T 50353－2005 同时废止。2013 版本的修订是在总结 2005 年版本的实施情况基础上，鉴于建筑发展中出现的新结构、新材料、新技术和新的施工方法，致力于解决由于建筑技术的发展产生的面积计算问题而进行的修改、统一和完善。2022 年 10 月 27 日，中华人民共和国住房和城乡建设部组织对《建筑工程建筑面积计算规范》(GB/T 50353－2013) 进行了修订，并按照工程建设标准化改革要求，将名称变更为《建筑工程建筑面积计算标准》，这是新时代国家标准化工作的新方向。

工业与民用建筑工程建设全过程的建筑面积计算，总的原则应该本着凡在结构上、使用上形成具有一定使用功能的空间，并能单独计算出水平投影面积及其相应资源消耗部分的新建、扩建、改建的工业与民用建筑工程。

1.计算建筑面积的范围

(1) 建筑物的建筑面积应按自然层外墙结构外围水平面积之和计算。结构层高在 2.200m 及以上的，应计算全面积；结构层高在 2.200m 以下的，应计算 1/2 面积。

(2) 建筑物内设有局部楼层时，对于局部楼层的二层及以上楼层，有围护结构的应按其围护结构外围水平面积计算，无围护结构的应按其结构底板水平面积计算，且结构层高在 2.200m 及以上的，应计算全面积，结构层高在 2.200m 以下的，应计算 1/2 面积。

(3) 对于形成建筑空间的坡屋顶，结构净高在 2.100 m 及以上的部位应计算全面积；结构净高在 1.200m 及以上至 2.100 m 以下的部位应计算 1/2 面积；结构净高在 1.200 m 以下的部位不应计算建筑面积。

(4) 对于场馆看台下的建筑空间，结构净高在 2.100m 及以上的部位应计算全面积；结构净高在 1.200m 及以上至 2.100m 以下的部位应计算 1/2 面积；结构净高在 1.200m 以下的部位不应计算建筑面积。室内有看台应按看台结构底板水平投影面积计算建筑面积。有顶盖无围护结构的场馆看台应按其顶盖水平投影面积的 1/2 计算面积。

(5) 地下室、半地下室应按其结构外围水平面积计算，如图 10-12 所示。结构层高在 2. 200 m 及以上的，应计算全面积；结构层高在 2. 200 m 以下的，应计算 1/2 面积。

(6) 出入口外墙外侧坡道有顶盖的部位，应按其外墙结构外围水平面积的 1/2 计算面积，如图 10-12 所示。

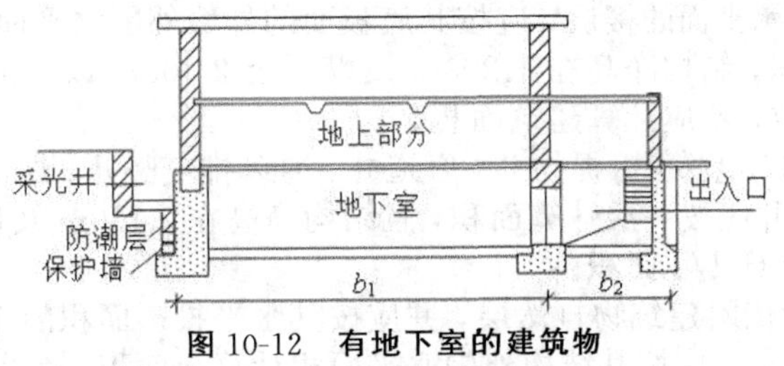

图 10-12　有地下室的建筑物

(7) 坡地建筑物吊脚架空层 (图 10-13(a)) 及建筑物架空层 (图 10-13(b))，应按其顶板水平投影计算建筑面积。结构层高在 2. 200m 及以上的，应计算全面积；结构层高在 2.200 m 以下的，应计算 1/2 面积。

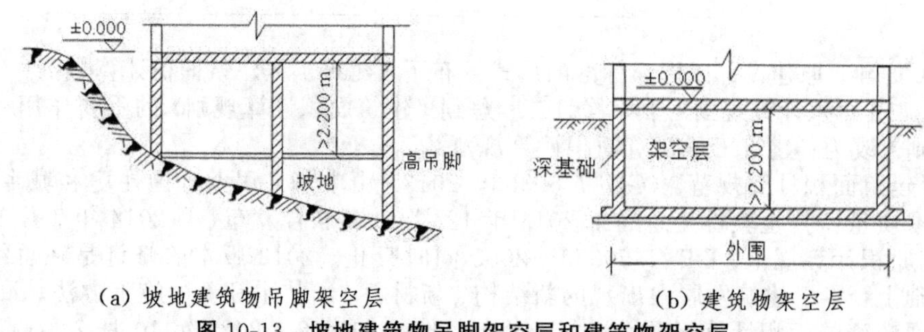

(a) 坡地建筑物吊脚架空层　　(b) 建筑物架空层

图 10-13　坡地建筑物吊脚架空层和建筑物架空层

(8) 建筑物的门厅、大厅按一层计算建筑面积。门厅、大厅内设置的走廊，应按结构底板水平投影面积计算建筑面积。结构层高在 2.200m 及以上的，应计算全面积；结构层高在 2.200m 以下的，应计算 1/2 面积。

(9) 对于建筑物间的架空走廊，有顶盖和围护设施的，应按其围护结构外围水平面积计算全面积；无围护结构、有围护设施的，应按其结构底板水平投影面积计算 1/2 面积。

(10) 对于立体书库、立体仓库、立体车库，有围护结构的，应按其围护结构外围水平面积计算建筑面积；无围护结构、有围护设施的，应按其结构底板水平投影面积计算建筑面积。无结构层的应按一层计算，有结构层的应按其结构层面积分别计算。结构层高在 2.200m 及以上的，应计算全面积；结构层高在 2.200m 以下的，应计算 1/2 面积。

(11) 有围护结构的舞台灯光控制室，应按其围护结构外围水平面积计算。结构层高在 2.200m 及以上的，应计算全面积；结构层高在 2.200m 以下的，应计算 1/2 面积。

(12) 附属在建筑物外墙的落地橱窗，应按其围护结构外围水平面积计算。结构层高在 2.200m 及以上的，应计算全面积；结构层高在 2. 200m 以下的，应计算 1/2 面积。

(13) 窗台与室内楼地面高差在 0. 450m 以下且结构净高在 2.100m 及以上的凸（飘）窗，应按其围护结构外围水平面积计算 1/2 面积。

(14) 门斗应按其围护结构外周水平面积计算建筑面积，且结构层高在 2. 200m 及以上的，应计算全面积：结构层高在 2.200m 以下的，应计算 1/2 面积。

(15) 有围护设施的室外走廊（挑廊），应按其结构底板水平投影面积计算 1/2 面积；有围护设施（或柱）的檐廊，应按其围护设施（或柱）外围水平面积计算 1/2 面积。

(16) 门廊应按其顶板的水平投影面积的 1/2 计算建筑面积；有柱雨篷应按其结构板水平投影面积的 1/2 计算建筑面积；无柱雨篷的结构外边线至外墙结构外边线的宽度在 2.100m 及以上的，应按雨篷结构板的水平投影面积的 1/2 计算建筑面积。

(17) 设在建筑物顶部的、有围护结构的楼梯间、水箱间、电梯机房等，结构层高在 2.200m 及以上的应计算全面积；结构层高在 2.200m 以下的，应计算 1/2 面积。

(18) 围护结构不垂直于水平面的楼层，应按其底板面的外墙外围水平面积计算。结构净高在 2.100m 及以上的部位，应计算全面积；结构净高在 1.200m 及以上至 2.100m 以下的部位，应计算 1/2 面积；结构净高在 1.200m 以下的部位，不应计算建筑面积。

(19) 建筑物的室内楼梯、电梯井、提物井、管道井、通风排气竖井、烟道，应并入建筑物的自然层计算建筑面积。有顶盖的采光井应按一层计算面积，且结构净高在 2.100m 及以上的，应计算全面积；结构净高在 2.100m 以下的，应计算 1/2 面积。

(20) 室外楼梯应并入所依附建筑物自然层，并应按其水平投影面积的 1/2 计算建筑面积。

(21) 在主体结构内的阳台，应按其结构外围水平面积计算全面积；在主体结构外的阳台，应按其结构底板水平投影面积计算 1/2 面积，如图 10-14 所示。

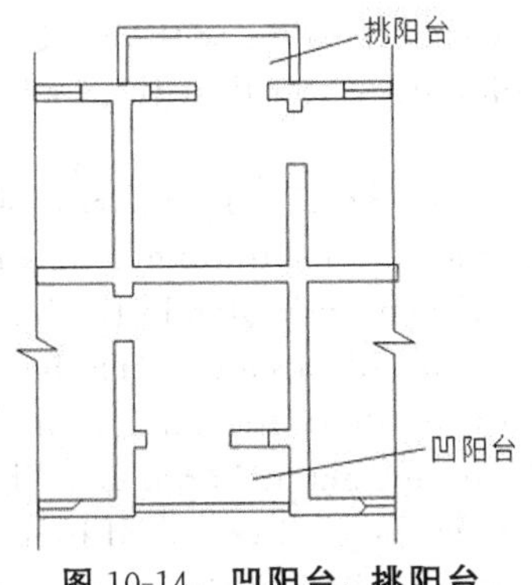

图 10-14　凹阳台、挑阳台

(22) 有顶盖无围护结构的车棚、货棚、站台、加油站、收费站等，应按其顶盖水平投影面积的 1/2 计算建筑面积。

(23) 以幕墙作为围护结构的建筑物，应按幕墙外边线计算建筑面积。

(24) 建筑物的外墙外保温层，应按其保温材料的水平截面积计算，并计入自然层建筑面积。

(25) 与室内相通的变形缝，应按其自然层合并在建筑物建筑面积内计算。对于高低联跨的建筑物，当高低跨内部连通时，其变形缝应计算在低跨面积内。

(26) 对于建筑物内的设备层、管道层、避难层等有结构层的楼层，结构层高在 2.200m 及以上的，应计算全面积；结构层高在 2.200m 以下的，应计算 1/2 面积。

2.不计算建筑面积的范围

(1) 与建筑物内不相连通的建筑部件。

(2) 骑楼、过街楼底层的开放公共空间和建筑物通道。

(3) 舞台及后台悬挂幕布和布景的天桥、挑台等。

(4) 露台、露天游泳池、花架、屋顶的水箱及装饰性结构构件。

(5) 建筑物内的操作平台、上料平台、安装箱和罐体的平台。

(6) 勒脚、附墙柱、垛、台阶、墙面抹灰、装饰面、镶贴块料面层、装饰性幕墙，主体结构外的空调室外机搁板（箱）、构件、配件，挑出宽度在 2.100m 以下的无柱雨篷和顶盖高度达到或超过两个楼层的无柱雨篷。

(7) 窗台与室内地面高差在 0.450 m 以下且结构净高在 2.100m 以下的凸（飘）窗，窗台与室内地面高差在 0.450m 及以上的凸（飘）窗。

(8) 室外爬梯、室外专用消防钢楼梯。

(9) 无围护结构的观光电梯。

(10) 建筑物以外的地下人防通道，独立的烟囱、烟道、地沟、油（水）罐、气柜、水塔、贮油（水）池、贮仓、栈桥等构筑物。

▷English Corner for Chapter 10

(1) The quantity of engineering work refers to the quantity of designed works expressed in physical or natural units of measurement, and calculated in accordance with the code of valuation with the billing quantity. The bill-of-quantity model includes the list of related works, the list of measure items and the list of other items.

(2) Measure items are non-engineering entity projects that occur in the pre-construction preparation of the project, and technology, safety aspects during the construction process in order to complete the construction of the project.

(3) The calculation of engineering bill of quantities items include: earth (stone) works; pile and foundation works; masonry works; concrete and reinforced concrete works; factory warehouse doors, special doors, wood structure works; metal structure works; roofing and waterproofing works; anti-corrosion, heat insulation and heat preservation work.

(4) Site formation, as an important part of earth works, refers to the construction content of exca-

vation, filling, soil transportation and earth leveling within ±30cm thickness in the building site. The volume of site formation work is calculated by the first-floor area of the building according to the size shown in the design drawings.

(5) Floor area, also known as "building area", is the sum of the horizontal peripheral area of each floor of a building. Building area consists of the building's usable area, auxiliary area and structural area. Usable area refers to the net area of each floor plan in the building that can be directly used for production or living. In residential buildings, usable area can also be called living area. Auxiliary area refers to the net area occupied by each floor for auxiliary production or life, such as public corridors (roads), elevator rooms, bathrooms in public buildings and other areas. The sum of the use area and auxiliary area is called effective area. Structural area is the area occupied by the walls, columns and other structures in the layout of each floor of the building, excluding the area occupied by the thickness of plaster.

章节习题

一、选择题

1.工程计量基数计算中所谓的“一面”是指（　）。

A.建筑面积　B.底层建筑面积　C.用地面积　D.顶层建筑面积

2.平整场地是指厚度在（　）以内的就地挖填、找平。

A.10cm　B.30cm　C.40cm　D.50cm

3.工程量清单中，挖土方的工程量按（　）计算。

A.基础垫层底面积乘挖土深度

B.基础垫层底面积乘挖土深度另加工作面增量

C.基础垫层底面积乘挖土深度另加工作面增量及放坡增量

D.基础垫层底面积乘挖土深度另加工作面增量及放坡增量和支护工作

4.建筑物的大厅净高 8m，其建筑面积按（　）计算。

A.二层　B.一层　C.三层　D.2.5 层

5.工程量清单中，平整场地项目的工程量按照（　）计算。

A.首层建筑面积　B.首层建筑面积乘 1.4

C.外墙外边线每边各增加 2 米所围面积　D.建筑物的建筑面积

6.若完成某分项工程需要某种材料的净用量 0.95t，损耗率为 5%，那么必需消耗量为（　）。

A.1.0t　B.0.95t　C.1.05t　D.0.9975t

7.预算定额中人工工日消耗量应包括（　）。

A.基本工和人工幅度差　B.辅助工和基本工

C.基本工和其他工　D.基本工、其他工和人工幅度差

8.一幢六层住宅，勒脚以上结构的外围水平面积每层为 448.38m^2，六层无围护结构的挑阳台的水平投影面积之和为 108m^2，则该工程的建筑面积为（　）m^2。

A.556.38　B.502.38　C.2744.28　D.2798.28

9.钢筋混凝土柱的牛腿的工程量应（　）。

A.并入柱体积　B.单独计算执行小型构件子目

C.并入板体积　D.并入梁体积

10.工程量清单是包括（　）的名称和数量的清单。

A.分部分项工程费、措施项目费

B.直接费、间接费、利润、税金

C.建筑安装工程费、设备工器具购置费和预备费

D.分部分项工程、措施项目和其他项目

11.综合单价是指完成规定计量单位项目所需的（　）。

A.人工费、材料费、机械使用费、管理费、利润，并考虑风险因素

B.人工费、材料费、机械使用费

C.人工费、材料费、机械使用费、管理费
D.直接费、间接费、利润、税金
12.层高 2.2 米的仓库应如何计算建筑面积？（ ）
A.按建筑物外墙勒脚以上的外围面积的 1/4 计算
B.按建筑物外墙勒脚以上的外围面积的 1/2 计算
C.按建筑物外墙勒脚以上的外围面积计算
D.围护结构实际面积
13.工程量清单是招标文件的组成部分，其组成不包括（ ）。
A.分部分项工程量清单　　B.措施项目清单
C.其他项目清单　　D.直接工程费用清单
14.某分部分项工程量清单项目编码为 010203021121，其中分部工程编码是（ ）。
A.01　B.02　C.03　D.021

二、填空题

1.某建筑物的底层平面形状为矩形，外墙外边线尺寸分别为 10m 和 15m，则平整场地的清单工程量为（ ）平方米，按定额计价平整场地工程量为（ ）平方米。
2.定额计价中，建筑安装工程费用包括直接工程费、（ ）、（ ）、（ ）。
3.劳动定额中的时间定额以（ ）为计量单位；机械定额中的时间定额以（ ）为计量单位。
4.建筑物内的技术层管道井的层高超过（ ）米的，应计算建筑面积。
5.计算工程量时的“三线”是指（ ）、（ ）和内墙净长线。
6.编制工程清单应遵守的四统一原则是指统一（ ）、统一（ ）、统一项目编码和统一（ ）。
7.工程清单应由（ ）、（ ）和（ ）组成。

三、简答题

1.简述定额计价中的单价与工程量清单计价中的单价、全费用单价有什么区别。
2.简述工程计量的内容及其依据。
3.什么是工程量？什么是“三线一面”？
4.措施项目应包括哪几项？
5.按实际情况计算的措施项目都有哪些？
6.工程量、实物量与工程计量的区别是什么？
7.工程计量的一般方法有哪些？

四、综合计算题

1.某矿井地面工业广场建筑平面图如图 10-15 所示，回答以下问题。
(1) 工程量计算中的“三线一面”指的是什么？
(2) 计算该地面建筑的三线一面。

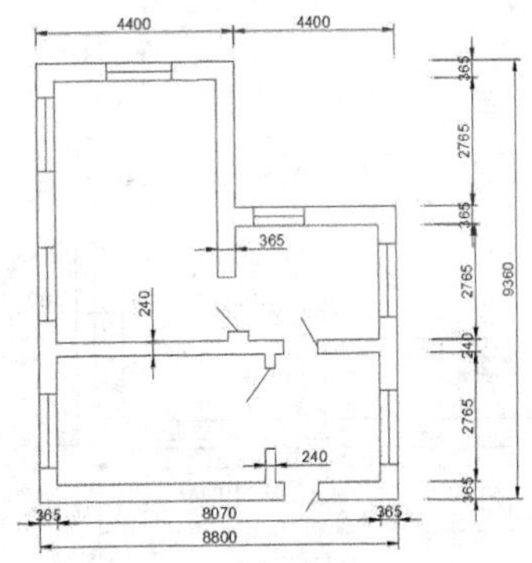

图 10-15

2.某建筑物平面图、剖面图、墙身大样图如图 10-16 和图 10-17 所示，构造柱 240mm×240mm，有马牙槎与墙嵌接，圈梁 240mm×300mm，屋面板厚 100mm，门窗上口无圈梁处设置过梁厚 120mm，过梁长度为洞口尺寸两边各加 250mm，窗台板厚 60mm，长度为窗洞口尺寸两边各加 60mm，窗两侧有 60mm 宽砖砌窗套，砌体材料为 KPl 多孔砖，女儿墙为标准砖，M1 尺寸 1.2m×2.5m（樘数 2），M2 尺寸

0.9m×2.1m（樘数 3），C1 尺寸 1.5m×1.5m（樘数 1），C2 尺寸 1.2m×1.5m（樘数 5），计算墙体工程量。

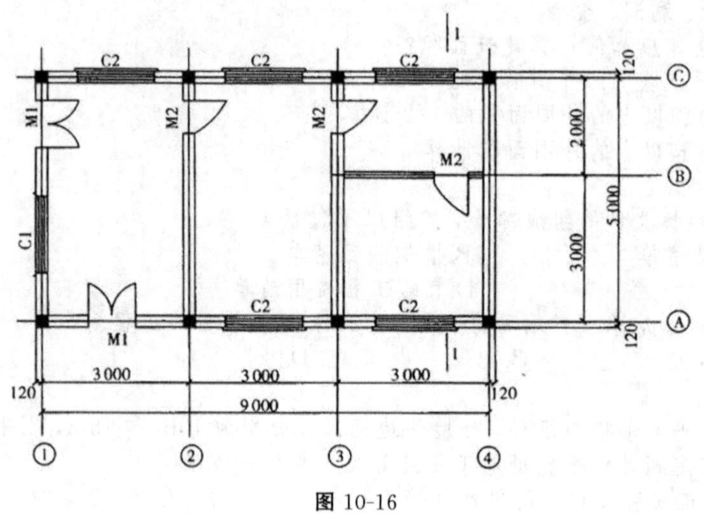

图 10-16

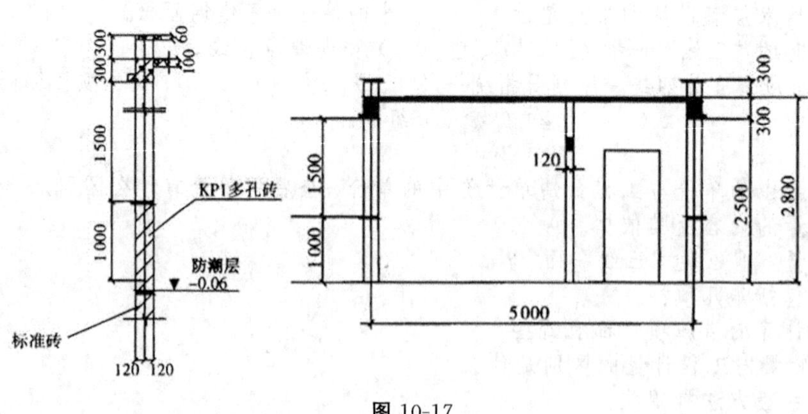

图 10-17

3.试用工程量清单计算规则，计算图 10-18 所示的下列工程量，砖基础、钢筋混凝土带基及其垫层同图 10-18 中±0.00 以下所示。

（1）场地平整；（2）挖基础土方；（3）砖基础；（4）现浇混凝土基础；（5）场内回填、室内回填与基础回填土方量。

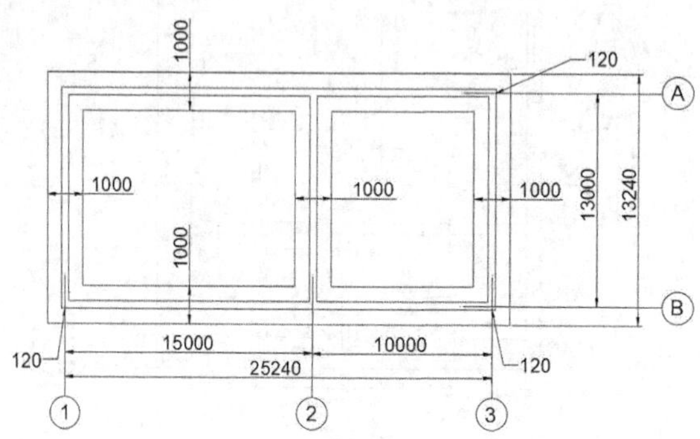

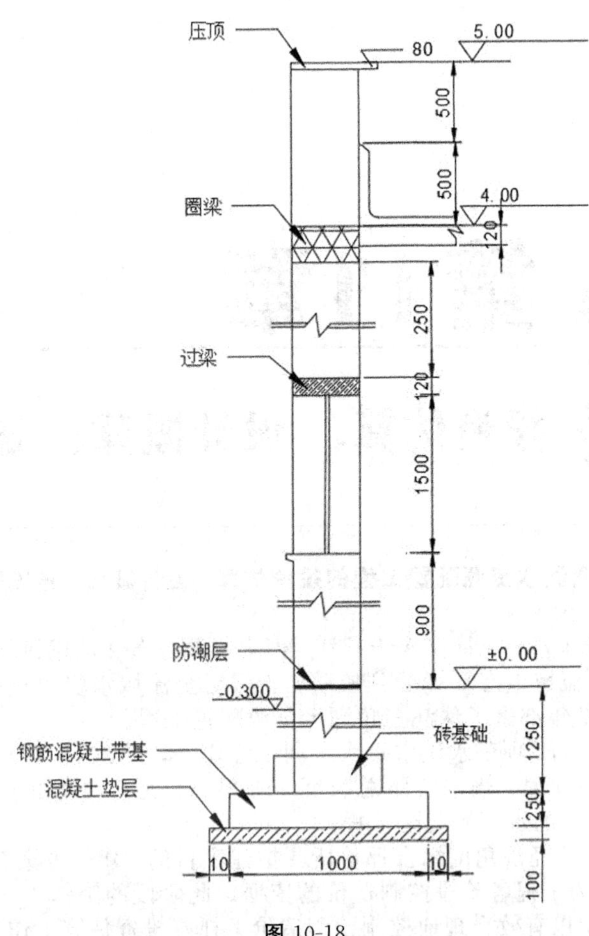

压顶
80
5.00
500
500
4.00
圈梁
120
250
过梁
120
1500
900
防潮层
±0.00
-0.300
砖基础
钢筋混凝土带基
1250
混凝土垫层
250
10
1000
10
100

图 10-18

第11章 投资估算、设计概算、施工图预算

案例引入　　珠江三角洲水资源配置工程的投资估算、设计概算、施工图预算

珠江三角洲地区水资源丰富，流量仅次于长江，但水资源分布和使用极不平衡，东江水资源开发利用率远高于西江，致使东江流域生态环境受到威胁，急需对全流域水资源进行空间优化配置。为了解决这一难题，国务院于2017年部署了珠江三角洲水资源配置工程。

该工程是国务院部署的172项节水供水重大水利工程之一，于2019年上半年全面开工建设。工程总投资354亿元，总工期60个月。输水线路总长度113.2km。是迄今为止广东省历史上投资额最大、输水线路最长、受水区域最广的水资源调配工程。

该项目组织专家从技术及经济角度综合评价所要拟建项目的"建设方案"，且对其进行优化，确立高质量的"投资估算"，作为工程各阶段控制造价的依据。此阶段的工作，应科学合理地选取"建设地点、建设标准、工艺设备"，以有效合理地控制工程造价。抓好投资估算工作，评估其"完整、准确及公正"性。进行投资估算时，需搜集基础数据，如做好工程选址及其所在地的地质、水电交通情况、楼房建筑状况、材料采购地及设备价位、类似工程资料等的收集工作，针对上述因素，拟定项目策划书。

设计阶段需规避设计者仅依规范进行图纸绘制，规避造价管理者、施工者仅依图纸实施编预算及施工，造价管理者要参与设计工作，提供工程造价控制方案，为设计人员进行施工图纸设计提供参考依据。首先通过招标方式选择设计单位。可采取多种方案竞标，优选具有"经济性、实用性、合理性、安全性"的设计方案，由源头优化设计实现工程造价控制目的。在设计阶段，需引入竞争机制，激励创新，降低工程造价。其次在设计过程中，依专业实施投资分解，展开分项限额设计，将设计工作分配至各专业及设计小组，以价值工程理论为基础优化设计，降低成本支出，实现效益最大化。为减少用地分割，及对市政设施、交通和建（构）筑物及民众生活的影响，降低各项成本支出。最后图纸设计完成时，需组织设计、施工及建设单位进行联合会审，材料使用问题应作为审核重点，以减少因设计变更导致的造价失控。

珠江三角洲水资源配置工程从广东省内西江水系取水，向珠江三角洲东部地区尤其是粤港澳大湾区供水。具体线路是从位于广东省佛山市顺德区的西江干流鲤鱼洲（又称"龟洲"）取水，输水线路经鲤鱼洲、高一新一沙、罗田三级泵站加压，输水至广州南沙规划高一新一沙水库（新建）、东莞松木山水库、深圳罗田水库和公明水库。

工程输水线路穿越珠三角核心城市群，采用深埋盾构的方式，在平均纵深40～60m的地下空间建造，尽可能节约粤港澳大湾区地面及浅层地下空间资源，这在中国乃至世界水利史上均属罕见。

作为粤港澳大湾区建设的重要基础设施，珠江三角洲水资源配置工程建成后，将实现从西江水系向珠江三角洲东部地区供水，对保障城市供水安全和经济社会发展具有重要作用，同时也将对粤港澳大湾区发展提供战略支撑。

本章主要介绍了建设项目在不同阶段进行造价控制的各类技术经济文件，包括投资估算、设计概算、施工图预算。通过本章的学习，要求了解投资估算、设计概算、施工图预算的概念，熟悉投资估算的编制方法，能够熟练掌握固定资产投资估算方法、流动资金估算方法。掌握设计概算编制方法，明确单位工程概算和单项工程概算之间的关系。掌握施工图预算的编制方法，对工程造价有一个初步估算。

11.1 投资估算

11.1.1 概述

投资估算（Investment estimates）指在整个投资决策过程中，依据现有的资料和一定的方法，对建设项目的投资数额进行的估计。

其准确性直接影响到项目的投资决策、基建规模、工程设计方案和投资经济效果，也影响到工程建设能否顺利进行。项目建议书阶段的投资估算，是项目主管部门审批项目建议书的依据之一，并对项目的规划、规模起参考作用。项目可行性研究阶段的投资估算是项目投资决策的重要依据，也是研究、分析、计算项目投资经济效果的重要条件。项目投资估算对工程设计概算起控制作用。设计概算不得任意突破批准的投资估算额，并应控制在投资估算额以内。

项目投资估算可作为项目资金筹措及制订建设贷款计划的依据，同时也是核算建设项目固定资产投资需要额和编制固定资产投资计划和工程设计招标，优选设计单位和设计方案的重要依据。

1. 投资估算的内容

整个建设项目的投资估算总额，是从筹建、施工直至建成投产等全部建设费用，其内容视项目性质和范围而定。全厂性工业项目或整体性民用工程的投资估算所包括的费用：

(1) 工程费用

工程费用包括主体工程，工艺设备、电源、水源、动力供应等辅助工程，室外总图工程（如大型土方、道路、管线及构筑物和绿化等），市政工程（或摊销）等建设费。

(2) 工程建设其他费用

工程建设其他费用包括建设单位管理费、征地费、勘察设计费、生产准备费等。

(3) 预备费

预备费包括设备、材料的价差、设计变更、施工内容变化所增加的费用以及应考虑的不确定情况发生的费用等。

(4) 协作工程投资、投资调节税、贷款利息等

这类费用包括铁路专用线路、公路专用线路以及 110kV 以下的输电线路等协作工程投资费用以及拟建项目预计缴纳的固定资产投资方向调节税、项目建设期的贷款利息等。

2. 投资估算的依据

项目建议书、项目建设规模及产品方案、工程项目及辅助工程一览表、工程设计方案图纸和主要设备及材料表、设备价格、运杂费率、当地材料预算价格、同类型建设项目的投资资料、有关规定等。

3. 投资估算的编制步骤

(1) 收集整理资料。收集已建成或正在建设的，符合现行技术政策和技术发展方向，有代表性的工程设计施工图，标准设计以及相应的施工图预算、竣工决策等资料，对资料数据进行整理、归类，按照编制年度的现行定额、费用标准和价格，调整成编制年度的造价水平及相互比例。

(2) 平衡整理。收集来的资料虽经过分析、整理和归类，但由于设计方案建设条件和时间的不同会带来差异与影响，数据可能会失准或多项漏项等，必须对资料进行综合平衡调整。

(3) 测算审查。将新编的估算指标和选定工程的概预算在同一条件下进行比较，测算其“量差”的偏离程度是否符合编制要求，如果偏差过大，要进行修正。在认真测算并做必要的调整后定稿，送国家授权机关审批。

11.1.2 投资估算的编制方法

针对不同对象有多种编制方法，为了提高投资估算的科学性和精确性，应按项目的性质技术资料和数据的具体情况，选用适宜方法。

1. 固定资产投资估算方法

(1) 静态投资估算方法

建设项目投资估算，必须全面、准确地进行分析计算，力求切合实际。

①设备购置费用的估算

在静态投资中占有很大的比重。在项目规划或可行性研究中，设备安装费与设备购置费用之间也有一定的比例关系，因此，在对主体设备或类似工程情况已有所知的情况下，有经验的造价工程师往往会根据工业生产建设的经验采用比例估算的办法估算投资。

②房屋建筑物的造价估算

房屋建筑物的造价估算与厂址、现场施工条件、采用工程技术有关，这些需要在规划或可行性研究中预先明确。房屋、建筑物进行造价估算时，经常采用投资估算指标法进行单位工程投资的估算。根据投资估算指标，乘所需的面积、体积、容量等，就可以求出相应的土建工程、给排水工程、照明工程、采暖工程、变配电工程等各单位工程的投资。在此基础上，可汇总成每一单项工程的投资，再估算工程建设其他费用及预备费，即求得建设项目总投资。

采用这种方法时，要注意：①若套用的指标与具体工程之间的标准或条件有差异时应加以必要的局部换算或调整；②使用的指标单位应密切结合每个单位工程的特点，能正确反映其设计参数，切勿盲目地单纯地套用一种单位指标。

在编制可行性研究报告投资估算时，应根据可行性研究报告的内容及国家有关规定和估算指标等，以估算编制时的价格进行编制，合理地预测估算编制后至竣工期间工程的价格、利率、汇率等动态因素的变化，确保投资估算的编制质量。

(2) 动态投资的估算

动态投资包括预备费、建设期利息和固定资产投资方向调节税三部分内容，涉外项目，还应计算汇率影响。动态投资的估算应以基准年静态投资的资金使用计划额为基础来计算以上各种变动因素。

2. 流动资金的估算方法

流动资金的估算方法指建设项目投产后为维持正常生产经营用于购买原材料、燃料、支付工资及其他生产经营费用所必不可少的周转资金，是伴随着固定资产投资而发生的永久性流动资产投资，等于项目投产运营后所需全部流动资产扣除流动负债后的余额。其中，流动资产主要考虑应收账款、现金和存货；流动负债主要考虑应付款和预收款。

在项目总投资的估算中，采用的是铺底流动资金（式（11－1）），是保证项目投产后，能正常生产经营所需要的最基本的周转资金数额。铺底流动资金是项目总投资中的一个组成部分，在项目决策阶段，这部分资金就要落实。

铺底流动资金＝流动资金×30％　　(11－1)

流动资金的估算一般采用以下两种方法。

(1) 扩大指标估算法

扩大指标估算法是按照流动资金占某种基数的比率来估算流动资金。一般常用的基数有销售收入、经营成本、总成本费用和固定资产投资等，采用何种基数依行业习惯而定；采用的比率可以根据经验、现有同类企业的实际资料或行业、部门给定的参考值确定。此法简便易行，但准确度不高，适用于项目建议书阶段的估算。

(2) 分项详细估算法

也称分项定额估算法。它是国际上通行的流动资金估算方法，是按照下列公式分项详细估算：

流动资金＝流动资产－流动负债　　(11－2)

流动资产＝现金＋应收及预付账款＋存货　　(11－3)

流动负债＝应付账款＋预收账款　　(11－4)

流动资金本年增加额＝本年流动资金－上年流动资金　　(11－5)

11.2 设计概算

11.2.1 概述

设计概算（Design budget estimates）是设计文件的重要组成部分，是在投资估算的控制下由设计单位根据初步设计图纸、概算定额、各项费用定额或取费标准等资料，编制和确定的从筹建至竣工交付使用所需全部费用的建设项目文件。采用两阶段设计的建设项目，初步设计阶段必须编制设计概算；采用三阶段设计的建设项目，技术设计阶段必须编制修正概算。

设计概算的编制应包括编制期价格、费率、利率、汇率等确定静态投资和编制期到竣工验收前的工程和价格变化等多种因素的动态投资两部分。静态投资作为考核工程设计和施工图预算的依据；动态投资作为筹措、供应和控制资金使用的限额。

1. 设计概算的作用

(1) 编制建设项目投资计划、确定和控制建设项目投资

国家规定，编制年度固定资产投资计划，确定计划投资总额及其构成数额，要以批准的初步设计概算为依据，没有批准的初步设计及其概算的建设工程不能列入年度固定资产投资计划。

经批准的建设项目设计总概算的投资额，是该工程建设投资的最高限额。在工程建设过程中，未经按规定的程序批准都不能突破这一限额，以确保国家固定资产投资计划的严格执行和有效控制。

设计概算是签订建设工程合同和贷款合同的依据。《中华人民共和国合同法》明确规定，建设工程合同是承包人进行工程建设，发包人支付价款的合同。合同价款的多少是以设计概预算为依据的，总承包合同不得超过设计总概算的投资额。

设计概算是银行拨款或签订贷款合同的最高限额，建设项目的全部或各单项工程的拨款或贷款的累计总额，不能超过设计概算。如果项目的投资计划所列投资额或拨款与贷款突破设计概算时，必须查明原因后由建设单位报请上级主管部门调整或追加设计概算总投资额，未批准之前，银行对其超支部分拒绝拨付。

(2) 控制施工图设计和施工图预算

经批准的设计概算是建设项目投资的最高限额，设计单位必须按照批准的初步设计及其总概算进行施工图设计，施工图预算不得突破设计概算。如确需突破总概算时，应按规定程序审批。

(3) 衡量设计方案经济合理性和选择最佳设计方案

设计概算是设计方案技术经济合理性的综合反映，据此可以用来对不同的设计方案进行技术与经济合理性的比较，以便选择最佳的设计方案。

(4) 工程造价管理及编制招标标底和投标报价的依据

设计总概算一经批准，就作为工程造价管理的最高限额，并据此对工程造价进行严格的控制。以设计概算进行招投标的工程，投标单位编制标底是以设计概算造价为依据的，并以此作为评标定标的依据。承包单位也必须以设计概算为依据，编制出合适的投标报价。

(5) 考核建设项目投资效果

通过设计概算与竣工决算对比，可以分析和考核投资效果的好坏，同时还可以验证设计概算的准确性，有利于加强设计概算管理和建设项目的造价管理工作。

2. 设计概算的内容

设计概算可分单位工程概算、单项工程综合概算和建设项目总概算三级。各级概算之间的相互关系如图 11-1 所示。

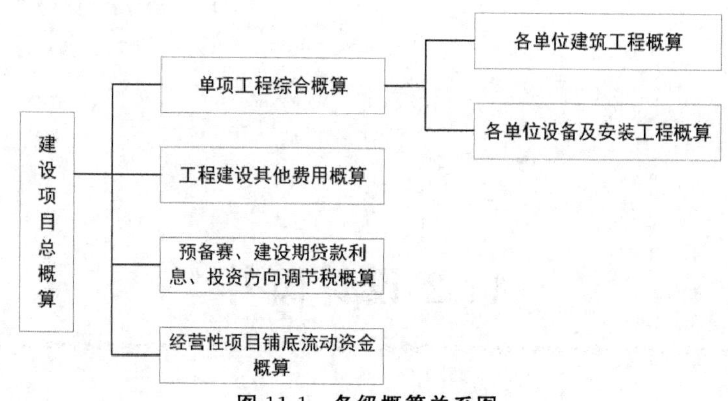

图 11-1 各级概算关系图

(1) 单位工程概算

单位工程概算是确定各单位工程建设费用的文件，是编制单项工程综合概算的依据，是单项工程综合概算的组成部分。按其工程性质分为建筑工程概算和设备及安装工程概算两大类。建筑工程概算包括土建工程概算，给排水、采暖工程概算、通风、空调概算，电气、照明工程概算，弱电工程概算，特殊构筑物工程概算等；设备及安装工程概算包括机械设备及安装工程概算，电气设备及安装工程概算，热力设备及安装工程概算，工具、器具及生产家具购置费概算等。

(2) 单项工程综合概算

单项工程综合概算是确定一个单项工程所需建设费用的文件，它是由单项工程中的各单位工程概算汇总编制而成的，是建设项目总概算的组成部分。单项工程综合概算的组成如图 11-2 所示。

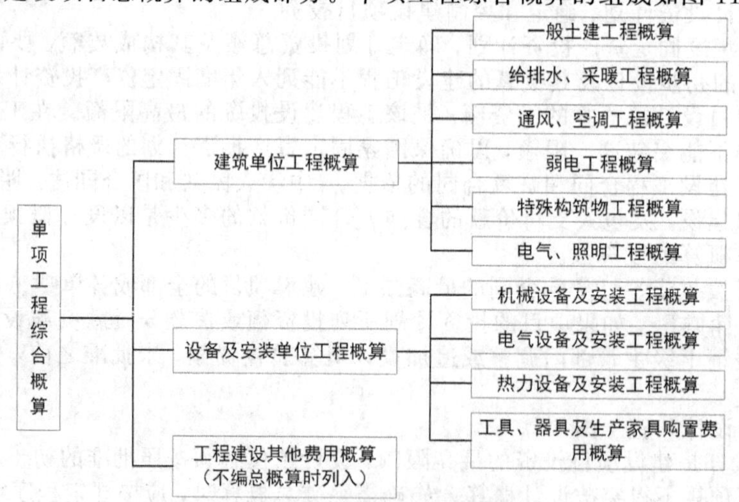

图 11-2 单项工程综合概算的组成

(3) 建设项目总概算

建设项目总概算是确定整个建设项目从筹建到竣工验收所需全部费用的文件，它是由各单项工程综合概算、工程建设其他费用概算、预备费、建设期贷款利息和固定资产投资方向调节税概算汇总编制而成的，如图 11-3 所示。

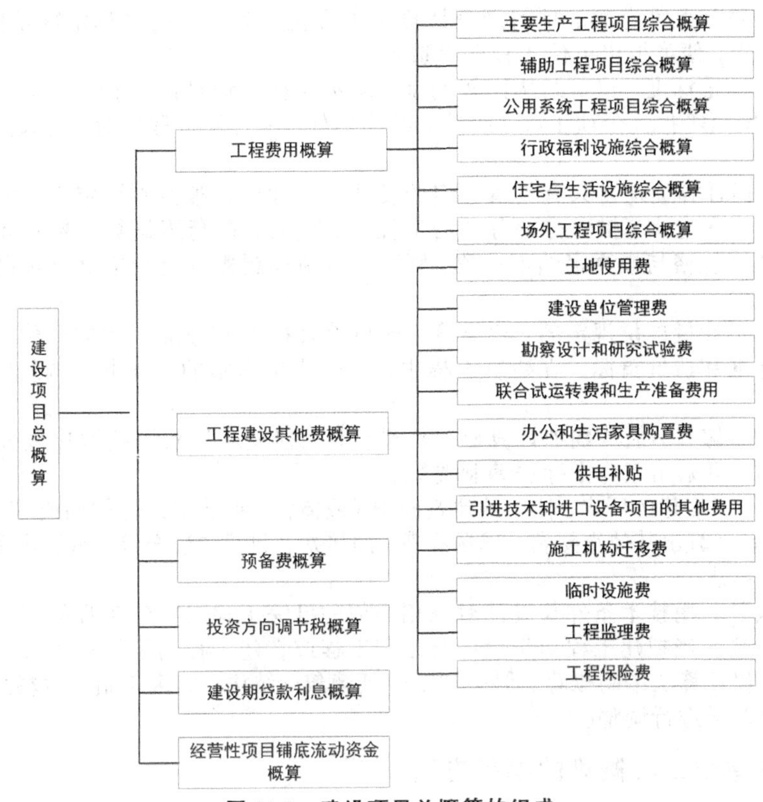

图 11-3　建设项目总概算的组成

3. 设计概算的编制原则和依据

(1) 编制原则

①严格执行国家的建设方针和经济政策；

②完整、准确地反映设计内容；

③坚持结合拟建工程的实际，反映工程所在地当时价格水平。

(2) 编制依据

①国家发布的有关法律、法规、规章、规程等；

②批准的可行性研究报告及投资估算、设计图纸等有关资料；

③有关部门颁布的现行概算定额、概算指标、费用定额等和建设项目设计概算编制方法；

④有关部门发布的人工、设备材料价格、造价指标等；

⑥建设地区的自然、技术、经济条件等资料；

⑥有关合同、协议等；

⑦其他有关资料。

11.2.2 单位工程概算

设计概算的编制，是从单位工程概算这一级开始编制，经过逐级汇总而成。单位工程概算是确定单位工程建设费用的文件，是单项工程综合概算的组成部分。它由直接工程费、间接费、计划利润和税金组成。

单位工程概算分为建筑工程概算和设备及安装工程概算两大类。建筑工程概算的编制方法有概算定额法、概算指标法、类似工程预算法等；设备及安装工程概算的编制方法有预算单价法、扩大单价法、设备价值百分比法和综合吨位指标法等。

1. 建筑单位工程概算的主要编制方法

(1) 概算定额法

概算定额法又称扩大单价法或扩大结构定额法，属于采用概算定额编制建筑工程概算的方法。它是根据初步设计图纸资料和概算定额的项目划分计算出工程量，然后套用概算定额单位（基价），计算汇总后，再计取有关费用，便可得出单位工程概算造价。

当初步设计达到一定深度，建筑结构比较明确，能按照初步设计的平面、立面、剖面图纸计算出楼地面、墙身、门窗和屋面等扩大分项工程（或扩大结构构件）项目的工程量时，可采用概算定额法编制工程概算。

该法比较准确，但计算烦琐。只有具备一定的设计基本知识，熟悉概算定额，才能弄清分部分项的扩大综合内容，才能正确地计算扩大分部分项的工程量。同时，在套用概算定额单价时，如果所在地区的工资标准及材料预算价格与概算定额不一致，则需要重新编制概算定额单价或测定系数加以调整。

(2) 概算指标法

概算指标是按一定计量单位规定的，比概算定额更综合扩大的分部工程或单位工程等人工、材料和机械台班的消耗量标准和造价指标。在建筑工程中，它往往按完整的建筑物、构筑物以或“座”等为计量单位。

当初步设计深度不够，不能准确地计算出工程量，但工程设计是采用技术比较成熟而又有类似工程概算指标可以利用时，可采用概算指标法编制概算。

采用直接费指标，用拟建的厂房、住宅的建筑面积（或体积）乘技术条件相同或基本相同的概算指标得出直接费，然后按规定计算出其他直接费、现场经费、间接费、利润和税金等，编制出单位工程概算。

(3) 类似工程预算法

类似工程预算法是利用技术条件与设计对象相类似的已完工程或在建工程的工程造价资料来编制拟建工程设计概算的方法。当拟建工程初步设计与已完工程或在建工程的设计相类似又没有可用的概算指标时，可采用类似工程预算法编制概算，但必须对包括建筑、结构、地区工资、材料预算价格、施工机械台班费、间接费等的差异进行调整。

2. 设备及安装单位工程概算的编制方法

设备及安装单位工程概算包括设备购置费用概算和设备安装工程费用概算两大部分。

(1) 设备购置费概算

设备购置费[式（11－6），式（11－7）]是根据初步设计的设备清单计算出设备原价，并汇总求出设备总原价，然后按有关规定的设备运杂费率乘设备总原价，两项相加即为设备购置费概算。

设备购置费概算＝Σ（设备清单中的设备数量×设备原价）
×（1＋运杂费率） (11－6)

或

设备购置费概算＝Σ（设备清单中的设备数量×设备预算价格） (11－7)

国产标准设备原价可根据设备型号、规格、性能、材质、数量及附带的配件，向制造厂家询价或向设备、材料信息部门查询或按主管部门规定的现行价格逐项计算。非主要标准设备和工器具、生产家具的原价可按主要标准设备原价的百分比计算，百分比指标按主管部门或地区有关规定执行。

国产非标准设备原价在设计概算时可按下列两种方法确定。

①非标设备台（件）估价指标法

非标准设备原价＝设备台数×每台设备估价指标（元/台） (11－8)

②非标设备吨重估价指标法

非标准设备原价＝设备吨重×每吨重设备估价指标（元/t） (11－9)

(2) 设备安装工程费概算的编制方法

根据初步设计深度和要求明确的程度来确定，其主要编制方法如下：

①预算单价法。初步设计较深，有详细的设备清单时，可直接按安装工程预算定额单价编制安装工程概算，概算编制程序基本同于安装工程施工图预算。计算具体，精确性高。

②扩大单价法。当初步设计深度不够，设备清单不完备，只有主体设备或仅有成套设备重量时，可采用主体设备、成套设备的综合扩大安装单价来编制概算。

上述两种方法的具体操作与建筑工程概算相类似。

③设备价值百分比法，又称安装设备百分比法。当初步设计深度不够，只有设备出厂价而无详细规格、重量时，安装费可按占设备费的百分比计算。其百分比值（即安装费率）由主管部门制定或由设计单位根据已完成的类似工程确定。常用于价格波动不大的定型产品和通用设备产品。

④综合吨位指标法。当初步设计提供的设备清单有规格和设备重量时，可采用综合吨位指标编制概

算，其综合吨位指标由主管部门或由设计院根据已完成的类似工程资料确定，常用于设备价格波动较大的非标准设备和引进设备的安装工程概算。

11.2.3 单项工程概算

确定单项工程建设费用的综合性文件，它是由该单项工程的各专业的单位工程概算汇总而成的，是建设项目总概算的组成部分。

概算文件一般包括编制说明和综合概算表两大部分。当建设项目只有十个单项工程时，此时，综合概算文件除包括上述两大部分外，还应包括工程建设其他费用、建设期贷款利息、预备费和固定资产投资方向调节税的概算。

1. 编制说明

编制说明应列在综合概算表的前面，包括：编制依据、编制方法、主要设备、材料（钢材、木材、水泥）的数量、其他需要说明的有关问题。

2. 综合概算表

根据单项工程所辖范围内的各单位工程概算等基础资料，按照国家或部委所规定统一表格进行编制。

(1) 项目组成。工业建设项目综合概算表由建筑工程和设备及安装工程两大部分组成；民用工程项目综合概算表就只有建筑工程一项。

(2) 费用组成。一般应包括建筑工程费用、安装工程费用、设备购置及工器具和生产家具购置费等。当不编制总概算时，还应包括工程建设其他费用、建设期贷款利息、预备费和固定资产方向调节税等费用项目。

11.3 施工图预算的编制

11.3.1 概述

施工图预算（Construction drawing budget）是在施工图设计完成后，工程开工前，根据已批准的施工图纸，在施工组织设计或施工方案已确定的前提下，按照国家或地区现行的统一预算定额、单位估价表、合同双方约定的费用标准等有关文件的规定，进行编制和确定的单位工程造价的技术经济文件。

在按照预算定额的计算规则分别计算分部分项工程量的基础上，逐项套用预算定额基价或单位估价表，然后累计其定额直接费，并计算其他直接费、现场经费、间接费、利润、税金，汇总出单位工程造价，同时做出工料分析。

1. 施工图预算的作用

(1) 设计阶段控制工程造价的重要环节，是控制施工图设计不突破设计概算的重要措施。

(2) 确定最终工程造价的基本依据。

(3) 建设银行拨付工程价款的依据。建设银行根据施工图预算按时定期将甲方银行存款拨给乙方，并监督甲乙双方按照工程价款结算办法，办理工程价款结算，保证工程施工的顺利进行。

(4) 施工企业进行（施工图预算与施工预算）对比和加强成本管理的依据。施工企业根据“两算”对比情况，分析节约和亏损原因，采取措施降低成本，提高经济效益。

2. 施工图预算的内容

施工图预算包括单位工程预算、单项工程预算和建设项目总预算。

单位工程预算是根据施工图设计文件、现行预算定额、费用定额以及人工、材料、设备、机械台班预算等价格资料，以一定方法，编制单位工程的施工图预算；汇总所有各单位工程施工图预算，成为单项工程施工图预算；再汇总各单项工程施工图预算，便是一个建设项目建筑安装工程的总预算。

单位工程预算包括建筑工程预算和设备安装工程预算。建筑工程预算按其工程性质分为一般土建工程预算、卫生工程预算（包括室内外给排水工程、采暖通风工程、煤气工程等）、电气照明工程预算、弱电工程预算、特殊构筑物如炉窑、烟囱、水塔等工程预算和工业管道工程预算等。设备安装工程预算可分为机械设备安装工程预算、电气设备安装工程预算和热力设备安装工程预算等。

3. 施工图预算编制的依据

施工图预算编制依据包括：施工图纸、说明书和相关的标准图集、已审批的施工组织设计或施工方案、现行预算定额及单位估价表、各种取费标准、甲乙双方签订的合同或协议、工具书和预算员工作手册。

4. 施工图预算的编制步骤

施工图预算的编制步骤框图如图 11-4 所示。

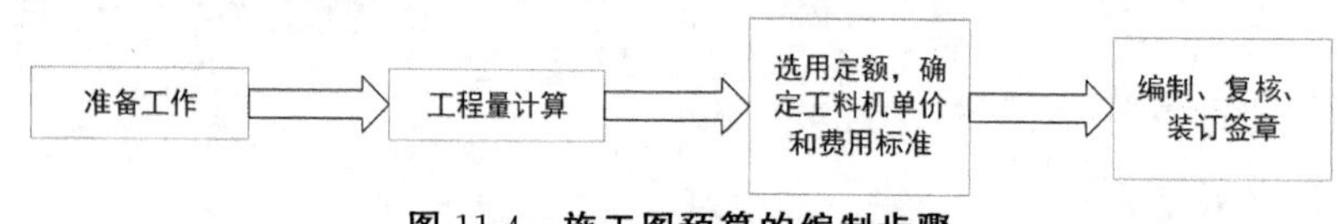

图 11-4　施工图预算的编制步骤

各步骤的具体内容如下所述：

(1) 编制施工图预算的准备工作

①收集、整理和审核施工图纸

在编制预算之前，必须充分熟悉施工图纸，了解设计意图和工程全貌，对施工图中的问题、疑难和建议要同设计单位协商，应把设计中的错误、疑点消除在编制预算之前，一般按以下顺序进行：

第一，核对施工图纸；

第二，阅读和审核施工图。

通过熟悉图纸，要达到对该项建筑物的全部构造、构件联结、材料做法、装饰要求及特殊装饰等，都有一个清晰的认识，把设计意图形成立体概念，为编制工程预算创造条件。现以编制一般土建工程预算为例，介绍阅读、审核施工图的顺序、要求及注意事项，见表 11-1。

表 11-1 阅读、审核施工图的顺序、要求及注意事项

序号	图纸名称	识读要求	注意事项
1	总平面图	了解新建工程的位置、坐标、标高、等高线，地上和地下障碍物，地形、地貌等情况	①该单项工程与建筑总平面图、各种图纸、图纸与说明等相互间有无矛盾和错误；②各分项工程（或结构构件）的构造、尺寸和定的材料、品种、规格以及它们互相间的关系是否相符；③门窗及混凝土构件表与图示的规格、数量是否相符；④详图、说明、尺寸是否齐全；⑤图纸中结构、构造上是否有逻辑性的错误；⑥施工图上是否有标注不够清楚的地方
2	建筑施工图	包括各层平面、立面、剖面、楼梯详图、特殊房间布置等，要逐层逐间核对其室内开间、进深、高度、檐高、屋面泛水、坡度、建筑配件细部等尺寸有无矛盾	
3	基础平面图	掌握基础工程的做法、基础槽底标高、计算尺寸、管道及其他布置等情况，并结合节点大样、首层平面图，核对轴线、基础墙身、楼梯基础等部位的尺寸	
4	结构施工图	包括各层平面图、节点大样、结构部件及梁（板、柱）配筋图等。结合建筑平（立、剖）面图，对结构尺寸、总长、总高、分段长、分层高、大样详图、节，点标高、构件规格数量等数据进行核算。有关构件间的标高和尺寸必须交圈对口，以免发生差错	

第三，设计交底和图纸会审。

施工单位在熟悉和自审图纸的基础上，参加由建设单位组织设计单位和施工单位共同进行设计交底的图纸会审会议。

预算人员参加图纸会审时，应注意：阅读施工图过程中所发现图纸中的问题，或不清楚之处，请设计单位及时解决；了解有无设计变更的内容；了解工程的特点和施工要求。

②收集、熟悉定额的相关资料

主要收集预算定额、单位价格表、费用定额等资料。

熟悉预算定额的分部分项工程划分方法，以便正确地将项目分解使之与定额子目一一对应；熟悉各分项工程包含的工作内容，以便正确选用定额、换算定额和补充定额；熟悉工程量计算规则，提高预算文件的正确性；熟悉单位估价表和费用定额的计算基础，以便合理计算预算造价。

③熟悉施工组织设计或施工方案的有关内容

在编制预算时，应了解熟悉施工组织设计中影响工程预算造价的有关内容，如施工方法和施工机械的选择、构（配）件的加工和运输方式等。

如果施工图预算与施工组织设计或施工方案同时进行编制时，可将预算方面需要解决的问题，提请有关部门先行确定。若某些工程没有编制施工组织设计或施工方案，则应把预算方面需要解决的问题向有关人员了解清楚，使预算反映工程实际，从而提高预算编制质量。

④了解其他有关情况

(2) 工程量计算

根据预算定额的分部分项工程划分方法将本工程分解并列出分项工程名称，即将施工图反映的工程内容，用预算定额分项工程名称表达。列分项项目一般按定额中分部分项工程排列顺序进行，要求做到不重复、不遗漏，对于定额中没有而施工图中有的项目，应做补充定额。

工程量是施工图预算的主要基础数据，应按预算定额制定的计算规则，认真、仔细计算，要求做到不遗漏、不重复，以便校对和审核。

(3) 选用定额，确定工、料、机单价和费用标准

①选用定额

工程量计算完毕并经汇总、校对无误后，便可选用定额，又称套定额。选用定额时，要分析定额项目工作内容与实际工作内容是属于完全吻合、部分吻合，还是定额缺项。然后根据定额说明分别采取"对号入座""强行入座""生搬硬套"换算定额或补充定额。

②确定工、料、机台班单价

根据工程进度计划、目前市场价格信息及其价格趋势，确定人工、材料和机械台班的单价。

③确定费用标准

费用标准即为除直接费以外的费用计算所需的费率标准，包括间接费、利润和税金等费率。在传统的静态计算工程造价模式中，费率是按照费用定额确定，在"控制量、指导价、竞争费"的半动态计价模式下，费率由甲乙双方在合同谈判时协商确定；在动态的工程量清单计价模式中，费率由施工单位根据自身条件及市场因素确定，并通过评标中标确认。

④编制工程预算书及复核、装订签章

栏目　　井巷工程施工图预算的编制依据

(一) 经过批准和会审的施工图设计文件和有关标准图集

施工图样必须经过建设主管机关批准，并经过建设单位、设计单位、施工单位和监理单位参加图样会审、签署"图样会审纪要"。同时，预算编制单位还应有与图样有关的各类标准。编制预算的必要前提是对工程概况（如工程性质、内容、构造等）有详细了解。

(二) 经过批准的施工组织设计

确定各分部分项工程的施工方法、施工进度计划、施工机械的选择、施工平面图的布置及主要技术措施等内容，是编制井巷工程施工图预算的重要依据之一，与工程量计算、选套定额项目等有密切关系。

(三) 井巷工程预算定额

井巷工程预算定额是编制井巷工程施工图预算的重要依据。井巷预算定额对于分项工程等项目都进行了详细的划分，同时对于分项工程的工作内容、工程量计算规则等都有明确规定，还给出了各个项目的人工、材料、机械台班的消耗量，是编制井巷工程施工图预算的基础资料。

(四) 经过批准的设计概算文件

经过批准的设计概算是国家控制工程拨款或贷款的最高限额，也是控制单位工程预算的主要依据，如果工程预算确定的投资总额超过设计概算，应该补做调整设计概算，经原批准单位机关批准后方可准许实施。

(五) 井巷工程费用定额

根据地区的不同，选用相应费用标准，确定工程预算造价。

(六) 材料价格

材料费用的依据，是编制预算的必备资料。

11.3.2 施工图预算的编制依据及原则

1.编制依据

(1) 国家、行业和地方政府有关工程建设和造价管理的法律，法规和规定。

(2) 建设项目有关文件、合同、协议等。

(3) 批准的设计概算。

(4) 批准的施工图设计图纸及相关标准图集和规范。

(5) 计价定额（或单位估价表）、地区材料市场与预算价格等相关信息以及颁布的材料预算价格、工程造价信息、材料调价通知、取费调整通知等；工程量清单计价规范。

(6) 合理的施工组织设计和施工方案等文件。

(7) 项目所在地区有关的气候、水文、地质地貌等的自然条件。

(8) 项目有关的设备、材料供应合同、价格及相关说明书。
(9) 项目的技术复杂程度，以及新技术、专利使用情况等。
(10) 项目所在地有关的经济、人文等社会条件。

2. 编制原则

(1) 严格执行国家的建设方针和经济政策的原则。
(2) 完整、准确地反映设计内容的原则。编制施工图预算时，要认真了解设计意图，根据设计文件、图纸准确计算工程量，避免重复和漏算。
(3) 坚持结合拟建工程的实际，反映工程所在地当时价格水平的原则。编制施工图预算时，实事求是地对工程所在地的建设条件、可能影响造价的各种因素进行认真的调查研究。在此基础上，正确使用定额、费率和价格等各项编制依据，按照现行工程造价的构成，根据有关部门发布的价格信息及价格调整指数，考虑建设期的价格变化因素，使施工图预算尽可能地反映设计内容、施工条件和实际价格。

11.3.3 施工图预算的编制方法

1.建筑安装工程费用计算方法

建筑安装工程施工图预算主要包括建筑工程费和设备及工器具购置费。建筑工程费应根据建筑工程施工图设计文件、预算定额以及人工、材料和施工机械台班等价格资料进行计算。主要编制方法有单价法和实物法。其中，单价法分为定额单价法和工程量清单单价法。在单价法中，使用较多的还是定额单价法。单位建筑工程预算书主要由建筑工程预算表和建筑工程取费表构成。

定额单价法是指用事先编制好的分项工程的单位估价表来编制施工图预算的方法。工程量清单单价法是指根据招标人按照国家统一的工程量计算规则提供工程数量，采用综合单价的形式计算工程造价的方法。实物量法是依据施工图纸和预算定额的项目划分及工程量计算规则，先计算出分部分项工程量。然后套用预算定额（或消耗量定额），再根据资源市场价格计算各项费用来编制施工图预算的方法。

2.定额单价法

(1) 含义及特点

定额单价法又称工料单价法或预算单价法，指按施工图及计算规则计算的各分项工程的工程量，并乘相应工料机单价，汇总相加，得到单位工程的人工费、材料费、机械使用费之和，再根据规定的计算方法计取措施费、企业管理费、利润和税金，将上述费用汇总后得到该单位工程的施工图预算造价的方法。单价采用地区统一单位估价表中的各分项工程工料单价（定额基价）。定额单价法计算公式如式（11－10）所示。

建筑工程预算造价＝Σ（分项工程量×分项工程工料单价）
＋企业管理费＋措施费＋利润＋规费＋税金　　(11—10)

定额单价法具有计算简单、工作量较小和编制速度较快、便于工程造价管理部门集中统一管理的优点。在市场波动较大的情况下，尽管可采用调价，但由于调价系数和指数的确定有一定的滞后性，因此其价格不能准确反映实际价格水平。另外，由于单价法采用统一的单位估价表进行计价，不利于反映承包商自身的管理水平。

(2) 基本步骤

①收集编制预算的基础文件和资料

编制预算的基础文件和资料主要包括：施工图设计文件，施工组织设计文件，设计概算文件，建筑工程预算定额，建设工程费用定额，工程承包合同文件（Contract documentation），当地各种人工、材料、机械当时的实际价格以及预算工作手册等文件和资料。

②熟悉预算基础文件和资料

熟悉施工图设计文件。施工图纸是编制单位工程预算的基础。在编制工程预算之前，必须结合“图纸会审纪要”，对全部施工设计文件进行认真熟悉和详细审查，可以加快预算速度。熟悉施工图纸的要点主要包括：审查施工图纸是否齐全，施工图纸与说明书是否一致；每张施工图纸本身有无差错；各单位工程施工图纸之间有无矛盾；掌握工程结构形式、特点和全貌；了解工程地质和水文地质资料；复核建筑平面图、立面图和剖面图等各部分尺寸关系。

熟悉施工组织设计文件。在编制单位工程预算时，应全面掌握施工组织设计文件，并重点熟悉以下内容：各分部（项）工程的施工方案（如土方工程开挖方法），各种大型预制构件吊装方法和各项技术组织措施。

③掌握施工现场情况

为编制出符合施工实际的单位工程预算，除了要全面掌握施工图设计文件和施工组织设计文件外，还必须掌握施工现场的实际情况。例如，施工现场障碍物拆除情况，场地平整状况；土方开挖和基础施工状况；工程中地质和水文地质状况；施工顺序和施工项目划分状况；主要建筑材料、构配件和制品和供应状况，以及其他施工条件、施工方法和技术组织措施的实施状况。这些现场施工状况，对单位工程预算的准确性影响很大，必须随时观察和掌握，并做好记录以备应用。

④划分工程项目和计算工程量

工程量是编制单位工程预算的原始数据，其计算的准确性和快慢，将直接影响所编预算的质量和速度。工程量计算时，首先将单位工程划分为若干分项工程，划分的项目必须和定额规定的项目一致。不能重复列项计算，也不能漏项少算。工程量应严格按照图纸尺寸和现行定额规定的工程量计算规则进行计算，分项子目的工程量应遵循一定的顺序逐项计算。

⑤选套定额或确定分部分项工程单价，计算人工费、材料费和机械费

核对工程量计算结果后，将定额子项中的基价填于预算表单价栏内，并将单价乘工程量得出合价，将结果填入合价栏，汇总求出单位工程人工费、材料费和机械费的合计。如果是选套定额确定工程单价，必须合理选套定额，并根据以下三种情况分别进行处理。

第一，当计算项目工程内容与规定工程内容一致时，可以直接选套定额；

第二，当计算项目工程内容与规定工程内容不一致，而定额规定允许换算时，应进行定额换算，然后选套换算后的定额；

第三，当计算项目工程内容与规定工程内容不一致，而定额规定不允许换算时，可以直接选套定额或按照编制补充定额的要求，编制补充定额，并报请当地建设主管部门批准，作为一次性定额纳入预算文件。

⑥计算人工费、材料费、机械费价差

当合同约定或省建设行政主管部门发布的人工单价与定额中人工单价不同时，需计算人工费价差。机械费价差指省建设行政主管部门发布的机械费价格与省计价定额中机械费的差价。

许多定额项目基价为不完全价格，即未包括主材费用在内，因此应单独计算出主材费。主材计算的依据是当时当地的市场价格。

⑦工料分析

工料分析是根据各分部分项工程的实物工程量和相应定额中的项目所列的用工工日及材料数量，计算出各分部分项工程所需的人工及材料数量的方法，其计算方法按式（11－11）～式（11－13）进行。

人工工日消耗量＝某工种定额用量×某分项工程量 （11－11）

材料消耗量＝某种材料定额用量×某分项工程量 （11－12）

机械台班消耗量＝某种机械定额用量×某分项工程量 （11－13）

汇总统计单位工程所需的各类人工工日、材料、机械台班消耗量，相加汇总便可得到单位工程各类人工、材料、机械台班的消耗量。

⑧计算工程预算造价和技术经济指标

按照建筑安装单位工程造价构成的规定费用项目、费率及计费基础，分别计算出措施费、企业管理费、利润、规费和税金，并和上述计算的人工费、材料费和机械费汇总，得到单位工程预算造价。计算工程的技术经济指标，如单方造价。

⑨复核

在复核时，应对项目填列、工程量计算公式、套用的单价、采用的各项取费费率以及各项计算数值的正确性和精确度等进行全面复核，从而提高预算的准确性。

⑩编制说明、填写封面

编制说明主要包括：工程性质、内容范围、施工图预算所采用的设计图纸号、预算定额、费用定额等编制依据、存在的问题及处理的结果等需要说明的问题。

封面应写明工程名称、工程编号、建筑面积、预算总造价及单位平方米造价、编制单位名称及负责人和编制日期，审查单位名称及负责人和审核日期等。

3.实物法

（1）含义及特点

用实物法编制单位工程施工图预算，就是根据施工图计算的各分项工程量分别乘地区定额中的人工、材料、施工机械台班的定额消耗量，分类汇总得出该单位工程所需的全部人工、材料、施工机械台班消耗数量，然后再乘当时当地人工工日单价、各种材料单价、施工机械台班单价，求出相应的人工费、材料费、机械使用费。企业管理费、利润、规费和税金等费用的计算方法与单价法相同。

实物法的优点是能较及时地将反映各种材料、人工、机械的当时当地市场单价计入预算价格，不需调价，反映当时当地的工程价格水平，较好地反映了实际价格水平，工程造价的准确性高。

（2）编制施工图预算的基本步骤

①准备资料、熟悉施工图纸

实物法准备资料时，除准备定额单价法的各种编制资料外，重点应全面收集工程造价管理机构发布的工程造价信息及各种市场价格信息，如当时当地的不同工种、不同等级的人工工资单价，不同品种、不同规格的材料预算价格，不同种类、不同型号的机械台班单价等实际价格。

②列项并计算工程量

本步骤与定额单价法相同。

③套用消耗量定额，计算人工、材料、机械台班消耗量

根据预算人工定额所列各类人工工日的数量，乘各分项工程的工程量，计算出各分项工程所需各类人工工日的数量，统计汇总后确定单位工程所需的人工工日消耗量。同理，根据预算材料定额，预算机械台班定额分别确定出工程各类材料消耗数量和各类机械台班数量。

④计算并汇总人工费、材料费和机械使用费

根据当时当地工程造价管理部门定期发布的或企业根据市场价格确定的人工工资单价、材料预算价格、施工机械台班单价分别乘人工、材料、机械消耗量，汇总即为单位工程人工费、材料费和施工机械使用费。

⑤计算其他各项费用，汇总造价

本步骤与定额单价法相同。

⑥复核、填写封面、编制说明

检查人工、材料、机械台班的消耗量计算是否准确，有无漏算、重算或多算；套用的定额是否正确；检查采用的实际价格是否合理。其他内容参考定额单价法。

11.4 工程项目招投标

课程思政　　　　大兴国际机场工程招投标与廉洁工程

2019年9月25日，在经历了7次综合模拟演练、3场验证试飞之后，北京大兴国际机场正式投入运营。各建设主体负责的主要工程项目已于2019年6月30日顺利竣工，完工项目一次验收合格率均达100%。

全力打造“廉洁工程”是习近平总书记在2017年2月考察大兴国际机场建设时提出的明确要求。参与机场建设的有关中央企业及纪检监察机构，深入贯彻落实习近平总书记重要指示精神，扎实开展廉洁风险防范，强化政治监督，坚决防止“工程建起来，干部倒下去”。

北京大兴国际机场南航基地项目是南航集团历史上规模最大的工程。截至竣工，基地项目五大功能区一直保持着“廉洁零违纪”的从业纪录。“廉洁零违纪”需要严丝合缝的制度和流程设计，需要把廉洁风险防范融入大兴国际机场项目建设各环节。

决策：建立指挥部周例会、指挥长办公会和指挥部党委会三个集体决策平台，凡涉及招标采购、工程建设的重要事项和关键环节，都必须充分研究、集体协商、会议决策、公开透明，防止“一言堂”“一支笔”“独断专行”。

招标：招标文件由招标采购部牵头草拟，规划、工程、造价、财务、法律等各部门共同审核，指挥长办公会议研究审议。评分条款由党委会审议决策，严防技术参数、评分条款等重要招标条件个人说了算，严防“萝卜招标”。

评标：内部评委提前一天在指挥部评委库随机抽取，并对其进行警示教育，社会评委当天抽取、当天评审，杜绝围标串标。

采购：重要材料、设备品牌必须使用国内、国际排名“双前十”品牌，减少可能存在的插手干预材料、设备品牌选用、捞取个人好处等廉洁风险。

造价：对同一编制项目，安排两家咨询单位独立完成编制工作后，再组织另外两家咨询公司核对清单项、清单量和清单描述，“背靠背”编制工程量清单和招标控制价，防范指挥部人员通过编制造价收取好处、回扣。

支付：首家使用南航基建管理系统，工程款支付全程可跟踪、可督促、可回溯，做到笔笔有签字、单单有依据。在施工单位上报进度款请款报告28个工作日内必须完成进度款支付，支付进度情况必须在周例会上专题汇报，杜绝拖延支付，消除廉洁隐患。

为确保各项制度机制落到实处，南航指挥部认真分析研判南航基地建设廉洁风险，开展重点监督检查。建立招标采购“七必”机制，即重大项目“必”进行市场调研，做到详知市场行情；评标结束“必”进行背景调查，以防中标候选人提供虚假信息；抽取评委“必”有纪检监察人员现场监督，保证业主评委是从专家库里随机抽取；评标前“必”对内部评委进行廉洁教育，严防评委跑冒滴漏；与中标单位“必”进行廉洁谈话，“必”签订廉洁协议，“必”建立纪检监察机构联系机制，建立甲乙双方互相监督、互相提醒、协助共建廉洁从业机制和氛围。

资料来源：封志伟《构建“防腐”体制机制“廉洁工程”成效初显——北京大兴国际机场南航基地廉洁风险防控工作实践及思考》《北京大兴国际机场“廉洁工程”建设纪实》。

11.4.1 招标投标的概念和性质

1. 概念

招标投标（tendering and bidding）指招标人在发包建设项目之前，公开招标或邀请投标人，根据招标人的意图和要求提出报价，择日当场开标，从中择优选定中标人的一种经济活动。

建设工程投标是工程招标的对称概念，指具有合法资格和能力的投标人根据招标条件，经过初步研究和估算，在指定期限内填写标书，提出报价，并等候开标，决定能否中标的经济活动。建设工程招标是要约邀请，而投标是要约，中标通知书是承诺。我国《合同法》明确规定，招标公告是要约邀请。也就是说，招标实际上是邀请投标人对其提出要约（即报价），属于要约邀请。投标则是一种要约，它符合要约的所有条件，如具有缔结合同的主观目的；一旦中标，投标人将受投标书约束；投标书的内容具有足以使合同成立的主要条件等。招标人向中标的投标人发出的中标通知书，则是招标人同意接受中标的投标人的投标条件，即同意接受投标人的要约的意思表示，应属于承诺。

2. 范围

我国《招标投标法》指出，凡在中华人民共和国境内进行下列工程建设项目，包括项目勘察、设计、施工、监理以及与工程建设有关的重要设备、材料等采购，必须进行招标。一般包括：大型基础设施、公用事业等关系到社会公共利益、公共安全的项目；全部或者部分使用国有资金投资或国家融资的项目；使用国际组织或者外国政府贷款、援助资金的项目。

3. 种类

招标种类包括：建设工程项目总承包招标、建设工程勘察招标、建设工程设计招标、建设工程施工招标、建设工程监理招标、建设工程材料设备招标。

4. 方式

建设工程招标的方式可以从不同角度分类。

(1) 从竞争程度进行分类，分为公开招标（public tender）和邀请招标（invitational tender）

公开招标是指招标人通过报刊、广告或电视台等公共传播媒介介绍、发布招标公告或信息而进行招标。是一种无限制的竞争方式。优点是招标人有较大的选择范围，可在众多的投标人中选定报价合理、工期较短、信誉良好的承包商，有助于打破垄断，实行公平竞争。

邀请投标是指招标人以投标邀请书的方式邀请特定的法人或者其他组织投标。招标人采用邀请招标方式的，应当向三个以上具备承担招标项目的能力、资信良好的特定的法人或者其他组织发出投标邀请书，邀请招标虽然也能够邀请到有经验和资信可靠的投标者投标，保证履行合同，但是限制了竞争范围，可能会失去技术上和报价上有竞争力的投标者。因此，在我国建设市场中应大力推行公开招标。

一般在以下几种情况下采用邀请招标方式：

①因技术复杂、专业性强或者其他特殊要求等原因，只有少数几家潜在投标者可以选择的；②采购规模小，为合理减少采购费用和采购时间而不适宜公开招标的；③法律或者国务院规定的其他不适宜公开招标的情形。

(2) 从招标的范围进行分类，分为国际招标和国内招标

国际招标界定为“是指符合招标文件规定的国内、国外法人或其他组织，单独或联合其他法人或者其他组织参加投标，并按招标文件规定的币种结算的招标活动”；国内招标则“是指符合文件规定的国内法人或其他组织，单独或联合其他国内法人或其他组织参加投标，并用人民币结算的招标活动”。

11.4.2 建设项目招投标的程序

1. 招标活动准备工作

项目招标前，招标人应当办理有关的审批手续，确定招标方式以及划分标段等工作。

2. 招标公告和投标邀请书的编制与发布

招标人采用公开招标，应发布招标公告；采用邀请招标，应向三个以上具备承担招标项目的能力和

资信的特定法人或者其他组织发出参加投标的邀请。

按照《招标投标法》的规定，招标公告与投标邀请书应当载明同样的事项，具体包括：招标人的名称和地址；招标项目的性质；招标项目的数量；招标项目的实施地点；招标项目的实施时间；获取招标文件的办法。

3. 资格预审

资格预审是指招标人在招标开始之前或开始初期，由招标人对申请参加投标的潜在投标人进行资质条件、业绩、信誉、技术、资金等多方面情况进行资格审查。只有在资格预审中被认定为合格的（潜在）投标人，才可以参加投标。如果国家对投标人的资格条件具有规定的，依照其规定。资格预审的目的是为了排除那些不合格的投标人，进而降低招标人的采购成本，提高招标工作的效率。资格预审的程序如下。

（1）发布资格预审通告

资格预审通告是指招标人向潜在投标人发出的参加资格预审的广泛邀请。就建设项目招标而言，可以考虑由招标人在一家全国或者国际发布的报刊和国务院为此目的指定的这类刊物上发表邀请资格预审的公告。资格预审公告至少包括下述内容：招标人的名称和地址；招标项目名称；招标项目的数量和规模；交货期或者交工期；发售资格预审文件的时间、地点以及发放的办法；资格预审文件的售价；提交申请书的地点和截止时间以及评价申请书的时间表；资格预审文件送交地点、送交的份数以及使用的文字等。

（2）发出资格预审文件

资格预审公告后，招标人向申请参加资格预审的申请人发放或者出售资格审查文件。资格预审的内容包括基本资格审查和专业资格审查两部分。基本资格审查是指对申请人的合法地位和信誉等进行的审查，专业资格审查是对已经具备基本资格的申请人履行拟定招标采购项目能力的审查。

（3）对潜在投标人资格的审查和评定

招标人在规定时间内，按照资格预审文件中规定的标准和方法，对提交资格预审申请书的潜在投标人资格进行审查。审查的重点是资格审查，内容包括：施工经历，包括以往承担类似项目的业绩；为承担本项目所配备的人员状况，包括管理人员和主要人员的名单和简历；为履行合同任务而配备的机械、设备以及施工方案等情况；财务状况，包括申请人的资产负债表、现金流量表等。

（4）发出预审合格通知书

4. 编制和发售招标文件

按照我国《招标投标法》的规定，招标文件应当包括招标项目的技术要求，对投标人资格审查的标准、投标报价要求和评标标准等所有实质性要求和条件以及拟签合同的主要条款。建设工程招标文件是由招标单位或其委托的咨询机构编制发布的。它既是投标单位编制投标文件的依据，也是招标单位与将来中标单位签订工程承包合同的基础，文件中各项要求对整个招标工作乃至承发包双方都有约束力。

招标文件应当包括下列内容：

（1）投标须知，包括工程概况，招标范围，资格审查条件，工程资金来源或者落实情况（包括银行出具的资金证明），标段划分，工期要求，质量标准，现场踏勘和答疑安排，投标文件编制、提交、修改、撤回的要求，投标报价要求，投标有效期，开标时间和地点，评标的方法和标准等；

（2）招标工程的技术要求和设计文件；

（3）采用工程量清单招标的，应当提供工程量清单；

（4）投标函的格式及附录；

（5）拟签订合同的主要条款。

招标文件一般发售给通过资格预审、获得投标资格的投标人。投标人在收到招标文件后，应认真核对，核对无误后应以书面形式予以确认。

招标文件的修改。招标人对于已发出的招标文件需进行必要的澄清或者修改时，应当在招标文件要求提交投标文件截止时间至少 15 日前，以书面形式通知所有招标文件收受人。该澄清或者修改的内容为招标文件的组成部分。

5. 勘察现场与召开投标预备会

（1）勘察现场

①投标人进行现场勘察的目的在于了解工程场地和周围环境情况，获取投标人认为有必要的信息。为便于投标人提出问题并得到解答，勘察现场一般安排在投标预备会前的 1～2 天。

②投标人在勘察现场中如有疑问问题，应在投标预备会前以书面形式向招标人提出，但应给招标人解答时间。

③招标人应向投标人介绍有关现场的以下情况：施工现场是否达到了招标文件规定的条件；施工现场的地理位置和地形、地貌；施工现场的地质、土质、地下水位、水文等情况；施工现场气候条件，如气温、湿度、风力、年雨雪量等；现场环境，如交通、饮水、污水排放、生活用电、通信等；工程在施工现场中的位置或布置；临时用地、临时设施的搭建等。

(2) 召开投标预备会

投标人在领取招标文件、图纸和有关技术资料及勘察现场时，提出疑问问题，招标人可通过以下方式进行解答。

①收到投标人提出的疑问问题后，应以书面形式进行解答，并将解答同时送达所有获得招标文件的投标人。

②收到提出的疑问问题后，通过投标预备会进行解答，并以会议记录形式同时送达招标文件的投标人。召开投标预备会一般应注意：

第一，投标预备会的目的在于澄清招标文件中的疑问，解答投标人对招标文件和勘察现场中所提出招标文件的疑问问题。

第二，投标预备会在招标管理机构监督下，由招标单位组织并主持召开，在预备会上对招标文件和现场情况进行介绍或解释，并解答投标单位提出的疑问问题，包括书面提出的和口头提出的询问。

第三，在投标预备会上还应对图纸进行交底和解释。

第四，投标预备会结束，由招标人整理会议记录和解答内容，尽快以书面形式将问题及解答同时发送到所有获得招标文件的投标人。

第五，所有参加投标预备会的投标人应签到登记，以证明出席投标预备会。

第六，不论招标人以书面形式向投标人发放任何资料文件，还是投标单位以书面形式提出问题，均应以书面形式予以确认。

6. 建设项目投标

(1) 投标前的准备

①投标人及其资格要求。投标人是响应招标、参加投标竞争的法人或者其他组织。响应招标，是指投标人应当对招标人在招标文件中提出的实质性要求和条件做出响应。自然人不能作为建设工程项目(construction project)的投标人。

②调查研究，收集投标信息和资料。

③建立投标机构。由投标机构负责投标相关事项。

④投标抉择。由投标机构建立投标评选委员会负责标书评估和决策。

(2) 投标文件编制

投标人应当按照招标文件的要求编制投标文件，对招标文件提出的实质性要求和条件做出响应。招标文件允许投标人提供备选标的，投标人可以按照招标文件的要求提交替代方案，并做出相应报价做备选标。投标文件应当包括：投标函、施工组织设计或者施工方案、投标报价、招标文件要求提供的其他资料。

(3) 投标文件递交

我国《招标投标法》规定，投标人应当在招标文件要求提交投标文件的截止时间前，将投标文件送达投标地点。招标人收到招标文件后，应当签收保存，不得开启。投标人少于 3 个的，招标人应当依照本法重新招标，在招标文件要求提交投标文件的截止时间后送达的投标文件，招标人应当拒收。投标人在招标文件要求提交投标文件的截止时间前，可以补充、修改或者撤回已提交的投标文件，并书面通知招标人。补充、修改的内容为招标文件的组成部分。

7. 开标、评标和定标

在工程项目招投标过程中，开标、评标和定标是招投标程序中极为重要的环节，其过程应由招投标管理机构全过程监督、检查。

11.5 施工招投标

11.5.1 施工招投标概述

招标单位的施工任务发包，鼓励施工企业投标竞争，从中选出技术能力强、管理水平高、信誉可靠且报价合理的承建单位，并以签订合同的方式约束双方在施工过程中行为的经济活动。最明显特点是发包工作内容明确具体，各投标人编制的投标书在评标中易于横向对比。虽然投标人是按招标文件的工程量表中规定的工作内容和工程量编制报价的，但投标实际上是施工单位完成该项目任务的技术、经济、管理等综合能力的竞争。

1. 施工招标单位应具备的条件

根据我国《招标投标法》规定，招标人应是“提出招标项目，进行招标的法人或者其他组织”。“招标人应具有进行招标项目的相应资金或者资金来源已经落实，并应当在招标文件中如实载明”。同时，“招标人具有编制招标文件和组织评标能力的，可以自行办理招标事宜”。

按照建设部的有关规定，依法必须进行施工招标的工程，招标人自行办理施工招标事宜的，应当具有编制招标文件和组织评标的能力。

有专门的施工招标组织机构；有与工程规模、复杂程度相适应并具有同类工程施工招标经验、熟悉有关工程施工招标法律法规的工程技术、概预算及工程管理的专业人员。

不具备上述条件的，招标人应当委托具有相应资格的工程招标代理机构代理施工招标。

按照建设部第 79 号令《工程建设项目招标代理机构资格认定办法》规定，申请工程招标代理机构资格的单位应具备下列条件：

(1) 是依法设立的中介组织；

(2) 与行政机关和其他国家机关没有行政附属关系或者其他利益关系；

(3) 有固定的营业场所和开展工程招标代理业务所需设施及办公条件；

(4) 有健全的组织机构和内部管理的规章制度；

(5) 具备编制招标文件和组织评标的相应专业力量；

(6) 具有可以作为评标委员会成员人选的技术、经济等方面的专家库。

2. 施工投标单位应具备的条件

我国《招标投标法》规定，投标人是响应招标、参加投标竞争的法人或者其他组织。投标人应当具备招标项目的能力。建设部第 89 号令指出，施工指标的投标人是响应施工招标、参与投标竞争的施工企业。投标人应当具备相应的施工企业资质，并在工程业绩、技术能力、项目经理资格条件、财务状况等方面满足招标文件提出的要求。

投标人应具备的条件：

(1) 具有承担招标项目的能力。投标人应当具有与投标项目相适应的技术力量、机械设备、人员、资金和承担该招标项目的能力。参加投标项目是投标人的营业执照中的经营范围所允许的，并且投标人要具备相应的资质等级。因为国家有关规定要求，承包建设项目的单位应当持有依法取得的资质证书，并在其资质等级许可的范围内承揽工程，禁止超越本企业资质等级许可的业务范围或者以其他企业的名义承揽建设项目。

(2) 符合招标文件规定的资格条件。招标人可以在招标文件中对投标人的资格条件做出规定，投标人应当符合招标文件规定的资格条件，如果国家对投标人的资格条件有规定的，则依照其规定。对于参加建设项目设计、建筑安装以及主要设备、材料供应等投标的单位，必须具备下列条件：

具有招标条件要求的资质证书，并为独立的法人实体；承担过类似建设项目的相关工作，并有良好的工作业绩和履约记录；财产良好，没有处于财产被接管、破产或其他关、停、并、转状态；在最近 3 年没有骗取合同以及其他经济方面的严重违法行为；近几年有较好的安全记录，投标当年内没有发生重大质量事故和特大安全事故。

投标人不得相互串通投标报价，不得排挤其他投标人的公平竞争，不得损害招标人或者其他投标人的合法权益。禁止投标人以向招标人或者评标委员会成员行贿的手段谋取中标。投标人不得以低于成本的报价竞标，也不得以他人名义投标或者以其他方式弄虚作假，骗取中标。

3. 施工投标文件编制时应遵循的规定

(1) 做好编制投标文件准备工作。投标单位领取招标文件、图纸和有关技术资料后，应仔细阅读“投标须知”，还须认真阅读合同条件、规定格式、技术规范、工程量清单和图纸。不响应招标文件要求的投标文件将被拒绝。投标单位应根据图纸核对招标单位在招标文件中提供的工程量清单中的工程项目和工程量，如发现项目或数量有误时应在收到招标文件 7 日内以书面形式向招标单位提出。

组织投标班子，确定参加投标文件编制人员，为编制好投标文件和投标报价，应尽量收集现行定额标准、取费标准及各类标准图集。收集掌握有关法律、法规文件，以及材料和设备价格情况。

(2) 投标文件编制中，投标单位应依据招标文件和工程技术规范要求，并根据施工现场情况编制施工方案或施工组织设计。

投标文件编制完成后应仔细整理、核对、密封和标志，并提供足够份数的投标文件副本。

(3) 投标单位必须使用招标文件中提供的表格格式，但表格可以按同样格式扩展。

(4) 投标文件在“前附表”所列的投标有效期日历日内有效。

(5) 投标单位应提供不少于“前附表”规定数额的投标保证金，此投标保证金是投标文件的一个组成部分。按招标文件要求投标单位提交的投标保证金，应随投标文件一并提交招标单位。对于未能按要求提交投标保证金的投标，招标单位将视为不响应投标而予以拒绝。

招标单位对未中标的投标单位的投标保证金应尽快退还（无息），最迟不超过规定的投标有效期期满后的 14 天。

中标单位的投标保证金，按要求提交履约保证金并签署合同协议后，予以退还（无息）。如投标单位有下列情况，将被没收投标保证金：投标单位在投标有效期内撤回其投标文件；中标单位未能在规定期限内提交履约保证金签署合同协议。

(6) 投标文件的份数和签署。投标单位按招标文件所提供的表格格式，编制一份投标文件“正本”和“前附表”所述份数的“副本”，并由投标单位法定代表人亲自签署并加盖法人单位公章和法定代表人印鉴。

11.5.2 工程投标的顺序

1. 投标报价前期的调查研究，收集信息资料

调查研究主要是对投标和中标后履行合同有影响的各种客观因素、业主和监理工程师的资信以及工程项目的具体情况等进行深入细致的了解和分析。具体包括：政治和法律方面、自然条件、市场状况、工程项目方面的情况、业主情况、投标人自身情况、竞争对手资料。

2. 是否参加投标做出决策

承包商在是否参加投标的决策时，应考虑到以下几个方面的问题。

(1) 承包招标项目的可能性与可行性。如，本企业是否有能力（包括技术力量、设备机械等）承包该项目，能否抽调出管理力量、技术力量参加项目承包，竞争对手是否有明显的优势等。

(2) 招标项目的可靠性。如，项目的审批程序是否已经完成、资金是否已经落实等。

(3) 招标项目的承包条件。如果承包条件苛刻，自己无力完成施工，则应放弃投标。

3. 研究招标文件并制订施工方案

(1) 研究招标文件

投标单位报名参加或接受邀请参加某一工程的投标，通过了资格审查，取得招标文件之后，首要的工作就是认真仔细地研究招标文件，充分了解其内容和要求，以便有针对性地安排投标工作。

（2）制订施工方案

施工方案是投标报价的一个前提条件，也是招标单位评标时要考虑的因素之一。施工方案应由投标单位的技术负责人主持制订，主要应考虑施工方法、主要施工机具的配置、各工种劳动力的安排及现场施工人员的平衡、施工进度及分批竣工的安排、安全措施等。施工方案的制订应在技术和工期两方面对招标单位有吸引力，同时又有助于降低施工成本。

4. 投标报价的编制

（1）原则

投标报价的编制主要是投标单位对承建招标工程所要发生的各种费用的计算。在进行投标计算时，必须首先根据招标文件进一步复核工程量。作为投标计算的必要条件，应预先确定施工方案和施工进度，此外，投标计算还必须与采用的合同形式相协调。

①以招标文件中设定的发承包双方责任划分，作为考虑投标报价费用项目和费用计算的基础；根据工程发承包模式考虑投标报价的费用内容和计算深度。

②以施工方案、技术措施等作为投标报价计算的基本条件。

③以反映企业技术和管理水平的企业定额作为计算人工、材料机械台班消耗量的基本依据。

④充分利用现场考察、调研成果、市场价格信息和行情资料，编制基价，确定调价方法。

⑤报价计算方法要科学严谨、简明适用。

（2）计算依据

①招标单位提供的招标文件。

②招标单位提供的设计图纸、工程量清单及有关技术说明书等。

③国家及地区颁发的现行建筑、安装工程预算定额及与之相配套执行的各种费用定额规定等。

④地方现行材料预算价格、采购地点及供应方式等。

⑤因招标文件及设计图纸等不明确，咨询后由招标单位书面答复的有关资料。

⑥企业内部制定的有关取费、价格等的规定、标准。

⑦其他与报价计算有关的各项政策、规定及调整系数等。

在标价的计算过程中，对于不可预见费用（contingency）的计算必须慎重考虑，不要遗漏。

（3）编制方法

①以定额计价模式投标报价。一般是采用预算定额来编制，即按照定额的分部分项工程子目逐项计算工程量，套用定额基价或根据市场价格确定直接费，然后再按规定的费用定额计取各项费用，最后汇总形成标价。

②以工程量清单计价模式投标报价。这是与市场经济相适应的投标报价方法，是现行的投标报价的方法，也是国际通用的竞争性招标方式所要求的。一般是由标底编制单位根据业主委托，将拟建招标工程全部项目的内容按相关的计算规则计算出工程量，列在清单上作为招标文件的组成部分，供投标人逐项填报价单，计算出总价作为投标报价，然后通过评标竞争，最终确定合同价。

采用工程清单综合单价计算投标报价时，投标人填入工程量清单中的单价是综合单价，应包括人工费、材料费、机械费、其他直接费、间接费、利润、税金以及材料差价及风险金等全部费用，将工程量与该单价相乘得出合价，将全部合价汇总后即得出投标总报价。分部分项工程费、措施项目费和其他项目费用按综合单价计价。工程量清单计价由投标报价构成。工程量清单计价的投标报价由分部分项工程费、措施项目费和其他各项费用构成。

分部分项工程费是指完成“分部分项工程量清单”项目所需的费用。投标人负责填写分部分项工程量清单中的金额，按照综合单价填报。分部分项工程量清单中的合价等于工程数量和综合单价的乘积。

措施项目费是指分部分项工程费以外，为完成该工程项目施工必须采取的措施所需的费用。投标人负责填写措施项目清单中的金额。措施项目清单中的措施项目包括通用项目、建筑工程措施项目、安装工程措施项目和市政工程措施项目等四类。措施项目清单中费用金额也是综合单价，包括人工费、材料费、机械费、管理费、利润、风险因素等项目。

其他项目费指的是分部分项工程费和措施项目费用以外，该工程项目施工中可能发生的其他费用。其他项目清单包括的项目分为招标人部分和投标人部分工程量清单计价模式下的投标总价。

工程量清单计价模式下的投标总价和投标报价编制程序具体如图 11-5、图 11-6 所示。

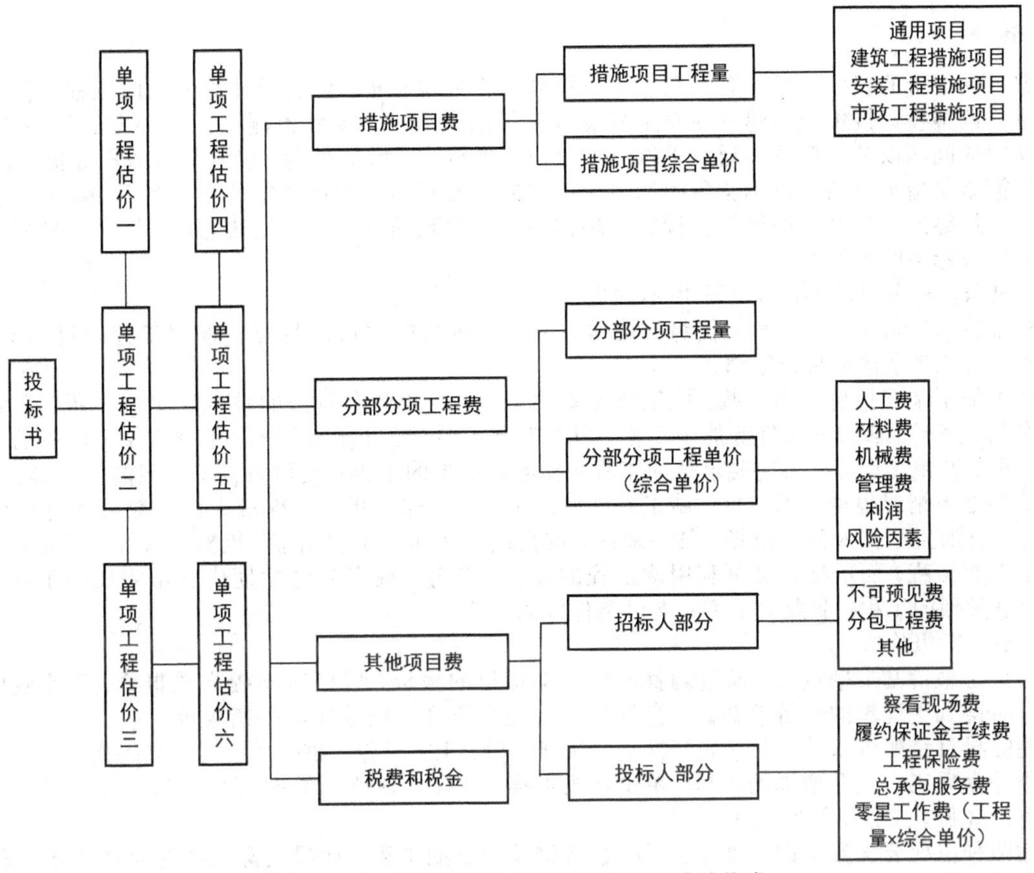

图 11-5　工程量清单计价模式下投标总价的构成

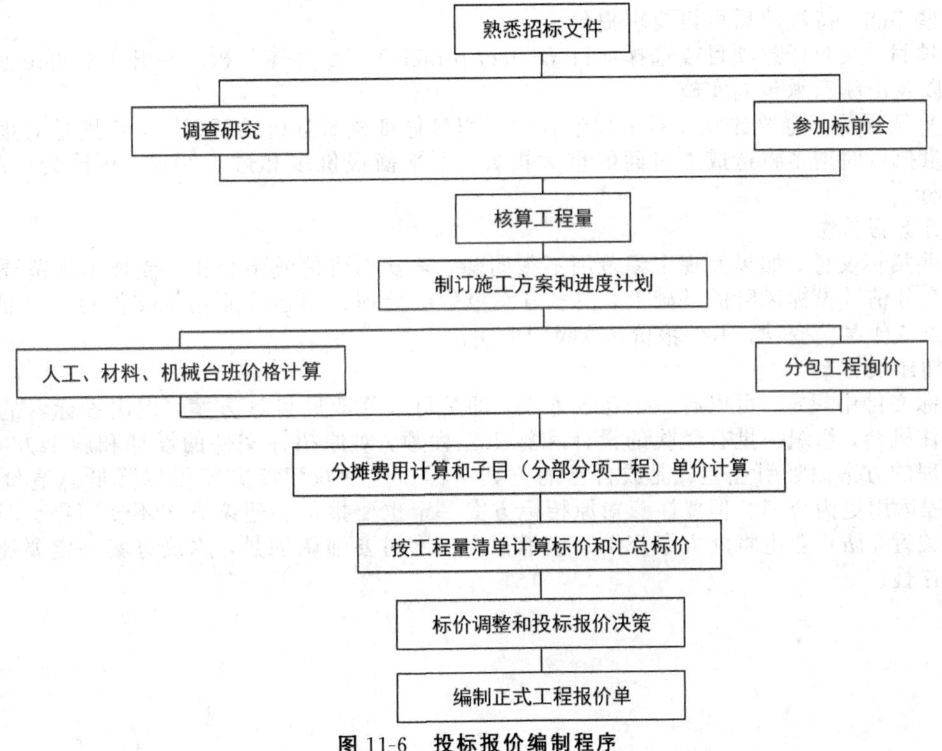

图 11-6　投标报价编制程序

5. 策略

根据投标报价的程序进行计算汇总后可以得到工程成本总价，然后对计算出来的工程总价做某些必要的调整。调整投标报价应当建立在对工程盈亏分析的基础上，盈亏预测应用多种方法从多角度进行，找出计算中的问题以及分析可能通过采取哪些措施降低成本、增加盈利，确定最后的投标报价。

投标策略是指承包商在投标竞争中的系统工程部署及其参与投标竞争的方式和手段，也是在计算汇总之后确定最终的投标报价的决策。投标策略作为投标取胜的方式、手段和艺术，贯穿于投标竞争的始终。常用的投标策略主要有：

（1）根据招标项目的不同特点采用不同报价

投标报价时，既要考虑自身的优势和劣势，也要分析招标项目的特点。按照工程项目的不同特点、类别、施工条件等来选择报价策略。

①遇到如下情况报价可高一些：施工条件差的工程；专业要求较高的技术密集型工程，企业在这方面又有专长，声望也较高；总价低的小工程，以及自己不愿做、又不方便不投标的工程；特殊的工程如港口码头、地下开挖工程等；工期要求急的工程；投标对手少的工程；支付条件不理想的工程等。

②遇到如下情况报价可低一些：施工条件好的工程；工作简单、工程量大而一般公司都可以做的工程；本公司目前急于打入某一市场、某一地区，或在该地区面临工程结束，机械设备等无工地转移时；本公司在附近有工程，而本项目又可利用该工程的设备、劳务，或有条件短期内突击完成的工程；投标对手多，竞争激烈的工程；非急需工程；支付条件好的工程。

（2）不平衡报价法

指一个总报价基本确定后，通过调整内部各个项目的报价，以期既不提高总报价、不影响中标，又能在结算时得到更理想的经济效益。一般可以考虑在以下几方面采用不平衡报价：

①能够早日结账收款的项目（如开办费、基础工程、土方开挖、桩基等）可适当提高。

②预计今后工程量会增加的项目，单价适当提高，这样在最终结算时可多赚钱；将工程量可能减少的项目单价降低，工程结算时损失不大。

上述两种情况要统筹考虑，即对于工程量有错误的早期工程，如果实际工程量可能小于工程量表中的数量，则不能盲目抬高单价，要具体分析后再定。

③设计图纸不明确，估计修改后工程量要增加的，可以提高单价；而工程内容解说不清楚的，则可适当降低一些单价，待澄清后可再要求提价。

④暂定项目，又叫任意项目或选择项目（Select project），要具体分析。在开工后再由业主研究决定是否实施，以及由哪家承包商实施。

采用不平衡报价一定要建立在对工程量表中工程量仔细核对分析的基础上，特别是对报低单价的项目，如工程量执行时增多将造成承包商的重大损失；不平衡报价多和过于明显，可能会引起业主反对，甚至导致废标。

（3）多方案报价法

对于一些招标文件，如果发现工程范围不很明确，条款不清楚或不公正，或技术规范要求过于苛刻时，则要在充分估计投标风险的基础上，按多方案报价法处理。即是按原招标文件报一个价；然后再提出，若某某条款作某些变动，另外报价，以吸引业主。

（4）增加建议方案

有时招标文件中规定，可以有一个建议方案，即是可以修改原设计方案，提出投标者的方案。投标者这时应抓住机会，组织一批有经验的设计和施工工程师，对原招标文件的设计和施工方案仔细研究，提出更为合理的方案以吸引业主，促成自己的方案中标。这种新建议方案可以降低总造价或是缩短工期，或使工程运用更为合理。但要注意对原招标方案一定也要报价。建议方案不要写得太具体，要保留方案的技术关键，防止业主将此方案交给其他承包商。同时要强调的是，建议方案一定要比较成熟，有很好的可操作性。

11.6 合同价款的确定

11.6.1 投标报价中工程量清单计价

1. 计价办法

(1) 投标报价应根据招标文件中的工程量清单和有关要求、施工现场实际情况及拟订的施工方案或施工组织设计、企业定额和市场价格信息，并参考建设行政主管部门发布的消耗量定额进行编制。

(2) 工程量清单计价应包括按照招标文件规定完成工程量清单所需的全部费用，通常由分部分项工程费、措施项目费和其他项目费和规费、税金组成。

分部分项工程费是指为完成分部分项工程量所需的实体项目费用。

措施项目费是指分部分项工程费以外，为完成该工程项目施工，发生于该工程施工前和施工过程中的技术、生活、安全等方面的非工程实体项目所需的费用。

其他项目费是指分部分项工程费和措施项目费以外，该工程项目施工中可能发生的其他费用。

分部分项工程费、措施项目费和其他项目费用，均采用综合单价计价。综合单价是由完成规定计量单位的人工费、材料费、机械使用费、管理费、利润等费用组成，综合单价应考虑风险因素。

2. 综合单价的计算

综合单价的计算见第 8 章的表 8-2、表 8-3、表 8-4。

工程量清单计价应采用统一格式。工程量清单计价格式应随招标文件发至投标人，由投标人填写。工程量清单计价格式详见《建设工程工程量清单计价规范》(GB 50500－2013)，主要表格包括封面（包括工程量清单、招标控制价、投标总价、竣工结算总价四个封面，表 11-2 和表 11-3 分别列出了工程量清单和投标总价的封面）、工程项目招标控制价（投标报价）汇总表（表 11-4）、单项工程招标控制价（投标报价）汇总表（表 11-5）、单位工程招标控制价（投标报价）汇总表（表 11-6）、分部分项工程量清单与计价表（表 11-7）、措施项目清单计价表（表 11-8）、其他项目清单计价表（表 11-9）。

11.6.2 工程量清单计价模式中合同价款的确定

1. 复核工程量

在投标报价中，首先要复核各个分部分项工程的工程量，若有疑问在投标答疑会上提出，若招标单位未调整工程量，则在综合单价中进行调整。

2. 确定综合单价，确定分部分项工程费用

按照第 8 章的计价程序计算得到综合单价和合价，填入到表 11-7。其中，综合单价中的人工费、材料费、机械使用费应参考市场价格进行确定。

管理费用的计取反映了企业的管理水平和市场竞争力。投标报价时承包人应根据企业和市场的情况确定在该工程上的管理费率。

利润是指承包人的预期收益，确定利润取值的目标是考虑既可以获得最大的可能利润，又要保证投标价格具有一定的竞争性。投标报价时承包人应根据市场竞争情况确定在该工程上的利润率。

风险费对承包人来说是一个未知数，如果预计的风险没有全部发生，则可能预计的风险费有剩余，这部分剩余和利润加在一起就是盈余；如果风险费估计不足，则由盈利来补贴。投标时应该根据工程规模及工程所在地的实际情况，由有经验的专业人员对可能的风险因素进行逐项分析后确定一个比较合理

的费用比率。

各项分部分项工程费用确定后，分部分项工程费用汇总填入单位工程招标控制价（投标报价）汇总表（表 11-6）。

3. 措施项目费确定

措施项目清单是由招标人提供的。投标报价时可根据实际工程施工组织设计采取的具体措施，在招标人提供的措施项目清单上，填写相应的措施项目费用；也可以在招标人提供的措施项目清单基础上，增加措施项目，填写费用。对于清单中列出而实际未采用的措施则不填写报价。

措施项目的计列应以施工的实际发生为准，依据施工组织设计进行报价，填入表 11-8。

措施项目费汇总后填入单位工程招标控制价（投标报价）汇总表（表 11-6）。

4. 其他项目费用确定

其他项目清单费用是指暂列金额、材料（工程设备）暂估价、专业工程暂估价、计日工、总承包服务费等估算金额的费用。其他项目费包括招标人部分和投标人部分，填入表 11-9。

其他项目费用汇总后填入单位工程招标控制价（投标报价）汇总表（表 11-6）。

5. 规费和税金的确定

规定计取的规费和税金，填入单位工程招标控制价（投标报价）汇总表（表 11-6）

6. 投标报价的确定

单位工程费用汇总后填入单项工程招标控制价（投标报价）汇总表（表 11-5），再汇总进入工程项目招标控制价（投标报价）汇总表（表 11-4），形成投标总价（表 11-3）。

7. 合同价款的确定

若中标，签订合同，此投标报价即为合同价款。

表 11-2　工程量清单报价封面

________工程	
工程量清单	
招标人：	工程造价咨询人：
（单位盖章）	（单位资质专用章）
法定代表人 或其授权人：	法定代表人 或其授权人：
（签字或盖章）	（签字或盖章）
编制人：	复核人：
（造价人员签字盖专用章）	（造价工程师签字盖专用章）
编制时间：　　年　　月　　日	复核时间：　　年　　月　　日

表 11-3　投标总价封面

投标总价

招标人：____________________

工程名称：____________________

投标总价（小写）：

（大写）：

投标人：____________________

法定代表人：

或其授权人：____________________

（签字或盖章）

编制人：

（造价人员签字盖专用章）

时间：　　　年　　月　　日

表 11-4　工程项目招标控制价（投标报价）汇总表

工程名称：　　　　　　　　　　　　　　　　　　　第　页共　页

序号	单项工程名称	金额（元）	其中：（元）		
			暂估价	安全文明施工费	规费
合计					

表 11-5 单项工程招标控制价（投标报价）汇总表

工程名称： 第 页共 页

序号	单位工程名称	金额（元）	其中：（元）		
			暂估价	安全文明施工费	规费
合计					

表 11-6 单位工程招标控制价（投标报价）汇总表

工程名称： 第 页共 页

序号	汇总内容	金额（元）	其中：暂估价（元）
1	分部分项工程		
1.1			
1.2			
1.3			
1.4			
1.5			
2	措施项目		
2.1	其中：安全文明施工费 3		
3	其他项目		
3.1	其中：暂列金额		
3.2	其中：暂估价		
3.3	其中：计日工		
3.4	其中：总承包服务费		
4	规费		
5	税金		
招标控制价合计＝1＋2＋3＋4＋5			

表 11-7　分部分项工程量清单与计价表

工程名称：　　　　　　　　　　　　　　标段：　　　　　　　　　　　　第　页共　页

序号	项目编码	项目名称	项目特征描述	计量单位	工程量	金额（元）		
						综合单价	合价	其中
								暂估价
本页小计								
合计								

表 11-8　措施项目清单计价表

工程名称：　　　　　　　　　　　　　　标段：　　　　　　　　　　　　第　页共　页

序号	项目编码	项目名称	计算基础	费率（%）	金额（元）
		安全文明施工费			
		夜间施工费			
		二次搬运费			
		冬雨季施工费			
		大型机械设备进出场及安拆费			
		施工排水费			
		施工降水费			
		地下设施、建筑物的临时保护设施费			
		已完工程及设备保护费			
		各专业工程的措施项目费			
合计					

表 11-9　其他项目清单计价表

工程名称：　　　　　　　　　　　　　　标段：　　　　　　　　　　　　第　页共　页

序号	项目名称	计量单位	金额（元）	备注
1	暂列金额			
2	暂估价			
2.1	材料（工程设备）暂估价			
2.2	专业工程暂估价			
3	计日工			
4	总承包服务费			
5				
合计				

▷English Corner for Chapter 11

(1) Investment estimation refers to the estimation of the investment amount of the construction project based on the available information and certain methods in the whole investment decision making process. The accuracy of the investment estimate of engineering construction directly affects the investment decision of the project, the scale of project, the engineering design scheme and the economic effect of investment, and also affects whether the engineering construction can be carried out smoothly. The investment estimation of the project proposal stage is one of the important bases for the approval of the project proposal by the project authority, and plays a valuable role in the project planning. The investment estimation at the stage of project feasibility study is an important basis for project investment decision, and is also an important condition for economic benefit research on project investment. Project investment estimation play a controlling role in the project design. Design estimation shall not arbitrarily break the approved investment estimation, and should be controlled within the investment estimation.

(2) Working capital refers to the working capital essential to maintain normal production and operation of the construction project for the purchase of raw materials, fuel, payment of wages and other production and operation expenses after the project is under implementation. It is equal to the balance of all current assets minus current liabilities required. Among them, current assets mainly consider accounts receivable, cash and inventories; current liabilities mainly consider the payable accounts and advance receipts.

(3) Design estimation is an important part of the design documents, and is under the control of the investment estimation by the design unit according to the preliminary design drawings. Design estimation is determined by the cost of the quotas, technical and economic conditions and equipment, material prices and other information. The two-stage project design must contain design estimation in the preliminary design phase. The three-stage project design should prepare design estimation in the technical design phase.

(4) The methods of project estimation include estimation quota method, estimate index method, similar project budget method, etc. The preparation methods of equipment and installation estimation include unit price budget method, expanded unit price method, equipment value percentage method and comprehensive index method, etc.

(5) The working drawing estimate is determined according to the approved construction drawings after the construction drawing design is completed and before the project starts. It should obey the national or regional unified budget quotas in force, the unit estimate table, and the cost standards agreed by both parties to the contract.

(6) Call for construction engineering bidding is an economic activity in which the bidders are publicly solicited or invited to submit bids according to the bidders' intentions and requirements before the construction project is awarded, and the bids are opened on the spot on the selected day in order to select the winning bidder on the basis of merit. Construction bidding is a symmetrical concept of call for engineering bidding and refers to the economic activity in which bidders with legal qualifications and capabilities fill out bids, make offers, and wait for the opening of bids to decide whether they can win or not.

(7) Public call for bidding refers to bidding by the bidders through public communication media such as newspapers, advertisements or TV stations to introduce and publish bidding announcements or information. It is an unrestricted competition method. The advantage of public call for bidding is that the bidders have a larger range of choices and can select contractors with reasonable quotations and good reputation among many bidders, which helps to break monopoly and implement fair competition.

(8) Invitation to tender is the activity that the tenderers are invited to tender by way of an invitation. If the bidders use the invitation to bid, they should issue invitations to bid to more than three specific legal persons or other organizations that have the ability to undertake the bidding project and have good credit. Although the invitation to bid can also invite experienced and reliable bidders to bid to ensure the performance of the contract, it limits the scope of competition and may lose technically and competitively priced bidders. Therefore, open bidding should be vigorously pursued in the construction

market with large investment.

(9) Pre-qualification refers to the qualification examination on the bidders before the start of the bidding. Qualification conditions, performance, reputation, technology, funding and other aspects will be checked in this process. Only potential bidders who are found to be qualified in the pre-qualification can participate in the next bidding section. The purpose of pre-qualification is to exclude those unqualified bidders, thereby reducing the bidders' procurement costs and improving the efficiency of the bidding process.

(10) Construction bidding refers to the economic activity of bidding for construction tasks, encouraging construction enterprises to bid and compete, from which the contractor with strong technical ability, high management level, reliable reputation and reasonable quotation is selected, and binding the behavior of both parties in the construction process by signing a contract.

(11) The tender offer shall be prepared according to the bill of quantities and relevant requirements in the tender documents, the actual situation about the construction project and the proposed construction plan, enterprise quotas and market information.

章节习题

一、选择题

1.设计概算是在（　）阶段，确定工程造价的文件。

A.方案设计　　B.初步设计　　C.技术设计　　D.施工图设计

2.在工程建设的程序中，经历了（　）的多次性计价。

A.估算→概算→修正概算→预算→决算→结算

B.概算→估算→修正概算→预算→结算→决算

C.概算→修正概算→估算→预算→结算→决算

D.估算→概算→修正概算→预算→结算→决算

3.施工图预算是在（　）阶段，确定工程造价的文件。

A.方案设计　　B.初步设计　　C.技术设计　　D.施工图设计

4.招标人没有明确地将定标的权利授予评标委员会时，应由（　）决定中标人。

A.招标人　　B.评标委员会

C.招标代理机构　　D.建设行政主管部门

5.施工企业在投标报价中，下列哪一说法是错误的?（　）

A.应掌握工程现场情况

B.发现工程量清单有误，可自行更正后报价

C.工程单价可以同国家颁布的预算定额单价不一致

D.投标报价按规定税率进行报价

6.开标一般由（　）主持进行。

A.政府主管部门　　B.公证机关　　C.招标人　　D.评标委员会

二、填空题

1.设计概算可分为（　　）、（　　）、（　　）三个级别。

2.施工图预算的编制方法有（　　）和（　　）。

3.（　　）是投标单位投标时应注意和遵守的事项。

4.招标单位对未中标的投标单位的投标保证金应尽快退还且无息，最迟不超过规定的投标有效期期满后的（　　）天。

5.从竞争程度进行分类，建设工程招标的方式可以分为（　　）和（　　）。

6.建筑工程概算的主要编制方法有（　　）、（　　）、类似工程预算法。

7.在招投标阶段，工程量清单计价涉及两个计价文件，一是（　　），二是（　　）。

三、简答题

1.施工图预算的作用是什么？施工图预算的编制依据是什么？

2.简述投资估算的意义与作用。

3.简述工程建筑投资估算的编制依据。

4.固定资产投资估算的方法有哪些？流动资金的估算方法有哪些？

5.静态投资估算方法有几种？

6.简述各级概算的内容并说明其相互关系。

7.简述设计概算的编制原则和依据。

8.单位工程概算的编制方法有哪些？比较各编制方法的编制原理和适用条件。

四、综合计算题

1.某地 2021 年拟建一年产 20 万吨化工产品的项目。根据调查，该地区 2019 年建设的年产 10 万吨相同产品的已建项目的投资额为 5000 万元。生产能力指数 0.6，2013 年至 2015 年工程造价平均每年递增 10%，试估算该项目的建设投资。

2.某工业企业拟兴建一幢五层框架结构综合车间。第 1 层外墙围成的面积为 286m^2；主入口处有一柱雨篷，柱外围水平面积 12.8m^2；主入口处平台及踏步台阶水平投影面积 21.6 m^2；第 2～5 层每层外墙围成的面积为 272m^2；第 2～5 层每层有 1 个悬挑式半封闭阳台，每个阳台的水平投影面积为 6.4m^2；屋顶有一出屋面楼梯间，水平投影面积 24.8m^2。求解以下问题：

(1) 该建筑物的建筑面积为多少？

(2) 试编制土建工程的单位工程预算费用计算书。假定该工程的土建工程直接工程费为 935800 元。该工程措施费通用项目费系数为直接费率 4.10%，措施费专用项目费系数费率为 5.63%，间接费率 4.39%，利润率 4%，税率 3.51%。(结果以元为单位，取整数计算)

(3) 根据问题 2 的计算结果和表 11-10 所示的土建、水暖电和工器具等单位工程造价的比例确定各单项工程综合造价。

表 11-10　土建、水暖电和工器具造价占单项工程综合造价的比例

专业名称	土建	水暖电	工器具	设备购置	设备安装
占比 (%)	41.25	17.86	0.50	35.39	5.00

3.某矿建工程采用工程量清单招标。按工程所在地的计价依据规定，措施费和规费均以分部分项工程费中人工费（已包含管理费和利润）为计算基础，经计算该工程分部分项工程费总计为 6200000 元，其中人工费为 1260000 元。其他有关工程造价方面的背景材料如下：

(1) 条形砖基础工程量 160m^3，基础深 3m，采用 M5 水泥砂浆砌筑，多孔砖的规格 240mm×115 mm×90mm，实心砖内墙工程量 1200m^3，采用 M5 混合砂浆砌筑，蒸压灰砂砖规格 240 mm×115 mm×53mm，墙厚 240mm。综合单价：砖基础 240.18 元/m^3，实心砖内墙 249.11 元/m^3。

现浇钢筋混凝土矩形梁模板及支架工程量 420m^2，支模高度 2.6m，现浇钢筋混凝土有梁板模板及支架工程量 800m^2，梁截面 250mm×400mm，梁底支模高度 2.6m，板底支模高度 3m。综合单价：梁模板及支架 25.60 元/m^2，有梁板模板及支架 23.20 元/m^2。

(2) 安全文明施工费费率 25%，夜间施工费费率 2%，二次搬运费费率 1.5%，冬雨季施工费费率 1%。

按合理的施工组织设计，该工程需大型机械进出场及安拆费 26000 元，施工排水费 2400 元，施工降水费 22000 元，垂直运输费 120000 元，脚手架费 166000 元。以上各项费用中已包括管理费和利润。

(3) 招标文件中载明，该工程暂列金融 330000 元，材料暂估价 100000 元，计日工费用 20000 元，总承包服务费 20000 元。

(4) 社会保障费中养老保险费费率 16%，工业保险费费率 2%，医疗保险费费率 6%，住房公积金费费率 6%，危险作业意外伤害保险费费率 0.18%，税金费费率 3.143%。

依据《建设工程工程量清单计价规范》(GB 50500—2013) 的规定，结合工程背景资料及所在地计价依据的规定，按分部分项工程量与计价表；措施项目清单与计价表；其他项目清单与计价汇总表；规费、税金项目清单与计价表；单位工程招标控制价汇总表等五张表编制招标控制价。(计算结果均保留两位小数)

第12章 工程结算与决算

案例引入　　**科威特银行总部大楼项目的工程结算与决算**

科威特中央银行新总部大楼项目是由中国建筑工程总公司科威特代表处承建。为中建在中东海湾地区完成的一个精品工程项目，合同额约 4.2 亿美元，工程于 2018 年 4 月 17 日开工建设，2016 年 2 月 15 日竣工，总投资 27.67 亿元。建成后已成为科威特新的地标性建筑，其建筑图案也被印在科威特国家的货币上。

科威特中央银行项目（Central Bank of Kuwait Project，CBK 项目）施工总承包合同通用条款采用 FIDIC87 版红皮书（1992 年修订版）合同条件，同时业主在此基础上修订和编制了特殊条款，项目实施过程中严格执行英美规范以及当地相关部门规章制度。在 FIDIC87 版红皮书合同条件下，针对不同形式的工程变更，尽管存在多种处理方式，但变更事件本身大都会转变为对原合同价格调整，或对合同条款和执行方式的更改。工程变更无论由合同的哪一方发起，均需经过顾问工程师按规定的合同程序进行审查，并交由业主批准后，由业主下达正式的工程变更令（variation order）。各方签署后的变更令，便是工程变更的唯一合同依据，也才是变更计量计价与支付的依据。

科威特中央银行项目为了加快施工进度，避免烦琐的商务合约流程影响现场施工，采用了工程师现场指令制度。此处的工程师现场指令单为工程变更的前期文件，工程师现场指令单一经下发，承包商即可依据指令的内容展开变更作业的实施，如预订材料、组织配置机械设备和劳务等。与此同时，承包商还需按照指令的要求，立即开始相应变更费用影响及工期影响的评估测算。在工程师现场指令单下发后的 28d 之内向其提交相应的计量计价材料。当承包商根据现场指令单的具体工作内容提交变更计量计价资料后，顾问工程师则依照合同的要求审核并向业主汇报，当出现双方就变更的计量计价存在分歧时，可依照合同约定的方式进行协商，最终认可的计量计价材料会由业主代表下发正式的变更单，并据此完成相应的请款支付。若双方分歧无法达成一致，则承包商首先应按照工程师的指令要求并遵照业主的变更指令开始施工，同时保留自身的相应权利，应准备相关的索赔文件资料以备索赔程序需要。

2017 年 4 月 10 日，科威特中央银行新总部大楼交付使用。尽管条件艰苦，但是中国建设者却将该项目打造成为一个可持续发展、绿色工程项目。项目团队通过技术攻关，形成干燥酷热地区混凝土系列施工技术、巨型钢结构系列安装施工技术、具有中东地区特色的幕墙成套施工新技术等多项关键新技术，解决了气候干燥、酷热和工程规模大、结构复杂等难题，实现了节能降耗。中国建设者通过几年的项目建设，了解了科威特市场需求，为推动“一带一路”建设奠定了坚实基础。

本章主要叙述了建筑工程价款在工程项目施工中的支付过程和要求，包括在工程开工前建设单位应向施工单位支付工程预付款；在施工过程中对工程价款实行中间结算、变更及索赔；完成施工后进行工程竣工结算，标志着双方经济关系的结束。了解工程价款的结算方法，掌握工程预付款的概念、计算方法和抵扣方法，熟悉工程进度款的概念、拨付方法，熟悉工程竣工结算的概念、作用和竣工结算书的内容、编制方法，掌握工程价款变更、索赔的程序及相关费用的计算，掌握工程价款动态结算的方法。

12.1 工程价款结算方法

工程价款的结算指承包商在工程实施过程中，依据承包合同中关于付款条款的规定和已经完成的工程量，并按照规定的程序向建设单位（业主）收取工程价款的一项经济活动。它是工程项目承包中的一项十分重要的工作，是反映工程进度的主要指标，是加速资金周转的重要环节，是考核经济效益的重要指标。

我国现行工程结算根据不同情况可采取不同方式：按月结算、竣工后一次结算、分段结算、按目标结算等。

12.1.1 按月结算

按月结算是实行旬末或月中预支，月终结算，竣工后清算的方法。跨年度工程采取年终盘点和年度结算。

12.1.2 竣工后一次结算

建设项目或单项工程全部建筑安装工程建设期在 12 个月以内，或者工程承包合同价值在 100 万元以下的，可以实行工程价款每月月中预支，竣工后一次结算。

12.1.3 分段结算

当年开工、当年不能竣工的单项工程或单位工程，按照工程进度，划分不同阶段进行结算。分段结算可以按月预支工程款。分段的划分标准由各省、自治区、直辖市、计划单列市规定。

以上 3 种主要结算方式的收支确认，国家财政部在 1999 年 1 月 1 日起实行的《企业会计准则——建造合同》做了如下规定：

实行旬末或月中预支，月终结算，竣工后清算办法的工程合同，应分期确认合同价款收入的实现。各月份末，发包单位进行已完工程价款结算时，确认为承包合同已完工程部分的工程收入实现，本期收入额为月终结算的已完工程价款金额。

合同完成后一次结算工程价款办法的工程合同，应于合同完成、施工企业与发包单位进行工程合同价款结算时，确认为收入实现，实现的收入额为承发包双方结算的合同价款总额。

实行按工程形象进度划分不同阶段、分段结算工程价款办法的工程合同，应按合同规定的形象进度分次确认已完成阶段工程收益实现。即应于完成合同规定的工程形象进度或工程阶段，与发包单位进行工程价款结算时，确认为工程收入的实现。

12.1.4 按目标结算

在工程合同中，将承包工程的内容分解成不同的控制界面，以业主验收控制界面作为支付工程价款的前提条件。将合同中的工程内容分解成不同的验收单元，当承包商完成单元工程内容并经业主（或其委托人）验收后，业主支付构成单元工程内容的工程价款。

按目标结算，应对控制界面的设定有明确描述，便于量化和质量控制，同时要适应项目资金的供应周期和支付频率。

其实质是运用合同手段、财务手段对工程的完成进行主动控制。承包商要想获得工程价款，在保证质量前提下，加快施工进度，完成界面内的工程内容。若拖延工期，业主可推迟付款，增加承包商的财务费用、运营成本、降低收益；若承包商积极组织施工，提前完成控制界面内的工程内容，则承包商可提前获得工程价款，增加承包收益；若质量无法达到合同约定的标准，业主不予验收，承包商也会因此而受到损失。

12.1.5 其他

结算方式也可采用承包合同中事先约定的其他结算方式。其他事项参见财建〔2004〕369 号和财建〔2022〕183 号文件。

12.2 工程预付款

12.2.1 工程预付款

工程预付款（Project advance payment）又称预付备料款，指建设工程施工合同订立后，由发包人按照合同约定，在正式开工前预先支付给承包人的工程款。它是施工准备和所需要材料、结构件等流动资金的主要来源。预付款的时间和限额，开工后逐次扣回的比例和时间等事项，双方应当在合同专用条款中约定。

12.2.2 工程预付款的拨付

1.预付款支付

(1) 预付款额度

各地区、各部门对工程预付款额度的规定不完全相同，主要保证施工所需材料和构件的正常储备。其额度一般根据施工工期、建安工作量、主要材料和构件费用占建安工程的比例以及材料储备周期等因素经测算来确定。

①承包单位自行采购建筑材料的，发包人单位可以在双方签订工程承包合同后按年度工作量的一定比例向承包单位预付备料款，并应在一个月内付清。

百分比法。发包人根据工程的特点、工期长短、市场行情、供求规律等因素，招标时在合同条件中约定工程预付款的百分比。根据《建设工程价款结算暂行办法》的规定，预付款的比例原则上不低于合同金额的 10%，不高于合同金额的 30%。

公式计算法。公式计算法是根据主要材料（含结构件等）占年度承包工程总价的比重，材料储备定额天数和年度施工天数等因素，通过公式计算预付款额度的一种方法。可按式（12—1）计算：

$$\text{工程预付款数额工程}=\frac{\text{总价}\times\text{材料比例}(\%)}{\text{年度施工天数}}\times\text{材料储备定额天数} \quad (12-1)$$

式中，年度施工天数按 365 天日历计算；材料储备定额天数由当地材料供应的在途天数、加工天数、整理天数、供应间隔天数、保险天数等因素决定。

在实际工作中，备料款的数额要根据各工程类型、合同工期、承包方式和供应体制等不同条件而定。重大工程项目，按年度工程计划逐年预付，安装工程一般不得超过当年安装工程量的 10%，安装材料用量大的安装工程可以适当增加，工期短的工程比工期长的工程预付款要高，材料由承包人自购的比由发包人提供材料的预付款要高。计价执行《建设工程工程量清单计价规范》的工程，实体性消耗和非实体性消耗部分应在合同中分别约定预付款比例。对于只包定额工日（不包材料定额，一切材料由发包人供给）的工程项目，则可以不预付备料款。

②发包人单位按合同约定向承包人供应材料的，其材料可按材料预算价格转给承包人单位。材料价款在结算工程款时陆续抵扣。这部分材料承包人单位不应收取备料款。

凡是没有签订工程承包合同和不具备收取备料款条件的工程，发包人单位不得预付备料款，不准以备料款为名转移资金。承包单位收取备料款后 2 个月仍不开工或发包人单位无故不按合同约定拨付备料款的，开户银行可根据双方工程承包合同的约定分别从有关单位账户中收回或付出备料款。

(2) 预付款支付时间

根据《建设工程价款结算暂行办法》的规定，在具备施工条件的前提下，发包人应在双方签订合同后的一个月内或不迟于约定的开工日期前的 7 天内预付工程款。发包人不按约定预付，承包人在约定预付时间到期后 10 天内向发包人发出要求预付的通知，发包人收到通知后仍不按要求预付，承包人可在发出通知 14 天后停止施工，发包人应从约定应付之日起向承包人支付应付款的贷款利息（利率按同期银行贷款利率计），并承担违约责任。

①承包人应在签订合同或向发包人提供与预付款等额的预付款保函（如有）后向发包人提交预付款支付申请。

②发包人应在收到支付申请的 7 天内进行核实后向承包人发出预付款支付证书，并在签发支付证书后的 7 天内向承包人支付预付款。

工程预付款仅用于承包人单位支付施工开始时与本工程有关的动员费用，如承包人单位滥用此款，发包人有权立即收回。

2.预付款扣回

发包人拨付给承包人的预付款属于预支性质，随着工程的逐步实施后，原已支付的预付款应以充抵工程价款的方式陆续扣回，抵扣方式应当由双方当事人在合同中明确约定。

扣款方法：按公式确定起扣点和抵扣额、按合同或当地规定办法抵扣预付款、工程竣工结算时一次抵扣预付款。

实际工程中，工期较短的工程无须分期扣回；工期较长的工程，预付款的占用时间较长，根据实际情况少扣或不扣，并于次年按应付预付款调整，多退少补。一般情况下，工程进度达到 65%时，开始抵扣预付款。

(1) 按公式计算起扣点和抵扣额。从未施工工程尚需的主要材料及构件的价值相当于工程预付款数额时起扣，此后每次结算工程价款时，按材料所占比重扣减工程价款，至竣工前全部扣清。可按公式 (12—2) 计算：

$$T = P - \frac{M}{N} \qquad (12-2)$$

式中，T—— 起扣点，即工程预付款开始扣回时的累计完成工作量金额；

M—— 工程预付款总额；

N—— 主要材料及构件所占比重；

P—— 承包工程价款总额。

(2) 承发包双方在专用条款中约定不同扣回方法，如住房和城乡建设部《招标文件范本》中规定，在承包人完成金额累计达到合同总价的 10%后，由承包人开始向发包人还款，发包人从每次应付给承包人的金额中扣回工程预付款，发包人至少在合同规定的完工期前三个月将工程预付款的总计金额按逐次分摊的办法扣回。

3.预付款担保

预付款担保是指承包人与发包人签订合同后领取预付款前，承包人为正确、合理使用发包人支付的预付款而提供的担保。其主要作用是保证承包人能够按合同规定的目的使用并及时偿还发包人已支付的全部预付款额。如果承包人中途毁约，中止工程，使发包人不能在规定期限内从应付工程款中扣除全部预付款，发包人有权从该项担保金额中获得补偿。

预付款担保的主要形式为银行保函，也可约定其他形式，如担保公司提供担保，抵押担保等。担保金额通常与预付款是等值的，并随预付款按期逐渐扣还，担保金额也相应减少，承包人全部还清预付款后，发包人应退还预付款保函。

12.2.3 备料款的扣回

由于备料款是按施工图预算或当年建安投资额所需要的储备材料计算的，当工程施工达到一定进度、材料储备随之减少时，预收备料款应陆续扣还给建设单位，工程竣工前扣完。确定预收备料款开始抵扣时间，应该以未施工工程所需主要材料及构配件的耗用额同预收备料款相等为原则。工程备料款的起扣点可按公式 (12—3) 计算：

$$\text{备料款起扣时的已完工程价值} = \text{当年施工合同总值} - \frac{\text{预收备料款数额}}{\text{主要材料比重}(\%)}$$

或

$$\text{备料款起扣时的工程进度} = \left(1 - \frac{\text{预收备料款的额度}(\%)}{\text{主要材料比重}(\%)}\right) \times 100\% \qquad (12-3)$$

[例 12－1] 某工程主要材料占建安工作量的比重为 60%，预收备料款额度为 20%，试求预收备料款起扣点。

[解] 预收备料款起扣时的工程进度（即起扣点）应为

$$\left(1-\frac{20\%}{60\%}\right)\times 100\%=66.67\%$$

即当工程进度达到 66.67%时开始起扣。因未完工程 33. 33%所需的主要材料接近 20%（33.33%×60%＝20%）。

应扣还的预收备料款可按下面两个公式计算：

第一次抵扣额＝（累计已完工程价值－起扣点已完工程价值）×主要材料比重

以后每次抵扣额＝每次完成工程价值×主要材料比重

[例 12－2]某施工企业承建某建设单位的建筑安装工程，双方签订合同中规定当年计划工作量为 800 万元，预收备料款额度为 25%，若主要材料比重为 55%，各月完成的工程量见表 12-1，试计算 6 月份和 7 月份月终结算时应抵扣的工程备料款数额及结算额。

表 12-1　各月工程量完成表　　单位：万元

3 月	4 月	5 月	6 月	7 月	8 月	9 月
100	110	130	140	102	110	108（竣工）

[解]预收工程备料款数额为 800×25%＝200（万元）

起扣点已完工程价值为 $800-\frac{200}{50\%}=436.36$（万元）

(1) 5 月份累计完成工程量为 340 万元，6 月份累计完成工程量为 480 万元，6 月月终结算时应抵扣的备料款为第一次抵扣，其数额为

(480－436.36) ×55%＝24（万元）

结算额为 140－24＝116（万元）

(2) 7 月份应抵扣的备料款数额为

102×55% ＝ 56.1（万元）

结算额为 102－56. 1＝45. 9（万元）

另外，若求例 12－2 中各月份的抵扣额、结算额，计算结果可见表 12-2。

表 12-2　各月工程款结算表　　单位：万元

月份 / 款项	3	4	5	6	7	8	9
每月完成工程量	100	110	130	140	102	110	108
累计完成工程量	100	210	340	480	582	692	800
抵扣备料款	—	—	—	24	56. 1	60.5	59.4
每月工程款结算额	100	110	130	116	45.9	49.5	48.6

工程款累计结算额为 100＋110＋130＋116＋45.9＋49.5＋48.6＝600（万元），加上预付备料款 200 万元，正好等于 800 万元。

实际建筑工程经济活动中，工程工期较短备料款无须分期扣回；工程跨年度施工，备料款可以不扣或少扣，并于次年按应付备料款调整，多还少补。跨年度施工，如预计次年承包工程价值大于或等于当年承包工程价值时，可不扣回当年的备料款；若小于当年承包工程价值时，当年扣回部分备料款，并将未扣回部分转入次年，直到竣工年度再按有关方法扣回。

12.3 工程进度款

12.3.1 工程进度款的概念

工程进度款（Project progress payment）指为了使建筑安装企业在施工过程中耗用的资金及时得到补充，及时反映工程进度和施工企业的经营成果，对工程价款实行中间结算的办法。即按逐月完成工程量乘工料单价法或综合单价法计算工程价款，向建设单位办理价款结算手续。

12.3.2 工程进度款的拨付

拨付原则是工程进度款和预付的备料款之和等于工程实际完成价值和应付未完工备料款之和。结合《建设工程价款结算暂行办法》（财建〔2004〕369 号）规定工程进度款的结算和支付要求，财政部与住房城乡建设部于 2022 年发布的《关于完善建设工程价款结算有关办法的通知》等文件，工程进度款的拨付要求如下。

1. 结算方式

（1）按月结算与支付。按月支付进度款，竣工后清算。合同工期在两个年度以上的工程，年终进行工程盘点，办理年度结算。

（2）分段结算与支付。当年开工、当年不能竣工的工程按进度划分不同阶段支付工程进度款。

2. 工程量计算

（1）承包人应按照合同约定的方法和时间，向发包人提交已完工程量的报告。发包人接到报告后 14 天内核实已完成工程量，并在核实前 1 天通知承包人，承包人提供条件并派人参加核实，承包人收到通知后不参加核实，以发包人核实的工程量作为工程价款支付的依据。发包人不按约定时间通知承包人，致使承包人未能参加核实，核实结果无效。

（2）发包人收到承包人报告后 14 天内未核实完成工程量，从第 15 天起承包人报告的工程量即视为被确认，作为工程价款支付的依据，双方合同另有约定的，按合同执行。

（3）对承包人超出设计图纸（含设计变更）范围和因承包人原因造成返工（rework）的工程量，发包人不予计量。

3. 工程进度款支付

（1）根据确定的工程计量结果，承包人向发包人提出支付工程进度款申请，14 天内，发包人应按不低于工程价款的 60%，不高于工程价款的 90%向承包人支付工程进度款。按约定时间发包人应扣回的预付款，与工程进度款同期结算抵扣。《关于完善建设工程价款结算有关办法的通知》要求提高建设工程进度款支付比例。政府机关、事业单位、国有企业建设工程进度款支付应不低于已完成工程价款的 80%。

（2）发包人超过约定的支付时间不支付工程进度款，承包人应及时向发包人发出要求付款的通知，发包人收到承包人通知后仍不能按要求付款，可与承包人协商签订延期付款协议，经承包人同意后可延期支付，协议应明确延期支付的时间和从工程计量结果确认后第 15 天起计算应付款的利息（利率按同期银行贷款利率计）。

（3）发包人不按合同约定支付工程进度款，双方又未达成延期付款协议，导致施工无法进行，承包人可停止施工，由发包人承担违约责任。

12.4 工程变更款

工程变更指工程施工过程中，根据合同约定的施工程序，工程内容、数量、质量要求及标准等做出的变更。

12.4.1 工程变更的原因

工程变更的原因主要包括：业主新的意向、业主指令错误或其他责任原因造成承包商施工方案或计划的改变、设计人员未理解业主意图或设计错误导致图纸修改、监理方误解设计图纸或监理过程中存在缺陷、承包商事先没有理解各方意图或要求，在制定施工组织设计或措施方面存在缺陷而采取纠正措施、工程环境的变化、产生新技术和知识而需要修改原计划、政府对工程新的要求、合同实施出现问题、不可抗力等。

12.4.2 工程变更范围

根据我国建设部和工商行政管理总局颁发的《建设工程施工合同示范文本》(GF－99－0201）规定，工程变更包括设计变更和工程质量标准等其他实质性内容的变更，其中设计变更包括：更改工程有关部分的标高、基线、位置和尺寸、增减合同中约定的工程量、改变有关工程的施工时间和顺序、其他有关工程变更需要的附加工作。国际咨询工程师联合会（FIDIC）施工合同条件中规定，工程变更范围可能包括：改变合同中所包括的任何工作的数量、改变任何工作的质量和性质、改变工程任何部分的标高、基线、位置和尺寸、删减任何工作、任何永久工程需要的附加工作、工程设备、材料或服务、改动工程的施工顺序或时间安排。

12.4.3 工程变更程序

工程变更是工程索赔的主要起因，不仅会造成工程进度的延误，也可能增加工程费用，令工程施工管理困难，容易引起合同双方的争议。因此要充分重视工程变更管理。

通常工程变更程序如下。

1. 提出

根据项目实施的具体情况，业主方、设计方、监理方、承包方等项目参与各方均可根据工程的实施条件或需要提出工程变更。

2. 批准

承包商提出工程变更，应经设计或监理工程师审查并批准，常以技术核定的形式形成工程变更；设计方提出工程变更应与业主协商或经业主审查并批准；业主方提出的工程变更，涉及设计修改的应与设计单位协商，出设计修改图；监理方发出工程变更，一般以施工合同或工程工作协调会会议纪要形式确定，通常事先征得业主同意；由于政府部门或新技术等原因要求工程变更，可采用设计修改、技术核定签发或工程师书面指令等形式。

3. 指令的发出与执行

指令可采用书面、口头形式。一般情况下要用书面形式发布指令，但由于情况紧急承包人应执行工程师的口头指令，并根据合同规定要求工程师书面认可。

当工程变更价款尚未确定，或者承包人对工程师答应给予补偿的费用不满意时，从工程项目出发，承包商应先执行工程变更的工作，然后就变更价款进行协商确定或索赔。

4. 责任的分析

责任辨析是工程变更价款和工程索赔的依据之一。根据变更具体情况确定责任。

(1) 业主承担的责任

由于业主要求、政府部门要求、环境变化、监理指挥失误或失职、不可抗力、原设计错误等导致设计修改，造成施工方案的变更，以及工期的延长和费用的增加，承包商可向业主索赔。

(2) 承包商责任

由于承包商编制的施工方案、施工措施出现错误、疏忽而导致设计修改或施工方案变更，造成工程费用增加和工期延长应由承包人承担责任。

此外，工程合同签订以后，或承包方的施工组织设计被工程师（或业主方）确认后，业主为了加快工期，提高工程质量等要求变更施工方案，由此引起的费用增加可以向业主索赔。

12.4.4 工程变更价款确定方法

1.《计价规范》约定的工程变更价款的确定方法

根据《计价规范》，合同价采用综合单价。当发生工程变更时，除合同另有约定以外，一般可按照下列规定执行。

(1) 新的工程量清单项目

由于工程量清单项目遗漏或设计变更引起新的工程量清单项目，其工程量由发包人计算，其综合单价由承包人提出，经发包人确认后作为结算的依据。

(2) 工程量增减

由于工程量清单数量有误或设计变更引起工程量增减变化，增减幅度在合同约定幅度以内的，应执行原有综合单价；若超出约定幅度以外的，增加部分的工程量或减少后剩余部分的工程量的综合单价由承包人提出，经发包人确认后作为结算依据。

2.《建设工程施工合同（示范文本）》GF—99—0201 约定的工程变更价款确定方法

合同中已有适用于变更工程的价格，按合同已有的价格作为变更合同价款；合同中只有类似于变更工程的价格，可以参照类似价格作为变更合同价款；合同中既没有适用也没有类似于变更工程的价格，则由承包人指出适当的变更价格，经工程师确认后执行。

3. FIDIC 施工合同条件约定的工程变更价款的确定方法

FIDIC 施工合同条件约定：工程变更的费率或价格应采用合同相同工作内容的费率或价格；如合同中无此项工作，应取类似工作的费率或价格。而只有在满足下列条件时，可对有关工作内容采用新的费率或价格：

此项工作实际测量的工程量比工程量表或其他报表中规定的工程量的变动大于10%；工程量的变化与该项工作规定的费率的乘积超过了中标的合同金额的0.01%；此工程量的变化直接造成该项工作单位成本的变动超过1%；此项工作不是合同中规定的“固定费率项目”。

4. 工程变更项目的单价和价格的确定

合同中工程量清单的单价和价格由承包商投标时提供，用于变更工程项目的单价和价格。

工程变更的价格确定有几种情况：直接套用、间接套用、部分套用。根据实际情况，变更委员会选择某一种方式来确定价格。

12.5 工程施工索赔

工程索赔（Engineering claim）指工程承包合同履行中，当事人一方由于另一方未履行合同所规定的义务或者应当由对方承担的风险而遭受损失时，向另一方提出赔偿要求的行为。索赔是国际工程承包中经常发生并且随处可见的正常现象，在承包合同中都有索赔的条款。性质属于经济补偿行为。在我国索赔刚刚起步。

12.5.1 工程索赔的概念和分类

1. 概念

工程索赔是指在合同实施过程中，合同参与方不履行合同或未能正确地履行合同中所规定的义务而遭受损失，合同当事方向另一方提出的补偿要求。由于施工现场条件、气候条件的变化，施工进度、物价的变化，以及合同条款、规范、标准文件和施工图纸的变更、差异、延误等因素的影响，使得工程承包中不可避免地出现索赔。

我国《建设工程施工合同示范文本》中的索赔规定是双向的，既包括承包人向发包人的索赔，也包括发包人向承包人的索赔。但在工程实践中，发包人索赔数量较小，处理方便，可以通过各种方式：如冲账、扣拨工程款、扣保证金等实现对承包人的索赔；而承包人对发包人的索赔相对困难。

索赔含义广泛，可以概括为：

一方违约使另一方蒙受损失，受损方向对方提出赔偿损失的要求；发生应当由发包方承担责任的特殊风险或遇到不利自然条件等情况，使承包商蒙受较大损失而向发包方提出补偿损失要求；承包商本人应当获得的正当利益，由于没能及时得到监理工程师的确认和发包方应当给予的支付，而以正式函件向发包方提出索赔。

2. 产生原因

主要有当事人违约、不可抗力事件、合同缺陷、工程变更、工程师指令、其他第三方原因等致因。

3. 分类

(1) 按索赔的合同依据分类

①合同中明示的索赔，即指承包人所提出的索赔要求，合同文件中有文字依据，承包人可据此提出索赔要求，取得经济补偿。

②合同中默示的索赔，即承包人的该项索赔要求，虽然合同条款中没有专门文字叙述，但可根据某些条款的含义，推论承包人有索赔权。同样有法律效力，有权得到相应的经济补偿。

(2) 按索赔目的分类

①工期索赔。非承包人责任的原因而导致施工进程延误，要求批准顺延合同工期的索赔。形式上是对权利的要求，以避免在原定合同竣工日不能完工时，被发包人追究拖期违约责任。一旦获得批准合同工期顺延后，承包人不仅免除了承担拖期违约赔偿费的严重风险，而且可能提前工期得到经济收益上的奖励。

②费用索赔。目的是要求经济补偿。当施工的客观条件改变导致承包人增加开支，要求对超出计划成本的附加开支给予补偿，挽回不应承担的经济损失。

(3) 按索赔事件性质分类

①工程延误索赔。因发包人未按合同要求提供施工条件，如未及时交付设计图纸、施工现场、道路等，或因发包人指令工程暂停或不可抗力事件等原因造成工期拖延的，承包人提出索赔。

②工程变更索赔。发包人或监理工程师指令增加或减少工程量或增加附加工程、修改设计、变更工

程顺序等，造成工期延长和费用增加，承包人提出索赔。

③合同被迫终止索赔。由于发包人或承包人违约以及不可抗力事件等原因造成合同非正常终止，无责任的受害方因其蒙受经济损失而向对方提出索赔。

④工程加速索赔。由于发包人或工程师指令承包人加快施工速度，缩短工期，引起承包人人力、财力、物力的额外开支。

⑤意外风险和不可预见因素索赔。在工程实施过程中，因人力不可抗拒的自然灾害、特殊风险以及一个有经验的承包人通常不能合理预见的不利施工条件或外界障碍，如地下水、地质断层、溶洞、地下障碍物等。

⑥其他索赔。货币贬值、汇率变化、物价上涨、工资上涨、政策法令变化等原因引起。

4. 主要内容

(1) 承包商向发包人提出索赔的内容

①合同文件有关的问题

合同文件是由业主一方委托有关人员编制的，由于国际工程承包合同包括一系列的文件，这些合同文件本身的差错和相互之间的不一致，常常成为索赔的契机。如合同条文的错误、图纸的差错、工程量的差错、水文地质资料中的错误等以及合同文件含混不清；或图纸与技术规范不符，图纸与工程量不符，合同条件与其他文件的矛盾等。

②工程施工有关问题

工程施工中，由于施工条件的变化，或因业主或工程师的要求引起施工内容、进度计划的变化，以及业主提供施工材料不及时或质量方面的问题，也是承包商向业主提出索赔的主要内容。

③人力不可抗拒灾害和特殊风险

第一，人力不可抗拒灾害。

人力不可抗拒灾害主要指自然灾害。由于许多合同规定承包商需以发包人和承包商的共同名义投保工程一切险，因此这类灾害造成的损失应当向承担保险的保险公司索赔。但是，在这种情况下，承包商仍有权要求业主顺延工期，如果灾害的损失特别严重，承包商还应当声明不放弃由于消除灾害后果而暂时停工所不得不对承包价做合理调整的权利。

第二，特殊风险。

特殊风险一般指战争、敌对行动、入侵、核装置的污染和冲击波破坏、叛乱、革命、暴动、军事政变或篡夺政权、内乱等。由于这些特殊风险所产生的后果可能是严重的，在一般国际工程合同中，承包商可以得到由此损害引起的任何永久性工程及其材料的付款及合理的利润，以及一切修复费用及重建费用，这些费用还包括由上述特殊风险而导致的费用增加，如果由于特殊风险而导致合同终止，承包商还可获得施工机具设备的撤离费用和人员遣返费用。

④第三方的干扰影响

第三方的干扰影响是针对指定分包商和一项工程由多个承包商施工的情况。所谓指定分包商，是指由发包人通过另外的招标或其他方式确定的分包商，而将这类分包商纳入主承包商管理之下。如果雇主直接为这类分包商签订一份单独合同，则属于上述的后一种情况。国际工程合同规定分包商的违约或延误造成的索赔，主承包商均可以免责。当一项工程由多个承包商施工，而工程师又缺乏足够的指挥和组织管理能力，在工地上产生严重干扰，或由于其他承包商未按工程施工进度施工，从而导致工程暂停，人工和机械窝工，影响安全生产，增加施工费用等，承包商均可以据以索赔。

⑤物价上涨和货币贬值等问题

合同条件中对于物价上涨和货币贬值有专门的补偿条款，但限制于在项目投标截止之日前的28天内。由于工程施工或预计施工所在国的任何法规、法令、政令的变化而使承包合同费用增加或由于政府授权机构对货币汇兑进行限制而影响合同价格，以及对于政府或中央银行正式宣告的货币贬值，承包商均有权向业主提出要求以补偿由此产生的损失。

(2) 发包人向承包商提出索赔的内容

发包人向承包商提出索赔，又称为反索赔，主要有以下几种情况。

①工程量减少和工程成本降低

有两种情况，一是在施工过程中因工程师做出变更指示而发生；二是对工程量表中所开列的估算工程量进行实测后所做出的调整。一般合同规定，由于上述原因使合同总有效价的减少值超过15%，发包人方面可向承包商提出反索赔。但工程量减少会给承包商带来经济上的损失，承包商要限制工程量减少的数量，一般合同均规定工程量变化不超过 25%。

在投标截止 28 天内，如工程所在国法规法令的变化而导致承包商在工程实施中降低成本，则业主有权要求调整合同价。

②共同风险

国际承包工程历来被认为是一项“风险事业”，承包商和业主都会面临错综复杂的风险，一般合同条款都把下列风险称为“雇主风险”：

人力不可抗拒的自然灾害；特殊风险；由于雇主使用或占用合同规定提供给他的以外的任何永久工程的区段或部分而造成的损失或损害；因工程设计不当造成的损失或损害。而这类设计不是由承包商提供或承包商负责的。

如前所述，由于雇主风险造成的承包商的任何损失或损坏，承包商均有权向业主提出索赔。但一个工程的实施所遇到的风险远不止这些。如政治方面，所在国法律法令的变化；经济方面，通货膨胀、外汇管制；技术方面，由于对工程所在地区自然条件估计不足造成的问题；管理方面，分包商的违约等。因此一般合同条件又在条款中规定：如果是由多种风险相结合造成的损失或损害，则工程师在决定增减合同价时，要考虑承包商和业主的责任所占比例。承包商可以从发包人方面得到补偿，发包人也可以从承包商处得到补偿。

③承包商违约

业主因承包商违约而提出反索赔，主要有三种情况。

第一，工程延期。

如对于应由承包商设计或提出图纸和规范的，承包商未按规定的时间完成设计或提交图纸及规范，承包商备料不及时而未能如期进行试验或检查，承包商责任造成的工程未能如期完成等。

第二，额外支出。

如因承包商未履行规定的义务，发包人雇用他人完成所发生的费用；承包商未按规定保险而发生的损害；承包商运输设备造成工程所在地区道路的损害等。

第三，工程质量不符合施工技术规范而造成的工程缺陷。

由于在承包合同中通常把工程施工中的风险主要放在承包商这一方，如承包商违约，合同中规定有专门的罚款条件。而工程结算，一般是按照计划，如工程进度按工程施工的阶段进行结算，因此，业主的反索赔，主要表现为调整合同价或从将来付给承包商的任何款项中扣除，或视为承包商的一项债务予以收回。

12.5.2 工程索赔的处理原则和计算

1. 处理原则

以合同为依据、及时合理处理、加强主动控制，减少工程索赔。

2.《建设工程施工合同文本》规定工程索赔程序

(1) 承包人提出索赔申请。索赔事件发生在 28 天内，必须以正式函件向工程师发出索赔意向通知，声明对此事项要求索赔，同时仍须遵照工程师的指令继续施工。逾期申报时，工程师有权拒绝承包人的索赔要求。

(2) 发出索赔意向通知后 28 天内，向工程师提出补偿经济损失和（或）延长工期的索赔报告及有关资料。

(3) 工程师审核承包人的索赔申请。工程师在收到承包人送交的索赔报告和有关资料后，于 28 天内给予答复，或要求承包人进一步补充索赔理由和证据。工程师在 28 天内未予答复或未对承包人做进一步要求，视为该项索赔已经认可。

(4) 当该索赔事件持续进行时，承包人应阶段性向工程师发出索赔意向，在索赔事件终了后 28 天内，向工程师提供有关资料和最终报告。

(5) 工程师与承包人谈判。双方各自依据对这一事件的处理方案进行友好协商，尽可能通过谈判 (Negotiating) 达成一致意见，则该事件较容易解决。如果双方对该事件的责任、索赔款额或工期展延天数分歧较大，达不成共识，按照条款规定工程师有权确定一个他认为合理的单价或价格作为最终的处理意见报送业主并相应通知承包人。

(6) 发包人审批工程师的索赔处理证明。发包人首先根据事件发生的原因、责任范围、合同条款、审核承包人的索赔申请和工程师的处理报告，再根据项目的目的、投资控制、竣工验收要求，以及针对承包人在实施合同过程中的缺陷或不符合合同要求的地方提出反索赔方面的考虑，决定是否批准工程师的索赔报告。

(7) 承包人是否接受最终的索赔决定。承包人同意了最终的索赔决定，这一索赔事件即告结束。若承包人不接受工程师的单方面决定或业主删减的索赔或工期展延天数，就会导致合同纠纷。最好通过谈判和调解使双方达成互让的解决方案，若不能谅解，则进行诉诸仲裁或者诉讼。

同样，承包人未能按合同约定履行自己的各项义务和发生错误给发包人造成损失的，发包人也可按上述时限要求向承包人提出索赔。

3. 索赔依据

当事人之间各种约定的文件，包括以下几个方面。

(1) 合同和合同文件，这是索赔最重要的依据。

(2) 施工文件

施工文件（constructing document）有一部分属于合同文件，如图纸、技术规范。有不属于正式的合同文件，但反映了工程施工活动记录，也是索赔的重要依据。如

①工程图纸和施工前与施工过程中编制的工程进度表；

②每周的施工计划和每日的各项施工记录；

③会议记录、会议纪要等；

④由承包商提出的各类施工备忘录；

⑤来往信函；

⑥由工程师检查签字批准的各类工程检查记录和竣工验收报告；

⑦工程施工录像和照相资料；

⑧各类财务单据，包括工资单据、发票、收据等；

⑨其他资料。

从法律上讲，施工文件需得到工程师或工程师代表和承包商的确认，才能构成索赔的依据。

(3) 前期索赔文件

前期索赔，是指在投标者中标后至签订工程承包合同前这一期间所发生的索赔问题。如招标单位提出的超过原投标文件范围的要求、中标者的单方毁标等，而与之有关的招标文件以及招标所应适用的法律即为前期索赔的依据。

(4) 法律与法规

发包人依据本国法律的规定，要求在工程承包合同中确认本国有关的民商法为合同的准据法，并据此对合同进行解释。索赔证据的收集，在进行干扰事件影响分析的同时，也要注意索赔证据的收集。

4. 索赔值计算

(1) 可索赔的费用：人工费、设备费、材料费、保函手续费、贷款利息、保险费、利润、管理费。

(2) 费用索赔的计算

①实际费用法。按照每索赔事件所引起损失的费用项目分别分析计算索赔值，然后将各费用项目的索赔值汇总，即可得到总索赔费用值。这反映了索赔事项引起的工程成本增加值的实际状态。费用索赔申请（核准）表见表 12-3。实际费用法计价原则如下：

以承建商承建工程的实际开支（成本记录或单据）为根据，要求经济补偿；该项工程索赔费用，仅限于索赔超原计划的额外费用，如所发生的额外直接费（人工费用、材料费、设备费）和管理费：在额外直接费基础上，加上相应的间接费、利润等。

②总费用法与修正总费用法。又称总成本法，即索赔事项发生后，重新计算工程项目的实际总费用，再减去报价时的估算总费用，其公式为

索赔款额＝实际总费用－报价估算费用 (12—4)

修正总费用法是在总费用法计算的原则下，对其索赔项目进行修改和调正，如

索赔款的计算时段仅限某工程受影响的时间。只计算受影响的某项工作。对投标报价的估算费用重新进行核算：按受影响时段内该项工作的实际单价进行计算，乘实际完成的该项目的工程量，得出调整后的报价费用。与该项目无关的费用，不计入总费用内。

其公式为：

索赔款额＝某项工作修正后的实际总费用－该项目报价费用　　(12－5)

③合理价值法。按公式调整理论进行的索赔补偿做法。当合同条款对此有明确规定或通过调解机构等解决索赔争端时，可考虑按合理价值法判定索赔金额。如世界银行或国际组织贷款项目流行的调价公式。

④分项法。按每个干扰事件，以及该事件所影响的各个费用项目分别计算索赔值的方法，其特点：比总费用法复杂，处理较难、合理科学反映实际情况、为后续进一步索赔提供便利条件、应用广泛。

通常在实际工程中，费用索赔计算大都采用这种分项法计算索赔值，大体分三步：第一，分析每个或每类干扰事件所影响的费用项目，该费用项目通常应与合同报价中的费用项目保持一致；第二，确定各费用项目索赔值的计算基础和计算方法，计算每个费用项目受干扰事件影响后的实际成本或费用值，并与合同报价中的费用值比对，即可得到该项费用的索赔值；第三，将各费用项目的计算值列表汇总，得到总费用索赔值。

在实际工程中，许多现场管理者提交的索赔报告常常仅考虑直接成本（Direct Costs），即现场材料、人员、设备的损耗，忽略计算一些附加成本；由于完成工程量不足而没有获得企业管理费；人员在现场延长停滞时间所产生的附加费；由于推迟支付而造成的财务利息损失；保险费和保函费用增加等。因此，在分项法计算时应注意内容的完整性，否则带来损失。

⑤协商调解与审判裁定法。解决索赔争端确定索赔款额的法律审判裁定途径。通过法庭审判，研究索赔资料、听证申辩，最终以仲裁判决的方式确定索赔款额。

协商调解法是通过双方友好协商和聘请调解机构，以通融道义的形式达到理赔和经济补偿的方法。其基本操作规程：索赔通知、资料准备、提交计算、各方会商、邀请中介机构、不能意见一致则提交仲裁或诉讼、定价和付款、善后事宜。

表 12-3　费用索赔申请（核准）表

工程名称：　　　　　　　　　　　　标段：　　　　　　　　　　编号：

<table>
<tr><td colspan="2">致：(发包人全称)
根据施工合同条款的约定，由于＿＿＿＿＿＿原因，我方要求索赔金额（大写）＿＿＿＿＿＿（小写）＿＿＿＿＿，请予核准。
附：1.费用索赔的详细理由和依据：
2.索赔金额的计算：
3.证明材料：
承包人（章）
承包人代表
日期</td></tr>
<tr><td>复核意见：
根据施工合同条款的约定，你方提出的＿＿＿＿＿＿费用索赔申请经复核：
☐ 不同意此项索赔，具体意见见附件。
☐ 同意此项索赔，索赔金额的计算，由造价工程师复核。
监理工程师
日　　期</td><td>复核意见：
根据施工合同条款的约定，你方提出的＿＿＿＿＿＿费用索赔申请经复核，索赔金额为（大写）＿＿＿＿＿＿（小写）＿＿＿＿＿＿。
造价工程师
日　　期</td></tr>
<tr><td colspan="2">审核意见：
☐ 不同意此项索赔
☐ 同意此项索赔，与本期进度款同期支付。
承包人（章）
承包人代表
日　　期</td></tr>
</table>

(3) 工期索赔中应当注意的问题

①划清施工进度拖延的责任。承包人不应承担任何责任的延误，才是可原谅的延期。工期延期的原

因中可能包含有双方责任，此时工程师应详细分析，分清责任比例，只有可原谅延期部分才能批准顺延合同工期。可原谅延期，分为可原谅并给予补偿费用的延期和可原谅但不给予补偿费用的延期。后者是非承包人责任的影响并导致施工成本的额外支出，大多属于发包人应承担风险责任事件的影响，如异常恶劣的气候条件影响的停工等。

②被延误的工作应是处于施工进度计划关键线路上的施工内容。只有位于关键线路上工作内容拖延后，才会影响到竣工日期。但既要看被延误的工作是否在批准进度计划的关键路线上，又要详细分析这一延误对后续工作的可能影响。此时，应充分考虑该工作的自由时间，给予相应的工期顺延，并要求承包人修改施工进度计划。

(4) 工期索赔的计算

工期索赔的计算主要有网络图分析和比例计算法两种。

①网络图分析法是利用进度计划的网络图，分析其关键线路。如果延误的工作为关键工作，则总延误的时间为批准顺延的工期：如果延误的工作为非关键工作，当该工作由于延误超过时差限制而成为关键工作时，可以批准延误时间与时差的差值；若该工作延误后仍为非关键工作，则不存在工期索赔问题。

②比例计算法

对于已知部分工程的延期的时间：

$$\text{工期索赔值}=\frac{\text{受干扰部分工程合同价}}{\text{原合同总价}}\times\text{该受干扰部分工期拖延时间} \tag{12-6}$$

对于已知额外增加工程量的价格：

$$\text{工期索赔值}=\frac{\text{额外增加的工程量的价格}}{\text{原合同价格}}\times\text{原合同总工期} \tag{12-7}$$

比例计算法简单方便，但有时不尽符合实际情况，比例计算法不适用于变更施工顺序、加速施工、删减工程量等实践的索赔。

[例 12—3]工期索赔的计算。

某工程原合同规定分两阶段进行施工，土建工程 21 个月，安装工程 12 个月。假定以一定量的劳动力需要量为相对单位，则合同规定的土建工程量可折算为 310 个相对单位，安装工程量折算为 70 个相对单位。合同规定，在工程量增减 10%的范围内，作为承包商的工期风险，不能要求工期补偿。在工程施工过程中，土建和安装的工程量都有较大幅度的增加。实际土建工程量增加到 450 个相对单位，实际安装工程量增加到 110 个相对单位。

承包商提出的工期索赔：

不索赔的土建工程量的高限为 310×1.1=341 个相对单位

不索赔的安装工程量的高限为 70×1.1=77 个相对单位

由于工程量增加而造成工期延长：

土建工程工期延长为 21× (450/341−1) =6.7 个月

安装工程工期延长为 12× (110/77−1) =5.1 个月

总工期索赔为 6.7+5.1 = 11.8 个月

12.5.3 索赔报告的内容

索赔报告的具体内容，随该索赔事件的性质和特点而有所不同，一个完整的索赔报告包括以下四个部分。

1. 总论部分

总论部分一般包括：序言；索赔事项概述；具体索赔要求；索赔报告编写及审核人员名单。

首先应概要地论述索赔事件的发生日期与过程；施工单位为该索赔事件所付出的努力和附加开支；施工单位的具体索赔要求。在总论部分最后，附上索赔报告编写组主要人员及审核人员的名单，注明有关人员的职称、职务及施工经验，以表示该索赔报告的严肃性和权威性。

2. 根据部分

说明具有的索赔权利，这是索赔能否成立的关键。根据部分的内容主要来自该工程项目的合同文件，并参照有关法律规定。该部分中施工单位应引用合同中的具体条款，说明自己理应获得经济补偿或工期延长。

一般地说，根据部分应包括以下内容：索赔实践的发生情况；已递交索赔意向书的情况；索赔事件的处理过程：索赔要求的合同根据；所附的证据资料。

写法结构上，按照索赔实践发生、发展、处理和最终解决的全过程编写，并明确全文引用有关的合同条款，使建设单位和监理工程师了解索赔事件的始末，并充分认识该项索赔的合理性和合法性。

3. 计算部分

索赔计算的目的，是以具体的计算方法、计算过程，说明自己应得经济补偿的款额或延长的时间。在款额计算部分，施工单位必须阐明下列问题：索赔款的要求总额；各项索赔款的计算，如额外开支的人工费、材料费、管理费和所失利润；指明各项开支的计算依据及证据资料，施工单位应注意采用合适的计价方法。至于采用哪一种计价法，应根据索赔事件的特点及自己所掌握的证据资料等因素来确定。同时应注意每项开支款的合理性，并指出相应的证据资料的名称及编号。切忌采用笼统的计价方法和不实的开支款额。

4. 证据部分

证据部分包括该索赔事件所涉及的一切证据资料，以及对这些证据的说明。在引用证据时，要注意该证据的效力或可信程度。重要证据资料最好附以文字证明或确认件。

12.6 工程竣工结算

12.6.1 工程竣工结算的概念和主要作用

1. 概念

工程竣工结算（Project completion and settlement）是指一个单位或单项建筑安装工程完工，并经建设单位及有关部门验收点交后办理的工程财务结算。

承发包双方经济关系的最后结束，承发包双方对财务往来进行清算，竣工结算总价表见表12-4。结算根据“工程结算书”和“工程价款结算账单”进行。

工程结算书是施工单位根据合同造价、设计变更增（减）项目、现场技术经济签证费用和施工期间国家有关政策性费用调整文件编制确定的工程最终造价的经济文件，是向建设单位应收的全部工程价款；工程价款结算账单表示施工单位已向建设单位收取的工程款。结算书和结算账单均由施工单位在工程竣工验收点交后编制，送监理或建设单位审查确认、经有关部门审查同意，由承发包双方共同办理竣工结算手续后，才能进行工程结算。属于中央和地方财政投资工程的结算，需经财政主管部门委托的专业银行或中介机构审查，有的工程还需经审计部门审计。一般，当年开工、当年竣工的工程只需办理一次性结算；跨年度的工程，在年终办理一次年终结算，将未完工程结转到下一年度，此时竣工结算等于各年度结算的总和。

办理工程价款竣工结算的一般公式为：

竣工结算工程价款＝预算(或概算)或合同价款
＋施工过程中预算或合同价款调整数额
－预付及已经结算工程价款－保修金 (12—8)

表12-4 竣工结算总价表

______________工程

竣工结算总价

中标价（小写）：______________（大写）：

结算价（小写）：______________（大写）：

发包人：____________ 承包人：____________ 工程造价咨询人：__________

（单位盖章） （单位盖章） （单位资质专用章）

法定代表人：__________ 法定代表人：__________ 法定代表人：__________

或其授权人：__________ 或其授权人：__________ 或其授权人：__________

（签字或盖章） （签字或盖章） （签字或盖章）

编制人：__________ 核对人：__________

（造价人员签字盖专用章） （造价工程师签字盖专用章）

编制时间： 年 月 日 核对时间： 年 月 日

课程思政　　　　**工程结算与决算最新规范**

近年来，为了规范基本建设财务行为，加强基本建设财务管理，提高财政资金使用效益，保障财政资金安全，财政部颁发了《基本建设财务规则》。对工程建设项目的建设资金筹集与使用管理、预算管理、建设成本管理、基建收入管理、工程价款结算管理、竣工财务决算管理、资产交付管理、结余资金管理、绩效评价等 9 个方面做了相应规定。

同时，为了规范基本建设项目建设成本管理，提高建设资金使用效益，财政部印发了《基本建设项目建设成本管理规定》。审计人员需要重点关注以下三点：一是在规定中对项目建设管理费总额控制进行了详细规定，决算审计时可直接对照规定中的附表进行核算。二是实行代建制管理的项目，一般不得同时列支代建管理费和项目建设管理费，确需同时发生的，两项费用之和不得高于本规定的项目建设管理费限额。三是必须列支业务招待费的，项目业务招待费支出应当严格按照国家有关规定执行，并不得超过项目建设管理费的 5%。

财政部、建设部印发的《建设工程价款结算暂行办法》第十四条对工程结算审查期限做出了明确规定，其规定单项工程在完工后，承包人应在提交竣工验收报告的同时，向发包人递交竣工结算报告及完整的结算资料，发包人应按以下规定时限进行核对（审查）并提出审查意见：造价在 500 万元以下的从接到竣工结算报告和完整的竣工结算资料之日起 20 天完成结算审核；500 万～2000 万元审核时限为 30 天；2000 万～5000 万元审核时限为 45 天；5000 万元以上的审核时限为 60 天。工程总结算在最后一个单项工程竣工结算审查确认后 15 天内汇总，送发包人后 30 天内审查完成。由于当地政府的要求，很多基层审计机关的结算审计金额即作为最终价款结算的依据，在进行结算审计时务必要注意结算审计时限。

《基本建设项目竣工财务决算管理暂行办法》第二条规定：“基本建设项目（以下简称项目）完工可投入使用或者试运行合格后，应当在 3 个月内编报竣工财务决算，特殊情况确需延长的，中小型项目不得超过 2 个月，大型项目不得超过 6 个月。”第三条规定：“项目竣工财务决算未经审核前，项目建设单位一般不得撤销，项目负责人及财务主管人员、重大项目的相关工程技术主管人员、概（预）算主管人员一般不得调离。”我们进行政府投资审计时，被审计单位的财务人员是关键，我们可以根据该办法的规定要求被审单位在规定的时间内编制完成决算报告，且要求被审计单位的财务人员不得调离，直到配合完成决算审计工作为止。

审计机关进行决算审计时会涉及施工单位、建设单位、勘察设计等各个参建单位，牵扯的人多面广且关系复杂，但归根到底是一种行政执法行为。决算审计的特殊性，使得审计人员往往忽视了自身的执法属性。在审计中尤其要注意执法人员资格、执法程序合法等问题。在言行举止、证据收集等方面也要维护执法人员的形象。《中华人民共和国审计法》《中华人民共和国审计法实施条例》《中华人民共和国国家审计准则》等是审计人员进行审计时的最大遵循，同时也是审计人员进行审计的“保护伞”，每个审计人员都应该学深学透，严格遵守。

2. 竣工结算的主要作用

工程竣工结算的主要作用：确定工程最终造价完结建设单位与施工单位合同关系的经济责任、确定施工企业确定工程的最终收入、反映实际完成情况，确定建设单位编报竣工决算、反映实际造价。

栏目　　　　**井巷工程竣工结算的概念与主要意义**

1.概念

井巷工程竣工结算是对建设工程的发承包合同价款进行约定和依据合同约定进行工程预付款、工程进度款、工程年度结算及工程竣工结算，按照规定的程序向建设单位收取工程价款的一项经济活动。

年度结算和竣工结算由建设单位组织施工单位等共同编制。建设方编制由建设单位直接支付的费用。施工单位编制建筑安装工程单位工程结算，建设单位审查并汇总；单项工程总结算由建设方会同设计、监理和施工单位根据单位工程竣工结算，按生产环节汇总。井巷工程产品（或井巷工程造价）的定价过程，是个别性、动态性、层次性的动态定价过程。生产井巷工程产品的施工周期长，人工、建筑材料和资金耗用量巨大，在施工实施的过程中为了合理补偿承包商的生产资金，通常将已完成的部分施工作业量作为“假定的合格井巷工程产品”，按有关文件规定或合同约定的结算方式结算工程价款并按规定时间和额度支付给工程承包商。

通过工程结算确定的款项成为结算工程价款，称工程进度款。对于一些工程规模大、工期长的工程，工程结算在整个施工的实施过程中要进行多次，直到工程项目全部竣工并验收，再进行最终产品的工程竣工结算。而一些规模较小或工期较短的工程，往往只进行一次工程结算，即工程竣工结算，最终的工程竣工结算价才是承发包双方认可的建筑产品的市场真实价格，也就是最终产品的工程造价。

按现行规定，将“假定的合格井巷工程产品”作为结算依据。“假定产品”指完成预算定额规定的全部工序的分部分项工程。凡是没有完成预算定额所规定的工程内容及相应工作量的，不允许办理工程结算。对工期短、预算造价低的工程，可在竣工后办理一次结算，若要办理中间结算，视工程性质不同，其中间结算累计额或支付额也不尽相同，一般不应超过承包合同价的95%，留5%的尾款在竣工结算后处理。

2.重要意义

(1) 工程结算是反映工程进度的主要指标。施工过程中，工程价款结算的依据之一就是按照已完成的工程量进行结算，根据累计结算的工程价款占合同总价款的比例，能够近似地反映出工程的进度情况，有利于准确掌握工程进度。

(2) 工程结算是加速资金周转的重要环节。承包商能够尽快尽早地结算回工程价款，有利于偿还债务、资金回笼，降低内部运营成本；通过加速资金周转，提高资金使用的有效性。

(3) 工程结算是考核经济效益的重要指标。对承包商如数结算工程价款，避免经营风险，获得相应利润，达到良好的经济效益。

12.6.2 工程竣工结算书的编制原则和依据

1. 工程竣工结算书的编制原则

其编制原则如下：

(1) 严格遵守国家和地方有关规定，以维护建设单位和施工单位的合法权益。

(2) 坚持实事求是的原则。编制竣工结算书的项目，必须是具备结算条件的项目。要对办理竣工结算的工程项目进行全面清点，包括工程数量、质量等，都必须符合设计要求和施工验收规范，未完工程或工程质量不合格的，不能结算。需要返工的，应返修（repair）并经验收合格后，才能结算。

2. 工程竣工结算书编制依据

(1) 工程竣工报告、竣工图（as-build drawing）及竣工验收单（handing over document）；

(2) 工程施工合同或施工协议书；

(3) 施工图预算或招投标工程的合同标价；

(4) 设计交底及图纸会审记录资料；

(5) 设计变更通知单及现场施工变更记录；

(6) 经建设单位签证认可的施工技术措施、技术核定单；

(7) 预算外各种施工签证或施工记录；

(8) 各种涉及工程造价变动的资料。

栏目	井巷工程竣工结算的编制依据

竣工结算的编制依据

(1) 工程竣工报告、竣工验收单和竣工图。

(2) 工程承包合同和已审核的原施工图预算。

(3) 图样会审纪要、设计变更通知书、技术变更核定（洽商）单、施工签证单或施工记录、施工组织设计、隐蔽工程检查验收记录。

(4) 业主与承包商共同认可的有关人工、材料、设备和其他各项费用调整的依据。

(5) 现行预算定额和费用定额以及政府行政主管部门出台的调价调差文件 。

(6) 其他涉及与工程有关的技术经济文件，如报告、函件、指令等资料。

(7) 工程承包合同、设备及工器具订货合同及其他有关协议书。

(8) 井下涌水量实测资料。

12.6.3 工程竣工结算书的内容

1. 编制基础

随承包方式变化，结算方法均应根据各省市建设工程造价（定额）管理部门和施工合同管理部门的有关规定办理。

采用施工图预算承包方式的工程，由于在施工过程中发生的变化，如设计变更，材料代用，施工条件变化，国家、地方新的经济政策出台等，影响到原施工图预算价格变化。因此，这类工程的结算书是在原工程预算书的基础上，设计变更原因造成的增、减项目和其他经济签证费用编制而成的，又称预算结算书。

采用招投标方式的工程，其结算原则上应按中标价格（即合同标价）进行。但是一些工期较长、内容比较复杂的工程，在施工中难免会发生一些较大的设计变更和材料调价。如果在合同中有规定允许调价的条文，施工企业在工程竣工结算时，可在中标价格的基础上进行调整。合同条文规定，允许调价范围以外发生的非施工企业原因造成的中标价格以外的费用，施工企业可以向建设单位提出洽商或补充合同作为结算调价的依据。

采用施工图预算加包干系数或平方米造价包干的住宅工程，为了分清承发包双方的经济责任，发挥各自的主动性，不再办理施工过程中零星项目变动的经济洽商，在工程竣工结算时也不再办理增减调整。但必须对工程施工期内各种价格变化进行预测，获得综合系数即风险系数。一般只适用于建筑面积小、工作量不大、工期短的工程，而对工期较长、结构类型复杂及材料品种多的工程不宜采用这种方法承包。

在签订合同条款时，预算外包干系数要明确包干内容及范围。包干费通常不包括下列费用：

在原施工图基础上增加的建筑面积。工程结构设计变更、标准提高、非施工原因的工艺流程改变等。隐蔽性工程的基础加固处理。非人为因素所造成的损失。

总之，工程竣工结算应根据不同的承包方式，按承包合同规定的条文进行结算。

工程竣工结算书的内容与施工图预算书相同，其造价组成仍然是工程直接费、间接费、利润和税金。不同的是在原施工图预算的基础上做部分增、减调整。工程竣工结算书没有统一的格式和表格，一般可用预算表格代替，也可根据需要自行设计表格。

2. 主要内容

(1) 工程变更

由于工程建设的周期长、涉及的经济关系和法律关系复杂、受自然条件和客观因素的影响大，导致项目的实际情况与项目招标投标时的情况相比会发生一些变化，这些变化导致了工程变更，如工程量变更、工程项目变更（project change）、进度计划变更、施工条件变更等，使得投标报价时的工程数量与实际施工的工程数量不符所发生的量差，这是编制工程竣工结算的主要部分。

我国现行工程变更价款的确定方法是依据《建设工程施工合同（示范文本）》中的规定：

①合同中已有适用于变更工程的价格，按合同已有的价格变更合同价款。

②合同中只有类似于变更工程的价格，可以参照类似价格变更合同价款。

③合同中没有适用或类似于变更工程的价格，由承包人提出适当的变更价格，经监理工程师确认后执行。

(2) 定额计价模式下的价格调整

①人工单价调整

在施工过程中，国家对工人工资政策性调整或劳务市场工资单价变化，一般按文件公布执行之日起的未完施工部分的定额工日数计算，采用按实或系数调整法。

②材料价格调整

对市场不同施工期的材料价格与预算时的差价及其相应材料量进行调整。对于主要材料，分规格、品种以定额的分析量为准进行单项调整，市场价格以当地主管部门公布的指导价，或中准价为准；对次要材料采用系数调整法，调价系数必须按有关机关发布的相关文件选用。

③机械价格调整

根据机械费增减总价，由主管部门测算，按季度或年度公布的综合调整系数，一次性进行调整。

④费用调整

费用价差产生原因有两个：

第一，由于费用（包括间接费、利润、税金）是以工程直接费（或人工费、机械费）为基数计取的，工程量调整必然影响到费用的计算，所以费用也应做相应调整。

第二，在施工期间国家、地方有新的费用政策出台，需要调整。

⑤其他费用

其他费用有窝工费、土方运费等，应一次结清，施工单位在施工现场使用建设单位的水、电费也应按规定在工程竣工时清算，付给建设单位，做到工完账清。

(3) 工程量清单计价模式下的价格调整

可以采用下列两种方法：采用合同中工程量清单的单价和价格；协商单价和价格。

(4) 索赔价款的结算

当发、承包人未能按合同约定履行自己的各项义务或发生错误，给另一方造成经济损失的，由受损方按合同约定提出索赔，索赔金额按合同约定支付。

《建设工程价款结算暂行办法》（财建〔2004〕369 号）规定：发包人和承包人要加强施工现场的造价控制，及时对工程合同外的事项如实记录并履行书面手续。凡由发、承包双方授权的现场代表签字的现场签证以及发、承包双方协商确定的索赔等费用，应在工程竣工结算中如实办理，不得因发、承包双方现场代表的中途变更改变其有效性。财政部与住房城乡建设部于 2022 年 6 月 14 日发布《关于完善建设工程价款结算有关办法的通知》（财建〔2022〕183 号）进一步要求：当年开工、当年不能竣工的新开工项目可以推行过程结算。发承包双方通过合同约定，将施工过程按时间或进度节点划分施工周期，对周期内已完成且无争议的工程量（含变更、签证、索赔等）进行价款计算、确认和支付，支付金额不得超出已完工部分对应的批复概（预）算。经双方确认的过程结算文件作为竣工结算文件的组成部分，竣工后原则上不再重复审核。

12.6.4 工程竣工结算书的编制方法

编制工程竣工结算书的方法有以下两种。

(1) 以原工程预算书为基础，将所有原始资料中有关的变动更改项目进行详细计算，将其结果纳入原工程预算中进行增减调整。

(2) 根据更改修正的原始资料绘出竣工图，重新再编制一个完整的预算。

只有当工程变更大、修改项目多时才采用后一种方法。表 12-5 是单位工程竣工结算汇总表的标准范式。

表 12-5　单位工程竣工结算汇总表

工程名称：　　　　　　　　　　标段：　　　　　　　　　　第　页共　页

序号	汇总内容	金额（元）
1	分部分项工程	
1.1		
1.2		
1.3		
1.4		
1.5		
2	措施项目	
2.1	其中：安全文明施工费 3	
3	其他项目	
3.1	其中：专业工程结算价	
3.2	其中：计日工	
3.3	其中：总承包服务费	
3.4	索赔与现场签证	
4	规费	
5	税金	
竣工结算总价合计＝1＋2＋3＋4＋5		

12.7 动态结算

工程建设项目中合同周期较长的项目，随时间常会受到物价浮动等多种因素的影响，其中，主要是人工费、材料费、施工机械费、运费等的动态影响。由于我国现行的工程价款结算基本上是按照设计预算价值，以预算定额单价和各地造价管理部门公布的调价文件为依据进行的，而对价格波动等动态因素考虑不足，为避免承包商或业主遭受不必要的损失，有必要在工程价款结算中把多种动态因素纳入结算中加以考虑，使工程价款结算基本上能够反映工程项目的实际消耗费用，从而维护了合同双方的正当权益。

工程价款价差调整的方法有工程造价指数法、实际价格调整法、调价文件计算法、调值公式法等。

12.7.1 工程造价指数调整法

甲乙双方采取当时的预算（或概算）定额单价计算出承包合同价，待竣工时根据合理的工期和当地工程造价管理部门公布的该月度（或季度）的工程造价指数，对原承包合同价予以调整，重点调整由于实际人工费、材料费、施工机械费等费用上涨及工程变更因素造成的价差。

12.7.2 实际价格调整法

我国建筑材料市场采购范围很大，有些地区规定对钢材、木材、水泥等的价格按实际价格结算，工程承包商可凭发票实报实销。在小型工程计算中，这种方法简便易行，但也带来副作用，使承包商对降低成本不感兴趣。为此，地方基建主管部门需定期公布最高结算限价，同时，合同文件中也应规定建设单位或工程师有权要求承包商选择更廉价的供应来源。实际价格调整法仅适用于工期短、造价低的小型工程结算。

12.7.3 调价文件计算法

在合同工期内，甲乙双方按照造价管理部门调价文件的规定，在承包价的基础上进行抽料补差（同一价格期内按所完成的材料用量乘价差）。也有的地区定期发布主要材料供应价格和管理价格，对这一时期的工程进行抽料补差。

12.7.4 调值公式法

在绝大多数国际工程项目中，一般都采用此法对工程价款进行动态结算。建筑安装工程费用价格调值公式一般包括固定部分、材料部分和人工部分，表达式如下：

$$P=P_0\left(a_0+a_1\frac{A}{A_0}+a_2\frac{B}{B_0}+a_3\frac{C}{C_0}+a_4\frac{D}{D_0}+\cdots\right) \tag{12-9}$$

式中，P，P_0——分别为实际结算款和预算进度款；

a_0 ——合同支付中不能调整的部分，即固定部分，其取值范围通常在 0.15～0.35；

a_1，a_2，a_3，a_4，… ——代表有关各项费用（如人工费、钢材费用、水泥费用、运输费用等）在合同总价中的比重，且 $a_0+a_1+a_2+a_3+a_4+\cdots=1$；

A_0，B_0，C_0，D_0，…——基准日期与 a_1，a_2，a_3，a_4，… 对应的各项费用的基期价格指数或价格；

A，B，C，D，…——在结算月份与 a_1，a_2，a_3，a_4，…对应的各项费用的现行价格指数或价格。

[例 12－4]工程背景：某承包商于某年承包某外资施工项目，与业主签订的承包合同的部分内容有：

(1) 工程合同价 2000 万元，工程价款采用调值公式动态结算。该工程的人工费占工程价款的 35%，材料费占 50%（其中，水泥占 23%，钢材占 12%，红砖占 8%，其他等占 7%），不调值费用占有 15%，具体的调值公式为：

$P = P_0 \times (0.15 + 0.35A/A_0 + 0.23B/B_0 + 0.12C/C_0 + 0.08D/D_0 + 0.07E/E_0)$

式中，A_0，B_0，C_0，D_0，E_0—— 基期价格指数；

A，B，C，D，E—— 工程结算日期的价格指数。

(2) 开工前业主向承包商支付合同价 20%的工程预付款，当工程进度款达到合同价的 60%时，开始从超过部分的工程结算款中按 60%抵扣工程预付款，竣工前全部扣清。

(3) 工程进度款逐月结算，每月月中预支半月工程款。

(4) 业主自第一个月起.从承包商的工程价款中按 5%的比例扣留保修金。工程保修期为一年。

该合同的原始报价日期为当年 3 月 1 日。结算各月份的工资、材料价格指数见表 12-6。

表 12-6　工资、材料物价指数表

代号	A_0	B_0	C_0	D_0	E_0
3 月指数	100	153.4	154.4	160.3	144.4
代号	A	B	C	D	E
5 月指数	110	156.2	154.4	162.2	160.2
6 月指数	108	158.2	156.2	162.2	162.2
7 月指数	108	158.4	158.4	162.2	164.2
8 月指数	110	160.2	158.4	164.2	162.4
9 月指数	110	160.2	160.2	164.2	162.8

未调值前各月完成的工程情况为：

5 月份完成工程 200 万元，其中业主供料部分材料费为 5 万元。

6 月份完成工程 300 万元。

7 月份完成工程 400 万元，另外由于业主方设计变更，导致工程局部返工，造成拆除材料费损失 1500 元，人工费损失 1000 元，重新施工人工、材料等费用合计 1.5 万元。

8 月份完成工程 600 万元。

9 月份完成工程 500 万元，另有批准的工程索赔款 1 万元。

[求]

(1) 工程预付款是多少?

(2) 确定每月终业主应支付的工程款。

[解]

(1) 工程预付款：2000×20%=400 (万元)

(2) 工程预付款的起扣点：2000×60%=1200 (万元)

5 月份调值公式计算得到调值系数为 1.408，其余月份参考计算，数值见表 12—7。

0.15+0.35×110/100+0.23×156.2/153.4+0.12×154.4/154.4+0.08×162.2/160.3+0.07×160.2/144.4=1.048

表 12—7　各月工程款结算表　　单位：万元

月份	5	6	7	8	9
未调值前每月完成工程量	200	300	400	600	500
累计完成工程量	200	500	900	1500	2000
调值系数	1.048	1.046	1.049	1.059	1.061

5 月份月终支付：

200×1. 048× (1−5%) −5−200×50%=94.12 (万元)(注：5%为扣留保留金，5 为业主提供材料费，200×50%为月中预支半月工程款)

6 月份月终支付：

300×1.046× (1−5%) −300×50%=148.11 (万元)

7月份月终支付：

(400×1.049＋0.15＋0.1＋1.5)×(1－5%)－400×50%＝200.28(万元)

8月份月终支付：

600×1.059×(1－5%)－600×50%－(1500－1200)×60%＝123.63(万元)[注：600×50%为月中预支半月工程款，(1500－1200)×60%为抵扣备料款]

9月份月终支付：

(500×1.061＋1)×(1－5%)－500×50%－(400－300×60%)＝34.93(万元)[注：500×50%为月中预支半月工程款，(400－300×60%)为剩余抵扣备料款]

12.8 项目竣工决算

本书主要叙述建设过程结束后，施工企业和建设单位均应根据要求各自对项目进行竣工决算，总结、分析建设工作。同时介绍了竣工决算的审查意义和主要内容。

项目竣工决算分施工企业的竣工决算、建设单位的竣工决算。是全面反映竣工项目的建设成果和财务收支情况，是整个建设项目或工程项目从筹建到工程全部竣工的建设费用、建设成果和财务情况的总结性文件。

施工企业工程竣工决算，是施工企业内部对竣工的单位工程进行实际成本分析，反映其经济效果的一项决算工作。在整个建设项目或单项工程竣工验收点交后，由建设单位财务及有关部门，以竣工结算等资料为基础进行编制。

建设单位项目竣工决算是在整个建设项目或单项工程竣工验收点交后，由建设单位财务及有关部门，以竣工结算等资料为基础进行编制的。

12.8.1 施工企业工程竣工决算

施工企业工程竣工决算，又称为单位工程竣工成本决算，是施工企业内部对竣工的单位工程进行实际成本分析，反映其经济效果的一项决算工作，以单位工程竣工结算为依据，核算单位工程的预算成本、实际成本和成本降低额。工程竣工成本决算反映单位工程预算的执行情况，分析工程成本超降的原因，并为同类型工程积累成本资料，以总结经验教训、提高企业经营管理水平。

12.8.2 建设单位项目竣工决算

建设单位项目竣工决算是在整个建设项目或单项工程竣工验收点交后，由建设单位财务及有关部门，以竣工结算等资料为基础进行编制的。它全面反映竣工项目的建设成果和财务收支情况，是整个建设项目或工程项目从筹建到工程全部竣工的建设费用、建设成果和财务情况的总结性文件。它包括建筑工程费用、安装工程费用、设备购置费用、工器具生产家具购置费用和工程建设其他费用，以及预备费和投资方向调节税支出费用等。

1.作用

建设单位项目竣工决算全面反映固定资产投资经济效果，是核定新增固定资产和流动资产产值，办理其交付使用的依据。及时办理竣工决算，并据此办理新增固定资产移交转账手续，不仅能正确反映建设项目实际造价和投资结果，且对投入生产或使用后的经营管理也有重要作用。通过竣工决算与设计概算、施工图预算对比分析，可考核建设成本，总结经验教训，积累技术经济资料，提高投资效果。

2.基础工作和准备工作

竣工决算的编制有赖于建设项目从筹建开始，做好各项基础工作和编制的准备工作。

(1) 基础工作

①根据会计制度和竣工决算的编制办法，结合考核概算，设置建筑安装工程投资、设备投资、待摊投资和其他投资等会计科目完整的核算体系、完备的数据和资料传递程序。

②正确编制年度财务决算。

③做好日常资料积累和整理保管工作，主要包括：项目的可行性研究报告、投资估算及批准文件；设计总说明、初步设计概算、修正概算及批准文件；土地使用数量、附着物处理及赔偿资料；各年度投资额和工程量完成资料；建筑安装工程、设备购置（含引进）结算资料，不需安装的设备、工器具、家具到货移交资料；工程开、竣工情况和工程发包合同执行及工程款拨付情况；工程质量鉴定情况和报废工程原

因及价值的资料；其他工程建设费用支付情况；工程验收情况；主要建筑材料和劳动力消耗资料及有关其他资料。

④以建设项目和单项工程为对象，统计积累概算在执行过程中动态变化资料（材料价差、设备价差、人工价差、费率价差）、设计方案变化和对工程造价有重大影响的设计变更资料、变化原因，以考核概算执行情况。

(2) 准备工作

①清理合同及预、结算资料，与施工单位办理工程结算；

②清点未完工程尚需投资及报废工程损失；

③清点材料、设备，编制报表；

④清理债权、债务，核对拨、借款数据；

⑤办理各项财产移交财务手续；

⑥核算投资包干结余；

⑦整理和核对账目；

⑧编制报表，撰写说明。

3. 编制依据

(1) 批准的初步设计，工程项目一览表，概算，修正概算，设计变更文件；

(2) 批准的开工报告；

(3) 建设项目（或单项工程）竣工平面图；

(4) 建设期内历年投资计划，借款及完成情况；

(5) 建设期内历年批复的财务决算；

(6) 合同或协议，包括投资包干、施工合同、监理合同；

(7) 工程质量鉴定及检验的有关资料；

(8) 历年财务会计核算资料以及历年有关物资统计、劳动、环保等有关资料；

(9) 负荷试车、试生产产品收入和其他基建副产品收入资料；

(10) 引进技术或成套设备的合同和有关资料；

(11) 单项工程交接证明；

(12) 报废工程、设备价值鉴定及残值有关资料；

(13) 未完工程（或购置）项目及所需费用一览表（未完工程可根据合同实际测算确定，但不得大于总概算的5%，并限期完成）；

(14) 其他有关资料。

4. 竣工决算的内容及编报要求

建设项目竣工决算的主要内容由四部分组成。

①竣工财务决算说明书

其主要内容应包括：建设项目概况；项目建设和项目管理工作中的重大事件；工程造价管理采取的措施和效果；财务管理工作的基本情况；工程建设的经验教训；建设项目遗留的问题和处理意见。

②竣工图

竣工图是真实地记录各种地上地下建筑物、构筑物等情况的技术文件，是工程进行交工验收、维护改建和扩建的依据，是国家的重要技术档案。国家规定，各项新建、扩建、改建的基本建设工程，特别是基础、地下建筑、管线、结构、井巷、峒室、桥梁、隧道、港口、水坝以及设备安装等隐蔽部位，都要编制竣工图。为确保竣工图的质量，必须在施工过程中（不能在竣工后）及时做好隐蔽工程检查记录，整理好设计变更文件。其具体要求如下：

第一，凡按图竣工没有变动的，由施工单位（包括总包和分包施工单位，下同）在原施工图上加盖“竣工图”标志后，作为竣工图。

第二，凡在施工过程中，虽有一般性设计变更，但能将原施工图加以修改补充作为竣工图的，可不重新绘制，由施工单位负责在原施工图（必须是新蓝图）上注明修改的部分，并附以设计变更通知单和施工说明，加盖“竣工图”标志后，作为竣工图。

第三，凡结构形式改变、施工工艺改变、平面布置改变、项目改变以及有其他重大改变，不宜再在原施工图上修改、补充者，应重新绘制改变后的竣工图。由设计原因造成的，由设计单位负责重新绘图；

由施工原因造成的，由施工单位负责重新绘图；由其他原因造成的，由建设单位自行绘图或委托设计单位绘图。施工单位负责在新图上加盖“竣工图”标志，并附以有关记录和说明，作为竣工图。

第四，为了满足竣工验收和竣工决算需要，还应绘制能反映竣工工程全部内容的工程设计平面示意图。

③竣工财务决算报表

按国家财政部 2016 年印发的《基本建设财务规则》的要求，建设项目竣工财务决算报表按大、中型建设项目和小型建设项目分别制定。

表 12-8　建设项目竣工财务决算审批表

建设项目法人（建设单位）		建设性质	
建设项目名称		主管部门	
开户银行意见： 盖　章 年　月　日			
建设项目法人（建设单位）		建设性质	
建设项目名称		主管部门	
专员办审批意见： 盖　章 年　月　日			
主管部门或地方财政部门审批意见： 盖　章 年　月　日			

表 12-9　大、中型建设项目交付使用资产总表　　单位：元

单项工程项目名称	总计	固定资产					流动资产	无形资产	递延资产
		建筑工程	安装工程	设备	其他	合计			
1	2	3	4	5	6	7	8	9	10

交付单位盖章　　年　月　日　　　　　　　　接收单位盖章　　年　月　日

表 12-10　建设项目交付使用资产明细表

单项工程项目名称	建筑工程			设备、工具、器具、家具						流动资产		无形资产		递延资产	
	结构	面积/m^2	价值/元	名称	规格型号	单位	数量	价值/元	设备安装费/元	名称	价值/元	名称	价值/元	名称	价值/元
合计															

交付单位盖章　　年　月　日　　　　　　　　　　　　　　接收单位盖章　　年　月　日

表 12-11　大、中型建设项目竣工财务决算表

单位：元

资金来源	金额	资金占用	金额	补充资料
一、基建拨款		一、基本建设支出		1.基建投资借款期末余额
1.预算拨款		1.交付使用资产		
2.基建基金拨款		2.在建工程		2.应收生产单位投资借款期末余额
3.进口设备转账拨款		3.待核销基建支出		
4.器材转账拨款		4.非经营项目转出投资		3.基建结余资金
5.煤代油专用基金拨款		二、应收生产单位投资借款		
6.自筹资金拨款		三、拨付所属投资借款		
7.其他拨款		四、器材		
二、项目资本		其中：待处理器材损失		
1.国家资本		五、货币资金		
2.法人资本		六、预付及应收款		
3.个人资本		七、有价证券		
三、项目资本公积		八、固定资产		
四、基建借款		1.固定资产原值		
五、上级拨入投资借款		2.减：累计折旧		
六、企业债券资金		3.固定资产净值		
七、待冲基建支出		4.固定资产清理		
八、应付款		5.待处理固定资产损失		
九、未交款				
1.未交税金				
2.未交基建收入				
3.未交基建包干节余				

续表

资金来源	金额	资金占用	金额	补充资料
4.其他未交款				
十、上级拨入资金				
十一、留成收入				
合计		合计		

④工程造价比较分析

对控制工程造价所采取的措施、效果及其动态的变化进行认真的对比，总结经验教训。批准的概算是考核实际工程造价的依据。分析时，可先对比整个项目的总概算，再将建筑安装工程费、设备工器具费和其他工程费用逐一与竣工决算表中所提供的实际数据和相关资料及批准的概算、预算指标、实际的工程造价进行对比分析，以确定竣工项目总造价是节约还是超支，并在对比的基础上，总结先进经验，找出节约和超支的内容和原因，提出改进措施。在实际工作中，应主要分析以下内容。

第一，实物工程量。概预算编制的主要实物工程量的增减必然使工程概预算造价和竣工决算实际工程造价随之增减。因此，要认真对比分析和审查建设项目的建设规模、结构、标准、工程范围等是否遵循批准的设计文件规定，其中，更要注重有关变更是否按照规定的程序办理，它们对造价的影响如何。对实物工程量出入较大的项目，还必须查明原因。

第二，材料消耗量。在建筑安装工程投资中，材料费一般占直接工程费 70%以上，因此考核材料费的消耗是重点。在考核主要材料消耗量时，要按照竣工决算表中所列三大材料实际超概算的消耗量，查清是哪一个环节超出量最大，并查明超额消耗的原因。

第三，建设单位管理费、建筑安装工程其他直接费、现场经费和间接费。要根据竣工决算报表中的建设单位管理费与概预算所列的建设单位管理费数额进行比较，确定其节约或超支数额，并查明原因。对于建筑安装工程其他直接费、现场经费和间接费的费用项目的取费标准，国家和各地均有统一的规定，要按照有关规定查明是否多列或少列费用项目，有无重计、漏计、多计的现象以及增减的原因。

具体项目具体分析，因地制宜，视项目的具体情况而定。

(1) 编制要求

按照规定竣工决算应在竣工项目办理验收交付手续后 28 天内编好，并上报主管部门，有关财务成本部分，还应送经办行审查签证。主管部门和财政部门对报送的竣工决算审批后，建设单位即可办理决算调整和结束有关工作。

建设单位在编制竣工决算时，应注意做好以下工作。

①按照规定组织竣工验收，保证竣工结算的及时性。

②积累、整理竣工项目资料，保证竣工决算的完整性。

③清理、核对各项账目，保证竣工决算的正确性。

(2) 建设项目竣工决算报表要求

大、中型建设项目竣工决算报表的格式及内容，由国家主管部门规定，小型建设项目竣工决算报表由各地区、各部门参照大中型建设项目竣工决算内容及报表格式自行制定。

(3) 编制步骤

①收集、整理和分析有关依据资料；

②清理各项财务、债务和结余物资；

③填写竣工决算报表；

④编制建设工程竣工决算说明；

⑤做好工程造价对比分析；

⑥清理、装订好竣工图；

⑦上报主管部门审查。

(4) 建设项目投资支出各项费用归类

各项费用归类后分别计入各报表内，主要包括以下三大类费用。

①计入固定资产价值内的费用，包括：

第一，建筑工程费；

第二，安装工程费；

第三，设备及工器具购置费（单位价值在规定标准以上，使用期超过一年的）；

第四，待摊投资包括土地征用及迁移补偿费（以划拨方式）、建设单位管理费、建设单位临时设施费、工程监理费、研究试验费、勘察设计费、工程保险费、供电贴费、引进技术和进口设备费用（引进专有技术、专利使用费及可以单独列出的出国培训费除外）、施工机构迁移费、负荷联合试运转费、国外借款手续费及承诺费、包干节余、借款利息、坏账损失、企业债券利息、土地使用税、报废工程损失、耕地占用费、土地复垦及补偿费、固定资产损失、器材处理亏损、设备盘亏及毁损、调整器材调拨价格折旧、企业债券发行费、设备检验费、延期付款利息及其他待摊投资、固定资产投资方向调节税。

②计入无形资产的费用，包括土地征用及迁移补偿费（以出让方式）；国内外的专有技术和专利及商标使用费等；技术保密费。

③计入递延资产的费用，包括样品、样机购置费；生产职工培训费；农垦开荒费；非常损失。

12.8.3 竣工决策的编制实例

某一大、中型建设项目1999年开工建设，2000年年底有关财务核算资料如下。

（1）已经完成部分单项工程，经验收合格后，已经交付使用的资产包括：

①固定资产价值75540万元。

②为生产准备的使用期限在一年以内的备品备件、工具、器具等流动资产价值30000万元，期限在一年以上，单位价值在1500元以上的工具60万元。

③建造期间购置的专利权、非专利技术等无形资产2000万元，摊销期5年。

④筹建期间发生的开办费80万元。

（2）基本建设支出的项目包括：

①建筑安装工程支出16000万元。

②设备工器具投资44000万元。

③建设单位管理费、勘察设计费等待摊投资2400万元。

④通过出让方式购置的土地使用权形成的其他投资额110万元。

（3）非经营项目发生的待核销基建支出50万元。

（4）应收生产单位投资借款1400万元。

（5）购置需要安装的器材50万元，其中，待处理器材16万元。

（6）货币资金470万元。

（7）预付工程款及应收有偿调出器材款18万元。

（8）建设单位自用的固定资产原值60550万元，累计折旧10022万元。

（9）预算拨款52000万元。

（10）自筹资金拨款58000万元。

（11）其他拨款520万元。

（12）建设单位向商业银行借入的借款110000万元。

（13）建设单位当年完成交付生产单位使用的资产价值中，200万元属于利用投资借款形成的待冲基建支出。

（14）应付器材销售商40万元贷款和尚未支付的应付工程款1956万元。

（15）未交税金30万元。

根据上述有关资料编制项目竣工财务决算表（表12-12）。

表12-12　大、中型建设项目竣工财务决算表　　单位：万元

资金来源	金额	资金占用	金额	补充资料
一、基建拨款	110520	一、基本建设支出	170240	1.基建投资借款期末余额
1.预算拨款	52000	1.交付使用资产	107680	
2.基建基金拨款		2.在建工程	62510	2.应收生产单位投资借款期末余额
3.进口设备转账拨款		3.待核销基建支出	50	

续表

资金来源	金额	资金占用	金额	补充资料
4.器材转账拨款		4.非经营项目转出投资		3.基建结余资金
5.煤代油专用基金拨款		二、应收生产单位投资借款	1400	
6.自筹资金拨款	58000	三、拨付所属投资借款		
7.其他拨款	520	四、器材	50	
二、项目资本金		其中：待处理器材损失	16	
1.国家资本		五、货币资金	470	
2.法人资本		六、预付及应收款	18	
3.个人资本		七、有价证券		
三、项目资本公积金		八、固定资产	50528	
四、基建借款	110000	1.固定资产原值	60550	
五、上级拨入投资借款		2.减：累计折旧	10022	
六、企业债券资金		3.固定资产净值	50528	
七、待冲基建支出	200	4.固定资产清理		
八、应付款	1956	5.待处理固定资产损失		
九、未交款	30			
1.未交税金	30			
2.未交基建收入				
3.未交基建包干节余				
4.其他未交款				
十、上级拨入资金				
十一、留成收入				
合计	222706	合计	222706	

12.8.4 建设项目竣工决算的审查

审查项目竣工决算的意义体现在：①其能反映建设项目的建设成本、资金来源和资金运用情况；②核定新增固定资产和流动资金价值、办理其交付使用的依据；③正确反映基本建设项目实际造价和投资结果，而且对投入生产或使用后的经营管理，也有重要的作用；④通过竣工结算与概算、预算的对比分析，可考察建设成本，总结经验教训，积累技术经济资料，促进提高投资效果。

审查项目竣工决算的主要内容包括以下几个方面：

审查竣工决算编制工作有无专门组织，各项清理工作是否全面彻底，是否符合国家有关规定；项目建设是否按批准的初步设计、概算内容执行，有无重大的质量事故和经济损失；交付使用财产的真实完整性；成本核算是否正确；核实在建工程投资完成额，查明未能全部建成、及时交付使用的原因；审查核算正规性；核实尾工工程的未完工程量；核实结余资金；查明器材积压、债权债务未能及时清理的原因，揭示建设管理中存在的问题；基建收入的核算真实、完整；审查包干结余分配是否符合规定；审查决算报表；全面评价投资效益；其他方面由具体项目特点确定。

12.8.5 审计处理

审计机关应根据现行法规实施审计（audit），并提出书面审计意见。对审计发现违纪问题做出审计处理决定。对概算外的工程投资支出所增加的投资均不得列入竣工决算，由建设单位投资包干结余分成或项目投产后的自由资金及主管部门拨款解决。对虚列尾工工程，隐匿结余资金，隐瞒或截留基建收入和投资包干结余或以投资包干结余的名义分基建投资问题，均应作调账处理，并就其情节，按其违纪金额处以20%以下的罚款。罚款从自有资金中支付，没有自有资金的由主管部门代付。在竣工决算审计中发现其他问题，按国家有关规定处理。

案例分析　　　　建筑工程索赔

某建设工程系外资贷款项目，业主与承包商按照FIDIC《土木工程施工合同条件》签订了施工合同。施工合同《专用条件》规定：钢材、木材、水泥由业主供货到现场仓库，其他材料由承包商自行采购。

当工程施工至第五层框架柱钢筋绑扎时，因业主提供的钢筋未到，使该项作业从10月3日至10月16日停工（该项作业的总时差为零）。10月7日至10月9日因停电、停水使第三层的砌砖停工（该项作业的总时差为4天）。10月14日至10月17日因砂浆搅拌机发生故障使第一层抹灰迟开工（该项作业的总时差为4天）。

为此，承包商于10月20日向工程师提交了一份索赔意向书，并于10月25日送交了一份工期、费用索赔计算书和索赔依据的详细材料。其计算书的主要内容如下：

问题：

(1) 承包商提出的工期索赔是否正确？应予批准的工期索赔为多少天？

(2) 假定经双方协商一致，窝工机械设备费索赔按台班单价的65%计；考虑对窝工人工应合理安排工人从事其他作业后的降效损失，窝工人工费索赔按每工日10元计；保函费计算方式合理；管理费、利润损失不予补偿。试确定经济索赔额。

▷English Corner for Chapter 12

(1) Settlement of the engineering project price refers to an economic activity in which the contractor collects the project price from the construction owner in accordance with the provisions of the contract on payment terms, the completed project progress, and the prescribed procedures during the process of project implementation. It is a very important work in the contracting of engineering projects. As the main indicator reflecting the progress of the project, it is also an important link to accelerate the capital turnover, and to assess the economic efficiency. The current project settlement can be adopted in different ways according to different situations, such as monthly settlement, one-time settlement after completion, sectional settlement, settlement by target, etc.

(2) Advance payment is also called as material preparation payment, which is allocated to the construction contractor by the investor to purchase material and order components. The constructor and the contractor should write down the advance amount of the project provision, the starting point of the deduction, the procedures and methods of handling in the construction contract or agreement signed.

(3) Project progress payment refers to the method of intermediate settlement of project price in order to make the construction and installation enterprises compensated for the funds consumed in the construction process and to reflect the progress of the project and the operating results of the construction enterprises in time. The amount of work completed per month multiplied by the unit price method or comprehensive unit price method could be used to calculate project progress payment and suggested to the construction investor for price settlement procedures.

(4) Engineering changes generally refer to the changes made during the construction process, which is determined according to the contracted construction procedures, project content, quantity, quality requirements and standards, etc.

(5) Claim for compensation refers to the requirements during the contract implementation process. Because the contract participants do not perform the contract or failure to properly perform the obligations set forth in the contract, other related stakeholders may suffer losses and a claim for compensation will be proposed. As a normal phenomenon that often occurs in construction contracting, the claim is generally caused by construction site conditions, climatic conditions, construction progress, changes in

prices, as well as changes, differences and delays in contract terms, specifications, standard documents and construction drawings.

(6) Project completion settlement refers to the final financial settlement of the project when the completion of a project is accepted by the investor. Project completion settlement means the final end of the economic relationship between the contractor and the investor. Project completion settlement involves the original contract price and the adjusted price. The methods for adjusting the price difference of the project are engineering cost index method, actual price adjustment method, price adjustment document calculation method, adjustment formula method, etc.

(7) Final accounting of project completion is divided into two kinds: completion accounts of construction enterprises and completion accounts of construction investors. The former is a final account of construction enterprises to analyze the actual cost of a project. The latter is enacted in the entire construction project or single project completion based on the completion of the settlement. It is a comprehensive reflection of the construction results.

章节习题

一、选择题

1.竣工结算一般由（　）编制。

A.施工单位　　B.建设单位　　C.监理单位　　D.建设银行

2.（　）是综合反映竣工项目建设成果和财务情况的总结性文件。

A.施工预算　　B.施工图预算　　C.竣工结算　　D.竣工决算

3. 2021 年 9 月实际完成的某土方工程按 2021 年 1 月签约时的价格计算工程量为 10 万元，该工程的固定要素部分占 20%，各参加调值的品种除人工费价格指数增长了 10%外都未发生变化，人工费占调值部分的 50%，按调值公式法完成该土方工程应结算的工程款为（　）万元。

A.10.5　　B.10.4　　C.10.3　　D.10.2

4.关于施工合同履行期间的期中支付，下列说法中错误的是（　）。

A.双方对工程计量结果有争议，发包人应对无争议部分的工程计量结果向承包人出具进度款支付证书

B.对已签发支付证书中的计算错误，发包人有权予以修正，承包人无权提出修正

C.进度款支付申请中应包括累计已完成的合同价款

D.本周期实际支付的合同额不一定为本期完成的合同价款合计

5.根据《建设工程工程量清单计价规范》(GB 50500—2013)，发包人应在工程开工后的 28 天内预付不低于当年施工进度计划的安全文明施工费总额的（　）。

A.30%　　B.40%　　C.50%　　D.60%

6.已知某建筑工程施工合同总额为 8000 万元，工程预付款按合同金额的 20%计取，主要材料及构件造价占合同额的 50%，预付款起扣点为（　）万元。

A.1600　　B.4000　　C.800　　D.6400

7.根据《建设工程质量保证金管理办法》(建质〔2017〕138 号)，质量保证金总预留比例不得高于工程价款结算总额的（　）。

A.19%　　B.2%　　C.3%　　D.5%

二、填空题

1.工程价款结算的方式有（　　）、（　　）、（　　）、按目标结算和约定方式结算。

2.按照索赔的目的分类，工程索赔可分为（　　）和（　　）。

3.项目竣工决算分（　　）的竣工决算和（　　）的竣工决算两种。

4.（　　）是指为了使建筑安装企业在施工过程中耗用的资金及时得到补偿，及时反映工程进度和施工企业的经营成果，对工程价款实行中间结算。

5.（　　）是建设单位按规定拨付给承包单位的备料周转金，以便承包单位提前储备材料和订购构配件。

6.承包单位向建设单位预收备料款的数额应以保证（　　）为原则，一般取决于（　　），（　　），以及（　　）等因素。

7.（　　）是工程进行交工验收、维护改建和扩建的依据，是国家的重要技术档案。

8.（　　）是产生工程索赔的主要起因。

三、简答题

1.什么是工程竣工结算？工程竣工结算书的编制原则和编制方法有哪些？

2.简述建设单位的项目竣工决算概念、作用及主要内容。

3.简述竣工审查的主要内容及其意义。

4.简述工程预付款的概念、用途、拨付方式及扣还方式。

5.工程支付款的调整方式有哪几种？

四、综合计算题

1.某施工企业承建某建设单位的建筑安装工程，双方签订合同中规定当年计划工作量为800万元，预收备料款额度为30%，若主要材料比重为60%，各月完成的工程量见表12-13，试计算预收备料款额度，备料款的起扣点，4月份和5月份月终结算时应抵扣的工程备料款数额及结算额。

表12-13　各月工程量完成表　　　　单位：万元

1月	2月	3月	4月	5月	6月	7月
100	110	130	140	102	110	108（竣工）

2.某施工单位承包某工程项目，甲乙双方签订的关于工程价款的合同内容有：

1）建筑安装工程造价700万元，建筑材料及设备费占施工产值的比重为60%。

2）工程预付款为建筑安装工程造价的20%。工程实施后，工程预付款从未施工工程尚需的主要材料及构件的价值相当于工程预付款数额时起扣，从每次结算工程价款中按材料和设备占施工产值的比重抵扣工程预付款，竣工前全部扣清。

3）工程进度款逐月计算。

4）工程保修金为建筑安装工程造价的5%，竣工结算月一次扣留。

5）材料和设备价差调整按规定进行（按有关规定上半年材料和设备价差上调10%，在6月份一次调增）见表12-14。

表12-14　工程各月实际完成产值　　　　单位：万元

月份	2	3	4	5	6
完成产值	65	120	175	230	110

求解下列问题：

(1) 工程价款结算的方式有哪几种？本工程是按照哪种方式结算的？

(2) 该工程的工程预付款，起扣点为多少？

(3) 该工程2～5月每月拨付工程款为多少？累计工程款为多少？

(4) 6月份办理工程竣工结算，该工程结算造价为多少？甲方应付工程结算款为多少？

参考文献

[1]俞国凤，吕茫茫.建筑工程概预算与工程量清单[M].上海：同济大学出版社，2005.

[2]全国造价工程师执业资格考试培训教材编审委员会编.工程造价与控制[M].北京：中国计划出版社，2003.

[3]全国造价工程师执业资格考试培训教材编审委员会编.工程造价案例分析[M].北京：中国计划出版社，2003.

[4]徐伟，徐蓉.土木工程概预算与招投标[M].上海：同济大学出版社，2002.

[5]赵平，郭宏竹，李百凤，等.建筑工程概预算[M].2 版.北京：中国建筑工业出版社，2021.

[6]李春生，黄建文.水利工程概预算[M].北京：中国水利水电出版社，2019.

[7]王秀民，陈祥海.井巷工程定额与预算[M].北京：机械工业出版社，2014.

[8]王平.工程招投标与合同管理[M].2 版.北京：清华大学出版社，2020.

[9]刘匀，金瑞珺.工程概预算与招投标[M].上海：同济大学出版社，2007.

[10]张守健，许程洁. 土木工程预算[M].3 版.北京：高等教育出版社，2018.

[11]邱菀华，等.项目管理学[M].3 版.北京：科学出版社，2013.

[12]骆珣.项目管理[M].2 版.北京：机械工业出版社，2016.

[13]白思俊.现代项目管理概论[M].2 版.北京：电子工业出版社，2013.

[14]戚安邦.项目管理学[M].2 版.北京：科学出版社，2016.

[15]毕星，瞿丽.项目管理[M].上海：复旦大学出版社，2000.

[16]邱菀华，等.现代项目风险管理方法与实践[M].2 版.北京：中国电力出版社，2017.

[17]冯之楹，何永春，廖仁兴.项目采购管理[M].北京：清华大学出版社，2000.

[18]沈建明，等.项目风险管理[M].2 版.北京：机械工业出版社，2010.

[19]卢向南.项目计划与控制[M].2 版.北京：机械工业出版社，2009.

[20]张三力.项目后评价[M].北京：清华大学出版社，1998.

[21]姜伟新，张三力. 投资项目后评价[M].北京：中国石化出版社，2001.

[22]王子宗.工程项目管理模式及其发展趋势[J].中国工程咨询，2003（2）：4—9.

[23]王基铭.中国石化石油化工重大工程项目管理模式的创新[J].中国石化，2007（7）：45—49.

[24]李涵，谭章禄.建设项目管理模式的变迁[J].煤炭经济研究，2007（7）：51—52.

[25]周冰，陆彦.国际工程项目管理模式比较[J].建筑管理，2003（3）：65—66.

[26]陈柳钦.国际工程大型投资项目管理模式探讨（一）[J].工程承包，2005（2）：57—60.

[27]陈柳钦.国际工程大型投资项目管理模式探讨（二）[J].工程承包，2005（3）：57—62.

[28]陈柳钦.国际工程大型投资项目管理模式探讨（三）[J].工程承包，2005（4）：60—62.

[29]陈勇强，孙春风. PMC+EPC 模式在工程建设项目中的应用[J].石油工程建设，2007，33（5）：55—57.

[30]聂忆华，毛昆立，张起森.CM 模式在中国公路工程项目管理中的应用研究[J].中外公路，2007（2）：199—202.

[31]高宏波.基于层次分析法的 Partnering 模式应用研究[J].管理纵横，2009（5）：4—6.

[32]梁春阁，房庆方，郭建华.我国应用 Partnering 模式创新研究[J].四川建筑科学研究，2006（6）：181—184.

[33]胡文亮，霍卫世.建设工程项目管理模式的比较和研究[J].西部探矿工程，2007（7）：230—233.

[34]林中. 工程项目管理模式的比较研究[J].中国水运，2007，7（11）：150—151.

[35]宫孟飞，冯婧，王永军.国际工程项目管理模式的比较及发展趋势研究[J].建筑设计管理，2008

(5)：17—20.

[36]张素娇.工程项目管理模式的特征分析与选择[J].中国工程咨询，2010 (3)：38—40.

[37]万玲，余晓钟.基于 EPC 的石油工程项目伙伴关系管理模式研究[J].石油工业技术监督，2010，26 (5)：9—13.

[38]李小宁，罗军，陈勇华.国外大型石油工程建设项目管理模式研究[J].国际经济合作，2009 (9)：66—69.

[39]史清录.浅谈石化项目工程建设管理模式选择的考虑因素[J].石油化工建设，2008 (3) 25—27.

[40]李志生.建筑工程招投标实务与案例分析[M].2 版.北京：机械工业出版社，2014.

[41]姜晨光.建筑工程招投标文件编写方法与范例[M].北京：化学工业出版社，2008.

[42]王秀燕，等.工程招投标与合同管理[M].2 版.北京：机械工业出版社，2014.

[43]本丛书编审委员会统编.建筑工程施工项目招投标与合同管理（招标投标分册）[M].2 版.北京：机械工业出版社，2007.

[44]本丛书编审委员会统编.建筑工程施工项目招投标与合同管理（合同管理分册）[M].2 版.北京：机械工业出版社，2007.

[45]成虎，虞华. 工程合同管理[M].2 版.北京：中国建筑工业出版社，2011.

[46]王艳艳，等. 工程招投标与合同管理[M].2 版.北京：中国建筑工业出版社，2014.

[47]孙新波，等. 项目管理[M].2 版.北京：机械工业出版社，2022.

[48]董巍.建设工程合同管理[M].北京：中国电力出版社，2014.

[49]胡文发.工程招投标与案例[M].北京：化学工业出版社，2008.

[50]何佰洲，刘禹.工程建设合同与合同管理[M].4 版.大连：东北财经大学出版社，2014.

[51]吴芳，冯宁.工程招投标与合同管理[M].2 版.北京：北京大学出版社，2014.

[52]韦海民.建设工程合同管理[M].西安：西安交通大学出版社，2010.

[53]王瑞玲，吴耀兴.工程招投标与合同管理[M].北京：中国电力出版社，2011.

[54]胡文发.工程合同管理[M].北京：化学工业出版社，2008.

[55]马义飞，翁文先.管理学[M].北京：石油工业出版社，2009.

[56]张卓.项目管理[M].2 版.北京：科学出版社，2017.

[57]哈罗德·科兹纳（Harold Kerzner）.项目管理——计划、进度和控制的系统方法[M].11 版.杨爱华，等译.北京：电子工业出版社，2014.

[58]R.J.格雷厄姆.项目管理与组织行为[M].王亚禧，罗东坤，译.北京：石油大学出版社，1988.

[59]杰弗·K.宾图.项目管理[M].2 版.鲁耀斌，赵玲，译.北京：机械工业出版社，2012.

[60]项目管理协会.项目管理知识体系指南：PMBOK 指南[M].5 版.许江林，等译.北京：电子工业出版社，2017.

[61]张坚，黄琨.中国石油企业工程项目合同管理[M].北京：石油工业出版社，2014.

[62]黄琨，张坚.工程项目招投标与合同管理[M].北京：华东理工大学出版社，2016.

[63]中国（双法）项目管理研究委员会.中国项目管理知识体系[M].修订本.北京：电子工业出版社，2008.

[64]中国建筑业协会工程项目管理委员会.中国工程项目管理知识体系[M].2 版.北京：中国建筑出版社，2011.

[65]李正风，丛杭青，王前，等.工程伦理学[M] .北京：清华大学出版社，2016.

三、工程项目案例篇

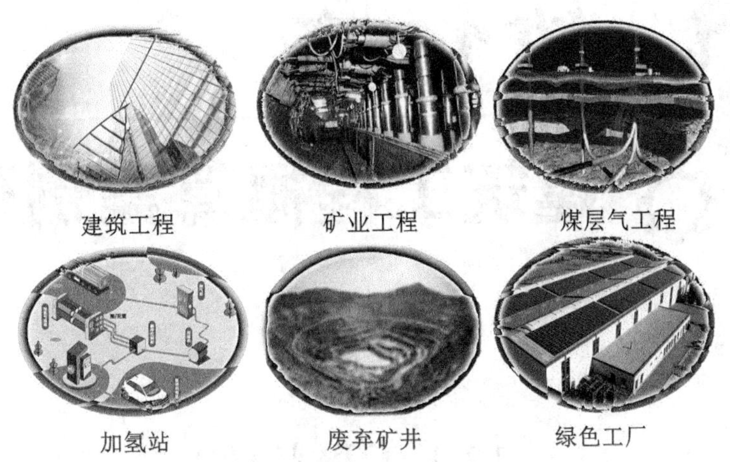

工程项目案例篇将理论与实践相结合，分别选取建筑工程、矿业工程、煤层气工程、加氢站、废弃矿井、绿色工厂等7个案例（矿业工程2个案例）进行实证分析。其中，建筑工程、矿业工程、煤层气工程属于工程项目经济研究范畴，利用工程概算与造价学科知识解决工程项目经济的实际问题；加氢站、废弃矿井、绿色工厂项目属于工程项目管理研究范畴，采用项目管理的理论与方法解决项目组织建立、工作分解、进度安排、实施控制等项目管理的实际问题。本篇内容致力于实现课本与现实相结合、理论与实践相统一。

第13章 建筑工程概算案例研究

13.1 工程背景

房屋建筑工程，简称建筑工程，是各类房屋建筑及其附属设施和与其配套的线路、管道、设备安装工程及室内外装修工程，是新建、改建或扩建房屋建筑物和附属构筑物所进行的勘察、规划、设计、施工、安装和维护等各项技术工作及其完成的工程实体。“房屋建筑”指有顶盖、梁柱、墙壁、基础以及能够形成内部空间，满足人们生产、居住、学习、公共活动等需要的工程。招标控制价是招标人根据国家或省级、行业建设主管部门颁发的有关计价依据和办法，以及拟定的招标文件和招标工程量清单，结合工程具体情况编制的招标工程的最高投标限价。本章以某教学楼为例，依据清单计价基本原理，按照相关规范及标准，熟悉图纸后，运用 GTJ 2021 对整个工程进行建模分析，覆盖框架柱、梁、板、基础、装修等分部分项工程，根据工程量清单导出算量建模软件文件后，运用广联达计价软件，计算整个项目招标控制价。

教学楼工程概况如下。

1.基本概况

(1) 项目名称：湖南省常德市某教学楼。

(2) 层数、层高：地上部分层数为六层，无地下室，一层架空层，六层闷顶层；教学楼的标准楼层高度为 3.6m，底层层高 4.2m，室内外的高度差为 0.15m，教学楼高度为 18.6m。

(3) 本教学楼工程占地面积 572.3 m^2，总建筑面积 2861.5 m^2。

(4) 建筑防火分类二类，耐火等级为二级。

(5) 屋面防水等级为一级；抗震设防烈度 7 度；框架抗震等级二级；建筑抗震设防类别乙类。

(6) 结构类型为框架结构，采用桩基础。

(7) 教学楼的设计使用年限为五十年，抗震设防烈度 7 度，框架抗震等级二级，建筑抗震设防类别乙类。

(8) 地基基础设计等级丙类，属于稳定场地。

2.墙体工程

(1) 本工程所有外围墙、楼梯墙、分户墙均采用 200 厚烧结多孔砖，房间内隔墙和卫生间隔墙采用 100 厚加气混凝土砌块。砌筑砂浆标号以结构施工图为准，但外墙砌筑砂浆不得低于 M7.5。

(2) 卫生间、露台、雨棚、空调板、女儿墙墙体根部应预先浇筑 200mm 高的 C20 素混凝土墙基，宽度同上部墙体。

(3) 门垛宽度除注明外均靠墙（柱）或宽度为 120mm。

3.屋面防水工程

(1) 防水等级为一级，二道防水设防。
(2) 屋面柔性防水层在女儿墙和突出屋面结构的交接处均做泛水其高度≥250mm。

4.室内防水工程

前室、工具间楼地面的标高应比其他楼地面标高低 30mm；卫生间、前室设置地漏需向地漏处找坡，坡度为 0.5%。

5.混凝土概况

(1) 混凝土强度

表 13-1　混凝土强度等级

项目名称	构件部位	混凝土强度等级
教学楼	基础承台、±0.000m 以下板、梁、柱	C30
	±0.000m 以上板、梁、柱	C30
	圈梁、构造柱、现浇过梁	C25

(2) 混凝土保护层厚度（mm）

表 13-2　混凝土保护层厚度

环境类别	板、墙	梁、柱
一	15	20
二 a	20	25
二 b	25	35

注：1.环境类别一：室内干燥环境；无侵蚀性静水浸泡环境。
2.环境类别二 a：室内潮湿环境；非严寒和非寒冷地区的露天环境；非严寒和非寒冷地区与无侵蚀性的水或土壤直接接触的环境；寒冷和严寒地区的冰冻线以下与无侵蚀性的水或土壤直接接触的环境。
3.环境类别二 b：干湿交替环境；水位频繁变动环境；严寒和寒冷地区的露天环境。
4.混凝土强度等级不大于 C25 时，表中保护层厚度数值应增加 5mm。

13.2 设计思路

13.2.1 前期准备阶段

熟悉教学楼建筑施工图及结构图，了解相关计量计价规范、招标文件规定并进行市场调查，收集招标控制价编制的相关资料，包括招标文件相关条款、设计文件、工程定额和地方性估计表、取费标准、施工方案、现场环境和条件、市场价格信息等。

1.熟悉图纸

图纸主要包括建筑施工图和结构施工图。建筑施工图包括建筑施工图设计总说明，一层到五层、闷顶层、屋顶层的平面图及整个建筑的轴立面图以及剖面图，大样图，门窗表，室外装修表以及室内装修表，等等。通过施工设计总说明，了解工程概况（包括建筑面积，耐火等级，抗震设防烈度，结构类型，建筑设计使用年限，屋面防水等级，混凝土构件强度等级等），方便后续建模工程信息的输入；建筑设计总说明详细介绍了墙体工程，防水工程以及室内外装修等各种详细信息，尤其是室内外装修表中的屋面和外墙面的构造做法。各层平面图详细介绍了每层房间，门窗布置以及房间标高，室内外地坪标高等具体信息。

结构设计总说明详细介绍了每一层梁、柱、板、楼梯的结构平面图，先是基层平面布置图，识别桩承台的种类以及桩承台的形状和结构信息；各层柱结构平面图，了解柱的种类（包括框架柱和构造柱），在图纸中的大致位置，柱的宽度和高度以及全部纵筋，角筋，箍筋等各种钢筋信息；对于梁结构平面图，要区分框架梁和非框架梁，了解梁的宽度，高度，跨数，原位标注等信息；对于板结构平面图，了解板的厚度以及顶标高；对于楼梯，要将楼梯板的厚度，分布筋等钢筋信息了解清楚，方便后续的信息输入；对于天沟，熟悉天沟的种类，各种天沟所处位置及天沟的钢筋信息；对于檩条，熟悉其长度、横截面积、根数等信息。

本章仅展示二层平面图，如图 13-1 所示。

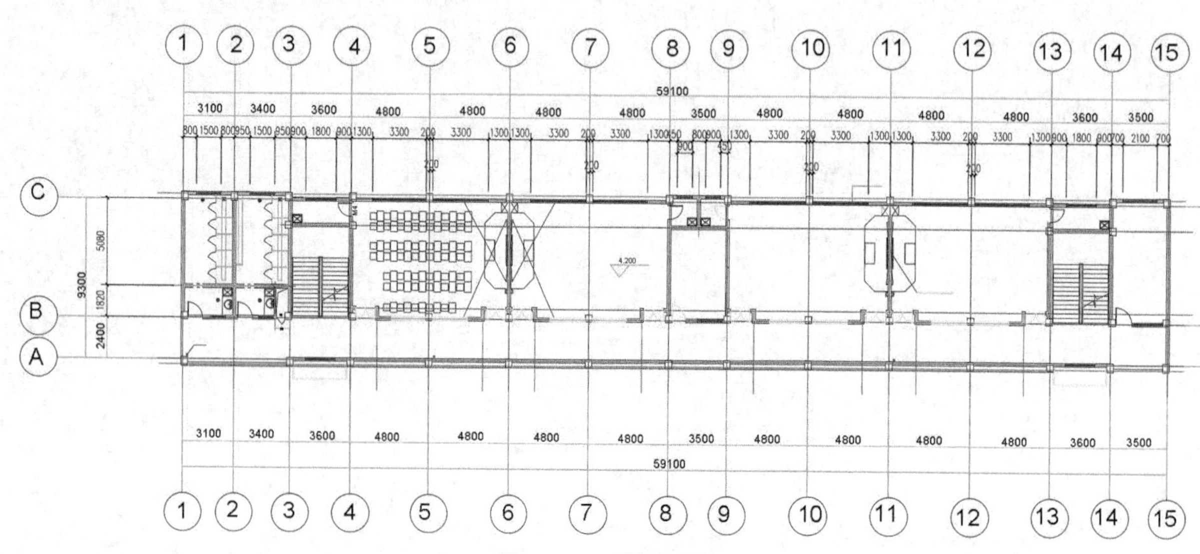

图 13-1　二层平面图

2.了解计价规范、政策文件

本章设计的计价规范以及政策文件包括：

(1)平整场地的计价工程量计算规则。有些地区《建筑工程预算定额》中规定平整场地的工程量按建筑物外边线每边各增加 2m 以“m^2”计算，有些地区平整场地的工程量以建筑物首层建筑面积以“m^2”计算，有些地区平整场地的工程量是按首层建筑面积乘系数 1.4 计算。

(2)《房屋建筑与装饰工程工程量计算规范》(GB 50854—2013) 规定：挖沟槽土方和挖基坑土方的工作内容包括排地表水、土方开挖、围护（挡土板）及拆除、基底钎探和运输，对应的定额包括排地表水、挖沟槽或挖基坑、支挡土板、基底钎探、土方运输定额项目。

(3)《山西省建设工程计价依据》(2018) 人工单价调整事项通知要求，建筑安装等工程人工单价调整为 149 元/工日，装饰装修工程人工单价调整为 165 元/工日，机械台班单价中的机上人工随之调整；签证工调整为建筑安装等工程 176 元/工日，装饰装修工程 196 元/工日。上述调整部分的人工费只计取税金。

(4) 实心砖墙工程计算规则：按设计图示尺寸以体积计算。扣除门窗洞口、过人洞、空圈、嵌入墙内的钢筋混凝土柱、梁、圈梁、挑梁、过梁及凹进墙内的壁龛、管槽、暖气槽、消火栓箱所占体积，不扣除梁头、板头、檩头、垫木、木楞头、沿缘木、木砖、门窗走头、砖墙内加固钢筋、木筋、铁件、钢管及单个面积≤$0.3m^2$的孔洞所占的体积。凸出墙面的腰线、挑檐、压顶、窗台线、虎头砖、门窗套的体积亦不增加。凸出墙面的砖垛并入墙体体积内计算。

(5) 有梁板、无梁板、栏板工程量计算规则：按设计图示尺寸以体积计算。不扣除单个面积≤$0.3m^2$的柱、垛及孔洞所占体积。压形钢板混凝土楼板扣除构件内压形钢板所占体积。有梁板（包括主、次梁与板）按梁、板体积之和计算，无梁板按板和柱帽体积之和计算，各类板伸入墙内的板头并入板体积内，薄壳板的肋、基梁并入薄壳体积内计算。

(6) 清单计价放坡系数表

表 13-3　放坡系数表

土类别	放坡起点/m	人工挖土
一、二类土	1.20	1∶0.50
三类土	1.50	1∶0.33
四类土	2.00	1∶0.25

13.2.2 绘制 CAD 图纸

本案例选取教学楼一层和二层平面图，运用 CAD 软件进行绘制，主要绘制内容包括轴网，柱、梁、墙、门、窗、楼梯间、雨棚等图形及相关长度信息。

建立轴网，按照教学楼一层和二层平面图建立轴网，1～15 纵向轴，A～C 横向轴。绘制柱，根据图纸确定不同位置柱的长和宽，不同位置但长宽相同的柱子可采用“复制”功能进行快速布置。绘制墙和窗户，可以运用“多线”功能进行布置。绘制门，选择“圆弧”选项中的“起点，端点，半径”进行门弧设置，对相同尺寸但不同位置的门选择复制功能进行布置。绘制文字，通过观察图纸可发现，文字均为单行文字，输入快捷命令 DT，选择文字的起点，再根据图纸信息调整大小以及倾斜度。最后进行长度标注，用于标注图形对象的线性距离或长度，包括水平标注、垂直标注和旋转标注 3 种类型。

13.2.3 手工算量

根据《房屋建筑与装饰工程工程量计算规范》以及教学楼的施工图纸，手算相关的清单工程量。依次计算二层围护结构工程量（柱、框架梁、门、窗、构造柱、过梁、砌块墙）—顶部结构工程量（现浇混凝土板）—室内结构工程量（现浇混凝土梯柱、楼梯）—室内装修工程量（办公室）—室外装修工程量（外墙）。

各构件清单工程量计算公式见表 13-4。

表 13-4　各构件清单工程量计算公式

各构件清单工程量计算表		
项目名称	计算公式	单位
矩形柱	柱截面面积×柱高×数量	m^3
矩形柱模板	柱周长×柱高×数量	m^2
矩形梁	梁截面面积×梁净长	m^3
矩形梁模板	[梁净长×（梁截面宽＋梁截面高×2）－板模板面积]×数量	m^2
门	门宽×门高×数量	m^2
窗	窗宽×窗高×数量	m^2
构造柱	（构造柱截面面积×构造柱净高＋马牙槎）×数量	m^3
构造柱模板	构造柱周长×构造柱净高＋马牙槎－砌块墙重合面积－过梁重合面积	m^2
过梁	过梁截面面积×过梁净长×数量－框架柱及构造柱部分体积	m^3
过梁模板	（梁截面周长－梁宽）×梁净长	m^2
外墙	墙净长×墙厚×（层高－框架梁高）－门－窗－构造柱－过梁	m^3
内墙	墙净长×墙厚×（层高－框架梁高）－门－窗－构造柱－过梁	m^3
板	板净面积×板厚×数量	m^3
板模板	板底面净面积－柱所占面积	m^2
楼梯	楼梯净长×楼梯净宽	m^2
楼梯天棚抹灰	楼梯净长×楼梯净宽×斜度系数	m^2
块料地面积	净长×净宽＋门开头面积/2－框架柱所占面积	m^2
墙面一般抹灰	净周长×净层高－门窗洞口面积＋门窗侧壁面积	m^2
块料墙面	外墙外边线×（层高－墙裙高度一半）－门窗洞口面积＋门窗侧壁面积－阳台板相交面积	m^2
保温隔热墙面	外墙外边线×（层高－墙裙高度一半）－门窗洞口面积＋门窗侧壁面积－阳台板相交面积	m^2

13.3 基于 GTJ2021 建模软件的工程量清单

1.前期准备

首先新建工程，根据山西省要求分别选择清单规则为房屋建筑与装饰工程计量规范计算规则（2013—山西（R1.0.21.0），定额规则为山西省建筑工程预算定额计算规则（2018）（R1.0.21.0），清单库为工程量清单项目计量规范（2013—山西），定额库为山西省建筑工程预算定额（2018），平法规则为 16 系平法规则，以及汇总方式为按照钢筋图示尺寸——外皮汇总。设置工程信息，主要对檐高、抗震等级、室外地坪标高等信息进行修改。新建楼层，根据施工图纸中的轴立面图，可以得到楼层标高信息，同时，根据结构总说明调整该工程的抗震等级、混凝土强度和保护层厚度，修改钢筋搭接设置和钢筋定尺长度。最后建立轴网，按施工图纸一层平面图进行轴网绘制。

2.围护结构

围护结构主要包括柱、内外墙、梁、门、窗、过梁。围护结构的构建方法基本一致，先是定义属性，结合施工图和结构图，准确定义并编辑各个构件的属性，其中柱和梁要注意其截面宽度和高度以及钢筋情况；门和窗要注意洞口的宽度和高度，以及离地高度。然后对各个构件进行构件做法设置，输入相应清单和定额子目，在标准层构建好相应的构件信息，当绘制其他层构件时，可用层间复制，避免重复构建，减少不必要的工作量，布置时根据不同构件选择点布置或直线布置。

3.顶部结构

顶部结构主要是指现浇板。本教学楼主要构建五种现浇板，主要区别是板的厚度以及顶标高，例如，卫生室和前室顶标高分别要减去 0.1m 和 0.3m，坡屋面板进行“抬起点变斜”设置，最高处标高为 21.0m，最低处紧接第五层顶处，标高为 18.6m。同时要对板进行钢筋布置，主要包括跨板受力筋、负筋等。

4.室内结构

室内结构主要包括楼梯。楼梯示意图以及梯梁、梯柱、楼梯板等信息均在结构图中展示，本工程的首层楼梯与 2 到 5 层标准层不一致，首层楼梯的楼梯板为 110mm 厚，而 2 到 5 层楼梯的楼梯板为 100mm 厚，二者的踏步高度和宽度不一致，但两者的楼梯底筋、面筋和分布筋一致。掌握楼梯的各种信息，选择“标准双跑楼梯”，在参数图进行相应的信息输入，再进行点布置，需要注意的是，楼梯点布置时，此处应为封闭区间。由于楼梯的许多钢筋信息无法在构建过程中体现，需要进行表格算量，点击钢筋表格构件按钮，选择楼梯、梯梁、楼梯板三个节点，输入上部纵筋和下部纵筋分布钢筋的直径、级别、图形计算、公式、根数等信息，计算出钢筋的使用总量。

5.室外结构

室外结构包括首层散水。散水宽度 800mm，输入构件属性以及完成相应布置后，由于散水需要伸缩缝，进行表格输入，在土建表格构建中设置散水伸缩缝节点，添加散水伸缩缝的清单和定额子目。

6.室内装修

室内装修主要包括楼地面、墙裙、内墙面、天棚。首先定义装修构件的属性和做法，然后按照每层平面图，构建房间，组合房间，添加相应的依附构件。例如教室的依附构件，包括楼地面的美术水磨石、墙裙的面砖墙裙、墙面的内墙涂料以及天棚的仿瓷涂料。按照图纸要求组合架空层、外走廊、教室、办公室、工具间、卫生间、楼梯间、会议室等各个房间，在相应的每层位置进行“点”布置即可。需要注意的是，进行房间布置时需要确保此处为封闭空间，如果此处为非封闭区间，可以设置“虚墙”进行封闭。

7.室外装修

室外装修主要指外墙装修。根据室外装修表，从中找到名称、构造做法、使用部分等信息，外墙面主要采用仿大理石真石漆及保温隔热墙面层，在画墙面的状态下，分别点每段外墙的外墙皮即可进行布置。

8.基础

基础主要包括桩承台、基础联系梁和垫层，首先新建自定义桩承台，在参数图设置桩承台的截面形状、长度、宽度、高度以及面筋、底筋、侧面筋等信息。进行点布置后，要对桩承台的标高进行调整，顶标高设置为“层底标高加 0.5m”。基础联系梁与围护结构中的梁布置方法一致，唯一的区别是要修改基础梁的结构类别，修改为基础联系梁。构建两种垫层，分别是线形和面形垫层。在垫层处单击生成土方，设置土方的类型、起始放坡位置、生成方式以及生成范围。查看山西省相关的定额，根据土壤的类别，确定放坡起点、深度。本工程主要是一、二类土，挖掘深度达不到放坡起点深度，因此，不需要放坡。

9.其他

其他包括首层平整场地、屋面、天沟、压顶。屋面分为上人平屋面和不上人坡屋面，屋面的构造信息以及使用部位在室内装修表中；根据天沟大样图对天沟构建进行纵筋和横筋截面参数编辑，同时输入构件做法，最后进行“直线”布置即可。

具体清单工程量见表 13-5～表 13-13。

表 13-5　教学楼围护结构清单定额汇总表

序号	项目名称	单位	工程量明细	
			绘图输入	表格算量
围护结构				
1	实心砖墙（标准砖、外墙、水泥砂浆 M5.0）	m^3	277.9295	
	砖墙体积	m^3	277.8357	
2	实心砖墙（标准砖、内墙、水泥砂浆 M5.0）	m^3	227.6389	
	砖墙体积	m^3	227.217	
3	实心砖墙（标准砖、女儿墙、水泥砂浆 M5.0）	m^3	9.7768	
	女儿墙体积	m^3	9.7768	
4	矩形柱（预拌、C30）	m^3	190.9392	
	框架柱体积	m^3	190.9392	
5	构造柱（预拌、C20）	m^3	32.2584	
	构造柱体积	m^3	32.2584	
6	矩形梁（预拌、C25）	m^3	174.3034	
	框架梁体积	m^3	150.6017	
7	矩形梁（预拌、C25）	m^3	32.9053	
	非框架梁体积	m^3	25.2377	
8	矩形梁（预拌、C25）	m^3	0.384	
9	过梁（预拌、C20）	m^3	4.9732	
	过梁体积	m^3	4.9732	

续表

序号	项目名称	单位	工程量明细	
			绘图输入	表格算量
围护结构				
10	金属（塑钢）门	m^2	15.12	
	铝合金门	m^2	15.12	
11	钢质防火门	m^2	4.5	
	铝合金门	m^2	4.5	
12	防盗门	m^2	149.16	
	铝合金门	m^2	149.16	
13	金属（塑钢、断桥）窗	m^2	522.18	
	铝合金窗	m^2	522.18	

表 13-6　教学楼顶部结构清单定额汇总表

序号	项目名称	单位	工程量明细	
			绘图输入	表格算量
顶部结构				
1	平板（预拌、C25）	m^3	320.534	
	板体积	m^3	351.0348	

表 13-7　教学楼室内结构清单定额汇总表

序号	项目名称	单位	工程量明细	
			绘图输入	表格算量
室内结构				
1	直形楼梯	m^2	192.016	
	楼梯混凝土投影面积	m^2	192.016	

表 13-8　教学楼室外结构清单定额汇总表

序号	项目名称	单位	工程量明细	
			绘图输入	表格算量
室外结构				
1	天沟（檐沟）、挑檐板	m^3	63.399	
	天沟	m^3	63.399	
2	雨篷、悬挑板、阳台板（预拌、C20）	m^3	0.704	
	雨篷体积	m^3	0.704	

续表

序号	项目名称	单位	工程量明细	
			绘图输入	表格算量
室外结构				
3	散水、坡道	m^2	113.5918	
	1∶1水泥砂浆一次抹光	m^2	113.5918	
	80mmC15碎石混凝土散水	m^3	9.0874	
	沥青砂浆嵌缝	m	0.0131	
4	扶手、压顶	m^3	0.7063	
	压顶体积	m^3	0.7063	
5	散水伸缩缝沥青砂浆	m		15.3936
	散水拐角处伸缩缝	m		3.3936
	超过6米处	m		12

表13-9 教学楼室内装修清单定额汇总表

序号	项目名称	单位	工程量明细	
			绘图输入	表格算量
室内装修				
1	现浇水磨石楼地面	m^2	1770.0701	
	10厚1∶2.5水泥磨石面层磨光打蜡	m^2	1779.6405	
	水泥浆一道	m^2	1779.6405	
	20厚1∶3水泥砂浆找平层，上嵌分格条	m^2	1779.6405	
	60厚C15混凝土垫层	m^2	106.7778	
	150厚3∶7灰土	m^2	266.9471	
2	石材楼地面	m^2	254.2072	
	20厚磨光花岗石板，稀水泥浆擦缝	m^2	254.9078	
	撒素水泥面（洒适量清水）	m^2	254.9078	
	20厚1∶3干硬性水泥砂浆结合层	m^2	254.9078	
	水泥浆一道	m^2	254.9078	
	60厚CL7.5轻集料混凝土垫层	m^2	15.2944	
3	块料楼地面	m^2	159.7136	
	铺6～10厚地砖楼面，干水泥擦缝	m^2	160.432	
	5厚1∶2.5水泥砂浆黏结层	m^2	160.432	
	20厚1∶3干硬性水泥砂浆结合层	m^2	160.432	
	水泥浆一道	m^2	160.432	
	60厚CL7.5轻集料混凝土垫层	m^2	9.626	

续表

序号	项目名称	单位	工程量明细	
			绘图输入	表格算量
室内装修				
4	块料楼梯面层	m^2	192.016	
5	墙面一般抹灰	m^2	3013.0776	
	6 厚 1∶2.5 水泥砂浆抹面，压实抹光	m^2	2927.1226	
	10 厚 1∶3 水泥砂浆打底	m^2	2927.1226	
	涂料	m^2	3013.0776	
6	石材墙面	m^2	2194.0301	
	8～12 厚大理石板面层，正、背面及四周涂满防污剂	m^2	2194.0301	
	9 厚 1∶3 水泥砂浆打底扫毛或划出纹道	m^2	2123.9488	
7	块料墙面	m^2	1280.6802	
	贴 5～8 厚釉面砖	m^2	1280.6802	
	5 厚 1∶2 建筑胶水泥砂浆黏结层	m^2	1280.6802	
	6 厚 1∶0.5∶2.5 水泥石灰膏砂浆木抹子抹平	m^2	1280.6802	
	10 厚 1∶3 水泥砂浆打底扫毛或划出纹道	m^2	1280.6802	
8	天棚抹灰	m^2	2278.4116	
	抹灰面刮三遍仿瓷涂料	m^2	2437.0982	
	2 厚 1∶2.5 纸筋灰罩面	m^2	2437.0982	
	10 厚 1∶1∶4 混合砂浆打底	m^2	2437.0982	
	刷素水泥浆一遍	m^2	2437.0982	
9	天棚抹灰	m^2	230.4192	
	楼梯底部混合砂浆抹灰	m^2	230.4192	
	楼梯底部刮仿瓷涂料	m^2	230.4192	

表 13-10　教学楼室外装修清单定额汇总表

序号	项目名称	单位	工程量明细	
			绘图输入	表格算量
室外装修				
1	屋面卷材防水	m^2	525.6246	
	涂料保护层	m^2	525.6246	
	1.2 厚氯化聚乙烯防水卷材	m^2	525.6246	
	2 厚聚氨脂涂膜	m^2	525.6246	
	基层处理剂	m^2	525.6246	

续表

序号	项目名称	单位	工程量明细	
			绘图输入	表格算量
室外装修				
1	20厚1∶3水泥砂浆找平	m^2	525.6246	
	60厚难燃型挤塑聚苯板	m^2	525.6246	
	1∶6水泥焦渣找坡层（最薄处30厚）	m^2	525.6246	
2	屋面卷材防水	m^2	119.39	
	40厚C20细石混凝土内配	m^2	119.39	
	10厚水泥砂浆找平层	m^2	119.39	
	15厚CPS改性沥青防水卷材	m^2	238.78	
	20厚（最薄处）1：2.5水泥砂浆找平	m^2	119.39	
	60厚难燃型挤塑聚苯板	m^2	119.39	
	30厚水泥砂浆找平面	m^2	119.39	
	20厚混合砂浆	m^2	119.39	
3	保温隔热墙面	m^2	3763.1581	
	抹灰面刮三遍仿瓷涂料	m^2	3763.1581	
	2厚1∶2.5纸筋灰罩面	m^2	3763.1581	
	10厚1∶1∶4混合砂浆打底	m^2	3763.1581	
	刷素水泥浆一遍	m^2	3763.1581	
4	块料墙面	m^2	652.7053	
	6～12厚仿石砖（或彩釉砖）	m^2	652.7053	
	8厚1∶2建筑胶水泥砂浆（或专用胶）粘贴层	m^2	642.5722	
	素水泥砂浆打底压实抹平	m^2	642.5722	
	9厚1∶2水泥砂浆打底压实抹平	m^2	642.5722	

表13-11 教学楼基础项目清单定额汇总表

序号	项目名称	单位	工程量明细	
			绘图输入	表格算量
基础项目				
1	挖沟槽土方 1.土壤类别：一、二类土 2.挖土深度：2m内	m^3	285.151	
	基坑土方体积	m^3	285.151	
2	挖沟槽土方 1.土壤类别：一、二类土 2.挖土深度：2m内	m^3	157.1495	
	基槽土方体积	m^3	157.1495	

续表

序号	项目名称	单位	工程量明细	
			绘图输入	表格算量
基础项目				
3	垫层（预拌、C15）	m^3	25.1898	
	垫层体积	m^3	25.1898	
4	桩承台基础（预拌、C30）	m^3	68.6935	
	桩承台体积	m^3	68.6935	
5	基础梁（预拌、C25）	m^3	24.5631	
	基础梁体积	m^3	24.5631	

表 13-12　教学楼其他项目清单定额汇总表

序号	项目名称	单位	工程量明细	
			绘图输入	表格算量
其他项目				
1	平整场地 1.土壤类别：一、二类土	m^2	584.4701	
	平整场地	m^2	584.4701	

表 13-13　教学楼措施项目清单定额汇总表

序号	项目名称	单位	工程量明细	
			绘图输入	表格算量
措施项目				
1	基础普通模板	m^2	126.2827	
	桩承台模板面积	m^2	126.2827	
2	基础普通模板	m^2	64.4135	
	垫层模板	m^2	64.4135	
3	矩形柱普通模板	m^2	1503.1088	
	框架柱模板面积	m^2	1503.1088	
	框架柱超高模板面积	m^2	135.7342	
4	矩形柱普通模板	m^2	78.19	
	框架柱模板面积	m^2	78.19	
5	构造柱普通模板	m^2	385.7653	
	构造柱模板面积	m^2	385.7653	
6	基础梁普通模板	m^2	197.8785	
	基础梁模板面积	m^2	197.8785	

续表

序号	项目名称	单位	工程量明细	
			绘图输入	表格算量
措施项目				
7	矩形梁普通模板	m^2	1701.1952	
	框架梁模板面积	m^2	1701.1952	
	框架梁超高模板面积	m^2	879.6319	
8	矩形梁普通模板	m^2	313.8376	
	非框架梁模板面积	m^2	313.8376	
	非框架梁超高模板面积	m^2	174.997	
9	过梁普通模板	m^2	65.3579	
	过梁模板面积	m^2	65.3579	
10	平板普通模板	m^2	413.8333	
	板模板面积	m^2	418.2928	
11	平板普通模板	m^2	2301.3313	
	板模板面积	m^2	2381.0019	
	板超高模板面积	m^2	2381.0019	
12	雨篷、悬挑板、阳台板普通模板	m^2	7.04	
	雨篷模板面积	m^2	7.04	
13	楼梯普通模板	m^2	192.016	
	楼梯模板面积	m^2	192.016	
14	散水普通模板	m^2	28.3986	
	混凝土散水模板面积	m^2	28.3986	

13.4 基于 GCCP6.0 软件的工程招标控制价的核算

1.新建工程

新建招标项目，确定项目名称、项目编码、地区标准、定额标准、计税方式。项目名称为本案例教学楼，地区标准为山西 2013 清单计价规范，定额标准为山西省 2018 序列定额。

2.工程概况

输入工程特征中建筑面积，教学楼的建筑面积 2861.5m^2。

3.取费设置

由于该教学楼单项工程分为建筑工程和一般装饰工程，相应的取费标准会有所不同，具体取费设置见表 13-14。

表 13-14　取费标准表

取费专业		建筑工程	一般装饰工程	房屋修缮工程	房修装饰工程
承包类型		总承包	总承包	专业承包	专业承包
企业管理费		8.48	9.12	7.17	7.74
利润		7.04	9.88	6.48	9.2
税金		9	9	9	9
措施费率	安全文明施工费	1.73	2.21	1.24	1.97
	临时设施费	1.36	1.85	1.01	1.45
	夜间施工增加费	0.14	0.23	0.1	0.2
	冬雨季施工增加费	0.51	0.28	0.37	0.15
	材料二次搬运费	0.17	0.53	0.12	0.52
	工程定位复测、工程点交、场地清理费	0.1	0.09	0.08	0.06
	室内环境污染物检测费	0.49	1.98	0.37	1.93
	检测试验费	0.15	0.18	0.14	0.16
	环境保护费	0.7	1.29	0.48	1.12
	施工因素增加费	0	0	0	0

4.分部分项和措施项目

前期教学楼运用 GTJ2021 建模完成，可直接通过量价一体化，将工程的分部分项和措施项目导入，根据项目特征，选择相应的定额设置。

5.整理清单

将清单进行分部整理，整理后自动生成建筑部分和装饰部分。开始新建文件为建筑工程，需要将整个项目的装饰部分删掉，然后再新建一个装饰工程，清单部分的建筑部分删掉。然后用广联达云计价平台 GCCP6.0 新建投标项目，将两个单位工程导入，导入后费率按导入的单位工程设置，这样两个单位工程合成一个单项工程。

6.设置其他项目

其他项目包括暂列金额、专业工程暂估价、计日工费用、总承包服务费。其他项目总金额为 586208 元，总承包服务费的费率取 2%。具体内容设置见表 13-15。

表 13-15　其他项目

名称	计算基数	费率	金额（元）
暂列金额	暂列金额		500000
暂估价	专业工程暂估价		20000
计日工	计日工		46208
总承包服务费	总承包服务费	2%	20000

7.人材机调价

为减少定额单价与信息价或市场价的差价，对教学楼进行批量改价，主要是对主要材料、人工、主要机械进行价格调整，单击“载价”下的“批量载价”，信息价选择太原 2022 年第 1 期，专业测定价选择基础 2022 年 3 月，市场价采用山西 2022 年 3 月。整体调价完成后，也可以通过“信息价”进行部分材料价格调整。

8.费用汇总

查看建筑部分以及装饰部分费用汇总，见表 13-16、13-17 和 13-18。建筑工程造价为 4310442.46 元，单位工程造价为 1506.36 元/m²；装饰工程造价为 2214769.29 元，单位工程造价为 773.99 元/m²，总工程造价为 6525211.75 元。

9.导出报表

在建筑工程部分，导出表 13-16 分部分项工程和措施项目清单与计价表，在单位工程部分导出表 13-19 单位工程招标控制价汇总表，方便结果的检查和确定。

表 13-16　总项目造价分析表

名称		教学楼—建筑	教学楼—装饰	合计
项目造价（元）		4310442.46	2214769.29	6525211.75
分部分项	分部分项合计（元）	2656690.86	1379436.66	4036127.52
措施项目	安全文明施工费（元）	48364.70	16590.80	64955.50
	其中：实名制费（元）	5481.66	3002.86	8484.52
	措施项目合计（元）	711635.51	64861.77	776497.28
其他项目	其他项目合计（元）	586208.00	587600.00	1173808.00
税金		355908.09	182870.86	538778.95
占造价比例（%）		66.06	33.94	
工程规模（m² 或 m）		2861.50	2861.50	
单位造价（元/ m² 或元/m）		1506.36	773.99	

表 13-17　建筑部分造价分析表

名称	金额（元）
工程总造价（小写）	4310442.46
工程总造价（大写）	肆佰叁拾壹万零肆佰肆拾贰元肆角陆分
单方造价	1506.36
分部分项工程量清单项目费	2656690.86
其中：人工费	729333.34
材料费	1512276.14
机械费	31125.28
设备费	0
主材费	0
企业管理费	170326.15
利润	145640.52
动态调整	67976.70
风险费	0
措施项目费	711635.51
其他项目费	586208.00
税金	355908.09

表 13-18　装饰部分造价分析表

名称	金额（元）
工程总造价（小写）	2214769.29
工程总造价（大写）	贰佰贰拾壹万肆仟柒佰陆拾玖元贰角玖分
单方造价	773.99
分部分项工程量清单项目费	1379436.66
其中：人工费	750715.01
材料费	446539.52
机械费	9883.09
设备费	0
主材费	0
企业管理费	86958.78
利润	85379.41
动态调整	0
风险费	0
措施项目费	64861.77
其他项目费	587600.00
税金	182870.86

表 13-19　单位工程招标控制价汇总表

序号	汇总内容	金额（元）
1	分部分项工程费	4036127.52
2	施工技术措施项目费	562068.35
3	施工组织措施项目费	214428.93
4	其他项目费	1173808
4.1	暂列金额	1000000
4.2	专业工程暂估价	40000
4.3	计日工	93808
4.4	总承包服务费	40000
5	税金（扣除不列入计税范围的工程设备费）	538778.95
6	单位工程造价	6525211.75

参考文献

[1]胡秀兰.工程量清单及招标控制价编制要点探讨[J].财经观点，2021（21）：66－67.

[2]刘阳.工程量清单计价模式下的工程造价控制分析[J].住宅与房地产，2020（36）：34＋43.

[3]付欢，史健勇，王凯.基于 BIM 的工程量计算与计价方法[J].土木工程与管理学报，2018，35（1）：138－145.

[4]段又心.工程量清单计价模式下工程造价全过程审计研究[D].荆州：长江大学，2018.

[5]陈金生.浅析清单计价模式下的招标控制价编制[J].科技视界，2018（18）：221－222.

[6]李天飞.公路建设项目招标控制价编制要点分析[J].建材与装饰，2019（12）：196－197.

[7]张雪敏.招标控制价影响下招标活动的特点及工作方法[J].中国房地产业，2016（03）：241,244.

[8]山西省工程建设标准定额站.建筑工程预算定额[M].太原：山西科学技术出版社，2018.

[9]山西省工程建设标准定额站.装饰工程预算定额[M].太原：山西科学技术出版社，2018.

[10]山西省工程建设标准定额站.建筑工程费用定额[M].太原：山西科学技术出版社，2018.

[11]中华人民共和国住建部.《建设工程工程量清单计价规范》[S].中国计划出版社，2013.

[12]中华人民共和国住建部.《房屋建筑与装饰工程工程量计算规范》[S].中国计划出版社，2013.

[13]中华人民共和国住建部.《建筑工程建筑面积计算规范》[S].中国计划出版社，2013.

[14]中国建筑标准设计研究院.16G101－1 国家建筑标准设计图集混凝土结构施工图平面整体表示方法制图规则和构造详图（现浇混凝土框架、剪力墙、梁、板）[M].北京：中国计划出版社，2016.

[15]中国建筑标准设计研究院.16G101－2 国家建筑标准设计图集混凝土结构施工图平面整体表示方法制图规则和构造详图（现浇混凝土板式楼梯）[M].北京：中国计划出版社，2016.

[16]中国建筑标准设计研究院.16G101－3 国家建筑标准设计图集混凝土结构施工图平面整体表示方法制图规则和构造详图（独立基础、条形基础、筏形基础及柱基础台）[M].北京：中国计划出版社，2016.

第14章 矿业工程概算案例研究

矿业工程作为一种传统的工程产业，是国民经济的重要组成部分。一个完整的矿业工程项目，往往包括矿井建设工程，地面建筑工程，机电安装工程，不同工程的构成内容、计费方法，都会有一定差异。完成一个矿山井巷工程项目，通常需要大量的、辅助于工程实体形成的费用消耗，包括人工费、材料费、施工使用费等。由于每一个矿业工程都具备特殊性和独立性，因此对工程概算有一个符合实际且科学合理的成本目标是极为重要的。煤矿工程施工企业的工程概算管理能够降低施工企业的支出成本，增加施工企业的利润。

14.1 200万吨产能低瓦斯矿井建设工程背景

14.1.1 基本概况

1.矿井工程概况

(1) 项目名称：山东省济宁市某煤矿。

(2) 井田内地势平坦，大部分为湖区，仅在东部局部地区为滨湖冲积平原，地面标高+35.50～+36.35m，湖底标高+32.0m左右，地势为东高西低的湖泊和滨湖冲积平原，地形地面坡度为0.4‰左右。本井田气象属华北类黄河南区，为季风型过渡性气候。近年来最高气温38.9℃，最低气温－15.2℃，平均气温14.0℃。近年来平均相对湿度69%，最小相对湿度4%。

(3) 本井田含煤地层为二叠纪月门沟群山西组和石炭二叠纪月门沟群太原组，煤系地层总厚平均263.53m，含煤共23层，煤层平均总厚度13.63m，含煤系数5.2%，可采煤层为$3_{上}$、$3_{下}$、$3_{上}$与$3_{下}$合并的3煤层、$12_{中}$、$12_{下}$、14、16煤层，平均总厚度11.86m，占全部煤层平均总厚度的87%。

(4) 延深设计范围主要是该煤矿－300m至－800m的3煤。

(5) 工业资源储量为6162.3万t，设计资源储量为3875.25万t，采区采出率符合中厚煤层80%，所以设计可采储量为3100.2万t，矿井设计生产能力为200万t/a，服务年限为11.9a。

(6) 矿井开拓采用立井开拓方式。1#副井井底车场水平为－100m，生产水平为－300m。矿井资源整合后，采取分区式通风，通风方法为抽出式，由1#副井进风，1#主井辅助进风，1#风井回风。

14.2 200 万吨产能低瓦斯矿井建设工程概算实务

14.2.1 前期准备阶段

熟悉井田概况和地质特征，明确延深设计范围和资源储量，计算出矿井设计生产能力和服务年限，然后根据原有煤矿井筒和大巷等基础设施，绘制该煤矿延深设计的开拓方案图和采区方案图。

1.设计开拓方案

方案Ⅰ：从－300m 处延深双暗斜井方案。

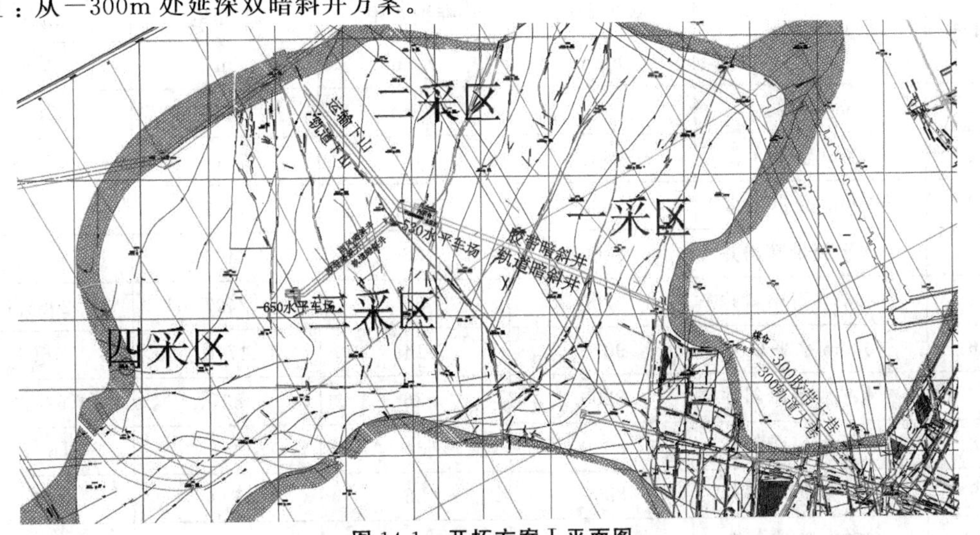

图 14-1　开拓方案Ⅰ平面图

图 14-2　开拓方案Ⅱ平面图

采用暗斜井开拓方案，由于延伸部分矿井中部有大断层孟口断层，该方案拟将矿井分为两部分开采。矿井北部从－300m 井底车场处沿西北方向新打水平大巷，再利用暗斜井延伸至－530m 水平，此处设第一水平。在－530m 水平引出后利用暗斜井延伸至－650m 水平，开拓运输，回风，轨道三条暗斜井，此处设第二水平。南部直接延深原有辅助胶带巷和辅助轨道巷，辅助轨道巷用以进风，辅助皮带巷兼回风，尽量减少穿过断层数目，延伸至－550m 左右建立新的车场开采－550m 以上煤炭。

方案Ⅱ：从－450m 处延深双暗斜井方案。

从－330m 辅助采区水仓继续按原方向开拓胶带巷与轨道巷至－450m 处，长度约 790m，倾角为 5°，在－500m 处建立－500m 水平车场，设为第一水平，建立水仓、水泵房、变电所、煤仓，随后沿着孟口断层向西北方向开拓辅助轨道大巷与辅助胶带大巷，开采第一水平以北的煤层。从第一水平分别向－350m 与－650m 新建轨道暗斜井和胶带暗斜井，长度分别为 1130m 和 1090m，倾角为 6°和 11°，将－650m 处设置第二水平，建立－650m 水仓、水泵房、变电所、煤仓。

14.2.2 基建费用

根据《煤炭工业矿井设计规范》以及煤矿的设计图纸，手算清单工程量。计算井筒、大巷（轨道大巷、胶带大巷）、暗斜井（胶带暗斜井、轨道暗斜井、回风暗斜井）、井底车场、石门的工程量。井下各巷道和硐室基建费用见表 14-1。

表 14-1　方案Ⅰ基建费用表

序号	巷道名称	掘进费用	维护费用	工程量	费用
		元/m	元/m	m	万元
1	立井井筒	—	—	0	0
2	－300m 轨道大巷	7832	15	1214	952.6
3	－300m 胶带大巷	7832	15	1239	972.2
4	一水平胶带暗斜井	8200	36	2489	2050
5	一水平轨道暗斜井	8200	36	2497	2056.5
6	－530m 水平车场	9875	14	1712	1693
7	二水平胶带暗斜井	8200	36	821	676.2
8	二水平回风暗斜井	8000	36	857	689
9	二水平轨道暗斜井	8200	36	809	666.2
10	－650m 胶带大巷	7832	15	1095	859.2
11	－650m 轨道大巷	7832	15	1086	852.1
总计					11466.9

表 14-2　方案Ⅱ基建费用表

序号	巷道名称	掘进费用	维护费用	工程量	费用
		元/m	元/m	m	万元
1	立井井筒	—	—	0	0
2	石门	7832	15	790	619.9
3	一水平胶带暗斜井	8200	36	2243	1847
4	一水平轨道暗斜井	8200	36	2117	1743.5
5	－550m 水平车场	9875	14	1712	1693
6	二水平胶带暗斜井	8200	36	1150	947.1

续表

序号	巷道名称	掘进费用	维护费用	工程量	费用
		元/m	元/m	m	万元
7	二水平回风暗斜井	8000	36	1137	913.6
8	二水平轨道暗斜井	8200	36	1130	930.6
9	－650m 胶带大巷	7832	15	1095	859.2
10	－650m 轨道大巷	7832	15	1086	852.1
总计					10406.7

表 14-3　费用汇总表

项目	方案Ⅰ		方案Ⅱ	
	费用/万元	百分率/%	费用/万元	百分率/%
总费用	11466.9	110%	10406.7	100%

由对比结果可知，两种方案费用之差小于等于 10%，其经济效果相同。结合技术比较与经济比较，设计推荐方案Ⅰ作为最终延深方案。

14.2.3 设备费用

1.设备选择

因煤层厚度较厚，经综合考虑确定，工作面长度为 210m。采煤方法为一次采全高，所以采高为 4.7m。工作面生产按“三八”制作业，每班生产 8 小时，二班产煤一班检修，每班进刀 3 次。

(1) 采煤机

采煤机实际装机功率，N＝1.5×1.2×451.2＝816kW，要求选用的采煤机装机功率应不低于 816kW，考虑采煤机需要具备破岩能力，因此采煤机应选择较大的装机功率。根据装机功率和采高变化，经考虑选择 MG400/930－WD 型双滚筒采煤机，总功率 930kW。

(2) 刮板输送机

工作面刮板输送机生产能力的选择原则是要保证采煤机采落的煤被全部运出，并留有一定的备用能力。根据该煤矿相关参数，计算得需要功率为 858kW，选功率为 1050kW 输送机符合要求，型号：SGZ－830/2×525。

(3) 液压支架

根据煤层顶板性质选择 ZT9600/25/50D 型号的液压支架。

(4) 转载机

通过调研，同时考虑设备的系列化使用，选用 SZZ－1000/400 转载机，该机设计长度为 70m，满足了工作面的运输要求。

(5) 通风设备

通风机：矿井通风方式为中央并列式，副井进风，主井回风，该矿井为低瓦斯矿井，煤层延深生产能力为 200 万 t/a，通风机风量为 77m³/s，容易时期风压为 2100Pa，困难时期风压为 2476Pa。

表 14-4　通风机实际工况点

工况点	风量 (m³/s)	风压 (pa)	效率	叶片安装角度 (°)
容易时期	70	2000	0.88	45
困难时期	70	2476	0.85	45

因此选择 FBDZ (A) －10№24 型电机符合要求。

电动机：主要通风机选定后，根据各时期的主要通风机输入功率计算出电动机的输出功率，选出电动机，选择 YB－8 355kW10kV 电机符合要求。

(6) 排水设备

排水系统由主排水泵房硐室、管子道、水仓等组成，水仓分内、外仓，水仓总容量 $3600m^3$，采用人工清理，隔离设施完好。排水泵选用四台 MD500A－57×7 型矿用耐磨多级离心泵，扬程 399m，单机排水能力 $500m^3/h$，总装机能力 $2000m^3/h$，最大排水能力 $1500m^3/h$。正常涌水时，两台工作，一台备用，一台检修，最大涌水时三台工作。

(7) 提升设备

该煤矿为立井开拓，设有主、副井两个提升井筒。1# 主井提升系统装备 2JK－3.8/18.5E 单绳缠绕式提升机，一对 12t 箕斗，担负原煤的提升任务。配 Z710－400 1400kW 750r/min 直流高速电动机。1# 副井提升系统装备一套 JKMD－2.8×4E 型落地式多绳提升机，担负矸石、材料、设备、人员的提升任务。选配 YR500－16/1430、6kV、500kW、368r/min 交流电动机，提升容器为一对 1t 矿车二层二车多绳罐笼，电控设备为 JTDK－ZN－PC 提升机电控设备。

根据《煤炭工业矿井设计规范》和有关矿山设备的价格，充分考虑有关的折旧和购买和设备要求，计算整个矿井延深设计中所需要的设备购置费用。矿井延深设计中的设备购置费用见表 14-5。

表 14-5　设备购置费用表

设备名称	型号	单价（元）	台数	总价（元）
采煤机	MG400/930－WD	960000	2	1920000
综采液压支架	ZT9600/25/50D	3000	104	312000
刮板输送机	SGZ－830/2×525	252000	1	252000
刮板转载机	SZZ－1000/400	200000	2	400000
破碎机	PLM－3000	150000	1	150000
带式输送机	DSJ100/15/2×110	500000	1	500000
乳化液泵站	BRW6－200/31.5	115000	1	115000
喷雾泵站	BPW315/12.5	150000	1	150000
掘进机	EBZ－160	80000	1	80000
局部通分机	PBDNO6.3－2×30	7000	1	7000
锚杆安装机	MGJ－Ⅱ	165000	1	165000
总计				4051000

2.设备的购买和折旧

(1) 新购买的设备

本次矿井延深设计方案中所涉及的刮板输送机、乳化液泵站，喷雾泵站，局部通风机均属于新购买设备，从澳大利亚厂商订购，采用 CIF 贸易方式，从澳大利亚的墨尔本港海运到青岛港，再使用卡车运输到矿区。本次购买过程中所涉及的运杂费已经包括到设备的单价中。

(2) 折旧设备

其余设备均从－300m 水平工作面拆运过来，上表所表示的单价也就是预计净残值，如综采液压支架原价为 5000 元，已经使用了 4 年，年折旧率为 10%，使用年平均法，根据公式：

折旧额＝固定资产原值×年折旧率×使用年限

＝5000×0.1×4

＝2000（元）

折旧额为 2000 元，根据公式最后的预计净残值为 3000 元。

14.2.4 其他费用

1.措施项目费

为了完成本次矿井延深工程施工，该工程施工前和施工过程中产生了技术、生活、安全、环境保护等费用，其中人工费为基建费的 15%。具体清单工程量见表 14-6。

表 14-6　措施项目清单与计价表

序号	项目名称	计算基础（万元）	费率（%）	金额（万元）
1	安全文明施工费	人工费 1720	25%	430
2	夜间施工费	人工费 1720	2%	34.4
3	二次搬运费	人工费 1720	1.5%	25.8
4	冬雨季施工费	人工费 1720	1%	17.2
5	大型机械设备进出场及安拆费			30
合计				537.4

2.其他项目费

主要包括暂列金额、计日工、总承包服务费等。

表 14-7　其他项目清单与计价汇总表

序号	项目名称	计量单位	金额（万元）	备注
1	暂列金额	万元	230	
2	暂估价			
2.1	材料暂估价	万元	—	计入基建费用
2.2	专业工程暂估价	万元	—	
3	计日工	万元	180	
4	总承包服务费	万元	200	
合计			610	

3.规费和税金

规费是指根据省级政府或省级有关权力部门规定的必须缴纳的，计入本次矿井延深工程造价的费用，包括社会保险费、住房公积金、危险作业意外伤害保险等。

表 14-8　规费、税金项目清单与计价表

序号	项目名称	计算基础（万元）	费率（%）	金额（万元）
1.1	社会保障费			412.8
（1）	养老保险费	人工费 1720	16%	275.2
（2）	失业保险费	人工费 1720	2%	34.4
（3）	医疗保险费	人工费 1720	6%	103.2
1.2	住房公积金	人工费 1720	6%	103.2
1.3	危险作业意外伤害保险	人工费 1720	0.48%	8.3
	规费小计 1.1+1.2+1.3			524.3
	税金	11872+537.4+524.3	3.4%	440

14.4.5 单位生产能力费用

表 14-9　单位工程招标控制价汇总表

序号	汇总内容	金额（万元）	占总工程费的比例（%）
1	分部分项工程	11872	81.35
1.1	基建费	11466.9	78.57
1.2	设备费	405.1	2.78
2	措施项目	537.4	3.68
3	其他项目	610	4.18
3.1	暂列金额	230	1.57
3.2	专业工程暂估价	—	
3.3	计日工	180	1.23
3.4	总承包服务费	200	1.37
4	规费	524.3	3.59
5	税金	440	3.02
招标控制合计＝1＋2＋3＋4＋5		14593.7	

本次延深设计的矿井生产能力为 200 万 t/a，整个工程的招标控制价为 14593.7 万元，计算得单位生产能力的费用为：

$$单位生产能力的费用=\frac{14593.7\text{ 万元}}{200\text{ 万 t}}=72.97\text{ 元/t}$$

14.3 90 万吨产能厚煤层矿井建设工程背景

14.3.1 基本概况

1.矿井工程概况

(1) 项目名称：安徽省淮北市某煤矿。

(2) 本矿属暖温带半湿润季风气候区，春温多变，夏雨集中，秋高气爽，四季分明，气候温和。年平均气温为 14.4℃，最低气温－23.2℃（1955 年 1 月 6 日），最高气温 40.3℃（1988 年 7 月 8 日）。秋季多东北风，夏季多东南风，冬季多西北风，平均风速为 3m/s，最大风速可达 18m/s。年降雨量 600～1460mm，平均降雨量为 834mm。

(3) 主采煤层为 10 煤层。位于山西组中部，上距 82 煤层 73～98m，平均 81.08m，煤厚 0.66～10.31m，平均 3.52m，穿过点 135 个，可采点 127 个，不可采点 2 个，断缺点 6 个，可采指数 0.99，面积可采率 99.9%，以中厚煤层为主，结构简单，45 个点含 1 层夹矸，15 个点含 2 层夹矸，3 个点含 3 层以上夹矸，夹矸厚 0.06～0.69m；顶底以砂岩，粉砂岩为主，泥岩次之，底板泥岩、粉砂岩为主，为全区大部分可采的较稳定煤层。

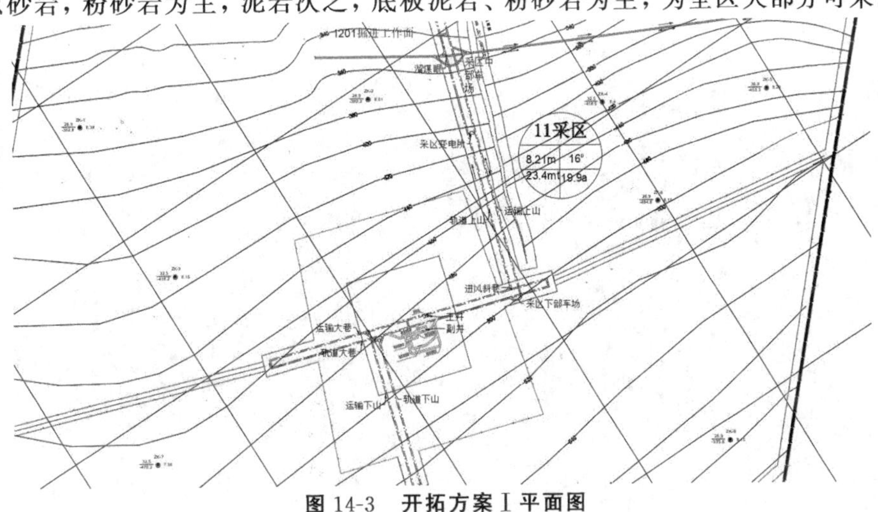

图 14-3　开拓方案Ⅰ平面图

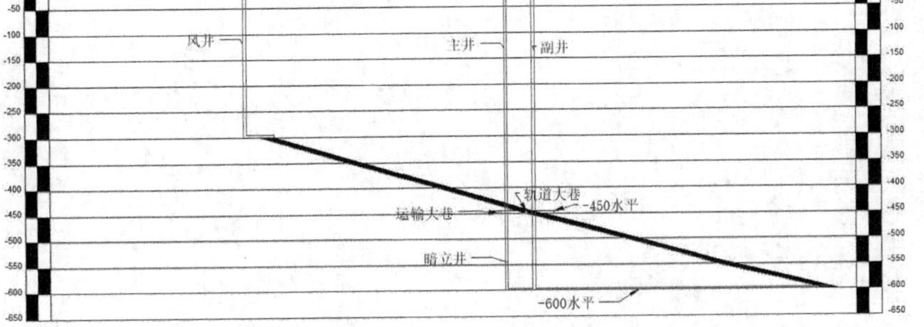

图 14-4　开拓方案Ⅰ剖面图

(4) 工业资源储量为71.6百万吨，设计资源储量为58.89百万吨，该案例厚煤层采出率按照85%计算，所以设计可采储量为50.11百万吨，矿井设计生产能力为90万 t/a[a：年(国标)]，服务年限为42.8a。

(5) 矿井开拓采用立井开拓方式。煤层平均倾角16°。绝对瓦斯涌出量低于$5m^3/min$，为低瓦斯矿井。煤层结构简单，为较稳定煤层。以中部断层为界开拓水平大巷可避免大巷穿越断层，利于维护，减少经济损失。开采水平为－480m。设置两条大巷，运输大巷负责运煤，轨道大巷负责运送人员和材料，同时负责进新风。

14.4 90 万吨产能厚煤层矿井建设工程概算实务

14.4.1 前期准备阶段

1.设计开拓方案

方案Ⅰ：双立井单水平上下山开采。

该矿井的主采煤层为 10 煤层，煤层平均倾角 16°。绝对瓦斯涌出量低于 $5m^3/min$，为低瓦斯矿井。煤层结构简单，为较稳定煤层。以中部断层为界开拓水平大巷可避免大巷穿越断层，利于维护，减少经济损失。同时煤层顶底板主要为砂岩和粉砂岩，比较稳定，因此大巷选择设置在这类岩石中。开采水平为−480m。设置两条大巷，运输大巷负责运煤，轨道大巷负责运送人员和材料，同时负责进新风。

方案Ⅱ：主立井暗立井两水平上下山开采。

采用主立井暗立井综合开拓。一开采水平标高为−450m。二水平标高−600m。二水平延伸采用暗立井延伸。其余和方案Ⅰ一致。

14.4.2 基建费用

根据《煤炭工业矿井设计规范》以及煤矿的设计图纸，手算清单工程量。计算内容与案例 1 一致。井下各巷道和硐室基建费用见下表。

表 14-10　方案Ⅰ基建费用表

序号	巷道名称	掘进费用	维护费用	工程量	费用
		元/m	元/m	m	万元
1	立井井筒	12000	15	520	624.8
2	副井井筒	12280	20	520	639.6
3	风井井筒	12000	15	320	384.5
4	轨道大巷	7500	30	1000	753
5	运输大巷	7500	30	1000	753
6	石门开凿	6200	14	230	142.9
7	井底车场	9200	14	1000	921.4
总计					4219.2

表 14-11　方案Ⅱ基建费用表

序号	巷道名称	掘进费用	维护费用	工程量	费用
		元/m	元/m	m	万元
1	立井井筒	12000	15	450	540.7
2	副井井筒	12280	20	450	553.5
4	风井井筒	12000	15	320	384.5

续表

序号	巷道名称	掘进费用	维护费用	工程量	费用
		元/m	元/m	m	万元
5	主井暗立井延深	12000	20	150	180.3
6	副井暗立井延深	12280	20	150	184.5
7	轨道大巷	7500	30	1000	753
8	运输大巷	7500	30	1000	753
9	石门开凿	6200	14	200	124.3
10	井底车场	9200	14	1000	921.4
总计					4395.1

表 14-12 费用汇总表

项目	方案Ⅰ		方案Ⅱ	
	费用/万元	百分率/%	费用/万元	百分率/%
总费用	4219.2	110%	4395.1	100%

综上所述，方案Ⅰ和方案Ⅱ在技术上都是比较合理的，但是在经济上方案Ⅰ比较合理，因此最终选择方案Ⅰ。

14.4.3 设备费用

1.设备选择

该案例中的煤层平均厚度为8.34m，为厚煤层。又因为该矿的井田面积小，矿井井型初步核定为80万吨/年，采用常规的方法很难达到理想的经济效益，最终采煤方法选择放顶煤一次采全高，设备选型如下。

(1) 采煤机

该矿选用双滚筒采煤机割煤。选用型号为MG150/391－W1的采煤机。具体参数如下。

表 14-13 采煤机主要技术特征表

项目	技术特征
型号	MG150/391－W1
采高（m）	1.5～3.019
煤层倾角（°）	0—35
截深（m）	0.63
滚筒直径（m）	1.6
牵引方式	销轨式无链牵引
牵引力（kN）	350
牵引速度（m/min）	6
装机功率（kW）	2×150＋75
电压（V）	1140
喷雾除尘方式	内、外喷雾
总重（t）	27
制造厂家	鸡西煤矿机械设计有限公司

(2) 刮板输送机

为满足放顶煤工作面的运输需要，需要在支架的前部和后部分别设置一部刮板输送机，即前后两部输送机，选用如下刮板输送机，型号和具体参数如下。

表 14-14　刮板输送机主要技术特征表

项目		技术特征
型号		SGZ－764/400
设计长度（m）		250
出厂长度（m）		180
运输能力（t/h）		900
链速（m/s）		1.1
电动机	型号	KBKYSS－100/200－8/4
	功率（kW）	2×100/200
	转速（rpm）	1480/735
	电压（V）	1140
液力耦合器型号		TVA－560
减速器速比		1∶27.635
布置方式		平行布置
中部槽规格（长×宽×高）（mm）		1500×764×222
圆环链规格（mm）		26×92－C
刮板链形式		准双边链
刮板间距（mm）		920
与采煤机配套牵引方式		有链或无链
制造厂家		中煤张家口煤矿机械公司

(3) 液压支架

液压支架要选择放顶煤液压支架，该设计选用了 ZFY10200/25/42D 型放顶煤液压支架。

(4) 转载机

通过调研，同时考虑设备的系列化使用，选用 SZZ730/160 转载机、满足了工作面的运输要求。

(5) 通风设备

该矿井属于缓倾斜煤层，综合考虑经济和技术，通风方式采用中央边界式。其优点主要是有较短的通风线路，无折返运风，回风石门开凿工程量少。初步选定 2K58 矿用轴流式通风机 №.28 型 n＝600r/min。主要通风机选定后，根据各时期的主要通风机输入功率计算出电动机的输出功率，选出电动机，选择 T118/44－8 电机符合要求。

(6) 运输设备

根据矿井的自身地质条件，该煤矿在井田范围内划分为两个阶段。井田范围内虽有断层但并不影响井下运输，井下运输应充分利用该矿本身的自然条件，扬长避短。运输上山设备选型：选用型号为 DTL100/90/2×160 的输送机。大巷运输设备选择：选用型号为 DX3－DX10 的胶带输送机。

根据《煤炭工业矿井设计规范》和有关矿山设备的价格，充分考虑有关的折旧和购买和设备要求，计算整个矿井延深设计中所需要的设备购置费用。

矿井延深设计中的设备购置费用见表 14-15。

表 14-15　设备购置费用表

设备名称	型号	单价（元）	台数	总价（元）
采煤机	MG150/391－W1	750000	1	750000
放顶煤液压支架	ZFY10200/25/42D	3500	90	540000
刮板输送机	SGZ－764/400	162000	2	324000
刮板转载机	SZZ730/160	60000	2	120000
破碎机	PE－400×600	98000	1	98000
胶带输送机	DX3－DX10	450000	1	450000
上山输送机	DTL100/90/2×160	500000	1	500000
乳化泵	BRW400/31.5	150000	1	150000
掘进机	XTR4/260	200000	1	200000
通风机	2K58 矿用轴流式通风机	12000	1	12000
锚杆安装机	MGJ－Ⅱ	165000	1	165000
总计				3309000

2.设备的购买和折旧

(1) 新购买的设备

本次矿井延深设计方案中所涉及各种设备均属于新购买设备。本次购买过程中所涉及的运杂费已经包括到设备的单价中。

(2) 折旧设备

该矿的设备均为新设备，故不考虑折旧。

14.4.4 其他费用

1.措施项目费

案例二具体清单工程量见表 14-16。

表 14-16　措施项目清单与计价表

序号	项目名称	计算基础（万元）	费率（%）	金额（万元）
1	安全文明施工费	人工费 633	25	158
2	夜间施工费	人工费 633	2	12.7
3	二次搬运费	人工费 633	1.5	9.5
4	冬雨季施工费	人工费 633	1	9.3
5	大型机械设备进出场及安拆费			28
合计				217.5

2.其他项目费

表 14-17　其他项目清单与计价汇总表

序号	项目名称	计量单位	金额（万元）	备注
1	暂列金额	万元	110	
2	暂估价			
2.1	材料暂估价	万元	—	计入基建费用
2.2	专业工程暂估价	万元	—	
3	计日工	万元	80	
4	总承包服务费	万元	100	
合计			290	

3.规费和税金

表 14-18　规费、税金项目清单与计价表

序号	项目名称	计算基础（万元）	费率（%）	金额（万元）
1.1	社会保障费			154
(1)	养老保险费	人工费 633	16	101.3
(2)	失业保险费	人工费 633	2	12.7
(3)	医疗保险费	人工费 633	6	40.0
1.2	住房公积金	人工费 633	6	40.0
1.3	危险作业意外伤害保险	人工费 633	0.48	3.0
	规费小计 1.1+1.2+1.3			197
	税金	4550.1+217.5+197	3.4%	168.8

14.4.5 单位生产能力费用

表 14-19　单位工程招标控制价汇总表

序号	汇总内容	金额（万元）	占总工程费的比例（%）
1	分部分项工程	4550.1	
1.1	基建费	4219.2	77.94
1.2	设备费	330.9	6.11
2	措施项目	217.5	4.02
3	其他项目	290	5.36
3.1	暂列金额	110	2.03
3.2	专业工程暂估价	—	
3.3	计日工	80	1.48
3.4	总承包服务费	100	1.85
4	规费	197	3.64

续表

序号	汇总内容	金额（万元）	占总工程费的比例（%）
5	税金	168.8	3.12
招标控制合计=1+2+3+4+5		5413.4	

本次延深设计的矿井生产能力为80万t/a，整个工程的招标控制价为5413.4万元，计算得单位生产能力的费用为：

$$单位生产能力的费用=\frac{5413.4\ 万元}{80\ 万\ t}=67.67\ 元/t$$

案例一中的煤矿单位生产能力为72.97元/t，而案例二中的单位生产能力为67.67元/t。两个案例中基建费用相差最大，主要因为案例一中整个井田面积达到了22.3km^2，煤矿延深设计范围从－300m～－800m，布置了两个水平，其中的掘进费用和维护费用，因为山东和安徽不同的物价水平，有较小的差距，两个案例的工程量是导致基建费用差距悬殊的主要原因。

参考文献

[1]曹树刚，勾攀峰，樊克恭.采煤学[M].煤炭工业出版社，2017.

[2]樊克恭，刘进晓.采矿工程专业毕业设计指导教程[M].煤炭工业出版社，2018.

[3]国家质量监督检验检疫总局，国家标准化管理委员会.煤矿科技术语（GB/T 15663.3－2008）[S].中国标准出版社，2008.

[4]国家安全生产监督管理总局，国家煤矿安全监察局.煤矿安全规程[M].煤炭工业出版社，2016.

[5]住房和城乡建设部，国家质量监督检验检疫总局.煤炭工业矿井设计规范（GB 50215－2015）[S].中国计划出版社，2015.

[6]张荣立，何国纬，李铎.采矿工程设计手册[M].北京：煤炭工业出版社，2003.

[7]郭锐.安全管理在矿山采矿工程中的应用分析[J].化工中间体，2021，(012)：52－53.

[8]张爱杰，张传鹏，宋明明.软岩开拓巷道支护方案的研究与优化[J].煤炭科学技术，2015，43（S1）：45－47.

[9]徐永析. 煤矿开采学[M].中国矿业大学出版社，1999.

[10]住房和城乡建设部，国家质量监督检验检疫总局.矿山工程工程量计算规范[S].中国计划出版社，2013.

[11]住房和城乡建设部，国家质量监督检验检疫总局.矿山工程工程量计算规范（附条文说明）[S].中国计划出版社，2013.

[12]钱鸣高，石平五.矿山压力与岩层控制[M].中国矿业大学出版社，2003.

[13]赵军辉，王建东.浅析井巷工程在施工阶段的质量控制[J].科技情报开发与经济，2006，(12)：278－279.

[14]中国煤炭建设协会.煤矿井底车场硐室设计规范（附条文说明）[S].中国计划出版社，2007.

[15]住房和城乡建设部.煤炭工业矿井设计规范[S].中国计划出版社，2015.

[16]中国煤炭建设协会.煤矿巷道断面和交岔点设计规范[S].中国计划出版社，2007.

第15章 煤层气开发工程概算案例研究

15.1 煤层气开发成本构成

煤层气开发有两种工程形式：一种是煤层气地面开发工程，在没有规划煤矿或煤矿开采之前，进行的煤层气开发；另一种是煤矿井下瓦斯抽采工程，在采煤矿井中进行瓦斯抽采，首要目的是保障安全生产，然后是对抽采瓦斯进行利用。煤层气地面开发的流程包括：煤层气资源勘查，钻井工程，压裂工程，排采工程，煤层气处理与运输，经过处理后通过常规管线输送，或者经过压缩、液化后使用 CNG 槽车、LNG 槽车运输至用户终端进行利用。煤矿井下瓦斯抽采工程是基于煤矿瓦斯涌出量大、有煤与瓦斯突出等问题而提出瓦斯抽放利用要求的一种工程，即建立地面永久瓦斯抽放系统或井下移动泵站抽放系统。当矿井符合瓦斯抽放系统抽放量可稳定在 $2m^3/min$ 以上或瓦斯资源储量丰富可以抽放五年以上的必须建立地面永久瓦斯抽放系统。地面永久瓦斯抽放系统主要包括钻孔（巷道）布置、抽放设备、泵站建筑和瓦斯利用等内容，移动泵站适合不具备地面泵站抽放系统条件的高瓦斯区。因此，煤层气地面开发与煤矿井下瓦斯抽采的成本构成存在较大差异，需要分别讨论。

15.1.1 煤层气地面开发构成

煤层气地面开发成本，就是从其作为能源矿产资源经过勘查、开采、加工、运输等步骤形成煤层气产品到用户终端被利用的过程中投入的全部成本。煤层气地面开发利用会涉及资源成本、大量固定资产投入、运营成本、环境成本以及当前还未被内部化的环境外成本，如图 15-1 所示。

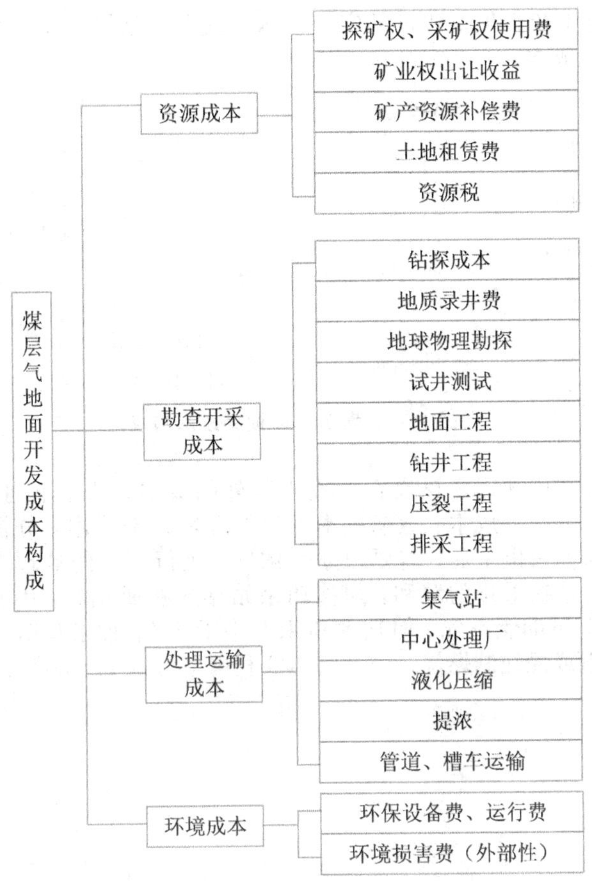

图 15-1　煤层气地面开发成本构成

煤层气的资源成本包括探矿权、采矿权使用费，矿业权出让收益，资源税、矿产资源补偿费及土地租赁费等。煤层气的资源补偿费是由煤层气的销售收入、1%的补偿费费率、开采利用率系数三者相乘而得出的；我国 2007—2016 年对地面抽采煤层气暂不征收资源税。2016 年 7 月 1 日煤层气实施资源税从价计征，税率调为 1%～2%，取消矿产资源补偿费。该案例按照 1%进行测算；其他费用主要受资源量、登记面积、持有年限等固定因素限制。

由于煤层气是一种非常规天然气，煤层气资源赋存于不同储量规模、储量丰度、埋藏深度等具有复杂构造的煤层中，这导致煤层气的勘探情况和开采设计有较大差异。因此，煤层气的勘查开采的成本差异同样较大。为估算勘查开采成本，需要根据煤层气资源的地质条件、开采难度、开采类型等分类标准将其分为三类成本，然后，收集已有的煤层气勘探和开采项目的投资数据，并按照本研究的分类标准划分，得到对应的成本范围。

同时，煤层气的成本不只有直接成本，还应该包括外部成本。直接成本就是资源成本、勘查成本、处理运输成本、环保投入。煤层气开发利用的外部成本主要是环境外部成本，例如抽采未利用煤层气产生的碳排放、被破坏或侵占的土地，产生大量工业废水与地下水污染都是环境外部成本。虽然国家法律政策强制规定煤层气企业要有的环保专项资金，以保护和恢复开发过程中造成的土地破坏和水污染等环境污染情况，但并没有覆盖煤层气产业的环境外部成本。由于完整的外部成本量化评价需要大量数据支撑，本研究通过构建量化模型分析当前煤层气企业的环境外部成本。

15.1.2 煤层气井下瓦斯抽采成本构成

煤矿井下瓦斯抽采成本，是指在井下利用抽采钻孔（巷道）、抽采管网、抽采泵、地面储气装置、抽放管理运行费、加工利用的组成。井下瓦斯抽采系统的成本同样涉及资源成本、建设成本、运营成本、加工利用成本、环境外部成本，如图 15-2 所示。在不考虑煤层气矿业权和煤矿矿业权存在矛盾的情况下，瓦斯的资源成本应该与煤层气成本相同，不过在 2020 年相关政策出台规定煤炭开采企业因安全生产需要抽采的煤层气免征资源税，这是对煤炭企业积极抽采利用瓦斯的激励。同时，瓦斯抽采系统的建设运营成本，是煤矿基于安全生产必须要建设的安全投入，且国家就煤矿安全生产有专项补贴，因此在后期经济效益分析中不考虑此成本。

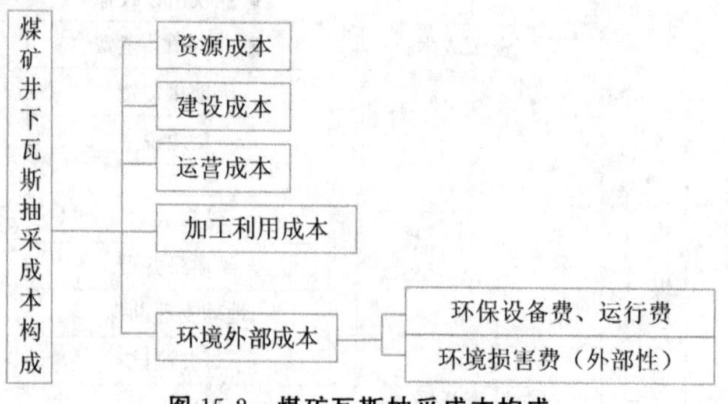

图 15-2 煤矿瓦斯抽采成本构成

但对煤层气的进行加工利用却需要煤炭企业投入额外的成本，基于不同浓度瓦斯利用方式的视角，厘清煤矿井下瓦斯抽采的加工处理成本、运输成本等以及环境外部成本，分析煤矿井下瓦斯抽采的利用成本构成及比例。煤矿瓦斯抽采出来后，需要根据其浓度，进行不同的处理和利用。煤矿瓦斯抽采量为地面永久泵站和井下移动泵站抽采量的总和，而移动泵站排放在回风巷，因此，井下瓦斯中有高瓦斯矿井的风排瓦斯（小于5%），可助燃空气，但技术利用率小于2%；抽采瓦斯（20%～30%）、钻孔抽采瓦斯（30%～80%）可用于发电或提纯制燃气、CNG、LNG利用率为20%～30%、大于60%，不同技术生产单位煤层气的成本不同。

15.2 煤层气开发直接成本估算

15.2.1 煤层气开发的资源成本评估

煤层气属于国家矿产资源，对其进行勘探开发利用之前企业需要获得探矿权和采矿权，资源成本就是取得勘查开采资格所投入的资金。我国《新设探矿权登记（油气类）服务指南》规定探矿权使用费收费标准，根据相关规定对天然气生产建设施工临时用地暂免征收城镇土地使用税，其他生产及办公、生活区用地需要缴纳城镇土地使用税。根据相关规定企业获得煤层气勘探开采权利需要投入的成本以及单位煤层气的资源成本，建立如下基本费用模型：

$$E_i = 100 \times S_E \times i \quad (1 \leqslant i \leqslant 3) \tag{15-1}$$

$$E_i = 300 \times S_E + 100 \times S_E \times (i-2) \quad (4 \leqslant i \leqslant 7) \tag{15-2}$$

$$E_i = 800 \times S_E + 500 \times S_E \times (i-7) \quad (i > 7) \tag{15-3}$$

$$M_j = 1000 \times S_M \times j \quad (j \leqslant 30) \tag{15-4}$$

$$L_j = S_L \times l \times j \quad (0.6 < l < 12) \tag{15-5}$$

$$B_c = E_i + M_j + L_j + E + M \tag{15-6}$$

$$R_c = B_c / R \tag{15-7}$$

$$R_{tax} = 1\% \times P_{gas} \tag{15-8}$$

$$C_{fee} = 1\% P_{gas} \times q' / q \tag{15-9}$$

$$R_c' = R_c / q' + R_{tax} + C_{fee} \tag{15-10}$$

E_i —— i 年总探矿权使用费，元；

E ——探矿权价款，元；

M_j —— j 年总采矿权使用费，元；

M ——采矿权价款，元；

L_j —— j 年土地租赁费，元；

S_E ——探矿权登记面积，km^2；

S_M ——采矿权登记面积，km^2；

S_L ——地面工程面积，m^2；

i，j ——探矿权，采矿权持有年度，年；

l ——工矿区土地年使用费，0.6～12 元/m^3；

R_{tax} ——单位回收煤层气的资源税（2007—2016 年时为 0），元/m^3；

C_{fee} ——单位回收煤层气的矿山资源补偿费（2017 年之后为 0），元/m^3；

P_{gas} ——煤层气的销售价格，1.15～3.80 元/m^3；

q'/q ——开采利用率系数，实际利用率/核定利用率；

R ——探明地质储量，m^3；

B_c ——煤层气购置总成本，元；

R_c ——单位煤层气购置成本，元/m^3；

R_c' ——单位煤层气成本应分摊的资源成本，元/m^3。

表 15-1 项目信息

项目信息	山西省沁水盆地沁水煤层气田郑庄区块	山西晋城潘庄区	山西省古交煤层气田邢家社区
地面工程面积（km^2）	6.674	153.590	0.601
土地费（元）	3003300	92154000	360600
探矿权登记面积（km^2）	1090.09	150	640
探矿权持有年度（年）	3	10	6
探明资源量（亿 m^3）	2656	204	214.28
探矿权使用费（元/亿 m^3）	327027	345000	448000
采矿权登记面积（km^2）	834.317	141.835	118.159\11.369
采矿权持有年度（年）	15	20	20\10
探明地质储量（亿 m^3）	1543.74	276.88	108.04\11.51
采矿权使用费（元）	12514755	2836700	2476870
单位矿业权价款（元/km^2）	2483580	2536800	1998900
单位购置成本（元/m^3）	0.0135	0.0164	0.0219

从三个案例数据见表 15-1 可以计算得到单位探矿权、采矿权使用费；山西省煤层气的土地使用费为 3 元/m^3；探矿权和采矿权价款正在改为矿业权出让收益，收益基准率等配套政策尚在制定中。因此，按照山西相关挂牌出让成交价：经过初步预测储量丰富的郑庄区块、晋城潘庄区和与之毗邻的邢家社区成交价，得出煤层气矿业权价款范围为 1998900～2536800 元/km^2，单位煤层气购置成本为 0.0135～0.0219 元/m^3。我国煤层气的定价机制是市场定价，煤层气的市场价格有民用价和车用燃气价，且不同地区的煤层气价格也存在差异，因此，我们使用山西省发展和改革委员会发布的山西省晋城市近几年居民管道煤层气价格，为 1.15 元/m^3，车用煤层气价格为 3.80 元/m^3，将 1.15～3.80 元/m^3 作为我国煤层气销售价区间。开采回收系数简化为“十一五”“十二五”“十三五”的平均核定利用率，分别为 67%、81%、67%，则 2006－2018 年我国年平均单位煤层气成本应分摊的资源成本范围为 0.0886～0.2828 元/m^3。

15.2.2 煤层气的勘探开采成本评估

煤层气勘探成本估算

煤层气企业通过煤层气勘探查明煤层气田的气藏地质特征和各项参数，获取地质储量、可采储量等信息，并据此制定开发方案。勘查阶段的成本构成分析要基于开展勘探工作的程序，采用钻探、地质录井、地球物理勘探、试井测试等方式进行煤层气资源情况的调查。钻探是为开展煤层气勘查要通过取芯钻进、绳索取芯等方式钻孔以取得地下的煤样进行分析，确定获取煤层含气量、深度、厚度、煤质、气体成分等参数的工作；地质录井是按照顺序将每个回次钻取的岩（煤）芯进行观察描述，同时要对钻进单位进尺的时间进行记录，并对钻井液携带的气体进行组分和含量的检测和编录，从而判断油气层的工作；地球物理勘探是利用地震勘探、测井响应、模拟测井、电阻率测井、自然位测井、声波测井等技术模拟测得煤层资料的工作；试井测试是通过测试井底流压变化来判断煤储层参数的工作，有压降试井、干扰试井、微破裂测试等方法。在这些程序下，可以获取的地震、钻井、录井、测井、试井等资料，对目标区进行勘探评价，提交探明储量，形成适应性技术，获得详尽的产能测试资料，为商业开发提供技术支持。

本案例获取的对照数据是煤层气开发的项目的历史数据，这些项目都成功探明了煤层气地质储量，并进入了煤层气开采阶段。企业在进行煤层气勘探时，如果出现未探明资源量或勘探发现勘查区块不符合开发条件的情况，这时投入的资金是沉没成本，不能计入煤层气的成本中，因此本研究不考虑沉没成本，勘查活动的投入资金在成功取得探明储量之后将划分为勘查成本。根据勘探的基本流程，这些勘探流程的投入资金就是勘探环节的主要成本，由于工程实施的规模和工程量会受到煤层气田的地质资源条件、施工方法、工艺技术等因素影响，使其成本很难详尽核算，因此使用工程概算管理法和类比法，套用工程量和定额指标估算出三类成本标准，并与国家规定的最低投入标准构成煤层气勘探费用成本范围。

(1) 最低勘查投入标准

首先是根据国家在《矿产资源勘查区块登记管理办法》中的规定，明确限制了探矿权人在煤层气勘探环节的最低投入标准，并规定当年多出最低勘察投入标准的资金可以累计计入下一年。按照政策规定的最低勘查投入标准可以构建最低勘查投入模型：

$$R_i = S_E \times (2000 - 5000 \times (1 - i)) \quad (1 \leqslant i \leqslant 2) \tag{15-11}$$

$$R_i = 10000 \times S_E \times (i - 2) + R_2 \quad (i \geqslant 3) \tag{15-12}$$

式中，i ——探矿权持有年度，年；

S_E ——探矿权登记面积，km^2；

R_i ——累计最低勘查投入，元。

因此，在沁水煤层气田郑庄区块、晋城潘庄区、古交煤层气田邢家社区案例中，累计的最低勘查投入分别为 1853.153 万元、1305 万元、3008 万元，单位煤层气勘查成本分别为 0.0001 元/m^3、0.0006 元/m^3、0.0014 元/m^3。

(2) 实际投入的勘查成本估算模型

实际投入是根据具体的勘查流程估算各个工程的资金投入，因为不同地质条件的煤层气项目会涉及不同类型和不同规模的勘查工程，所以勘查成本估算需要充分考虑煤层气项目分类。按照煤层气勘探项目的地震、钻井、录井、测井、试井和先导性排采试验等流程可以梳理煤层气勘探的各项程序，再结合相关工程勘察收费就可以估算勘查成本。其中工程勘察收费是指进行一系列勘察作业以及编制勘察文件和设计文件等收取的费用。本研究通过梳理煤层气勘查阶段需要的勘探项目，并结合《工程勘察设计收费标准》中规定工程勘察收费相关计算公式，建立勘查阶段的整体估算模型见表 15-2。

①通用工程勘察收费按照下列公式计算：

$$F = F_b \times (1 \pm f) \tag{15-13}$$

$$F_b = P + T \tag{15-14}$$

$$P = P_b \times W \times a \tag{15-15}$$

$$T = P \times t \tag{15-16}$$

②专业工程勘察收费的计算公式如下：

$$F = F_b \times (1 \pm f) \tag{15-17}$$

$$F_b = B + O \tag{15-18}$$

$$B = F_b \times r \times c \times a \tag{15-19}$$

③工程设计收费按照下列公式计算：

$$D = D_b \times (1 \pm f) \tag{15-20}$$

$$D_b = BD + OD \tag{15-21}$$

$$BD = D_b \times r \times c \times a \tag{15-22}$$

表 15-2 字母变量对照表

字母变量的意思	字母变量的意思
F：工程勘察收费	B：基本勘察收费
F_b：工程勘察收费基准价	O：其他勘察收费
f：浮动幅度值	BD：基本设计收费
P：工程勘察实物工作收费	OD：其他设计收费
T：工程勘察技术工作收费	a：附加调整系数
P_b：工程勘察实物工作收费基价	t：技术工作收费比例
W：实物工作量	r：专业调整系数
D：工程设计收费	c：工程复杂程度调整系数
D_b：工程设计收费基准价	

15.2.3 煤层气的处理运输成本评估

地面抽采的煤层气浓度可以达到90%以上，因此只需要净化压缩就可以外输。而煤矿瓦斯的浓度范围较大，浓度大于30%的煤层气，可以直接输送用于民用或发电，浓度低于30%的煤矿瓦斯通过进行提浓可以用于制作压缩或液化煤层气。因此加工处理成本也主要指压缩、液化成本和提浓成本。地面煤层气生产的处理运输环节是指将煤层气井口抽采出来的煤层气通过采气管经集气阀组计量后经集输管道输送到中心集气站，通过处理厂的分离器脱水、除去杂质，再通过压缩机增压后，利用管道、CNG/LNG槽车外输。煤矿瓦斯的处理运输成本是指为利用煤矿瓦斯而设置的储气装置、输气管路、提浓装置等设施的设备及工艺成本，具体工艺流程如图15-3所示。

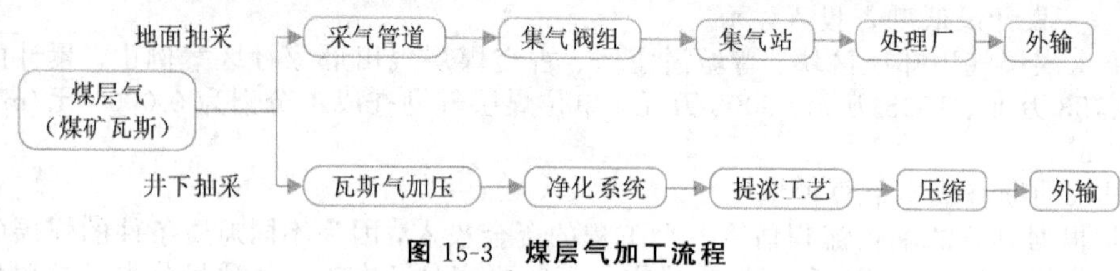

图15-3　煤层气加工流程

1.处理成本

地面抽采净化处理，指将抽采煤层气中的杂质去除的过程，煤层气要经过处理厂增压脱水后才能通过管道外输。中心处理厂主要包括缓冲罐、压缩机、气水分离器、过滤罐、排污池、放空火炬等基建与设备，作用是把采集的煤层气，通过压缩机，将0.9MPa压缩至6.0MPa并利用管道外输。井下抽采煤层气提浓处理，吸附CH_4的工艺技术主要包括抽放站、一级变压吸附塔、解析、储气罐等设备。提浓成本除了基建、设备与吸附剂成本之外还包括电费、水费、人工等运行成本。按照郑庄区块案例，可知处理成本为0.119元/m^3。根据某4000万Nm^3/a低浓度煤层气制CNG项目的固定资产投资是0.507亿元，单位成本为1.46元/m^3。对比两个案例，要达到相同品质的出厂煤层气，井下抽采煤层气的处理成本是地面抽采煤层气的12.3倍。

2.运输成本

煤层气的运输可分为管道运输和槽车运输。由于运输成本受运输距离影响，本研究为比较两种方式的成本，指定比较将单位煤层气从山西沁水运输至河南博爱所产生的单位运输成本。管道费用包括基础设施投资成本、运行与维护费用等。煤层气管道与天然气管道相同，其建设和运营成本也类似。但当前我国存在煤层气管道铺设不足、煤层气气源不足、部分煤层气进入天然气管道还存在技术以及一些管输企业限制等问题，因此，煤层气的管输成本虽然可以利用天然气管输成本类比，却要知道煤层气管输成本比天然气管输成本要高一些。从2017年和2019年的我国天然气跨省管道运输价格表中可以查到，天然气管输价格范围为0.1202～0.4594元/km^3/km，山西沁水至河南博爱煤层气管输价格最高为3.4416元/km^3/km。按照9%的增值税，全投资收益率为8%，经营期30年，可以推出当前煤层气管输成本为2.8813元/km^3/km。由于煤层气管线较短、管径较小等情况导致成本较高，煤层气进入天然气管网可以有效降低管输成本。

槽车运输费用包括过路费、人工费、折旧费、油气费等，相关数据见表15-3。这辆槽车的运输成本为0.40元/t/km，即0.2868元/km^3/km。在500km运距内，运费为0.143元/m^3，在1000km运距内，运费为0.287元/m^3，比管输成本低。因此，按照运输边界中的数据，可知从山西沁水至河南博爱的管道运输成本为282.94元/km^3，槽车运输成本为36.85元/ km^3，管输成本约为车辆运输成本的7.68倍。

因此，综合考虑煤层气的处理和运输成本，可发现无论是低处理成本使用管道运输，还是高处理成本使用槽车运输，这两种方式累计的结果是煤层气的运输处理成本都高。例如，1km^3的处理过的地面煤层气处理费为119元，将其从山西沁水运至河南博爱的管道运输成本为282.94元，1km^3的处理过的井下煤层气处理费为1460元，将其从山西沁水运至河南博爱的槽车运输成本为36.85元。这说明井下煤层气的处理运输成本比地面煤层气的处理运输成本的3.7倍，这表示对低浓度煤层气的处理利用方式中提浓运输应该是最后的利用选择，若能将浓度为30%以上的煤层气直接管道输送就近利用，可有效降低处理运输费。

表 15-3　槽车数据

项目	信息
LNG 槽车	120 万元
载重量	19.5t/车
年里程	125000km
能耗	35L/100km，油价 7.5 元/L
折旧	8 年折旧时间，残留 10%
维修保养	折旧额的 70%
司机	每车两人，6000 元/人/月
车检	20000 元/年
保险	60000 元/年
过路费	0.08 元/t/km

15.3 煤层气开发外部成本估算

根据我国的环境保护法、大气污染防治法、水污染防治法、水土保持法等环保相关的法律法规，我国煤层气企业要遵循环保相关法规开展煤层气项目建设运营，为减少对煤层气开发用地的环境影响，企业必须有环保专项资金。在项目建设期、运营期和服务期满后三个阶段都应该对产生的废水、废气、固体废物、噪声等进行控制和处理。环保投资主要用于预防煤层气开发项目对环境造成的直接损失，但对环境造成的间接损失，目前还没有一套完整的计算方法和参考依据，这导致间接损失还未被纳入项目的内部成本。例如，项目导致水土流失、地下水下降或污染、大气污染等情况使土地生态系统、水生态系统和大气环境被破坏，这些属于间接损失产生了环境的外部成本。环境内部成本包括煤层气开发前购置的废水处理、废气处理、噪声处理、风险防治等设施采购费用以及开发过程中产生的固体废物处置费、材料费、人工费、水、电以及设备维修和折旧费等运行费用。这些环保专项资金包含在项目投资中，在沁水煤层气田郑庄区块整合工程的环保投资为 2073 万元，占工程总投资的 1%；与郑庄区块相邻的马必合同区块生态恢复治理投资总额为 311.4 万元，占工程总投资的 2.1%。然而这些环保专项资金只能减少对环境的损害，却没有考虑到土地占用，开采对土地的破坏、对水资源的污染与浪费等情况造成的损失，即环境外部成本。本节主要讨论煤层气开发利用主要引起的 CO_2 排放（指未创造收益的部分），土地与植被破坏，地下水污染三种环境外部成本。

1.大气环境压力

煤层气开采过程，需要在阀组进行放空操作，煤层气井一旦开始排水采气，产气过程是不能停止的，煤层气若没有及时销售就只能进入火炬系统直接燃烧。也存在煤矿瓦斯区抽采气浓度过低，不具备商业利用价值，未进行集输，就直接排空的情况。这些直接排空或燃烧的煤层气没有创造价值，因此，煤层气抽采未利用量和利用量之间承载着不同的环境负担，抽采未利用量导致的 CO_2 排放应该被定义为煤层气产业的环境负外部性，煤层气利用导致的 CO_2 排放为环境成本。从我国煤层气每年煤层气利用量/抽采量比率中，就可以发现未利用的煤层气不仅没有实现资源价值，而且也减弱了煤层气产业的减排潜力。本研究将抽采未利用的煤层气统一设定为火炬焚烧的情况，这一情况虽不能完整体现煤层气产业的 CO_2 排放量，但却能体现其最低 CO_2 排放量。

本研究利用北京、上海、广东、深圳、湖北、天津、重庆、福建等试点 2018 年的碳交易成交额、成交量计算出吨 CO_2 当量的成交均价为 22.43 元/吨。基于碳市场碳交易价值，抽采未利用煤层气的环境成本按以下公式计算，结果见表 15-4。

$$E_{CO_2-未利用} = D_f \div 10000 \times CC \times OF \times \frac{44}{12} \tag{15-23}$$

$$CC = \frac{12 \times CN \times V}{22.4} \times 10 \tag{15-24}$$

$$EC_{外} = E_{CO_2-未利用} \times 22.43 \div 10^6 \tag{15-25}$$

式中，$E_{CO_2-未利用}$——煤层气燃烧的 CO_2 排放量，吨 CO_2；

OF——CH_4 在燃烧设施中的碳氧化率，99%；

CC——CH_4 的含碳量，5.089 吨碳/万 m^3，标况下；

CN——CH_4 化学分子式中的碳原子数目，1；

V——CH_4 的体积浓度，95%；

D_f——抽采煤层气未利用量，m^3；

$EC_{外}$——抽采未利用煤层气的环境成本，百万元。

表 15-4　抽采未利用煤层气的环境成本

年份	环境外部成本（百万元）
2005	66.669
2006	86.144
2007	120.162
2008	149.166
2009	182.314
2010	227.893
2011	236.180
2012	306.620
2013	372.916
2014	385.346
2015	389.490
2016	368.772
2017	352.198
2018	342.254

2.土地与植被破坏成本

煤层气开采的建设项目占地主要为长期占地，这样就剥夺了土地作为耕地、灌木林地的机会，使土地的经济效益减少。同时，长期占地，还包括建设期间的临时占地都破坏了植被和土地，开采期也会引起的土地塌陷等问题。虽然项目按照土地复垦条例采取了播撒草籽、补植树木、土地复耕等生态恢复措施，但是土地的恢复情况却需要几年的时间才能回到以前的状态。因此，煤层气开发导致的土地受损，产生的经济损失，不是生态恢复措施成本可以涵盖的，而是要使土地恢复原状态时需要投入的环境成本。

$$TC = S \times \sum_{i=1}^{n} \frac{C}{(1+r)n} - (S_C \times C_C - M) \qquad (15-26)$$

式中，TC ——被占用土地的机会成本，元；

S ——占用的土地面积，km^2；

S_C ——受损土地面积，km^2；

C_C ——每受损土地恢复费，元/km^2；

M ——生态恢复措施费，元；

n ——占用年限；

C ——土地为耕地时的收益，元；

r ——贴现率。

3.水污染成本

煤层气开发过程会使用排水采气工艺，排出大量的地下水；还会使用钻井液、压裂液等会进入水体的液体，尽管开采过程中通过会重复利用并将废液回收处理，这只是减轻对水质的影响，没有从水资源价值出发，计算水资源的真正经济损失。水污染外部成本可以用被污染水资源的总量、水资源的影子价格来计算，反映真实价值。计算公式为：

$$W_w = W_c \times W_d - W \qquad (15-27)$$

式中，W_w ——表示水资源破坏造成的经济损失，万元；

W_c ——表示水资源的影子价格，元；

W_d ——表示水资源破坏量，m^3；

W ——废水处理成本，元。

参考文献

[1]张道勇，朱杰，赵先良，等.全国煤层气资源动态评价与可利用性分析[J].煤炭学报，2018，43(06)：1598－1604.

[2]王辰龙，韩金良，刘奕杉，等.煤层气开发工程关键技术研究现状及发展趋势分析[J].冶金丛刊，2021，6(3)：247－248.

[3]宫诚.国外煤层气发展现状[J].中国煤炭，2005，(03)：77－78.

[4]孔令峰，栾向阳，杜敏，等.典型区块煤层气地面开发项目经济性分析及国内煤层气可持续发展政策探讨[J].天然气工业，2017，37(03)：116－126.

[5]邵先杰，董新秀，汤达祯，等.韩城矿区煤层气中低产井治理技术与方法[J].天然气地球科学，2014，25(03)：435－443.

[6]门洪静.煤层气勘探与开发技术分析[J].中国石油和化工标准与质量，2017，37(17)：186－187.

[7]吴建光，孙茂远，冯三利，郭本广，叶建平，范华.国家级煤层气示范工程建设的启示——沁水盆地南部煤层气开发利用高技术产业化示范工程综述[J].天然气工业，2011，31(05)：9－15＋112－113.

[8]杨文静.煤层气开发项目经济评价研究[J].中国煤层气，2008(01)：38－40.

[9]罗东坤，褚王涛.煤层气地面工程投资估算和参数确定方法研究[J].油气田地面工程，2008(03)：27－29.

[10]Ramón A A，Daniel Z A，David R L.Assessment of methane emissions from the U.S. oil and gas supply chain[J].Science，2018，361(6398)：186－188.

[11]廖永远，罗东坤，李婉棣.中国煤层气开发战略[J].石油学报，2012，33(06)：1098－1102.

[12]刘立军，陈必武，李宗源，等.华北油田煤层气水平井钻完井方式优化与应用[J].煤炭工程，2019，51(10)：77－81.

[13]马颖，张永红，高兴.煤层气开发企业成本核算问题探析[J].财务与会计，2019，(12)：58－61.

[14]贾枫美，陈家琪，牛小红.能源转型背景下煤层气开发利用的效益与途径——以昔阳县为例[J].山西煤炭，2018，38(05)：76－78.

[15]徐伟，马昌文，段治平.供应链视角下山西煤炭开采外部成本估算与内部化研究[J].山东科技大学学报(社会科学版)，2017，19(04)：65－75＋116.

[16]李景明，巢海燕，聂志宏.煤层气直井开发概要——以鄂尔多斯盆地韩城地区煤层气开发为例[J].天然气工业，2011，31(12)：66－71＋128.

第16章 氢能加氢站工程项目管理研究

16.1 工程背景

自从我国提出碳达峰碳中和战略以后，国家对可再生能源的投资力度持续加大，目前可再生能源发电装机量已经成为我国新增发电装机量的主要组成部分。在可再生能源迅速发展的背景下，可再生能源电力如何消纳以及如何解决弃风弃光现象日益成为难题，而氢能将多余的可再生能源电力通过制氢储存起来。氢能具有热值高、清洁无污染等优点，在工业领域及交通领域将会发挥替代传统化石能源的重要作用[1,2]。大规模利用低碳氢和清洁氢将能够在降低碳排放的同时，保障能源安全，同时带动相关产业链发展，进而实现经济增长。欧美等发达国家出台了氢能发展战略，在氢能利用端积极布局，取得了重要进展。

氢能的大规模利用离不开氢能基础设施的建设，相关的电解水制氢工厂、输氢管道与加氢站等氢能基础设施直接决定了氢能的利用成本。要想实现氢能的大规模利用，修建氢能基础设施势在必行。氢燃料电池由储能装置和发电装置构成，其中储能装置就是储氢瓶，发电装置就是把储氢瓶中的氢气源源不断地由化学能变成电能，安装有燃料电池的汽车就是燃料电池汽车[3]。对燃料电池汽车储氢瓶进行反复存储氢气的过程是在加氢站完成的，因此可知，加氢站是氢能源和燃料电池汽车两大产业的关键连接点。

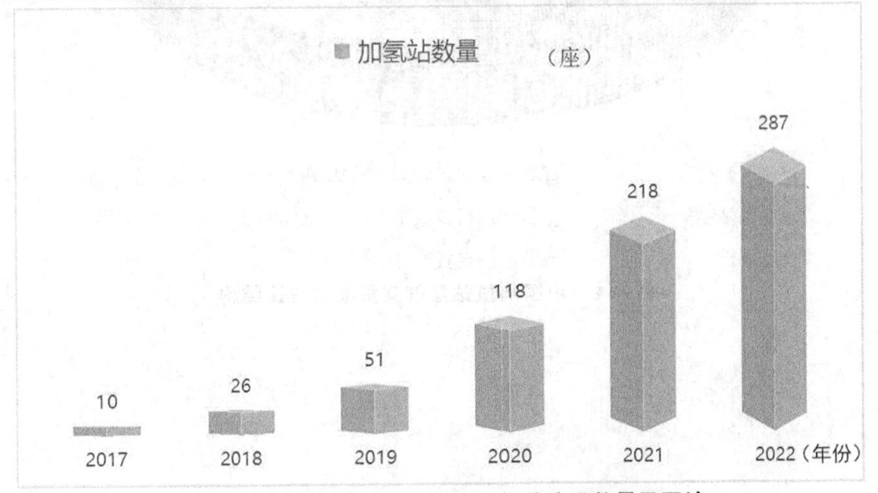

图 16-1　中国 2017 年以来的加氢站建设数量及预计

加氢站是氢能交通规模化发展的首要基础设施。自 2019 年 3 月，氢能被写入中国《政府工作报告》，提出“推动充电、加氢等设施建设”以来，各地政府纷纷出台氢能相关扶持政策与发展规划，支持与引导氢能与燃料电池发展[4]。在此基础上，燃料电池车发展与加氢站建设提速。国家能源局资料显示，我国在氢能加注方面获得新突破，截至 2022 年 6 月底，全国已建成加氢站超过 270 座，约占全球总数的 40%，加氢站数量位居世界第一。当前国内加氢站的加注能力多为 35MPa，而具备 70MPa 加注能力的加氢站有利于提升氢能源汽车的续航能力和经济性，成为未来氢能产业应用的发展方向。各级政府对于加氢站的发展给予了大力支持。成都市发布的《2022 年氢能产业高质量发展项目申报工作的通知》指出对新建、改建、扩建日加氢能力不低于 500 千克的 70MPa 加氢站、符合条件的“制氢—加氢”示范一体站，按建设实际投资（不含土地费用）的 30%给予最高 1000 万元的一次性补贴。2022 年 10 月 15 日，北京市大兴区人民政府正式印发《大兴区氢能产业发展行动计划（2022－2025 年）》，计划建设大兴国际氢能示范区，到 2025 年，氢能相关企业数量超过 200 家，培育 4～6 家上市企业，建成至少 10 座加氢站。

在几类氢能基础设施中，本书选择了加氢站进行研究，这主要是因为加氢站数量庞大，是直面消费者的重要设施，同时加氢站的数量直接决定了氢燃料电池汽车的使用方便性与成本。目前，我国正在大量建设加氢站，近年来加氢站的数量取得了很大的增长。截至 2021 年年底，中国的加氢站数量已经达到了 218 座，预计到 2022 年年底会达到 287 座（图 16-1），其增长速度是令人瞩目的。氢能装备企业中，中鼎恒盛、丰电金凯威、东德实业、海德利森、中集安瑞科、中材科技等已经展开了 70MPa 加氢站配套产品的研发布局。加氢站的大规模建设会使得加氢设备等因为规模效应而降低，这对加氢站建设成本的控制来说是一个好消息。同时，加氢站数量的增多使得加氢站建设相关方更加需要找到对加氢站建设成本进行核算与控制的方法。

从氢气售价成本结构来看，加氢站氢气出站成本主要由氢气原材料、氢气的生产运输固定成本（Fixed Costs）及可变成本（Variable Costs）、加氢站可变成本以及加氢站维护、储氢瓶、压缩机等几个部分组成[5]。由图 16-2 可看出，涉及氢气的制备和储运的成本占比达 70%，其中氢气原材料占比 50%、氢气生产运输固定成本占比 17%，氢气生产运输可变成本占比 3%。同时，可以看出在氢气最终成本中加氢站成本至少占 22%，其中加氢站维护成本占据总成本的 10%，储氢瓶与压缩机的成本总计也达到了 10%的比例。因此，如果能够降低加氢站的成本，那么氢气的总成本也会有较大幅度的降低。本章计划对加氢站项目的建设成本进行核算，探讨降低加氢站成本的可行方法。

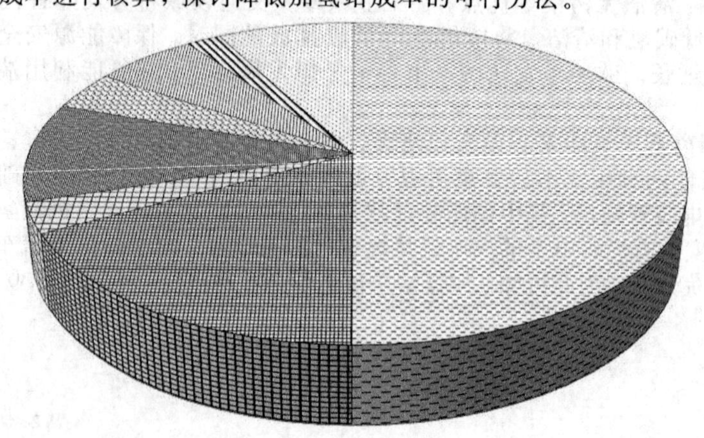

图 16-2　中国加氢站氢气交货成本占比结构

16.2 加氢站工程项目进度管理

16.2.1 加氢站系统基本结构与布置

按照不同的分类方法，加氢站可以分为多种类型：①按照制氢地点，加氢站可分为站外制氢加氢站和站内制氢加氢站；②按照储存地点，可分为固定式加氢站和移动式加氢站；③按照氢气储存状态，可分为液氢加氢站和高压氢气加氢站；④按照加注方式，可分为单级加注加氢站和多级加注加氢站；⑤按照制氢方式，加氢站可分为电解水制氢加氢站、工业副产氢加氢站、天然气重整制氢加氢站、甲醇重整制氢加氢站等[6]。

本案例选择由长管拖车外供氢的高压气态加氢站进行实证分析。鉴于国内氢能及燃料电池产业整体处于建立在 35MPa 体系基础上的发展初期，被认为能真正驱动 70MPa 加氢站建设的氢能乘用车应用刚刚起步，70MPa 加氢站市场需求不明朗，本章同时选择了两个类型进行分析，以期比较得出加氢站布局的策略。

氢气长管拖车供氢加氢站工艺流程如图 16-3 所示。氢气长管拖车将氢气运输至加氢站后，装有氢气的半挂车与牵引车分离并和卸气柱相连接。随后氢气进入压缩机内被压缩，并先后输送至高压、中压、低压储氢罐（或氢气储气瓶组，本书以储氢罐为例进行说明，以下同）中分级储存。需要对汽车进行加注服务时，加氢机可以先后从氢气长管拖车、低压储氢罐、中压储氢罐、高压储氢罐中按顺序取气进行加注。本案例以 Y 集团首座氢能重卡示范加氢站为例，加氢站总建筑面积 $3000m^2$，设计加注能力 1000 千克/天（12 小时），可同时满足物流车和重卡的加氢需求。

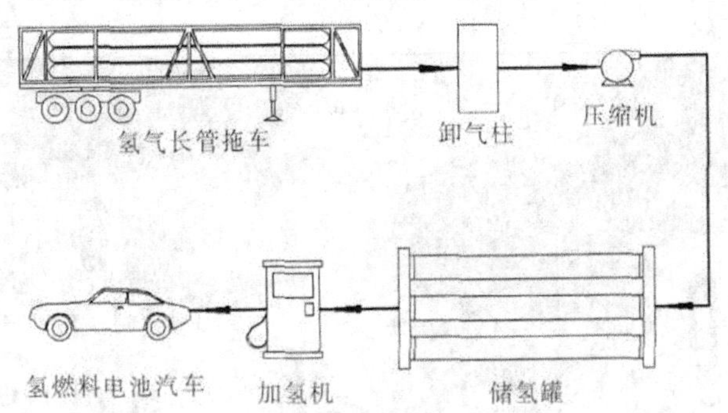

图 16-3　氢气长管拖车供氢加氢站工艺流程[7]

气态站的核心工艺装备包含压缩机、加氢机和储氢容器三大件。

(1) 压缩机

压缩机是将氢气压缩并储存至储氢容器内的机器。常规应用较多的形式包括隔膜式和液驱式。目前，国内已建或在建的加氢站多采用技术最成熟的隔膜式压缩机，液驱式则适应频繁启停的场景，以林德公司为代表的新型离子液压缩机已实现商用，鉴于后者节能高效的特点，未来也有应用前景。

(2) 加氢机

加氢机是为燃料电池汽车的车载储氢瓶充装 H_2，其组成包括加氢枪、计量、取气控制和冷却设施等。国家能源局最新发布的《“十四五”能源领域科技创新规划》重点任务中，35MPa/70MPa 加氢站示范工程建设，以及 70MPa 加氢机、45MPa/90MPa 压缩机等关键装备的发展成为氢气加注环节发展的关键。70MPa 加氢机和压缩机位列氢能发展的关键装备之一。根据氢能汽车在冬奥会加氢运营情况来看，

70MPa 氢车的续航表现对比 35MPa 氢车有明显的优势，续航里程多出 60%左右。

(3) 储氢容器

储氢容器是将上游氢源储存至站内，并为下游加注提供缓冲，有移动式和固定式两种。移动式为长管拖车，固定式为储氢瓶组（或罐）。35MPa 加氢站采用 45MPa 储氢瓶组，70 MPa 加氢站采用 90MPa 储氢罐。

按照 GB 50516—2010《加氢站技术规范》(2021 年版)、GB 50028—2006《城镇燃气设计规范》(2020 年版)、GB 50177—2005《氢气站设计规范》、GB 50156—2021《汽车加油加气加氢站技术标准》、GB 50974—2014《消防给水及消火栓系统技术规范》、GB 50015—2019《建筑给水排水设计标准》、GB 50016—2014《建筑设计防火规范》(2018 年版) 等标准进行设计，加氢站内的基本布置和工艺流程分别如图 16-4 和图 16-5 所示，加氢机在靠外一侧方便车辆加氢，压缩机、储氢瓶与冷却系统在靠内侧，压缩机、冷水机组集中布置，方便管理维护。氢气卸车区布置在另一区域，远离加气机、加氢机，可以避免闲杂车辆、人员靠近氢气长管拖车、氢气管束式集装箱，保证卸车过程安全。本加氢站的相关的占地面积以及所需要的设备参数见表 16-1。

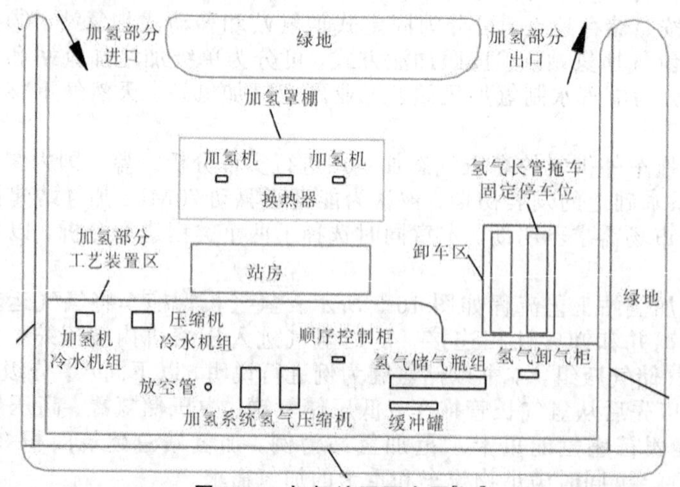

图 16-4 加氢站平面布置[8,9]

图 16-5 氢气长管拖车供氢站工艺流程

表 16-1　加氢站项目指标

序号	项目指标	指标	单位	备注
1	项目总用地面积	3000（60×50）	m^2	
2	项目总建筑面积	652	m^2	
2.1	储氢库	28	m^2	一层
2.2	压缩机间	30	m^2	一层
2.3	冷却机间	20	m^2	两座
2.4	控制柜间	5	m^2	一层
2.5	站房	54	m^2	一层
2.6	厕所	37.5	m^2	一层
2.7	消防水池＋消防沙池	30	m^2	一层
2.8	加氢棚	162	m^2	
3	加氢机	2	台	规格 35MPa、70MPa
4	储氢罐	2	台	
5	建筑密度	21.7%	%	
6	容积率	0.217		

16.2.2 加氢站建设项目工作分解

加氢站在建设过程中需要进行设计、土建、设备安装等一系列流程，对加氢站的建设过程进行工作分解有利于对加氢站建设成本进行核算[10]。表 16-2 展示了加氢站的建设流程。

表 16-2　加氢站建设项目建设流程

工作序号	工作名称	工作描述	代号	紧后工作	工期
1.0	加氢站立项	加氢站进行立项，确定相关技术指标	A	B	1
2.0	加氢站选址	确定城市—确定道路—确定具体地点	A		2
3.0	加氢站设计	工艺、建筑、结构、给排水、暖通、电气、智能化等	A		5
3.1	建筑结构设计	加氢站各个区域规划，建筑尺寸外形设计			2
3.2	设备设计	加氢站设备选型并对安装方式进行计划			1
3.3	智能安全设计	对加氢站内智能化设备选取安装设计			2
4.0	报建审批	施工图审查、消防审查、环境预评价、人防审查、安全设施审查等 18 项前置审查	A		3
5.0	地下施工阶段	挖土方—铺设管线—土方回填	B	C	9
5.1	土方开挖				2
5.2	钢筋焊接				2
5.3	混凝土浇筑				1
5.4	检验和修补				1
5.5	铺设管线	包括电缆、给排水、供暖管线等			2
5.6	土方回填				1

续表

工作序号	工作名称	工作描述	代号	紧后工作	工期
6.0	地面建设	施工准备—站房建设—库房建设			22
6.1	准备阶段	土地平整—地面铺水泥—测量—建材准备	C	D E	3
6.2	站房建设	基础施工—主体施工—装修装饰—屋面施工	D	F G H	8
6.2.1	基础施工				2
6.2.2	主体施工				3
6.2.3	装修屋面施工				2
6.2.4	检验				1
6.3	储氢库房建设	基础施工—主体施工—装修装饰—屋面施工	E	F G H	8
6.4	压缩机间建设		F	I J	8
6.5	冷却机间建设		G	I J	8
6.6	控制柜间建设		H	I J	8
6.7	加氢岛建设		I	K	3
6.8	加氢棚建设		J	K	3
7.0	地面设备安装	加氢机、压缩机、冷却系统、传感器安装			11
7.1	管线现场制造	测量—焊接—测试气密性	K	L M	3
7.2	加注设备安装	加氢机、冷却系统、压缩机	L	N	3
7.2.1	加氢机安装				1
7.2.2	冷却系统安装				1
7.2.3	压缩机安装				1
7.3	卸气设备安装	卸气柱、吹扫设备等	M	N	3
7.3.1	卸气柱安装				1
7.3.2	吹扫设备安装				1
7.3.3	过滤器安装				1
7.4	储氢系统安装	高压、中压储氢瓶	N		3
7.5	消防设备安装	消防系统安装调试	N		1
7.6	智能设备安装	传感器、控制系统安装调试	N		1
8.0	管线连接阀门	将各管线连接并安装阀门并检查密封性	N		2
9.0	系统联合调试	按照相关法规对全系统进行调试与检查	N		1
10.0	加氢站验收	加氢站工作能力和安全性测试验收	N		2

根据工作逻辑关系绘制加氢站建设双代号网络图，如图 16-6 所示。

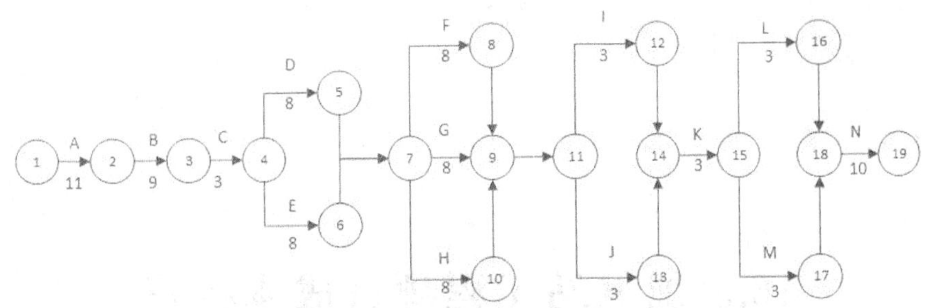

图 16-6　加氢站建设双代号网络图

将加氢站建设工程进行工作结构分解，可以更加直观地看到加氢站的建设流程，以便作为确定项目进度规划和控制的基准，如图 16-7 所示。

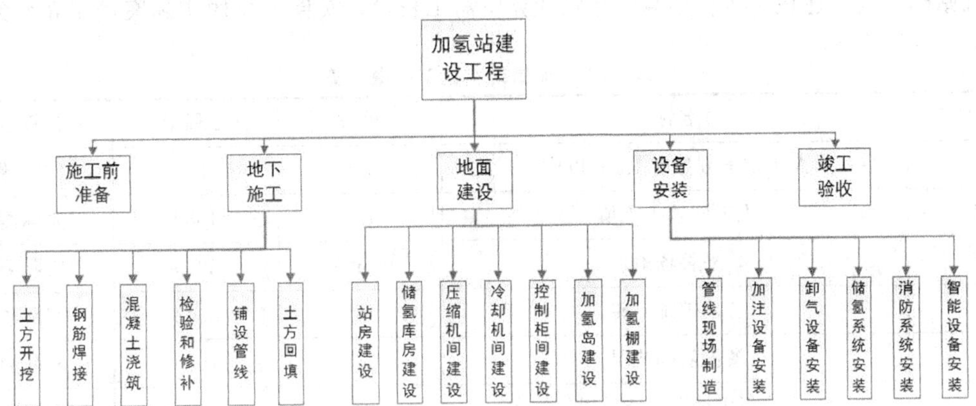

图 16-7　加氢站建设流程和工作分解

16.3 加氢站工程项目成本核算

16.3.1 土建成本计算

对加氢站建设的土建成本进行估算，首先计算所需工程量，依照Y集团实际案例测算得到的工程量见表16-3。

表16-3　加氢站建设工程量核算

序号	名称	单位	工程量	计算过程
1	人工挖土方深度1.5m以内	m^3	4500	实际测算
2	人工回填土夯填	m^3	4330	实际测算
3	平整场地	m^2	3000	实际测算
4	砖基础统一砖	m^3	2348	实际测算
5	模板基础垫层	m^2	1550	实际测算
6	模板钢筋混凝土带基	m^2	4350	实际测算
7	钢筋带基	t	127	实际测算
8	现浇泵送混凝土基础垫层	m^3	2325	实际测算
9	现浇泵送混凝土带基	m^3	4350	实际测算

根据所需工程量和工料单价，利用软件计算土建成本，得到土建成本约390万元。

16.3.2 设备成本计算

加氢站的主要成本来自其设备，对于外供氢加氢站，压缩机、储氢瓶及加氢系统（含加氢机、卸气柱、氢气管道系统、放散系统、置换吹扫系统、仪表风系统、安全监控系统以及其他的管路材料、连接等）是最核心的成本构成部分，约占加氢站建设成本的58%；压缩机约占建设成本的30%[11]。其原因在于目前国内核心设备技术落后，主要依赖国外设备进口[7]。因此，对核心设备进行国产化是国内加氢站技术升级的最核心、最切实的发展方向。本书选取了一些优秀可靠的设备进行分析，其基本信息见表16-4。在选取设备型号时，其成本与性能、加氢能力等都是需要综合考量的[8]。

表16-4　加氢站设备选择

序号	设备名称	型号	数量	供应商
1	氢气加注压缩机	PDC－13－5800	1	USA PDC
2	氢气高压储罐	TAE/EVO－121	1	USA CPI
3	氢气长管拖车	298kg/辆	2	中国
4	氢气加注机	Series 300	1	USA Genesys
5	辅助系统	—	1	联合购买

最后将设备成本与土建成本、安装成本等进行汇总，得到加氢站建设成本见表 16-5。不同类型的加氢站建设成本差异较大。本案例的外供氢加氢站中，压缩机、储氢瓶、加氢系统成本占比最高，约占 56%。

表 16-5 外供氢加氢站建设成本

供氢能力/（千克/12 小时）	1000
压缩机成本/万元	615
储氢瓶及加氢系统成本/万元	534
其他设备成本/万元	286.5
安装成本/万元	225
土地和土建成本/万元	389.5
全部建设成本/万元	2050

目前加氢站的建设成本仍然是巨大的，其建设成本仍有巨大的下降空间[12]。考虑到加氢站设备选型及系统集成千差万别，影响加氢站成本的因素十分复杂且变化很大。我国加氢站建设速度较快，其建设成本也将会随着建设规模的增大而逐步降低。但是，目前我国的加氢站发展仍面临以下多个问题，如成本问题、安全问题、行业监管问题等，需要积极寻找能够使得加氢站建设降低成本的方法。此外，制氢加氢一体化建设速度明显加快，因此，加氢站建设的模式将更加多元化。加氢站建站模式选择、加氢站设计工艺流程、加氢站开发流程、加氢站选址及用地审批、加氢站设备选型及系统集成等都将成为加氢站成本构成的关键因素，值得进一步探索。

16.4 加氢站工程项目成本控制策略

目前加氢站的建设成本仍然是企业和消费者较难接受的，其建设成本仍有巨大的下降空间[13,14]。从表 16-5 可以看出，设备采购成本是加氢站建设成本最主要的组成部分，其中又以压缩机和储氢瓶组最为昂贵、占比最大，如果能通过技术进步将设备成本降低，那么加氢站建设成本以及氢气终端价格都将会有一个较大的下降。因此，有必要探讨如何通过鼓励创新、加大政府补贴等方式降低设备采购成本[15]。此外，随着 2022 年 1 月全国首套量产型甲醇制氢—加氢一体站投入使用，这标志着分布式加氢站商业模式成为可能，迫切需要集中式加氢站的建设更加经济。

为降低加氢站建设成本，加快加氢基础设施建设，从氢能产业链视角出发，加氢站的进一步普及发展主要有以下几大举措。

1. 氢能企业加强技术创新与投入，降低建设和运营维护成本

加氢站关键零部件的国产化和批量化至关重要，有望推动加氢站的设备成本大幅度降低，加氢站的建设成本也会降低，并且可以提高加氢能力和加氢的速率。加氢加油站合建有利于双向盈利，增强市场竞争力。国内关于加氢站与加油站、加气站的合建技术规范已制定完毕，正待出台和实施。中石油和中石化已经在广东佛山等地开始率先试点在加油站里配建加氢站，以解决氢燃料汽车加氢困难的问题。

2. 重点地区和重点领域率先示范突破，加速氢能产业链商业化、市场化进程

加氢站及氢燃料电池汽车在北京、上海等人口密集地区，公共交通领域率先实现突破。以张家口冬奥会、杭州亚运会大型赛事为契机，推进商业化进程。氢能产业链商业化、市场化进程需要选择合适的商业模式将推动燃料电池车辆推广、基础设施建设和氢储运成本的降低，对加快氢能在其他领域的应用和产业化发展具有重要意义。

3. 争取政府支持，完善行业准入及管理制度

政府支持与财政投入对于新兴行业的发展尤为重要。燃料电池车目前处于产业化初期，需要政府大量的资金支持，单靠企业投入远远不够。对于加氢站的建设，国家在政策上已经给予大力支持，并给予建站补贴。以上政策或支持的体系缺乏整体考虑，需要从产业链条上进一步提高加氢站的整体经济效益。

总之，我国应采取高压气态储氢和液氢储氢加氢技术并举路线，积极开发 70MPa 高压气态加氢站及液氢加氢站，重点提升加氢站关键材料及组件的性能，开发出高性能、长寿命、低成本的氢气压缩机、液氢泵，形成系统性、自主化的完整产品谱系，最终实现氢能基础设施的完善。

参考文献

[1]中国氢能联盟.中国氢能源与燃料电池产业发展研究报告核心观点[R].海口：中国氢能联盟，2018.

[2]李研，常皓明.外供氢与现场制氢加氢站的氢气成本分析[J].煤气与热力，2022，42（3）：B26—B29.

[3]张旭.氢燃料电池汽车加氢站相关标准分析与建议[J].现代化工，2020（2）：1—6.

[4]徐东，刘岩，李志勇，等.氢能开发利用经济性研究综述[J].油气与新能源，2021，33（1）：50—56.

[5]张全斌，周琼芳.基于“碳中和”的氢能应用场景与发展趋势展望[J].中国能源，2021，43（7）：81—88.

[6]单彤文，宋鹏飞，李又武，等.制氢、储运和加注全产业链氢气成本分析[J].天然气化工（C1 化学与化工），2020，45（1）：85—90;96.

[7]冼静江，林梓荣，赖永鑫吗，等.加氢站工艺和运行安全[J].煤气与热力，2017，37（9）：B01—B06.

[8]李迎.自备制氢加氢站技术方案分析[J].煤气与热力，2020，40（9）：B08—B13.

[9]赵青松，郝蕴华，徐明星，等.加气加氢合建站工艺流程与总平面布置[J].煤气与热力，2022，42（11）：B19—B22.

[10]周莎，刘福建.基于全生命周期的加氢站成本收益评估[J].重庆理工大学学报：自然科学，2019，33（7）：58—65.

[11]沈威，杨炜樱.考虑碳排放的化石能源和电解水制氢成本[J].煤气与热力，2020（3）：A30—A33.

[12]张彦纯.加氢站主要工艺设备选型分析[J].上海煤气，2019（6）：10—13.

[13]凌文，刘玮，等.中国氢能基础设施产业发展战略研究[R].北京：中国工程院，2019.

[14]张志芸，张国强，等.我国加氢站建设现状与前景[J].交通行业节能，2018（6）：16—19.

[15]卢超，慕函岐，孙华平.我国氢燃料电池汽车财政补贴政策的系统动力学仿真研究[J].产业经济评论，2021（3）：63—75.

第17章

风—光—废弃矿井抽水蓄能工程项目管理研究

17.1 工程背景

中国大力建设风能和太阳能电站，以完善国家能源体系，实现可持续发展。然而随着风能和太阳能的大规模应用，可再生电能本身固有的波动性和间歇性日益突出，导致电能质量低、弃电量大。为了充分利用用电低谷时期浪费的电能，考虑将风能—太阳能—抽水蓄能三者结合起来，这样既利用了风能和太阳能，也解决了弃电问题。因此在碳中和的背景下，随着煤炭资源的不断开发和我国经济的不断发展，为了实现资源的可持续发展和满足地下空间开发利用的要求，在废弃矿井中建造抽水蓄能电站具有很好的战略意义。网络计划技术是以网络图的形式制订计划，求得计划的最优方案，并据以组织和控制生产，达到预定目标的一种科学管理方法。

抽水蓄能电站具有以下主要优点：抽水蓄能电站既是发电厂，也是用电者；能够把峰谷低价电转化为峰值高价电；良好的削峰填谷能力；启动快、灵活可靠等。抽水蓄能电站由于其在电网中削峰填谷、调频、调相等独特功能以及显著的经济效益和生态环境效益，已经成为我国电力工业中不可或缺的重要组成部分。随着储能技术的不断发展，抽水蓄能的储存效率在不断提高，较好的抽水蓄能电站整体效率可达80%。

废弃矿井中建设抽水蓄能电站有得天独厚的优势。抽水蓄能发电需要利用到水的势能，对水头大小要求较高且成本很高，而废弃矿井大多在地下都有几百米的深度，能够较好满足抽水蓄能发电高差的要求，扩大了抽水蓄能电站地点的范围，降低了建设成本。在废弃矿井中建造抽水蓄能电站具有很强的适用性，有利于促进我国可再生能源的发展与地下空间的利用，为废弃煤矿的改造利用和地下空间资源的开发利用指明了方向。利用废弃矿山的抽水蓄能电站的发展不仅有利于地下空间的开发利用、生态恢复和工人的当地安置，而且促进了我国风能和光伏等可再生能源的大规模利用。抽水蓄能在我国的应用前景广阔，不仅可以作为风电和光伏的储能系统来减少弃风弃光现象的出现，还可以作为一种调节电源。利用风光抽水蓄能系统可以有效解决风光输出间歇性和不稳定性对电网的影响，提高风光上网率，减少弃风、弃光现象的出现。

本案例工程所采用的废弃矿井为石圪节矿，位于长治市北29.0km，南北走向长约4.5km，东西倾向宽约2.8km，呈不规则长方形，总面积12.5km^2。井内最大高差669.0m，一般相对高差430～620m。本区具有冬寒夏暑、昼热夜凉、干燥多风的气候特征，当地一年有效风速时长为3136.7h，光照时长为2177.3h。

17.2 风—光—废弃矿井抽水蓄能联合系统项目进度管理

17.2.1 系统基本结构与布置

采空区抽水蓄能调峰系统主体由上水库、下水库、水道系统、厂房系统和水处理系统 5 个部分构成。

(1) 上水库：煤矿开采会引起大面积的地面沉陷，一般沉陷深度在几米至数十米之间，很多沉陷区由于降雨及汇流等原因已自然形成积水区，可直接选为上水库建设地址。而对于未积水沉陷区，可选择防渗及地面条件较好的区域作为建库地址。选址完成后，按照地面水库建设要求完成相关改造。如果不具备地面上水库建设条件，可选择将位于较高位置的煤矿地下水库作为上水库，相应的选择较低位置的煤矿地下水库作为下水库。

(2) 下水库：煤矿地下水库由井下采空区经过改造后建成，不但能够存储与保护大量的矿井水资源，还对矿井水有净化作用。目前已建成的煤矿地下水库与地面垂直距离一般都在 100m 以上，库均储水量达 100 万 m^3 左右，具有作为下水库的优良条件。下水库可由位于相同或不同开采水平的多个地下水库构成。

(3) 水道系统：一般来说，水道系统是指上水库与下水库之间连接的通道。国家能源集团研发了上下层地下水库之间的大垂距、高压差和高贯通精度的大口径垂直钻孔技术，成功地在神东大柳塔等矿应用于不同煤层间垂直调水，还在哈拉沟矿、石圪台矿等矿利用垂直钻孔大量抽取煤矿地下水库的水至地表供给生产生活使用，技术成熟度高。因此可借鉴垂直钻孔技术，以多竖井方式深入井下作为连接上下水库的水道系统。

(4) 厂房系统：一般包括主厂房、副厂房、主变压器室、开关站等，全部布置于井下大巷内。煤矿井下大巷具有较为宽敞的地下空间和较高的安全可靠性，充分利用后，可减少地下厂房的施工量，大幅度降低厂房建设成本和建设周期。

(5) 水处理系统：分为井下和地面两个系统。井下水处理系统主要由两个煤矿地下水库构成，一个作为普通煤矿地下水库，一个作为地下清水库。井下产生的矿井水经过水仓简单沉淀后排入煤矿地下水库，利用煤矿地下水库的自净化机理对矿井水进行处理，降低矿井水中的悬浮物、COD 等污染物后排入地下清水库储存，之后，除小部分直接回用于井下生产使用外，大部分矿井水在蓄能环节被提升至上水库。此外，地下水库对矿井水净化后，可有效降低矿井水对水轮机叶片、管道的磨损和腐蚀。地面水处理系统主要利用电网负荷低时或新能源发电不稳定电能驱动电化学等处理设备对上水库中的矿井水进行处理，以廉价电能换取宝贵的水资源。处理工艺可根据具体水质选择电凝聚、电氧化、电渗析和反渗透等进行组合，处理后获取的高品质水可供给矿区居民生活、电厂或煤化工等使用。通过以上分析，整个采空区抽水蓄能调峰系统的基本结构与布置如图 17-1 所示。

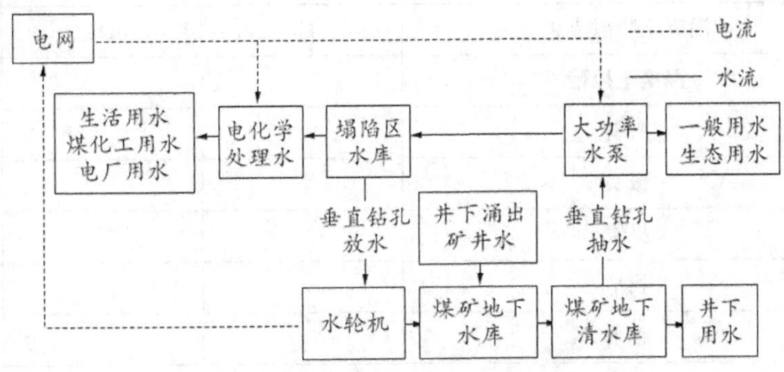

图 17-1　采空区抽水蓄能调峰系统基本结构

风能—光伏—抽水蓄能结合的模式图如图 17-2 所示。

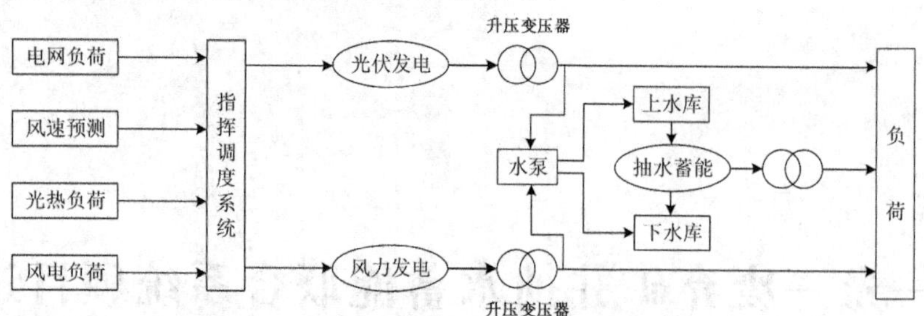

图 17-2　风能—光伏—抽水蓄能互补联合系统

17.2.2 抽水蓄能工程建设项目工作分解

我国废弃矿井资源丰富，随着煤炭有序减量替代，废弃矿井数量还将进一步增长。据不完全统计，到 2030 年废弃矿井将达 1.5 万处。利用废弃矿井抽水蓄能、储能，有利于提高储能能力，破解高比例清洁能源入网调频困难、消纳不足难题，推进废弃矿井地下空间等资源利用、生态碳汇创造，推动废弃矿区生态修复和资源型城市转型。本案例抽水蓄能工程分为废弃矿井改造、风电厂、光伏基地建设，最后通过微电网进行多建筑并网。本案例通过双代号时标网络计划图对各个建设项目的时间进行优化。

1.废弃矿井改造项目

本案例废弃矿井改造项目的工作顺序见表 17-1，根据该项目工作列表编制双代号时间网络计划图。

表 17-1　废弃矿井改造项目工作列表

废弃矿井改造项目				
序号	工作名称	工作代号	紧后工作	持续时间/周
1	施工前准备	S	A1	6
2	废弃矿井改造	A1	B1、E1	10
2.1	矿石装运			3
2.2	掘进出渣			5
2.3	废料运输			2
3	巷道修复	B1	C1	6
3.1	挖掘毛水沟			1
3.2	卧底破岩			2
3.3	清理			1
3.4	平整巷道及小型配件吊装			2
4	混凝土喷射支护	C1	D1	8
4.1	混凝土摊铺			2
4.2	布料			1
4.3	振实			1
4.4	提浆			1
4.5	找平			1
4.6	整平			2

续表

废弃矿井改造项目				
序号	工作名称	工作代号	紧后工作	持续时间/周
5	地下通道开挖引水洞	D1	G1	8
6	上下水库开凿	E1	F1	8
6.1	测量			1
6.2	挖土方			5
6.3	土方运输			1
6.4	平整场地			1
7	上下水库位置确定并开凿	F1	H1	18
7.1	施工准备			1
7.2	测量放样			1
7.3	基础处理			3
7.4	钢筋绑扎			3
7.5	模板及止水安装			2
7.6	仓面清洗及验收			1
7.7	混凝土入仓及浇筑			3
7.8	模板拆除			1
7.9	铺盖棉毡及洒水养护			3
8	厂房构建	G1	H1	24
8.1	发电机层			12
8.2	安装设备			4
8.2.1	水轮机			1
8.2.2	发电机			1.5
8.2.3	电泵			1.5
8.3	修建尾水渠			8
9	竣工验收	H1	T	4

施工准备阶段划分为两个阶段。一是前期技术准备阶段（前期准备阶段），施工人员进入场内之前的阶段。这一阶段的主要工作内容是：技术准备和组织准备、办理项目各种手续等。二是工程准备阶段，完成建设用地的征购和拆迁工作、施工人员进入场内进行实质性施工准备工作之后的阶段。

废弃矿井改造就是将露天矿剥离以及坑内采矿所产生的大量废石、采煤产生的煤矸石以及选矿所产生的尾矿等进行粉碎、运输处理。

由于此矿井为废弃矿井，为了保证矿井通风、运输的畅通和行人安全，矿井必须进行巷道的修复，保持巷道的设计断面。本矿井采用钢筋混凝土支护，一是确保巷道围岩体的稳定性；二是确保巷道围岩体不发生大的垮塌；三是最终保护人安全、物安全。

引水洞的作用其实就是引导水流的，使上游库区的水通过引水洞到达压力钢管，经过涡轮，把水的动能转化成旋转的动能去驱动水轮机，然后驱动后的水经过尾水管排到下游去了。

上水库，即发电水库，在非用电高峰将下水库的水利用梯级泵站抽送到上水库。实现电能转化为势能。下水库，即蓄水库，在用电高峰将上水库的水经引水洞，发电机组，尾水管流水蓄水库，将上水库水的势能转为动能、电能，实现发电。

厂房构建主要是修建发电机层、主厂房、副厂房、主变压器室、开关站，将基础建筑修建完成后，依次安装水轮机、发电机、电泵，然后修建尾水渠，最后整个抽水蓄能工程的管线连接并调试试用。

本案例项目涉及工作八项，根据逻辑关系绘制非时标网络图，如图 17-3 所示。

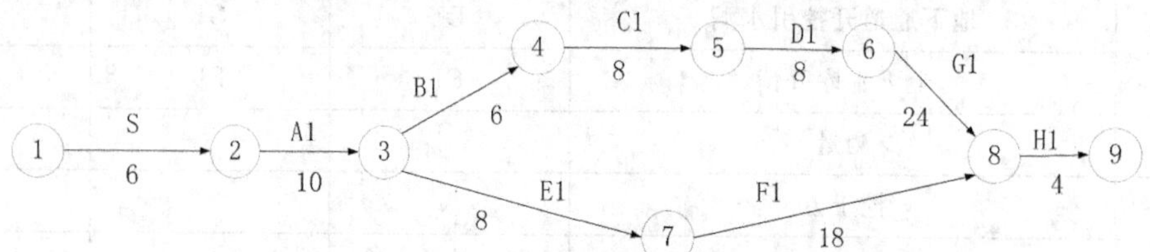

图 17-3　废弃矿井改造项目进度计划网络图

通过对网络图各工作节点的计算，总时差表示的是该工作在不影响总工期的情况下可以利用的机动时间，那么总时差最小的工作即为关键工作。由持续时间最长的工作线路表示的即为关键线路。由于修建上下水库与巷道修复、厂房构建初期处于不同位置，所以不妨碍同时施工，由此绘制时标网络图，如图 17-4 所示，其中粗实线为关键线路，线路 S—A1—B1—C1—D1—G1—H1 为关键路线，总工期为 66 周。

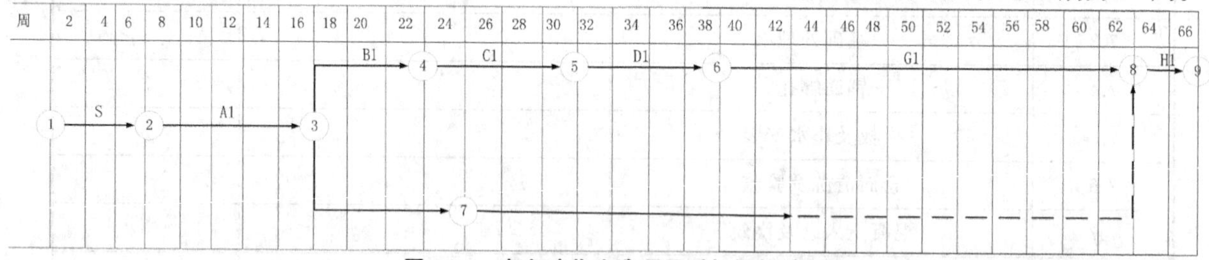

图 17-4　废弃矿井改造项目时标网络计划

2.光伏基地建设项目

太阳能是一种可再生能源，每秒钟辐射到地球上的能量相当于 500 多万吨煤燃烧时放出的热量，地面上的太阳能辐射能流密度低。因此它用之不竭并且清洁安全，可以直接利用。要想得到一定的功率，需要面积相当大的光伏组件，因而占用土地较多。世界各国都将发展太阳能占地较多作为制约因素。但是若与抽水蓄能电站组合，库区本身就是光伏电源布局的重要战略选择。因此，本案例废弃矿井改造为抽水蓄能工程，同时结合了光伏发电项目开展研究。以下光伏基地建设项目的工作顺序见表 17-2，根据该项目工作列表编制双代号时间网络计划图。

表 17-2　光伏基地建设项目工作列表

光伏基地建设				
序号	工作名称	工作代号	紧后工作	持续时间/周
1	施工前准备	S	A2、B2	6
2	场地建设	A2	D2	6
2.1	平整场地			3
2.2	废料运输			3
3	钢材加工	B2	C2	14
3.1	钢材复验			1
3.2	钢材矫正			2
3.3	放样下料			1
3.4	切割下料			1

续表

光伏基地建设				
序号	工作名称	工作代号	紧后工作	持续时间/周
3.5	组装成型			2
3.6	部件焊接			2
3.7	变形矫正			0.5
3.8	划线钻孔			0.5
3.9	喷砂除锈油漆			2
3.10	半成品验收			1
3.11	提议安装			1
4	钢结构吊装	C2	D2	22
4.1	预埋处理			3
4.2	吊装			3
4.3	主钢结构安装			4
4.3.1	高强螺栓			2
4.3.2	檩条			2
4.4	辅钢结构安装			3
4.5	隅撑安装			3
4.6	钢结构涂装			2
5	彩钢板安装	D2	E2	6
5.1	测量放线			2
5.2	安装			4
6	光伏组件安装	E2	T	20
6.1	放线、验线			1
6.2	支架安装			3
6.3	太阳电池安装			3
6.4	线缆连接			2
6.5	方阵调试			1
6.6	配电设备安装			3
6.7	线缆连接			2
6.8	系统调试、试运行			2
6.9	交付验收			3

光伏基地施工前准备是对项目地形及屋顶资源、周边环境条件（交通、物资采购、市场的劳动力、道路、水电）、电网结构及年负荷量、消耗负荷能力、接入系统的电压等级、接入间隔核实、送出线路长度廊道的条件等进行考察。

由于光伏电站建设位置处于废弃矿井地区，本区冬寒夏暑、昼热夜凉、干燥多风，导致电站建设所处区域东西南北高低落差较大，所以光伏电站建设第一步是场地平整。场地建设土石方由上至下分层开挖，由下往上分层回填，余方外运。由于场地平整面积较大，土方回填和开挖选用大型机械设备进行施工作业。首先将粗平的场地用 RTK 放点控制，控制场平在 50cm 范围内后，再用水平仪测出控制标高后，由推土机由上至下按设计调和推平。场地建设大多是机械作业，因此时长较短，大约为 6 周。

工程光伏发电组件一般采用固定式支架安装，待光伏发电组件基础验收合格后，进行光伏发电组件的安装。光伏发电组件的安装分为两部分：支架安装和光伏组件安装。

太阳能光伏支架是太阳能光伏发电系统中为了摆放、安装、固定太阳能面板设计的特殊的支架。目前我国普遍使用的太阳能光伏支架从材质上分，主要有混凝土支架、钢支架和铝合金支架等三种。本项目采用混凝土支架，因其自重大，只能安放于野外，且基础较好的地区，但稳定性高，可以支撑尺寸巨大的电池板。在支架安装之前，要进行桩基开挖、掩埋。为保证桩基的抗风强度，桩基一般选用 1.7 米左右，直径 76 毫米的镀锌钢管焊接而成，桩基开挖后镀锌钢桩掩埋深度 1.5 米，掩埋过程中需根据地势条件调整钢桩的垂直度及整齐度。

支架安装调整完成后，下一步进行光伏组件的安装工作。光伏组件在安装过程中要注意严格按照施工要求进行安装。由于组件材料的特殊性，组件表面绝不允许安装人员踩踏及尖锐物体接触，以保证组件表面不被划伤。组件安装完成后，根据设计单位出具的设计文件及防雷接地检测部门的相关要求，对全场支架及主设备基础进行防雷接地，扁铁的焊接安装工作。组件接线工作主要分为两个步骤：一是将组件根据设计文件的要求，进行单块连接组成组串；二是将连接好的组串接入汇流箱。最后厂区内电缆要以布局合理、节省材料的原则，严格按照设计单位出具的设计文件进行敷设。

本案例项目涉及工作六项，根据逻辑关系绘制非时标网络图，如图 17-5 所示。

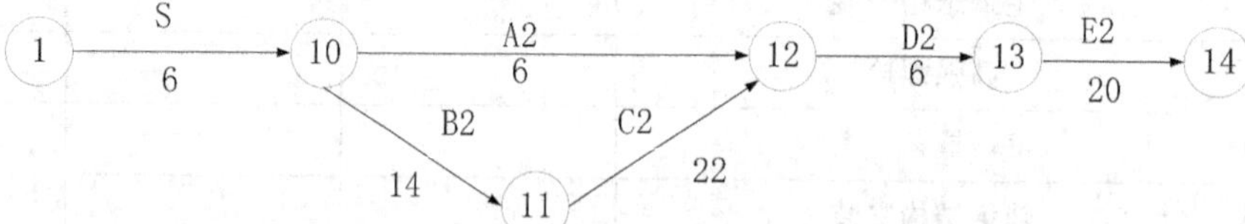

图 17-5 光伏基地建设项目进度计划网络图

由于光伏钢材不必在光伏基地加工，并且光伏钢材加工为期比场地建设时间长，后续钢结构吊装不会和场地建设时间重合。因此 A2 可以与 B2、C2 同时进行。由此绘制时标网络图，如图 17-6 所示，其中粗实线为关键线路，线路 S—B2—C2—D2—E2 为关键路线，总工期为 68 周。

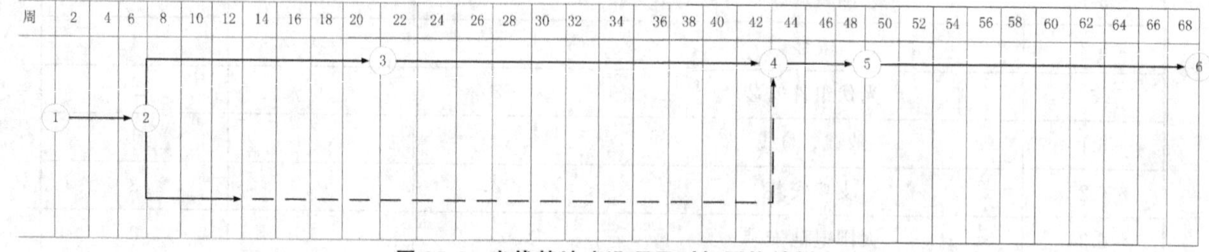

图 17-6 光伏基地建设项目时标网络计划

3.风电厂建设项目

风能源于太阳辐射使地球表面受热不均、导致大气层中压力分布不均而使空气沿水平方向运动所获得的动能。据估计，地球上可开发利用的风能是水能的 10 倍，只要利用 1%的风能即可满足全球能源的需求。在石油、天然气等不可再生能源日益短缺及大量化石能源燃烧导致大气污染、“酸雨”和“温室效应”加剧的现实面前，风力发电作为当今世界清洁可再生能源开发利用中技术最成熟、发展最迅速、商业化前景最广阔的发电方式之一已受到广泛重视。

风力发电具有以下四个特点：一是自然风有随机性、间歇性以及季节性的显著特点。通常一天之中风的强弱在某种程度上可以看作周期性的。如地面上夜间风弱，白天风强；高空中正相反是夜里风强，白天风弱。我国大部分地区风的季节性变化情况是：春季最强，冬季次之，夏季最弱。而并网风电机组的输出功率则主要取决于风速（即厂家提供的功率风速曲线），因此风电比重的上升会使电网的调峰、调频压力也随之增大。二是风能的地区差异比较大，时空分布不均匀由于地形的影响，风力的地区差异非常明显。一个邻近的区域，有利地形下的风力，往往是不利地形下的几倍甚至几十倍。三是目前大型风力发电机几乎都是异步发电机，在其并网运行时需要吸收大量的无功功率，虽然其机端常配备一定容量的补偿电容器组，但大比重的风电仍会加重电网的无功负担，使电网调相容量需求随之增大。四是根据异步发电机的运行特点，在风速及风机输出功率变化时，会引起风电场母线及附近电网的电压波动，风电机组并网和脱网等操作时也可能对附近电网电压造成冲击，影响电网的供电质量。最后，大比重的风电会使得电网长距离送电的技术要求和运行成本急剧增大。因此，当直接输入电网的风电比重达到10%时，必须对电网系统进行合理有效的调节，以提高供电质量和降低运行成本。针对上述问题，限制电网中风电比重或加大风机功率调节（即降低风机设计功率，放弃部分风能）显然是不可取的，最好的方法是利用蓄能系统将风电间接输入电网或存蓄起来。

风力发电与抽水蓄能结合基于风能发电的特点，可以考虑采用抽水蓄能的方式辅助其运行。当可利用风能数值比较大时，将一部分风能通过水泵（或水泵水轮机）以水能的形式储存于水库中，然后在可利用风能数值比较小或者上网电价比较高时再经过水电发电机组将存储的能量输送到电网中去，以此实现风电场功率的优化输出。这样一方面可以在一定程度上平滑风电场的功率输出波动，另一方面也充分利用了风能，增加了风电场的效益。

利用风电—抽水蓄能联合运行系统能够将过大比重的风电转换成高质量的电能间接输入电网，或将电网负荷低谷时的多余风电转换成水能存蓄起来，减少风机弃荷，大大地提高了风能利用率和电网供电质量。因此本项目采取此发电模式。本案例风电厂建设项目的工作顺序见表 17-3，根据该项目工作列表编制双代号时间网络计划图。

表 17-3　风电厂建设项目工作列表

风电厂建设				
序号	工作名称	工作代号	紧后工作	持续时间/周
1	施工前准备	S	A3	6
2	平整场地	A3	B3	2
3	挖掘基坑	B3	C3	4
4	浇灌混凝土	C3	D3	5
5	安装风力发电机	D3	E3	3
6	铺设线路	E3	F3	3
7	竣工验收	F3	T	2

风电厂施工前准备，要根据气象资料，制定风电场开发方案并初选厂址，在所选厂址地域安装测风塔，采集不少于一年的风能资源资料，对风能资源进行分析评估。并编制风电场项目建议书、可行性研究报告，然后进行招投标，选择合适建设单位，办理好各种手续。

平整场地需进行现场勘察，清除地面障碍物，标定整平范围，设置水准基点，测量标高，计算土方挖填工程量，再平整场地，并进行场地碾压。

基坑开挖工作务必保证后续工序的正常开展。首先要现场勘测，人员机械做好准备，然后定位放线，运用机械挖石，随挖石随修整边坡。在开挖至距离坑底 500mm 以内时，测量人员放出 500mm 水平线，在基槽底钉上水平标高小木桩，在基坑内抄若干个基准点，拉通线找平，预留 300mm 土层人工清理。机械开挖至最后一步时，测量人员随即放出基础承台线，由人员挖除 300mm 预留土层，并清理整平，经过班组自检及施工项目部、施工单位、监理项目部、业主项目部验收合格后，及时进行垫层的浇筑，防止基底土水分蒸发损失，导致土体积膨胀。

安装风力发电机使用 1000t 大型汽车吊作为主吊，另外配置 100t 汽车吊作为辅助吊车。依次进行塔筒、风力发电机组机舱、叶片安装。安装并铺设好线路的风力发电机组，进行调试。这样，安装好一台调试一台，以缩短工期。

本案例项目涉及工作七项，根据逻辑关系绘制非时标网络图，如图 17-7 所示。

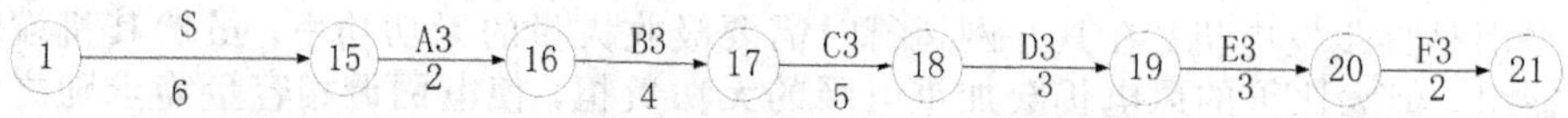

1
S
6
15
A3
2
16
B3
4
17
C3
5
18
D3
3
19
E3
3
20
F3
2
21

图 17-7　风电厂建设项目进度计划网络图

此项目工作不能同时进行，因此其时标网络图呈直线状态。由此绘制时标网络图，如图 17-8 所示，其中粗实线为关键线路，线路 S—A3—B3—C3—D3—E3—F3 为关键路线，总工期为 25 周。

周
2
4
6
8
10
12
14
16
18
20
22
24
26
1
2
3
4
5
6
7
8

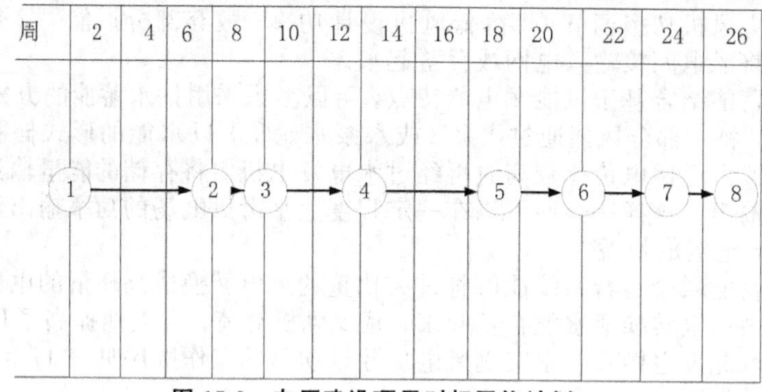

图 17-8　电厂建设项目时标网络计划

4.微电网建设项目

微电网作为实现大规模分布式光伏利用的重要途径，规划建设分布式光储微电网，可降低用能系统对大电网的依赖，因此本案例抽水蓄能工程采用微电网工程，项目的工作顺序见表 17-4，根据该项目工作列表编制双代号时间网络计划图。

表 17-4　微电网建设项目工作列表

微电网建设				
序号	工作名称	工作代号	紧后工作	持续时间/周
1	施工前准备	T	A4、C4	4
1.1	勘探现场			1
1.2	确定位置及工作任务			1
1.3	编制总体施工组织方案			2
2	新建电缆设施	A4	B4	8（同时进行）
2.1	电缆井			8
2.2	电缆分支箱基础			8
2.3	开挖电缆沟			6
2.4	顶管			3
3	电缆分接箱进场及安装	B4	E4	2
4	微电网接入平台基础建设	C4	D4	4
5	微电网接入平台进场	D4	E4	1
6	管线连接	E4	F4	2
7	电缆敷设及电缆头制作	F4	G4	2
8	运行调试	G4	Q	2
9	整体竣工验收	Q	—	8

微电网施工前准备需勘探现场，设计微电网工程图纸和具体方案，确定施工位置及工作任务，制定规范严谨的制度，并编制总体施工组织方案。电缆设施包括电缆井、电缆分支箱基础、电缆沟以及顶管，本项目设置各设施同时进行施工，若电缆设施不完善，不能进行后续工作，因此取建设周期最长的计算，为 8 周。

电缆分支箱在电力系统配网电缆化工程中，是一种经济、稳定、维护便利的接线方式，它全绝缘、全密封的特性使电缆线路故障率大为降低，成为配网电缆化工程的首选设备。本项目采用的是美式电缆分支箱，组合灵活，并且全绝缘、全密封。

微电网接入平台后，进行整个项目管线的敷设，并进行微电网运行调试。最后将废弃矿井改造、风电厂、光伏基地建设，通过微电网进行多建筑并网，并进行整体竣工验收。

本案例项目涉及工作九项，根据逻辑关系绘制非时标网络图，如图 17-9 所示。

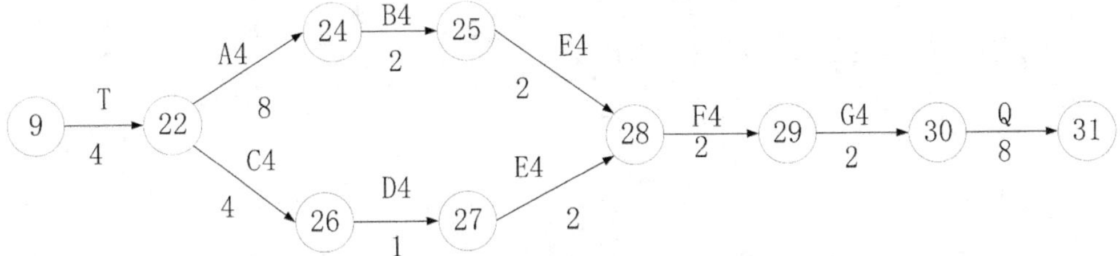

图 17-9　微电网建设项目进度计划网络图

A4 和 C4 均为基础设施建设，可以安排不同施工队同时进行建设，A4、B4 和 C4、D4 总工期为 10 周，最后同时进行管线连接，由此绘制时标网络图，如图 17-10 所示，其中粗实线为关键线路，线路 T—A4—B4—E4—F4—G4—Q 为关键路线，总工期为 28 周。

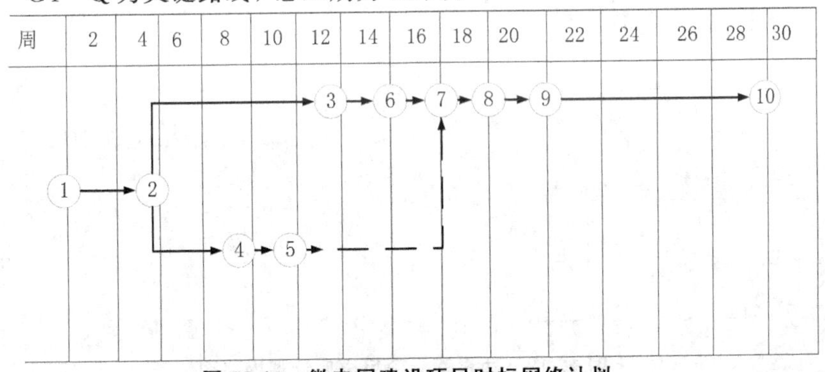

图 17-10　微电网建设项目时标网络计划

5.风—光—废弃矿井抽水蓄能总项目

项目有序进行的前提需要明确说明项目的范围；为各独立单元分派人员，规定这些人员的相应职责；确定工作内容和工作顺序，针对各独立单元，进行时间、费用和资源需要量的估算，提高时间、费用和资源估算的准确度；为计划、成本、进度计划、质量、安全和费用控制奠定共同基础，确定项目进度测量和控制的基准；因此将风—光—废弃矿井抽水蓄能工程按照活动导向型 WBS 进行工作分解。如图 17-11 所示。

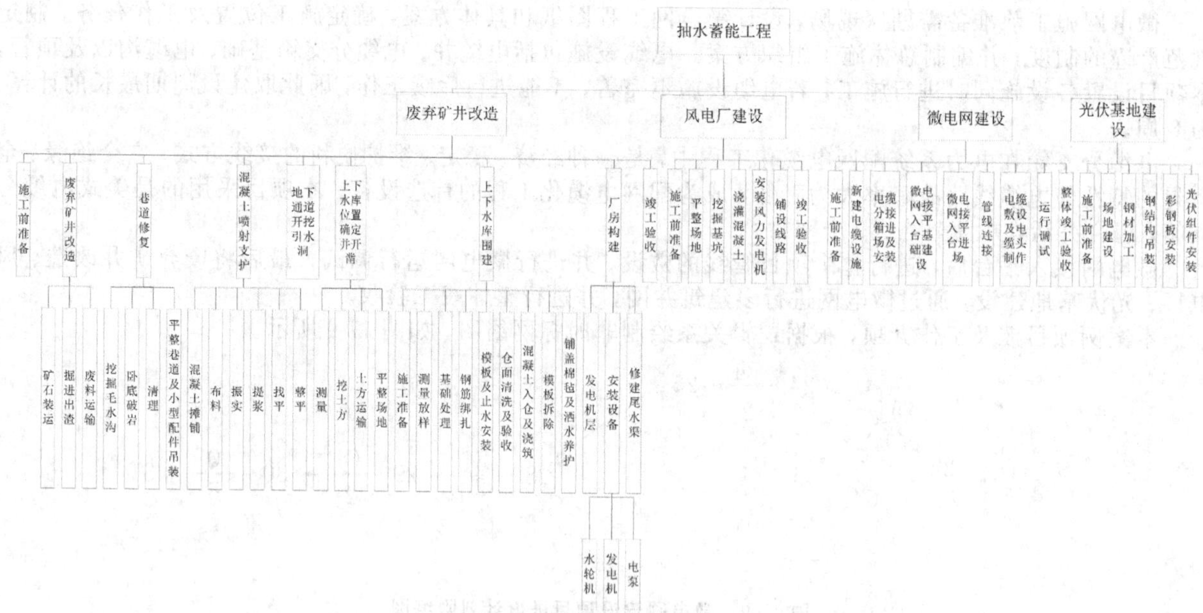

图 17-11　抽水蓄能工程 WBS 工作分解结构

将总项目按照逻辑关系绘制非时标网络图，如图 17-12 所示。最终确定关键线路 S—B2—C2—D2—E2—T—A4—B4—E4—F4—G4—Q，项目最终总耗时 96 周。

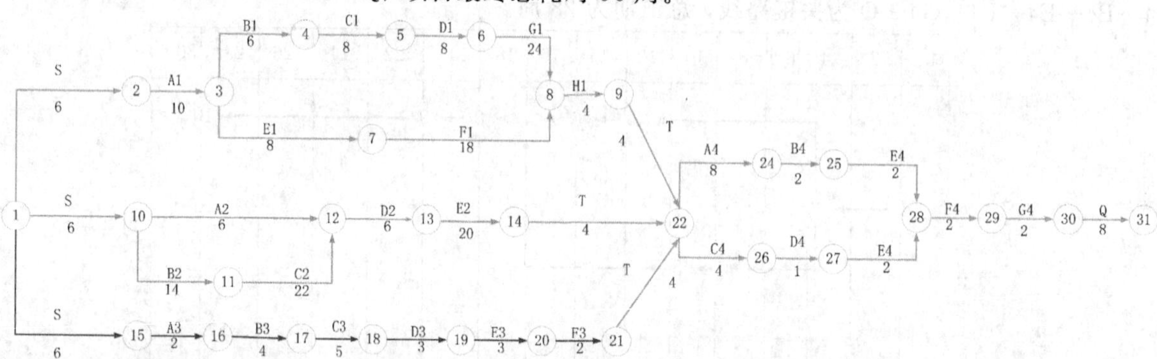

图 17-12　抽水蓄能项目进度计划网络图

17.3 抽水蓄能电站的经济效益

抽水蓄能电站在输电系统中既可以作为电网负荷削峰填谷的储能装置，还可以给电网带来经济性效益。抽水蓄能电站的经济效益主要由静态效益和动态效益组成。静态效益是指在特定的电厂规模和系统设计负荷情况下，效益不会随着时间变化，静态效益可以更容易地通过物质转化为电能的价格来计量。目前动态效益的定义还没有具体的标准，一般包括调频效应、负载跟踪效应、旋转准备效应等。

1.静态效益

静态效益一般包含容量效益和电量效益。容量效益是指抽水蓄能电站的建设投资成本低于其他发电站的成本，它主要包括两部分内容：一是通过提高机组出力来增加发电量；二是通过改变运行方式减少能耗。电量效益是指以抽水机组代替火力发电站参与电网削峰填谷节约能源所产生的效益，即利用抽水蓄能电站对用电低峰时电能进行存储，用电高峰时产生调节电网稳定的高价峰值电价，峰谷电价差去除能量转换中的损失，就是抽水蓄能电站的静态效益。

容量效益的计算公式如下：

$$CB=[C_0+CC_0\times(A/P,i,n_0)]-[C_{ps}+CC_{ps}\times(A/P,i,n_{ps})]$$

其中，CB 为抽水蓄能电站每年的容量效益；C_0 为风光机组的运行费用；CC_0 为风光电站的建设费用；A 为年终支付金额；P 为净值；i 为年利率；n_0 为风光机组成本回收周期（年）；C_{ps} 为抽水蓄能机组运行费用；CC_{ps} 为抽水蓄能机组建设成本；n_{ps} 为抽水蓄能机组投资回收周期（年）。

2.动态效益

抽水蓄能机组动态效益主要包括调频效益、调相效益、电网负荷跟踪效益、提高系统稳定性效益。抽水蓄能的动态效益主要体现在为电网运行提供动态调整支撑等方面。

（1）调相效益。电网系统中无功功率的短缺会导致电网电压大大降低、降低供电质量及影响电网稳定。因此，负载中安装了特殊的静电电容器等无功补偿装置或用调光器代替同步发电机，以提高无功功率和功率因数。抽水蓄能电站可以作为一种无须发电、无须抽水的同步电动机，可作为控制器运行，抽水蓄能调节性能好、可改善电能质量、节省系统的投资运行成本。目前我国抽水蓄能机组大多采用调相机来改变频率，但是，调相机的建造成本高，用途单一，只能用于调整无功，把发电机用作调相机，运转成本显著提高。

（2）调频效益。在电力系统的运行中，负载的波动和负载的频率会改变系统频率的增减。为了保护系统频率的稳定性，在没有所有评估输出的情况下，需要运行一些供热机组，以节省一定的负载容量，从而节省一些燃油消耗。抽水蓄能电站替代火电机组完成调频任务，使系统产生调频效益。抽水蓄能机组在抽水和发电工况转化下，在每一个过程中，都会出现水力损失、辅助设备冷却水、辅助能耗损失等，对这些损耗进行计算，可以得到参与调频机组的成本。

（3）电网负荷跟踪效益。电力系统的负荷在每一时刻都在不断变化，尤其是在最大负荷情况下。例如，装机容量超过30000MW的大型电网，夜间高峰负荷变化率可达100MW/min。抽水蓄能电站运行灵活，能快速响应负荷的快速变化，能很好地跟踪系统负荷的变化，实现系统负荷跟踪效益。

（4）提高系统稳定性效益。电力系统的突然停止供电，会给经济带来巨大的损失，抽水蓄能启停速度快，能够迅速转换出力工况，可以为电网提供可靠稳定的电力输出，而且必须采用运行安全性高的发电站。

17.4 联合发电系统经济效益评价

本节主要讨论联合系统的经济效益，经济效益评价是项目投资评价的核心内容，经济效益指标多种多样，可以从不同角度反映项目的盈利能力。经济效益常包括的指标有盈利能力、运营能力评估、发展水平、运营收益等。这些指标通常可以分为两大类：一种是可以直接用货币来衡量的指标，其中主要包括净现值（NPV）、净年值（NAV）、费用现值（PC）等；另一种不是用现金直接反映的投资回收率类的指标，主要包含投资回收期 T、投资收益率 R、外部收益率 ERR 和内部收益率 IRR 等。本章主要对以上指标进行计算，以此来衡量项目的经济效益。

17.4.1 经济效益指标

盈利能力是指通过联合发电系统将电能释放到电网中以此来换取的利益，这是电场计算经济性比较常用的数据，可以直观地反映出系统的运营的水平和质量。对于经营性项目，应分析项目的盈利能力、投资回报能力、判断在投资上的风险。它的评估指标主要包括：资产盈利率（ROA）、内部收益率（ΔIRR）、利润率（PT）、投资净现值（NPV）等。

1.资产盈利率（ROA）

资产盈利率又称资产报酬率，盈利能力由其数值来表征，数值越大，其盈利能力越强。具体计算公式如下：

$$R_{return}=\frac{P_{net}}{A_{av}}\times 100\%$$

式中，R_{return} 为资产的投资回报能力；

P_{net} 为净利润；

A_{av} 是资产总额的平均值。

2.内部收益率（ΔIRR）

内部收益率是一种广泛使用的盈利能力衡量标准，可用于对资本预算项目进行排名，并最终接受或拒绝决策。多年以来，经济学家和工程师一直使用内部收益率来估算项目的盈利能力。内部收益率的定义植根于折扣现金流程序，该方法用于以合理的方式加权在当前发生的现金流，以便表示其相对于未来现金流的价值。内部收益率是对于正现金流量和负现金流量产生净现值（NPV）=0 时的贴现率。

$$\sum(\Delta C_{IN}-\Delta C_{OUT})_t\times(1+IRR)^{-1}=0$$

其中，ΔC_{IN} 为资产流入的增量；ΔC_{OUT} 为资产流出的增量，$t=1,2,\cdots,n$ 。

3.净现值（NPV）

净现值表示货币单位的价值增加，旨在确定项目财务的回报率或盈利能力指数效率，可以很好地衡量经济盈利能力。净现值的确定主要是以资产的基准折现率为基准，是折扣现金流量的代数和，代表创造的经济价值。财务效率衡量标准的经济可靠性取决于 NPV 的一致性，净现值指标的一致性意味着该指标推荐的决策与 NPV 标准推荐的决策相同。根据净现值的计算结果来进行评价，任何相对的价值衡量标准都应该与净现值相一致，在投入变化方面的产出变化更应如此。计算公式如下：

$$\text{NPV}=\sum_{t=0}^{n}(CI-CO)_t(1+i)^{-t}$$

其中，NPV 为净现值；n 为项目运行期；CI 为现金流入量，CO 为现金流出量；

$(CI-CO)_t$ 为第 t 年的净现金流量；i 为基准折现率。

4.投资回收期

投资回收期是指以项目每年的净回报累计收回所有投资所需的时间，即是用项目各年的净收入（年收入与年支出的差值）将全部投资回收所需要的时间，单位为年。其具体表达式为：

$$\sum_{i=0}^{T} NB_i = \sum_{i=0}^{T}(B-C)_i = K$$

其中，NB_i 为 i 年的净收入，$NB_i = B_i - C_i$；B_i 为第 i 年的收入；C_i 为第 i 年除去投资的支出；K 为投资额；T 为投资回收期。

若项目每年的净收入相同，则投资回报期可以按照下式进行计算。

$$T = \frac{K}{NB} + T_K$$

式中，NB 为年净收入；T_K 为项目建设期。

5.投资收益率（ROI）

ROI 是指在项目运营期该项目的盈利水平，计算公式为

$$总投资收益率 = \frac{税前利润}{项目总投资} \times 100\%$$

6.净现值率（NPV）

净现值率是增量资产的折现值与增量资金的价值比。

$$\Delta NPVR = \frac{\Delta NPV}{NPV} \times 100\%$$

其中，ΔNPV 为投资中的资金折现值；NPV 为投资资金的净现值。单位投资的收益与 ΔNPVR 的大小呈正相关关系，ΔNPVR 越小，单位投资的收益就越低，ΔNPVR 越大，单位投资的收益越高。

17.4.2 风电场、光伏电站的电功率和参考电价

由联合运营调度分析结果，由图 17-13 可知风力发电和光伏发电有着比较强的波动性与间歇性，风力发电在 19 点达到最大输出功率 227.08MW，而在白天高峰期时段出力较小，9 点时段仅为 130.5MW。当日白天天气状况良好，光伏机组输出功率在 12 点达到最大值 129.95MW，然而夜晚没有太阳光，光伏电站几乎不产生电能，不过风能在夜晚负荷较小时也能够出力，能够配合抽水蓄能和火电机组平稳电网波动使联合系统达到日前负荷需求。

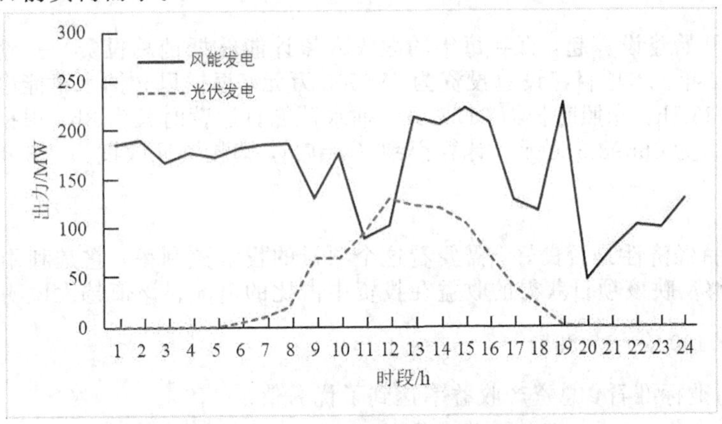

图 17-13　联合系统风电场、光伏电站出力

本系统设立的光伏机组为 150MW、风电机组为 350MW 和一台抽水蓄能机组。由上一节得知此联合发电系统综合成本为 712029 元。抽水蓄能电站的额定功率为 305MW，抽水蓄能综合转化效率为 0.78。因为电网的电价是随着用电负荷是在高峰还是低谷而波动的，从 21 点至次日 7 点是用电低谷时间段，定价为 0.56 元/ kW • h，从上午 8 点至 13 点为用电高峰期，定价为 1.2 元/ kW • h，14 点到 20 点定价为 0.9

元/kW·h，电价是根据用电高峰低谷变化的，联合系统的上网价格可根据当地情况设定。经过充分调查，这是更合理的，可以兼顾各方的价格。如图 17-14 所示。

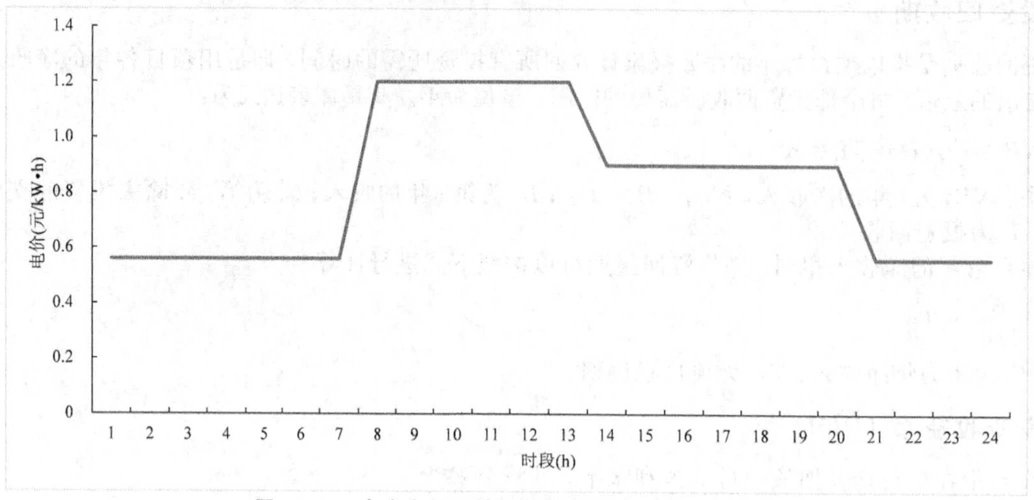

图 17-14 电力市场环境下的不同用电时段上网电价

17.4.3 联合系统建造成本

风光抽水蓄能电站在我国发展已经逐渐成熟，其投资建设成本已经有比较统一的标准，参照最近几年的电源类工程造价，一般水电厂的造价为 5000 元/kW；风电场的投资成本为 6000～7000 元/kW；光伏电站投资为 4000～5000 元/kW；抽水蓄能电站造价每单位千瓦 3000～3600，相比之下起到调峰作用的抽水蓄能电站每千瓦比常规的火电厂节约投资 1000 元左右，由于建造在拥有天然高差的废弃矿井中能够极大减少投资建设成本，因此抽水蓄能电站的建造成本会有所减少。位于浙江省湖州市的天荒坪抽水蓄能电站总投资约为 62.96 亿元，总装机容量为 180 万 kW，工程造价每千瓦为 3497.8 元。根据天荒坪抽水蓄能电站的投资成本类比，本节计算出的抽水蓄能电站建造成本在相同容量上相近。各机组建造投资成本如下：光伏电站机组 67500 万元，风力电场机组 227500 万元，抽水蓄能机组 91500 万元，总投资 386500 万元。

17.4.4 经济效益

1.投资回收期

投资回收期是从开始建设算起，直到每年的净收入累计能够抵销总投资，一般需要加上投资建设时间，本项目建设起为 2 年，本项目建设总投资为 386500 万元，根据风光抽水蓄能电站出力，查询当地一年有效风速时长为 3136.7h，光照时长为 2177.3h，抽水蓄能日运营时长为 8h，根据分时电价和各部分所发电量计算发电量收益为 66598.5 万元。计算得到 $T=7.8$，即投资回收期为 7.8 年。

2.投资盈利率

通常计算一个项目经济性是否良好，需要看这个项目的投资盈利率，它是利用项目年获得的利润除以总投资得到的，能够反映该项目获得的收益在投资中占比的情况。该值越大说明该投资效果越好。

$$\mathrm{ROA}=\frac{66598.5}{386500}\times 100\%=17.23\%$$

从 2021 年的全行业标准看，总资产收益率达到了优秀值。

3.净现值

本项目风光抽水蓄能运维成本为 228109 元/天，加上工人工资、折旧费用等，设定本项目除投资外的支出为 10000 万元/年。第 30 年年末对废旧设备进行回收及厂房处理等的净残值为 5000 万元。本项目的各年现金流量见表 17-5，建设期为 2 年，基准折现率为 10%，项目寿命 30 年。

表 17-5　项目各年现金流　　　　单位：万元

资金/年份	0	1	2	3～29	30
投资支出	86500	200000	100000	0	0
除投资外的支出	0	0	0	10000	10000
年销售收入	0	0	0	66598.5	66598.5
期末资产残值	0	0	0	0	5000
净现金流量	−86500	−200000	−100000	56598.5	61598.5

通过对净现值的计算，来评价该联合系统的经济性：经过计算，$NPV=84624.1>0$，因此该项目在盈利的角度来看是可取的。

参考文献

[1] 袁亮，姜耀东，王凯，等.我国关闭/废弃矿井资源精准开发利用的科学思考[J].煤炭学报，2018，43（01）：14—20.

[2] 刘钦节，王金江，杨科，等.关闭/废弃矿井地下空间资源精准开发利用模式研究[J].煤田地质与勘探，2021，49（04）：71—78.

[3] 尹凡，王晶.可再生能源的发展与利用简析[J].世界环境，2020（06）：48—51.

[4] 古雨.中国可再生能源发展趋势预测及应用前景分析[D].北京：华北电力大学，2021.

[5] 高洁.抽水蓄能—光伏—风电联合优化运行研究[J].水电与抽水蓄能，2020，6（05）：25—29.

[6] Canales F A，Beluco A，Mendes C A B. A comparative study of a wind hydro hybrid system with water storage capacity：Conventional reservoir or pumped storage plant？[J].Journal of Energy Storage，2015，4：96—105.

[7] 衣传宝，王德顺，王龙泽，等.抽水蓄能机组功率调节评价方法综述[J].华北电力大学学报（自然科学版），2021，48（04）：106—115.

[8] 国家能源局.水电发展“十三五”规划［R].2016.

[9] 李澍，陈峦，李坚，等.基于复合控制的风光储系统配置状态研究[J].水电能源科学，2018，36（06）：214—218.

[10] 任辉，吴国强，张谷春，等.我国关闭/废弃矿井资源综合利用形势分析与对策研究[J].中国煤炭地质，2019，31（02）：1—6.

[11] 王丽，李宗泽，陈结，等.废弃煤矿采空区抽水蓄能水库初步可行性研究[J].重庆大学学报，2020，43（04）：47—54.

[12] 靳亚东.建设蓄能电站解决风电消纳经济性分析及有关政策建议[J].水力发电学报，2012，31（02）：1—4.

[13] 沈琛云，王明俭，李晓明.基于风—光—蓄—火联合发电系统的多目标优化调度[J].电网与清洁能源，2019，35（11）：74—82.

[14] 李全生，李瑞峰，张广军，等.我国废弃矿井可再生能源开发利用战略[J].煤炭经济研究，2019，39（05）：9—14.

[15] 国家发展改革委.煤炭工业发展“十三五”规划[R].2016.

[16] 李宝山，肖明松，周志学，等.针对废弃矿井的可再生能源综合开发利用[J].太阳能，2019（05）：13—16.

[17] 王婷婷，曹飞，唐修波，等.利用矿洞建设抽水蓄能电站的技术可行性分析[J].储能科学与技术，2019，8（01）：195—200.

第18章 绿色工厂屋顶光伏建设项目管理研究

18.1 工程背景

改革开放以来，我国工业体系逐步健全，我国工业总体实力显著增强，正从工业大国向工业强国迈进。然而，随着环保要求的提高，世界工业体系绿色化趋势明显，但我国制造业绿色化水平还不高，资源消耗、节能低碳和环境保护问题是制约我国向工业强国发展的重要因素之一。作为全球最大能源消费国和碳排放国，我国单位 GDP 能耗与碳排放量远高于发达国家，2019 年工业领域能源消费 31.1 亿吨标煤，占比 65.9%，工业领域能效提升将是 2030 年我国碳达峰目标实现的重要抓手。作为绿色制造体系的基础和支点，绿色工厂建设有助于实现工业节能体系的构建，促进工业领域提质增效，稳步推进供给侧结构性改革[1]。

为加快推进绿色制造体系的建设，工业和信息化部发布了《绿色工厂评价通则》，为绿色工厂的建设提供了实施框架和可量化的指标体系，具体包括：第一，绿色工厂建设标准是一个综合的系统架构，既包含通用规则，也包括特殊化的指标界定[2]；第二，《绿色工厂评价通则》不仅明确了绿色工厂评价指标框架，还建立了标准的二级指标体系，细化了具体指标的内涵[3]。

绿色工厂是近几年国家提倡各相关企业进行绿色制造时提出的崭新思路。作为制造业的生产单元，绿色工厂支撑了绿色制造体系，推动了绿色建筑技术和可再生能源技术的应用，推广了绿色设计和绿色采购理念，实现从原材料进厂到产品回收处理全生命周期节能降耗且对环境的扰动最小化，从而进一步实现工厂全要素的绿色可持续发展。建设绿色工厂，在明确绿色工厂的理念后需要一定的指标作为评价依据，判别绿色工厂建设的效率[4]。在此背景下，如图 18-1 所示，绿色工厂建设加快推进，每年绿色工厂的申请量逐步增加，前五批绿色工厂入选名单数量达到 2121 家，与绿色设计产品数量基本一致。

绿色工厂的建设具有节奏快、时间紧、任务重的项目管理特点，亟须开展以时间进度管理为核心的项目管理体系研究[5,6]。从图 18-1 中可以看出，目前我国工信部平均每年发布一次绿色制造名单，从项目立项到绿色工厂申请的周期为 1 年左右的时间，这一时间周期包括绿色工厂自评估工作、绿色工厂改造、绿色工厂申报等流程，限制了绿色工厂改造项目的实施时间，因此，在有限的时间周期内完成绿色工厂的建设需要开展绿色工厂改造项目进度管理。

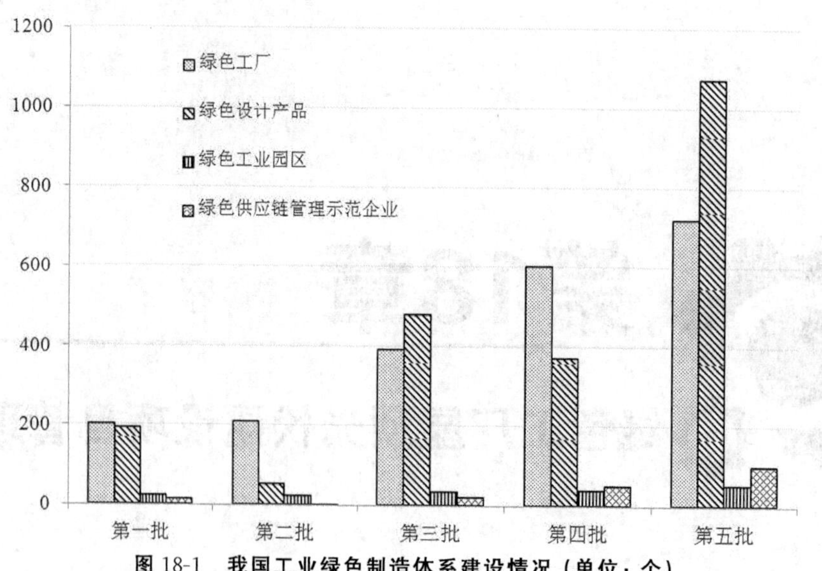

图 18-1　我国工业绿色制造体系建设情况（单位：个）

本章以 A 公司工厂实际工程背景为例开展绿色改造项目的进度管理研究[7]，基于 A 公司绿色工厂自评估工作研究并确定了 A 公司工厂的绿色改造升级项目清单，通过将 A 公司工厂绿色建设过程中的低碳节能理念整合到企业发展战略中，实践运用现代先进技术与项目管理方法进行绿色改造升级从而达到绿色工厂建设的要求，将有助于 A 公司实践工业节能与绿色发展理念，全面有效地提升 A 公司工厂的综合竞争力，对于企业绿色发展战略规划与践行企业社会责任起到了很好的支撑作用。

项目所提出的系统解决方案为其他各类工厂开展绿色化建设提供一个在工业 4.0 和中国制造 2025 体系下实施工业节能与绿色发展项目建设案例和项目科学实施决策的方法体系，丰富我国工厂绿色低碳节能化建设的理论与实践。本研究所提出的绿色改造方案可拓展性强，且符合我国工业发展实际和国家生态环境保护、能源发展等方面的政策要求。

18.2 绿色工厂屋顶光伏项目论证与工作分解

绿色改造项目是将绿色发展理念结合到具体的工程项目中，包括绿色工厂、绿色园区的建设，绿色供应链管理等，许多学者在绿色改造项目的进度管理上做了一定研究，对绿色改造项目的进行提供理论指导。俞敏[8]为解决企业原有的管理体系与绿色工厂管理体系存在的差异性问题，提出将两种体系协同建设的方法，即明确管理部门，避免交叉管理，有利于绿色工厂提升绩效水平，这对企业绿色工厂的创建具有指导意义。

A 公司工厂（基地）是某（集团）股份有限公司旗下生产高端机械零部件，并进行机械零部件的产学研一体化基地，位于福建省漳州市某经济开发区。其所在集团具有服务于新基建等大型基础设施建设（上海磁悬浮、三峡、中科院正负电子对撞机、神五等航天工程）的行业特色。该（集团）股份有限公司是国家火炬计划重点高新技术企业、国家创新型（试点）企业，主要业务区域为福建省，主要产品为关节轴承、汽车圆锥滚子轴承、装载机齿轮箱、汽车动力转向器、汽车动力转向轴套等，产品不仅服务于我国国民经济各行业的各类机械设备，且大量出口欧美亚等 30 多个国家和地区。该（集团）股份有限公司决定在 A 公司工厂（基地）进行绿色改造项目的建设，本研究依据项目构思、项目识别、可行性研究、项目进度计划、项目实施与控制等步骤，依据工厂实际和绿色工厂建设的标准开展 A 公司工厂绿色改造项目可行性研究，挑选绿色工厂建设最优方案，并基于实际工程背景进行 A 公司绿色工厂屋顶光伏项目进度管理研究。

18.2.1 A 公司工厂绿色改造项目可行性分析

对标绿色工厂的建设标准，结合机械行业绿色工厂建设工作的开展情况，A 公司进行绿色工厂的申请对于践行工业节能与绿色发展理念至关重要。因此，A 公司按照国家绿色工厂建设的要求对公司所属工厂项目开展绿色工厂建设自评价，得到针对得分较低及不得分的指标部分，并考虑开展进一步工厂绿色化改造可行性研究，初步计划在绿色照明、污染排放和能源资源投入方面进行可能的项目改造，提升 A 公司所属工厂整体绿色化水平，并对改造项目进行可行性分析。根据 A 公司绿色工厂建设自评估报告，就能源资源投入方向的屋顶光伏项目进行详细的可行性论证研究，并识别 A 公司绿色屋顶光伏项目管理的关键问题。

本节采用要素分层法对 A 公司绿色工厂改造项目开展机会研究。作为定性与定量相结合的方法，要素分层法能够清晰地把项目机会、项目问题、项目承办者优势、项目承办者劣势呈现出来，运用专家评价做出分层评价矩阵，最后得到最优方案。其优点在于简洁易操作，且属于项目识别中较为常用的方法，与管理学中的 SWOT 方法的原理较为接近[9]。要素分层分析步骤中的关键点在于专家主观评分的客观公正性，因此本研究邀请了多领域的专家进行综合评分。根据前面分析可得，A 公司照明节能、污水治理和屋顶光伏绿色工厂改造项目分别对应 A1、A2、A3 三个项目，见表 18-1。

表 18-1　A 公司绿色工厂改造项目的要素分层矩阵

项目	项目机会	A1	A2	A3	项目问题	A1	A2	A3
外部	市场前景	6.3	6.9	7.8	加工工艺	5.1	4.9	4.7
	政策支持	6.2	4.8	6.3	地理位置	4.3	4.3	3.2
	绿色水平	5.7	4.2	6.8	总投资	3.2	4.7	4.5
项目	优势	A1	A2	A3	劣势	A1	A2	A3
内部	技术水平	8.1	8.6	8.8	人力	3.4	3.5	3.6
	资金保障	7.9	8.3	7.1	经验	4.7	4.3	4.9
	用能结构	5.9	4.5	7.6	效益比	4.5	4.1	3.2
得分		40.1	37.3	44.4		25.2	25.8	24.1

应用要素分层法的步骤如下：首先，列出影响 A 公司绿色工厂改造项目的主要影响因素，并对其进行影响因素的分层，建立分层矩阵。其次，要素评分分别邀请本行业的三位专家对于 A 公司在 A1、A2、A3 三个绿色工厂改造项目内部的优劣势开展评价意见，三位绿色制造评价方面的专家对项目外部的机会和问题进行评价，专家评价得分的平均值作为各自方案的得分，见表 18-1。然后，根据评分结果，分析 A 公司绿色工厂改造项目问题转化为机会的可能性、项目内部劣势转化为优势的可能性，进行评分的修正。最后，根据最终的评审得分情况，核算出 A1、A2、A3 三个绿色工厂改造项目机会、问题、优势、劣势的得分，依据得分情况决定进行绿色工厂改造的项目。

专家意见表明：在项目所处的机会和优势来看，对于 A 公司绿色工厂建设而言，屋顶光伏绿色工厂改造项目具有较高的认可度，而对于项目所面临的问题和劣势而言，照明节能、污水治理和屋顶光伏绿色工厂改造项目所处的差异性不是很显著，得分差异不大。因此，根据要素分层法分析结果，A 公司绿色工厂建设可以选择屋顶光伏绿色工厂改造项目。

18.2.2 绿色工厂屋顶光伏项目进度管理的组织保障

通过上述分析得出，满足 A 公司绿色工厂建设的三大可行方案分别为节能照明工程、污染治理提升工程、屋顶光伏改造工程等，结合专家意见对三个可选项目进行了比较分析，初步识别出屋顶光伏绿色工厂改造项目具有较高的可行性。本节以 A 公司绿色工厂改造之屋顶光伏项目为例，开展屋顶光伏改造项目进度计划的初步分析，进行该光伏改造项目工作任务分解，依据工作任务时间估计来进一步确定项目活动的工作顺序，并制订了整个项目的进度安排计划，全力支撑项目在绿色工厂建设时间要求下完成该屋顶光伏项目的改造。

鉴于 A 公司绿色工厂屋顶光伏项目的紧迫性和必要性，A 公司管理层决定该项目由其全资子公司统一实施。本节基于该项目的基本情况、项目可行性分析、项目进度管理现状及其必要性，对项目进度管理的组织保障进行了剖析，包括施工方项目文件、项目组织结构和人员配置和 A 公司对该项目进度计划的部署要求。如何协调好建设资源，制订好项目进度计划，如何更好地控制工程进度，成为 A 公司的重要研究内容。

1.施工方项目管理文件

施工方的项目管理文件包括进度安排、质量管理计划、成本控制计划、现场管理措施规划等全方位的制度安排，从而全面保障项目实施进展顺利，以上文件能够有效地支撑该屋顶光伏改造项目的质量、时间、成本等维度的目标，同时在项目范围内保障安全的现场管理措施，以顺利实施该项目。施工方还需要安排特定人员进行文件的传输和信息保密工作，对于现场的施工材料、机械等进行安全检查，及时归档以上材料，形成施工方的项目管理文件目录，以备项目监理单位进行定期检查[10]。

2.项目组织结构及人员配置

为确保满足 A 绿色工厂屋顶光伏项目建设的总体要求，施工方应该为该项目设立完整的项目管理团队，团队成员包括但不限于项目经理、项目采购、项目施工等各个部门，项目组织结构类型为项目型，如图 18-2 所示。其中，项目经理是项目主要管理人员，由 A 公司总部委派。项目的其他人员也是由公司总部从其他职能部门派出，负责项目规划、项目光伏组件采购、项目设备管理等各方面的工作，从而这些细致工作也能由具体人员负责。基于这种组织架构，整个项目团队就建立完毕并开始负责后续的项目进度管理工作[11]。

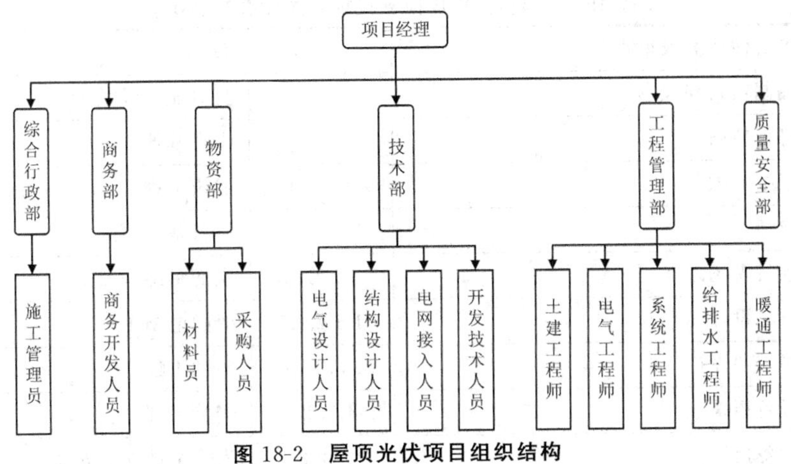

图 18-2 屋顶光伏项目组织结构

3.项目进度计划部署要求

由于此工程项目所有主体建筑为既有建筑，光伏项目施工周期相对较短，加之在项目建成后，公司需要即刻着手准备申报国家绿色工厂示范项目，因此 A 公司要求该项目的施工期限是 260 天，且最终的管理目标是进行该光伏项目的战略性部署管理，项目阶段和整体目标都需要依照设计要求和项目管理人员的经验进行协调与处理，满足该项目进度符合绿色工厂评价的时限要求，同时全方位考虑项目具体特征和实施状态采取改进措施或提出具体实施建议。项目实施进度的安排对 A 绿色工厂屋顶光伏建设提出了较高的要求[12]。A 绿色工厂屋顶光伏项目实施周期及进度计划如下：

(1) 项目可行性研究及审查时间范围为 2018.12－2019.01，主要工作为编制项目建议书，可行性研究、审批立项。

(2) 项目设计阶段时间范围为 2019.01－2019.03，主要工作为项目现场勘测、方案设计、施工图设计。

(3) 设备招采阶段时间范围为 2019.04－2019.05，主要工作为设备招标和采购。

(4) 建设准备阶段时间范围为 2019.05－2019.05，主要工作为施工材料到货、施工现场准备。

(5) 建设实施阶段时间范围为 2019.05－2019.11，主要工作为建筑工程，包括设备基础施工、屋面钢结构改造等；安装工程，包括高效多晶硅太阳能光伏组件安装、支架安装等；管线施工，包括布线等。

(6) 竣工验收阶段时间范围为 2019.11－2019.12，主要工作为调试、竣工验收备案。

18.2.3 绿色工厂屋顶光伏项目工作分解

根据 WBS 分解原则，结合本屋顶光伏改造项目的实地特点，考虑到项目管理的便捷性，项目经理根据 WBS 分解原则得到的 A 公司绿色工厂屋顶光伏项目 WBS 工作分解结构见表 18-2，分解成可行性研究及审查、设计、设备招采、建设准备、建设实施和竣工验收等六大子过程。这六大过程根据光伏项目建设的本质特征和子任务之间的差异性，形成有机的项目子系统，能够为项目顺利实施提供保障[13]。

项目管理团队还需要确定以上工作任务之间的逻辑关系，这是一项至关重要的工作，直接影响该屋顶光伏项目进度计划安排的可适用性[14]。本研究主要考虑的光伏项目的逻辑关系可以分为工艺关系和组织关系两类，分别对应工序之间的强制约束和非强制约束。工艺关系，也叫逻辑关系，是指工作过程中客观存在的工作任务之间的逻辑顺序关系，带有强制性，一般不能随意改变。例如，本项目中只有当所有光伏组件安装之后才能进行系统调试，调试通过后才能进入电网当中，这里面的逻辑顺序是一定的且不能随意更改。组织关系是在施工过程的组织管理中，可主观安排的工作先后顺序关系，因此这类关系的确定主要需要考虑工作资源之间的协调，设备之间的有机衔接等因素。例如该项目的三个生产基地，A 公司可要求先对生产基地 1 进行施工，建好生产基地 1 后再对生产基地 2 进行建设，继而完成生产基地 3 的建设。在设备资料和材料齐全的情况下，可以指定三个工地同时施工的项目进度计划，并同时匹配相应的同阶段劳动力资源需求匹配计划。

表 18-2　绿色工厂屋顶光伏项目工作分解结构表

1.1	可行性研究及审查	1.5.1.3.1	布线
1.1.1	编制项目建议书	1.5.1.3.2	交直流电缆敷设
1.1.2	可行性研究	1.5.2	生产基地 2
1.1.3	审批立项	1.5.2.1	建筑工程
1.2	设计	1.5.2.1.1	设备基础施工
1.2.1	项目现场勘查	1.5.2.1.2	屋面钢结构改造
1.2.2	方案设计	1.5.2.1.3	变配电施工
1.2.3	施工图设计	1.5.2.1.4	辅助工程
1.3	设备招采	1.5.2.2	安装工程
1.3.1	设备招标	1.5.2.2.1	光伏组件支架安装
1.3.2	设备采购	1.5.2.2.2	高效多晶硅太阳能光伏组件安装
1.3.2.1	太阳能光伏发电系统设备	1.5.2.2.3	发电场电气设备安装
1.3.2.1.1	高效多晶硅太阳能光伏组件	1.5.2.2.4	升压站电气设备安装
1.3.2.1.2	光伏组件支架	1.5.2.2.5	通信和控制设备安装
1.3.2.2	电气设备	1.5.2.2.6	其他设备安装
1.3.2.2.1	发电场电气设备	1.5.2.3	管线施工
1.3.2.2.2	升压站电气设备	1.5.2.3.1	布线
1.3.2.2.3	通信和控制设备	1.5.2.3.2	交直流电缆敷设
1.3.2.3	其他设备	1.5.3	生产基地 3
1.4	建设准备	1.5.3.1	建筑工程
1.4.1	施工材料到货	1.5.3.1.1	设备基础施工
1.4.2	施工现场准备	1.5.3.1.2	屋面钢结构改造
1.5	建设实施	1.5.3.1.3	变配电施工
1.5.1	生产基地 1	1.5.3.1.4	辅助工程
1.5.1.1	建筑工程	1.5.3.2	安装工程
1.5.1.1.1	设备基础施工	1.5.3.2.1	光伏组件支架安装
1.5.1.1.2	屋面钢结构改造	1.5.3.2.2	高效多晶硅太阳能光伏组件安装
1.5.1.1.3	变配电施工	1.5.3.2.3	发电场电气设备安装
1.5.1.1.4	辅助工程	1.5.3.2.4	升压站电气设备安装
1.5.1.2	安装工程	1.5.3.2.5	通信和控制设备安装
1.5.1.2.1	光伏组件支架安装	1.5.3.2.6	其他设备安装
1.5.1.2.2	高效多晶硅太阳能光伏件安装	1.5.3.3	管线施工
1.5.1.2.3	发电场电气设备安装	1.5.3.3.1	布线
1.5.1.2.4	升压站电气设备安装	1.5.3.3.2	交直流电缆敷设
1.5.1.2.5	通信和控制设备安装	1.6	竣工验收
1.5.1.2.6	其他设备安装	1.6.1	调试
1.5.1.3	管线施工	1.6.2	竣工验收备案

18.3 绿色工厂屋顶光伏项目进度计划编制

18.3.1 绿色工厂屋顶光伏项目进度计划编制流程

按照项目进度计划的编制流程，本绿色工厂屋顶光伏项目进度计划的编制流程主要分为前期准备阶段、初步编制阶段、工期优化阶段、进度计划完成与发布阶段[15]。特别地，屋顶光伏改造项目进度计划初步编制是重要的项目进度计划阶段，主要工作如下。

1.估算各项工作工期

估算工作任务时间的方法有很多种，既可以凭借经验或通过试验对各项项目任务进行时间估算，还可以利用工时定额进行估算。本项目主要由施工单位根据业主工期要求，凭借前期其他项目实施的经验进行任务工期估算，并由业主审核。由于 A 公司并不将资源使用与成本控制情况作为项目管理与控制重点，因此主要关注点集中在进度计划上，可以执行较为严格的进度优化策略。结合绿色工厂屋顶光伏改造项目特点，各个工作人员的工时资源设置和分配如图 18-3 所示，数据显示不同的项目管理人员对应的工时设置千差万别，因此需要对其进行细致分析。

2.采用专业软件，确定 A 工厂光伏改造项目关键路径

项目工程师借助 Project 软件遴选项目整体视图，找到光伏建设的关键线路，初步拟定关键工作及其路径安排，可得到整个项目的初版关键路径示意图，如图 18-4 所示。从图中可见存在一定数量的工作不是关键工作，这给后续的工作进度规划的优化提出了可能，自此该光伏改造项目进度管理进入进度优化的阶段。

3.屋顶光伏改造项目进度计划优化阶段

优化项目进度计划是项目进度管理的重点。编制的初版计划项目开始日期为 2018 年 12 月 3 日，结束日期为 2019 年 11 月 29 日。A 公司于 2018 年 11 月中旬从省工信厅获悉，2019 年国家绿色工厂示范项目的征集工作，省工信厅预计在 2019 年 11 月启动，也就是说 A 公司的绿色工厂屋顶光伏项目提前完成工期目标，才能如期赶上 2019 年的项目申报。经 A 公司与施工方商议，项目组决定对初版计划通过工期优化和资源优化这两种手段进行优化。A 公司绿色工厂屋顶光伏项目施工单位通过增加施工人力投入，将原本需要先完成生产基地 1 和生产基地 2 屋顶光伏建设，然后再进行生产基地 3 建设的施工逻辑调整为生产基地 1、生产基地 2 和生产基地 3 同时施工，总工期 216 天，比原计划提前 44 天完成，即 2019 年 9 月 30 日完工，调整后的项目关键路径如图 18-5 所示。

WBS	名称	资源名称	WBS	名称	资源名称
1.1.1	编制项目建议书	商务开发人员	1.5.2.1.1	设备基础施工	土建工程师
1.1.2	可行性研究	商务开发人员	1.5.2.1.2	屋面钢结构改造	土建工程师
1.1.3	审批立项	商务开发人员	1.5.2.1.3	变配电施工	电气工程师
1.2.1	项目现场勘测	施工管理员，系统工程师，电气设计人员，给排水工程师，商务开发人员，结构设计人员	1.5.2.1.4	辅助工程	暖通工程师，系统工程师，给排水工程师
1.2.2	方案设计	施工管理员，系统工程师，电气设计人员，给排水工程师，结构设计人员	1.5.2.2.1	光伏组件支架安装	电气工程师
1.2.3	施工图设计	结构设计人员，施工管理员，系统工程师，电气设计人员，给排水工程师	1.5.2.2.2	高效多晶硅太阳能光伏组件安装	电气工程师
1.3.1	设备招标	材料员	1.5.2.2.3	发电场电气设备安装	电气工程师
1.3.2.1.1	高效多晶硅太阳能光伏组件	采购人员	1.5.2.2.4	升压站电气设备安装	电气工程师
1.3.2.1.2	光伏组件支架	采购人员	1.5.2.2.5	通信和控制设备安装	系统工程师，暖通工程师
1.3.2.2.1	发电场电气设备	采购人员	1.5.2.2.6	其他设备安装	给排水工程师
1.3.2.2.2	升压站电气设备	采购人员	1.5.2.3.1	布线	土建工程师
1.3.2.2.3	通信和控制设备	采购人员	1.5.2.3.2	交直流电缆敷设	土建工程师
1.3.2.3	其他设备	采购人员	1.5.3.1.1	设备基础施工	土建工程师
1.4.1	施工材料到货	采购人员	1.5.3.1.2	屋面钢结构改造	土建工程师
1.4.2	施工现场准备	项目经理	1.5.3.1.3	变配电施工	电气工程师
1.5.1.1.1	设备基础施工	土建工程师	1.5.3.1.4	辅助工程	暖通工程师，系统工程师，给排水工程师
1.5.1.1.2	屋面钢结构改造	土建工程师	1.5.3.2.1	光伏组件支架安装	电气工程师
1.5.1.1.3	变配电施工	电气工程师	1.5.3.2.2	高效多晶硅太阳能光伏组件安装	电气工程师
1.5.1.1.4	辅助工程	暖通工程师，系统工程师，给排水工程师	1.5.3.2.3	发电场电气设备安装	电气工程师
1.5.1.2.1	光伏组件支架安装	电气工程师	1.5.3.2.4	升压站电气设备安装	电气工程师
1.5.1.2.2	高效多晶硅太阳能光伏组件安装	电气工程师	1.5.3.2.5	通信和控制设备安装	系统工程师，暖通工程师
1.5.1.2.3	发电场电气设备安装	电气工程师	1.5.3.2.6	其他设备安装	给排水工程师
1.5.1.2.4	升压站电气设备安装	电气工程师	1.5.3.3.1	布线	土建工程师
1.5.1.2.5	通信和控制设备安装	系统工程师，暖通工程师	1.5.3.3.2	交直流电缆敷设	土建工程师
1.5.1.2.6	其他设备安装	给排水工程师	1.6.1	调试	通信厂家调试人员，施工管理员，电网接入服务人员，项目经理
1.5.1.3.1	布线	土建工程师	1.6.2	竣工验收备案	项目经理，商务开发人员，施工管理员
1.5.1.3.2	交直流电缆敷设	土建工程师			

图 18-3　绿色工厂屋顶光伏项目工时资源分配

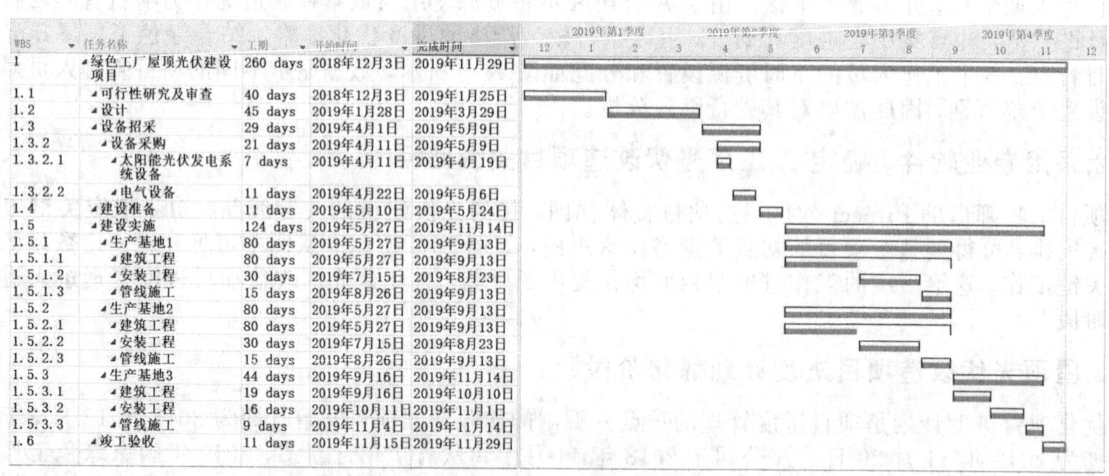

WBS	任务名称	工期	开始时间	完成时间
1	绿色工厂屋顶光伏建设项目	260 days	2018年12月3日	2019年11月29日
1.1	可行性研究及审查	40 days	2018年12月3日	2019年1月25日
1.2	设计	45 days	2019年1月28日	2019年3月29日
1.3	设备招采	29 days	2019年4月1日	2019年5月9日
1.3.2	设备采购	21 days	2019年4月11日	2019年5月9日
1.3.2.1	太阳能光伏发电系统设备	7 days	2019年4月11日	2019年4月19日
1.3.2.2	电气设备	11 days	2019年4月22日	2019年5月6日
1.4	建设准备	11 days	2019年5月10日	2019年5月24日
1.5	建设实施	124 days	2019年5月27日	2019年11月14日
1.5.1	生产基地1	80 days	2019年5月27日	2019年9月13日
1.5.1.1	建筑工程	80 days	2019年5月27日	2019年9月13日
1.5.1.2	安装工程	30 days	2019年7月15日	2019年8月23日
1.5.1.3	管线施工	15 days	2019年8月26日	2019年9月13日
1.5.2	生产基地2	80 days	2019年5月27日	2019年9月13日
1.5.2.1	建筑工程	80 days	2019年5月27日	2019年9月13日
1.5.2.2	安装工程	30 days	2019年7月15日	2019年8月23日
1.5.2.3	管线施工	15 days	2019年8月26日	2019年9月13日
1.5.3	生产基地3	44 days	2019年9月16日	2019年11月14日
1.5.3.1	建筑工程	19 days	2019年9月16日	2019年10月10日
1.5.3.2	安装工程	16 days	2019年10月11日	2019年11月1日
1.5.3.3	管线施工	9 days	2019年11月4日	2019年11月14日
1.6	竣工验收	11 days	2019年11月15日	2019年11月29日

图 18-4　绿色工厂屋顶光伏项目初版计划的关键路径

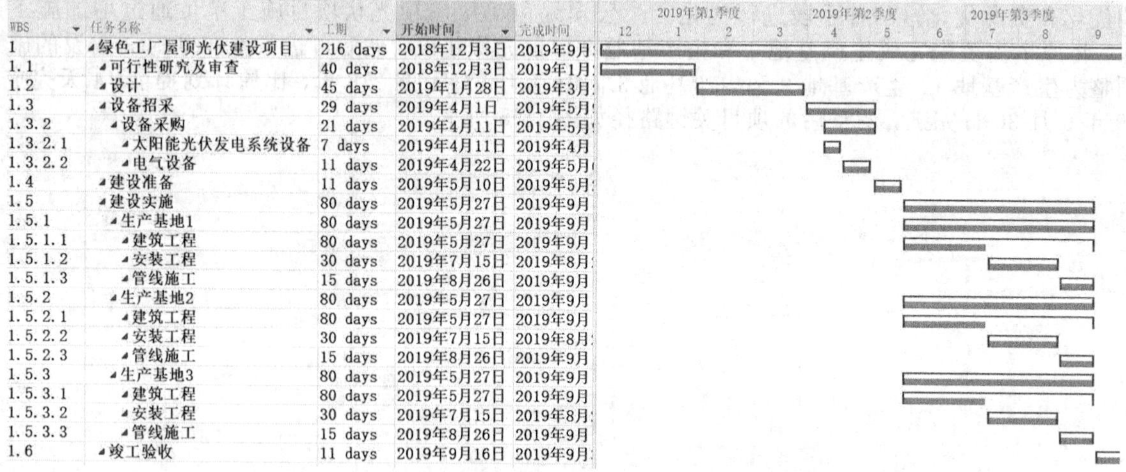

WBS	任务名称	工期	开始时间	完成时间
1	绿色工厂屋顶光伏建设项目	216 days	2018年12月3日	2019年9月
1.1	可行性研究及审查	40 days	2018年12月3日	2019年1月
1.2	设计	45 days	2019年1月28日	2019年3月
1.3	设备招采	29 days	2019年4月1日	2019年5月
1.3.2	设备采购	21 days	2019年4月11日	2019年5月
1.3.2.1	太阳能光伏发电系统设备	7 days	2019年4月11日	2019年4月
1.3.2.2	电气设备	11 days	2019年4月22日	2019年5月
1.4	建设准备	11 days	2019年5月10日	2019年5月
1.5	建设实施	80 days	2019年5月27日	2019年9月
1.5.1	生产基地1	80 days	2019年5月27日	2019年9月
1.5.1.1	建筑工程	80 days	2019年5月27日	2019年9月
1.5.1.2	安装工程	30 days	2019年7月15日	2019年8月
1.5.1.3	管线施工	15 days	2019年8月26日	2019年9月
1.5.2	生产基地2	80 days	2019年5月27日	2019年9月
1.5.2.1	建筑工程	80 days	2019年5月27日	2019年9月
1.5.2.2	安装工程	30 days	2019年7月15日	2019年8月
1.5.2.3	管线施工	15 days	2019年8月26日	2019年9月
1.5.3	生产基地3	80 days	2019年5月27日	2019年9月
1.5.3.1	建筑工程	80 days	2019年5月27日	2019年9月
1.5.3.2	安装工程	30 days	2019年7月15日	2019年8月
1.5.3.3	管线施工	15 days	2019年8月26日	2019年9月
1.6	竣工验收	11 days	2019年9月16日	2019年9月

图 18-5　调整后的绿色工厂屋顶光伏项目关键路径

18.3.2 屋顶光伏改造项目正式进度计划的发布

根据 18.3.1 小节的屋顶光伏项目工期优化的结果，经项目经理确认后便可由项目管理办公室发布正式的计划，该正式计划的发布需要以编制大纲的形式进行展现，作为指引项目进度实施的关键文本进行信息传阅和归档，同时项目实施过程中的进度信息需要及时反馈给项目工程师，完成编制文档的整体信息流动，及时更新后续项目进度安排计划。因此，该编制大纲需要包括计划编制原则、依据、指标、风险提示、进度管控措施等内容。

A 公司绿色工厂屋顶光伏项目计划经过前三个阶段和对应的五大编制步骤形成总体方案，该项目使用 Project 软件编制了项目进度计划，并设置为基线计划供实施时作为对比分析的参考依据，所呈现的项目进度初始甘特图如图 18-6 所示。

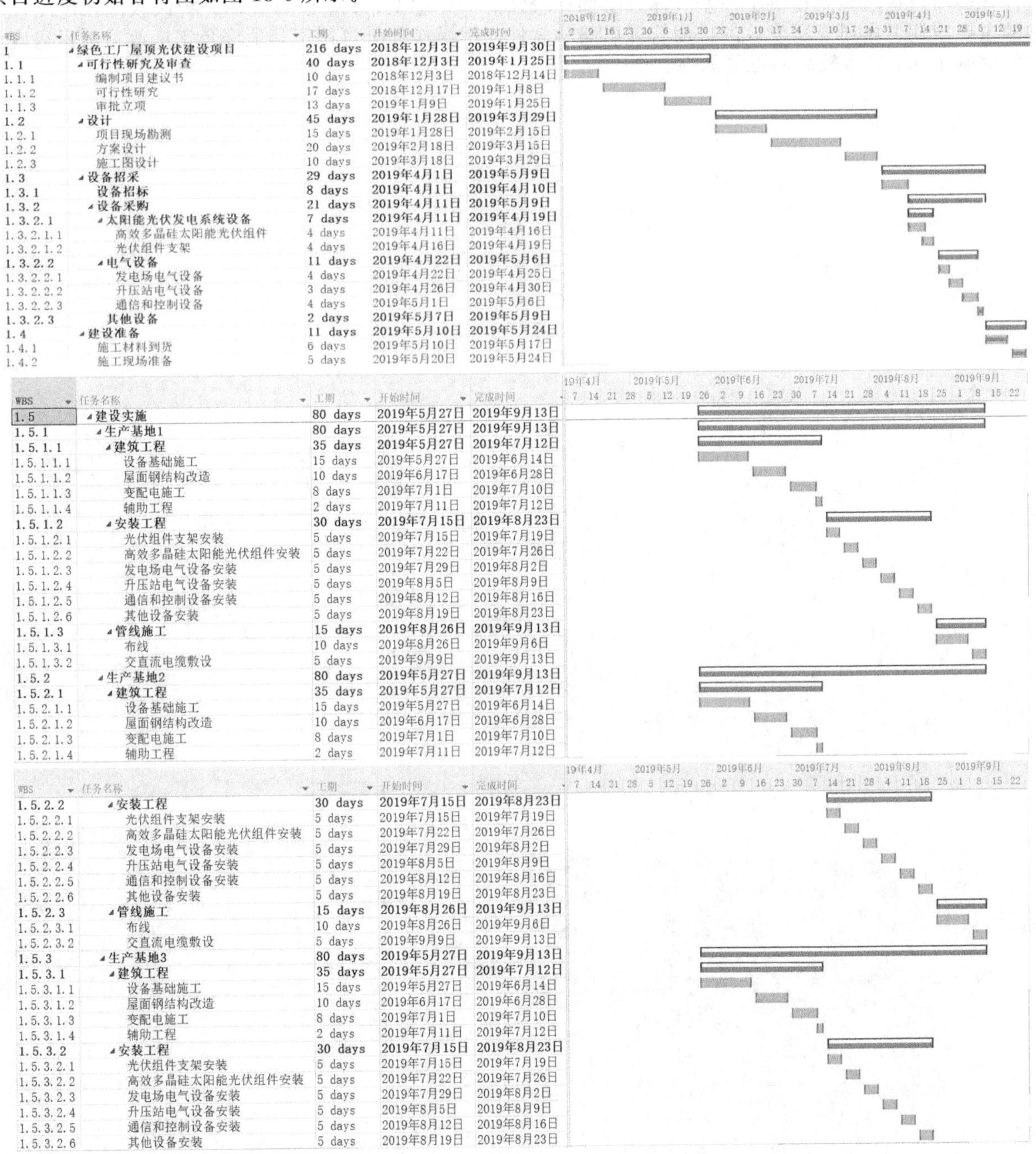

WBS	任务名称	工期	开始时间	完成时间
1	绿色工厂屋顶光伏建设项目	216 days	2018年12月3日	2019年9月30日
1.1	可行性研究及审查	40 days	2018年12月3日	2019年1月25日
1.1.1	编制项目建议书	10 days	2018年12月3日	2018年12月14日
1.1.2	可行性研究	17 days	2018年12月17日	2019年1月8日
1.1.3	审批立项	13 days	2019年1月9日	2019年1月25日
1.2	设计	45 days	2019年1月28日	2019年3月29日
1.2.1	项目现场勘测	15 days	2019年1月28日	2019年2月15日
1.2.2	方案设计	20 days	2019年2月18日	2019年3月15日
1.2.3	施工图设计	10 days	2019年3月18日	2019年3月29日
1.3	设备招采	29 days	2019年4月1日	2019年5月9日
1.3.1	设备招标	8 days	2019年4月1日	2019年4月10日
1.3.2	设备采购	21 days	2019年4月11日	2019年5月9日
1.3.2.1	太阳能光伏发电系统设备	7 days	2019年4月11日	2019年4月19日
1.3.2.1.1	高效多晶硅太阳能光伏组件	4 days	2019年4月11日	2019年4月16日
1.3.2.1.2	光伏组件支架	4 days	2019年4月16日	2019年4月19日
1.3.2.2	电气设备	11 days	2019年4月22日	2019年5月6日
1.3.2.2.1	发电场电气设备	4 days	2019年4月22日	2019年4月25日
1.3.2.2.2	升压站电气设备	3 days	2019年4月26日	2019年4月30日
1.3.2.2.3	通信和控制设备	4 days	2019年5月1日	2019年5月6日
1.3.2.3	其他设备	2 days	2019年5月7日	2019年5月9日
1.4	建设准备	11 days	2019年5月10日	2019年5月24日
1.4.1	施工材料到货	6 days	2019年5月10日	2019年5月17日
1.4.2	施工现场准备	5 days	2019年5月20日	2019年5月24日
1.5	建设实施	80 days	2019年5月27日	2019年9月13日
1.5.1	生产基地1	80 days	2019年5月27日	2019年9月13日
1.5.1.1	建筑工程	35 days	2019年5月27日	2019年7月12日
1.5.1.1.1	设备基础施工	15 days	2019年5月27日	2019年6月14日
1.5.1.1.2	屋面钢结构改造	10 days	2019年6月17日	2019年6月28日
1.5.1.1.3	变配电施工	8 days	2019年7月1日	2019年7月10日
1.5.1.1.4	辅助工程	2 days	2019年7月11日	2019年7月12日
1.5.1.2	安装工程	30 days	2019年7月15日	2019年8月23日
1.5.1.2.1	光伏组件支架安装	5 days	2019年7月15日	2019年7月19日
1.5.1.2.2	高效多晶硅太阳能光伏组件安装	5 days	2019年7月22日	2019年7月26日
1.5.1.2.3	发电场电气设备安装	5 days	2019年7月29日	2019年8月2日
1.5.1.2.4	升压站电气设备安装	5 days	2019年8月5日	2019年8月9日
1.5.1.2.5	通信和控制设备安装	5 days	2019年8月12日	2019年8月16日
1.5.1.2.6	其他设备安装	5 days	2019年8月19日	2019年8月23日
1.5.1.3	管线施工	15 days	2019年8月26日	2019年9月13日
1.5.1.3.1	布线	10 days	2019年8月26日	2019年9月6日
1.5.1.3.2	交直流电缆敷设	5 days	2019年9月9日	2019年9月13日
1.5.2	生产基地2	80 days	2019年5月27日	2019年9月13日
1.5.2.1	建筑工程	35 days	2019年5月27日	2019年7月12日
1.5.2.1.1	设备基础施工	15 days	2019年5月27日	2019年6月14日
1.5.2.1.2	屋面钢结构改造	10 days	2019年6月17日	2019年6月28日
1.5.2.1.3	变配电施工	8 days	2019年7月1日	2019年7月10日
1.5.2.1.4	辅助工程	2 days	2019年7月11日	2019年7月12日
1.5.2.2	安装工程	30 days	2019年7月15日	2019年8月23日
1.5.2.2.1	光伏组件支架安装	5 days	2019年7月15日	2019年7月19日
1.5.2.2.2	高效多晶硅太阳能光伏组件安装	5 days	2019年7月22日	2019年7月26日
1.5.2.2.3	发电场电气设备安装	5 days	2019年7月29日	2019年8月2日
1.5.2.2.4	升压站电气设备安装	5 days	2019年8月5日	2019年8月9日
1.5.2.2.5	通信和控制设备安装	5 days	2019年8月12日	2019年8月16日
1.5.2.2.6	其他设备安装	5 days	2019年8月19日	2019年8月23日
1.5.2.3	管线施工	15 days	2019年8月26日	2019年9月13日
1.5.2.3.1	布线	10 days	2019年8月26日	2019年9月6日
1.5.2.3.2	交直流电缆敷设	5 days	2019年9月9日	2019年9月13日
1.5.3	生产基地3	80 days	2019年5月27日	2019年9月13日
1.5.3.1	建筑工程	35 days	2019年5月27日	2019年7月12日
1.5.3.1.1	设备基础施工	15 days	2019年5月27日	2019年6月14日
1.5.3.1.2	屋面钢结构改造	10 days	2019年6月17日	2019年6月28日
1.5.3.1.3	变配电施工	8 days	2019年7月1日	2019年7月10日
1.5.3.1.4	辅助工程	2 days	2019年7月11日	2019年7月12日
1.5.3.2	安装工程	30 days	2019年7月15日	2019年8月23日
1.5.3.2.1	光伏组件支架安装	5 days	2019年7月15日	2019年7月19日
1.5.3.2.2	高效多晶硅太阳能光伏组件安装	5 days	2019年7月22日	2019年7月26日
1.5.3.2.3	发电场电气设备安装	5 days	2019年7月29日	2019年8月2日
1.5.3.2.4	升压站电气设备安装	5 days	2019年8月5日	2019年8月9日
1.5.3.2.5	通信和控制设备安装	5 days	2019年8月12日	2019年8月16日
1.5.3.2.6	其他设备安装	5 days	2019年8月19日	2019年8月23日

WBS	任务名称	工期	开始时间	完成时间
1.6	竣工验收	11 days	2019年9月16日	2019年9月30日
1.6.1	调试	6 days	2019年9月16日	2019年9月23日
1.6.2	竣工验收备案	5 days	2019年9月24日	2019年9月30日

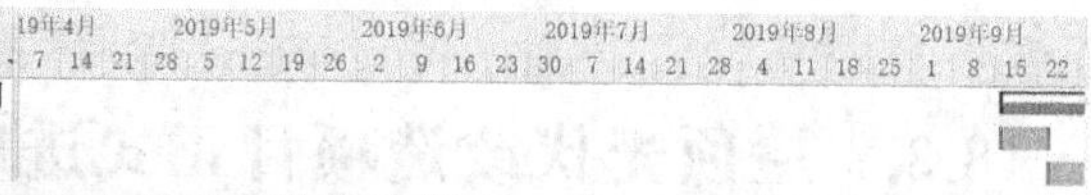

图 18-6　正式发布的绿色工厂屋顶光伏项目进度计划

本研究就 A 公司绿色工厂屋顶光伏项目建设实施阶段的进度计划进行了讨论与分析，通过分析绿色工厂屋顶光伏项目的工作分解结构、逻辑关系确定、进度计划的初步编制、进度优化，直至最终版进度计划发布，以此来缩短项目周期，提高工业绿色发展建设的效率。

本研究所涉及的屋顶光伏建设实施阶段的进度计划全过程管理，旨在通过对其全过程中所涉及的项目产出物和项目工作范围（包括项目产出物的范围和项目工作范围两个方面）所进行管理和控制，详细介绍了项目管理 Project 软件在本项目中的具体操作与实现展示，对于进度控制后期计划中如何采用该软件开展项目进度控制提供了一些具体且实操性较强的指导意见，下一节将具体分析该软件在进度控制中的主要应用。本研究所设计的进度管理思路和软件应用操作部分可用于其他绿色工厂改造项目进度计划的编制工作，具有较高的可复制性。

18.4 绿色工厂屋顶光伏项目进度计划实施

考虑到 A 公司绿色工厂屋顶光伏改造项目的复杂性，本项目一般需要建立项目跟踪与报告来保障项目进度计划的顺利实施。因此，本项目跟踪与报告制度需要依据历史资料和实际进度信息，以此为基础对 A 公司绿色工厂屋顶光伏项目实施过程中项目整体状态、影响项目进度的内外部因素、不可预见因素进行及时、连续且系统的全方位记录。

在实施计划时，进度工程师应及时记录项目进展并全面掌握真实的施工情况。数据的标准化，便于统计和计算哪些项目严格执行进度计划，哪些偏离了基准。为及时掌握项目进度，施工单位要求项目组每日填写施工日志，如图 18-7 所示。除施工日志外，项目组在图纸接收和物料接收方面都有汇总，如图 18-8 和图 18-9 所示，以汇总该项目图纸和物料信息。

从图 18-7 中可以看出，绿色工厂屋顶光伏项目进度计划实施过程主要包括建设前准备工作、建设实施工作和竣工验收工作。不同工作阶段对人员、设备、机械、原材料等进行了详细的规定，与此同时，制定了较为详细的现场安全管理和应急处置措施清单。在整个实施过程中，项目管理重点考虑的内容包括实施方案方面和实施管理方面。

第一，绿色工厂屋顶光伏项目进度计划实施方案中需要考虑三类问题：①绿色工厂屋顶光伏项目任务之间的衔接问题，避免因衔接不当引起进度拖延；②光伏项目实施工艺尽可能先进且不断优化，避免难以满足技术需求，因当前我国光伏装备技术居于世界前列，这类问题相对较少；③保障施工设备的及时到达，避免出现施工设备缺乏的问题。

第二，绿色工厂屋顶光伏项目进度计划实施管理方面主要注重三个方面的致因分析：①调配指令与任务指令及时送达，避免因传递延误导致的工期延长；②把控项目阶段性施工质量，避免出现质量问题返工；③保持项目组织内部沟通流畅，避免任务小组出现冲突。因此，需要制订详尽的人员、设备、物资保障计划。

<table>
<tr><td>工程名称</td><td>分项工程名称</td><td>子项工程名称</td><td>设计量（需求量）</td><td>单位</td><td>当日完成</td><td>累计完成</td><td>完成比例</td><td>备注</td></tr>
<tr><td rowspan="2">建设准备</td><td>施工材料到货</td><td></td><td></td><td></td><td></td><td></td><td></td><td></td></tr>
<tr><td>施工现场准备</td><td></td><td></td><td></td><td></td><td></td><td></td><td></td></tr>
<tr><td rowspan="12">建设实施</td><td rowspan="4">建筑工程</td><td>设备基础施工</td><td></td><td></td><td></td><td></td><td></td><td></td></tr>
<tr><td>屋面钢结构改造</td><td></td><td></td><td></td><td></td><td></td><td></td></tr>
<tr><td>变配电施工</td><td></td><td></td><td></td><td></td><td></td><td></td></tr>
<tr><td>辅助工程</td><td></td><td></td><td></td><td></td><td></td><td></td></tr>
<tr><td rowspan="6">安装工程</td><td>光伏组件支架安装</td><td></td><td></td><td></td><td></td><td></td><td></td></tr>
<tr><td>高效多晶硅太阳能光伏组件安装</td><td></td><td></td><td></td><td></td><td></td><td></td></tr>
<tr><td>发电场电气设备安装</td><td></td><td></td><td></td><td></td><td></td><td></td></tr>
<tr><td>升压站电气设备安装</td><td></td><td></td><td></td><td></td><td></td><td></td></tr>
<tr><td>通信和控制设备安装</td><td></td><td></td><td></td><td></td><td></td><td></td></tr>
<tr><td>其他设备安装</td><td></td><td></td><td></td><td></td><td></td><td></td></tr>
<tr><td rowspan="2">管线施工</td><td>布线</td><td></td><td></td><td></td><td></td><td></td><td></td></tr>
<tr><td>交直流电缆敷设</td><td></td><td></td><td></td><td></td><td></td><td></td></tr>
<tr><td rowspan="2">竣工验收</td><td>调试</td><td></td><td></td><td></td><td></td><td></td><td></td><td></td></tr>
<tr><td>竣工验收备案</td><td></td><td></td><td></td><td></td><td></td><td></td><td></td></tr>
<tr><td>现场人员</td><td colspan="8"></td></tr>
<tr><td>现场机械</td><td colspan="8"></td></tr>
<tr><td>现场设备</td><td colspan="8"></td></tr>
<tr><td>安全质量问题</td><td colspan="8"></td></tr>
<tr><td>采取主要措施</td><td colspan="8"></td></tr>
<tr><td>工作联系单</td><td colspan="8"></td></tr>
<tr><td>收发情况登记</td><td colspan="8"></td></tr>
<tr><td>现场图片</td><td colspan="4"></td><td colspan="4"></td></tr>
<tr><td>内容描述</td><td colspan="4"></td><td colspan="4"></td></tr>
<tr><td>备注</td><td colspan="4"></td><td colspan="4"></td></tr>
</table>

图 18-7　绿色工厂屋顶光伏项目施工日志

图 18-8 列出了 A 公司绿色工厂屋顶光伏项目所需要接收来自工程的图纸清单。从清单中可以看出，因绿色工厂屋顶光伏项目主要涉及的施工内容为光伏组件的安装，所以项目所需的图纸资料多集中在安装工程这一类别，其次是管线施工范围内的图纸资料。如图 18-9 所示，绿色工厂屋顶光伏项目物料接收清单与本项目光伏电站的组成密切相关，有效制订了该屋顶光伏建设项目物资保障计划。因此，总体而言，项目管理团队为了提高 A 公司绿色工厂屋顶光伏改造项目施工效率的有效措施包括进度纠偏、物资保障计划、设备调配计划等方面。

类别	序号	图纸名称	接收情况	接收时间	备注
总图	WDGGFZT	设计说明			
	WDGFZT-1	生产基地1屋顶施工平面布置图			
	WDGFZT-2	生产基地2屋顶施工平面布置图			
	WDGFZT-3	生产基地3屋顶施工平面布置图			
土建	WDGFTJ-1	生产基地1建工工程施工图			
	WDGFTJ-2	生产基地2建工工程施工图			
	WDGFTJ-3	生产基地3建工工程施工图			
安装	WDGFAZ-1	生产基地1组件安装图			
	WDGFAZ-2	生产基地2组件安装图			
	WDGFAZ-3	生产基地3组件安装图			
	WDGFAZ-4	生产基地1太阳能发电单元系统框图			
	WDGFAZ-5	生产基地2太阳能发电单元系统框图			
	WDGFAZ-6	生产基地3太阳能发电单元系统框图			
	WDGFAZ-7	生产基地1防雷汇流箱、直流汇流箱接线框图			
	WDGFAZ-8	生产基地2防雷汇流箱、直流汇流箱接线框图			
	WDGFAZ-9	生产基地3防雷汇流箱、直流汇流箱接线框图			
	WDGFAZ-10	生产基地1屋顶汇流箱平面布置图			
	WDGFAZ-11	生产基地2屋顶汇流箱平面布置图			
	WDGFAZ-12	生产基地3屋顶汇流箱平面布置图			
	WDGFAZ-13	生产基地1逆变器、直流汇流柜布置图			
	WDGFAZ-14	生产基地2逆变器、直流汇流柜布置图			
	WDGFAZ-15	生产基地3逆变器、直流汇流柜布置图			
	WDGFAZ-16	生产基地1逆变器、直流汇流柜安装图			
	WDGFAZ-17	生产基地2逆变器、直流汇流柜安装图			
	WDGFAZ-18	生产基地3逆变器、直流汇流柜安装图			
管线施工	WDGFGXSG-1	生产基地1逆变器原理接线图			
	WDGFGXSG-2	生产基地2逆变器原理接线图			
	WDGFGXSG-3	生产基地3逆变器原理接线图			
	WDGFGXSG-4	生产基地1 400V交流电源柜二次接线图			
	WDGFGXSG-5	生产基地2 400V交流电源柜二次接线图			
	WDGFGXSG-6	生产基地3 400V交流电源柜二次接线图			
	WDGFGXSG-7	电缆清册			

图 18-8　绿色工厂屋顶光伏项目图纸接收统计单

序号	材料名称	型号	规格	数量	单位	到货量	到货量百分比	发货时间	接货时间	确认人	场地存放点	备注信息
1	光伏板	单晶335W	1956*992*40mm									
2	逆变器		solarlake10000TL-pm									
3			solarlake30000TL-pm									
4	水泥墩		30*30*30									
5	底部支座		150*49*160mm									
6	前立柱	Q235B钢 41*52*2.5mm	300mm									
7	双列后立柱		1800mm									
8	斜撑		1250mm									
9	纵檩条		3800mm									
10	横檩条		0mm									
			3500mm									
			6000mm									
11	中间连接件		200mm									
12	三角连接件		150*49*65mm									
13	中压		150*25/12.5mm									
14	边压		50*36/10mm									
15	螺栓1	M10*70	GB/T 5783									
16	螺栓2	M10*40	GB/T 6170									
17	六角螺母	M10	GB/T 96.1									
18	弹垫		GB/T 93									
19	平垫											
20	底座平垫		GB/T 96.1									
21	尼龙轧带		5*200mm									
22	4mm2编制铜线		80mm									
23	4mm2编制铜线		200mm									
24	外六角燕尾螺丝	M5.5*20										
25	十字槽自攻螺丝	ST4.8X16(C型)										
26	等边角铁	40*3*1500										
27	扁铁	40*4*6000										
28	直流电缆	PV-F-1*4m㎡										
29	正负极插头	MC4光伏专用插头										
30	PVC线管	Ø32										
31	PVC线管弯头											
32	PVC线管直连线											
33	PVC线管固定夹											
34	电气绝缘胶带											
35	蛇皮软管	Ø25										
36	并网箱	20KW										
37	膨胀螺丝											
38	铜线交流电缆	3*10+1*6+1*6										

图 18-9　绿色工厂屋顶光伏项目物料接收汇总单

18.5 本章小结

基于项目论证和进度管理理论，同时参考国内外先进项目进度管理的经验，结合绿色工厂改造项目可行性分析，本章从必要性、可行性、科学性入手总结了A公司绿色工厂改造屋顶光伏项目实施过程中的进度管理经验，较为深入地分析了绿色工厂屋顶光伏项目进度计划的编制原则和过程，并对项目进度计划的控制提出了相关实施方案，给出了A公司绿色工厂改造屋顶光伏项目的进度管理的相关建议和改进措施，希望能为施工方和其他同类行业从业者在同类项目进度管理提供经验。总结起来，本章主要得出以下结论。

(1) 针对A公司绿色工厂建设的迫切需要，基于项目实际情况识别得到屋顶光伏项目是其绿色工厂建设的主要方向，从绿色工厂建设周期得到进度管理是制约A公司顺利开展绿色工厂项目评选的关键。针对A公司绿色工厂建设这一项目需求，提出了绿色工厂屋顶光伏项目工作任务分解，按照任务分解结果和任务之间的逻辑关系来编制详细的屋顶光伏改造施工进度计划。根据本光伏项目的内外部条件和实际进度变化，以项目完成时限目标为基础，综合考虑项目质量、成本目标，制订考虑任务时间波动和不确定性的项目进度计划与控制策略，有效确保了项目的顺利完成。

(2) 针对项目进度管理计划与资源计划协调问题，根据项目的特点和难点，提高A公司绿色工厂屋顶光伏改造项目施工效率的有效措施包括进度纠偏、物资保障计划、设备调配计划等方面。从A公司绿色工厂改造屋顶光伏项目的实际情况出发，A子公司在收益率和人工成本两个方面综合考虑，努力提高施工效率，竭尽全力在112天内完成了该项目（比总承包合同约定的完工时间提前25天）。以此新的进度计划完成该项目能够促使该项目避免了光伏新政的不利影响，且有效应对光伏项目面临的经济政策不确定性问题，按照目标进度安排按时完成年度项目建设目标和进度管理更是尤为重要。根据A公司绿色工厂改造屋顶光伏项目的特点和难点，提出了针对具体进度变更的系统解决方案，具有比较强的可操作性且能通过软件模拟该项目进度变更对于后期项目施工的影响，从而提高了项目整体进度管控的效率和推动施工团队较为有效地完成了项目总任务。

(3) 针对项目进度管理计划与质量管理计划协调问题，为了确保绿色光伏改造项目顺利通过绿色工厂核验，围绕项目实施的阶段制定阶段性的资源合理配置方案有利于避免进度延误，规避质量问题。依据A公司绿色工厂改造屋顶光伏项目在开展进度管理工作的过程中可能存在的任务时间冲突，提出工时资源的合理配置方案，为其他相关的屋顶光伏项目的资源配置提供参考。本项目只考虑一个5个月封闭段（人员在此期间封闭管理）的项目进度管理，且本项目时间段为2019年，因此，疫情对于本项目的影响不考虑在本研究之中。

本研究只是针对A公司绿色工厂改造屋顶光伏项目的进度管理进行分析，涉及工期优化的部分还需要从成本费用的角度进行深入分析。其次，碳达峰碳中和目标的提出迫切需要在绿色工厂建设上持续推进，基于机械化—绿色化—低碳化三步走的战略持续推动工业节能与绿色发展工作，未来绿色工厂的评价准则也会向工厂或者企业碳中和的角度进行完善，因此，绿色工厂的建设任务是与时俱进的，需要开展一些前瞻性的创新工作。绿色工厂进度管理对于科学制定绿色工厂建设目标具有重要的意义。

参考文献

[1] 聂海亮.关于推进钢铁行业绿色高质量发展的建议[J].中国能源，2021，43（01）：39－41.

[2] 孙志凰.工业园区能源规划的思考和建议[J].电力设备管理，2020（12）：22＋139.

[3] 杨永青，李靖，郑超超.绿色工厂评定的难点要点分析[J].建设科技，2021（01）：12－14＋19.

[4] 张彩霞，马春旺.区域工业绿色发展水平评价指标体系研究[J].统计与管理，2021，36（01）：108－113.

[5] 张微，刘静.浅析建筑施工中项目管理进度控制方法[J].建筑技术开发，2019：158－160.

[6] Zareei S. Project scheduling for constructing biogas plant using critical path method[J]. Renewable and Sustainable Energy Reviews，2018，81（1）：756－759.

[7] 杜雯.M公司绿色工厂屋顶光伏项目进度管理研究[D].北京：北京理工大学，2021.

[8] 俞敏.浅谈企业管理体系和绿色工厂管理的协同建设[J].能源与环境，2019（06）：11－12.

[9] 张拓.钢铁企业创建绿色工厂的路径分析——以某企业为例[J].中国市场，2020（12）：53－55.

[10] 杨杰.TNW光伏电站建设进度管理研究[D].成都：电子科技大学，2019.

[11] 梅艳.基于关键链的光伏电站建设多项目计划管理研究[D].上海：上海交通大学，2017.

[12] 贺才伟.EPC光伏电站工程建设过程的项目管理分析[J].低碳世界，2017（04）：114－115.

[13] 中国项目管理研究委员会.项目管理知识体系指南（PMBOK指南）[M].6版.北京：机械工业出版社，2018.

[14] 张卓，陈洪转，楚岩枫，等.项目管理[M].3版.北京：科学出版社，2017.

[15] 孙超.SQ公司KJ屋顶建筑光伏一体化项目进度管理研究[D].青岛：山东大学，2019.

附录

附录 1　建筑安装工程费用项目组成表（费用构成要素）

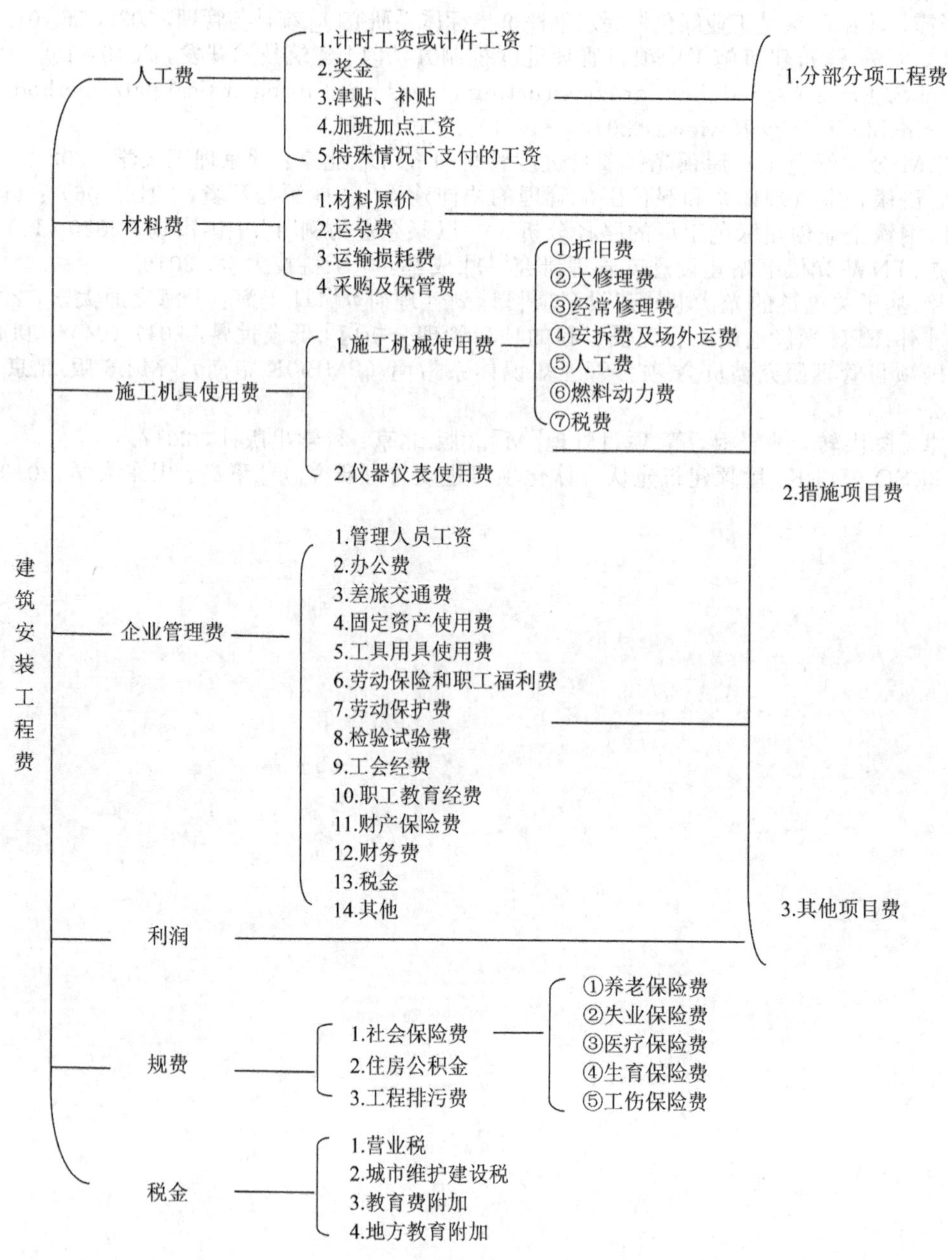

附录 2　建筑安装工程费用项目组成表（造价形成程序）

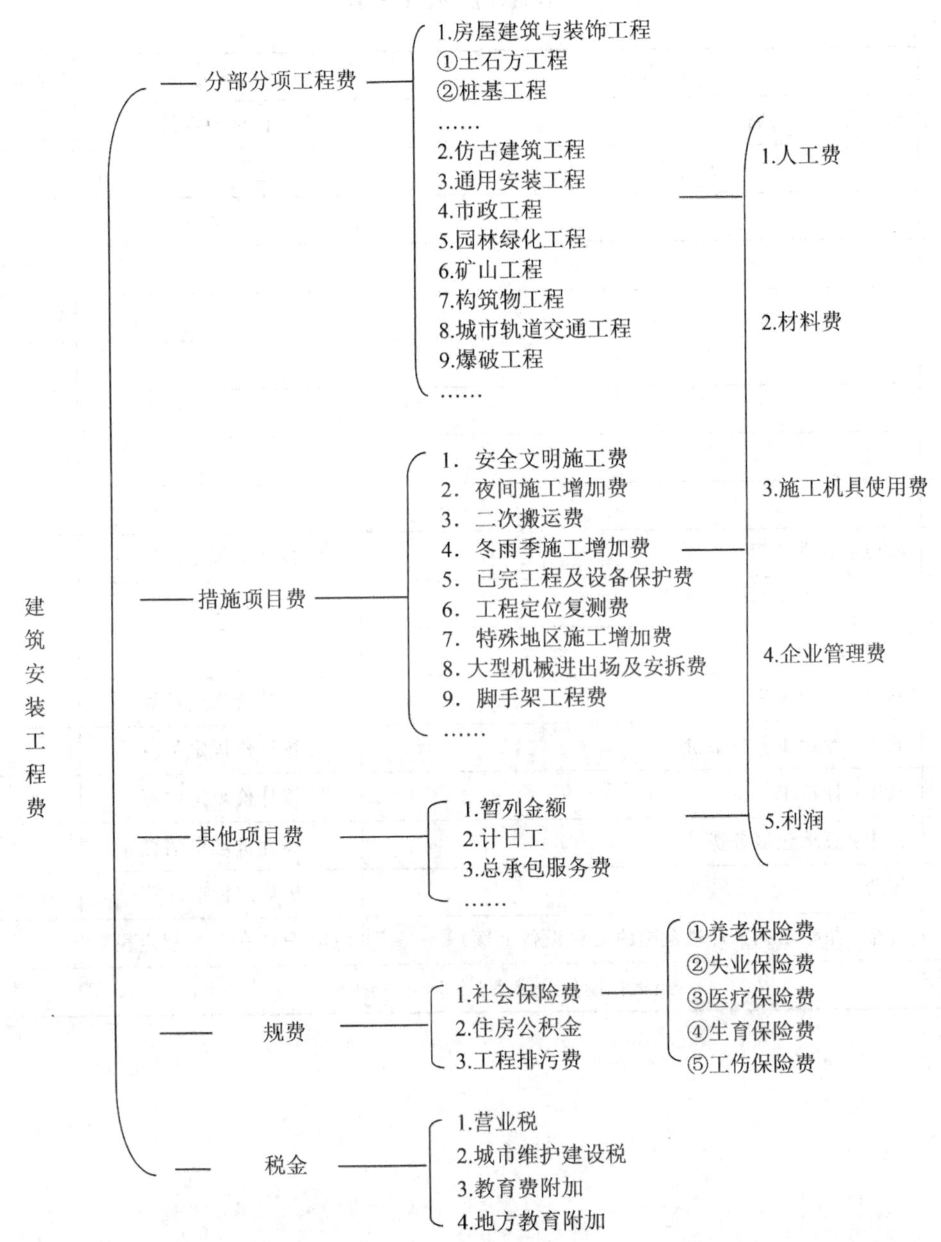

附件3 建筑安装工程计价程序

建设单位工程招标控制价计价程序

工程名称： 标段：

序号	内容	计算方法	金额（元）
1	分部分项工程费	按计价规定计算	
1.1			
1.2			
1.3			
1.4			
1.5			
2	措施项目费	按计价规定计算	
2.1	其中：安全文明施工费	按规定标准计算	
3	其他项目费		
3.1	其中：暂列金额	按计价规定估算	
3.2	其中：专业工程暂估价	按计价规定估算	
3.3	其中：计日工	按计价规定估算	
3.4	其中：总承包服务费	按计价规定估算	
4	规费	按规定标准计算	
5	税金（扣除不列入计税范围的工程设备金额）	（1＋2＋3＋4）×规定税率	
招标控制价合计＝1＋2＋3＋4＋5			

施工企业工程投标报价计价程序

工程名称：　　　　　　　　　　　　标段：

序号	内容	计算方法	金额（元）
1	分部分项工程费	自主报价	
1.1			
1.2			
1.3			
1.4			
1.5			
2	措施项目费	自主报价	
2.1	其中：安全文明施工费	按规定标准计算	
3	其他项目费		
3.1	其中：暂列金额	按招标文件提供金额计列	
3.2	其中：专业工程暂估价	按招标文件提供金额计列	
3.3	其中：计日工	自主报价	
3.4	其中：总承包服务费	自主报价	
4	规费	按规定标准计算	
5	税金（扣除不列入计税范围的工程设备金额）	(1＋2＋3＋4)×规定税率	
投标报价合计＝1＋2＋3＋4＋5			

竣工结算计价程序

工程名称： 标段：

序号	汇总内容	计算方法	金额（元）
1	分部分项工程费	按合同约定计算	
1.1			
1.2			
1.3			
1.4			
1.5			
2	措施项目	按合同约定计算	
2.1	其中：安全文明施工费	按规定标准计算	
3	其他项目		
3.1	其中：专业工程结算价	按合同约定计算	
3.2	其中：计日工	按计日工签证计算	
3.3	其中：总承包服务费	按合同约定计算	
3.4	索赔与现场签证	按发承包双方确认数额计算	
4	规费	按规定标准计算	
5	税金（扣除不列入计税范围的工程设备金额）	（1＋2＋3＋4）×规定税率	
竣工结算总价合计＝1＋2＋3＋4＋5			

附表　工程量清单计价模式附件

附表 A1　土壤分类表

土壤分类	土壤名称	开挖方法
一、二类土	粉土、砂土（粉砂、细砂、中砂、粗砂、砾砂）、粉质黏土、弱中盐渍土、软土（淤泥质土、泥炭、泥炭质土）、软塑红黏土、冲填土	用锹、少许用镐、条锄开挖。机械能全部直接铲挖满载者
三类土	黏土、碎石土（圆砾、角砾）、混合土、可塑红黏土、硬塑红黏土、强盐渍土、素填土、压实填土	主要用镐、条锄、少许用锹开挖。机械需部分刨松方能铲挖满载者或可直接铲挖但不能满载者
四类土	碎石土（卵石、碎石、漂石、块石）、坚硬红黏土、超盐渍土、杂填土	全部用镐、条锄挖掘、少许用撬棍挖掘。机械需普遍刨松方能铲挖满载者
注：本表土的名称及其含义按国家标准《岩土工程勘察规范》GB 50021—2001（2009 年版）定义		

附表 A2　土方体积折算系数表

天然密实度体积	虚方体积	夯实后体积	松填体积
0.77	1.00	0.67	0.83
1.00	1.30	0.87	1.08
1.15	1.50	1.00	1.25
0.92	1.20	0.80	1.00

注：①虚方指未经碾压、堆积时间≤1 年的土壤。
②本表按《全国统一建筑工程预算工程量计算规则》GJDGZ—101—95 整理。
③设计密实度超过规定的，填方体积按工程设计要求执行；无设计要求按各省、自治区、直辖市或行业建设行政主管部门规定的系数执行

附表 A3　放坡系数表

土类别	放坡起点（m）	人工挖土	机械挖土		
			在坑内作业	在坑上作业	顺沟槽在坑上作业
一、二类土	1.20	1∶0.50	1∶0.33	1∶0.75	1∶0.50
三类土	1.50	1∶0.33	1∶0.25	1∶0.67	1∶0.33
四类土	2.00	1∶0.25	1∶0.10	1∶0.33	1∶0.25

注：①沟槽、基坑中土类别不同时，分别按其放坡起点、放坡系数、依不同土类别厚度加权平均计算。
②计算放坡时，在交接处的重复工程量不予扣除，原槽、坑作基础垫层时，放坡自垫层上表面开始计算

附表 A4　基础施工所需工作面宽度计算表

基础材料	每边各增加工作面宽度（mm）
砖基础	200
浆砌毛石、条石基础	150
混凝土基础垫层支模板	300
混凝土基础支模板	300
基础垂直面做防水层	1000（防水层面）
注：本表按《全国统一建筑工程预算工程量计算规则》GJDGZ－101－95 整理	

附表 A5　管沟施工每侧所需工作面宽度计算表

管道结构宽（mm） 管沟材料	≤500	≤1000	≤2500	>2500
混凝土及钢筋混凝土管道（mm）	400	500	600	700
其他材质管道（mm）	300	400	500	600
注：①本表按《全国统一建筑工程预算工程量计算规则》GJDGZ－101－95 整理。 ②管道结构宽：有管座的按基础外缘，无管座的按管道外径				

附表 A6　岩石分类表

岩石分类		代表性岩石	开挖方法
极软岩		①全风化的各种岩石； ②各种半成岩	部分用手凿工具、部分用爆破法开挖
软质岩	软岩	①强风化的坚硬岩或较硬岩； ②中等风化—强风化的较软岩； ③未风化—微风化的页岩、泥岩、泥质砂岩等	用风镐和爆破法开挖
	较软岩	①中等风化—强风化的坚硬岩或较硬岩； ②未风化—微风化的凝灰岩、千枚岩、泥灰岩、砂质泥岩等	用爆破法开挖
硬质岩	较硬岩	①微风化的坚硬岩； ②未风化—微风化的大理岩、板岩、石灰岩、白云岩、钙质砂岩等	用爆破法开挖
	坚硬岩	未风化—微风化的花岗岩、闪长岩、辉绿岩、玄武岩、安山岩、片麻岩、石英岩、石英砂岩、硅质砾岩、硅质石灰岩等	用爆破法开挖
注：本表依据国家标准《工程岩体分级标准》GB 50218－94 和《岩土工程勘察规范》GB 50021－2001（2009 年版）整理			

附表 A7 石方体积折算系数表

石方类别	天然密实度体积	虚方体积	松填体积	码方
石方	1.0	1.54	1.31	
块石	1.0	1.75	1.43	1.67
砂夹石	1.0	1.07	0.94	
注：本表按建设部颁发《爆破工程消耗量定额》GYD－102－2008 整理				